U0305458

2023年版

全国注册城乡规划师职业资格考试参考用书

城乡规划原理

CHENGXIANG GUIHUA YUANLI

刘 涛 | 主编

中国计划出版社

北 京

图书在版编目（CIP）数据

城乡规划原理 / 刘涛主编. -- 3版. -- 北京 : 中国计划出版社, 2023.5
2023年版全国注册城乡规划师职业资格考试参考用书
ISBN 978-7-5182-1521-8

Ⅰ. ①城… Ⅱ. ①刘… Ⅲ. ①城市规划—中国—资格考试—自学参考资料 Ⅳ. ①TU984.2

中国国家版本馆CIP数据核字(2023)第072826号

策划编辑：高　明　　责任编辑：李　陵
封面设计：韩可斌　　责任校对：王　巍
责任印制：李　晨　王亚军

中国计划出版社出版发行
网址：www.jhpress.com
地址：北京市西城区木樨地北里甲11号国宏大厦C座3层
邮政编码：100038　电话：（010）63906433（发行部）
三河富华印刷包装有限公司印刷

787mm×1092mm　1/16　34.75印张　864千字
2023年5月第3版　2023年5月第1次印刷

定价：108.00元

前　言

一、考试概述

自人事部、建设部于1999年颁布《注册城市规划师执业资格制度暂行规定》以来，2000年10月全国首次正式组织注册城市规划师考试，至今已经进行了21次（2015年和2016年各停考1次，因此没有2015—2016年真题）。注册城市规划师执业资格考试于2017年更名为注册城乡规划师职业资格考试，对应四门科目更名为“城乡规划原理”“城乡规划相关知识”“城乡规划管理与法规”和“城乡规划实务”。

2018年3月，中共中央印发了《深化党和国家机构改革方案》，并发出通知，组建成立自然资源部。2019年1月，中央全面深化改革委员会第六次会议审议通过了《关于建立国土空间规划体系并监督实施的若干意见》，开始建立国土空间规划体系并监督实施，将主体功能区规划、土地利用规划、城乡规划、海洋功能区划等空间规划融合为统一的国土空间规划，实现“多规合一”。至此，注册城乡规划师职业资格考试的四门科目开始逐步以国土空间规划为核心，以求为扎实有效推进国土空间规划体系建设提供人才保障。

随着职业资格制度的日益完善，参加全国注册城乡规划师职业资格考试的人数不断增多，考试难度不断增大。为适应城乡规划师职业资格制度新形势的要求，并方便考生复习以及相关人员的学习，使考生在短时间内既能掌握考试大纲中要求掌握的重点内容，又能了解教材中的一般知识，顺利通过考试，我们编写了本套图书。

《城乡规划原理》是考核城乡规划中原理知识体系掌握情况的基础科目，本书按照2014年全国城市规划执业制度管理委员会《全国城市规划师执业资格考试大纲（修订版）》的要求，依据城乡规划专业相关的主要法律法规，参考由全国城市规划执业制度管理委员会编写、中国计划出版社出版的全国注册城市规划师执业资格考试参考用书《城市规划原理（2011年版）》（以下简称2011年版教材）及2020年自然资源部国土空间规划局关于增补注册城乡规划师职业资格考试大纲内容的函和2019年之后发布的有关国土空间规划的文件，并在2010—2022年历年“城乡规划原理”考试真题的基础上进行编写，是全国注册城乡规划师职业资格考试复习必备用书。

二、考试大纲

考试大纲在2014年全国城市规划执业制度管理委员会《全国城市规划师执业资格考试大纲（修订版）》的基础上，新增国土空间规划内容。按照《自然资源部国土空间规划局关于增补注册城乡规划师职业资格考试大纲内容的函》（自然资空间规划函〔2020〕190号），考试大纲增补内容及相关文件清单如下：

1. 考试大纲增补内容

（1）熟悉国土空间规划相关政策法规；

（2）掌握国土空间规划相关技术标准；

（3）了解国土空间规划与相关专项规划关系；

（4）掌握国土空间规划编制审批及实施监督有关要求。

2. 相关文件清单

（1）中共中央 国务院关于建立国土空间规划体系并监督实施的若干意见；

（2）中共中央办公厅 国务院办公厅关于建立以国家公园为主体的自然保护地体系的指导意见；

（3）中共中央办公厅 国务院办公厅关于在国土空间规划中统筹划定落实三条控制线的指导意见；

（4）自然资源部关于全面开展国土空间规划工作的通知（自然资发〔2019〕87号）；

（5）自然资源部办公厅关于加强村庄规划促进乡村振兴的通知（自然资办发〔2019〕35号）；

（6）自然资源部关于以“多规合一”为基础推进规划用地“多审合一、多证合一”改革的通知（自然资规〔2019〕2号）；

（7）自然资源部办公厅关于国土空间规划编制资质有关问题的函（自然资办函〔2019〕2375号）；

（8）自然资源部办公厅关于印发《省级国土空间规划编制指南（试行）》的通知（自然资办发〔2020〕5号）；

（9）自然资源部办公厅关于印发《资源环境承载能力和国土空间开发适宜性评价指南（试行）》的函（自然资办函〔2020〕127号）；

（10）自然资源部办公厅关于加强国土空间规划监督管理的通知（自然资办发〔2020〕27号）。

本书在考试大纲内容基础上结合后续发布的相关文件进行编写。

三、本书特点

1. 继承发展

随着国土空间规划工作的开展，国家发布了很多新的政策文件，规划知识不断更新，但结合近两年考试真题可以看出，2011年版教材的部分内容依然有效。所以，本书把新的国土空间规划知识与2011年版教材进行融合，形成体系大纲进行深入讲解。本书第一章、第二章参考2011年版教材相关章节内容；第三章、第四章和第五章的部分内容更新为国土空间规划相关内容，其中第三章为国土空间规划体系总体介绍，第四章为省级国土空间规划，第五章为市级国土空间规划和2011年版教材本章节部分内容结合编写；第六章、第七章、第八章、第九章和第十章结合新规范和政策文件更新相关内容；第十一章是对易考技术标准和规范、政策文件等按类型进行要点整理。

2. 分门别类

本书全面收集筛选了2010—2022年历年“城乡规划原理”考试真题及经典习题，并与章节对应给以讲解，以帮助考生更清晰地了解每章的方向、重点以及考查方式。

3. 深度讲解

在国土空间规划工作开展的过程中，不断有新的文件发布。本书结合实操，基于国土空间基本框架进行深度讲解，对部分重点章节内容展开剖析，对部分热点文件进行重点提炼。

4. 版次更新化

在国土空间规划改革开始后，本书应行业变革和注册城乡规划师职业资格考试内容变化的需求而出版。自2021年开始出版发行，随后针对每年的新政策、新法律和规范、新考点等逐年更新，始终保持与时俱进、日臻完善的理念。

四、2023年版修编说明

根据考试方向对2022年版的部分知识点进行了修订。

增加了新的国土空间规划政策文件要点和新的标准、规范易考要点。

增加了2022年考试真题，按照书中内容将真题分类编辑到各知识点内，并为每道真题编写了参考答案和解析。

五、沟通与交流

书中采用的部分知识点内容引自大学规划学科教材、有关书刊论著以及法律、规范、标准、相关规定等资料。

本书涉及内容广泛，编写工作量较大，虽经多方资料梳理及多位注册城乡规划师给予意见，但由于历年考试真题及答案官方未曾公布，加上编写时间及编者水平和能力所限，不当之处在所难免，敬请批评指正。

有关本书的任何疑问及建议，欢迎加入QQ群303923188进行讨论，恳请各位同仁和广大读者多提宝贵意见，以便今后进一步修改完善本书。最后，预祝广大考生顺利通过全国注册城乡规划师职业资格考试。

编者

2023年1月

目　录

第一章　城市与城市发展……1
第一节　城市的概念与内涵……1
一、城市的概念……1
二、城市的基本特征……2
三、当今城市地域的新类型……3
第二节　城市与乡村……5
一、城市与乡村的差别与联系……5
二、城乡划分与建制体系……6
三、中国城乡发展的总体现状……8
第三节　城市的形成与发展规律……9
一、城市形成和发展的主要动因……9
二、城市发展的阶段及其差异……10
三、城市空间环境演进的基本规律及主要影响因素……12
第四节　城镇化及其发展……12
一、城镇化的基本概念……12
二、城镇化的机制与进程……13
三、中国城镇化的历程与现状……15
第五节　城市发展与区域、社会经济及资源环境的关系……17
一、城市发展与区域发展的关系……17
二、城市发展与经济发展的关系……18
三、城市发展与社会发展的关系……19
四、城市发展与资源环境的关系……20
第二章　城市规划的发展及主要理论与实践……22
第一节　国外城市与城市规划理论的发展……22
一、欧洲古代社会和政治体制下城市的典型格局……22
二、现代城市规划产生的历史背景……26
三、现代城市规划的早期思想……28
四、现代城市规划主要理论发展……36
第二节　中国城市与城市规划的发展……66
一、中国古代社会和政治体制下城市的典型格局……66
二、中国近代城市发展背景与主要规划实践……71
三、中国当代城市规划思想和发展历程……74

第三节 世纪之交时期城市规划的理论探索和实践 …… 76
一、全球化条件下的城市发展与规划 …… 76
二、知识经济和创新城市 …… 79
三、加强社会协调，提高生活质量 …… 82
四、城市的可持续发展 …… 84
第三章 国土空间规划体系 …… 88
第一节 国土空间规划建立的背景 …… 88
一、建立国土空间规划的意义 …… 88
二、部门改革及自然资源部的成立 …… 90
第二节 国土空间规划体系编制 …… 91
一、国土空间规划体系的概念 …… 91
二、总体要求 …… 91
三、编制要求 …… 92
四、总体框架 …… 94
五、编制重点和审查要点 …… 96
六、工作要点及要求 …… 98
七、报批审查 …… 100
八、实施与监管 …… 102
九、法规政策与技术保障 …… 104
第四章 省级国土空间规划 …… 105
第一节 省级国土空间规划的作用 …… 105
第二节 省级国土空间规划的编制 …… 105
一、总体要求 …… 105
二、基础准备 …… 106
三、重点管控性内容 …… 106
四、规划实施保障 …… 110
五、公众参与和社会协调 …… 110
六、规划论证和审批 …… 110
七、规划指标体系 …… 111
八、规划成果建议 …… 114
九、图件编制规范 …… 115
十、资料性附录 …… 115
十一、术语和定义 …… 119
第五章 市级国土空间总体规划 …… 120
第一节 市级国土空间总体规划编制 …… 120
一、总体要求 …… 120
二、基础工作 …… 121
三、主要编制内容 …… 123
四、公众参与和多方协同 …… 140

五、审查要求 …… 140
六、强制性内容 …… 140
七、规划图件目录 …… 141
八、城镇开发边界划定要求 …… 142
九、规划分区 …… 144
十、名词解释和说明 …… 146
第二节 “双评价”和“双评估” …… 147
一、资源环境承载能力和国土空间开发适宜性评价 …… 147
二、市县国土空间开发保护现状评估 …… 155
三、国土空间规划实施评估 …… 167
第三节 城镇总体规划基础研究 …… 168
一、区域城镇体系演变的基本规律 …… 168
二、城镇总体规划现状调查 …… 168
三、城市空间发展方向 …… 170
第四节 城镇空间发展布局规划 …… 171
一、落实主体功能区战略 …… 171
二、市域城镇空间组合的基本类型 …… 174
三、城市发展与空间形态的形成 …… 175
四、信息社会城市空间结构形态的演变发展趋势 …… 177
第五节 城市用地布局规划 …… 178
一、国土空间调查、规划、用途管制用地用海分类与评价 …… 178
二、城市总体布局 …… 200
三、主要城市建设用地规模的确定 …… 202
四、主要城市建设用地位置及相互关系确定 …… 202
五、居住用地规划布局 …… 203
六、公共设施用地规划布局 …… 204
七、工业用地规划布局 …… 208
八、物流仓储用地规划布局 …… 213
九、城市用地布局与城市交通系统的关系 …… 215
第六节 城市综合交通规划 …… 220
一、城市综合交通的基本概念 …… 220
二、城市综合交通规划的基本要求和内容 …… 222
三、城市交通调查与需求分析 …… 227
四、规划实施评估 …… 230
五、城市综合交通发展战略与交通预测 …… 230
六、城市对外交通规划 …… 232
七、客运枢纽 …… 239
八、城市公共交通 …… 240
九、步行与非机动车交通 …… 246

十、城市货运交通 …………………………………………………………… 247
十一、城市道路系统规划 ………………………………………………… 248
十二、城市停车设施 ……………………………………………………… 263
十三、《城市道路交叉口规划规范》GB 50647—2011 要点 ……………… 265
十四、《城市对外交通规划规范》GB 50925—2013 要点 ………………… 268
十五、《城市轨道交通线网规划标准》GB/T 50546—2018 要点 ………… 270
十六、《城市道路工程设计规范》CJJ 37—2012（2016 年版）要点 ……… 273
第七节 城市历史文化遗产保护规划 …………………………………… 277
一、历史文化遗产保护 ………………………………………………… 277
二、历史文化名城保护规划 …………………………………………… 281
三、历史文化街区保护规划 …………………………………………… 286
四、文物保护单位 ……………………………………………………… 289
五、不可移动文物 ……………………………………………………… 292
六、历史建筑 …………………………………………………………… 292
七、传统风貌建筑和其他建筑 ………………………………………… 293
八、《关于在城乡建设中加强历史文化保护传承的意见》要点 ……… 293
第八节 城市市政公用设施规划 ………………………………………… 295
一、城市市政公用设施规划的基本概念和主要任务 ………………… 295
二、城市市政公用设施规划的主要内容 ……………………………… 295
三、城市市政公用设施规划的强制性内容 …………………………… 300
第九节 市政公用设施规划相关规范要点 ……………………………… 301
一、《饮用水水源保护区划分技术规范》HJ 338—2018 要点 ………… 301
二、《城市给水工程规划规范》GB 50282—2016 要点 ………………… 303
三、《城市给水工程项目规范》GB 55026—2022 要点 ………………… 304
四、《室外给水设计标准》GB 50013—2018 要点 ……………………… 305
五、《城市排水工程规划规范》GB 50318—2017 要点 ………………… 306
六、《室外排水设计标准》GB 50014—2021 要点 ……………………… 309
七、《城市电力规划规范》GB/T 50293—2014 要点 …………………… 311
八、《城镇燃气规划规范》GB/T 51098—2015 要点 …………………… 313
九、《城镇燃气设计规范》GB 50028—2006（2020 年版）要点 ………… 315
十、《城市供热规划规范》GB/T 51074—2015 要点 …………………… 316
十一、《城市通信工程规划规范》GB/T 50853—2013 要点 …………… 318
十二、《城市工程管线综合规划规范》GB 50289—2016 要点 ………… 319
十三、《城市黄线管理办法》要点 ……………………………………… 320
十四、《城市水系规划规范》GB 50513—2009（2016 年版）要点 ……… 321
十五、《城市蓝线管理办法》要点 ……………………………………… 323
十六、《城市环境卫生设施规划标准》GB/T 50337—2018 要点 ……… 324
第十节 其他主要专项规划 ……………………………………………… 327
一、城市绿地系统规划 ………………………………………………… 327

二、《城市绿线管理办法》要点 …… 328
三、城市综合防灾减灾规划 …… 329
四、《城市综合防灾规划标准》GB/T 51327—2018 要点 …… 331
五、《城市抗震防灾规划标准》GB 50413—2007 要点 …… 335
六、《城市抗震防灾规划管理规定》要点 …… 336
七、《城市社区应急避难场所建设标准》建标 180—2017 要点 …… 337
八、《防灾避难场所设计规范》GB 51143—2015（2021 年版）要点 …… 338
九、《建筑抗震设计规范》GB 50011—2010（2016 年版）要点 …… 341
十、《城市防洪规划规范》GB 51079—2016 要点 …… 342
十一、《防洪标准》GB 50201—2014 要点 …… 343
十二、《城市防洪工程设计规范》GB/T 50805—2012 要点 …… 346
十三、《城市消防规划规范》GB 51080—2015 要点 …… 348
十四、《城市消防站建设标准》建标 152—2017 要点 …… 351
十五、城市环境保护规划 …… 352
十六、《生活垃圾分类制度实施方案》要点 …… 353
十七、《城市防疫专项规划编制导则》T/UPSC 0007—2021 要点 …… 353
十八、城市竖向规划 …… 354
十九、《城乡建设用地竖向规划规范》CJJ 83—2016 要点 …… 356
二十、城市地下空间规划 …… 358
二十一、《城市地下空间规划标准》GB/T 51358—2019 要点 …… 359
第六章　城市近期建设规划 …… 362
第一节　城市近期建设规划的作用与任务 …… 362
一、城市近期建设规划的作用 …… 362
二、城市近期建设规划的任务 …… 362
第二节　城市近期建设规划的内容与编制方法 …… 363
一、城市近期建设规划的内容 …… 363
二、城市近期建设规划的编制方法 …… 364
第七章　城市详细规划 …… 367
第一节　控制性详细规划编制 …… 367
一、控制性详细规划基础理论 …… 368
二、控制性详细规划编制内容与程序 …… 370
三、控制性详细规划的编制方法与要求 …… 372
四、控制性详细规划的控制体系与要素 …… 374
五、控制性详细规划的成果要求 …… 381
第二节　修建性详细规划 …… 385
一、修建性详细规划的地位与作用 …… 385
二、修建性详细规划的基本特点 …… 385
三、修建性详细规划的编制内容与要求 …… 386
四、修建性详细规划的成果要求 …… 388

五、《自然资源部关于加强国土空间详细规划工作的通知》要点 …… 390
第八章 镇、乡和村庄规划 …… 392
第一节 镇、乡和村庄规划的工作范畴及任务 …… 392
一、城镇与乡村的一般关系 …… 392
二、镇、乡和村庄规划的工作范畴 …… 394
三、镇、乡和村庄规划的主要任务 …… 396
第二节 镇规划的编制 …… 397
一、镇规划概述 …… 397
二、镇规划编制的内容 …… 398
三、镇规划编制的方法 …… 400
四、镇规划的成果要求 …… 402
第三节 乡和村庄规划的编制 …… 403
一、乡和村庄规划概述 …… 403
二、乡和村庄规划编制的内容 …… 403
三、乡和村庄规划编制的方法 …… 405
四、《乡村振兴战略规划（2018—2022 年）》要点 …… 408
五、《村庄整治技术标准》GB/T 50445—2019 要点 …… 409
六、《自然资源部办公厅关于加强村庄规划促进乡村振兴的通知》要点 …… 411
七、《自然资源部 国家发展改革委 农业农村部关于保障和规范农村一二三产业融合发展用地的通知》要点 …… 414
八、《农业农村部 自然资源部关于规范农村宅基地审批管理的通知》要点 …… 415
九、《自然资源部 农业农村部关于设施农业用地管理有关问题的通知》要点 …… 416
十、《农村人居环境整治提升五年行动方案（2021—2025 年）》要点 …… 417
十一、《乡村建设行动实施方案》要点 …… 417
第四节 名镇和名村保护规划 …… 418
一、历史文化名镇和名村 …… 418
二、名镇和名村保护规划的内容 …… 419
三、名镇和名村保护规划的成果要求 …… 420
四、《历史文化名城名镇名村保护条例》要点 …… 421
五、《历史文化名城名镇名村保护规划编制要求（试行）》要点 …… 422
第九章 其他主要规划类型 …… 426
第一节 居住区规划 …… 426
一、居住区规划的实践及理论发展 …… 426
二、居住区规划的基本要求和布局 …… 428
三、居住区规划指标与成果表达 …… 430
四、《城市居住区规划设计标准》GB 50180—2018 要点 …… 430
五、《社区生活圈规划技术指南》TD/T 1062—2021 要点 …… 456
第二节 风景名胜区规划 …… 459
一、风景名胜区的概念和发展 …… 459

二、风景名胜区规划编制 …… 460
三、风景名胜区规划其他要求 …… 462
四、《风景名胜区条例》要点 …… 463
第三节 城市设计 …… 464
一、城市设计的基本理论和实践 …… 464
二、城市设计的实施 …… 474
三、《国土空间规划城市设计指南》TD/T 1065—2021 要点 …… 475
第十章 城市规划实施 …… 478
第一节 城市规划实施的含义、作用 …… 478
一、城市规划实施的基本概念 …… 478
二、城市规划实施的目的与作用 …… 479
三、城市规划实施的机制 …… 480
第二节 城市规划实施的基本内容 …… 483
一、影响城市规划实施的基本因素 …… 483
二、公共性设施开发与城市规划实施的关系 …… 484
三、商业性开发与城市规划实施的关系 …… 486
第三节 国土空间规划实施政策规范 …… 486
一、《国土空间规划城市体检评估规程》TD/T 1063—2021 要点 …… 486
二、《自然资源部办公厅关于加强国土空间规划监督管理的通知》要点 …… 490
三、《自然资源部关于以“多规合一”为基础推进规划用地“多审合一、多证合一”改革的通知》要点 …… 491
四、《自然资源听证规定》要点 …… 493
五、《自然资源执法监督规定》要点 …… 494
第十一章 国土空间规划相关政策规范 …… 496
第一节 国土空间规划的编制审批 …… 496
一、《第三次全国国土调查技术规程》TD/T 1055—2019 要点 …… 496
二、《自然资源部办公厅关于规范和统一市县国土空间规划现状基数的通知》要点 …… 503
三、《国土空间规划“一张图”建设指南（试行）》要点 …… 503
四、《关于在国土空间规划中统筹划定落实三条控制线的指导意见》要点 …… 505
五、《城区范围确定规程》TD/T 1064—2021 要点 …… 507
六、《生态保护红线划定指南》要点 …… 509
七、《自然资源部 生态环境部 国家林业和草原局关于加强生态保护红线管理的通知（试行）》要点 …… 511
八、《市级国土空间总体规划制图规范（试行）》要点 …… 511
九、《市级国土空间总体规划数据库规范（试行）》要点 …… 513
十、《国土空间规划“一张图”实施监督信息系统技术规范》GB/T 39972—2021 要点 …… 514

第二节　自然环境及资源保护 …… 515
一、《关于建立以国家公园为主体的自然保护地体系的指导意见》要点 …… 515
二、《山水林田湖草生态保护修复工程指南（试行）》要点 …… 516
三、《国务院办公厅关于加强草原保护修复的若干意见》要点 …… 517
四、《国家级公益林管理办法》要点 …… 518
五、《矿产资源规划编制实施办法》要点 …… 519
六、《全国海洋功能区划（2011—2020 年）》要点 …… 520
七、《中华人民共和国海洋环境保护法》要点 …… 521
八、《中华人民共和国湿地保护法》要点 …… 522
九、《湿地保护管理规定》要点 …… 523
十、《国家公园空间布局方案》要点 …… 524
十一、《水利部关于加强河湖水域岸线空间管控的指导意见》要点 …… 525
第三节　土地管理 …… 525
一、《中华人民共和国土地管理法》要点 …… 525
二、《中华人民共和国土地管理法实施条例》要点 …… 531
三、《中华人民共和国黑土地保护法》要点 …… 534
四、《全域土地综合整治试点实施要点（试行）》要点 …… 534
五、《关于深入推进城镇低效用地再开发的指导意见（试行）》要点 …… 536
六、《中华人民共和国城市房地产管理法》要点 …… 537
七、《中共中央 国务院关于加强耕地保护和改进占补平衡的意见》要点 …… 538
八、《关于加强新时代水土保持工作的意见》要点 …… 538
九、《自然资源部关于规范临时用地管理的通知》要点 …… 539
参考文献 …… 540

第一章　城市与城市发展

第一节　城市的概念与内涵

一、城市的概念

1. 城市的产生

（1）城市是社会经济发展到一定阶段的产物，是人类第三次社会大分工的产物。

第一次社会大分工，是农业和渔、牧业的分工。原始聚落时期，随着生产能力的提高，渔、牧业从农业劳作中分工出来，分工后两种产业生产出的物品不同就要进行物品交换，交换的方式是以物换物。逐步形成了固定的居民点，为了防御在居民点外围挖筑壕沟，这些防御性构筑物就是城池的雏形。

第二次社会大分工，是手工业和农业的分工。随着生产力继续发展，手工业从农业中分离出来，出现更多的剩余产品，并逐步产生了私有制，开始出现以贝壳为中介的交易。

第三次社会大分工，是商业从手工业中分离。封建社会时期，出现了不从事生产而专门从事商品交换的商人阶级。开始出现了以非农业、以商业交易的固定的市，同时出现了保障商人和物资安全的防御建筑，防御建筑就是城，这个时候城市基本形成。

（2）城市的理解。

1）城市最早是政治统治、军事防御和商品交换的产物，“城”是由军事防御产生的，“市”是由商品交换（市场）产生的。

2）城市是由社会剩余物资的交换和争夺而产生的。城市是社会分工和产业分工的产物。

3）城市是生产力发展的产物。生产力推动产业分工，产业分工推动城市产生。

4）城市是第三次社会大分工的产物。

5）城市是伴随着私有制和阶级分化，在原始社会向奴隶制社会过渡时期出现的。

6）城市的产生是人类文明的象征。在西方，“文明”一词就来源于拉丁语的“市民的生活”。

7）物质劳动和精神劳动最大的一次分工就是城市和乡村的分离。

2. 城市的概念

城市的产生定义：城市是社会经济发展到一定阶段的产物。具体来说是人类第三次社会大分工的产物。“城市”是在“城”与“市”功能叠加的基础上，以行政和商业活动为基本职能的复杂化、多样化的客观实体。

城市的功能定义：城市区别于农村不仅在于人口规模、密度、景观等方面的差别，更重要的在于其功能的特殊性。城市是工商业活动集聚的场所，是从事工商业活动的人群聚居的场所。

城市的集聚定义：城市的本质特点是集聚，高密度的人口、建筑、财富和信息是城市的普遍特征。

城市的区域定义：城市是一种区域现象。城市作为人类活动的中心，同周围广大区域保持着密切的联系，具有控制、调整和服务等职能。

城市的景观定义：城市是以人造景观为特征的聚落景观，包括土地利用的多样化、建筑物的多样化和空间利用的多样化。它包括了自然环境却又是以人造物和人文景观为主的一种地理环境。

城市的系统定义：城市是一个复杂且处于动态变化之中的自然—社会复合巨系统。美国学者 L. 芒福德说："城市既是多种建筑形式的组合，又是占据这一组合的结构，并不断与之相互作用的各种社会联系、各种社团、企业、机构等在时间上的有机结合。"英国学者巴顿则认为："城市是一个在有限空间地区内的多种经济市场——住房、劳动力、土地、运输等相互交织在一起的网状系统。"

当前社会在对城市的判读上已经有了一定共识：城市是非农人口集中，以从事工商业等非农业生产活动为主的居民点，是一定地域范围内社会、经济、文化活动的中心，是城市内外各部门、各要素有机结合的大系统。

历年真题

1. 下列有关城市概念的表述，不准确的是（　　）。[2021–1]

A. 城市是人类社会分工和产业分工的产物

B. 城市是工商业活动集聚和从事工商业活动的人群聚居的场所

C. 城市是以人造景观为特征，包括自然环境的聚落景观

D. 城市是经济，社会和空间上有机联系的居民点集合

【答案】D

【解析】城市是非农人口集中，以从事工商业等非农业生产活动为主的居民点，是一定地域范围内社会、经济、文化活动的中心，是城市内外各部门、各要素有机结合的大系统。乡村地区也是经济、社会和空间上有机联系的居民点集合。

2. 下列说法正确的是（　　）。[2019–1]、[2018–1]

A. 城市是人类社会第一次社会大分工的产物

B. 城市的本质特点是集聚

C. 城市是"城"与"市"叠加的实体

D. 城市最早是人口增长的产物

【答案】B

【解析】城市是人类第三次社会大分工的产物。城市的本质特点是集聚。"城市"是在"城"与"市"功能叠加的基础上，以行政和商业活动为基本职能的复杂化、多样化的客观实体。城市最早是政治统治、军事防御和商品交换的产物。

二、城市的基本特征

1. 城市的概念是相对存在的

（1）城市与乡村是人类聚落的两种基本形式，两者相同之处都是人类聚落。

（2）城市和乡村是一个统一体，不存在截然的界限。城市和乡村的边界日益模糊。

2. 城市是以要素聚集为基本特征的

（1）城市是人口聚居、建筑密集的区域，是生产、消费、交换的集中地。

（2）集聚效益是城市发展的根本动力，是城市与乡村的本质区别。

（3）城市各种资源的密集性，使其成为一定地域空间的经济、社会、文化辐射中心。

3. 城市的发展是动态变化和多样的

（1）从古代拥有明确空间限定（如城墙、壕沟等），到现代成为一种功能性的地域，再到西方国家郊区化、逆城镇化、再城镇化等一系列现象的出现，到现今经济全球一体化、全球劳动地域分工，城市传统的功能、社会、文化、景观等方面都已经发生了重大转变。

（2）随着信息网络、交通、建筑等技术的发展，城市的未来将会继续发生变化。

4. 城市具有系统性

城市是一个综合的巨系统，它包括经济子系统、政治子系统、社会子系统、空间环境子系统以及要素流动子系统等。在组成城市系统的要素间存在着非常复杂的关系，它们互相交织重叠，共同发挥作用，并对人类的各种行为做出一定程度的响应。

历年真题

1. 城市的基本特征不包括（　　）。[2022-1]

A. 系统性　　B. 动态性　　C. 流动性　　D. 均质性

【答案】D

【解析】城市的基本特征：①城市的概念是相对存在的；②城市是以要素聚集为基本特征的；③城市的发展是动态变化和多样的；④城市具有系统性，A、B、C 选项正确，D 选项错误。

2. 下列关于城市本质特征的表述，不准确的是（　　）。[2020-1]

A. 城市是人类文明的结晶

B. 城市的集聚效益是其不断发展的根本动力

C. 城市是政治统治、军事防御和商品交换的集聚地

D. 城市是非农人口聚居的居民点

【答案】D

【解析】城市是非农人口集中，以从事工商业等非农业生产活动为主的居民点。

三、当今城市地域的新类型

1. 大都市区

（1）概念。大都市区是一个大的城市人口核心，以及与其有着密切社会经济联系的、具有一体化倾向的邻接地域的组合，它是国际上进行城市统计和研究的基本地域单元，是城镇化发展到较高阶段时产生的城市空间组织形式。

（2）不同地域的概念。美国是最早采用大都市区概念的国家，1980 年后改称为大都市统计区，它反映的是大城市及其辐射区域在美国社会经济生活中地位不断增长的客观事实。西方国家建立了自己的城市功能地域概念，如加拿大的“国情调查大都市区”，英国的“标准大都市劳动区”和“大都市经济劳动区”，澳大利亚的“国情调查扩展城市区”，

瑞典的“劳动—市场区”，日本的都市圈等。

2. 大都市带

1957年法国地理学家戈特曼首先提出有许多都市区连成一体，在经济、社会、文化等各方面活动存在密切交互作用的、巨大的城市地域叫做大都市带。

戈特曼认为当时世界上存在6个大都市带：①从波士顿经纽约、费城、巴尔的摩到华盛顿的美国东北部大都市带。②从芝加哥向东经底特律、克利夫兰到匹兹堡的大湖大都市带。③从东京、横滨经名古屋、大阪到神户的日本太平洋沿岸大都市带。④从伦敦经伯明翰到曼彻斯特、利物浦的英格兰大都市带。⑤从阿姆斯特丹到鲁尔和法国北部工业聚集体的西北欧大都市带。⑥以上海为中心的城市密集地区，如长三角大都市带。

可能成为大都市带的3个地区：①以巴西里约热内卢和圣保罗两大城市为核心组成的复合体。②以米兰—都灵—热那亚三角区为中心沿地中海岸向南延伸到比萨和佛罗伦萨，向西延伸到马赛和阿维尼翁的地区。③以洛杉矶为中心，向北到旧金山湾、向南到美国—墨西哥边界的太平洋沿岸地区。

3. 全球城市区域

全球城市区域既不同于普通意义上的城市范畴，也不同于仅因地域联系形成的城市群或城市辐射区，而是在全球化高度发展的前提下，以经济联系为基础，由全球城市及其腹地内经济实力较为雄厚的二级大中城市扩展联合而形成的一种独特空间现象。这些全球城市区域已经成为当代全球经济空间的重要组成部分。

全球城市区域是以全球城市（或具有全球城市功能的城市）为核心的城市区域，而不是以一般的中心城市为核心的城市区域。全球城市区域是多核心的城市扩展联合的空间结构，而非单一核心的城市区域。多个中心之间形成基于专业化的内在联系，各自承担着不同的角色，既相互合作，又相互竞争，在空间上形成了一个极具特色的城市区域。全球城市区域这一新现象的出现，并不限于发达国家的大都市及其区域发展的过程。这种发展趋势是在全球范围内发生的，包括发展中国家。

历年真题

1. 下列关于大都市区的表述，错误的是（　　）。[2018-3]

A. 英国最早采用大都市区概念

B. 大都市区是为了城市统计而划定的地域单元

C. 大都市区是城镇化发展到较高阶段的产物

D. 日本的都市圈与大都市区内涵基本相同

【答案】A

【解析】美国是最早采用大都市区概念的国家。

2. 下列关于全球城市区域的表述，准确的是（　　）。[2017-2]

A. 全球城市区域由全球城市与具有密切经济联系的二级城市扩展联合而形成

B. 全球城市区域是多核心的城市区域

C. 全球城市区域内部城市之间相互合作，与外部城市相互竞争

D. 全球城市区域目前在发展中国家尚未出现

【答案】B

【解析】全球城市区域是多核心的城市区域。全球城市区域是多核心的城市扩展联合的空间结构。多个中心之间形成基于专业化的内在联系，既相互合作，又相互竞争。全球城市区域在发展中国家已经出现。

第二节　城市与乡村

一、城市与乡村的差别与联系

1. 城市与乡村的基本区别

人类活动要素的不同组合（空间上的组合、种类上的组合、数量上的组合等）形成了各种聚落景观。聚落因其基本职能和结构特点以及所处地域的不同，基本被分为城市聚落和乡村聚落。城市和乡村基本的区别主要有：

集聚规模的差异：城市与乡村的首要差别主要体现在空间要素的集中程度（也可以说成分散程度）上。

生产效率的差异：城市经济活动是高效率的。通过人口、资源、生产工具和科学技术等物质要素的高度集中，更主要的是由于高度的组织，取得的高效率。城市的经济活动是一种社会化的生产、消费、交换的过程，它充分发挥了工商、交通、文化、军事和政治等机能，属于高级生产或服务性质；乡村经济活动依附于土地等初级生产要素。

生产力结构的差异：城市是以非农业人口为主的居民点，在职业构成上不同于乡村，是城乡生产力结构的根本区别。

职能的差异：城市一般是工业、商业、交通、文教的集中地，是一定地域的政治、经济、文化的中心，在职能上是有别于乡村的。

物质形态的差异：城市具有比较健全的市政设施和公共设施，在物质空间形态上不同于乡村。

文化观念的差异：城市与乡村不同的社会关系，在文化、意识形态、风俗习惯、传统观念等存在差别。

2. 城市与乡村的基本联系

城市与乡村是一个统一体，并不存在截然的界线。随着社会经济的发展及各种交通、通信技术条件的支撑，城乡一体发展的现象愈发明显。城乡聚落景观连续变化主要有景观连续性、聚落连续性和经济、社会连续性变化。

城乡要素与资源的配置、城乡联系方式的选择是多样的，对于不同城乡联系方式的具体选择，完全取决于不同国家、地区的具体情况和城乡发展的基本战略。城乡联系的内容见表1–1。

表1–1　城乡联系分类与要素

联系类型	要素
物质联系	公路网、水网、铁路网、生态相互联系
经济联系	市场形式、原材料和中间产品流、资本流动、生产联系、消费和购物形式、收入流、行业结构和地区间商品流动

续表 1-1

联系类型	要素
人口移动联系	临时和永久性人口流动、通勤
技术联系	技术相互依赖、灌溉系统、通信系统
社会作用联系	访问形式、亲戚关系、仪式、宗教行为、社会团体相互作用
服务联系	能量流和网络、信用和金融网络、教育培训、医疗、职业、商业和技术服务形式、交通服务形式
政治、行政组织联系	结构关系、政府预算流、组织相互依赖性、权力－监督形式、行政区间交易形式、非正式政治决策联系

注：城乡联系分类与要素中没有涉及交通联系、文化联系、生产联系的内容。

历年真题

1. 下列关于城市与乡村关系的表述，错误的是（　　）。[2022-2]

A. 文化观念的差异是二者基本区别之一

B. 世界各国尚无统一的城乡聚落划分标准

C. 城市与乡村聚落景观的非连续性决定了城乡空间边界的可识别性

D. 随着社会经济的发展，城乡一体化发展的现象愈发明显

【答案】C

【解析】城市与乡村聚落景观是连续性的。尽管城市与乡村有着很多不同之处，但它们是一个统一体，并不存在截然的界线。

2. 下列城市与乡村的联系中，属于基本联系的有（　　）。[2022-81]

A. 物质联系　　B. 经济联系

C. 人口移动联系　　D. 风貌联系

E. 技术联系

【答案】ABCE

【解析】城乡联系的类型有物质联系、经济联系、人口移动联系、技术联系、社会作用联系、服务联系和政治、行政组织联系。

二、城乡划分与建制体系

1. 城乡聚落的划分

城乡聚落之间的界线很难科学地划分。首先，从城市到乡村是渐变的，有的是交错的。城乡之间并不存在一个城市消失和乡村开始的明显标志点。其次，城市本身是一定历史阶段的产物，城市的概念在不同历史条件下，不同国家发展阶段发生着不同的变化。城市，尤其是大城市与周围地区的联系在空间上日趋广泛，在内容上日益复杂，更加难以划分界线。

2. 城市规模划分标准

2014 年，在《国务院关于调整城市规模划分标准的通知》中，新的城市规模划分标准以城区常住人口为统计口径，将城市划分为五类七档：Ⅰ型小城市、Ⅱ型小城市、中等

城市、Ⅰ型大城市、Ⅱ型大城市、特大城市、超大城市（见表1–2）。

表1–2　城市规模划分标准

城市类型	城区常住人口规模（人）	人口规模细分（人）
小城市	50 万以下	Ⅰ型小城市（20万以上50万以下）
		Ⅱ型小城市（20万以下）
中等城市	50 万以上100万以下	—
大城市	100万以上500万以下	Ⅰ型大城市（300万以上500万以下）
		Ⅱ型大城市（100万以上300万以下）
特大城市	500万以上1 000万以下	—
超大城市	1 000万以上	—

注："以上"包括本数，"以下"不包括本数。

将统计口径界定为城区常住人口。城区是指在市辖区和不设区的市，区、市政府驻地的实际建设连接到的居民委员会所辖区域和其他区域。常住人口包括：居住在本乡镇街道，且户口在本乡镇街道或户口待定的人；居住在本乡镇街道，且离开户口登记地所在的乡镇街道半年以上的人；户口在本乡镇街道，且外出不满半年或在境外工作学习的人。

3. 中国市制两个基本特点

（1）市制由多层次的建制构成。从地域类型上划分，包括直辖市、省（或自治区）辖设区市、不设区市（或自治州辖市）三个层次。从行政等级上划分，包括省级、副省级、地级、县级四个等级。

（2）市制兼具城市管理和区域管理的双重性。市既有自己的直属辖区——市区，又管辖了下级政区（县或乡镇）。中国的市制实行的是城区型（市区）与地域型（市域）相结合的行政区划建制模式，一般称为广域型市制（包括市区和市域）。

历年真题

1. 下列关于我国城市建制的表述，不准确的是（　　）。［2020–2］

A. 市镇设置标准主要基于聚集人口规模和城镇的政治经济地位

B. 市镇的设置标准包括经济、社会等一系列指标要求

C. 城市建制由多层次的建制构成，包括区域分布、行政等级等

D. 城市建制兼具城市管理和区域管理的双重性

【答案】C

【解析】城市建制由多层次的建制构成，一般包括地域类型、行政等级。

2. 中国的市制实行的是哪种行政区划建制模式？（　　）［2012–1］

A. 广域型　　B. 集聚型　　C. 市带县型　　D. 城乡混合型

【答案】A

【解析】中国的市制实行的是城区型与地域型相结合的广域型市制模式。

三、中国城乡发展的总体现状

1. 新中国成立后我国城乡关系演变的基本历程

1949—1978 年：中国最根本的问题就是如何解决农业快速发展并为工业化奠定基础和提供保障。采取苏联的社会主义工业化模式，依靠建立单一的公有制和计划经济来推行优先快速发展重工业的战略。由此逐步建立起农业支持工业、农村支持城市和城乡分隔的"二元经济"体制，城镇化进程相当缓慢。农民主要是通过提供农副产品而不进入城市的方式，为工业和城市的发展提供农业剩余产品和降低工业发展成本。城乡关系完全由政府控制。

1978 年：党的十一届三中全会后，城乡关系逐步通过市场来调节，但是农业支持工业、乡村支持城市的趋向并没有改变。农民和农村主要是通过直接投资（乡镇企业）、提供廉价劳动力（大量农民工）、提供廉价土地资源三种方式，为工业和城市的发展提供强大的动力。

近年来，城乡统筹、建设社会主义新农村成为新时期城乡工作的主轴。

2. 我国城乡差异的基本现状

长期以来，我国呈现出城乡分割，人才、资本、信息单向流动，城乡居民生活差距拉大，城乡关系不均等、不平衡等发展状况。

（1）城乡结构"二元化"。我国一直实行"一国两策，城乡分治"的二元经济社会体制和"城市偏向，工业优先"的战略和政策选择。要根本消除二元结构体制还需一个相当长的过程。

（2）城乡收入差距拉大，农民收入增长缓慢（城乡收入差距达 6 ∶ 1 ~ 7 ∶ 1）。

（3）优势发展资源向城市单向集中。我国城乡差距大，城市一直是我国各类生产要素聚集的中心，而人才、技术、资金等向农村流动量少、进程慢，城乡资源流动单向化、不均衡现象十分明显。

（4）城乡公共产品供给体制的严重失衡。义务教育、基础设施和社会保障等公共产品供给体制，农村公共服务体系尚未建立。农民与城市居民享受的公共服务的差距很大。

我国目前处在一个从城乡二元经济结构向城乡一体化发展阶段迈进的历史转折点上。

3. 科学发展观与城乡统筹

从中国经济社会发展的实际出发，以全面、协调、可持续的科学发展观指导中国社会主义发展实践，就是要认真贯彻"五个统筹"——"统筹城乡发展、统筹区域发展、统筹经济社会发展、统筹人与自然和谐发展、统筹国内发展和对外开放"。

城乡统筹实际上包括经济和社会发展两大方面，统筹城乡经济社会发展的根本目标是扭转（而不是解决、根本消除）城乡二元结构、解决"三农"难题、推动城乡经济社会协调发展；统筹城乡经济社会发展的主体应该是政府；统筹城乡经济社会发展的重点是对农村社会政治、经济、文化等各领域进行战略性调整和深层次变革。

①统筹城乡经济资源，实现城乡经济协调增长和良性互动。保证农民平等地享用经济资源，是统筹城乡经济社会发展的关键。②统筹城乡政治资源，实现城乡政治文明共同发展。最重要的是体制和政策的转换问题。③统筹城乡社会资源，实现城乡精神文明共同繁荣。

历年真题

1. 下列关于城市与乡村关系的表述，正确的有（　　）。[2021-81]

A. 城市与乡村是人类聚落的基本形式

B. 城市与乡村联系密切、相辅相成

C. 城市与乡村的基本职能、结构特点不同

D. 世界各国的城乡聚落划分标准基本一致

E. 城乡统筹就是要形成有机联系的城乡二元结构

【答案】ABC

【解析】在日常生活中，区别城乡聚落似乎是轻而易举的事。而实际上，目前世界上还没有为定义城镇找到一个统一的标准。世界各国各地区根据各自社会经济发展的特点，制订了不同的城镇定义标准，D选项错误。改革开放以后，尽管这种制度有所松动，但要根本消除二元结构体制还需一个相当长的过程，E选项错误。

2. 21世纪以来，为保障法定规划的有效实施，避免城乡建设用地使用失控，我国开始实施（　　）。[2012-10]

A. 新型工业化与城镇化战略

B. 城乡统筹规划

C. 城乡规划监督管理制度

D. 建设用地使用权招标、拍卖、挂牌出让制度

【答案】C

【解析】进入21世纪，国务院发布《国务院关于加强城乡规划监督管理的通知》，提出要进一步强化城乡规划对城乡建设的引导和调控作用，健全城乡规划建设的监督管理制度，促进城乡建设的健康有序发展。

第三节　城市的形成与发展规律

一、城市形成和发展的主要动因

城市是社会经济发展到一定历史阶段的产物，是技术进步、社会分工和商品经济发展的结果。根据考古发现，人类历史上最早的城市出现在公元前3000年左右。城市的形成与发展的推动力量主要包括自然条件、经济作用、政治因素、社会结构、技术条件等。

城市是一个动态的地域空间形式。工业化是城市化的根本动力，农业剩余是城镇化的初始动力，现代城市发展凸显出新动力机制。

1. 自然资源开发和保护

工业化时期的城市发展很多都是依托丰富或独特的自然资源，走资源开发型、加工型的发展模式，进而带动整个城市及其所在区域的发展；随着资源存量的减少、枯竭或是当特色资源遭到破坏时，城市大都面临再次定位、转型的选择，否则只能走向衰退。自然资源开发与保护并存以及对可持续发展的追求成为现代城市发展的重要动因。

2. 科技革命与创新

科学技术是推动社会进步和城市发展的根本动力。一方面催生新的技术门类和产业部门；另一方面又加速传统产业的升级改造，使传统产业重新焕发生机与活力，进而优化整个社会的产业构成，促进社会的全面发展与进步。比如贵阳的大数据产业带动城市的发展。

3. 全球化与新经济

全球化背景下，新的经济形态和产业门类不断涌现，为城市发展提供了更多选择。不仅诞生了很多新兴产业，更使城市作为经济发展的节点建立起更大尺度上的全球性联系网络，从而对现代城市的发展产生至关重要的影响。比如长三角经济带对周边城市发展的影响。

4. 城市文化特质

城市是人类文化进步的产物，城市文化特质是现代城市发展的持久动力，比如西安。

历年真题

1. 下列经济社会发展实践中，不属于当代城市发展主要动力的是（　　）。[2021-2]

A. 自然资源开发和保护　　B. 灾害抵御和风险防范

C. 全球化与新经济　　D. 科技革命与创新

【答案】B

【解析】当代城市发展主要动力有自然资源开发和保护、科技革命与创新、全球化与新经济、城市文化特质。

2. 下列关于城市形成和发展的表述，正确的有（　　）。[2017-81]

A. 依据考古发现，人类历史上最早的城市出现在公元前 3000 年左右

B. 城市形成和发展的推动力量包括自然条件、经济作用、政治因素、社会结构、技术条件等

C. 随着资源枯竭，资源型城市不可避免地要走向衰退

D. 城市虽然是一个动态的地域空间形式，但是不同历史时期的城市其形成和发展的主要动因基本相同

E. 全球化是现代城市发展的重要动力之一

【答案】ABE

【解析】资源型城市随着资源枯竭，城市大都面临再次定位、转型的选择，否则只能走向衰退，C 选项错误。城市是一个动态的地域空间形式，城市形成和发展的主要动因也会随着时间和地点的不同而发生变化，D 选项错误。

二、城市发展的阶段及其差异

城市发展的历程是连续变化的。城市的发展阶段分为农业社会城市、工业社会城市以及后工业社会城市，各阶段的城市差异见表 1-3。

表 1-3　农业社会、工业社会和后工业社会的城市差异

差异	农业社会的城市	工业社会的城市	后工业社会的城市
产业主导	农业依赖	工业化	服务业
职能	政治、军事或宗教中心	经济发展中心	服务中心
规模	有限	主要空间载体	多元化
发展目标	农业时代	工业时代	生态时代

1. 农业社会的城市

（1）农业社会的生产力低下，对于农业的依赖性决定了农业社会的城市数量、规模

及职能都是极其有限的，城市没有起到经济中心的作用，城市内手工业和商业不占主导地位，而主要是政治、军事或宗教中心，是农业社会的特征。这一点与城市的概念，最早是政治、军事防御和商品交换的产物要注意区分。

（2）农业社会的后期，以欧洲城市为代表孕育了一些资本主义萌芽，文艺复兴和启蒙运动的出现，使得西方（只指西方，不包括中国）市民社会显现雏形，为日后技术革新中的城市快速发展奠定了思想领域的基础。

2. 工业社会的城市

（1）18 世纪后期开始的工业革命从根本上改变了人类社会与经济发展的状态。工业化带来生产力的空前提高及生产技术的巨大变革，导致了原有城市空间与职能的巨大重组，促进了大量新兴工业城市的形成，城市逐渐成为人类社会的主要空间形态与经济发展的主要空间载体。

（2）蒸汽机的发明和交通工具的革命以及工业生产本身的扩张趋势，加速了人口和经济要素向城市聚集，使城市规模扩张、数量猛增，产生了世界性的城镇化浪潮，城市真正成为国家和地区的经济发展中心。

（3）工业文明造成了环境污染、能源短缺、交通拥堵、生态失衡等诸多城市问题。

3. 后工业社会的城市

（1）后工业社会的生产力将以科技为主体，以高技术（如信息网络、快速交通等）为生产与生活的支撑，文化趋于多元化。

（2）城市的性质由生产功能转向服务功能，制造业的地位明显下降，服务业的经济地位逐渐上升。现代化运输工具大大削弱了空间距离对人口和经济要素流动的阻碍。

（3）环境危机日益严重，城市的建设思想也由此走向生态觉醒，人类价值观念发生了重要变化并向“生态时代”迈进。

历年真题

1. 下列关于城市发展的表述，不准确的是（　　）。[2022-3]

A. 城市发展是动态和多样化的

B. 城市发展是连续和增量化的

C. 城市发展的主要动因具有时空差异性

D. 城市发展与所在区域相互促进、相互制约

【答案】B

【解析】城市发展的历程是连续变化的，但并不一定是增量化的，如资源型城市。

2. 下列关于城市发展阶段的表述，不准确的是（　　）。[2021-3]

A. 农业社会的城市一般以经济中心的职能为主

B. 工业社会的城市逐渐成为人类社会的经济发展主要载体

C. 工业革命之后开始出现城镇化浪潮

D. 工业社会的城市开始出现环境污染、交通拥堵等诸多问题

【答案】A

【解析】农业社会的城市，城市内手工业和商业不占主导地位，而主要是政治、军事或宗教中心。

三、城市空间环境演进的基本规律及主要影响因素

1. 城市空间环境演进的基本规律

（1）从封闭的单中心到开放的多中心空间环境。多中心开放结构不仅适应了城市自身发展的要求，而且有利于城乡区域的发展互动。

（2）从平面空间环境到立体空间环境。如城市道路的立体化、城市空间向地下发展等，共同组成一个立体交错的城市空间。

（3）从生产性城市空间到生活性城市空间。

（4）从分离的均质城市空间到连续的多样城市空间。从大尺度的大都市带、城市连绵带的出现，到城市内部的各种分异空间的出现，都从尺度和要素构成上塑造了一个多样性的城市空间。

2. 影响城市空间环境演进的主要因素

（1）自然环境因素。自然条件例如地质、地貌、水文、气候、动植物、土壤等，都直接或间接地影响着城市空间的发展，它们主要体现在城市选址、城市空间特色、空间环境质量等方面。比如山城重庆。

（2）社会文化因素。城市空间结构形成后，又反过来影响生活在其中的居民行为方式和文化价值观念。

（3）经济与技术因素。经济的发展导致城市各组成部分功能的变化，加剧了城市功能与既有空间形态之间的矛盾，从而促使了城市空间的演化。科学技术发展带来的营造技术水平变化，也直接影响了城市空间结构以及空间构建方式。

（4）政策制度因素。从行政区划、投资区位、城镇化战略、城建政策、经济政策到城市规划、权力干预等无不带有政治色彩。

注：政治制度是易考干扰项。

历年真题

下列关于城市空间环境演进基本规律的表述，正确的是（　　）。[2019-3]、[2018-4]、[2013-2]

A. 从多中心到单中心　　　　　　B. 从平面延展到立体利用

C. 从生产性空间到生态性空间　　D. 从分离的均质空间到整合的单一空间

【答案】B

【解析】城市空间环境演进的基本规律：从封闭的单中心到开放的多中心空间环境；从平面空间环境到立体空间环境；从生产性城市空间到生活性城市空间；从分离的均质城市空间到连续的多样城市空间。

第四节　城镇化及其发展

一、城镇化的基本概念

1. 城镇化的基本概念与内涵

城镇化是一个过程，是一个农业人口转化为非农业人口、农村地域转化为城市地域、

农业活动转化为非农业活动的过程，也可以认为是非农人口和非农活动在不同规模的城市环境的地理集中过程，以及城市价值观、城市生活方式在乡村的地理扩散过程。城镇化分为有形和无形两种类型。

有形的城镇化，即物质上和形态上的城镇化：①人口的集中。包括城镇人口比重的增大、城镇密度的加大和城镇规模的扩大。②空间形态的改变。城市建设用地增加，城市用地功能的分化，土地景观的变化（大量建筑物、构筑物的出现）。③经济社会结构的变化。产业结构的变化，由第一产业转变为第二、三产业；社会组织结构的变化，由分散的家庭到集体的街道，从个体的、自给自营到各种经济文化组织和集团。

无形的城镇化，即精神上、意识上的城镇化，生活方式的城镇化：①城市生活方式的扩散。②农村意识、行为方式、生活方式转化为城市意识、方式、行为的过程。③农村居民采取城市生活态度、方式的过程。

2. 城镇化水平的测度

除生活方式、思想观念等无形转化过程难以用量化指标反映外，人口、土地、产业等的变化过程均可用量化指标来反映。

通常采用国际通行的方法——将城镇常住人口占区域总人口的比重作为反映城镇化过程的最主要指标，称为"城镇化水平"或"城镇化率"，这一指标既直接反映了人口的集聚程度，又反映了劳动力的转移程度，目前在世界范围内被广泛采用，作为城镇化进程阶段划分的重要依据。

城镇化率的计算公式为：$PU = U/P$。式中：PU 为城镇化率，U 为城镇常住人口，P 为区域总人口。

对一个地区城镇化发展水平的衡量应该从多个角度进行考察，至少包括城镇化发展的数量水平和质量水平这两个基本方面，更重要的是质量指标。

历年真题

按照城镇化的基本概念，不属于城镇化范畴的是（　　）。[2020-3]

A. 原有农业用地上出现大量建筑物、构筑物，土地景观发生变化

B. 第一产业向第二、三产业转变，产业结构发生变化

C. 城市生活方式向农村地区扩散和普及，家庭生活模式发生变化

D. 学历结构提高、老龄化加速，人口结构发生变化

【答案】D

【解析】D 选项内容是社会问题，城市和乡村都存在，不属于城镇化的范畴。

二、城镇化的机制与进程

1. 城镇化的动力机制

（1）农业剩余贡献。城市是农业和手工业分离后的产物，农业生产力的发展及农业剩余贡献是城市兴起和成长的前提。农产品的剩余刺激了人口劳动结构的分化，出现专门从事非农业活动的人口来支持城市的进一步发展。

（2）工业化推进。生产力水平的发展促进城镇化进程，工业化的集聚要求促成了资本、人力、资源和技术等生产要素在空间上高度组合，从而促进城市的形成和发展，启动城镇化的进程。

（3）比较利益驱动。城镇化发生的规模与速度受到城乡间比较利益差异的引导和制约。决定人口从乡村向城市转移的规模和速度的两种基本力：

1）城市拉力：对劳动力的需求，以及城市相对于农村的各方面物质、精神优越地位所产生的诱惑力等。

2）乡村推力：农业人口增加，土地面积有限性，农业生产率提高，农业劳动力的剩余，寻求城市理想乐土的精神推力等。

（4）制度变迁促进。户籍管理制度（现在户籍制度的变化，对人才的引入等政策）、城乡土地使用制度、住房制度等，都从不同方面影响或推动了我国城镇化的发展。制度变迁对于城镇化进程在根本动力上具有显著的加速或滞缓作用，合理的制度安排与创新是城镇化进程顺利推进的重要保障。

（5）市场机制导向。市场的一个重要自发作用就是推动资源利用效益的最大化配置，城市比乡村对要素具有巨大的增值效应，所以在市场力的作用下，城镇化的进程得到不断推进。

（6）生态环境诱导与制约的双重作用。生态环境对城镇化的影响包括诱导作用与制约作用两个基本方面，它们常常是同时叠加于一个地区的城镇化过程之中。随着城镇化的推进和城市的过度集聚，一些生态环境优良的郊区开始吸引高品质居住、休闲旅游和先进产业的发展；然而有限的生态环境容量将会很大程度上制约城镇化的进程。

（7）城乡规划调控。合理运用城乡规划调控手段，可以实现空间等要素资源的集约利用，引导区域城镇合理布局，这些不仅将对城镇化起到积极的推动作用，而且可以从根本上提升城市与区域的竞争力与可持续发展能力。

注：城镇化的三大动力为初始动力—农业发展；根本动力—工业化；后续动力—第三产业。

2. 城镇化的基本阶段

依据时间序列，城镇化进程一般可以分为四个基本阶段。

集聚城镇化阶段。由于巨大的城乡差异，导致人口与产业等要素从乡村向城市单向集聚。

郊区化阶段。环境恶化、收入水平差距的加大及通勤条件的改善，城市中上阶层开始移居到市郊或外围地带。住宅、商业服务部门、事务部门及大量就业岗位等外移市郊。

逆城镇化阶段。中心市区人口外迁，郊区人口也向更大的外围区域迁移，出现大都市区人口负增长，人们通勤半径达到100公里左右。

再城镇化阶段。面对城市中由于大量人口和产业外迁导致的经济衰退、人口贫困、社会萧条等问题，开始调整产业结构、发展高科技产业和第三产业、积极开发市中心衰落区、努力改善城市环境和提升城市功能，来吸引一部分特定人口从郊区回流到中心城市。

历年真题

1. 下列不属于城镇化基本动力机制的是（　　）。[2022-4]

A. 市场机制的引导　　B. 引进外资发展

C. 生态环境的诱导和制约　　D. 工业化推进

【答案】B

【解析】城镇化的基本动力机制包括：农业剩余贡献、工业化推进、比较利益驱动、制度变迁促进、市场机制导向、生态环境诱导与制约的双重作用和城乡规划调控。

2. 下列关于城镇化发展阶段特征的表述，错误的是（　　）。[2021-4]

A. 集聚城镇化阶段，人口与产业等要素从乡村向城市单向集聚
B. 郊区化阶段，居住、商业服务部门、事务部门以及大量就业岗位相继向城市郊区迁移
C. 逆城镇化阶段，大城市规模得以控制，小城镇和乡村快速发展
D. 再城镇化阶段，部分特定人口从郊区回流到中心城市

【答案】C

【解析】逆城镇化阶段，不仅中心市区人口继续外迁，郊区人口也向更大的外围区域迁移，人们的通勤半径甚至可以扩大到100公里左右。

3. 城镇化进程的基本阶段不包括（　　）。[2019-4]、[2012-81]

A. 城乡一体化阶段　　B. 郊区化阶段
C. 逆城镇化阶段　　D. 再城镇化阶段

【答案】A

【解析】依据时间序列，城镇化进程一般可以分为集聚城镇化阶段、郊区化阶段、逆城镇化阶段、再城镇化阶段。

三、中国城镇化的历程与现状

1. 新中国成立后中国城镇化的总体历程

（1）城镇化的启动阶段（1949—1957年）。处于我国国民经济恢复和“一五”计划顺利实施的时期，重点是建设工业城市，形成了以工业化为基本内容和动力的城镇化。随着工业化水平的提高，城市人口骤增，工人新村迅速崛起，城市基础设施建设加快，产生了许多新型工矿城市。

（2）城镇化的波动发展阶段（1958—1965年）。这个阶段是违背客观规律的城镇化大起大落时期。

（3）城镇化的停滞阶段（1966—1978年）。由于“文化大革命”十年内乱，国民经济面临崩溃，经济发展停滞。大批知青和干部被下放到农村，城市人口下降，大量工业被配置到“三线”，分散的工业布局难以形成聚集优势来发展城镇。

（4）城镇化的快速发展阶段（1979年以来）。党的十一届三中全会后，实施正确的方针、政策，如颁布新的户籍管理政策，调整市镇建制标准等，从而使城镇人口特别是大城市的人口机械增加较快，出现了城镇化水平的整体提高，有力地促进了城乡经济的持续发展。步入了新中国成立以来城镇化发展最快的一个时期。

2. 中国城镇化的典型模式

城镇化的模式，是指对一个国家、一个地区在特定阶段、特定环境背景中城镇化基本特征的模式化归纳、总结。对于任何一个国家和地区而言，城镇化都是一个复杂、动态的过程，城镇化的模式事实上并不能涵盖一个地区城镇化特征的全部。

（1）计划经济体制下以国有企业为主导的城镇化模式，是计划经济的产物，其城镇化的原动力来自国家计划对资源的大规模开发和生产建设；城镇化水平的提高主要是因为资源开发所引起的大量外来人口的迁入以及相关政策的强制性推动。攀枝花、大庆、鞍山、东营、克拉玛依等许多城市的兴起是典型案例。

（2）商品短缺时期以乡镇集体经济为主导的城镇化模式，是一种通过乡村集体经济和

乡镇企业的发展，促进乡村工业化和农村城镇化进而推动城市发展的模式。就地解决农村剩余劳动力，积累了地方经济的基础，有效地促进了小城镇的发展，当然也带来了布局分散、投资效率低等问题。

（3）市场经济早期以分散家庭工业为主导的城镇化模式，在由计划经济向市场经济转轨过程中，通过家庭手工业、个体私营企业以及批发零售商业来推动农村工业化，并以此带动乡村人口转化为城市人口。

（4）以外资及混合型经济为主导的城镇化模式，中外合资推动城镇化发展。20 世纪 90 年代中后期以来，随着全球资本与产业的转移，大力推动资本结构转型，以外向型经济园区为主体的空间成为集聚人口与产业、推动城镇化的有力载体。

3. 中国城镇化的现状特征

（1）城镇化过程经历了大起大落阶段以后，进入持续、加速和健康发展阶段。

（2）区域重点经历由西向东转移过程，总体上东部快于中西部，南方快于北方。

（3）各级城市普遍发展的同时，区域中心城市及城市密集地区发展加速，成为区域甚至是国家经济发展的中枢地区，成为接驳世界经济和应对全球化挑战的重要空间单元。

（4）部分城市正逐步走向国际化。

4. 中国城镇化的发展趋势

（1）东部沿海地区城镇化总体快于中西部内陆地区，但中西部地区将不断加速，城市数量和城市等级都会有较大的提升。为了保护生态环境、提升经济社会发展的质量和提高城镇化的效益，发展区域中心城市、大城市将成为中西部地区城镇化的重点。

（2）以大城市为主体的多元化的城镇化道路将成为我国城镇化战略的主要选择。大城市人口实际增长率虽然还将大幅上升，但更重要的是扮演经济发展主要基地的角色。中、小城市和小城镇将成为吸收农村人口实现城镇化的主战场。

（3）城市群、都市圈等将成为城镇化的重要空间单元。一定区域内的城镇群体通过空间整合的方式谋求共同的、更高的发展，已经成为世界性的趋势。例如长江三角洲城市群、珠江三角洲城市群、京津冀城市群、辽中南城市群等，它们不仅是高度城镇化的地区，而且已经成为国家、区域经济社会发展的中枢，正在积极与世界城市体系接轨。

（4）在沿海一些发达的特大城市，开始出现了社会居住分化、“郊区化”趋势。一些特大城市中由于社会阶层收入的差异加大，已经出现了居住地域的明显社会分化。而一部分城市人口开始出现向郊区外迁的“郊区化”趋势，对城乡空间集约利用、生态环境保护、城市交通、社会公平等带来了新的挑战。

5. 新型城镇化内涵——中央城镇化工作会议

“四化”同步的城镇化。工业化、城镇化、信息化、农业现代化。

“四化”协调的城镇化。人口城镇化、土地城镇化、经济城镇化、社会城镇化。

布局合理的城镇化。集城市群、中小城市、小城镇联动发展，城乡规划、基础设施、公共服务等于一体。

生态文明的城镇化。集约、智能、绿色、低碳，促进生产空间集约高效、生活空间宜居适度、生态空间山清水秀。

弘扬文化的城镇化。建设公共文化社会，弘扬中华优秀传统文化。

历年真题

1. 下列不属于我国城镇化典型模式的是（　　）。[2019-5]

A. 计划经济体制下以国有企业为主导的城镇化模式

B. 商品短缺时期以民营经济为主导的城镇化模式

C. 由计划经济向市场经济转轨过程中以分散家庭工业等为主导的城镇化模式

D. 以外资及混合型经济为主导的城镇化模式

【答案】B

【解析】商品短缺时期是以乡镇集体经济为主导的城镇化模式。

2. 下列关于我国城镇化现状特征与发展趋势的表述，准确的有（　　）。[2018-81]

A. 城镇化过程经历了大起大落阶段以后，开始进入了持续、健康的发展阶段

B. 以大中城市为主体的多元城镇化道路将成为我国城镇化战略的主要选择

C. 城镇化发展总体上东部快于西部，南方快于北方

D. 东部沿海地区城镇化进程总体快于中西部内陆地区，但中西部地区将不断加速

E. 城市群、都市圈等将成为城镇化的重要空间单元

【答案】CDE

【解析】城镇化过程中经历了大起大落阶段以后，已经进入了持续、加速和健康发展阶段，并非“开始进入”，A 选项错误。以大城市为主体的多元化的城镇化道路将成为我国城镇化战略的主要选择，并非“大中城市”，B 选项错误。

3. 下列关于新中国成立以来我国城镇化发展历程的表述，错误的是（　　）。[2017-3]

A. 1949—1957 年是我国城镇化的启动阶段

B. 1958—1965 年是我国城镇化的倒退阶段

C. 1966—1978 年是我国城镇化的停滞阶段

D. 1979 年以来是我国城镇化的快速发展阶段

【答案】B

【解析】1958—1965 年是城镇化的波动发展阶段。这个阶段是违背客观规律的城镇化大起大落时期。

第五节　城市发展与区域、社会经济及资源环境的关系

一、城市发展与区域发展的关系

城市是区域增长、发展的核心，区域是城市存在与支撑其发展的基础；区域发展产生了城市，城市又在发展中反作用于区域。城市作为经济发展的中心，都有其相应的经济区域作为腹地。

区域条件对城市发展影响深远，城市规划中必须首先分析影响城市发展的各种区域性因素：区域整体的经济社会发展水平、区域自然条件与生态承载能力、区域发展的条件差异、区域的基础设施水平等，即要建立“从大到小”的研究分析观念。

1. 区域是城市发展的基础

城市的发展要对周边的地域产生物质、能量、信息、社会关系等的交换作用，而一个城市

的形成和发展受到相关区域的资源和其他发展条件制约。城市和区域共同构成了统一、开放的巨系统，城市与区域发展的整体水平越高，它们之间的相互作用就越强。区域的角色与作用正在发生着巨大的变化，当今与全球一体化相伴而生的一个重要趋势是区域一体化。为了在全球竞争体系中获得更大、更强的发展，而在一定的区域内通过各种方式联合起来，一些中心城市与其所在的区域共同构成了参与全球竞争的基本空间单元（如大都市区、都市圈等）。

2. 城市是区域发展的核心

城市不能脱离区域而孤立发展，城市是引领区域发展的核心，因而城市与区域相互关系和发展演进的规律是研究城市发展的重要基础，比如生长极理论、“核心－边缘”理论、中心地理论等区域增长理论体现着城市引领区域发展的核心作用。

要制定合理政策，以城市发展带动区域成长，以区域发展支撑城市进步。

在“核心－边缘”理论中，城市与区域的关系是指核心与边缘的关系。

历年真题

1. 下列关于城市和区域发展关系的表述，不准确的是（　　）。[2021-5]

A. 城市的形成和发展受到相关区域的资源条件制约

B. 城市是区域增长和发展的基础和背景

C. 社会经济不断发展，城市与区域的关系更加紧密

D. 城市与区域发展的整体水平越高，二者之间的相互作用越强

【答案】B

【解析】区域是城市发展的基础，城市是区域发展的核心。

2. 下列关于城市发展与区域发展关系的表述，正确的是（　　）。[2020-4]

A. 城市是区域发展的基础

B. 区域是城市发展的核心

C. 城市和区域共同构成了统一、开放的巨系统

D. 城市与其所在的区域是相互联系、相互制约、相互对立的关系

【答案】C

【解析】区域是城市发展的基础，城市是区域发展的核心，城市与其所在的区域存在相互联系、相互促进、相互制约的辩证关系。

二、城市发展与经济发展的关系

城市是现代经济发展的最重要空间载体，快速的经济发展促进城市的空间拓展。城市经济一般可以分为基本的和非基本的两种部类。

1. 城市的基本经济部类与非基本经济部类

（1）基本经济部类是指城市对外服务的经济部门及其经济活动，其产品是输出到城市外部市场。基本经济部类是促进城市发展的动力，并且基本经济部类的发展将对从属经济部类的发展产生促进作用，形成一个循环和累积的反复过程——基本经济部类的乘数效应，由此使城市在区域中的地位不断升高，使城市成为区域发展的核心，有些城市进而成为不同层次区域内的中心城市。

（2）非基本经济部类是指城市对内服务的经济部门及其经济活动，主要满足城市内部发展的需求。

（3）倒“U”形现象。区域中的各个城市发展并不是均衡的，区域内一些条件较为优越的城市由于规模经济和聚集经济的效应，它们的发展往往呈现不断循环和累积的过程，逐渐成为区域的中心城市。这些城市发展达到一定规模后，将会遇到越来越多的阻力因素（如地价上涨、交通拥挤、劳工短缺和环境恶化等），城市发展初期的比较优势逐渐丧失，而其他城市的比较优势越来越显著，这就是城市经济学里常常提到的倒“U”形现象。

2. 城市是现代经济发展的最重要空间载体

现代社会中，城市早已成为推动整个经济社会发展的最重要动力。随着经济结构调整的不断深化和城市经济功能的逐渐转型，以制造业为主的第二产业快速从中心城区外迁，一些新生的产业类型比如主要依靠专业人才的创造能力和知识产权的创意产业，逐渐成为一些大城市经济发展的新引擎，并强力带动周边传统产业升级。

经济全球化的进一步加剧，使中心控制功能越来越集中于少数世界城市。由于全球经济结构和布局的调整，大量的低级产业、资金和外围技术正从发达国家向发展中国家转移。经济活动的日益分散导致公司管理活动的复杂化，使得这些跨国公司的总部必须位于交通通信等基础设施条件优越、市场经济环境良好的城市。世界城市在世界经济、政治体系中所起的控制和指挥中心的作用将进一步得到加强。总之，城市已经成为现代经济发展过程中最重要的空间载体，通过城市这一重要的节点，资源、技术、劳动力、资本快速聚集并相互作用，从而使城市在自身经济实力不断得到提升的同时，带动区域、国家甚至超国家尺度的空间经济发展。

历年真题

1. 下列关于城市发展与经济发展关系的表述，不准确的是（　　）。［2022-5］

A. 基本经济部类是促进城市发展的动力

B. 区域中心城市往往是规模经济和聚集经济循环累积作用的结果

C. 城市是现代社会中推动经济发展的重要动力之一

D. 信息技术的加速发展促进了经济控制功能向区域中心城市集中

【答案】D

【解析】经济全球化的进一步加剧，使得中心控制功能越来越集中于少数世界城市。

2. 下列关于城市与区域发展的表述，正确的有（　　）。［2019-81］

A. 城市始终都不能脱离区域孤立发展

B. 非基本经济部类是促进城市发展的动力

C. 城市是区域增长的核心

D. 区域已经成为现代经济发展过程中重要的空间载体

E. 影响城市发展的各种区域性因素包括区域发展条件、自然条件与生态承载力等

【答案】ACE

【解析】基本经济部类是促进城市发展的动力，B 选项错误。城市已经成为现代经济发展过程中最重要的空间载体，D 选项错误。

三、城市发展与社会发展的关系

1. 城市是社会生活与矛盾的集合体

城市的最显著特征是人口密集，社会问题集中地发生在城市里。城市社会问题是经济

发展到一定阶段的产物，不同的经济发展阶段产生不同的社会问题。不同的社会制度，社会问题的表现形式也不相同，所以城市社会问题复杂多样，问题的严重程度强弱不等。因此，社会和空间之间存在着辩证统一的交互作用和相互依存的关系。

城市规划理论与实践的发展始终离不开对社会问题的关注。现实的城市规划对城市社会问题的解决总是难以取得理想的结果，旧的社会问题的解决总是伴随着新的社会问题的产生，从城市住房拥挤、环境恶劣到房屋破旧、住宅紧张，从经济危机、经济萧条到内城衰退、社会混乱，从出现贫民窟到社会分化，从公众参与、社区规划到倡导性规划等，可以说城市社会问题既可以成为城市发展的桎梏，又反过来成为城市发展的目标和现实动力。

2. 健康的社会环境是促进城市发展的重要动力

健康的社会环境能使城市的各项社会资源的效益最大化，推动城市文明的继续和发展。

城市社会的健康发展，必然促进人的素质不断提高，人与人的关系不断改善，以及人与自然的和谐。

各种社会发展趋势、城市社会结构的变迁，必然会对城市的发展变化带来一定影响，并在空间环境上有所体现。城市规划既是一项技术性工程，更是一项社会工程，城市规划也因而具有明确的公共政策属性。

历年真题

下列关于城市发展与社会发展关系的表述，不准确的是（　　）。[2022-6]

A. 城市是社会生活矛盾的集合体

B. 城市是社会问题集中发生地

C. 城市中旧的社会问题的解决不会带来新的社会问题

D. 城市社会问题的解决是城市发展的目标和现实动力之一

【答案】C

【解析】现实的城市规划对城市社会问题的解决总是难以取得理想的结果，旧的社会问题的解决总是伴随着新的社会问题的产生。

四、城市发展与资源环境的关系

1. 资源环境是城市发展的支撑与约束条件

在现代社会的发展过程中，资源、人口、经济发展和环境之间的相互依存、相互影响的关系日益明显。城市的发展离不开资源环境的支撑作用，自然资源既是城市和区域生产力的重要组成部分，也是经济社会发展的必要条件和物质基础。在城市经济与生态环境的整个系统中，存在着经济开发与资源环境的保护、经济增长与环境质量的改善、经济建设投资与生态环境的建设等一系列矛盾。科学的发展观承认二者之间矛盾的对立性，但同时又看到矛盾双方的同一性——资源环境对城市发展带来约束的同时，也将极大地促进人们优化发展模式、提升科技进步的意识和动力，从而增强人类对资源环境保护和建设的能力。规划者不应该片面地思考如何突破资源环境这一约束条件，而应该将环境、资源、经济和社会发展作为一个统一的大系统，在城市经济发展过程中，始终从城市生态经济的整体出发，认识和把握经济规律与生态规律的矛盾性、相关性，努力探索二者和谐发展的实现途径。

2. 健康的城市发展方式有利于资源环境集约利用

科学发展观要求实现城市经济增长与资源环境的保护相互协调、相互促进的良性循环，健康的城市发展方式有利于对资源环境的保护和节约。实现这一目标的关键不仅仅在于如何防治各种环境的污染和对资源的破坏，如何进行资源环境管理工作，以及对资源环境的破坏行为如何进行处置，而且更重要的在于如何转变人们的思想观念、价值取向和行为方式，在于启迪人类尊重自然规律的生态境界，在干引导人类健康、文明的生产和消费方式，在于改革不合理的管理体制和法律体系，培育适应经济与社会可持续发展要求的运行机制，最终实现人与自然的和谐发展。

历年真题

1. 下列关于城市发展与资源环境关系的表述，正确的有（　　）。[2022-82]

A. 资源环境是城市发展的支撑与约束条件

B. 城市物质空间和环境资源具有矛盾双方的对立性和同一性

C. 城市发展过程中的经济规律和生态规律是冲突和对抗关系

D. 只有加强资源环境集约利用和刚性管控才能实现人与自然的和谐发展

E. 健康的城市发展方式有利于对资源环境的保护和节约

【答案】ABE

【解析】科学发展观要求实现城市经济增长与资源环境的保护相互协调、相互促进的良性循环，健康的城市发展方式有利于对资源环境的保护和节约，C选项错误。实现这一目标的关键不仅仅在于如何进行资源环境管理工作，以及对资源环境的破坏行为如何进行处置，而且更重要的在于如何转变人们的思想观念、价值取向和行为方式，D选项错误。

2. 下列关于城市发展和资源环境关系的表述，不准确的是（　　）。[2021-6]

A. 城市的发展离不开资源环境的支撑作用

B. 技术进步、生产生活方式转变等难以提升资源环境承载的潜力

C. 资源环境对城市发展带来约束的同时，也将极大地促进人们优化发展

D. 健康的城市发展方式有利于实现经济增长和资源环境的保护相互协调、相互促进的良性循环

【答案】B

【解析】资源环境对城市发展带来约束的同时，也将极大地促进人们优化发展模式、提升科技进步的意识和动力，从而增强人类对资源环境保护和建设的能力。

第二章 城市规划的发展及主要理论与实践

第一节 国外城市与城市规划理论的发展

一、欧洲古代社会和政治体制下城市的典型格局

从公元前5世纪到公元17世纪，欧洲经历了从以古希腊和古罗马为代表的奴隶制社会到封建社会的中世纪、文艺复兴和巴洛克几个历史时期。古希腊城邦的城市公共场所、古罗马城市的炫耀和享乐特征、中世纪的城堡以及教堂的空间主导地位、文艺复兴时期的古典广场和君主专制时期的城市放射轴线都是不同社会和政治背景下的产物。

1. 古典时期的社会与城市

古典时期的社会与城市具有不同的特征。

（1）古希腊（奴隶社会）。

1）社会和政治背景：古希腊是欧洲文明的发祥地，在公元前5世纪，古希腊经历了奴隶制的民主政体，形成了一系列城邦国家。

2）城市格局特点：①以方格网的道路系统为骨架，以城市广场为中心的希波丹姆模式，该模式充分体现了民主和平等的城邦精神和市民民主文化的要求，在米利都城得到了最为完整的体现，而其他一些城市中，局部性地出现了这样的格局，如雅典。②广场是市民集聚的空间，围绕着广场建设有一系列的公共建筑，成为城市生活的核心。③在城市空间组织中，神庙、市政厅、露天剧院和市场是市民生活的重要场所，也是城市空间组织的关键性节点。④雅典和雅典卫城的关系：雅典卫城在雅典市中心的卫城山丘上。雅典是希腊共和国的首都，既是希腊最大的城市，也是世界上最古老的城市之一。雅典卫城不是一座建筑，而是一个古建筑群，是宗教政治的中心地，最早的建筑是雅典娜神庙和其他宗教建筑。

（2）古罗马（奴隶社会）。

1）社会和政治背景：古罗马时期是西方奴隶制发展的繁荣阶段。

2）城市格局特点：①在罗马共和国的最后100年中，城市得到了大规模发展。除了道路、桥梁、城墙和输水道等城市设施以外，还大量地建造公共浴池、斗兽场和宫殿等供奴隶主享乐的设施。②到了罗马帝国时期，城市建设进入了鼎盛时期。除了继续建造公共浴池、斗兽场和宫殿以外，城市还成了帝王宣扬功绩的工具，广场、铜像、凯旋门和纪功柱成为城市空间的核心和焦点。③古罗马城是罗马帝国时期城市建设特征最为集中的体现，城市中心是共和时期和帝国时期形成的广场群，广场上耸立着帝王铜像、凯旋门和纪功柱，城市各处散布公共浴池和斗兽场。④公元前的300年间，罗马几乎征服了全部地中海地区，在被征服的地方建造了大量的营寨城。营寨城有一定的规划模式，平面基本上都呈方形或长方形，中间十字形街道，通向东、南、西、北四个城门。中心交点附近为露天

剧场或斗兽场与官邸建筑群形成的中心广场。欧洲许多大城市就是从古罗马营寨城发展而来，如巴黎、伦敦等。

3）理论成果：古罗马建筑师维特鲁威的著作《建筑十书》，是西方古代保留至今最早、最完整的古典建筑典籍，其中提出了不少关于城市规划、建筑工程、市政建设等方面的论述。

历年真题

1. 下列关于欧洲古典时期城市的表述，正确的是（ ）。[2019-7]

A. 古希腊城邦国家城市布局上出现了以放射状的道路网为骨架，以城市广场为中心的希波丹姆模式

B. 希波丹姆模式充分体现了民主和平等的城邦精神和市民民主文化的要求

C. 雅典城最为完整地体现了希波丹姆模式

D. 广场群是希波丹姆模式城市中市民集聚的空间和城市生活的核心

【答案】B

【解析】古希腊时期，城市布局上出现了以方格网道路系统为骨架，以城市广场为中心的希波丹姆模式，A选项错误。在米利都城得到了最为完整的体现，而其他一些城市中，局部性地出现了这样的格局，如雅典，C选项错误。广场是市民集聚的空间，围绕着广场建设有一系列的公共建筑，成为城市生活的核心，D选项错误。

2. 下列关于古希腊希波丹姆（Hippodamus）城市布局模式的表述，正确的是（ ）。[2018-6]

A. 该模式在雅典城市布局中得到了最为完整的体现

B. 该模式的城市空间中，一系列公共建筑围绕广场建设，成为城市生活的核心

C. 皇宫是城市空间组织的关键性节点

D. 城市的道路系统是城市空间组织的关键

【答案】B

【解析】在城市空间组织中，神庙、市政厅、露天剧院和市场是市民生活的重要场所，也是城市空间组织的关键性节点。其他选项同[2019-7]解析。

2. 中世纪的社会与城市（封建社会）

（1）社会和政治背景。罗马帝国的灭亡标志着欧洲进入封建社会的中世纪，欧洲分裂成为许多小的封建领主王国，封建割据和战争不断，使经济和社会生活中心转向农村，手工业和商业十分萧条，城市处于衰落状态。

（2）城市的形成及城市格局特点。

1）在中世纪，由于神权和世俗封建权力的分离，在教堂周边形成了一些市场，并从属于教会的管理，进而逐步形成为城市。教堂占据了城市的中心位置，教堂的庞大体量和高耸尖塔成为城市空间和天际轮廓的主导因素。在教会控制的城市之外的大量农村地区，为了应对战争的冲击，一些封建领主建设了许多具有防御作用的城堡，围绕着这些城堡也形成了一些城市。

2）就整体而言，城市基本上多为自发生长，很少有按规划建造的；同时，由于城市因公共活动的需要而形成，城市发展的速度较为缓慢，从而形成了城市中围绕着公共广场组织各类城市设施以及狭小、不规则的道路网结构，构成了中世纪欧洲城市的独特魅力。

由于中世纪战争的频繁，城市的设防要求提到较高的地位，也出现了一些以城市防御为出发点的规划模式。

3）10 世纪以后，随着手工业和商业逐渐兴起和繁荣，行会等市民自治组织的力量得到了较大的发展，许多城市开始摆脱封建领主和教会的统治，逐步发展成为自治城市。在这些城市中，公共建筑如市政厅、关税厅和行业会所等成为城市活动的重要场所，并在城市空间中占据主导地位。与此同时，城市的社会经济地位也得到了提升，城市的自治更促进了城市的快速发展，城市不断地向外扩张。如意大利的佛罗伦萨，在 1172 年和 1284 年两度突破城墙向外扩展，并修建了新的城墙，以后又被新一轮的城市扩展所突破。

（3）代表城市：意大利的佛罗伦萨。

3. 文艺复兴时期的社会与城市

（1）社会和政治背景。14 世纪以后，封建社会内部产生了资本主义萌芽，新生的城市资产阶级实力不断壮大，在有的城市中占到了统治性的地位。以复兴古典文化来反对封建的、中世纪文化的文艺复兴运动蓬勃兴起，在此时期，艺术、技术和科学都得到飞速发展。

（2）城市格局特点。许多中世纪城市，已经不能适应新的生产及生活发展变化的要求，在人文主义思想（人文主义思潮）的影响下，城市进行局部地区的改建，建设了一系列具有古典风格和构图严谨的广场和街道以及一些世俗的公共建筑。在此期间，也出现了一系列有关理想城市格局的讨论。

（3）代表城市：威尼斯的圣马可广场（见图 2–1），梵蒂冈的圣彼得大教堂。

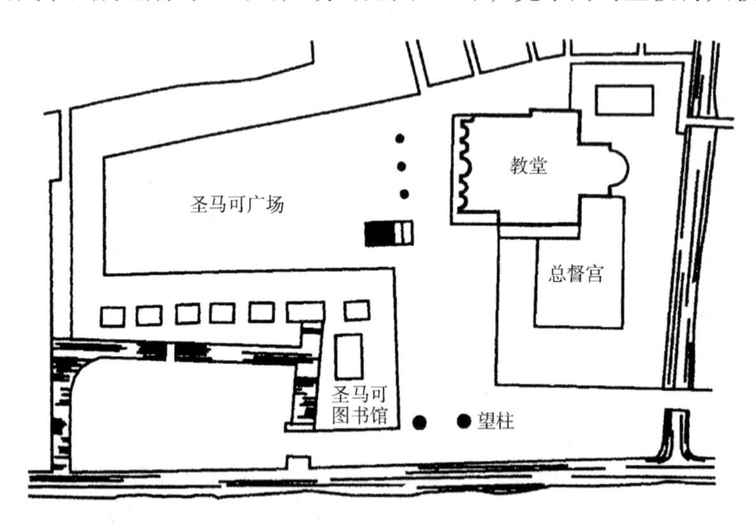

图 2–1　威尼斯的圣马可广场平面图

4. 绝对君权时期的社会与城市

（1）社会和政治背景。从 17 世纪开始，新生的资本主义迫切需要强大的国家机器提供庇护，资产阶级与国王结成联盟，反对封建割据和教会实力，建立了一批中央集权的绝对君权国家，形成了现代国家的基础。这些国家的首都，如巴黎、伦敦、柏林、维也纳等，均发展成为政治、经济、文化中心型的大城市。随着资本主义经济的发展，这些城市的改建、扩建的规模超过以往任何时期。在这些城市改建中，巴黎的城市改建影响最大。

（2）城市格局特点。在古典主义思潮的影响下，轴线放射的街道（如香榭丽舍大道）、宏伟壮观的宫殿花园（如凡尔赛宫）和公共广场（如协和广场）成为那个时期城市建设的典范（见图 2-2）。

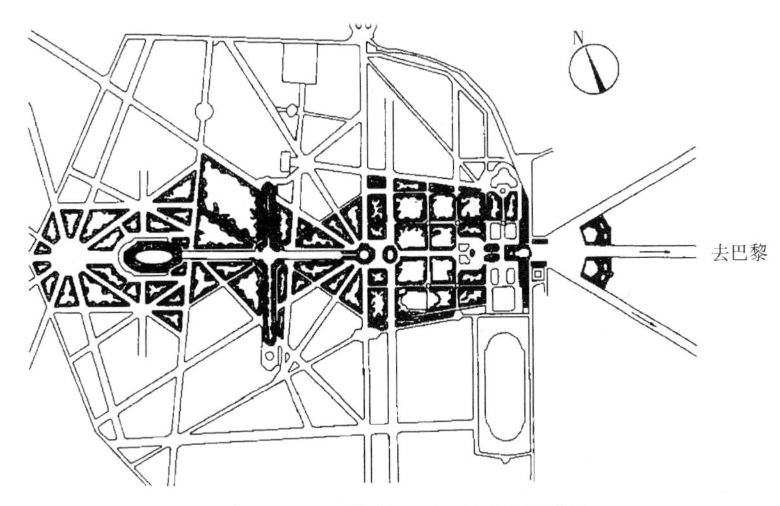

图 2-2　巴黎的凡尔赛宫平面图

历年真题

1. 下列关于文艺复兴时期和绝对君权时期欧洲城市建设特征的表述，正确的是（　　）。[2022-10]

A. 文艺复兴时期，具有古典风格的广场和街道是城市的主要特点

B. 文艺复兴时期，众多中世纪建成的城市进行了系统的有机更新

C. 绝对君权时期，在欧洲国家首都改建中，伦敦的城市改建影响最大

D. 绝对君权时期，纵横交错的大道是城市建设的典型特征之一

【答案】A

【解析】文艺复兴时期，许多中世纪城市，已经不能适应新的生产及生活发展变化的要求，城市进行了局部地区的改建，B 选项错误。绝对君权时期，在欧洲国家首都建设中，巴黎的城市改建影响最大，C 选项错误。在古典主义思潮的影响下，轴线放射的街道（如香榭丽舍大道）、宏伟壮观的宫殿花园（如凡尔赛宫）和公共广场（如协和广场）成为那个时期城市建设的典范，D 选项错误。

2. 下列关于中世纪城市特征的表述，不准确的是（　　）。[2021-11]

A. 中世纪初期，欧洲商业十分萧条，原有大城市开始衰落

B. 中世纪时期，教堂成为城市空间和天际轮廓的主导

C. 中世纪时期，城市大多按照规划进行建设，形成有机形态

D. 中世纪晚期，许多城市摆脱封建领主和教会的统治，逐渐发展成自治城市

【答案】C

【解析】中世纪时期，城市基本上多为自发生长，很少有按规划建造的。

二、现代城市规划产生的历史背景

1. 现代城市规划产生的历史背景

18 世纪后，工业革命推动城市化进程，农村人口不断向城市集中，城市人口急剧增长，人口密度极高，设施严重缺乏，城市环境卫生条件差。

2. 现代城市规划形成的基础

现代城市规划是在解决工业城市所面临问题的基础上，综合了各类思想和实践后逐步形成。

（1）现代城市规划形成的思想基础——空想社会主义。

1）空想社会主义提出了理想的社区和城市模式。空想社会主义者从解决劳动者的工作、生活等问题出发，从城市整体的重新组织入手，将城市物质环境的建设和对社会问题的最终解决结合在一起，从而能够解决更为实在和较为全面的城市问题。

近代史上的空想社会主义源自莫尔的“乌托邦”概念。莫尔期望通过对理想社会组织结构等方面的改革来改变当时他认为是不合理的社会，并描述了他理想中的建筑、社区和城市。

2）实践项目。①欧文于 1817 年提出了“协和村”的方案，在美国的印第安纳州购买了 12 000 公顷土地建设新协和村。②傅立叶在 1829 年提出了以“法朗吉”为单位建设由 1 500 ~ 2 000 人组成的社区，废除家庭小生产，以社会大生产替代。③ 1859—1870 年，戈定在法国古斯的工厂相邻处按照傅立叶的“法朗吉”设想进行了实践，这组建筑群包括三个居住组团，有托儿所、幼儿园、剧场、学校、公共浴室和洗衣房。

（2）现代城市规划形成的法律实践——英国关于城市卫生和工人住房的立法。

1833 年，英国成立了以查德威克领导的委员会专门调查肺结核及霍乱等疾病形成的原因，该委员会于 1842 年提出了“关于英国工人阶级卫生条件的报告”。

1844 年，成立了英国皇家工人阶级住房委员会，并于 1848 年通过了“公共卫生法”。这部法律规定了地方当局对污水排放、垃圾堆集、供水、道路等方面应负的责任。由此开始，英国通过一系列的卫生法规建立起一整套对卫生问题的控制手段。对工人住宅的重视也促成了一系列法规的通过，如 1868 年的“贫民窟清理法”、1890 年的“工人住房法”等，这些法律要求地方政府提供公共住房，如 1890 年成立的伦敦郡委员会依法兴建工人住房。

这一系列的法规直接孕育了 1909 年英国《住房、城镇规划等法》的通过，从而标志着现代城市规划的确立。

（3）现代城市规划形成的行政实践——豪斯曼对法国巴黎改建。

1853 年开始豪斯曼作为巴黎的行政长官，看到了巴黎存在城市环境不良、基础设施不足、交通设施不够等问题的严重性，通过政府直接参与和组织，对巴黎进行了全面的改建。

这项改建以道路切割来划分整个城市的结构，并将塞纳河两岸地区紧密地连接在一起。在街道改建的同时，出现了标准的住房布局方式和街道设施。在城市的两侧建造了两个森林公园，在城市中配置了大量的大面积公共开放空间，从而为当代资本主义城市的建设确立了典范，成为 19 世纪末 20 世纪初欧洲和美洲大陆城市改建的样板。

（4）现代城市规划形成的技术基础——城市美化。

1）城市美化源自文艺复兴后的建筑学和园艺学传统。自 18 世纪后，中产阶级对居住街坊中只有点缀性的绿化表示不满。在此情形下兴起的“英国公园运动”，试图将农村的风景引入城市之中。这一运动的进一步发展出现了围绕城市公园布置联列式住宅的布局方式，并将住宅坐落在不规则的自然景色中的现象运用到城镇布局中。这一思想因西谛对中世纪城市内部布局的总结和对城市不规则布局的倡导而得到深化。与此同时，在美国以奥姆斯特德所设计的纽约中央公园为代表的公园和公共绿地的建设也意图实现与此相同的结果。

2）实践项目。①城市美化运动，是以 1893 年在芝加哥举行的博览会为起点的对市政建筑物进行了全面改进为标志。综合了对城市空间和建筑设施进行美化的各方面思想和实践，在美国城市得到了全面的推广。②城市美化运动的主将伯汉姆于 1909 年完成的芝加哥规划则被称为第一份城市范围的总体规划。

（5）现代城市规划形成的实践基础——公司城建设。

1）公司城的建设是资本家为了就近解决在其工厂中工作的工人的居住问题，从而提高工人的生产能力，而由资本家出资建设、管理的小型城镇。

2）实践项目。①凯伯里于 1879 年在伯明翰所建的模范城镇 Bournville。②莱佛于 1888 年在利物浦附近所建造的城镇 Port Sunlight 等。③美国的普尔曼 1881 年在芝加哥南部所建的城镇最为典型。这个城镇位于普尔曼的火车车厢厂一侧，其中，工人住宅区的独立住宅和供出租的公寓房相分离，有一个很大的公共使用的公园，一个集中的两层楼的商业区，还包括剧场、图书馆、学校、公园和游戏场等。城镇边缘还有铁路供工人上下班使用。④公司城的建设对霍华德田园城市理论的提出和付诸实践具有重要的借鉴意义。⑤在田园城市的建设和发展中发挥了重要作用的恩温和帕克在 19 世纪后半叶的公司城设计中积累了大量经验，为以后的田园城市的设计和建设提供基础，如 1890 年在约克郡所建的 Earswick 城镇就是由他们设计的。

历年真题

1. 从规划设计指导思想看，影响格里芬的堪培拉规划方案的思潮或实践有（　　）。[2022-98]

A. 英国的“田园城市”

B. 华盛顿的中心区规划

C. 阿伯克隆比的大伦敦规划

D. 尼迈耶的巴西利亚规划

E. 城市美化运动

【答案】ABE

【解析】从时间上来看，堪培拉规划方案是 1911 年设计，阿伯克隆比的大伦敦规划是 1944 年设计，尼迈耶的巴西利亚规划是 1956 年设计，C、D 选项不符合题意。堪培拉的规划深受“花园城市”概念的影响，被誉为“大洋洲的花园城市”，A 选项符合题意。华盛顿的中心区规划有较长的东西向轴线和较短的南北向轴线组成，是典型的“拉丁十字”结构。堪培拉规划方案以首都山为中心规划了三条主要的城市空间轴线，就是借鉴华盛顿的中心区规划，B 选项符合题意。堪培拉市内随处可见大大小小的绿色公园，在住宅区，每个小区有一个小小的园林体系，受到城市美化运动的影响，E 选项符合题意。

2. 下列关于现代城市规划形成基础的表述，错误的是（　　）。[2019-8]

A. 空想社会主义是现代城市规划形成的思想基础

B. 现代城市规划是在解决工业城市问题的基础上形成的

C. 公司城是现代城市规划形成的行政实践

D. 英国关于城市卫生和工人住房的立法是现代城市规划形成的法律实践

【答案】C

【解析】法国巴黎改建是现代城市规划形成的行政实践。公司城建设是现代城市规划形成的实践基础。

三、现代城市规划的早期思想

1. 霍华德的田园城市理论

（1）理论。霍华德于 1898 年出版了以《明天：通往真正改革的平和之路》，提出了田园城市的理论。自此出现较为完整的理论体系和实践框架。霍华德针对当时的城市尤其是像伦敦这样的大城市所面临的拥挤、卫生等方面的问题，提出了一个兼有城市和乡村优点的理想城市——田园城市，作为他对这些问题的解答。

（2）概念。田园城市是为健康、生活以及产业（易考干扰项：交通）而设计的城市，它的规模能足以提供丰富的社会生活，但不应超过这一程度；四周要有永久性农业地带围绕，城市的土地归公众所有，由一个委员会受托管理。

（3）总体布局。田园城市包括城市和乡村两个部分。田园城市的居民生活工作都于此地，在田园城市的边缘地区设有工厂。城市的规模必须加以限制，每个田园城市的人口限制在 3.2 万人，超过了这一规模，就需要建设另一个新的城市，目的是保证城市不过度集中和拥挤而产生各类大城市所具有的弊病，同时也可使每户居民都能极为方便地接近乡村自然空间。田园城市实质上就是城市和乡村的结合体，每一个田园城市的城区用地占总用地的 1/6，若干个田园城市围绕着中心城市（中心城市人口规模为 58 000 人）呈圈状布置，借助快速的交通工具（铁路），只需要几分钟就可以往来于田园城市与中心城市或田园城市之间。城市之间是农业用地，包括耕地、牧场、果园、森林以及农业学院、疗养院等，作为永久性保留的绿地，农业用地永远不得改作他用，从而"把积极的城市生活的一切优点同乡村的美丽和一切福利结合在一起"，并形成一个"无贫民窟无烟尘的城市群"[见图 2-3（a）]。

（4）田园城市布局。田园城市的城区平面呈圆形，中央是一个公园，有 6 条主干道路从中心向外辐射，把城市分成 6 个扇形地区。在其核心部位布置一些独立的公共建筑（市政厅、音乐厅、图书馆、剧场、医院和博物馆），在公园周围布置一圈玻璃廊道用作室内散步场所，与这条廊道连接的是一个个商店。在城市直径线的外 1/3 处设一条环形的林荫大道，并以此形成补充性的城市公园，在此两侧均为居住用地。在居住建筑地区中，布置了学校和教堂。在城区的最外围地区建设各类工厂、仓库和市场，一面对着最外层的环形道路，一面对着环形的铁路支线，交通非常方便。霍华德不仅提出了田园城市的设想，还以图解的形式描述了理想城市的原型[见图 2-3（b）]。

（5）城市运营。霍华德对资金的来源、土地的分配、城市财政的收支、田园城市的经营管理等都提出了具体的建议。他认为，工业和商业不能由公营垄断，要给私营以发展的条件。城市中的所有土地必须归全体居民集体所有，使用土地必须交付租金。城市的收入全部来自租金，在土地上进行建设、聚居而获得的增值仍归集体所有。

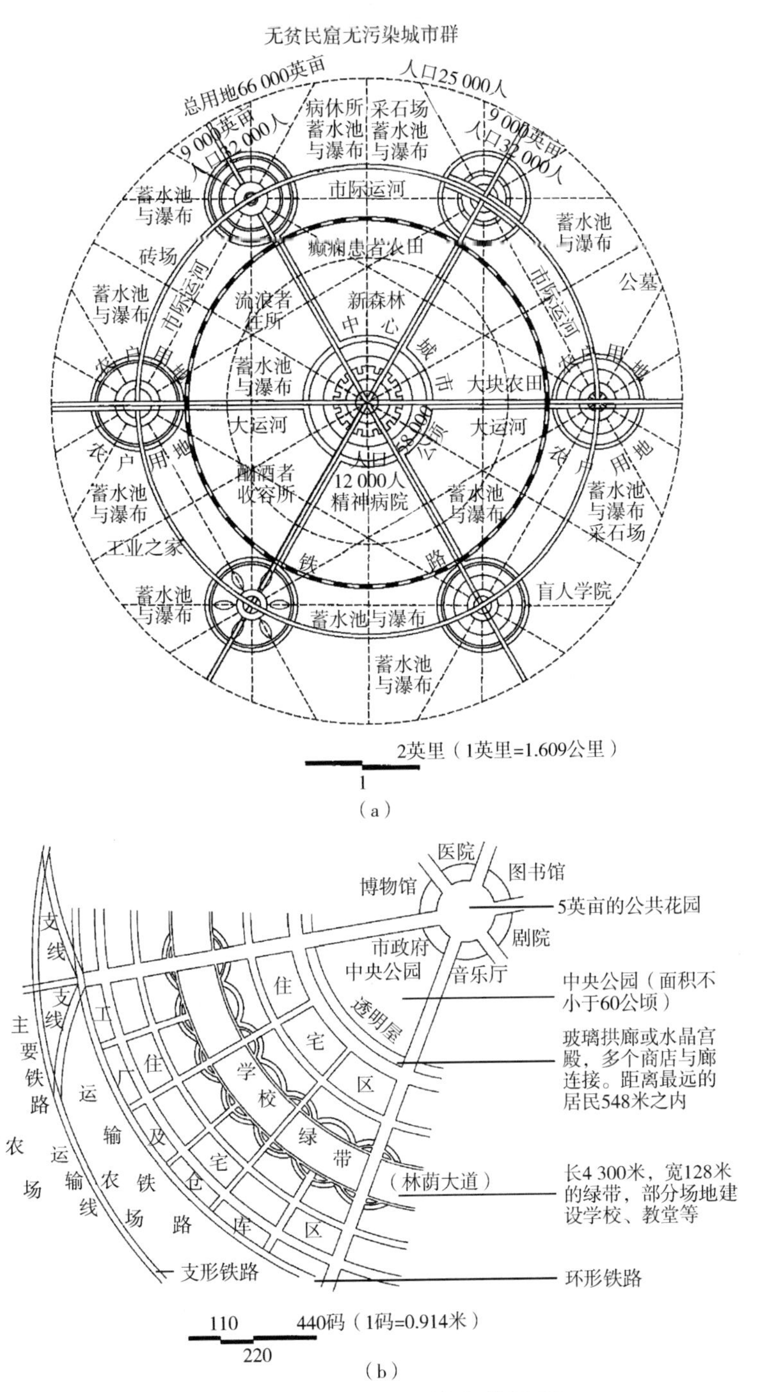

图 2-3　霍华德田园城市的图解

（6）实践。霍华德于1899年组织了田园城市协会，宣传他的主张。1903年组织了“田园城市有限公司”，筹措资金，在距伦敦东北56公里的地方购置土地，在霍华德的指导下由恩温和帕克完成该地块的城市设计，建立了第一座田园城市——莱彻沃斯。

历年真题

1. 下列关于“田园城市”理论的表述，正确的是（　　）。[2020–10]

A. 田园城市是为健康、生活而设计的城市，工业被安排在远离城市的独立区域

B. 每个田园城市的人口限制在 3 万人，超过了这一规模，就需要建设另一个新的城市

C. 田园城市实质上就是城市和乡村的综合体

D. 田园城市的收入全部来自各种产业的税收

【答案】C

【解析】在城区的最外围地区建设各类工厂、仓库和市场，A 选项错误。每个田园城市的人口限制在 3.2 万人，B 选项错误。城市中的所有土地必须归全体居民集体所有，使用土地必须交付租金，城市的收入全部来自租金，D 选项错误。

2. 下列关于霍华德田园城市理论的表述，正确的是（　　）。[2012–4]

A. 田园城市倡导低密度的城市建设

B. 田园城市中每户都有花园

C. 田园城市中联系各城市的铁路从城市中心通过

D. 中心城市与各田园城市组成一个城市群

【答案】A

【解析】田园城市属于分散式城市形态，属于低密度的城市建设，A 选项正确。若干个田园城市围绕着中心城市呈圈状布置，借助于快速的交通工具（铁路）只需要几分钟可以往来于田园城市与中心城市或田园城市之间，不穿越中心，C 选项错误。尽管围绕中心城市建设若干的田园城市，但他提出的“无贫民窟无烟尘的城市群”并不具备广义上城市群的功能，D 选项错误。

2. 勒·柯布西埃的现代城市设想

柯布西埃通过对过去城市尤其是大城市本身的内部改造，使这些城市能够适应社会发展的需要，与霍华德通过新建城市来解决过去城市尤其是大城市中所出现问题的设想完全不同。柯布西埃的现代城市设想主要体现在“明天城市”和“光辉城市”。

（1）“明天城市”。

1）提出时间：1922 年，发表了“明天城市”的规划方案，阐述了他从功能和理性角度对现代城市的基本认识，从现代建筑运动的思潮中所引发的关于现代城市规划的基本构思（见图 2–4）。

2）布局模式：规划了 300 万人口的城市，中央为中心区，除了必要的各种机关、商业和公共设施、文化和生活服务设施外，有将近 40 万人居住在 24 栋 60 层高楼中，高楼周围有大片的绿地，建筑仅占地 5%。在其外围是环形居住带，有 60 万人居住在多层板式住宅内，最外围的是可容纳 200 万人的花园住宅。整个城市的平面是严格的几何形构图，矩形的和对角线的道路交织在一起。

3）规划的中心思想：提高市中心的密度，改善交通，全面改造城市地区，形成新的城市概念，提供充足的绿地、空间和阳光。

4）交通组织：强调了大城市交通运输的重要性。在中心区，规划了一个地下铁路车站，车站上面布置直升机起降场。中心区的交通干道由三层组成，地下走重型车辆，地面用于市内交通，高架道路用于快速交通。市区与郊区由地铁和郊区铁路线来联系。

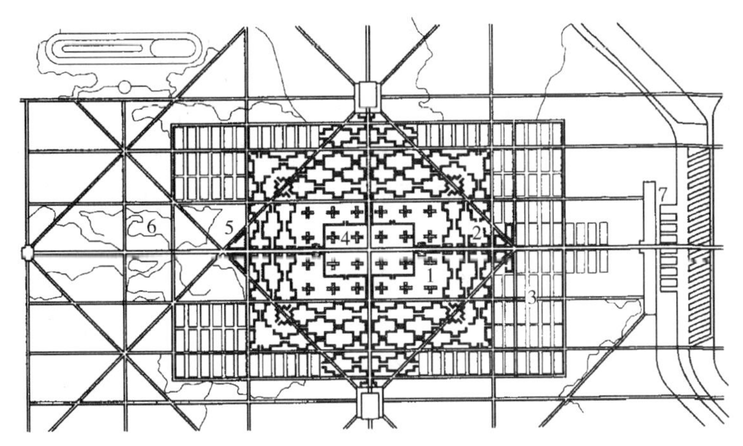

1—中心地区楼群；2—公寓地区楼群；3—田园城区（独立住宅）；4—交通中心；
5—各种公共设施；6—大公园；7—工厂区。

图 2–4 “明天城市”规划方案

（2）“光辉城市”。

1）提出时间：1930 年，发表了“光辉城市”的规划方案，该方案是他以前城市规划方案的进一步深化，也是他的现代城市规划和建设思想的集中体现（见图 2–5）。

图 2–5 “光辉城市”规划方案

2）布局模式：城市必须集中，只有集中的城市才有生命力，由于拥挤而带来的城市问题是完全可以通过技术手段得到解决的，这种技术手段就是采用大量的高层建筑来提高密度和建立一个高效率的城市交通系统。高层建筑是柯布西埃心目中象征着大规模的工业社会的图腾，在技术上也是“人口集中、避免用地日益紧张、提高城市内部效率的一种极好手段”，同时也可以保证城市有充足的阳光、空间和绿化，因此在高层建筑之间保持有较大比例的空旷地。他的理想是在机械化的时代里，所有的城市应当是“垂直的花园城市”，而不是水平向的每家每户拥有花园的田园城市。

3）交通组织：城市的道路系统应当保持行人的极大方便，这种系统由地铁和人车完全分离的高架道路组成。建筑物的地面全部架空，城市的全部地面均可由行人支配，建筑屋顶设花园，地下通地铁，距地面 5 米高处设汽车运输干道和停车场网。

4）规划思想：理性功能主义。这些思想集中体现在《雅典宪章》之中。这些城市规划思想，深刻地影响了第二次世界大战后全球范围的城市规划和城市建设。

5）规划实践：20 世纪 50 年代初主持的昌迪加尔规划。该项规划在当时由于严格遵守《雅典宪章》而且布局规整有序而得到普遍的赞誉。

6）著作：1933 年主持撰写《雅典宪章》，柯布西埃是现代建筑运动的重要人物。

历年真题

1. 下列关于勒·柯布西埃的“光辉城市”设想的表述，错误的是（　　）。[2021-12]

A. 中央为中心区，外围是环形居住带，最外围是花园住宅

B. 提高市中心的建筑高度，向高层发展

C. 建设“垂直的花园城市”

D. 全部地面均可由人们步行支配

【答案】A

【解析】“明天城市”规划了 300 万人口的城市，中央为中心区，其外围是环形居住带，最外围是花园住宅。

2. 下列关于勒·柯布西埃现代城市设想的表述，错误的是（　　）。[2019-10]

A. 他主张通过大城市的内部改造，以适应社会发展的需要

B. 他提出了广场、街道、建筑、小品之间建立宜人关系的基本原则

C. 他提出的“明天城市”是一个 300 万人口规模的城市规划方案

D. 他主持撰写的《雅典宪章》集中体现了理性功能主义的城市规划思想

【答案】B

【解析】西谛揭示了广场、街道、建筑、小品之间位置的选择、布置以及与交通、建筑群体布置之间建立艺术的和宜人的相互关系的基本原则。

3. 现代城市规划早期的其他理论

（1）索里亚·玛塔的线形城市理论。

1）时间：1882 年西班牙工程师索里亚·玛塔首先提出线形城市。

2）背景：当时是铁路交通大规模发展的时期，铁路线把遥远的城市连接了起来，并使这些城市得到了很快的发展，在各个大城市内部及其周围，地铁线和有轨电车线的建设改善了城市地区的交通状况，加强了城市内部及与其腹地之间的联系，从整体上促进了城市的发展。按照索里亚·玛塔的想法，那种传统的从核心向外扩展的城市形态已经过时，它们只会导致城市拥挤和卫生恶化，在新的集约运输方式的影响下，城市将依赖交通运输线组成城市的网络。

3）线形城市概念：就是沿交通运输线布置的长条形的建筑地带，“只有一条宽 500 米的街区，要多长就有多长——这就是未来的城市”，城市不再是一个一个分散的不同地区的点，而是由一条铁路和道路干道相串联在一起的、连绵不断的城市带。位于这个城市中的居民，既可以享受城市型的设施又不脱离自然，也可以使原有城市中的居民回到自然中去（见图 2-6）。

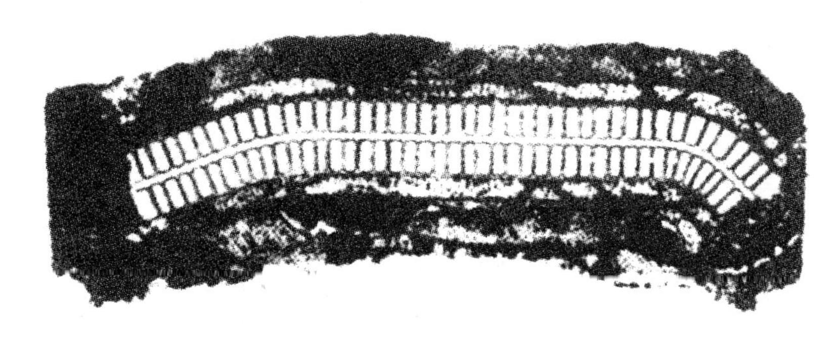

图 2-6　线形城市的模式

4）线形城市的基本原则。①城市建设的一切问题，均以城市交通问题为前提。最符合这条原则的城市结构就是使城市中的人从一个地点到其他任何地点在路程上耗费的时间最少。既然铁路是能够做到安全、高效和经济的最好交通工具，城市的形状理所当然就应该是线形的。这一点也就是线形城市理论的出发点。②城市平面应当呈规矩的几何形状，在具体布置时要保证结构对称，街坊呈矩形或梯形，建筑用地应当至多只占 1/5，要留有发展的余地，要公正地分配土地等原则。

5）实践。① 1894 年，索里亚・玛塔创立了马德里城市化股份公司，开始建设第一段线形城市。这个线形城市位于马德里的市郊，由于经济和土地所有制的限制，这个线形城市只实现了一个片断约 5 公里长的建筑地段。② 20 世纪 30 年代，苏联进行了比较系统的全面研究，当时提出了线形工业城市等模式，并在斯大林格勒等城市的规划实践中得到运用。③在欧洲 1948 年哥本哈根的指状式发展规划和 1971 年巴黎的轴向延伸规划等都可以说是线形城市模式的发展。

（2）戈涅的工业城市。

1）时间："工业城市"的设想是法国建筑师戈涅于 20 世纪初提出，1904 年在巴黎展出此方案的详细内容。

2）1917 年出版《工业城市》，阐述了工业城市的具体设想。①"工业城市"是一个假想城市的规划方案，位于山岭起伏地带的河岸的斜坡上，人口规模为 35 000 人。城市的选址是考虑"靠近原料产地或附近有提供能源的某种自然力量，或便于交通运输"。在城市内部的布局中，强调按功能划分为工业、居住、城市中心等，各项功能之间是相互分离的，以便于今后各自的扩展需要。工业区靠近交通运输方便的地区，居住区布置在环境良好的位置，中心区应联系工业区和居住区，在工业区、居住区和市中心区之间有方便快捷的交通服务（见图 2-7）。②戈涅的"工业城市"的规划方案已经摆脱了传统城市规划尤其是学院派城市规划方案追求气魄、大量运用对称和轴线放射的现象。在城市空间的组织中，戈涅更注重各类设施本身的要求和与外界的相互关系。在工业区的布置中将不同的工业企业组织成若干个群体，对环境影响大的工业如炼钢厂、高炉、机械锻造厂等布置得远离居住区，而对职工数较多、对环境影响小的工业如纺织厂等则接近居住区布置，并在工厂区中布置了大片的绿地。而在居住街坊的规划中，将一些生活服务设施与住宅建筑结合在一起，形成一定地域范围内相对自足的服务设施。居住建筑的布置从适当的日照和通风条件的要求出发，放弃了当时欧洲尤其是巴黎盛行的周边式的形式而采用独立式，并留出一半的用地作为公共绿地使用，在这些绿地中布置可以贯穿全城的步行小道。③城市街

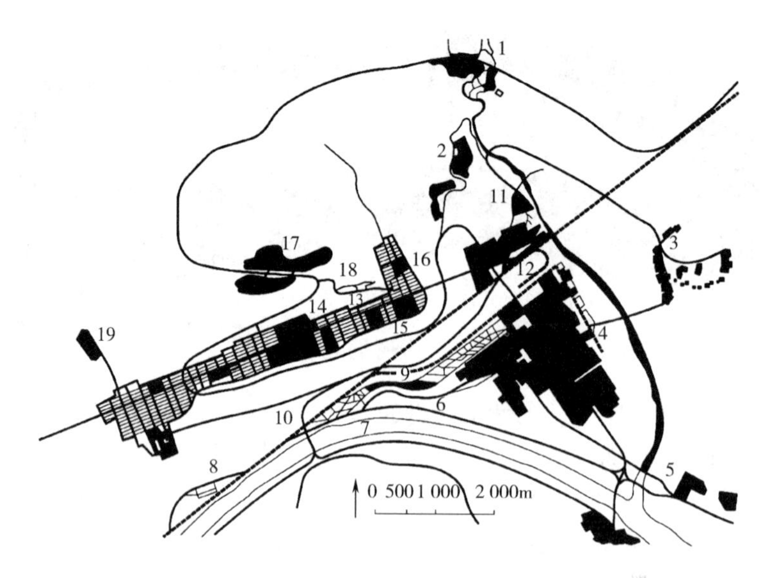

1—水电站；2—纺织厂；3—矿山；4—冶金厂、汽车厂等；5—耐火材料厂；
6—汽车和发动机制动试验场；7—废料加工场；8—屠宰场；9—冶金厂和营业站；
10—客运站；11—老城；12—铁路总站；13—居住区；14—市中心；15—小学校；
16—职业学校；17—医院和疗养院；18—公共建筑和公园；19—公墓。

图 2–7 工业城市的规划方案

道按照交通的性质分成几类，宽度各不相同，在主要街道上铺设可以把各区联系起来并一直通到城外的有轨电车线。

3）影响。①戈涅在“工业城市”中提出的功能分区思想，直接孕育了《雅典宪章》所提出的功能分区原则，这一原则对于解决当时城市中工业居住混杂而带来的种种弊病具有重要的积极意义。②与霍华德的田园城市相比，工业城市以重工业为基础，具有内在的扩张力量和自主发展的能力，因此更具有独立性；而田园城市在经济上仍然具有依赖性，以轻工业和农业为基础。

4）实践：在一定的意识形态和社会制度条件下，对于强调工业发展的国家和城市而言，工业城市的设想会产生重要影响。这就是苏联城市规划界在新中国成立初期对戈涅的工业城市理论重视的原因，并提出了不少关于工业城市的理论模型。

（3）卡米洛·西谛的城市形态研究。

1）背景：19 世纪末，城市空间的组织基本上延续着由文艺复兴后形成的、经巴黎美术学院经典化并由豪斯曼巴黎改建所发扬光大和定型化了的长距离轴线、对称，追求纪念性和宏伟气派的特点。另外，由于资本主义市场经济的发展，对土地经济利益的过分追逐，出现了死板僵硬的方格城市道路网、笔直漫长的街道、呆板乏味的建筑轮廓线和严重缺乏的开敞空间，因此引来了人们对城市空间组织的批评。

2）时间：1889 年西谛出版的《城市建设艺术》一书，成为当时对城市空间形态组织的重要著作，被人形容为“好似在欧洲的城市规划领域炸开了一颗爆破弹”。

3）原则。①我们必须以确定的艺术方式形成城市建设的艺术原则。我们必须研究过去时代的作品并通过寻求出古代作品中美的因素来弥补当今艺术传统方面的损失，这些有效的因素必须成为现代城市建设的基本原则。②西谛通过对城市空间的各类构成要素，如广场、街道、建筑、小品之间相互关系的探讨，揭示了这些设施位置的选择、布置以及与交通、建筑群体布置之间建立艺术的和宜人的相互关系的一些基本原则，强调人的尺度、环境的尺度与人的活动以及他们的感受之间的协调，从而建立起城市空间的丰富多彩和人的活动空间的有机构成。③西谛在当时强调理性和深受启蒙思想影响而全面否定中世纪成就的社会思潮氛围中，以实例证明和肯定了中世纪城市建设在城市空间组织上的人文与艺术成就方面的积极作用，认为中世纪的建设“是自然而然、一点一点生长起来的”，而不是在图板上设计完了之后再到现实中去实施的，因此城市空间更能符合人的视觉感受。④到了现代，建筑师和规划师却只依靠直尺、丁字尺和罗盘，有的对建设现场的状况都不去调查分析就进行设计，这样的结果必然是“满足于僵死的规则性、无用的对称以及令人厌烦的千篇一律”。⑤西谛也很清楚地认识到，在社会发生结构性变革的条件下，“我们很难指望用简单的艺术规则来解决我们面临的全部问题”，而是要把社会经济的因素作为艺术考虑的给定条件，在这样的条件下来提高城市的空间艺术性。因此，即使是在格网状的、方块体系下，同样可以通过对艺术性原则的遵守来改进城市空间，使城市体现出更多的美的精神。西谛通过具体的实例设计对此予以了说明。他提出，在现代城市对土地使用经济性追求的同时也应强调城市空间的效果，“应根据既经济又能满足艺术布局要求的原则寻求两个极端的调和”“一个良好的城市规划必须不走向任一极端”。要达到这样的目的，应当在主要广场和街道的设计中强调艺术布局，在次要地区则可以强调土地的最经济的使用，由此使城市空间在总体上产生良好的效果。

4）影响：西谛被誉为现代城市设计之父。

（4）格迪斯的学说《进化中的城市》。

1）时间：生物学家格迪斯1915年出版著作《进化中的城市》。

2）原则。①格迪斯作为一个生物学家最早注意到工业革命、城市化对人类社会的影响，通过对城市进行生态学的研究，强调了人与环境的相互关系，并揭示了决定现代城市成长和发展的动力。他的研究显示，人类居住地与特定地点之间存在着的关系是一种已经存在的、由地方经济性质所决定的精致的内在联系，因此，他认为场所、工作和人是结合为一体的。②在《进化中的城市》中，格迪斯把对城市的研究建立在对客观现实研究的基础之上，通过周密分析地域环境的潜力和局限对居住地布局形式与地方经济体系的影响关系，突破了当时常规的城市概念，提出把自然地区作为规划研究的基本框架。③工业的集聚和经济规模的不断扩大，已经造成了一些地区的城市发展显著的集中。在这些地区，城市向郊外的扩展已属必然并形成了这样一种趋势，使城市结合成巨大的城市集聚区或者形成组合城市。在这样的条件下，原来局限于城市内部空间布局的城市规划应当成为城市地区的规划，即将城市和乡村的规划纳入同一体系之中，使规划包括若干个城市以及它们周围所影响的整个地区。这一思想经美国学者芒福德等人的发扬光大，形成了对区域的综合研究和区域规划。④城市规划是社会改革的重要手段，因此城市规划要得到成功就必须充分运用科学的方法来认识城市。他运用哲学、社会学和生物学的观点，揭示了城市在空间和时间发展中所展示的生物学和社会学方面的复杂性，由此提出，在进行城市规划前要进行系统的调查，取得第一手资料，通过实地勘察了解所规划城市的历史、地理、社会、经济、文化、美学等因素，把城市的现状和地方经济、环境发展潜力以及限制条件联系在一起进行研究，在这样的基础上，才有可能进行城市规划工作。⑤他的名言是“先诊断后治疗”，由此形成了影响至今的现代城市规划过程的公式：“调查—分析—规划”，即通过对城市现实状况的调查，分析城市未来发展的可能，预测城市中各类要素之间的相互关系，然后依据这些分析和预测，制定规划方案。

历年真题

1. 下列关于西谛的城市形态研究的表述，错误的是（　　）。[2022-11]

A. 西谛的《城市建设艺术》是城市空间组织形态的重要著作

B. 西谛认为中世纪的城市建设模型不符合人的视觉感受

C. 西谛认为应遵循艺术性的原则来改善城市空间

D. 西谛强调人的尺度，环境尺度与人的活动及其感受之间的协调

【答案】B

【解析】西谛强调人的尺度、环境的尺度与人的活动以及他们的感受之间的协调，从而建立起城市空间的丰富多彩和人的活动空间的有机构成。

2. 下列关于索里亚·玛塔线形城市理论的描述，正确的有（　　）。[2022-84]

A. 线形城市就是沿交通运输线布置的长条形的建设地带

B. 线形城市中的居民既可以享受城市型的设施又不脱离自然

C. 线形城市的平面应保证结构对称，街坊呈矩形或梯形

D. 线形城市的原则中最重要的是“城市建设一切问题，均以城市交通问题为前提”

E. 线形城市应严格按照功能分区进行布局

【答案】ABCD

【解析】戈涅在“工业城市”中提出的功能分区思想，直接孕育了《雅典宪章》所提出的功能分区原则，E 选项错误。

3. 下列关于卡米洛·西谛城市形态研究与表述，错误的是（　　）。[2020-11]

A. 西谛的《城市建设艺术》一书是当时关于城市空间形态组织的重要著作

B. 西谛认为，中世纪城市“是自然而然，一点一点生长起来的”，而不是在图板上设计完了之后再到现实中实施的，因此城市空间更能符合人的视觉感受

C. 西谛认为，城市应当在主要广场和街道的设计中把握强调艺术布局和土地最经济的使用有机结合起来

D. 西谛强调人的尺度，环境的尺度与人的活动以及他们的感受之间的协调

【答案】C

【解析】西谛认为，城市应当在主要广场和街道的设计中强调艺术布局，而在次要地区则可以强调土地的最经济的使用，由此而使城市空间在总体上产生良好的效果。

四、现代城市规划主要理论发展

1. 城市发展理论

（1）城市化理论。

1）概念。城市化是指人类生产和生活方式由乡村型向城市型转化的历史过程，表现为乡村人口向城市人口转化以及城市不断发展和完善的过程。城市的发展始终是与城市化的过程结合在一起的。城市化是一个不断演进的过程，在不同的阶段显示出不同的特征，

但也应该看到，“城市化不是一个过程，而是许多过程；不考虑社会其余部分的趋向就不可能设计出成功的城市系统。不发达国家如果不解决他们的乡村问题，其城市问题也就不能够得到解决”。

2）城市化的两个前提。①从城市兴起和成长的过程来看，其前提条件在于城市所在区域的农业经济的发展水平，其中，农业生产力的发展是城市兴起和成长的第一前提。W.S. 沃伊廷斯基认为，一个国家城市化的界限，一般由该国家的农业生产力所决定，或是由该国通过交通、政治和军事力量从国外获得粮食的能力所决定。W.B. 门罗则认为，城市兴起和成长的主要原因在于由于农业生产力扩大而产生粮食剩余。也就是说，只有农业生产力的提高，城市的兴起和成长在经济上才成为可能。②农村劳动力的剩余是城市兴起和成长的第二前提，也就是说，农业生产力的提高并不必然导致城市的兴起和成长，只有当农村同时提供了有劳动能力的剩余人口时，城市现象才能发生。而农村剩余劳动力向城市的转移，还受制于其他的条件，如城市提供的就业岗位、生活居住的可能、城乡预期收入的差异等。

3）现代城市发展的最基本动力是工业化。工业化促进了大规模机器生产的发展，以及在生产过程中对比较成本利益、生产专业化和规模经济的追求，使得大量的生产集中在城市之中，在农业生产效率不断提高的条件下，由于城乡之间存在着预期收入的差异，从而导致了人口向城市集中。而随着人口的不断集中，城市的消费市场也在不断扩张。随着生产和消费的不断扩张和分化，第三产业的发展也成为城市化发展的推动力量。

4）代表人物及观点。

K. 戴维斯通过对世界人口城市化历史的研究，提出各国的城市化发展进程都可以用趋缓的“S”形曲线来描述，同时他也证明了后发国家的城市化进程要更为迅猛。他说：“一般而言，一个国家的工业化越晚，它的城市化就越快。从 10 万人以上的城市人口占全国人口的 10% 转变成 30%，在英格兰和威尔士共用了 79 年时间，在美国是 66 年，德国是 48 年，日本是 36 年，澳大利亚是 26 年。”

诺瑟姆通过对各国城市化发展过程的研究，提出城市化的发展过程可以分为三个阶段：①第一阶段为初期阶段，城市人口占总人口的比重在 30% 以下，这一阶段农村人口占绝对优势，生产力水平较低，工业提供的就业机会有限，农业剩余劳动力释放缓慢。②第二阶段为中期阶段，城市人口占总人口的比重超过 30%，城市化进入快速发展时期，城市人口可在较短的时间内突破 50% 进而上升到 70% 左右。③第三阶段为后期阶段，即城市人口占总人口的比重在 70% 以上，这一阶段也称为城市化稳定阶段。

（2）城市发展原因的解释。

1）城市发展的区域理论。①城市是区域环境中的一个核心。无论将城市看作是一个地理空间、一个经济空间，还是一个社会空间，城市的形成和发展始终是在与区域的相互作用过程中逐渐进行的，是整个地域环境的一个组成部分，是一定地域环境的中心。因此，有关城市发展的原因就需要从城市和区域的相互作用中去寻找。②城市和区域之间的相互关系可以概括为：区域产生城市，城市反作用于区域。城市的中心作用强，带动周围区域社会经济的向上发展；区域社会经济水平高，则促使中心城市更加繁荣。

2）极化效应和扩散效应。①城市对周围区域和其他城市的作用是既不平衡也不同时进行的，一般来说，城市作为增长极与其腹地的基本作用机制有极化效应和扩散效应。

②极化效应是指生产要素向增长极集中的过程，表现为增长极的上升运动。在城市成长的最初阶段，极化效应会占主导地位，但当增长极达到一定的规模之后，极化效应会相对或者绝对减弱，扩散效应会相对或绝对增强。最后，扩散效应就替代极化效应而成为主导作用过程。与此同时，由扩散效应所带动，城市的极化效应在更大的范围和更高的层次上得到提升。③增长极理论认为，经济发展并非均衡地发生在地理空间上，而是以不同的强度在空间上呈点状分布，并按各种传播途径对整个区域经济发展产生不同的影响，这些点就是具有成长以及空间聚集意义的增长极。根据佩鲁的观点，增长极是否存在取决于有无发动型工业。所谓发动型工业就是能带动城市和区域经济发展的工业部门，一组发动型工业聚集在地理空间上的某一地区，则该地区就可以通过极化和扩散过程形成增长极，以获得最高的经济效益和快速的经济发展。

3）城市发展的经济学基础理论。①在影响和决定城市发展的诸多因素中，城市的经济活动是其中最为重要和最为显著的因素之一。任何有关城市经济在质和量上的增加都必然导致城市整体的发展，在相当程度上城市发展的指标是由经济发展来衡量的。②经济学基础理论提出，在组成城市经济的种种要素中，城市的基础产业是城市经济力量的主体，它的发展是城市发展的关键。只有基础产业得到了发展，城市经济的整体才能得到发展。根据该理论，基础产业是指那些产品主要销往城市之外地区的产业部门。由于基础产业把城市内生产的产品输送到其他地区，同时也把其他地区的产品及财富带到本城市之中，使其能够进行进一步的扩大再生产，在基础产业发展的过程中，通过产生的乘数效应，促进了辅助性行业和地方服务部门的发展，并且由此创造新的工作机会与改善就业者的生活水平，进而带动当地经济整体性的发展。③经济学基础理论认为，一个城市的全部经济活动，按其服务对象可分为两部分：一部分是为本城市的需要服务的（非基本经济部类），另一部分是为本城市以外的需要服务的（基本经济部类）。此处所说的基础产业就是基本经济部类，是指那些产品主要销往城市之外地区的产业部门。基本经济部类是城市得以存在和发展的经济基础，是城市发展的主要动力，是城市发展的关键。

4）城市发展的社会学理论。①城市不仅是一个经济系统，更是一个社会人文系统，因此城市的发展不仅仅只是经济的发展，社会生活和文化方面的发展也是城市发展的重要方面，而且更为重要的是，城市经济的发展关系到城市发展的总体水平，但并不一定就直接影响到城市居民的日常生活，而社会文化的发展会影响到经济发展的可能与潜力，同时，这些发展更加关系到城市居民乃至一个国家公民的实际生活的状况。②人文生态学认为，决定人类社会发展的最重要因素是人类的相互依赖和相互竞争。人类为了谋求生存空间而从事的竞争就如同生物界在自然环境中的竞争，相互竞争导致了为追求生产效率而促进了社会分工，社会分工同时又促进了相互之间的依赖，相互依赖则既强化了社会分工又使社会紧密地团结在一起，在这样的基础上促使人类在空间上集中，形成大小不等的社区——城市。互相依赖和互相竞争是人类社区空间关系形成的决定性因素，同样也是其进一步发展的决定性因素。

5）城市发展的交通通讯理论。①城市在经济增长、社会因素发生变化的过程中得到发展，但与此同时，也由于城市中各类物质设施和科学技术水平的提升而得到发展。②古滕伯格揭示了交通设施的可达性与城市发展之间的相互关系。他认为，当城市发展时，克服距离的结构性调整往往采用建立新的中心和改进交通系统这两种方法，这两者通常同时发生。城市规模的扩大，改变了住地、工作和其他各项活动中心的相互关系，人口流动关系也随之发生变化。这种变化也改变了这些地区的可达性条件，如果可达性得到改善，该地区的居民就会寻求在社会经济领域的进一步发展，如果未能得到改善，该地区的社会、经济状况就有可能出现恶化。③ B.L. 梅耶提出的城市发展的通讯理论认为，城市是一个由人类相互作用所构成的系统，而交通及通讯是人类相互作用的媒介。城市的发展主要起源于城市为人们提供面对面交往或交易的机会，但后来，一方面，由于通讯技术的不断进步，渐渐地使面对面交往的需要减少；另一方面，由于城市交通系统普遍产生拥挤的现象，使通过交通系统进行相互作用的机会受到限制，因此，城市居民逐渐地以通讯来替代交通以达到相互作用的目的。在这样的条件下，城市的主要聚集效益在于使居民可以接近信息交换中心以及便利居民的互相交往。很显然，城市发展时，通常显示出其通讯率或信息交换率也得到提高，反之亦然。

6）城市发展的规模经济理论。该理论认为某些生产活动（主要指工业生产活动）具有规模越大成本越低的特点。随着企业规模的扩大，其内部的生产组织可以趋于合理化，从而提高效率、降低成本，而城市也有类似的效应，随着城市规模的扩大，产品和服务的供给成本会降低。

7）城市发展的集聚经济理论。该理论认为经济活动在空间上相互靠近可以提高效益。这里又分为两种情况：一种称为地方化经济，是指同一行业的企业在空间上集聚可以带来技术和信息交流的便利，可以共享同一个劳动市场，可以吸引与之配套或为之服务的相关产业围绕其发展，从而降低成本，提高效益；另一种称为城市化经济，是指不同行业的企业或经济单位在空间上集中，可以共同分担基础设施的投资，可以共享文化教育设施，可以从多样化的劳动市场中获得所需的不同技能的劳动力，从而提高效益。

8）城市发展的梯度发展理论。任何一个国家或地区的经济发展，在生产分布上必然会产生两种趋势，即生产向某些地区集中的极化趋势和生产向广大地区分散的扩展趋势；前者受极化效应支配，后者受扩展效应支配。根据这一原理，处在高梯度的地区，经济发展主要在于预防经济结构老化，行之有效的办法是不断创新，建立新行业、新企业，创造新产品，保持技术上的领先地位；处在低梯度的地区，首先应重点发展占有较大优势的初级产业、劳动密集型产业，尽快接过那些从高梯度地区淘汰或外溢出来的产业，发展地区经济，并尽量争取外援，从最低的发展梯度向上攀登，在梯度转移的过程中，发达地区进入世界先进行列，不发达地区进入发达地区，从而一个梯度一个梯度地进位，具有累进效应。

历年真题

1. 下列属于城市发展原因的解释理论，正确的有（　　）。［2020-84］

A. 城市发展的区域理论　　B. 城市发展的经济学理论

C. 城市发展的社会学理论　　D. 城市发展的交通通讯理论

E. 城市发展的增长极理论

【答案】ABCD

【解析】通过城市发展的区域理论、经济学理论、社会学理论及交通通讯理论来解释城市发展原因。F. 佩罗提出的增长极理论属于城市发展原理解释理论中的城市发展区域理论的一种支撑理论。

2. 下列关于城市发展的表述，不准确的是（　　）。[2017–7]

A. 农业劳动生产率的提高有助于推动城市化的发展

B. 城市中心作用强大，有助于带动周围区域社会经济的均衡发展

C. 交通通信技术的发展有助于城市中心效应的发挥

D. 城市群内各城市间的互相合作，有助于提高城市群的竞争能力

【答案】C

【解析】由于通信技术的不断进步，城市居民逐渐地以通信来替代交通以达到相互作用的目的。城市的主要聚集效益在于使居民可以接近信息交换中心以及便利居民的互相交往。交通通信技术的发展不利于城市中心区效应的发挥。

（3）城市发展模式的理论探讨。现代城市的发展存在着两种主要的趋势，即分散发展和集中发展。相对而言，城市分散发展更得到理论研究的重视，因此出现了比较完整的理论陈述，而关于城市集中发展的理论研究则主要出于对现象的解释方面。

1）城市分散发展理论。实际上是霍华德田园城市理论的不断深化和运用。即通过建立小城市来分散向大城市的集中，主要包括卫星城理论、新城理论、有机疏散理论和广亩城理论等。新城理论是从卫星城理论发展而来。

①卫星城理论。

提出原因：霍华德的田园城市设想在20世纪初得到了初步的实践，但在实际运用中，分化为两种不同的形式：一种是指农业地区的孤立小城镇，自给自足；另一种是指城市郊区，那里有宽阔的花园。前者的吸引力较弱，也形不成如霍华德所设想的城市群，因此难以发挥其设想的作用。后者显然是与霍华德的意愿相违背的，它只能促进大城市无序地向外蔓延，而这本身就是霍华德提出田园城市所要解决的问题。

提出时间：针对田园城市实践过程中出现的背离霍华德基本思想的现象。到20世纪20年代，恩温提出了卫星城概念，并以此来继续推行霍华德的思想（见图2–8）。恩温认为，霍华德的田园城市在形式上有如行星周围的卫星，因此使用了卫星城的说法。

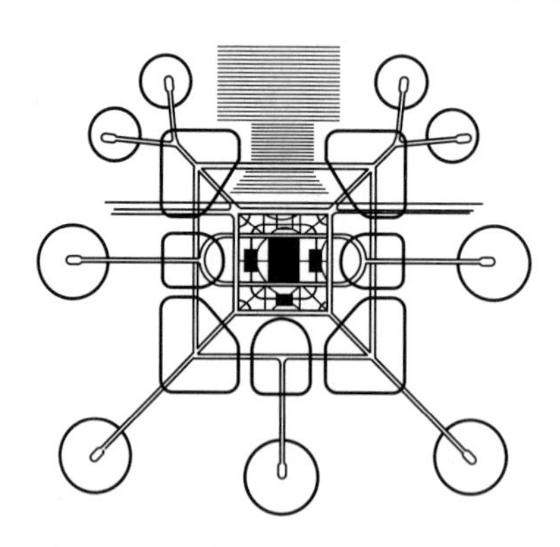

图 2–8　恩温提出的卫星城理论图解

发展与实践：1924年，在阿姆斯特丹召开的国际城市会议上，提出建设卫星城是防止大城市规模过大和不断蔓延的一个重要方法，从此，卫星城市便成为一个国际上通用的概念。在这次会议上，明确提出了卫星城市的定义，认为卫星城市是一个经济上、社会上、文化上具有现代城市性质的独立城市单位，但同时又是从属于某个大城市的派生产

物。第一代卫星城：卫星城的概念强化了与中心城市（又称母城）的依赖关系，在其功能上强调中心城的疏解，因此往往被作为中心城市某一功能疏解的接受地，由此出现了工业卫星城、科技卫星城甚至卧城等类型，成为中心城市的一部分。第一代卫星城实践案例：1944 年，阿伯克隆比完成的大伦敦规划中，规划在伦敦周围建立 8 个卫星城，以达到疏解的目的，从而产生了深远的影响（见图 2–9）。第二代卫星城：经过一段时间的实践，人们发现这些卫星城带来了一些问题，而这些问题的来源就在于对中心城市的依赖，因此开始强调卫星城市的独立性。在这种卫星城中，居住与就业岗位之间相互协调，具有与大城市相近似的文化福利设施配套，可以满足卫星城居民的就地工作和生活需要，从而形成一个职能健全的独立城市。

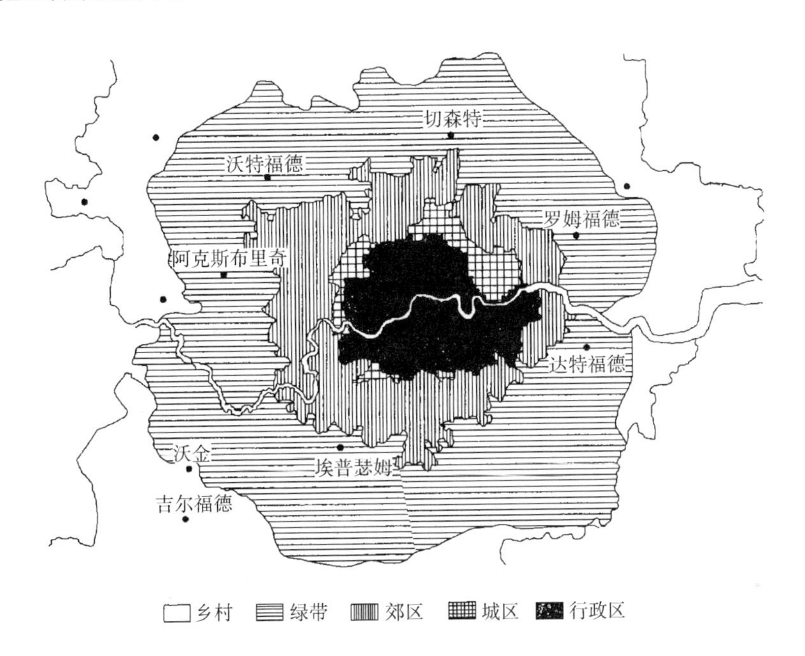

图 2–9　大伦敦规划

②新城理论。

第三代卫星城改称新城：从 20 世纪 40 年代中叶开始，人们将这类按规划设计建设的新建城市统称为“新城”，一般已不再使用“卫星城”的名称。伦敦周围的卫星城根据其建设时期先后而称为第一代新城、第二代新城和第三代新城。新城的概念更强调了城市的相对独立性，它基本上是一定区域范围内的中心城市，为其本身周围的地区服务，并且与中心城市发生相互作用，成为城镇体系中的一个组成部分，对涌入大城市的人口起到一定的截流作用。

③有机疏散理论。

提出时间：沙里宁在 1942 年出版的《城市：它的发展、衰败和未来》一书中详尽地阐述了有机疏散理论。

提出原因：为缓解由于城市过分集中所产生的弊病而提出的关于城市发展及其布局结构的理论。

基本原则：沙里宁认为，城市与自然界的所有生物一样，都是有机的集合体，因此城市建设所遵循的基本原则也与此相一致，由此，他认为“有机秩序的原则，是大自然的基本规律，所以这条原则，也应当作为人类建筑的基本原则”。

改建目标：在这样的指导思想下，他全面地考察了中世纪欧洲城市和工业革命后的城市建设状况，分析了有机城市的形成条件和在中世纪的表现及其形态，对现代城市出现衰败的原因进行了揭示，从而提出了治理现代城市的衰败、促进其发展的对策就是要进行全面的改建，这种改建应当能够达到以下三点目标：把衰败地区中的各种活动，按照预定方案，转移到适合于这些活动的地方去；把上述腾出来的地区，按照预定方案，进行整顿，改作其他最适宜的用途；保护一切老的和新的使用价值。

有机疏散特点：有机疏散就是把大城市目前的那一整块拥挤的区域，分解成为若干个集中单元，并把这些单元组织成为“在活动上相互关联的有功能的集中点”。在这样的意义上，构架起了城市有机疏散的最显著特点，便是原先密集的城区，将分裂成一个一个的集镇，它们彼此之间将用保护性的绿化地带隔离开来。要达到城市有机疏散的目的，就需要有一系列的手段来推进城市建设的开展。沙里宁在书中详细地探讨了城市发展思想、社会经济状况、土地问题、立法要求、城市居民的参与和教育、城市设计等方面的内容。对于城市规划的技术手段，他认为“对日常活动进行功能性的集中”和“对这些集中点进行有机的分散”这两种组织方式，是使原先密集城市得以从事必要的和健康的疏散所必须采用的两种最主要的方法。因为，前一种方法能给城市的各个部分带来安静和适于生活的居住条件，而后一种方法能给整个城市带来功能秩序和工作效率。所以，任何的分散运动都应当按照这两种方法来进行，只有这样，有机疏散才能得到实现。

④广亩城理论。

提出时间：赖特在 1932 年出版的《消失中的城市》中写道，未来城市应当是无所不在又无所在的，“这将是一种与古代城市或任何现代城市差异，如此之大的城市，以致我们可能根本不会认识到它作为城市而已来临”。在随后出版的《宽阔的田地》一书中，他正式提出了广亩城市的设想。

广亩城市的设想：把城市分散发展推到极致的是赖特。赖特认为现代城市不能适应现代生活的需要，也不能代表和象征现代人类的愿望，是一种反民主的机制，因此这类城市应该取消，尤其是大城市。他要创造一种新的、分散的文明形式，这在小汽车大量普及的条件下已成为可能。广亩城市的设想是一个把集中的城市重新分布在一个地区性农业的方格网格上的方案。他认为，在汽车和廉价电力遍布各处的时代里，已经没有将一切活动都集中于城市中的需要，而最为需要的是如何从城市中解脱出来，发展一种完全分散的、低密度的生活居住与就业结合在一起的新形式，这就是广亩城市。

模式：在广亩城市中，每一户周围都有一英亩的土地来生产供自己消费的食物和蔬菜；居住区之间以高速公路相连接，提供方便的汽车交通；沿着这些公路建设公共设施、加油站等，并将其自然地分布在为整个地区服务的商业中心之内（见图 2-10）。

实践：赖特对于广亩城市的现实性一点也不怀疑，认为这是一种必然，是社会发展不可避免的趋势。他写道：“美国不需要有人帮助建造广亩城市，它将自己建造自己，并且完全是随意的。”应该看到，美国城市在 20 世纪 60 年代以后普遍的郊区化在相当程度上是赖特广亩城市思想的一种体现。

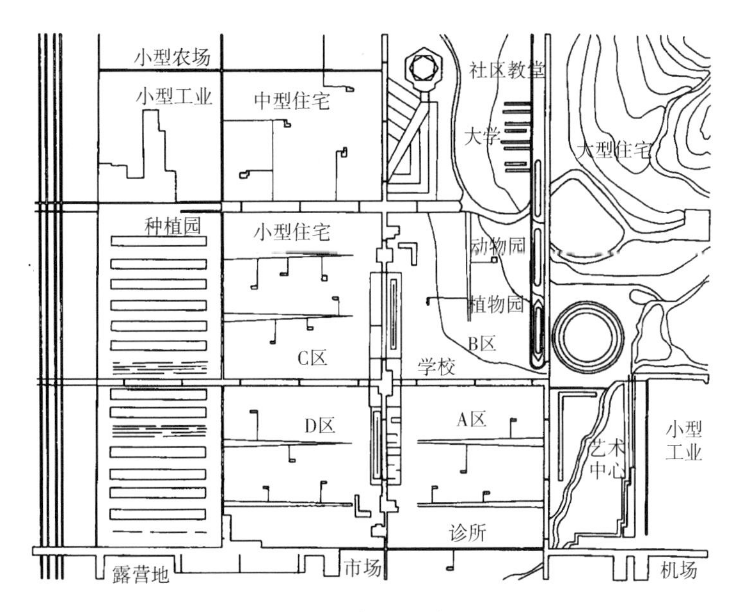

图 2–10　广亩城设想平面图

历年真题

1. 下列关于卫星城理论的表述，不准确的是（　　）。[2021–13]

A. 卫星城理论是对霍华德田园城市思想的发展

B. 建设卫星城是防止大城市规模过大和不断蔓延的一个重要方法

C. 卫星城是具有现代城市性质的独立城市单位，不从属于某一大城市

D. 卫星城通常作为中心城市某一功能疏解的接受地

【答案】C

【解析】卫星城市是一个从经济、社会、文化上具有现代城市性质的独立城市单位，但同时又是从属于某个大城市的派生产物。

2. 下列关于“有机疏散”理论的表述，正确的是（　　）。[2017–5]

A. 在中心城市外围建设一系列的小镇，将中心城市的人口疏解到这些小镇中

B. 中心城市进行结构性的重组，形成若干个小镇，彼此间以绿地进行隔离

C. 中心城市之外的小镇应当强化与中心城市的有机联系，并承担中心城市的某方面职能

D. 整个城市地区应当保持低密度，城市建设用地与农业用地应当有机地组合在一起

【答案】B

【解析】有机疏散就是把大城市目前的那一整块拥挤的区域分解成为若干个集中单元，并把这些单元组织成为“在活动上相互关联的有功能的集中点”。在这样的意义上，构架起了城市有机疏散的最显著特点，便是原先密集的城区，将分裂成一个一个的集镇，它们彼此之间将用保护性的绿化地带隔离开来。

2）城市集中发展理论。

城市集中发展理论的基础在于经济活动的聚集，这是城市经济的最根本特征之一。在聚集效应的推动下，城市不断地集中，发挥出更大的作用。服务业需要有更为集聚的城市人口的支持，这也是大城市服务业发达的原因。集聚效应推动城市发展。

卡利诺于1979年和1982年通过区分“城市化经济”“地方化经济”和“内部规模经济”对产业聚集的影响来研究导致城市不断发展的关键性因素。

城市化经济就是当城市地区的总产出增加时，不同类型生产厂家的生产成本下降，这就意味着，城市化经济源自整个城市经济的规模，而不只是某一行业的规模，城市化经济为整个城市的生产厂家获得利润而不只是特定行业的生产厂家。

地方化经济就是当整个工业的全部产出增加时，这一工业中的某一生产过程的生产成本下降。要实现地方化经济就要求这个生产厂与同类厂布置在一起，由于生产厂的集中而降低生产成本。这种经济性来源于三个方面：生产所需的中间投入的规模经济性，劳动力市场的经济性，交通运输的经济性。

内部规模经济是指当生产企业本身规模的增加而导致本企业生产成本的下降。卡利诺研究发现，对于产业聚集的影响而言，内部规模经济并不起作用，它只对企业本身的发展有影响，因此只有从外部规模经济上去寻找解释聚集效益的原因。在两类外部规模经济中，他发现，作为引导城市集中的要素而论，地方化经济不及城市化经济来得重要，多种产业类型的集中和城市的集中发展之间有着明显的相关性，与城市的整体经济密切相关，也就是说，对于工业的整体而言，城市的规模只有达到一定的程度才具有经济性。当然，聚集就产出而言是经济的，而就成本而言也可能是不经济的，这类不经济主要表现在地价或建筑面积租金的昂贵和劳动力价格的提高，以及环境质量的下降等。根据卡利诺的研究，城市人口少于330万时，聚集经济超过不经济，当人口超过330万时，则聚集不经济超过经济性。当然，这项研究是针对制造业而进行的，而且是一般情况下的。很显然，各类产业都可以找到不同的聚集经济和不经济之间的关系，服务业需要有更为聚集的城市人口的支持，这也是大城市服务业发达的原因。

城市的集中发展到一定程度之后出现了大城市和超大城市的现象，这是由于聚集经济的作用而使大城市的中心优势得到了广泛实现所产生的结果。随着大城市的进一步发展，出现了规模更为庞大的城市现象。

1966年，豪尔针对第二次世界大战后世界经济一体化进程，看到并预见到一些世界大城市在世界经济体系中将担负越来越重要的作用，着重对这类城市进行了研究，并出版了《世界城市》一书，提出世界城市具有以下主要特征：①世界城市通常是政治中心。它不仅是国家和各类政府的所在地，有时也是国际机构的所在地。世界城市通常也是各类专业性组织和工业企业总部的所在地。②世界城市是商业中心。它们通常拥有大型国际海港、大型国际航空港，并是一国最主要的金融和财政中心。③世界城市是集合各种专门人才的中心。世界城市中集中了大型医院、大学、科研机构、国家图书馆和博物馆等各项科教文卫设施，它也是新闻出版传播的中心。④世界城市是巨大的人口中心。世界城市聚集区都拥有数百万乃至上千万人口。⑤世界城市是文化娱乐中心。

1982年，弗里德曼和沃尔夫发表了一篇题为《世界城市形成：一项研究与行动的议程》的论文。在该论文中，作者运用并延续了以前世界城市研究的成果，依据世界体系论、核心－边缘学说、新的国际劳动分工理论等，将世界城市看成是世界经济全球化的产物，提出世界城市是全球经济的控制中心，并提出了世界城市的两项判别标准：第一，城市与世界经济体系联结的形式与程度，即作为跨国公司总部的区位作用、国际剩余资本投资“安全港”的地位、面向世界市场的商品生产者的重要性、作为意识形态中心的作用，等等。第二，由资本控制所确立的城市的空间支配能力，如金融及市场控制的范围是全球性的，还是国际区域性的，或是国家性的。弗里德曼等依据世界体系理论，认为世界城市只能产生在与世界经济联系密切的核心或半边缘地区，即资本主义先进的工业国和新兴工业化国家或地区。

1986 年，弗里德曼发表了《世界城市假说》论文，强调了世界城市的国际功能决定于该城市与世界经济一体化相联系的方式与程度的观点，并提出了世界城市的七个指标：①主要的金融中心；②跨国公司总部所在地；③国际性机构的集中度；④商业部门（第三产业）的高度增长；⑤主要的制造业中心（具有国际意义的加工工业等）；⑥世界交通的重要枢纽（尤指港口和国际航空港）；⑦城市人口规模达到一定标准。

随着大城市向外急剧扩展和城市密度的提高，在世界上许多国家中出现了空间上连绵成片的城市密集地区，即城市聚集区和大都市带。联合国人居中心对城市聚集区的定义是：被一群密集的、连续的聚居地所形成的轮廓线包围的人口居住区，它和城市的行政界线不尽相同。在高度城市化地区，一个城市聚集区往往包括一个以上的城市，这样，它的人口也就远远超出中心城市的人口规模。大都市带的概念是由法国地理学家戈特曼于 1957 年提出的，指的是多核心的城市连绵区，人口的下限是 2 500 万人，人口密度为每平方公里至少 25 人。因此，大都市带是人类创造的宏观尺度最大的一种城市化空间。

历年真题

与城市群、城市带的形成直接相关的因素是（　　）。[2014-6]

A. 区域内城市的密度　　B. 中心城市的高首位度

C. 区域的城乡结构　　D. 区域内资源利用的状态

【答案】A

【解析】随着大城市向外急剧扩展和城市密度的提高，在世界上许多国家中出现了空间上连绵成片的城市密集地区。

（4）城市体系理论。

1）城市体系理论的产生。

就宏观整体来看，广大的区域范围内存在着向城市集中的趋势，而在每个城市尤其是大城市中又存在着向外扩散的趋势。比如，英国的城市扩散是以新城的建设为主要特征的，而美国的城市扩散是以郊区化的方式实现的，但它们在扩散的趋势中也始终是相对集中的。

就区域层次来看，城市体系理论较好地综合了城市分散发展和集中发展的基本取向。城市并非孤立地存在和发展的，在单独的城市之间存在着多种多样的相互作用关系，城市体系就是指一定区域内城市之间存在的各种关系的总和。

城市体系的研究，起始于格迪斯对城市区域问题的研究。他认为，人与环境的相互关系，揭示了决定现代城市成长和发展的动力，对城市的规划应当以自然地区为基础，城市的规划应当是城市地区的规划，即城市和乡村应纳入同一个规划的体系之中，使规划包括若干个城市以及它们周围所影响的整个地区。此后经芒福德等人的不断努力，确立了区域规划的科学概念，并从思想上确立了区域城市关系是研究城市问题的逻辑框架。

2）城市体系理论的形成。

中心地理论：1933 年克里斯塔勒提出了中心地理论，揭示了城市之间的现实关系。

贝利等人结合城市功能的相互依赖性、城市区域的观点、对城市经济行为的分析和中心地理论，逐步形成了城市体系理论。贝利认为，城市应当被看作由相互作用的互相依赖部分组成的实体系统，它们可以在不同的层次上进行研究，而且它们也可以被分成各种子系统，而任何城市环境的最直接和最重要的相互作用关系是由于其相互作用的其他城市所决定的，而这些城市也同样构成了系统。在结合了人文生态学、中心地理论和区位经济学、城市地理学和一般系统论之后，形成城市体系的基本概念。

3）城市体系分析的内容。完整的城市体系分析包括三部分内容，即特定地域内所有城市的职能之间的相互关系，城市规模上的相互关系和地域空间分布上的相互关系。城市职能关系依据经济学的地域分工和生产力布局学说而得到展开，而不同城市在地域空间上的分布则被认为是遵循中心地理论的，并将这一理论看作是获得空间合理性的关键。

4）不同城市在规模上的相互关系。齐普于 1941 年提出的“等级 – 规模分布”理论较好地解释了不同城市在规模上的相互关系。该理论认为，一个城市的规模受制于与之发生相互作用的整个城市体系，它在这个体系中所处的等级，就决定了它的合理规模的大小。因此，这个城市在规模系列中处于第几级，那么，它的规模就是同一系列中最大城市规模的几分之一，例如，第四级的城市就只拥有最大城市人口的 1/4。

5）首位度。在一定程度上代表了城镇体系中的城市发展要素在最大城市的集中程度。杰斐逊提出了“两城市指数”，即用首位城市与第二位城市的人口规模之比的计算方法：$S = P_1/P_2$。四城市指数：$S = P_1/(P_2+P_3+P_4)$。十一城市指数：$S = 2P_1/(P_2+P_3+\cdots+P_{11})$。

2. 城市空间组织理论

（1）城市组成要素空间布局的基础—区位理论。

1）区位的概念。区位是指为某种活动所占据的场所在城市中所处的空间位置。城市是人与各种活动的聚集地，各种活动大多有聚集的现象，占据城市中固定的空间位置，形成区位分布。这些区位（活动场所）加上连接各类活动的交通路线和设施，便形成了城市的空间结构。

2）区位理论研究的目的。为各项城市活动寻找到最佳区位，即能够获得最大利益的区位。根据区位理论，城市规划对城市中各项活动的分布掌握了基本的衡量尺度，以此对城市土地使用进行分配和布置，使城市中的各项活动都处于最适合于它的区位。

结论：区位理论是城市规划进行土地使用配置的理论基础。

3）农业区位理论。杜能的农业区位理论是区位理论的基础。他通过抽象的方法，假设了一个与世隔绝的孤立城邦来研究如何布局农业才能从每一单位面积土地上获得最大利润的问题。他认为，利润是由农业生产成本、农产品市场价格和把农产品运至市场的运费三个因素决定的。在给定条件下，农业生产成本、农产品市场价格是不变的，因此，如果要使利润最大就必须使运费最小。

结论：运输费用是决定利润大小的关键，因此农作物的种植区域划分是根据其运输成本以及与市场的距离所决定的。

4）工业区位理论。工业区位理论是区位研究中数量相对比较集中的内容，在各项工业区位理论中所涉及的变量也有多种且各不相同，而且随着时间的推移，工业区位理论越来越具有综合性。

杜能工业区位理论：他认为，运输费用是决定利润的决定因素，而运输费用则可视作工业产品的重量和生产地与市场地之间距离的函数。因此，工业生产区位是依照产品重量对它的价值比例来决定的，这一比例越大，其生产区位就越接近市场地。

韦伯认为，影响区位的因素有区域因素和聚集因素。区域因素指运输成本和劳动力成本两项因素，聚集因素指生产区位的集中，包括人口密度、工业复杂性程度等。他的方法是先找出最小运输成本的点，然后考虑劳动力成本和聚集效益这两项因素。他认为，工业区位的决定应最先考虑运输成本，而运输成本是运输物品的重量和距离的函数。他利用区位三角形来求出最小运输成本的区位，即如果某个工业有两个原料供应地（M1、M2）和消费地（C），如果生产一单位产品需要 M1 原料 X 吨，M2 原料 Y 吨，而运至市场 C 的最后产品重量为 Z 吨，设点 P 为该工业所在地，a、b、c 分别为 PM1、PM2、PC 的距离，则 P 的最佳区位便转化为求 $Xa+Yb+Zc$ 的最小值问题。在求出这一值后，再来考虑劳动力成本和聚集效益问题。劳动力成本一般而言在城市中差异不大，主要是地区性的差异，直接影响工业的区域分布。而聚集效益是把生产按某种规模集中到同一地点或分布到多个点之后给生产和销售所带来的利益。韦伯通过生产成本节约指数的变化来判断聚集是否合理、是否适度，从而找出最佳聚集点，然后与最低运费点比较偏离这两点所带来的效益差异，以此确定工业生产的最后地点。

5）市场网络区位理论。廖士在区位理论中，第一个引入了需求来作为主要的空间变量。他认为，韦伯及其后继者的最小成本区位方法并不正确，最低的生产成本往往并不能带来最大利润。正确的方法应当是找出最大利润的地方，因此需要引入需求和成本两个空间变量。他认为，任何一个企业想要在竞争中求生存，就必须以最大经济利益为原则，在竞争中降低运输成本，使消费者得到最廉价的产品，占领消费市场，而竞争的平衡点正是工业区位配置的最佳点。他通过理论的逻辑证明，任何产品总有一个最大的销售范围，并且至少要占有一定范围的市场，这种市场最有利的形状是六边形。市场网络是廖士区位理论的最高表现形式。

6）一般区位理论。伊萨德从制造业出发，组合了其他的区位理论，并结合现代经济学的思考，希望形成一种统一的、一般化的区位理论。基本观点是一般区位理论能以与经济理论中的其他方面同样的方法来发展，可以依据替代方法来分析企业家作决策时如何组合不同生产要素的成本，以此来确定成本最小而效益最佳的地点。

7）区位理论的研究具有宏观、动态和综合性的特征。区位理论的研究从过去只关注市场机制而逐步向市场运作和政府干预、规划调节相结合转变。就整体而言，这些研究的目的已经不在于求得纯粹的理论公式，而在于对具体地区错综复杂的社会经济因素相互作用下的实际问题进行解答，为各类产业空间的选址提供依据。

历年真题

下列关于区位理论的表述，正确的有（　　）。[2019-82]

A. 克里斯塔勒提出了中心地理论

B. 农业区位理论认为农作物的种植区域划分是根据其运输成本以及与市场的距离决定的

C. 区位是指为某种活动所占据的场所在城市中所处的空间位置

D. 韦伯工业区位理论认为影响区位的因素有区域因素和聚集因素

E. 廖士区位理论提出了市场五边形的概念

【答案】ABCD

【解析】廖士通过理论的逻辑证明，任何产品总有一个最大的销售范围，并且至少要占有一定范围的市场，这种市场最有利的形状是六边形。

（2）城市整体空间的组织理论。

区位理论解释了城市各项组成要素在城市中如何选择各自最佳区位。当这些要素选择了各自的区位之后，如何将它们组织成一个整体，即形成城市的整体结构，从而发挥各自的作用，则是城市空间组织的核心。城市规划就需要从城市整体利益和保证城市有序运行的角度出发，协调好各要素之间的相互关系，满足城市生产和生活发展的需要。因此形成了多个角度的空间组织理论，包括从城市功能组织出发的，从城市土地使用形态出发的，从经济合理性出发的，从城市道路交通出发的，从空间形态出发的，从城市生活出发的空间组织理论。

1）从城市功能组织出发的空间组织理论。

理论的首次提出：按照城市活动类型进行分区的原则首先是由法国建筑师戈涅在“工业城市”规划设想中予以明确地表述。

理论的正式确立：在柯布西埃影响下的国际现代建筑协会（CIAM）（以下简称国际建协）于1933年通过了《雅典宪章》，确立了现代城市规划的功能分区原则。《雅典宪章》提出，“居住、工作、游憩与交通四大活动是研究及分析现代城市规划最基本的分类”，这“四个主要功能要求各自都有其最适宜发展的条件，以便给生活、工作和文化分类和秩序化。每一主要功能都有其独立性，都被视为可以分配土地和建造的整体，并且所有现代技术的巨大资源都将被用于安排和配备它们”。在此基础上，《雅典宪章》提出了现代城市规划工作者的三项主要工作是：①将各种预计作为居住、工作、游憩的不同地区，在位置和面积方面，做一个平衡的布置，同时建立一个联系三者的交通网。②订立各种规划，使各区按照它们的需要和有纪律的发展。③建立居住、工作和游憩各地区间的关系，务使这些地区间的日常活动可以在最经济的时间完成。

根据《雅典宪章》的内容，城市空间组织就是对城市功能进行划分，将城市划分为不同的功能区，然后运用便捷的交通网络将这些功能区联系起来。在具体组织和各功能区中，其组织有非常明显的等级系列，这就是“一切城市规划应该以一幢住宅所代表的细胞作为出发点，将这些同类的细胞集合起来以形成一个大小适宜的邻里单位。以这个细胞作为出发点，各种住宅、工作地点和游憩地方应该在一个最合适的关系下分布到整个城市里”。

理论的运用和实践：功能分区在当时具有一定的现实意义和历史意义。在工业化发展过程中不断扩张的大中城市内，工业和居住混杂，工业污染严重，土地高密度使用，设施不配套，缺乏空旷地，交通拥挤，由此产生了严重的卫生问题、交通问题和居住生活环境问题。从这样的意义上讲，功能分区的运用确实可以解决相当一部分当时城市中所存在的实际问题，改变城市中混乱的状况，使城市能“适应其中广大居民在生理上及心理上最基本的需求”。因此，在第二次世界大战后的城市规划中，功能分区作为城市空间组织的最基本原则得到了广泛的运用和实践。但由于在实践中过于强调纯粹的功能分区，从而产生了一系列的问题，也使城市规划受到了重大的损害，但并不是这一原则本身的错误。

2）从城市土地使用形态出发的空间组织理论。在城市内部，各类土地使用之间的配置具有一定的模式。众多理论研究中最为基础的是同心圆理论、扇形理论和多核心理论（见图2-11）。

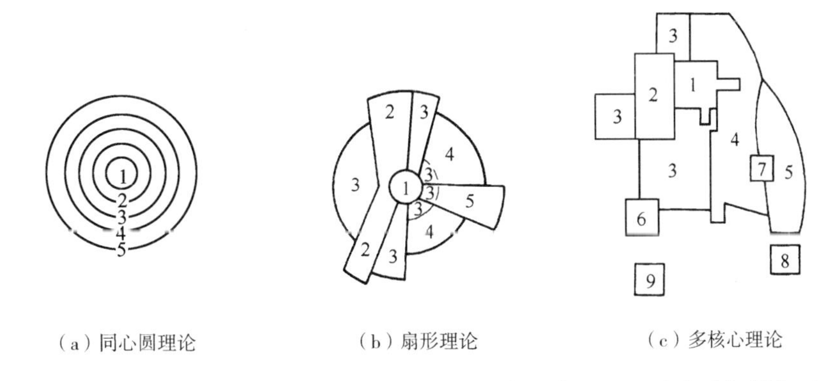

1—中央商务区；2—批发和轻工业区；3—低收入者居住区；4—中产阶级居住区；
5—高收入者居住区；6—重工业区；7—外围商务区；8—郊区居住区；9—郊区工业区。

图 2–11　同心圆理论、扇形理论和多核心理论图示

① 1923 年伯吉斯提出同心圆理论。

伯吉斯以芝加哥为例，试图创立一个城市发展和土地使用空间组织方式的模型，并提供了一个图示性的描述。城市划分成五个同心圆区域：居中的圆形区域是中央商务区（CBD），这是整个城市的中心，是城市商业、社会活动、市民生活和公共交通的集中点。第二环是过渡区，是中央商务区的外围地区，是衰败了的居住区。第三环是工人居住区，主要是产业工人（蓝领工人）和低收入的白领居住的集合式楼房、单户住宅或较便宜的公寓。第四环是良好住宅区，这里主要居住的是中产阶级，有独门独院的住宅和高级公寓和旅馆等，以公寓住宅为主。第五环是通勤区，主要是一些富裕的、高质量的居住区，上层社会和中上层社会的郊外住宅坐落在这里，还有一些小型的卫星城，居住在这里的人大多在中央商务区工作，上下班往返于两地之间。这一理论还特别提出，这些环并不是固定的和静止的，在正常的城市增长条件下，每一个环通过向外面一个环的侵入而扩展自己的范围，从而揭示了城市扩张的内在机制和过程。

② 1939 年霍伊特提出扇形理论。

根据美国 64 个中小城市住房租金分布状况的统计资料，又对纽约等几个大城市的居住状况进行调查，霍伊特提出，城市就整体而言是圆形的，城市的核心只有一个，交通线路由市中心向外作放射状分布，随着城市人口的增加，城市将沿交通线路向外扩大，某类使用方式的土地从市中心附近开始逐渐向周围移动，由轴状延伸而形成整体的扇形。也就是说，对于任何土地的使用均是从市中心区既有的同类土地使用的基础上，由内向外扩展，并继续留在同一扇形范围内。1964 年霍伊特对他的理论进行了再评价，他认为，尽管汽车交通拓展了可供选择的居住用地而不再局限于现存的居住地，但总体上，高收入家庭仍然明显地集中在那些特定的扇形中。

③ 1945 年哈里斯和乌尔曼提出多核心理论。

哈里斯和乌尔曼通过对美国大部分大城市的研究，提出了影响城市中活动分布的四项原则：有些活动要求设施位于城市中为数不多的地区（如中央商务区要求非常方便的可达性，而工厂需要有大量的水源）。有些活动受益于位置的互相接近（如工厂与工人住宅区）。有些活动对其他活动容易产生对抗或有消极影响，这些活动应当避免同时存在（如富裕者优美的居住区被布置在与浓烟滚滚的钢铁厂毗邻）。有些活动因负担不起理想场所的费用，而不得不布置在不很合适的地方（如仓库被布置在冷清的城市边缘地区）。

在这四个因素的相互作用下，再加上历史遗留习惯的影响和局部地区的特征，通过相互协调的功能在特定地点的彼此强化，不相协调的功能在空间上的彼此分离，由此形成了地域的分化，使一定的地区范围内保持了相对的独特性，具有明确的性质，这些分化了的地区又形成各自的核心，从而构成了整个城市的多中心。因此，城市并非是由单一中心而是由多个中心构成。

历年真题

1. 关于同心圆理论，下列有关各环圈功能的说法，准确的有（　　）。[2020-85]

A. 第一环是行政区

B. 第二环是衰败了的居住区

C. 第三环是工人居住区，主要居住着产业工人和低收入白领

D. 第四环是高档居住区

E. 第五环是外围工业区

【答案】BC

【解析】居中的圆形区域是中央商务区（CBD）。第四环是良好住宅区，这里主要居住的是中产阶级，有独门独院的住宅和高级公寓和旅馆等，以公寓住宅为主。第五环是通勤区，A、D、E 选项错误。

2. 从城市土地使用形态出发的空间组织理论不包括（　　）。[2018-10]

A. 同心圆理论　　B. 功能分区理论

C. 扇形理论　　D. 多核心理论

【答案】B

【解析】从城市土地使用形态出发的空间组织理论包括同心圆理论、扇形理论、多核心理论。

3）从经济合理性出发的空间组织理论。

根据经济的原则和经济合理性来组织城市空间，是城市空间组织在市场机制下得以实现的关键所在。

注：在市场机制下，城市的空间组织要结合经济的合理性来布局。

在城市用地和空间的配置上，各项用地都有向城市中心集聚的需求，但不同的用地对土地使用所能承担的成本是各不相同的。在这种用地和空间组织的情况下，经济合理性的含义就在于：在完全竞争的市场经济中，城市土地必须按照最高、最好也就是最有利的用途进行分配。这一思想通过位置级差地租理论而予以体现。根据位置级差地租理论，一定位置一定面积土地上的地租的大小取决于生产要素的投入量及投入方式，只有当地租达到最大值时，才能获得最大的经济效果。

城市土地使用的分布在很大程度上是根据对不同地租的承受能力而进行竞争的结果。某类特定使用所能承担的地租比其他活动所能承担的租金高，则该使用便可获得它所要求的土地，尤其在多种使用共同竞争同一位置的用地时。比如，城区的中心位置最好，居住和商业都希望布置在靠中心位置，但中心位置的商业收益大，谁能承受更高的租金，谁就

能更容易获得靠中心的位置。

城市土地租金。在城市中，区位是决定土地租金的重要因素。伊萨德认为，决定城市土地租金的要素主要有：①与中央商务区（CBD）的距离。②顾客到该址的可达性。③竞争者的数目和他们的位置。④降低其他成本的外部效果。

竞租理论。阿伦索于 1964 年提出竞租理论。这一理论是根据各类活动对距市中心不同距离的地点所愿意或所能承担的最高限度租金的相互关系来确定这些活动的位置。所谓竞租，就是人们对不同位置上的土地愿意出的最大数量的价格，它代表了对于特定的土地使用，出价者愿意支付的最大数量的租金以获得那块土地。根据阿伦索的调查，商业由于靠近市中心就具有较高的竞争能力，也就可以支持较高的地租，所以愿意出价高于其他的用途，因此用地位于市中心。随后依次为办公楼、工业、居住、农业。根据该理论，在单中心城市的条件下，可以得到城市同心圆布局的结论。

从城市规划的角度。经济合理性并不是城市规划唯一依据，其最根本的原则应该在于社会合理性，或者说是基于公正、公平等公共利益的基础上，但经济的合理性也是必须予以考虑的，否则，规划的空间组织难以实施。但这并不意味着一切均要按照经济理性行事，而是要考虑经济的可能，如果要对此进行调整，规划就必须提出相应的手段与方式。

历年真题

按照伊萨德的观点，下列关于决定城市土地租金的各类要素的表述，准确的是（　　）。[2018-11]

A. 与城市几何中心的距离　　B. 顾客到达该地址的可达性

C. 距城市公园的远近　　D. 竞争者的类型

【答案】B

【解析】决定城市土地租金的要素有：①与中央商务区（CBD）的距离；②顾客到该址的可达性；③竞争者的数目和他们的位置；④降低其他成本的外部效果。

4）从城市道路交通出发的空间组织理论。

城市道路交通连接城市中各种土地使用，将城市活动结合为一体。从城市空间组织的角度讲，城市的道路交通将城市的各项用地连接了起来，保证了空间之间的联系，从而建立起了城市空间组织的基本结构。

①索里亚・玛塔的理论。索里亚・玛塔的线形城市是铁路时代的产物，他所提出的“城市建设的一切问题，均以城市交通问题为前提”的原则，仍然是城市空间组织的基本原则。

②戈涅的理论。戈涅在工业城市规划中，也高度重视城市的道路组织，他提出，城市的道路应当按照道路的性质进行分类，并以此来确定道路的宽度。

③埃涅尔的理论。20 世纪初巴黎总建筑师埃涅尔认为，交通运输是城市有机体内富有生机的活动的具体表现之一。他把市中心比作人的心脏，它与滋养它的动脉——承受运输巨流的道路必须有机地联系在一起。“但是，必须减少中心区过度的运输，因为像心脏里的血液过剩一样，它能使城市机体夭折”。由此，埃涅尔提出以下观点：过境交通不能穿越市中心，并且应该改善市中心区与城市边缘区和郊区公路的联系；城市道路干线的效率主要取决于街道交叉口的组织方法；改进交叉口组织的两种方法：建设“街道立体交叉

枢纽”，建设环岛式交叉口和地下人行通道。

埃涅尔提出的城市道路交通的组织原则和交叉口交通组织方法在20世纪的城市道路交通规划和建设中都得到了广泛的运用。

④柯布西埃的理论。柯布西埃的现代城市规划方案是汽车时代的作品。城市的空间组织必须建立在对效率的追求方面，而其中的一个很重要方面就是交通的便捷，即以能使车辆以最佳速度自由地行驶为目的。体现在他的“明天城市”和“光辉城市”中。

⑤佩里、斯坦、屈普、布坎南的理论。目的是把汽车交通带来的不利影响减至最小。

1929年，佩里提出以“邻里单位”来组织城市居住区。他认为形成邻里单位的观点是“被汽车逼出来的”。他提出，为了减少汽车交通对居住生活的干扰，获得居住地区的邻里感，应当以城市交通干道为边界建立起有一定生活服务设施的家庭邻里，在该单位里不应有交通量大的道路穿越。

1933年，斯坦等人完成的雷德邦规划，对“邻里单位”理论作了修正，提出“大街坊”概念。对车行道路和人行道路进行了严格的划分，并进行了成系统的组织，形成人车完全分离的道路系统。

1944年，在对城市汽车交通增长的危险具有敏锐洞察的基础上，屈普提出了一种新的交通组织模式，即交通分区、人车分离：道路按功能进行等级划分并进行划区，区内以步行交通为主，从而实现整体的步行交通与车行交通的分离。屈普的划区方法后来成为阿伯克隆比大伦敦规划中交通组织的重要理论基础。

1963年，布坎南在《城市交通》一书中提出，为了保证城市内部交通的便捷，必须建立一个高速道路网，以提供高速、有效的交通分配；同时为取得令人满意的环境质量，则需要对这些主要道路网所环绕地段进行合理的规划与设计，以创造安全、清洁和令人愉悦的日常生活环境。

⑥麦克劳林的理论。城市交通产生于城市中不同土地使用之间相互联系的要求，因此，城市交通的性质与数量直接与城市土地使用相关。麦克劳林总结：“交通是用地的函数。”美国20世纪50年代末60年代初进行的运输——土地使用规划研究，从规划角度对交通与土地使用之间的关系及其组织进行了探讨。这些研究的思想与方法和第二次世界大战后迅速发展的系统理论与系统工程相结合，形成了二十世纪六七十年代在城市规划领域占主导思想的过程方法论。

⑦新都市主义理论。20世纪80年代以后，针对美国郊区建设中存在的城市蔓延和对私人小汽车交通的极度依赖所带来的低效率和浪费问题，新都市主义提出应当对城市空间组织的原则进行调整，强调要减少机动车的使用量，鼓励使用公共交通，居住区的公共设施和公共活动中心等围绕公共交通的站点进行布局，使交通设施和公共设施能够相互促进、相辅相成，并据此提出了“公交引导开发”（TOD）模式。认为如果邻里能够把必须使用汽车的人聚集在公共交通车站的步行范围以内，那么就会使公共交通支持更大的人口密度，公共交通的便利也就会减少人们对私人小汽车的使用需求。在这样的基础上，采用传统邻里的组织方式以及欧洲小城市的空间模式，从创造更加有机的富有活力的城市空间结构出发对区域（或大都市地区）和城市内部的空间结构进行重组。

历年真题

1. 下列不属于“公共交通导向开发”模式必须满足的要求的是（　　）。[2020-14]

A. 在地铁站上盖、开发多功能混合使用的综合体

B. 在公交站点周边安排一定数量的办公、商业等就业岗位

C. 围绕公交站点建立适宜步行的街道网络

D. 公交站点周边应有适宜公共活动的高质量公共空间

【答案】A

【解析】公共交通导向开发（TOD）模式，强调要减少机动车的使用量，鼓励使用公共交通，居住区的公共设施和公共活动中心等围绕着公共交通的站点进行布局，使交通设施和公共设施能够相互促进、相辅相成。如果邻里能够把必须使用汽车的人聚集在公共交通车站的步行范围以内，那么就会使公共交通支持更大的人口密度，公共交通的便利也就会减少人们对私人小汽车的使用需求。综合体应尽量围绕公交站点进行建设，但是在地铁站上盖、开发多功能混合使用的综合体需要依据具体情况来考虑。

2. 下列关于城市布局理论的表述，不准确的是（　　）。[2013-8]

A. 柯布西埃现代城市规划方案提出应结合高层建筑建立地下、地面和高架路三层交通网络

B. 邻里单位理论提出居住邻里应以城市交通干路为边界

C. 级差地租理论认为，在完全竞争的市场经济中，城市土地必须按照最有利的用途进行分配

D. “公共交通引导开发”（TOD）模式提出新城建设应围绕着公共交通站点建设中心商务区

【答案】D

【解析】居住区的公共设施和公共活动中心等围绕着公共交通的站点进行布局。

5）从空间形态出发的空间组织理论。

有关建筑形态的空间组织理论对城市整体的空间组织也具有重要的影响。

①西谛的理论。被誉为现代城市设计之父的西谛于1889年出版的《城市建设艺术》一书，提出了现代城市建设中空间组织的艺术原则。

②罗西的理论。从新理性主义的思想体系出发，提出城市空间的组织必须依循城市发展的逻辑，凭借历史的积淀，用类型学的方法进行建筑和城市空间的安排。他认为，城市空间类型是城市生活方式的集中反映，也是城市空间的深层结构，并且已经与市民的生活和集体记忆紧密结合。根据罗西的观点，组成城市空间类型的要素是城市街道、城市的平面以及重要纪念物。这些城市的人工建造物之间的关系是构成城市空间类型的关键，但这并不意味着城市的类型是由人眼可以直接看到的或人的手可以直接摸到的物质实体所构成的，人的体验具有更为重要的意义。因此，在空间组织的过程中需要充分认识这些人工建造物的意义以及在此意义基础上的相互作用关系，必须与使用这些空间的人的活动方式相互关联。

③克里尔兄弟、罗西的理论。克里尔兄弟更为明确地提出城市空间组织必须建立在以建筑物限定的街道和广场的基础之上，而且城市空间必须是清晰的几何形状。他们提出，“只有其几何特征印迹清晰、具有美学特质的并可能为我们有意识地感知的外部空间才是城市空间”。他们强调城市的公共空间如街道、广场、柱廊、拱廊和庭院等在城市空间组

织中的作用，认为只有城市的公共空间才能真正代表城市生活，并且提出，应当在组织城市公共空间的基础上再来布置和安排其他的空间。

列昂・克里尔还认为，组成城市空间的核心要素是“街区”，街区应当成为形塑街区和广场等公共领域的基本手段。罗西、克里尔兄弟的观点和方法在20世纪70年代以后对欧洲的“城市重建”运动、都市村庄以及美国的“新都市主义”运动都产生了很大的影响，并在城市设计和城市规划中得到广泛的实践。

④柯林・罗和弗瑞德・科特的理论。1978年出版的《拼贴城市》提出，城市的空间结构体系是一种小规模的不断渐进式变化的结果，大大小小的、不同时期的建设在城市原有的框架中不断地被填充进去，有相互协调的也有互相矛盾和“抵触”的。因此，城市既是完整的，又是在不断演变的，整体性的变化都是在局部演变的基础上不知不觉地、出人意料地形成的。拼贴的方法其实就是“一种概括的方法，不和谐的凑合；不相似形象的综合，或明显不同的东西之间的默契”，因此，任何新的建设实际上就是在城市的背景和文脉中，由这种背景和文脉所诱发的，而不应该是由一个全知全能的“上帝”从整体结构的改造出发而外在地赋予的。

6）从城市生活出发的空间组织理论。

城市是人和活动集聚的场所，城市空间是城市活动发生的载体，同时又是城市活动的结果。因此，在城市空间组织的过程中，必须将空间的组织与空间中的活动相结合，并且从城市活动的安排出发来组织空间的结构与形态。

《马丘比丘宪章》指出“人与人相互作用与交往是城市存在的基本根据”，因此，城市规划“必须对人类的各种需求作出解释和反应”，这也应当是城市空间组织的基本原则。

佩里的“邻里单位”。佩里认为，城市住宅和居住区的建设应当从家庭生活的需要以及其周围的环境即邻里的组织开始。组织邻里单位的目的就是要在汽车交通开始发达的条件下，创造一个适合于居民生活的、舒适安全的和设施完善的居住社区环境。他提出，邻里单位就是“一个组织家庭生活的社区计划”，因此这个计划不仅要包括住房，而且要包括它们的环境，还要有相应的公共设施，这些设施至少要包括一所小学、零售商店和娱乐设施等。他同时认为，在当时汽车交通的时代，环境中的最重要问题是街道的安全，因此，最好的解决办法就是建设道路系统来减少行人和汽车的交织与冲突，并且将汽车交通完全地安排在居住区之外。

邻里单位由六个原则组成。①规模：一个居住单位的开发应当提供满足一所小学的服务人口所需要的住房，它的实际面积则由它的人口密度所决定。②边界：邻里单位应当以城市的主要交通干道为边界，这些道路应当足够的宽以满足交通通行的需要，避免汽车从居住单位内穿越。③开放空间：应当提供小公园和娱乐空间的系统，它们被计划用来满足特定邻里的需要。④机构用地：学校和其他机构的服务范围应当对应于邻里单位的界限，它们应该适当地围绕着一个中心或公地进行成组布置。⑤地方商业：与服务人口相适应的一个或更多的商业区应当布置在邻里单位的周边，最好是处于道路的交叉处或与相邻邻里的商业设施共同组成商业区。⑥内部道路系统：邻里单位应当提供特别的街道系统，每一条道路都要与它可能承载的交通量相适应，整个街道网要设计得便于单位内的运行同时又能阻止过境交通的使用。

佩里认为，只有达到了这样一些原则，才能更加完整地满足家庭生活的基本需要。邻里单位理论在此后实践中成为城市居住区组织的基本理论和方法（见图 2–12）。

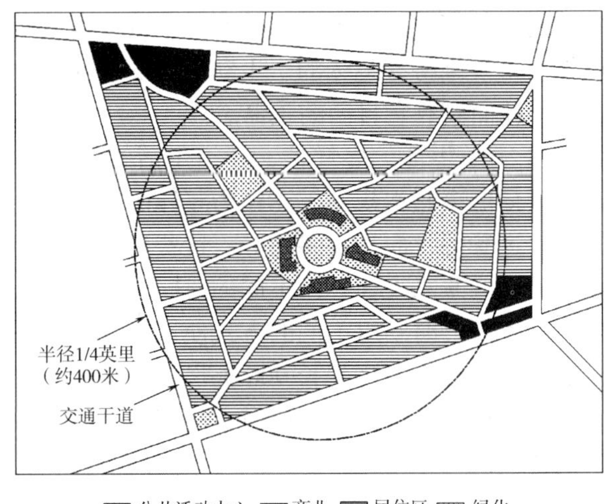

图 2–12　邻里单位理论图解

CIAM 的“十次小组”（TEAM10）。城市的空间组织必须坚持以人为核心的人际结合思想，必须以人的行为方式为基础，城市和建筑的形态必须从生活本身的结构发展而来。任何新的东西都是在旧机体中生长出来的，一个社区也是如此，必须对它进行修整，使它重新发挥作用。因此，城市的空间组织不是从一张白纸上开始的，而是一种不断进行的工作。所以任何一代人只能做有限的工作。每一代人必须选择对整个城市结构最有影响的方面进行规划和建设，而不是重新组织整个城市。

凯文·林奇的理论。凯文·林奇对城市意象的研究改变了城市空间组织的传统框架，城市的空间不再是反映在图纸上的物与物之间的关系，也不是现实当中的物质形态的关系，更不是建立在这些关系基础上的美学上的联系，而是人在其中的感受以及在对这些物质空间感知基础上的组合关系，即意象。人们在意象的引导下采取相应的空间行动，在这样的意义上，城市空间就不再仅仅是容纳人类活动的容器，而是一种与人的行为联系在一起的场所。

构成城市意象的五项基本要素：路径、边缘、地区、节点和地标。这五项要素建构起对城市空间整体的认知，当这些要素相互交织、重叠，它们就提供了对城市空间的认知地图或称心理地图。认知地图是观察者在头脑中形成的城市意象的一种图面表现，并随人们对城市的认识的扩展、深化而扩大。行为者就是根据这样的认知地图而对城市空间进行定位，并依据对该认知地图的判断而采取行动。因此，在城市空间的组织中，就需要通过对构成城市意象的各项要素的运用，强化它们的可识别性，清晰化各要素之间的相互关系，赋予它们空间和文化的意义，传递有效的信息，进而引导人们的行为。

简·雅各布斯的理论。简·雅各布斯运用社会使用方法对美国城市空间中的社会生活进行了调查，于 1961 年出版了《美国大城市的死与生》，提出街道和广场是真正的城市骨架形成的最基本要素，它们决定了城市的基本面貌。街道要有生命力须具备三个条件：①街道必须是安全的。而要一条街道安全，就必须在公共空间和私人空间之间有明确的界限，也就是在属于特定的住房、特定的家庭、特定的商店或其他领域和属于所有人的公共领域之间有明确的界限。②必须保持有不断的观察，被她称为“街道天然的所有者”的“眼睛”必须在所有时间里都能注视到街道。③街道本身特别是人行道上必须不停地有使用者。这样，街道就能获得并维持有趣味的、生动的和安全的名声，人们就会喜欢去那里看和被人看，街道也就因此而具有它自己的生命。

街道的生命力还来源于街道生活的多样性，街道生活的多样性要求有一定的街道本身的空间形式来保证，需遵循四个基本规则：①作为整体的地区至少要用于两个基本的功能，如生活、工作、购物、进餐等，而且越多越好。这些功能在类别上应当多种多样，以至于各种各样的人在不同的时间来来往往，按不同的时间表工作，来到同一个地点、同一个街道用于不同的目的，在不同的时间以不同的方式使用同样的设施。②沿着街道的街区不应超过一定的长度。她发现一些大街之间长 900 英尺左右就显得太长了，并且宁愿看到有一些短的街道与之交叉，这样在不同方向的街道之间就可以更容易进入，并且有较多的转角场所。③不同时代的建筑物共存于她称为“纹理紧密的混合”之中。由于老建筑物对于街道经济所显示出来的重要性，因此应当有相当高比例的老建筑物。④街道上要有高度集中的人，包括那些必需的核心，他们生活在那里，工作在那里，并且作为街道的“所有者”而行动。

克里斯托弗·亚历山大的理论。他认为，人的活动的倾向比需求更为重要，因为倾向作为可观察到的行为模式，反映了人与环境的相互作用关系，而这就是城市规划和设计需要满足的。

在对城市规划和城市空间组织的研究中，1965 年发表的《城市并非树形》一文，则从城市生活的实际状况出发，提出城市空间的组织应当重视人类活动中丰富多彩的方面及其多种多样的交错与联系，城市规划师和设计师在进行空间组织时不应偏好简单和条理清晰的思维方式，轻易接受简单的、各组成要素互不交叠的组织方法。

他认为，城市空间的组织本身是一个多重复杂的结合体，城市空间的结构应该是网格状的而不是树形的，任何简单化的提纯只会使城市丧失活力。

（3）城市空间组织理论小结。

1）从城市功能组织出发的空间组织理论：戈涅的工业城市，《雅典宪章》。

2）从城市土地使用形态出发的空间组织理论：同心圆理论，扇形理论，多核心理论，折中式的理论模式，塔弗的理想城市模式，洛斯乌姆的区域城市模式。

3）从经济合理性出发的空间组织理论：级差地租理论，竞租理论。

4）从城市道路交通出发的空间组织理论：早期探索（索里亚·玛塔的线形城市，戈涅的工业城市，艾涅尔的理论，柯布西埃的理论），邻里单位理论，交通分区方法（屈普），TOD 模式。

5）从空间形态出发的空间组织理论：勒·柯布西埃的城市空间组织理论，史密森夫妇的城市空间组织理论，罗伯特·文丘里的城市空间组织理论，西谛的城市空间组织理论，罗西的城市空间组织理论，克里尔兄弟的城市空间组织理论，柯林·罗和弗瑞德·科特的城市空间组织理论。

6）从城市生活出发的空间组织理论：邻里单位理论，TEAM10 城市空间组织理论，凯文·林奇的城市意象理论，简·雅各布斯的城市空间组织理论，克里斯托弗·亚历山大的城市空间组织理论，奥斯卡·纽曼的城市空间组织理论。

历年真题

1. 罗西（A. Rossi）城市空间类型学中的类型要素不包括（ ）。[2021-15]

A. 城市街道 B. 城市平面 C. 重要纪念物 D. 郊野公园

【答案】D

【解析】根据罗西的观点，组成城市空间类型的要素是城市街道、城市的平面以及重要纪念物。

2. 下列属于城市空间组织理论的有（ ）。[2020-81]

A. 邻里单位 B. 级差地租

C. 线形城市 D. 中心地理论

E. 倡导性规划

【答案】ABC

【解析】邻里单位属于从道路交通出发和城市生活出发组织空间理论；级差地租属于从经济合理性出发的空间组织理论；线形城市属于从城市道路交通出发的空间组织理论；中心地理论属于城镇体系的一种城市区位理论；倡导性规划属于城市规划方法。

3. 城市规划方法论

（1）综合规划方法论。

综合规划方法论的理论基础是系统思想及其方法论。也就是认为，任何一种存在都是由彼此相关的各种要素所组成的系统，每一种要素都按照一定的联系性而组织在一起，从而形成一个有结构的有机统一体。系统中的每一个要素都执行着各自独立的功能，而这些不同的功能之间又相互联系，以此完成整个系统对外界的功能。

综合规划方法论通过对城市系统的各个组成要素及其结构的研究，揭示这些要素的性质、功能以及这些要素之间的相互联系，全面分析城市存在的问题和相应对策，从而在整体上对城市问题提出解决的方案。这些方案具有明确的逻辑结构。综合方法论是建立在理性的基础之上的。综合规划方法论所强调的是，在思维的内容上是综合的，需要考虑各个方面的内容和相互的关系；在思维方式上强调理性，即运用理性的方式来认识和组织该过程中所涉及的种种关系，而这些关系的质量是建立在通过对对象的运作及其过程的认知的基础上的。

麦克劳林详细地描述了系统思想引导下城市规划的过程，他认为规划必然是一种系统的过程，循环模式如下：①行动人和行动集团首先要观察环境，然后根据个人或集团的价值观念来确定对环境的需求和愿望。②确定抽象的广义的目标，可能同时也确定实现目标的具体明确的标准。③考虑达到标准和实现目标所应采取的行动过程。④对行动方案加以检验评价，通常包括是否具备实施条件，所需成本和耗用资金，行动所能获得的效益以及它们可能产生的后果等。⑤在上述行动完成之后，行动人或行动集团即采取相应的行动。这些行动改变了行动人或行动集团与环境之间的关系，同时也改变了环境本身，而且经过一段时间之后，也改变了人们原来所持有的价值观念。然后又要继续重新调查环境，又形成了新的目标和标准，一个循环过程完结了，新的循环过程又重新开始，如此周而复始，循环往复，无穷匮也。

林德布罗姆则将综合规划方法论的模式描述得更为清晰：①决策者面对一个既定的问

题。②理性人首先应该清楚自己的目标、价值或要求，然后予以排序。③他能够列出所有达成其目标的备选方案。④调查每一备选方案所有可能的结果。⑤比较每一备选方案的可能结果。⑥选择最能达成目标的备选方案。

（2）分离渐进方法论。

渐进规划思想方法的基础是理性主义和实用主义思想的结合。这种方法在日常的决策过程中被广泛地运用，它尤其适用于对规模较小或局部性的问题进行解答，在针对较大规模或全局性的问题时，主要是通过将问题分解成若干个小问题甚至将它们分解到不可分解为止，然后进行逐一解决，从而达到所有问题都得到解决的目的。这一方法的最大好处是可以直接面对当时当地急需解决的问题而采取即时的行动，而无须对战略问题的反复探讨和对各种可能方案的比较、评估。

1959年，林德布罗姆发表了《“得过且过”的科学》一文，从政策研究角度提出了渐进方法的优势所在，从而促进了渐进规划方法的发展。渐进规划方法所强调的内容主要有：①决策者集中考虑那些对现有政策略有改进的政策，而不是尝试综合的调查和对所有可能方案的全面评估。②只考虑数量相对较少的政策方案。③对于每一个政策方案，只对数量非常有限的重要的可能结果进行评估。④决策者对所面临的问题进行持续不断的再定义：渐进方法允许进行无数次的目标—手段和手段—目标调整以使问题更加容易管理。⑤因此，不存在一个决策或“正确的”结果而是有一系列没有终极的、通过社会分析和评估而对面临的问题进行不断处置的过程。⑥渐进的决策是一种补救的、更适合于缓和现状的、具体的社会问题的改善，而不是对未来社会目的的促进。

林德布罗姆强调在渐进方法中必须遵循三个原则：①按部就班原则，即规划过程只不过是基于过去的经验对现行决策稍加修改而已，必须保持规划内容发展演变的连续性。②积小变为大变原则，即要充分考虑从一点一点的变化开始，由微小变化的积累形成大的变化，逐步实现根本变革的目的。③稳中求变原则，即要保证规划过程的连续性，规划内容上的结构性改变是不可取的，欲速则不达，那样势必会危害到社会的稳定，因此就需要通过一系列小变达到大变之目的。

（3）混合审视方法论。

就整体而言，综合规划方法论和分离渐进方法论是规划方法中的两个极端，一个是强调整体结构的重组，另一个是强调就事论事地解决问题。这两种方法在特定的场合都可以解决一定的问题，符合规划工作的需要，但它们也同样存在着不可克服的内在弱点。

综合规划方法要求采取综合分析和全面解决问题的方法，这就需要研究城市发展过程中的所有问题、研究这些问题的所有方面，并且要寻找到解决这些问题的根本办法，从而需要得到所有可能的战略。这些在知识、资料和资源有限（这种有限性在任何社会中都是常态）的情况下是难以做到的。同时，由于综合规划方法要求从结构上对社会进行全面的改革，强调的是根本性的变革，这样就有可能受制于社会对此类问题的认识，或由于价值观的不同而产生分歧，从而不能为社会接受，即使要强制推行也不易付诸实施。另外，分离渐进规划方法的最大不足则在于强调对现状的维持，过于保守。针对这样的问题，在二十世纪五六十年代出现了一系列对规划方法和规划类型的讨论，这些讨论提出了各种将这两个极端的因素进行综合、更加符合规划实践所需要的方法，其中包括混合审视方法、中距方法、行动计划方法、社区发展计划等，就方法论思想的普遍性和具体方法的完善性而言，混合审视方法最具独特性。

1967 年爱采尼以《混合审视：第三种决策方法》为题发表论文，在对综合规划和渐进规划提出批评，同时又吸收了这两种方法优势的基础上，提出了混合审视方法作为规划和决策的第三种方法。他认为，“混合审视方法为信息的收集提供了一种特别的程序，对资源的分配提供了一种战略，并为建立起两者之间的联系提供了引导”。混合审视方法不像综合规划方法那样对领域内的所有部分都进行全面而详细的检测，而只是对研究领域中的某些部分进行非常详细的检测，而对其他部分进行非常简略的观察以获得一个概略的、大体的认识；它也不像分离渐进规划那样只关注当前面对的问题，单个地去予以解决，而是从整体的框架中去寻找解决当前问题，使对不同问题的解决能够相互协同，共同实现整体的目标。因此，运用混合审视方法的关键在于确定不同审视的层次。他认为，这种层次至少可以划分为两个（即最为概略的层次和最为详细的层次）以上，至于具体划分成多少层次，则要视具体的状况（要解决的问题的程度、可以支配的时间和费用等）来决定。在最概略的层次上，要保证主要的选择方案不被遗漏，而在最详细的层次上，则应保证被选择的方案是能够进行全面研究的。

混合审视方法由基本决策和项目决策两部分组成。①基本决策是指宏观决策，不考虑细节问题，着重于解决整体性的、战略性的问题。这种决策主要探索城市发展的战略、规划的目标和与此相应的规划，在此过程中主要是运用简化了的综合规划的方法来进行。但在运用综合规划方法的时候，只关注其中行动者认为是最重要的目标，而不是对整体的所有目标都进行考察，同时，也只注意城市发展过程中最重要的一些变量之间的关系，而不是面面俱到地研究其中所有的要素，并省略了对细节和特殊内容的考虑。②项目决策是指微观的决策，也称小决策。这是基本决策的具体化，受基本决策的限定，在此过程中，是依据分离渐进方法来进行的。这里运用的分离渐进方法与分离渐进规划思想的最大区别在于这里的决策是在基本决策的整体框架之下进行的，从而保证了项目决策是为实现基本决策服务的。因此，从整个规划的过程中可以看到，“基本决策的任务在于确定规划的方向，项目决策则是执行具体的任务”。通过这两个层次决策的结合来减少综合规划方法和分离渐进规划方法中的缺点，从而使混合审视的方法比以上两种方法更为有效、更为现实。

（4）连续性城市规划方法论。

连续性城市规划是布兰奇于 1973 年提出的有关于城市规划过程的理论。他的立论点在于对总体规划所注重的终极状态的批判。他认为，城市规划所存在的这类问题直接制约了城市规划作用的发挥，而这些问题产生的主要原因在于忽视了对规划过程的认识。他认为，成功的城市规划应当是统一地考虑总体的和具体的、战略的和战术的、长期的和短期的、操作的和设计的、现在的和终极状态的，等等。

连续性城市规划包含两部分的内容特别值得重视：首先，布兰奇认为在对城市发展的预测中，应当明确区分城市中有些因素需要进行长期的规划，有些因素只需进行中期规划，有些甚至就不要去对其作出预测。而不是对所有的内容都进行统一的以 20 年为期的规划。如公路、供水干管之类的设施应当规划至将来的 50 年甚至更长的时间，因为这些因素本身的变化是非常小的，即使周围的土地使用发生了重大的变化，即使道路也进行了全面的改建，但道路的线路本身仍然不会发生改变，基本上仍然是在原来的位置上进行重新建设。而对于现在建设的地铁、轻轨等设施则更应当进行长远规划。有些要素，如特定地区的土地使用，不要规划得太久远，这类因素的变化相当迅速，时间过长的规划往往会带来很多的矛盾。长期规划并不是只制定出一个终极状态的图景，而是要表达出连续的行动所形成的产出，并且表达出这些产出在过去的根源以及从现在开始并向未来的不断延续过程。编制长期规划如果不是从现在通过不断地向未来发展的过程中推导出来的，那么，这样的规划在分析上是无效的，在实践上是站不住脚的。其次，与过去的城市总体规划集中注意遥远的未来和终极状态的思想所不同的是，连续性城市规划注重从现在开始并不断向未来趋近的过程。

因此，对于规划而言，最为重要的是需要考虑今后的最近几年。要实施规划，必然会受到资金方面的制约，这不仅包括下一个财政年度的详细预算，还包括税收和其他财政收入的可能，这些都会影响到可获得的资金。在最近几年中将会发生的事对以后可能发生的事具有深远的影响。因此，在规划的过程中，尤其需要处理好最近几年的内容，而未来的进一步发展是在这个基础上的逐渐推进。从这样的意义上讲，城市规划应当包括今后一年或两年的预算，两到三年的操作性规划和对未来不同时期的长期预测、政策和规划方案。

（5）倡导性规划方法论。

倡导性规划是达维多夫批判过去的规划理论中出现的认为规划价值中立的行为的观点而提出的规划理论，其基础体现在他和雷纳于 1962 年发表的《规划的选择理论》一文中。

在该文中，他们认为规划是通过选择的序列来决定适当的未来行动的过程。规划行为是由必要的因素组成：目标的实现；选择的运用；未来导向；行动和综合性。在规划过程中，选择出现在三个层次上：首先是目标和准则的选择；其次是鉴别一组与这些总体的规定相一致的备选方案，并选择一个想要的方案；最后则是引导行动实现确定了的目标。所有这些选择都涉及进行判断，判断贯穿于这个规划过程。而要了解判断以及选择的含义及其运作的过程，我们就要明确人类在进行判断和选择的内在机制。

达维多夫等认为，无论对于社会而言还是对于规划师而言，都意味着选择会受到种种条件的限制，而这些限制本身又是难以克服的。规划师只要面对现实，在对未来行动进行安排时就必然要在价值的构建、方法的运用和实现三个不同的基本层次上进行选择，而这一切又是奠基于规划师对未来性质的预测之上。规划师意图通过这样的预测来帮助建立行动的计划从而实现这样的预言，这就限制了人们对未来的追求，因为，控制和预测是相辅相成的，控制有可能改变未来。同样，规划师在价值的建构阶段对价值进行判断，但这是规划师的价值观的作用，而不是社会大众的判断，规划师不能以自己认为是正确的或错误的这样的意识来决定社会的选择，规划师并不能担当这样的职责，而且这样做也不具有合法性。因此，规划的终极目标应当是扩展选择和选择的机会。

20 世纪 60 年代开始普遍开展的城市规划中的公众参与，就是建立在这样的理论基础之上。

历年真题

下列关于综合规划方法论的表述，不准确的是（　　）。[2020-15]

A. 综合规划方法论强调设计结合自然，其理论基础是可持续发展理念

B. 综合规划方法论通过对城市系统的各个组成要素及结构的研究，揭示这些要素的

性质、功能以及这些要素之间的相互联系，全面分析城市存在的问题和相应对策，从而在整体上对城市问题提出解决方案

C. 麦克劳林（J.B. McLoughlin）认为规划必然是一种系统的过程，这种过程可以描述为合理性方法论的过程模型

D. 综合规划方法论在思维方式上强调理性，即运用理性的方式来认识和组织该过程中所涉及的各种关系

【答案】A

【解析】综合规划方法论所强调的是，在思维的内容上是综合的，需要考虑各个方面的内容和相互的关系。综合规划方法论的理论基础是系统思想及其方法论。

4. 现代城市规划思想的发展

《雅典宪章》和《马丘比丘宪章》都是对当时的规划思想进行总结，然后对未来的发展提出一些重要的方向，成为城市规划发展的历史性文件。

（1）《雅典宪章》（1933 年）。

1）产生背景。

在整个 20 世纪上半叶，现代城市规划是追随着现代建筑运动而发展的。20 年代末，现代建筑运动走向高潮，在国际现代建筑协会（CIAM）第一次会议的宣言中，提出了现代建筑和现代建筑运动的基本思想和准则。认为，城市规划的实质是一种功能秩序，对土地使用和土地分配的政策要求有根本性的变革。

2）提出理论。

1933 年召开的第四次会议的主题是“功能城市”，会议发表了《雅典宪章》。《雅典宪章》是由现代建筑运动的主要建筑师们所制订的，反映的是现代建筑运动对现代城市规划发展的基本认识和思想观点。

《雅典宪章》依据理性主义的思想方法，对城市中普遍存在的问题进行了全面分析，提出了城市规划应当处理好居住、工作、游憩和交通的功能关系，并把该宪章称为“现代城市规划的大纲”。

3）思想方法。

《雅典宪章》认识到城市中广大人民的利益是城市规划的基础，强调“对于从事城市规划的工作者，人的需要和以人为出发点的价值衡量是一切建设工作成功的关键”，在宪章的内容上也从分析城市活动入手提出了功能分区的思想和具体做法，并要求以人的尺度和需要来估量功能分区的划分和布置，为现代城市规划的发展指明了以人为本的方向，建立了现代城市规划的基本内涵。

《雅典宪章》的思想方法是基于物质空间决定论的基础之上的，这一思想的实质在于通过物质空间变量的控制，就可以形成良好的环境，而这样的环境就能自动地解决城市中的社会、经济、政治问题，促进城市的发展和进步。这是《雅典宪章》所提出来的功能分区及其机械联系的思想基础。

功能分区的做法在城市组织中由来已久，但现代城市功能分区的思想产生于近代理性主义的思想观点，这也是决定现代建筑运动发展路径的思想基础。《雅典宪章》运用了这样的思想方法，从对城市整体的分析入手，对城市活动进行了分解，然后对各项活动及其用地在现实的城市中所存在的问题予以揭示，针对这些问题，提出了各自改进的具体建

议，然后期望通过一个简单的模式将这些已分解的部分结合在一起，从而复原成一个完整的城市，这个模式就是功能分区和其间的机械联系。

4）理论内容。

《雅典宪章》最为突出的内容是提出了城市的功能分区，对之后城市规划的发展影响也最为深远。

它认为，城市活动可以划分为居住、工作、游憩和交通四大类，提出这是城市规划研究和分析的“最基本分类”，并提出“城市规划的四个主要功能要求各自都有其最适宜发展的条件，以便给生活、工作和文化分类和秩序化”。

功能分区主要针对当时大多数城市无计划、无秩序发展过程中出现的问题，尤其是工业和居住混杂，工业污染导致的严重的卫生问题、交通问题和居住环境问题等，功能分区方法的使用确实可以起到缓解和改善这些问题的作用。另外，从城市规划学科的发展过程来看，《雅典宪章》所提出的功能分区是一种革命。它依据城市活动对城市土地使用进行划分，对传统的城市规划思想和方法进行了重大的改革，突破了过去城市规划追求图面效果和空间气氛的局限，引导了城市规划向科学的方向发展。

5）基本任务。

现代城市规划从一开始就承继了传统规划对城市理想状况进行描述的思想，并受建筑学思维方式和方法的支配，认为城市规划就是要描绘城市未来的蓝图。这种空间形态是期望通过城市建设活动的不断努力而达到的，它们本身是依据建筑学原则而确立的，是不可更改的、完美的组合。因此，物质空间规划成了城市建设的蓝图，其所描述的是旨在达到的未来终极状态。柯布西埃则从建筑学的思维习惯出发，将城市看作是一种产品的创造，因此也就敢于将巴黎市中心区来一个几乎全部推倒重来的改建规划。《雅典宪章》虽然认识到影响城市发展的因素是多方面的，但仍强调“城市规划是一种基于长宽高三度空间……的科学”。

该宪章所确立的城市规划工作者的主要工作是“将各种预计作为居住、工作、游憩的不同地区，在位置和面积方面，作一个平衡，同时建立一个联系三者的交通网”；此外就是“订立各种计划，使各区按照它们的需要和有纪律的发展”“建立居住、工作、游憩各地区间的关系，务使这些地区的日常活动能以最经济的时间完成”。

从《雅典宪章》中可以看到，城市规划的基本任务是制订规划方案，而这些规划方案的内容都是关于各功能分区的“平衡状态”和建立“最合适的关系”，它鼓励的是对城市发展终极状态下各类用地关系的描述，并且“必须制定必要的法律以保证其实现”。

6）实践：印度新城市昌迪加尔的规划。

（2）《马丘比丘宪章》（1977年）。

1）宪章的签署。20世纪70年代后期，国际建协鉴于当时世界城市趋势和城市规划过程中出现的新内容，于1977年在秘鲁的利马召开了国际性的学术会议。与会的建筑师、规划师和有关官员以《雅典宪章》为出发点，总结了近半个世纪以来尤其是第二次世界大战后的城市发展和城市规划思想、理论和方法的演变，展望了城市规划进一步发展的方向，在古文化遗址马丘比丘山上签署了《马丘比丘宪章》。

2）宪章的申明。《雅典宪章》仍然是这个时代的一项基本文件，它提出的一些原理今天仍然有效，但随着时代的进步，城市发展面临着新的环境，而且人类认识对城市规划也提出了新的要求,《雅典宪章》的一些指导思想已不能适应当前形势的发展变化，因此需要进行修正。

3）宪章的主要思想。

《马丘比丘宪章》首先强调了人与人之间的相互关系对于城市和城市规划的重要性，并将理解和贯彻这一关系视为城市规划的基本任务。“与《雅典宪章》相反，我们深信人的相互作用与交往是城市存在的基本根据。城市规划……必须反映这一现实”。

在考察了当时城市化快速发展和遍布全球的状况之后,《马丘比丘宪章》要求将城市规划的专业和技术应用到各级人类居住点上，即邻里、乡镇、城市、都市地区、区域、国家和洲，并以此来指导建设。而这些规划都“必须对人类的各种需求作出解释和反应”，并“应该按照可能的经济条件和文化意义提供与人民要求相适应的城市服务设施和城市形态”。从人的需要和人之间的相互作用关系出发,《马丘比丘宪章》针对《雅典宪章》和当时城市发展的实际情况，提出了一系列具有指导意义的观点。

4）对《雅典宪章》功能分区的批评。

《马丘比丘宪章》在对四十多年的城市规划理论探索和实践进行总结的基础上，指出《雅典宪章》所崇尚的功能分区“没有考虑城市居民人与人之间的关系，结果是城市患了贫血症，在那些城市里建筑物成了孤立的单元，否认了人类的活动要求流动的、连续的空间这一事实”。

确实,《雅典宪章》以后的城市规划基本上都是依据功能分区的思想而展开的，尤其在第二次世界大战后的城市重建和快速发展阶段中按规划建设的许多新城和一系列的城市改造中，由于对纯粹功能分区的强调而导致了许多问题，人们发现经过改建的城市社区竟然不如改建前或一些未改造的地区充满活力，新建的城市则又相当的冷漠、单调，缺乏生气。

对于功能分区的批评，认为功能分区并不是一种组织良好城市的方法，从20世纪50年代后期就已经开始，而最早的批评就来自CIAM的内部，即TEAM10，他们认为柯布西埃的理想城市“是一种高尚的、文雅的、诗意的、有纪律的、机械环境的机械社会，或者说，是具有严格等级的技术社会的优美城市”。他们提出的以人为核心的人际结合思想以及流动、生长、变化的思想为城市规划的新发展提供了新的起点。

20世纪60年代的理论清算则以雅各布斯充满激情的现实评述和亚历山大相对抽象的理论论证为代表。《马丘比丘宪章》接受了这样的观点，提出“在今天，不应当把城市当作一系列的组成部分拼在一起考虑，而必须努力去创造一个综合的、多功能的环境”，并且强调，“在1933年，主导思想是把城市和城市的建筑分成若干组成部分，在1977年，目标应当是把已经失掉了它们的相互依赖性和相互关联性，并已经失去其活力和涵义的组成部分重新统一起来”。

5)《马丘比丘宪章》新理念的提出。

《马丘比丘宪章》认为城市是一个动态系统，要求“城市规划师和政策制定人必须把城市看作在连续发展与变化的过程中的一个结构体系”。

20世纪60年代以后，系统思想和系统方法在城市规划中得到了广泛的运用，直接改变了过去将城市规划视作对终极状态进行描述的观点，更强调城市规划的过程性和动态性。

在第二次世界大战期间逐渐形成、发展的系统思想和系统方法在20世纪50年代末被引入规划领域而形成了系统方法论。在对物质空间规划进行革命的过程中，社会文化论主要从认识论的角度进行批判，而系统方法论则从实践的角度进行建设，尽管两者在根本思想上并不一致，但对城市规划的范型转换都起了积极的作用。

最早运用系统思想和方法的规划研究当推开始于美国20世纪50年代末的运输—土地使用规划。这些研究突破了物质空间规划对建筑空间形态的过分关注，而将重点转移至发展的过程和不同要素间的关系，以及要素的调整与整体发展的相互作用之上。自20世纪60年代中期之后，在运输—土地使用规划研究中发展起来的思想和方法，经麦克劳林、查德威克等人在理论上的努力和广大规划师在实践中的自觉运用，形成了城市规划运用系统方法论的高潮。

《马丘比丘宪章》在对这一系列理论探讨进行总结的基础上作了进一步的发展，提出“区域和城市规划是个动态过程，不仅要包括规划的制定，也要包括规划的实施。这一过程应当能适应城市这个有机体的物质和文化的不断变化”。在这样的意义上，城市规划就是一个不断模拟、实践、反馈、重新模拟……的循环过程，只有通过这样不间断的连续过程才能更有效地与城市系统相协同。

《马丘比丘宪章》在总结了现代城市交通发展的经验教训的基础上，主张“将来的城区交通政策应使私人汽车从属于公共运输系统的发展”，即在城市中确立“优先发展公共交通”的原则。根据《马丘比丘宪章》，在城市规划中，特别是当城市由一个发展阶段进入另一个发展阶段时，必须注意发挥交通运输系统对城市布局结构的能动作用，通过交通运输系统的变革引导城市用地向合理的布局结构形态发展。必须指出，除城市交通运输系统对城市发展的引导作用外，城市道路（特别是交通性道路）对城市的发展具有更为重要的引导作用，在规划中，必须同时考虑二者“引导”和“服务”于城市发展的协同作用。

《马丘比丘宪章》提出的“优先发展公共交通”的思想，已经被包括中国在内的许多国家作为国策。“优先发展公共交通”的指导思想是要在城市客运系统中把公共交通作为主体，其目标是为城市居民提供方便、快捷、优质的公共交通服务，其目的是吸引更多的客流，使城市交通结构更为合理，运行更为通畅。在城市规划建设中，要合理地根据居民出行的需要来布置城市公共交通线网，在主要的城市道路上设置公交专用道，改善公共交通的运营和服务质量，改革公共交通的票务制度等，都是“优先发展公共交通”的具体安排和措施。“优先发展公共交通”有丰富的内涵，主要是要在资金的投入、建设的力度和管理的科学化上，把公共交通放在重要的位置，要给予优先的考虑。

6）公众参与。

提出公众参与的时间：自20世纪60年代中期开始，城市规划的公众参与成为城市规划发展的一个重要内容，同时也成为此后城市规划进一步发展的动力。

公众参与的理论基础：达维多夫等在20世纪60年代初提出的“规划的选择理论”和“倡导性规划”概念，成为城市规划公众参与的理论基础。其基本的意义在于，不同的人和不同的群体具有不同的价值观，规划不应当以一种价值观来压制其他多种价值观，而应当为多种价值观的体现提供可能，规划师就是要表达这不同的价值判断并为不同的利益团体提供技术帮助。

公众参与的主要内容：①城市规划的公众参与，就是在规划的过程中要让广大的城市市民尤其是受到规划的内容所影响的市民参加规划的编制和讨论，规划部门要听取各种意见并且要将这些意见尽可能地反映在规划决策之中，成为规划行动的组成部分，而真正全面和完整的公众参与则要求公众能真正参与到规划的决策过程之中。② 1973 年，联合国世界环境会议通过的宣言，开宗明义地提出：环境是人民创造的，这就为城市规划中的公众参与提供了政治上的保证。城市规划过程的公众参与现已成为许多国家城市规划立法和制度的重要内容和步骤。③《马丘比丘宪章》不仅承认公众参与对城市规划的极端重要性，而且更进一步地推进其发展。《马丘比丘宪章》提出，"城市规划必须建立在各专业设计人、城市居民以及公众和政治领导人之间的系统地、不断地互相协作配合的基础上"，并"鼓励建筑使用者创造性地参与设计和施工"。在讨论建筑设计时更为具体地指出，"人们必须参与设计的全过程，要使用户成为建筑师工作整体中的一个部门"，并提出了一个全新的概念"人民建筑是没有建筑师的建筑"，充分强调了公众对环境的决定性作用，而且，"只有当一个建筑设计能与人民的习惯、风格自然地融合在一起的时候，这个建筑才能对文化产生最大的影响"。

（3）《雅典宪章》和《马丘比丘宪章》的不同之处。

《雅典宪章》的主导思想是把城市和城市的建筑分成若干组成部分；《马丘比丘宪章》的目标是将这些部分重新有机统一起来，强调它们之间的相互依赖性和关联性。

《雅典宪章》的思想基石是机械主义和物质空间决定论；《马丘比丘宪章》宣扬社会文化论，认为物质空间只是影响城市生活的一项变量，并不能起决定性作用，而起决定性作用的应该是城市中各人类群体的文化、社会交往模式和政治结构。

《雅典宪章》将城市规划视作对终极状态的描述；《马丘比丘宪章》更强调城市规划的过程性和动态性。

历年真题

1. 下列关于《雅典宪章》规划思想的表述，正确的是（　　）。[2020-16]

A. 反映了城市美化运动对现代城市规划发展的基本认识和思想观点

B. 其思想方法是基于地理环境决定论基础之上的

C. 城市活动可以划分为居住、工作、生态和交通四大类

D. 必须制定必要的法律以保证城市规划的实现

【答案】D

【解析】《雅典宪章》是由现代建筑运动的主要建筑师们所制订的，反映的是现代建筑运动对现代城市规划发展的基本认识和思想观点。现代城市功能分区的思想产生于近代理性主义的思想观点。《雅典宪章》的思想方法是基于物质空间决定论的基础之上的。城市活动可以划分为居住、工作、游憩和交通四大类。

2. 下列关于城市规划的公众参与的表述，错误的是（　　）。[2019-40]

A. 公众参与的理论基础是倡导性规划

B. 公众参与有利于城市的可持续发展

C. 公众参与是现代城市规划编制和审批的步骤之一

D. 公众参与者仅仅对城市规划的实施进行监督

【答案】D

【解析】达维多夫等在 20 世纪 60 年代初提出的"规划的选择理论"和"倡导性规

划”概念，成为城市规划公众参与的理论基础。公众参与能把多元的价值体系带入城市规划中，可以更好地促进城市规划的可持续性发展。现阶段，公众参与按法律法规的规定，已成为现代城市规划编制和审批的法定步骤。公众参与不仅仅在对城市规划实施的监督中发挥了重要作用，在城市规划的编制和审批中也发挥了各种作用，D选项错误。

第二节　中国城市与城市规划的发展

一、中国古代社会和政治体制下城市的典型格局

考古证实，我国古代最早的城市距今约有4000年的历史。中国古代城市规划与政治、伦理等社会发展的条件相结合，有关城市规划的理论性阐述就大量地散见于《周礼》《商君书》《管子》和《墨子》等政治、伦理和经史书中。在几千年的封建社会中，城市的典型格局以各个朝代的都城最为突出，从汉唐长安城到元大都和明清北京城，达到了完美的境地。

1. 夏商周三代时期

在中国历史的早期，城市的建设服务于王朝的对内统治与对外的拓展疆域，由此决定了当时的城市选址。

（1）夏。公元前21世纪起，具有使用陶制的排水管及采用夯打土坯筑台技术等。

（2）商。影响后世数千年的城市基本形制在商代早期建设的河南偃师商城、中期建设的位于今天郑州的商城和湖北的盘龙城中已显雏形。建于商代晚期的位于今天安阳的殷墟，则在维护王朝统治的基础上，强化了与周边地区的融合，在中国都城建设中具有独特的意义。

（3）周。我国古代城市规划思想基本成形，各种有关城市建设规划的思想也层出不穷。此时，既是我国封建社会中完整的社会等级制度和宗教法礼关系的形成时期，同时也是社会变革思想的“诸子百家”时代，对后世的社会和城市发展都产生了重大影响。

1）西周：西周时期建设的洛邑是有目的、有计划、有步骤建设起来的，也是中国历史上有明确记载的城市规划事件。洛邑所确立的城市形制已基本具备了此后都城建设的特征。

2）东周我国古代城市规划思想多元时代。

（4）春秋战国。

1）儒家提倡的礼制思想——《周礼·考工记》记述了关于周代王城建设的空间布局：①“匠人营国，方九里，旁三门。国中九经九纬，经涂九轨。左祖右社，面朝后市。市朝一夫。”②《周礼·考工记》记述的周代城市建设的空间布局制度成为此后封建社会城市建设的基本制度，对中国数千年的古代城市规划实践活动产生了深远的影响。③《周礼》书中还记述了按照封建等级，不同级别的城市，如“都”“王城”和“诸侯城”在用地面积、道路宽度、城门数目、城墙高度等方面的级别差异；同时记载了城市的郊、田、林、牧地的相关关系的规则。

2）《管子·乘马篇》：①强调城市的选址应“高毋近旱而水用足，下毋近水而沟防

省”。②在城市形制上“因天材，就地利，故城郭不必中规矩，道路不必中准绳”。③同时还提出将土地开垦和城市建设统一协调起来，农业生产的发展是城市发展的前提。④在城市内部应采用功能分区的制度，以发展城市的商业和手工业。

3）《商君书》则论述了都邑道路、农田分配及山陵丘谷之间比例的合理分配问题，分析了粮食供给、人口增长与城市发展规模之间的关系，从城乡关系、区域经济和交通布局的角度，对城市的发展以及城市管理制度等问题进行了论述。

（5）战国。

战国时期，在都城建设方面，基本形成了大小套城的都城布局模式，即城市居民居住在称为“郭”的大城，统治者居住在由大城所包围的被称为“王城”的小城中。列国都城基本上都采取了这种布局模式，反映了当时“筑城以卫君，造郭以守民”的社会要求。与此同时，列国按照自身的基础和取向，在城市规划建设上也进行了各种探索。

1）鲁国国都曲阜完全按周制进行建造，但济南城则打破了严格的对称格局，与水体和谐布局，城门的分布也不对称。

2）吴国国都遵循了伍子胥提出“相土尝水（现场踏勘），象天法地（方位坐标）”的思想，伍子胥主持建造的阖闾城充分考虑江南水乡的特点，水网密布，交通便利，排水通畅，展示了水乡城市规划的高超技巧。

3）赵国的国都建设充分考虑北方的特点，高台建设，壮丽的视觉效果与城市的防御功能相得益彰。

4）江南淹国国都淹城，城与河浑然一体（三道护城河），自然蜿蜒，利于防御

2. 秦汉时期

（1）秦。秦统一中国后，发展“象天法地”的理念，即强调方位，以天体星象坐标为依据，在都城咸阳的规划建设中得到了运用。咸阳规模宏大，布局灵活，其城市规划中的神秘主义色彩对中国古代城市规划思想影响深远。同时，秦代城市的建设规划实践中出现了复道、甬道（地下通道）等多重的城市交通系统，在中国古代城市规划史中具有开创性的意义。

（2）汉。西汉武帝时代，执行“废黜百家，独尊儒术”的政策，使有利于巩固皇权的礼制思想得以确立，并统治了此后两千多年的中国封建社会。礼制的核心思想就是社会等级和宗法关系，《周礼・考工记》记载的城市形制就是礼制思想的体现，由此开始，《周礼・考工记》所确立的城市形制在中国古代城市尤其是都城的建设中得到了重视。但此时，根据汉代国都长安遗址的发掘，表明其布局尚未完全按照《周礼・考工记》的形制进行，没有贯穿全城的对称轴线，宫殿与居民区相互穿插，城市整体的布局并不规则。真正的转变发生在王莽代汉取得政权后的国都洛邑的建设中。洛邑城空间规划布局为长方形，宫殿与市民居住生活区在空间上相互分离，整个城市的南北中轴线上分布了宫殿，并导入祭坛、明堂、辟雍等大规模的礼制建筑，突出了皇权在城市空间组织上的统领性，《周礼・考工记》的规划思想理念得到了充分的体现。公元 213 年，魏王曹操营建的邺城规划布局中，已经采用城市功能分区的布局方法。邺城的规划继承了战国时期以宫城为中心的规划思想，改进了汉长安布局松散、宫城与坊里混杂的状况。邺城功能分区明确，结构严谨，城市交通干道轴线与城门对齐，道路分级明确。邺城的规划布局对此后的隋唐长安城的规划产生了重要影响（见图 2–13）。

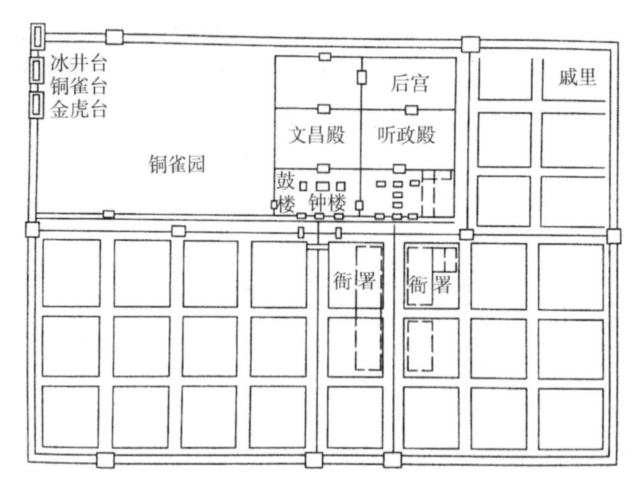

图 2–13　曹魏邺城平面复原示意图

（3）三国。三国时期，孙权在武昌称帝，随即迁都于建业（今南京）。建业城市依自然地势发展，以石头山、长江险要为界，依托玄武湖防御，皇宫位于城市南北的中轴上，重要建筑以此对称布局。“形胜”是金陵城规划的主导思想，是对《周礼》城市形制理念的重要发展，突出了与自然结合的思想。即中轴对称的皇权思想与自然的结合。

3. 唐宋时期

从周代开始，长安城附近一直是国家的政治统治中心所在地。隋朝在汉长安城的东南另建新城——大兴城（长安），该城的规划汲取了曹魏邺城的经验并有所发展，城市布局严整。

（1）唐。唐朝取代隋朝后，长安城由宇文恺负责制定规划，体现了《周礼·考工记》记载的城市形制规则。长安城的建造按照规划，先测量定位，后筑城墙、埋管道、修道路、规定坊里。长安城采用中轴线对称的格局，整个城市布局严整，分区明确，充分体现了以宫城为中心，“官民不相参”和便于管制的指导思想。

城市干道系统有明确分工，设集中的东西两市。长安城采用规整的方格路网。东南西三面各有三处城门，通城门的道路为主干道，其中最宽的是宫城前的横街和作为中轴线的朱雀大街（约 150 米）。

居住分布采用里坊制，朱雀大街两侧各有 54 个坊里，每个坊里四周设置坊墙，坊里实行严格管制，坊门朝开夕闭，坊中考虑了城市居民丰富的社会活动和寺庙用地。

宫城在皇城的北面，没有形成互相包围的关系，是分离的。

经过几次大规模的修建，长安城总人口达到近百万，是当时世界上最大的城市（见图 2–14）。在长安城建成后不久，又规划新建了东都洛阳，也由宇文恺制定规划，其规划思想与长安相似，但汲取了长安城建设的经验，如东都洛阳的干道宽度比长安要缩小很多。

（2）宋。五代后周时期对东京（汴梁）城进行了有规划的改建和扩建，奠定了宋代开封城的基本格局，由此也开始了城市中居住区组织模式的改变。随着商品经济的发展，中国城市建设中延绵了千年的里坊制度逐渐被废除，到北宋中叶，开封城中已建立较为完善的街巷制。

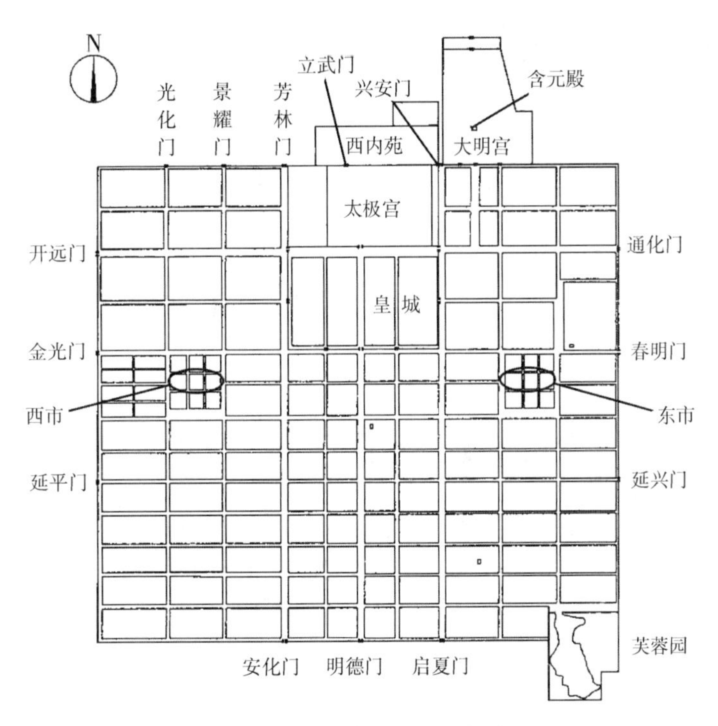

图 2–14　唐长安城复原想象图

4. 元明清时期

从公元 1267 年到 1274 年，元朝在北京修建新的都城，命名为元大都。元大都是自唐长安城以后中国古代都城的又一典范，并经明清两代及以后的继续发展，成为至今存留的北京城。

（1）元。元大都继承和发展了中国古代都城的传统形制，在很多方面体现了《周礼・考工记》上记载的王城的空间布局制度。元大都采用三套方城、宫城居中和轴线对称布局的基本格局（见图 2–15）。三套方城分别是内城、皇城和宫城，各有城墙围合，皇城位于内城的内部中央，宫城位于皇城的东部。在都城东西两侧的齐化门和平则门内分别设有太庙和社稷，商市集中于城北，显示了“左祖右社”和“面朝后市”的典型格局。元大都有明确的中轴线，南北贯穿三套方城，突出皇权至上的思想。元大都的城市格局还受到道家的回归自然的阴阳五行思想的影响，表现为自然山水融入城市和各边城门数的奇偶关系。

（2）明清。历经元、明、清三个朝代，北京城未遭战乱毁坏，保存了元大都的城市形制特征。

明北京城的内城范围在北部收缩了 2.5km，在南部扩展了 0.5km，使中轴线更为突出，从外城南侧的永定门到内城北侧的钟鼓楼长达 8km，沿线布置城阙、牌坊、华表、广场和殿堂，突出庄严雄伟的气势，显示封建帝王的至高无上。皇城前的东西两侧各建太庙和社稷，又在城外设置了天、地、日、月四坛，在内城南侧的正阳门外形成新的商业市肆，城内各处还有各类集市。明北京城较为完整地保存至今，清北京城没有实质性的变更（见图 2–16）。

明北京城的人口近百万人，到清代超过了一百万人。

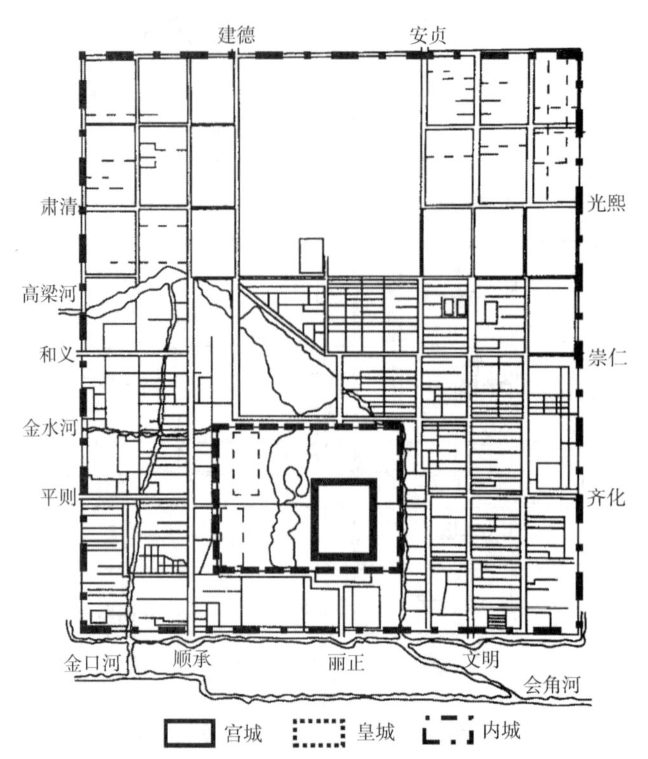

图 2–15　元大都复原想象图和三套方城

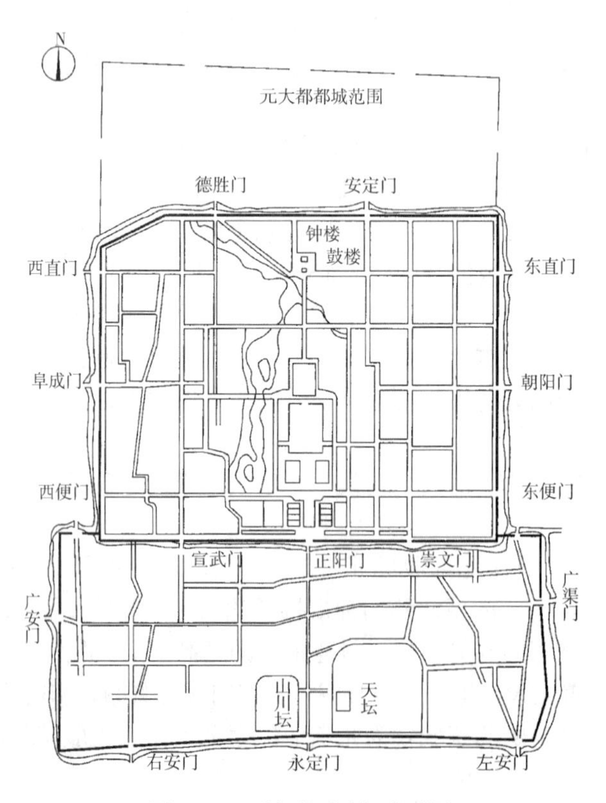

图 2–16　清北京城平面图

历年真题

1. 下列关于隋大兴唐长安城规划建设的表述，正确的是（　　）。［2022-12］

A. 按照规划建设，先测量定位，后修筑城墙，埋设管道，修建道路

B. 以宫城为中心，东市和西市对称布局，体现了官民相参的思想

C. 采用规整的方格路网，东南西北四面各有 3 处城门

D. 建立了较为完善的街巷制

【答案】A

【解析】长安城采用中轴线对称的格局，整个城市布局严整，分区明确，充分体现了以宫城为中心，“官民不相参”和便于管制的指导思想，B 选项错误。长安城采用规整的方格路网。东南西三面各有三处城门，C 选项错误。居住分布采用坊里制，D 选项错误。

2. 下列关于中国古代城市规划思想与实践的表述，错误的是（　　）。［2021-16］

A. 我国古代城市规划思想基本成形于周代

B. 秦咸阳城规划建设采用了“象天法地”的规划手法

C. 曹魏邺城以南郊大规模礼制建筑群突出皇权的统领性

D. 东吴建业城具有因地制宜的布局特征

【答案】C

【解析】邺城功能分区明确，结构严谨，城市交通干道轴线与城门对齐，道路分级明确。

3. 下列关于《周礼·考工记》的说法，准确的有（　　）。［2020-82］

A. 记载了城市的郊、田、林、牧地的相关关系的规则

B. 汉长安城体现了《周礼·考工记》的功能分区

C. 唐长安城体现了《周礼·考工记》记载的城市形制规则

D. 宋汴梁城采用里坊制，坊里严格管制，坊门朝开夕闭

E. 元大都很多方面体现了《周礼·考工记》记载的王城的空间布局制度

【答案】ACE

【解析】汉代长安城布局尚未完全按照《周礼·考工记》的形制进行建设，没有贯穿全城的对称轴线，宫殿与居民区相互穿插，城市整体的布局并不规则，B 选项错误。唐长安城采用里坊制，严格管制，朝开夕闭。北宋中叶，开封城中已建立较为完善的街巷制，D 选项错误。

二、中国近代城市发展背景与主要规划实践

1. 中国近代社会和城市发展

1840 年鸦片战争爆发，英国凭借坚船利炮率先打开了中国封闭的大门，此后，其他资本主义列强也接踵而至。随着西方列强对中国的入侵和资本主义工商业的产生与发展，中国逐渐由一个独立的封建国家变成半殖民地半封建社会的国家，同时，中国城市也出现了巨大的变化。在近代这一历史时期，新旧因素俱在，中西文化交汇，传统与现代混同，呈现出错综复杂、多元的历史状态。中国许多历史悠久的城市在近代面临着现代化的冲击和挑战，被迫出现转型，而这种转型向着多元方向发展；另外，由于现代科学技术、现代工业、现代交通的发展，新因素推动了一批新兴城市诞生和崛起。

近代以来，中国城市的功能及其发展动力发生了重大的转变。中国古代城市是各级政府的所在地，大多是封建统治阶级集中居住的消费性城市，随着帝国主义和资本主义的侵入，中国城市开始逐步地进入工业化的阶段，不仅现代经济部门开始在城市中逐渐占主导地位，而且以手工工具、人力、畜力等自然力为特征的城市手工业和商业也逐渐地被机器生产和蒸汽机动力为特征的现代工业和以此为基础的商业贸易所替代，城市逐渐发展成为区域性的经济、政治、文化和社会活动的中心。由西方国家开始的工业革命导入中国后，现代工业成为城市发展的主要动力。甲午战争后，民族危机进一步加深，激发了以反帝为主要内容的近代民族主义，并成为推动中国民族资本主义发展的内在动力。在洋务运动中以及此后，一些官僚、商人、买办在外国人的示范下，开始引进机器技术，促进了中国资本主义的逐渐产生发展。现代工业的发展推动了生产的集聚，并由此导致人口的聚集和城市规模的扩大。中国的资本主义近代工业大多分布在城市，尤其是沿海、沿江一带。

在近代中国，商业资本主义先于工业资本主义而出现，在西方资本主义商品输入和中外贸易发展的条件下，形成了流通资本职能为主并与产业资本相联系的新型商业。对外贸易的发展促进了国内贸易的发展，逐步形成了以通商口岸城市为中心的大规模市场网络，同时也刺激了国内民族商业的兴起。

现代商业的兴起，还带动了以轮船、铁路、公路为主要标志的交通业兴起和发展。新式的交通工具和交通方式的兴起，为长距离、大规模的产品、原料流通和全国人口大流动提供了一种廉价、方便、快捷、安全的运输工具，城市居民所必需的粮食、食品、燃料等的供应不再仅局限于一个小的区域范围内；同时，立体的运输网络将内陆城市与沿海城市紧密联系在一起，并与世界发生了直接的联系，从而使城市发展进入一个新的层次。

2. 中国近代城市规划的主要类型

中国近代城市规划的发展基本上是西方近现代城市规划不断引进和运用的过程。

19 世纪后半期到 20 世纪初，以上海的地方自治运动为发端，20 世纪初形成了全国各地普遍的地方自治运动，以城市为中心建立了一批地方自治机构。1908 年清政府颁布了《城镇乡地方自治章程》，标志着城乡形成了两个不同的行政系统，也为城市的发展在制度上予以了保证。西方殖民者在开埠通商口岸的部分城市中，依据各国的城市规划体制和模式进行了城市规划，典型的是上海、广州、青岛、大连、哈尔滨等城市。

1928 年，南京国民政府成立后，将市政改革作为建国的当务之急。根据孙中山的《建国方略》，国家建设方案的核心在于：以铁路为命脉，以工业为中心，建设沿海商埠和港口。而他所确立的建国程序论则推动了该时期全国的城市建设。1928 年末，南京国民政府推进市政改革，上海、南京、重庆、天津、杭州、成都、武昌以及郑州、无锡等城市都相继运用西方近现代城市规划理论或在欧美专家的指导下进行了城市规划设计，其中南京的“首都计划”、上海的“大上海计划”等具有代表性。抗战爆发后，规划中断。

1929 年的南京“首都计划”，对南京进行功能分区，共计分为中央政治区、市行政区、工业区、商业区、文教区、住宅区等六大功能区。中央政治区是建设重点。道路系统规划拓宽原有部分道路，部分地区采用美国当时最为流行的方格网加对角线方式，并将古城墙改造为环城大道。在行政中心和车站广场地段，规划建设“中西合璧”的建筑群等。

1929年公布的《大上海计划》，避开已经发展起来的租界地区，以建设和振兴华界为核心，选址在黄浦江下游毗邻吴淞口的吴淞和江湾之间开辟一个新市区。新市区内在吴淞建设新港，在虹口建设新码头；修建真如至江湾和蕴藻浜的铁路，另建客运总站。新市区内有市中心区，北为商业区，东为进出口机构，其他为住宅区。整个中心区的规划路网采用小方格和放射路相结合的形式，中心建筑群采取中国传统的中轴线对称的手法。

1939年6月8日，国民政府为战后重建颁布了《都市计划法》。

上海自1946年开始编制《大上海都市计划总图》，将城市作为一个整体进行全面、系统的规划，运用了国际流行的"卫星城市""邻里单位""有机疏散"以及道路分等分级等规划理论和思想，以现有市区为核心，在近郊环形地带发展分散的卫星城镇；住宅区以4 000人为"小单位"，组成"中级单位"，再组成"市镇单位"和"市区单位"，全市即由若干个人口约为50万到100万的"市区单位"组成；扩大中心区的范围，以疏散原来中心地区的过分拥挤；放弃黄浦江沿岸码头，在附近的乍浦及吴淞另建容量较大的新港；将道路按功能分为区域公路、环路、干路、辅助干路等。

1947年在初稿的基础上完成的《大上海都市计划总图（二稿）报告书》，根据对城市发展的预计增加了人口规模，提出50年后全市达到1 500万人，并提高了人口密度，增加土地利用率，以免市区扩展过大，另外对于铁路、港口等技术问题也作了更为周密的研究，同时还完成了对闸北西区的详细规划，按照邻里单位及行列式进行布置住宅，还研究了日照、绿化等卫生问题。

1948年后，对该规划进行了进一步的深入研究，在1949年春完成了该规划的第三稿。该规划提出疏散市区人口，降低人口密度，并进一步增加绿化的比重。在研究工业区分布的基础上，提出在每一个"市区单位"内设置工业区，以减少市区内客流交通，并拟定了南北快速干道及环路系统。将港口、工业区和铁路直接连接并考虑在吴淞建设挖入式港口、在何家湾设新的编组站等。

从《大上海都市计划总图》的演进来看，该规划不仅很好地运用了现代西方新的城市规划理论，而且已经直接针对城市中实际存在的问题提出了具体的解决方法，代表着近代中国城市规划的最高成就。

历年真题

1. 下列关于近代上海城市规划的表述，正确的有（　　）。[2022-85]

A. 1929年公布的《大上海计划》，结合已经发展起来的租界地区，开辟新市区

B. 1929年公布的《大上海计划》，中心建筑群采取中国传统的中轴对称的手法

C. 抗战胜利后的《大上海都市计划》，将道路功能分为区域公路、快速路、环路、干路、支路等

D. 1947年在初稿的基础上完成的《大上海都市计划总图（二稿）报告书》，根据对城市发展的预计，增加了人口规模，提出了50年后全市达到1 500万人

E. 1949年春完成的《大上海都市计划》的第三稿，提出在市区单位中设置工业区

【答案】BDE

【解析】1929年公布的《大上海计划》，避开已经发展起来的租界地区，开辟新市区，A选项错误。上海自1946年开始编制《大上海都市计划总图》，将道路按功能分为区域公路、环路、干路、辅助干路等，C选项错误。

2. 下列关于1929年发布的南京“首都计划”内容的表述，错误的是（ ）。［2021-17］

A. 划分为六大功能区

B. 重点建设中央政治区

C. 将古城墙改造为环城公园

D. 在行政中心和车站广场地段规划建设“中西合璧”的建筑群

【答案】C

【解析】发布于1929年的南京“首都计划”，其中包括将古城墙改造为环城大道。

三、中国当代城市规划思想和发展历程

1. 计划经济体制时期的城市规划思想与实践

1949年10月，中华人民共和国成立，标志着旧中国半殖民地半封建制度的覆灭和社会主义新制度的诞生。从此城市规划和建设进入了一个崭新的历史时期。

新中国成立之初，主要是整治城市环境，改善广大劳动人民的居住条件，改造臭水沟，棚户区，整修道路，增设城市公共交通和给排水设施等。同时，增加建制市，建立城市建设管理机构，加强城市的统一管理。

1956年，国家建委颁布的《城市规划编制暂行办法》，是新中国第一部重要的城市规划立法。该办法分7章44条，包括城市规划基础资料、规划设计阶段、总体规划和详细规划等方面的内容以及设计文件及协议的编订办法。

1957年，国家先后批准了西安、兰州、太原、洛阳、包头、成都、郑州、哈尔滨、吉林、沈阳、抚顺等15个城市的总体规划和部分详细规划。

2. 改革开放初期的城市规划思想与实践

1978年3月，国务院召开了第三次城市工作会议，中共中央批准下发执行会议制定的《关于加强城市建设工作的意见》。指出要控制大城市规模，多搞小城镇。

1980年，全国城市规划工作会议之后，各城市随即逐步开展了城市规划的编制工作。

1980年12月，《全国城市规划会议纪要》第一次提出要尽快建立我国的城市规划法制，第一次提出“城市市长的主要职责，是把城市规划、建设和管理好”。

1982年1月15日，国务院批准了第一批共24个国家历史文化名城，此后分别于1986年、1994年相继公布了第二、第三批共75个国家级历史文化名城。2001年又分别批准了山海关、凤凰县等为国家级历史文化名城，为历史文化遗产的保护起了重要的推动作用，并从制度上提供了可操作的手段。1982年11月召开了历史文化名城规划与保护座谈会，由此推动了历史文化名城保护规划作为城市规划中的重要内容全面开展。

1984年，国务院颁发了《城市规划条例》，这是城市规划专业领域第一部基本法规。标志着我国的城市规划步入法制管理的轨道。

为适应全国国土规划纲要编制的需要，建设部组织编制了全国城镇布局规划纲要，由国家计委纳入全国国土规划纲要，同时作为各省编制省域城镇体系规划和修改、调整城市总体规划的依据。

1984年至1988年，国家城市规划行政主管部门实行国家计委、建设部双重领导，以建设部为主的行政体制，促进了城市建设投资和城市建设之间的协同。

1989年12月，全国人大常委会通过《中华人民共和国城市规划法》(以下简称《城市规划法》)，标志着中国城市规划正式步入了法制化的道路。

3. 20世纪90年代以来的城市规划思想与实践

1991年9月，建设部召开全国城市规划工作会议，提出“城市规划是一项战略性、综合性强的工作，是国家指导和管理城市的重要手段。实践证明，制定科学合理的城市规划，并严格按照规划实施，可以取得好的经济效益、社会效益和环境效益”。

1996年5月，国务院发布了《关于加强城市规划工作的通知》，指出“城市规划工作的基本任务，是统筹安排城市各类用地及空间资源，综合部署各项建设，实现经济和社会的可持续发展”，并明确规定要“切实发挥城市规划对城市土地及空间资源的调控作用，促进城市经济和社会协调发展”。

2002年5月，国务院发出《国务院关于加强城乡规划监督管理的通知》，提出要进一步强化城乡规划对城乡建设的引导和调控作用，健全城乡规划建设的监督管理制度，促进城乡建设健康有序发展。

2005年，《城市规划编制办法》进行了调整和完善，明确了城市规划的基本内容和相应的编制要求。

2006年，我国开始执行的“国民经济和社会发展第十一个五年规划”明确提出了“要加快建设资源节约型、环境友好型社会”，既为城市规划的发展指明了方向，同时，全面、协调和可持续的发展观的确立，也为城市规划作用的发挥奠定了基础。

2007年10月，中华人民共和国第十届全国人民代表大会常务委员会第三十次会议通过《中华人民共和国城乡规划法》，为城乡规划的开展确立了基本的框架。

2012年，党的十八大提出“五位一体”总体布局，提出工业化、信息化、城镇化、农业现代化同步的发展战略。

2017年，乡村振兴战略。

2019年5月，《中共中央 国务院关于建立国土空间规划体系并监督实施的若干意见》要求建立全国统一、责权清晰、科学高效的国土空间规划体系。

历年真题

1. 下列关于20世纪90年代以来，中国城市规划思想与实践的表述，不准确的是(　　)。[2022-13]

A. 1996年5月，国务院发布《关于加强城市规划工作的通知》明确要求切实发挥城市规划对城市发展及自然资源的调控作用

B. 1999年12月，建设部召开了全国城乡规划工作会议，提出必须尊重规律，尊重历史，尊重科学，尊重实践，尊重专家

C. 2008年1月，《中华人民共和国城乡规划法》施行，为城乡规划开展确立了基本的框架

D. 2019年5月，《中共中央 国务院关于建立国土空间规划体系并监督实施的若干意见》要求建立全国统一、责权清晰、科学高效的国土空间规划体系

【答案】A

【解析】1996年5月国务院发布了《关于加强城市规划工作的通知》，在总结了前一阶段经验的基础上，指出“城市规划工作的基本任务，是统筹安排城市各类用地及空间资

源，综合部署各项建设，实现经济和社会的可持续发展”，并明确规定要“切实发挥城市规划对城市土地及空间资源的调控作用，促进城市经济和社会协调发展”。

2. 下列关于新中国城市规划发展历程的表述，正确的有（　　）。[2021-84]

A. 1952 年 9 月中央财政经济委员会召开城市建设座谈会决定，各城市要制定城市愿景发展的总体规划

B. 1956 年国务院设立国家城建部，内设城市规划局

C. 到 1957 年，国家先后批准了西安、成都、郑州、沈阳等 15 个城市的总体规划和部分详细规划

D. 1974 年国家建委下发的《关于城市规划编制和审批意见》是新中国第一部城市规划立法

E. 1978 年 3 月国务院召开城市规划工作会议，该会议强调了城市在国民经济发展中的重要地位和作用

【答案】ABCE

【解析】国家建委颁布的《城市规划编制暂行办法》，是新中国第一部城市规划立法。

第三节　世纪之交时期城市规划的理论探索和实践

一、全球化条件下的城市发展与规划

1. 城市和区域体系的演化

进入 20 世纪 80 年代以来，经济全球化的趋势日益加剧。全球化并非仅仅只是一种经济现象，而是在政治、社会、文化和经济因素综合作用下形成的结果，并在社会经济的各个方面产生效应。在全球化进程中，全球范围内的社会经济结构发生了全面的重组，从而导致了城市和区域体系的演化。

全球化的发展，将有可能影响到世界上的所有城市，而不仅仅限于一些大城市，或者所谓的“国际城市”“世界城市”和“全球城市”。联合国人居中心 2001 年发布的“全球人类住区报告 2001”——《全球化世界中的城市》指出，“全球化已经将城市置于一个城市之间的具有高度竞争型的联系与网络的框架之中。这些联入全球网络的城市在全球力量领域中发挥着能量节点的作用”，尽管不同的城市在全球网络中发挥的作用不一样，但其发展都将受到全球力量的影响。

（1）经济全球化的特征。

①各国之间在经济上越来越相互依存，各国的经济体系越来越开放。②各类发展资源（原料、信息、技术、资金和人力）跨国流动的规模不断地扩张。③跨国公司在世界经济中的主导地位越来越突出，并直接影响到了所涉及的国家和地方的经济状况。④信息、通信和交通的技术革命使资源跨国流动的成本日益降低，为经济全球化提供了强有力的技术支撑。

（2）空间经济结构重组，城市的体系发生了结构性的变化。

在全球化的进程中，随着空间经济结构重组，城市与城市之间的相互作用与相互依存程度更为加强，城市的体系也发生了结构性的变化。

就城市的职能结构而言，过去的城市经济结构是以经济活动的部类来进行划分的，在每个部类的经济活动中从管理到生产都在一个城市或地区内进行，每个城市担当着其中某个或几个部类的经济活动，因此形成了诸如“钢铁城市”“纺织城市”“汽车城市”等的城市类型。

随着大型企业经济活动的纵向分解所形成的不同层面的经济活动，在全球化的背景中、在全球范围内进行着重新集结，形成了管理 / 控制层面集聚的城市、研究 / 开发层面集聚的城市和制造 / 装配层面集聚的城市，由此导致了全球整体的城市体系结构的改变，由原来的城市与城市之间相对独立的以经济活动的部类为特征的水平结构改变为紧密联系且相互依赖的以经济活动的层面为特征的垂直结构，城市与城市之间构成了垂直性的地域分工体系：管理 / 控制层面集聚的城市占据了主导性地位，而制造 / 装配层面集聚的城市处于从属性地位。无论是主导性城市还是从属性城市，经济国际化的程度都在加速，城市与城市之间的相互依存程度也更为密切。

（3）城市体系结构重组，在垂直性地域分工体系出现新趋势。

在发达国家和部分新兴工业化国家 / 地区形成一系列全球性和区域性的经济中心城市，对于全球和区域经济的主导作用越来越显著。

制造业资本的跨国投资促进了发展中国家的城市迅速发展，同时也越来越成为跨国公司制造 / 装配基地。

在发达国家出现一系列科技创新中心和高科技产业基地，而发达国家的传统工业城市普遍衰退，只有少数城市成功地经历了产业结构转型。

（4）三种不同层面的经济活动的集聚也形成了在不同地区与城市中分布的特征。

1）担当管理 / 控制职能的部门由于需要面对面的联系，需要紧靠其他的商务设施和为其服务的设施，需要紧靠政府及相关的决策性机构，所以一般都集中在大都市地区，这类职能部门将影响甚至决定世界经济运作的状况。尽管现在也存在着向大都市郊区迁移的趋势，但向经济中心大都市的 CBD 地区的集中也仍在加强，这也就是纽约和伦敦之类城市在 20 世纪 80 年代后仍然保持快速发展的原因。

2）担当研究 / 开发职能的部门因为需要吸引知识工人而要有比较良好的生活和工作环境，并要能够保证较高层次的知识人士的不断补充，也需要有低税收的政策扶植，较多是在充满宜人环境的地区中的小城镇发展，在美国最为典型的就是在 20 世纪 60 年代以后向南部“阳光带”地区发展。

3）以常规流水线生产工厂为代表的制造 / 装配职能的发展极大地依赖于便宜的劳动力和低税收，因此往往向经济较落后地区的小城市或大都市地区的边缘发展，而且自 20 世纪 60 年代后在整体上不断向第三世界转移。而非常规流水线生产的工业企业有在城市的中心区和市区继续发展的趋势，尤其是一些生产技术密集型的非标准产品、开创性的或销路不稳定的产品以及传统工业特别是生产手工业产品的工业。这在美国纽约及日本东京等城市的表现最为明显。

（5）经济全球化带来的影响。

1）随着经济全球化的进程和经济活动在城市中的相对集中，城市与周边地区和周边城市之间的联系在减弱。

2）由于各类城市生产的产品和提供的服务是全球性的，都是以国际市场为导向的，其联系的范围极为广泛，但在相当程度上并不以地域性的周边联系为主，即使是一个非常小的城市，它也可以在全球城市网络中建立与其他城市和地区的跨地区甚至是跨国的联系，它不再需要依赖于附近的大城市而对外发生作用。原先建立地域联系基础上的城市体系出现松动，而任何城市都可以成为建立在全球范围内的网络化联系的城市体系中的一分子。

2.“全球城市”或“世界城市”

在全球化的过程中，“全球城市”或“世界城市”是受到全球化力量推动最大的，又对全球化的进程有着最大的推动力，因此成为全球化研究的重要领域。

“全球城市”或“世界城市”主要是指那些担当着管理 / 控制全球经济活动职能的城市，这些城市位于全球城市体系的最高层级（如纽约、伦敦、东京等）。

从对当代全球最重要的经济中心城市（如纽约、伦敦、东京等）的研究中可以发现，这些城市都具有这样一些基本特点：①作为跨国公司的（全球性或区域性）总部的集中地，是全球或区域经济的管理 / 控制中心。②都是金融中心，对全球资本的运行具有强大的影响力，同时，纽约、伦敦和东京是全球 24 小时股票市场的核心。这些更增强了经济中心的作用。③具有高度发达的生产性服务业（如房地产、法律、信息、广告和技术咨询等），以满足跨国公司的商务需求。④生产性服务业是知识密集型产业，因此，这些城市是知识创新的基地和市场。⑤是信息、通信和交通设施的枢纽，以满足各种“资源流”在全球或区域网络中的时空配置，为经济中心提供强有力的技术支撑。

在全球化的背景下，城市的发展需要适应全球经济运行的需求，需要从全球经济网络中获取发展的资源，这就需要以城市本身的独特性来吸引投资、吸引产业、吸引旅游者等，因此创造城市的独特性也成为这一时期城市规划的重要内容。

3. 经济全球化影响下城市或地区的复兴规划

在经济全球化的影响下，发达国家的一些工业城市经历了衰败的过程，针对这些衰败的城市或地区，制定城市或地区的复兴规划，使这些城市和地区获得了重生。在这些复兴规划中，充分运用了城市产业结构调整的可能与需要，为城市的转型提供基础，也充分发挥了场所营造的效应，使这些衰败了的地区重新成为吸引产业和人口以及市民活动的场所，从而整体性地提高城市在全球范围内的竞争能力。就世界各地的规划和建设来看，主要分为以下三种类型：

（1）城市中央商务区的重塑。为了应对经济全球化和信息化的需要，在一些经济中心城市出现了对新型办公楼的快速增长的需求，由此出现了城市中央商务区的大规模改造和大型工程的建设。在这些建设中，有一些城市延续了二十世纪七十年代以后城市中心改造的趋势，大规模增加符合信息化办公条件的办公楼，完善各项辅助性设施，强化城市中心功能，如洛杉矶、芝加哥等城市中心的改造。另外一些城市则在城市中选择适当的位置建设新的商务中心，把边缘转变为中心，如英国伦敦的码头区建设以及美国一些城市中出现的“边缘城市”。

（2）城市更新和滨水地区再开发。结合工业外迁不断加速的趋势，利用已经衰退的工业区、仓储区等实施全面的城市更新，一方面消除城市衰败地区所带来的负面影响，另一方面则通过创造新的吸引点，提升城市集聚能力。在更新后的这些地区，集中着能符合全球经济参与者要求的生活居住设施以及娱乐、文化、时尚为核心的各类设施。如纽约的SOHO地区将老工业区遗留下来的厂房和仓库等改造为时尚产业和高档居住区；伦敦的SOHO地区则将已经开始衰败的居住区中产阶级化，形成以休闲和夜生活为主要内容的活动区；伦敦东部的码头区改造，扩大了城市商务中心的容量，为伦敦全球城市的发展作出了贡献；而利物浦的码头区改造则形成了文化休闲产业的集聚地，鹿特丹码头区改造为中产阶级居住区和休闲娱乐区等。

（3）公共空间的完善和文化设施建设。有些城市结合城市大事件和旧城地区的更新改造，建设大量的城市公共空间，完善公共空间的环境品质，如巴塞罗那举办的奥运会。有些城市尤其是中小城市通过城市特色的提炼和重新组织，以创造宜人的环境和文化气息为手段，来提升城市的地位，如通过文化设施的建设，尤其是博物馆的建设，配置区域性的文化高地，其中以西班牙的毕尔巴鄂最为典型。有些历史名城则充分利用历史文化的遗存，融合当代文化要素和商业手段，形成地区性的甚至国际性的旅游和商业零售业的中心。有些城市则通过组织一些文化活动，如欧洲的"文化之都"等，全面提升了城市的吸引力。

历年真题

1. 在经济全球化影响下，发达国家的一些工业城市针对衰败地区制定了复兴计划，其策略不包括（　　）。[2022-14]

A. 发挥场所营造效应，提升吸引力

B. 发挥城市新区开发的同步带动及疏解作用

C. 关注城市更新和滨水地区再开发

D. 关注公共空间完善和文化设施建设

【答案】B

【解析】在经济全球化的影响下，发达国家的一些工业城市针对衰败地区制定了复兴计划，主要可以分为三种类型：①城市中央商务区的重塑。②城市更新和滨水地区再开发。③公共空间的完善和文化设施建设。

2. 下列关于全球城市特征的表述，错误的是（　　）。[2021-18]

A. 全球城市都是跨国公司总部的集中地

B. 全球城市都是金融中心

C. 全球城市中社会阶层分化程度有所下降

D. 全球城市都具有发达的生产性服务业

【答案】C

【解析】全球城市中社会阶层分化程度并没有下降，而是加剧。

二、知识经济和创新城市

1. 知识经济

联合国经济合作与发展组织（OECD）在1996年发表的《以知识为基础的经济》首先使用"知识经济"这一概念。知识经济的形成与发展，与信息化技术和手段有着密切的联系，知识传播的信息化大大缩短了从知识产生到知识应用的周期，更促进了知识对经济发展的主要作用。随着个人计算机和互联网的普及和广泛使用，信息革命深刻地改变着人类社会结构与生活方式，信息社会正在形成的过程之中。

概念：知识经济是指建立在知识和信息的生产、分配和使用基础上的经济。

特征：以信息技术和网络建设为核心，以人力资本和技术创新为动力，以高新技术产业为支柱，以强大的科学研究为后盾。

2. 创新城市

支持和主导信息社会和知识经济发展的重要方面在于创新，而科学技术和产业的创新，则是决定社会整体创新的一个关键性方面。当代城市都在积极地营造有利于科技创新的环境，而建设高科技园区是促进高科技产业发展进而实现城市创新的关键性举措。

（1）高科技园区，分为四种基本类型。

1）高科技企业的集聚区，与所在地区的科技创新环境紧密相关，这类地区的形成可以较大地促进科技和产业的创新。

2）科技城，完全是科学研究中心，与制造业并无直接的地域联系，是政府计划的建设项目。这类地区主要从事基础理论的研究，为创新提供条件，但其本身仍然需要其他地区的配合才能将科学技术转化为生产力，才能真正地实现创新。

3）技术园区，作为政府的经济发展策略，在一个特定地域内提供各种优越条件（包括优惠政策），吸引高科技企业的投资。这类地区往往只是从事高技术产品的生产，缺少基本的研发内容，因此其本质仍然是制造业基地，如北京的亦庄。

4）建立完整的科技都会，作为区域发展和产业布局的一项计划。该项研究也认为，尽管各种高科技园区层出不穷，而且产生了显著的影响，当今世界的科技创新仍然是主要来自传统的国际性大都会（如伦敦、巴黎和东京）。

（2）企业集群。

高新技术园区通常是由多个相关性的企业集聚在一定的区域范围内而形成的，由于这样的集聚性形成了特定的经济和空间结构，可以发挥更为有效的互动作用。但高新技术区并不是唯一的一种集聚类型，还有许多其他类型也能够起到相同的作用。经济学家和地理学家将它们统称为企业集群。不同类型的产业，由于产业联系的空间接近程度不同，能够形成产业集群的程度也不同。

1）概念。企业集群主要是指地方企业集群，是一组在地理上靠近的相互联系的公司和关联的机构，它们同处在一个特定的产业领域，由于具有共性和互补性而联系在一起。

2）更需要形成地方性联系的产业。①新产业，由于产品发展快速及进入本地市场的需要，因而需要与当地专家或顾客面对面地交流，对地方的依赖性比成熟产业更强。②以非标准化或为顾客定制的产品为主的制造业，需要与顾客面对面地信息交流，地方联系相对较强。③生产过程连续的产业，如炼油、石化原料、塑料加工等，由于生产过程及生产设备具有不可分的特点，不同工厂之间彼此接近，常常在同一地点完成全部生产活动，所以地方联系较强。

3）企业集群的特点。①产业集群的形成既有本地社区的历史根源，通常也取决于本地企业之间既竞争又合作的关系集合。从城市的发展来看，一些地方的经济获得成功并保持了竞争力，是因为这些地方具有高效的本地企业网络、快速的信息扩散和专业诀窍传输。②企业集群有三个主要特点：一是同业和相关产业的很多公司在地理上集聚。二是有支撑的制度结构。三是企业在地方网络中密集地交易、交流和互动。因此，这样的区域是创造性的、有创新能力的。③这些理论研究要求为企业创新提供一种区域环境，它说明尽管硬环境（完善的基础设施、相邻的大学、便利的交通等）可以成为创新的条件，但它并不必然能够诱使创新的发生，而软环境，即企业与企业之间、人与人之间正式的与非正式的交流沟通，则为创新提供机会。而在应对技术变化以及商业环境变化的过程中，本地的经济行为主体之间通过大量的正式交易和非正式的交流所建立的关系，是其他地方不能模仿的关键资源，这是创新得以形成的最基本条件。

（3）对城市整体创新的研究。

第一种类型基本上以对未来的设想为主要特征，更多的是建立在对电子网络等的运用基础上的。如威廉·米切尔就提出“比特城”“e-托邦”的理论。他认为，随着社会构成特征的改变，建筑和城市规划的概念要进行拓展，其领域不仅应该包括真实的场所，而且应该包括虚拟的场所；同时要建立新的相互联系的方式，既包括远程通信的互联，也要包括步行和传统的交通运输网络。在这样的基础上，城市的领域才是完整的，而这样的空间与联系可以为新的社会关系奠定基础。

第二种类型则从城市的文化环境和社会组织角度入手，以城市的创新氛围作为核心，探讨城市创新的动力机制。

在这类研究中，霍尔和兰德瑞具有代表性。霍尔通过对城市发展史的解读，描述了城市创新的不同方面及其形态，并揭示了其中的动力机制。他发现，尽管并不是所有的城市对文明的发展都具有同样的作用，但城市历来是创造力和创新的最主要的场所。在城市的特定时期会具有特别杰出的创造性，但这与它们的规模、地位（如作为首都）或在国家中的区位（如中心或边缘）等都无明显的关系。城市的创造性不仅仅限于文化和艺术，也关系到技术、产业等方面。他认为，这种创造力的形成完全是依赖于某一个时期某一个城市中的某一群人，他们在城市中聚集并相互交流，形成特定的创新气氛，不断地创造着新事物。这些人包括思想家、艺术家、革新家和商人等，他们来自世界各地、来自不同的民族，他们将不同的文化集中在一起，城市为他们提供了机会，从而使这些不同的文化、不同的思想相互交融，为创新提供了不竭的源泉。因此他得出这样的结论：那些有创新特质的城市往往处于经济和社会的变迁中，大量的新事物不断涌入、融合并形成一种新的社会。

而兰德瑞则将城市创新氛围的营造与城市规划的实际结合了起来，他认为，在当代社会发展中，人类的需求、动机和创造力正在替代区位、自然资源和市场可达性而成为城市发展的资源。文化资源既是城市的原材料，也是其价值基础，是替代煤、钢铁或黄金的财富。创造性是开发这些资源并帮助它们发扬光大的方法。城市规划师的任务就是要负责任地认识、管理和开发这些资源。因此，文化将构成城市规划的技术要素，而不是被看作仅仅是在曾经考虑过的诸如住房、交通和土地使用等重要问题之后再附加上去的内容。相反，文化方面的观点应当规定城市规划以及经济发展和社会事务应当如何去处理。兰德瑞认为，对于创新城市而言，需要建立的是一种创新的氛围，这是创新城市建设的关键。他提出，要改变这样的观念，创造性是艺术家的专有领域，或者创新主要是技术方面的，实际上，同样有社会和政治方面的创造力和创新。

历年真题

下列关于科学城的表述，正确的是（　　）。[2019-16]

A. 科学城依附于中心城市而存在

B. 科学城是指由政府设立的，采用优惠政策吸引高科技企业集聚的地区

C. 科学城通常是相同行业或生产过程连续的多个企业的集中地区

D. 科学城是指与制造业无直接联系的、科学研究机构的集中地区

【答案】A

【解析】科学城是专门设置科学研究和高等教育机构的一种卫星城。建设科学城既可减轻大城市拥挤程度，也有利于促进科学事业发展，便于利用大城市的社会环境、雄厚的物质技术基础和丰富的情报资料。科学城主要搞研发，再通过制造业转为生产力，科学城内部一般可以设置少量的制造业研发大楼，但科学城一般不与制造业基地有直接联系，因科学城需要具有一定人才和经济支持，因此不是所有的城市都具备建设科学城的能力，本质上科学城还是需要依附于中心城区强大的经济和人才储备而存在，A选项正确。

三、加强社会协调，提高生活质量

1. 不同社会群体对城市需求及城市规划的关注点的差异性

随着经济全球化进程的不断推进，新技术的普及和信息社会的成形，社会经济体系发生了重大的转变，一方面，社会整体的生活质量和生活水平在不断提高；另一方面，由于社会经济条件的分化不断加剧，不同利益团体的社会环境和质量也随之发生变化，自20世纪后期开始，有关社会团结与协调以及在此基础上的生活质量等问题的探讨在城市规划中成为关注的热点和焦点。

全球城市的居民至少可以划分为两大部分，即掌握了先进技术和服务技能的全球化进程的参与者和被排斥在全球化进程之外的人群，他们的生活境遇在就业结构、收入结构、社会结构、社区结构、社会参与等方面表现出明显的差异，这种差异同时也反映在他们对城市的不同认识和不同要求。由此而引发，并在对社会多元化认识的基础上，许多学者探讨了城市中不同的人群在经济上、社会上和空间上的利益诉求以及他们对城市规划也存在不同的关注点，因此，当代城市规划就必须充分地面对这样的需求，同时要很好地处理相互之间的协调关系。

2.“市民社会”和“城市治理”

在全球化和信息化的不断推进下，用卡斯泰尔的概念来说，城市经济的发展在很大程度上取决于全球流的作用，与本地性的活动之间的关联程度不断脱钩，普遍的流的空间支配着场所的空间。此外，流的运行是由全球经济的逻辑所决定的，但城市的发展在相当程度上是由本地的场所空间所决定的，因此城市的发展也就需要既能适应全球经济的需要，又能解决好本地化的问题。在此过程中，以城市公共空间建设为主要内容的“场所营造”成为完善社会协调提高城市生活质量的重要工作，并逐步转变为城市设计的核心，而以“市民社会”和“城市治理”为核心的制度建设则成为其基本的保障，并直接规定了城市规划在城市社会发展中的作用。“市民社会”和“城市治理”的主要内容如下。

（1）市民社会。“市民社会”在西方社会思想中强调的是在市场的经济力量和国家的强权力量之外，社会民众共同形成的一种自治性质的力量，这三者的相互作用决定了社会整体发展的方向。

（2）城市治理。“城市治理”的理论与思想的实质就是在此基础上如何更好地发挥这三种力量作用，从而建立有效提高公民普遍福利及提升国家生产力、竞争力的制度安排和

组织创新。

“治理”的概念：全球治理委员会1995年发表的题为《我们的全球伙伴关系》中作出了如下界定：“治理是各种公共的或私人的个人和机构管理其共同事务的诸多方式的总和。这既包括有权迫使人们服从的正式制度和规则，也包括各种人们同意或以为符合其利益的非正式的制度安排。它有四个特征：①治理不是一整套规则，也不是一种活动，而是一个过程。②治理过程的基础不是控制，而是协调。③治理既涉及公共部门，也包括私人部门。④治理不是一种正式的制度，而是持续的互动。”

治理理论倡导发展多元化的、以市民社会为基础的、分权与参与相结合的管理模式，重视公共服务供给和公共问题解决过程中的公民参与。这就是说，在市民社会中，政府不再是实施社会管理功能的唯一权力核心，而是非政府组织、非营利组织、社区组织、公民自组织等第三部门以及私营机构将与政府一起共同承担起管理公共事务，提供公共服务的责任。

“治理”体系的基本要素：①合法性，指的是社会秩序和权威被自觉认可和服从的性质和状态。②透明性，指政治信息的公开性。③责任性，指的是人们应当对自己的行为负责。在公共管理中，它特别地指与某一特定职位或机构相连的职责及相应的义务。④法治，法治的基本意义是，法律是公共政治管理的最高准则，任何政府官员和公民都必须依法行事，在法律面前人人平等。法治的直接目标是规范公民的行为，管理社会事务，维持正常的社会生活秩序；但其最终目标在于保护公民的自由、平等及其他基本政治权利。⑤回应，公共管理人员和管理机构必须对公民的要求做出及时的和负责的反应，不得无故拖延或没有下文。在必要时还应当定期地、主动地向公民征询意见、解释政策和回答问题。⑥有效，指管理的效率，一是管理机构设置合理，管理程序科学，管理活动灵活；二是最大限度地降低管理成本。在这样的意义上，可以将治理看作是一种社会成员之间的相互作用关系，这种相互作用存在于组成社会的各个方面。

克鲁姆霍尔兹通过实证性的研究，回顾了20世纪70年代后公平规划实施的状况，提出以社会公平为目的的城市规划在推进过程中需要注意和不断改进的内容：①倡导性规划和公平规划是社会弱势群体表示自己意愿的重要途径，从而也是解决城市危机的一种方法。②规划师要抓住各种提出动议的机会并明确他们与城市和市民的真正需求相关的角色，从而将有关议程引领到对公平目的的实现上。③实现公平规划，采纳一个清晰界定的目标是必要的步骤。缺乏这样一个明确的目标，规划师就很难来回答怎样更好配置有限的机构资源的问题。④对平等目标的追求要求规划师将注意力集中在决策过程，但这种注意力的集中应该是用明确的、相关的信息，而不是用浮夸的信息来做到的。通常而言，在决策过程中，那些拥有确切信息并知道他们能达到的结果的人，相对于其他参与者具有更多的优势。因此，规划师只有拥有了这样的信息和知识才不会受制于政治和商业领袖，才能引领这些人走向更为公平的目标。⑤规划师必须成为具体行动的长期参与者，才有可能对最后的结果产生影响。⑥规划师既要很好地为规划委员会服务并接受其领导，但又不限于规划委员会对规划工作的限定，以吸引更多的人参与规划问题的讨论。⑦使用者导向的、以解决问题为目的的规划可以将公平目标和公平规划发扬光大。⑧尽管规划机构是引起社会改革的较弱的平台，但通过改变方向以达到公平是完全可能的，规划师的工作将对这种改变作出贡献。

3. 影响居民社区归属感的主要原因

在对城市生活质量的研究中，许多学者提出，在信息时代中，城市社区的空间区位已不是关键的因素，相反，城市居民的心理归属则突显其重要性，而且也决定了社区居民对社区事务的参与，由此决定了社区发展的方向和结果。因此，城市社区的归属感对于建立高质量的城市社区具有重要的作用。影响居民社区归属感的主要原因如下。

居民对社区生活条件的满意程度：尽管社区归属感和社区满足感是两个不同的概念，社区归属感是居民对社区的心理感受，而社区满足感是指居民对社区生活条件的评估。但社区满足感在很大程度上决定着社区成员的心理归属感。

居民的社区认同程度：即居民越是喜爱和依恋某个社区，他们就越愿意把自己看成是该社区的成员、就越愿意让社区生活成为自己生活的组成部分。

居民在社区内的社会关系：城市居民在社区里的同事、朋友和亲戚越多，其社区归属感也就越强。

居民在社区内的居住年限：一般来说，居民在社区内的居住年限越长，其社会关系就越为广泛和深厚，因而其社区归属感就越强。

居民对社区活动的参与：社区活动可以分为正式活动和非正式活动两类。正式活动直接涉及社区的发展和开发，比如发动居民积极参与社区的福利事业就是一种在城市社区中比较常见的正式活动。非正式活动包括社区内一般的交往和消遣活动。社区开发等正式的社区活动往往有助于提高社区居民的生活水平，而城市居民对社区非正式活动的参与则有助于增加他们对社区生活的体验和对社区的了解，因而无论社区活动是正式的还是非正式的，只要居民参与社区活动就有助于增强居民的社区归属感。

其他原因：社区成员对个人生活的满意程度、社区成员是否在本社区内工作，以及本社区工业化、现代化和信息化程度的高低等因素对城市居民的社区归属感也有一定程度的影响。

历年真题

影响社区归属感的主要因素是（　　）。［2019-15］、［2018-16］

A. 社区居民收入差别　　B. 社区内的购物、娱乐设施配置

C. 社区内的教育、医疗设施配置水平　　D. 居民对社区社会环境的满意度

【答案】D

【解析】影响居民社区归属感的主要原因包括：①居民对社区生活条件的满意程度；②居民的社区认同程度；③居民在社区内的社会关系；④居民在社区内的居住年限；⑤居民对社区活动的参与。

四、城市的可持续发展

1. 可持续发展理念的产生

人类为寻求一种建立在环境和自然资源可承受基础上的长期发展的模式，先后提出过“全面发展”“同步发展”和“协调发展”等各种构想。20世纪50—70年代，人们在经济增长、城市化、人口、资源等所形成的环境压力下，对增长等于发展的模式产生怀疑并展开讨论。

2. 1987年的《我们共同的未来》

总的来说，可持续发展包含两大方面内容：一是对传统发展方式的反思和否定；二是

对规范的可持续发展模式的理性设计。就理性设计而言，可持续发展具体表现在：工业应当高产低耗，能源应当被清洁利用，粮食需要保障长期供给，人口与资源应当保持相对平衡等许多方面。

可持续发展的定义为：既满足当代人的需求又不危及后代人满足其需求的发展。

根据该报告，可持续发展定义包含两个基本要素或两个关键组成部分："需要"和对需要的"限制"。满足需要，首先是满足贫困人民的基本需要，对需要限制主要是对未来环境需要的能力构成危害的限制。这种能力一旦被突破，必将危及支持地球生命的自然系统——大气、水体、土壤和生物。决定两个基本要素的关键性因素是：①收入再分配以保证不会为了短期生存需要而被迫耗尽自然资源。②降低主要是穷人对遭受自然灾害和农产品价格暴跌等损害的脆弱性。③普遍提供可持续生存的基本条件，如卫生、教育、水和新鲜空气，包含满足社会最脆弱人群的基本需要，为全体人民，特别是为贫困人民提供发展的平等机会和选择自由。

3. 1992 年的《全球 21 世纪议程》

在联合国 1992 年环境与发展大会上所确立的《全球 21 世纪议程》中，对于可持续发展的人居环境的行动纲领也作了具体的规定。在关于"促进稳定的人类居住区的发展"的章节中，《全球 21 世纪议程》把人类住区的发展目标归纳为改善人类住区的社会、经济和环境质量，以及所有人（特别是城市和乡村的贫民）的生活和居住质量，并提出了以下八个方面的内容：①为所有人提供足够的住房。②改善人类住区的管理，其中尤其强调了城市管理，并要求通过种种手段采取有创新的城市规划解决环境和社会问题。③促进可持续土地使用的规划和管理。④促进供水、下水、排水和固体废物管理等环境基础设施的统一建设，并认为"城市开发的可持续性通常由供水和空气质量，并由下水和废物管理等环境基础设施状况等参数界定"。⑤在人类居住中推广可循环的能源和运输系统。⑥加强多灾地区的人类居住规划和管理。⑦促进可持久的建筑工业活动行动的依据。⑧鼓励开发人力资源和增强人类住区开发的能力。

4. 1996 年的全球人类住区报告

（1）联合国人居中心根据《我们共同的未来》和相关的国际文献，在 1996 年的全球人类住区报告中提出了"适用于城市的可持续发展的多重目标"。该报告认为，"满足当代人的需要"的内容应该包括以下几个方面。

1）经济需要：包括能够获得足够的生活或生产资产，还包括在失业、生病、伤残或其他无法保证生计时的经济安全保障。

2）社会、文化和健康需要：包括在一个具有自来水、卫生、排水、交通、医疗、教育和儿童培养服务的社区中，拥有一所健康、安全、可承受得起且可靠的住房。另外，住房、工作地点和生活环境应免遭环境的危害，如化学污染。同样重要的是与人们的选择和管理有关的需求，包括他们所珍爱的家庭和街区，因为在这些地方，他们最迫切的社会和文化要求能够得到满足。住房和服务设施必须满足儿童和负责抚养儿童的成人（通常是妇女）的特殊需要。只有做到这一点，才能表明国家与国家之间，更主要的是国家内部，其收入分配更加公平。

3）政治需要：包括按照能够保证尊重人权、尊重政治权利和确保环境立法得以实施的更广泛的框架，自由地参与国家和地方的政治活动，并能参与与其住房和社区管理及发展有关的决策。

（2）在“不损害后代满足其需要的能力”方面，应该做到以下几个方面。

1）最低限度地使用或消耗不可再生资源：包括将住房、商业、工业和交通中消耗的矿物燃料减少到最低限度，并在可能的情况下，代之以可再生资源。另外，要尽量减少对稀少矿产资源的浪费（减少使用、再利用、再循环使用和回收）。城市中还有文化、历史和自然资产，它们是不可替代的，因而也是非再生资源，例如，历史街区、公园和自然风景区，它们为人们提供了嬉戏、娱乐和接近自然的空间。

2）对可再生资源的可持续使用：城市可以按照可持续的方式开采利用淡水资源；对任何城市的生产商和消费者为获得农产品、木制品和生物燃料而开发的土地来说，应保证它们可持续的生态足迹。

3）城市废物应保证限制在当地和全球废物池的可接受范围内：包括可再生废物池（例如，河流分解可生物降解废物的能力）和非再生废物池（持久性化学物品，包括温室气体、破坏同温层臭氧的化学物质和多种杀虫剂）。

5. 1993 年的《可持续发展的规划对策》

提出理念：1993 年，英国城乡规划协会成立了可持续发展研究小组，发表了《可持续发展的规划对策》，提出将可持续发展的概念和原则引入城市规划实践的行动框架，将环境因素管理纳入各个层面的空间发展规划。

规划原则：①土地使用和交通：缩短通勤和日常生活的出行距离，提高公共交通在出行方式中的比重，提高日常生活用品和服务的地方自给程度，采取以公共交通为主导的紧凑发展形态。②自然资源：提高生物多样化程度，显著增加城乡地区的生物量，维护地表水的存量和地表土的品质，更多使用和生产再生的材料。③能源：显著减少化石燃料的消耗，更多地采用可再生的能源，改进材料的绝缘性能，建筑物的形式和布局应有助于提高能效。④污染和废弃物：减少污染排放，采取综合措施改善空气、水体和土壤的品质，减少废弃物的总量，更多采用“闭合循环”的生产过程，提高废弃物的再生与利用程度。

6. 1999 年由著名建筑师和城市设计师领导的研究小组发布报告

21 世纪的到来提供三个转变的机会：①技术革命带来了新形式的信息技术和交换信息的新手段。②不断增长的生态危机使可持续成为发展的必要条件。③广泛的社会转型使人们有更高的生活预期，并更加注重在职业和个人生活中对生活方式的选择。

该报告提出了一系列有关城市持续发展的建议，其中包括：①循环使用土地与建筑。城市建设应当首先使用衰败地区和闲置的土地和建筑，应尽量减少将农业用地转换成城市用地。同时要改变过去在城市边缘和郊区大规模建设低密度居住区的做法，应避免在城市之外建设零售业和校园风格的办公 / 商务园区。②改善城市环境。鼓励“紧凑城市”的概念，鼓励培育可持续性和城市质量。已有的城区必须改造得更富吸引力，从而使人们愿意在其中居住、工作和交往。可持续性的实现将通过把城市密度与提供各种商店和服务的各级城市中心联系在一起进行组织，在提供中心服务的范围内要很好地结合公共交通和步行路。较高的密度和紧凑城市形态的适当结合可以减少对汽车的依赖。③优化地区管理。城市的可持续发展必须依靠强有力的地方领导和市民广泛参与的民主管理。居民应当在决策中扮演更重要的角色（公众参与）。④旧区复兴是城市持续发展的关键性内容。地方政府应当被赋予更多的权力和职责以从事长期衰落地区的复兴工作。应该设立公共基金以便通过市场吸引私人投资者。⑤国家政策应当鼓励创新。过去的许多规划标准限制了创新，尤其像坚持公路标准（如道路宽度、转弯半径以及交叉口视距等）优先于城市布局，由此导致了枯燥乏味的城市环境。街道应当看成是“场所”，而不只是运输通道。⑥高密度。单一的密度指标并不能成为衡量城市质量的标准，尽管它是一个重要因素。相对于英国现在普遍的开发密度，高密度开发（并不必然是高层开发）可以对城市的可持续发展作出重要贡献。⑦加强城市规划与设计。好的城市规划和设计可以修复过去的错误并为城市创造对生活更有吸引力的场所，还可以适应多用途的混合使用的发展需要，从而培育城市的可持续发展。

7. “精明增长”

背景：针对美国城市的快速扩张和蔓延，美国城市规划界出现了对“精明增长”发展方式的倡导，希望以此来实现城市的可持续发展。

基本原则：①保持大量开放空间和保护环境质量。②内城中心的再开发和城市内零星空地的开发。③在城市和新的郊区地区，减少城市设计创新的障碍。④在地方和邻里中创造更强的社区感，在整个大都市地区创造更强的区域相互依赖和团结的认识。⑤鼓励紧凑的、混合用途的开发。⑥创造显著的财政刺激，使地方政府能够运用建立在州政府确立的基本原则基础上的精明增长规划。⑦以财政转移的方式，在不同的地方之间建立财政的共享。⑧确定谁有权作出控制土地使用的决定。⑨加快开发项目申请的审批过程，提供给开发商更大的确定性，降低改变项目的成本。⑩在外围新增长地区提供更多的低价房。⑪建立公私协同的建设过程。⑫在城市的增长中限制进一步向外扩张。⑬完善城市内的基础设施。⑭减少对私人小汽车交通的依赖。

在城市规划的实践中，从实现可持续发展的要求出发，欧洲出现了建立在多用途紧密结合的“都市村庄”模式基础上的“紧凑城市”，美洲则出现了以传统欧洲小城市空间布局模式的“新都市主义”。其基本的目标相当一致，即建立一种人口相对比较密集，限制小汽车使用和鼓励步行交通，具有积极城市生活和地区场所感的城市发展模式。

历年真题

1. 1992年联合国环境与发展大会确立了《全球21世纪议程》，下列关于其内容的表述，不准确的是（　　）。[2022-15]

A. 为大多数人提供足够住房　　B. 促进可持续土地使用的规划和管理

C. 推广可循环的能源和运输系统　　D. 统一建设各类环境基础设施

【答案】A

【解析】《全球21世纪议程》提出的是为所有人提供足够的住房。

2. 下列关于可持续发展规划对策的表述，不准确的是（　　）。[2021-19]

A. 以快速交通为主导，形成紧凑的发展形态

B. 提高生物多样化程度

C. 显著减少化石燃料的消耗

D. 更多采用“闭合循环”的生产过程，提高废弃物的再生与利用程度

【答案】A

【解析】缩短通勤和日常生活的出行距离，提高公共交通在出行方式中的比重，提高日常生活用品和服务的地方自给程度，采取以公共交通为主导的紧凑发展形态。

第三章　国土空间规划体系

第一节　国土空间规划建立的背景

一、建立国土空间规划的意义

各级各类空间规划在支撑城镇化快速发展、促进国土空间合理利用和有效保护方面发挥了积极作用，但也存在规划类型过多、内容重叠冲突，审批流程复杂、周期过长，地方规划朝令夕改等问题。建立全国统一、责权清晰、科学高效的国土空间规划体系，整体谋划新时代国土空间开发保护格局，综合考虑人口分布、经济布局、国土利用、生态环境保护等因素，科学布局生产空间、生活空间、生态空间，是加快形成绿色生产方式和生活方式、推进生态文明建设、建设美丽中国的关键举措，是坚持以人民为中心、实现高质量发展和高品质生活、建设美好家园的重要手段，是保障国家战略有效实施、促进国家治理体系和治理能力现代化、实现“两个一百年”奋斗目标和中华民族伟大复兴中国梦的必然要求（《中共中央 国务院关于建立国土空间规划体系并监督实施的若干意见》）。

注：①“三生空间”是指生产空间、生活空间、生态空间。②目前各类规划存在的问题是规划类型过多、内容重叠冲突，审批流程复杂、周期过长，地方规划朝令夕改等。③坚持以人民为中心，不是以人为本。

1. 解决规划类型过多，内容重叠冲突，审批流程复杂、周期过长，地方规划朝令夕改等问题

（1）各种规划种类繁多，自成体系。据统计，我国经法律授权编制的规划有 80 多种。相互难以协调，导致空间重叠，内容重复。

（2）规划的技术和管理体系不同。

1）规划时限不同。如城市规划和土地利用规划是中长期规划，社会经济发展规划是 5 年规划，形成一定的协调衔接困局。

2）技术标准和信息平台不同。各个规划使用了不同的技术平台，基础图件不同，统计口径不一，用地分类不统一。

3）部门之间协调难度大，大部分规划都是政府委托相关部门主持编制，价值和利益取向存在差异。

国土空间规划前主要空间性规划特点见表 3-1。

（3）自然资源多头管理，生态空间统一管制不健全（见表 3-2）。

2. 建设生态文明

谋划新时代国土空间开发保护格局，加快形成绿色生产方式和生活方式，建设美丽中国。

表 3–1 国土空间规划前主要空间性规划特点

规划类型	规划目标	核心内容	规划范围	调控对象	用地规模	空间管制分区
经济社会发展规划	重在合理有效配置公共资源	经济和社会的全面发展	行政辖区	政府的施政行为	—	—
主体功能区规划	重在强调形成人口、经济、资源和环境可持续发展的空间格局	不同主体功能区的定位、开发方向、管制要求、区域政策等	陆域和海域全覆盖（分布式），主要范围为行政辖区	政府的政策制定及绩效考核	—	优化开发区、重点开发区、限制开发区、禁止开发区
土地利用规划	重在综合统筹国土的开发、利用、整治和保护	耕地保护与建设用地控制目标，强化基本农田保护红线和建设用地增长边界控制	陆域全覆盖，主要范围为行政辖区	任何单位和个人的土地利用活动	以需定供	允许建设区、有条件建设区、限制建设区、禁止建设区
国土规划	重在保护耕地和节约集约用地	国土开发的总体布局和主要资源的开发利用等	陆域和海域全覆盖（组合式），主要范围为行政辖区	政府的政策制定	—	—
城乡规划	重在调控城乡空间资源、指导城市发展与建设	城乡建设的发展方向和空间布局	陆域部分覆盖，主要范围为城乡规划区	任何单位和个人的各项建设活动	以人定地、以需定供	已建区、适建区、限建区、禁建区
环境保护规划	重在保护和改善环境，合理开发和利用各种资源，防治污染和其他公害	生态保护和污染防治的目标、任务、保障措施	涉及大气、土壤、地下水、生产、生活等全域“立体空间”，主要范围为行政辖区	任何单位和个人影响环境的各项活动	—	生态功能区划按生态大区、生态地区和生态区三级划分

表 3–2 各部门主管内容

空间类型	主管部门	管制依据	管制手段
耕地	国土	土地利用总体规划	建设用地预审，农用地转用审批，基本农田保护管理

续表 3–2

空间类型	主管部门	管制依据	管制手段
森林	林业	林地保护利用规划	建设占林审批，生态公益林、森林公园、森林和野生动物植物栖息地类自然保护区管理
草原	农业	草原保护建设利用规划	草畜平衡，草原禁牧和休牧
荒漠	林业	防沙治沙规划	沙地封禁保护区、沙漠公园管理
湿地	林业	湿地保护工程规划	湿地公园、湿地类自然保护区管理
水域	水利、农业、交通、能源	水资源保护、水功能区划、防洪规划	饮用水源保护区、水产种植资源保护区管理，禁渔区和禁渔期管理，水利风景名胜区管理，河道管理
城镇绿地和开敞空间	城乡建设	城乡规划	风景名胜区管理，“三区四线”管理，“两证一书”规划管理

（1）总体上看，我国生态文明建设水平仍滞后于经济社会发展，资源约束趋紧，环境污染严重。主要表现在以下 5 个方面：土地退化严重，水资源过度开发利用，湖泊萎缩、湿地锐减，海岸带生态功能退化，区域性灰霾和流域水污染呈常态化。

（2）建设生态文明。2015 年 9 月，中共中央、国务院印发《生态文明体制改革总体方案》。

3. 以人民为中心

促进实现高质量发展和高品质生活、建设美好家园。促进实现“两个一百年”奋斗目标和中华民族伟大复兴中国梦。

历年真题

下列属于《生态文明体制改革总体方案》内容的有（　　）。[2020–88]

A. 环境治理体系

B. 生态保护红线、永久基本农田和城镇开发边界控制线

C. 统一用途管制的国土开发保护制度

D. 建立国家公园体系

E. “放管服”改善营商环境

【答案】ACD

【解析】《生态文明体制改革总体方案》提出完善主体功能区制度、健全国土空间用途管制制度、建立国家公园体制、健全环境治理体系、完善自然资源监管体制。构建以空间规划为基础、以用途管制为主要手段的国土空间开发保护制度。将分散在各部门的有关用途管制职责，逐步统一到一个部门，统一行使所有国土空间的用途管制职责，A、C、D 选项正确。B、E 选项不属于《生态文明体制改革总体方案》内容。

二、部门改革及自然资源部的成立

2018 年 3 月，中共中央印发《深化党和国家机构改革方案》，将国土资源部的职责，国家发展和改革委员会的组织编制主体功能区规划职责，住房和城乡建设部的城乡规划管

理职责，水利部的水资源调查和确权登记管理职责，农业部的草原资源调查和确权登记管理职责，国家林业局的森林、湿地等资源调查和确权登记管理职责，国家海洋局的职责，国家测绘地理信息局的职责整合，组建自然资源部，作为国务院组成部门。自然资源部对外保留海洋局牌子。

注：在国家发展改革委、住房和城乡建设部、水利部、农业部和国家林业局中提出部分功能整合到自然资源部。

主要职责：对自然资源开发利用和保护进行监督，建立空间规划体系并监督实施，履行全民所有各类自然资源资产所有者职责，统一调查和确权登记，建立自然资源有偿使用制度，负责测绘和地质勘查行业管理等。

第二节　国土空间规划体系编制

《中共中央 国务院关于建立国土空间规划体系并监督实施的若干意见》是国土空间规划体系的纲领性文件，在国土空间规划立法未出来之前，这个文件就是最重要的依据，后续发布的文件都是以此为基础。《自然资源部关于全面开展国土空间规划工作的通知》是国土空间规划的重要指导文件。

一、国土空间规划体系的概念

国土空间规划是国家空间发展的指南、可持续发展的空间蓝图，是各类开发保护建设活动的基本依据。建立国土空间规划体系并监督实施，将主体功能区规划、土地利用规划、城乡规划、海洋功能区规划等空间规划融合为统一的国土空间规划，实现“多规合一”，强化国土空间规划对各专项规划的指导约束作用，是党中央、国务院作出的重大部署。

二、总体要求

根据《中共中央 国务院关于建立国土空间规划体系并监督实施的若干意见》。

注：①“五位一体”总体布局即经济建设、政治建设、文化建设、社会建设、生态文明建设五位一体，全面推进。②“四个全面”即全面建成小康社会、全面深化改革、全面依法治国、全面从严治党。

1. 指导思想

以习近平新时代中国特色社会主义思想为指导，全面贯彻党的十九大和十九届历次全会精神，紧紧围绕统筹推进“五位一体”总体布局和协调推进“四个全面”战略布局，坚持新发展理念，坚持以人民为中心，坚持一切从实际出发，按照高质量发展要求，做好国土空间规划顶层设计，发挥国土空间规划在国家规划体系中的基础性作用，为国家发展规划落地实施提供空间保障。健全国土空间开发保护制度，体现战略性、提高科学性、强化权威性、加强协调性、注重操作性，实现国土空间开发保护更高质量、更有效率、更加公平、更可持续。

2. 主要目标

（1）到 2020 年，基本建立国土空间规划体系，逐步建立“多规合一”的规划编制审批体系、实施监督体系、法规政策体系和技术标准体系；基本完成市县以上各级国土空间总体规划编制，初步形成全国国土空间开发保护“一张图”。

（2）到2025年，健全国土空间规划法规政策和技术标准体系；全面实施国土空间监测预警和绩效考核机制；形成以国土空间规划为基础，以统一用途管制为手段的国土空间开发保护制度。

（3）到2035年，全面提升国土空间治理体系和治理能力现代化水平，基本形成生产空间集约高效、生活空间宜居适度、生态空间山清水秀，安全和谐、富有竞争力和可持续发展的国土空间格局。

注：①国土空间规划体系包括流程体系和支撑体系。流程体系包括编制审批体系和实施监督体系；支撑体系包括法规政策体系和技术标准体系。②以统一用途管制为手段的国土空间开发保护制度，不是以国土空间管制为手段。

历年真题

1. 下列关于国土空间规划体构成的表述，不准确的是（　　）。[2022-16]

A. 编制审批体系　　B. 实施监督体系

C. 法律法规体系　　D. 技术标准体系

【答案】C

【解析】《中共中央 国务院关于建立国土空间规划体系并监督实施的若干意见》规定，到2020年，基本建立国土空间规划体系，逐步建立“多规合一”的规划编制审批体系、实施监督体系、法规政策体系和技术标准体系。

2. 下列体系中不属于国土空间规划体系组成部分的是（　　）。[2021-20]

A. 规划编制体系　　B. 实施监督体系

C. 法规政策体系　　D. 技术标准体系

【答案】A

【解析】《中共中央 国务院关于建立国土空间规划体系并监督实施的若干意见》规定，到2020年，基本建立国土空间规划体系，逐步建立“多规合一”的规划编制审批体系、实施监督体系、法规政策体系和技术标准体系。

三、编制要求

1.《中共中央 国务院关于建立国土空间规划体系并监督实施的若干意见》的编制要求

（1）体现战略性。全面落实党中央、国务院重大决策部署，体现国家意志和国家发展规划的战略性，自上而下编制各级国土空间规划，对空间发展作出战略性系统性安排。落实国家安全战略、区域协调发展战略和主体功能区战略，明确空间发展目标，优化城镇化格局、农业生产格局、生态保护格局，确定空间发展策略，转变国土空间开发保护方式，提升国土空间开发保护质量和效率。

（2）提高科学性。坚持生态优先、绿色发展，尊重自然规律、经济规律、社会规律和城乡发展规律，因地制宜开展规划编制工作；坚持节约优先、保护优先、自然恢复为主的方针，在资源环境承载能力和国土空间开发适宜性评价的基础上，科学有序统筹布局生态、农业、城镇等功能空间，划定生态保护红线、永久基本农田、城镇开发边界等空间管控边界以及各类海域保护线，强化底线约束，为可持续发展预留空间。

坚持山水林田湖草生命共同体理念，加强生态环境分区管治，量水而行，保护生态屏障，构建生态廊道和生态网络，推进生态系统保护和修复，依法开展环境影响评价。

坚持陆海统筹、区域协调、城乡融合，优化国土空间结构和布局，统筹地上地下空间综合利用，着力完善交通、水利等基础设施和公共服务设施，延续历史文脉，加强风貌管控，突出地域特色。坚持上下结合、社会协同，完善公众参与制度，发挥不同领域专家的作用。运用城市设计、乡村营造、大数据等手段，改进规划方法，提高规划编制水平。

（3）加强协调性。强化国家发展规划的统领作用，强化国土空间规划的基础作用。国土空间总体规划要统筹和综合平衡各相关专项领域的空间需求。详细规划要依据批准的国土空间总体规划进行编制和修改。相关专项规划要遵循国土空间总体规划，不得违背总体规划强制性内容，其主要内容要纳入详细规划。

（4）注重操作性。按照谁组织编制、谁负责实施的原则，明确各级各类国土空间规划编制和管理的要点。明确规划约束性指标和刚性管控要求，同时提出指导性要求。制定实施规划的政策措施，提出下级国土空间总体规划和相关专项规划、详细规划的分解落实要求，健全规划实施传导机制，确保规划能用、管用、好用。

2.《自然资源部关于全面开展国土空间规划工作的通知》的编制要求

（1）全面启动国土空间规划编制，实现“多规合一”。

建立“多规合一”的国土空间规划体系并监督实施。按照自上而下、上下联动、压茬推进的原则，抓紧启动编制全国、省级、市县和乡镇国土空间规划（规划期至2035年，展望至2050年），尽快形成规划成果。部将印发国土空间规划编制规程、相关技术标准，明确规划编制的工作要求、主要内容和完成时限。

各地不再新编和报批主体功能区规划、土地利用总体规划、城镇体系规划、城市（镇）总体规划、海洋功能区划等。已批准的规划期至2020年后的省级国土规划、城镇体系规划、主体功能区规划，城市（镇）总体规划，以及原省级空间规划试点和市县“多规合一”试点等，要按照新的规划编制要求，将既有规划成果融入新编制的同级国土空间规划中。

（2）做好过渡期内现有空间规划的衔接协同。对现行土地利用总体规划、城市（镇）总体规划实施中存在矛盾的图斑，要结合国土空间基础信息平台的建设，按照国土空间规划“一张图”要求，作一致性处理，作为国土空间用途管制的基础。一致性处理不得突破土地利用总体规划确定的2020年建设用地和耕地保有量等约束性指标，不得突破生态保护红线和永久基本农田保护红线，不得突破土地利用总体规划和城市（镇）总体规划确定的禁止建设区和强制性内容，不得与新的国土空间规划管理要求矛盾冲突。今后工作中，主体功能区规划、土地利用总体规划、城乡规划、海洋功能区划等统称为“国土空间规划”。

3.《中华人民共和国土地管理法实施条例》的规定

国家建立国土空间规划体系。土地开发、保护、建设活动应当坚持规划先行。经依法批准的国土空间规划是各类开发、保护、建设活动的基本依据。已经编制国土空间规划的，不再编制土地利用总体规划和城乡规划。在编制国土空间规划前，经依法批准的土地利用总体规划和城乡规划继续执行。

4. 编制单位要求

《自然资源部办公厅关于国土空间规划编制资质有关问题的函》提出，为深入贯彻落实《中共中央 国务院关于建立国土空间规划体系并监督实施的若干意见》，加强国土空间规划编制的资质管理，提高国土空间规划编制质量，我部正加快研究出台新时期的规划编制单位资质管理规定。新规定出台前，对承担国土空间规划编制工作的单位资质暂不作强制要求，原有规划资质可作为参考。

历年真题

1. 根据《中共中央 国务院关于建立国土空间规划体系并监督实施的若干意见》，下列关于提高国土空间规划科学性的表述，正确的有（ ）。[2022-86]

A. 坚持生态优先、绿色发展

B. 坚持节约优先、保护优先、自然恢复为主

C. 坚持山水林田湖草生命共同体理念

D. 坚持陆海统筹，区域协调、城乡融合

E. 坚持自上而下、部门合作，社会协同

【答案】ABCD

【解析】坚持上下结合、社会协同，完善公众参与制度，发挥不同领域专家的作用，E选项错误。

2. 下列关于国土空间规划编制、审批和实施的表述，不准确的是（ ）。[2021-21]

A. 谁审批、谁监管　　B. 管什么就批什么

C. 批什么就编什么　　D. 谁组织编制、谁负责实施

【答案】C

【解析】《中共中央 国务院关于建立国土空间规划体系并监督实施的若干意见》指出，按照谁组织编制、谁负责实施的原则，明确各级各类国土空间规划编制和管理的要点。按照谁审批、谁监管的原则，分级建立国土空间规划审查备案制度。精简规划审批内容，管什么就批什么，大幅缩减审批时间。减少需报国务院审批的城市数量，直辖市、计划单列市、省会城市及国务院指定城市的国土空间总体规划由国务院审批。

3. 下列关于国土空间规划中相关专项规划编制要求的表述，不准确的是（ ）。[2021-47]

A. 相关专项规划可在国家、省和市县层级编制

B. 国土空间总体规划是相关专项规划的基础

C. 相关专项规划要遵守国土空间总体规划，不得违背总体规划的内容

D. 相关专项规划之间要相互协同

【答案】C

【解析】《中共中央 国务院关于建立国土空间规划体系并监督实施的若干意见》指出，相关专项规划要遵循国土空间总体规划，不得违背总体规划强制性内容，其主要内容要纳入详细规划。

四、总体框架

1. 分级分类建立国土空间规划

《中共中央 国务院关于建立国土空间规划体系并监督实施的若干意见》规定，国土空间规划是对一定区域国土空间开发保护在空间和时间上作出的安排，包括总体规划、详细

规划和相关专项规划。国家、省、市县编制国土空间总体规划，各地结合实际编制乡镇国土空间规划。相关专项规划是指在特定区域（流域）、特定领域，为体现特定功能，对空间开发保护利用作出的专门安排，是涉及空间利用的专项规划。国土空间总体规划是详细规划的依据、相关专项规划的基础；相关专项规划要相互协同，并与详细规划做好衔接。

注：①“五级三类”中的“三类”是总体规划、详细规划和相关专项规划。“五级”是国家、省、市、县、乡级。②国土空间规划体系不包括城镇体系规划。③特定领域，如文物保护规划、综合交通规划等。④注意学习国土空间总体规划、相关专项规划和详细规划的关系。

新的国土空间规划体系以“四梁八柱”构成。

（1）“四梁”。“四梁”即“四体系”，共同构成国土空间规划体系。国土空间规划体系从规划运行方面来看，规划体系分为四个子体系，即规划编制审批体系、规划实施监督体系、法规政策体系、技术标准体系。按照规划流程可以分成规划编制审批体系、规划实施监督体系，从支撑规划运行角度有两个技术性体系，分成法规政策体系、技术标准体系。这四个子体系共同构成国土空间规划体系。

（2）“八柱”。“八柱”是从规划层级和内容类型方面，把国土空间规划分为“五级三类”（见图 3–1）。

“五级”是从纵向看，对应我国的行政管理体系，分五个层级，就是国家级、省级、市级、县级、乡镇级。当然不同层级规划的侧重点和编制深度是不一样的，其中国家级规划侧重战略性，省级规划侧重协调性，市县级和乡镇级规划侧重实施性。这里需要说明的是，并不是每个地方都要按照五级规划一层一层编制，有的地方区域比较小，可以将市县级规划与乡镇规划合并编制，有的乡镇也可以以几个乡镇为单元进行编制。五级规划自上而下编制，落实国家战略，体现国家意志，下层级规划要符合上层级规划要求，不得违反上层级规划确定的约束性内容。

“三类”是指规划的类型，分为总体规划、详细规划、相关的专项规划。《中共中央 国务院关于建立国土空间规划体系并监督实施的若干意见》明确提出要分级分类建立国土空间规划。国土空间规划是对一定区域国土空间开发保护在空间和时间上作出的安排，包括总体规划、详细规划和相关专项规划。国家、省、市县编制国土空间总体规划，各地结合实际编制乡镇国土空间规划。相关专项规划是指在特定区域（流域）、特定领域，为体现特定功能，对空间开发保护利用作出的专门安排，是涉及空间利用的专项规划。

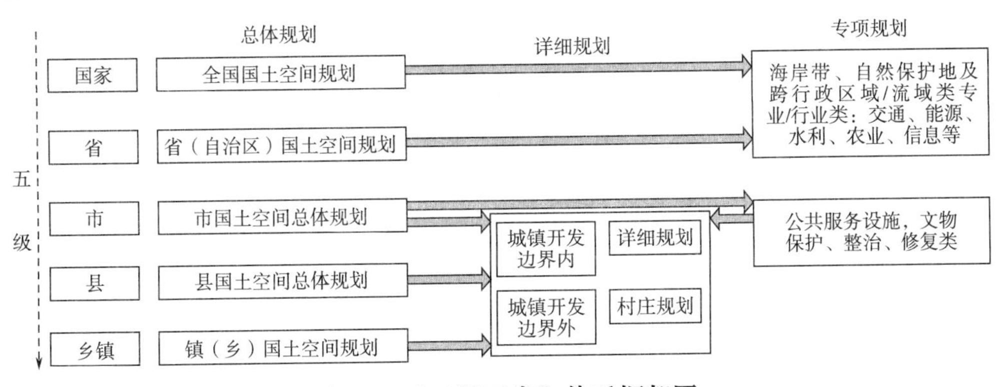

图 3–1 “五级三类”体系框架图

2. 传导

本轮国土空间规划改革强调“体系性”与各级各类规划在同一体系中的协同性。作为“承上启下”的重要规划层级，市级总体规划需要对下位规划进行指引，并将各类指标层层分解、各项内容传导落实。对于较大的城市，市级总体规划之下还需编制分区规划和区县总体规划，进而编制乡镇规划、详细规划、村庄规划等。对于中小城市则可能直接落实到详细规划单元。市级总体规划需要向下传导落实的规划内容包括规划目标、规划分区、重要控制线、城镇定位、要素配置等，同时要制定约束性指标的分解方案，并下达调控性指标。

五、编制重点和审查要点

1. 编制重点

（1）《中共中央 国务院关于建立国土空间规划体系并监督实施的若干意见》的要求。

1）全国国土空间规划是对全国国土空间作出的全局安排，是全国国土空间保护、开发、利用、修复的政策和总纲，侧重战略性，由自然资源部会同相关部门组织编制，由党中央、国务院审定后印发。

2）省级国土空间规划是对全国国土空间规划的落实，指导市县国土空间规划编制，侧重协调性，由省级政府组织编制，经同级人大常委会审议后报国务院审批。

3）市县和乡镇国土空间规划是本级政府对上级国土空间规划要求的细化落实，是对本行政区域开发保护作出的具体安排，侧重实施性。需报国务院审批的城市国土空间总体规划，由市政府组织编制，经同级人大常委会审议后，由省级政府报国务院审批；其他市县及乡镇国土空间规划由省级政府根据当地实际，明确规划编制审批内容和程序要求。各地可因地制宜，将市县与乡镇国土空间规划合并编制，也可以几个乡镇为单元编制乡镇级国土空间规划。

注：①侧重战略性的是全国国土空间规划，是指导全国国土空间规划的战略发展；侧重协调性的是省级国土空间规划，是协调省级范围的市县国土空间规划及相邻省的协调发展；侧重实施性的是市县和乡镇国土空间规划，市县和乡镇国土空间规划是更具体的规划，指导实施。②全国国土空间规划由自然资源部会同相关部门组织编制，并不是由自然资源部。③注意学习国土空间规划报审程序。④乡镇可单独编制国土空间规划也可不编制，可与市县合并编制，以几个乡镇为单元编制乡镇级国土空间规划。

（2）《中华人民共和国土地管理法实施条例》的规定。国土空间规划应当细化落实国家发展规划提出的国土空间开发保护要求，统筹布局农业、生态、城镇等功能空间，划定落实永久基本农田、生态保护红线和城镇开发边界。国土空间规划应当包括国土空间开发保护格局和规划用地布局、结构、用途管制要求等内容，明确耕地保有量、建设用地规模、禁止开垦的范围等要求，统筹基础设施和公共设施用地布局，综合利用地上地下空间，合理确定并严格控制新增建设用地规模，提高土地节约集约利用水平，保障土地的可持续利用。

历年真题

1. 下列关于国土空间规划的表述，不准确的是（　　）。[2022-19]

A. 是国家空间发展的指南，可持续发展的空间蓝图

B. 是各类开发保护活动的直接依据

C. 国土空间规划改革是基于国家治理视角下的整体性、结构性改革

D. 具有“五级三类四体系”的特点

【答案】B

【解析】根据《中共中央 国务院关于建立国土空间规划体系并监督实施的若干意见》，国土空间规划是国家空间发展的指南、可持续发展的空间蓝图，是各类开发保护建设活动的基本依据。

2. 下列关于全国国土空间规划作用和编制要求的表述，错误的是（　　）。[2021-22]

A. 由自然资源部会同相关部门组织编制

B. 落实全国主体功能区规划

C. 是对全国国土空间作出的全局安排

D. 是全国国土空间保护、开发、利用、修复的政策和总纲

【答案】B

【解析】《中共中央 国务院关于建立国土空间规划体系并监督实施的若干意见》指出，全国国土空间规划是对全国国土空间作出的全局安排，是全国国土空间保护、开发、利用、修复的政策和总纲，侧重战略性，由自然资源部会同相关部门组织编制，由党中央、国务院审定后印发。

3. 下列关于国土空间总体规划审批事项的表述，正确的有（　　）。[2021-87]

A. 全国国土空间规划由国务院审批

B. 省级国土空间规划经同级人大常委会审议后报国务院审批

C. 市级国土空间总体规划由省级政府审批

D. 县级国土空间规划由省级政府确定规划审批程序

E. 乡镇国土空间规划由市级政府确定规划审批程序

【答案】BD

【解析】全国国土空间规划由党中央、国务院审定后印发，A 选项错误。根据《中共中央 国务院关于建立国土空间规划体系并监督实施的若干意见》，市县和乡镇国土空间规划是本级政府对上级国土空间规划要求的细化落实，是对本行政区域开发保护作出的具体安排，侧重实施性。需报国务院审批的城市国土空间总体规划，由市政府组织编制，经同级人大常委会审议后，由省级政府报国务院审批；其他市县及乡镇国土空间规划由省级政府根据当地实际，明确规划编制审批内容和程序要求，C、E 选项错误。

2. 审查要点

《自然资源部关于全面开展国土空间规划工作的通知》中对审查要点有以下规定。

省级国土空间规划审查要点包括：①国土空间开发保护目标。②国土空间开发强度、建设用地规模，生态保护红线控制面积、自然岸线保有率，耕地保有量及永久基本农田保护面积，用水总量和强度控制等指标的分解下达。③主体功能区划分，城镇开发边界、生态保护红线、永久基本农田的协调落实情况。④城镇体系布局，城市群、都市圈等区域协调重点地区的空间结构。⑤生态屏障、生态廊道和生态系统保护格局，重大基础设施网络布局，城乡公共服务设施配置要求。⑥体现地方特色的自然保护地体系和历史文化保护体

系。⑦乡村空间布局，促进乡村振兴的原则和要求。⑧保障规划实施的政策措施。⑨对市县级规划的指导和约束要求等。

国务院审批的市级国土空间总体规划审查要点，除对省级国土空间规划审查要点的深化细化外，还包括：①市域国土空间规划分区和用途管制规则。②重大交通枢纽、重要线性工程网络、城市安全与综合防灾体系、地下空间、邻避设施等设施布局，城镇政策性住房和教育、卫生、养老、文化体育等城乡公共服务设施布局原则和标准。③城镇开发边界内，城市结构性绿地、水体等开敞空间的控制范围和均衡分布要求，各类历史文化遗存的保护范围和要求，通风廊道的格局和控制要求；城镇开发强度分区及容积率、密度等控制指标，高度、风貌等空间形态控制要求。④中心城区城市功能布局和用地结构等。

其他市、县、乡镇级国土空间规划的审查要点，由各省（自治区、直辖市）根据本地实际，参照上述审查要点制定。

六、工作要点及要求

1. 工作要点

《自然资源部关于全面开展国土空间规划工作的通知》的要求。

（1）做好规划编制基础工作。

1）本次规划编制统一采用第三次全国国土调查数据作为规划现状底数和底图基础。

2）统一采用2000国家大地坐标系和1985国家高程基准作为空间定位基础，各地要按此要求尽快形成现状底数和底图基础。

3）主要参考文件或规范：《第三次全国国土调查技术规程》TD/T 1055—2019，《自然资源部办公厅关于规范和统一市县国土空间规划现状基数的通知》（自然资办函〔2021〕907号），《国土空间规划“一张图”建设指南（试行）》，《自然资源部办公厅关于开展国土空间规划“一张图”建设和现状评估工作的通知》（自然资办发〔2019〕38号），《市级国土空间总体规划数据库规范（试行）》，《市级国土空间总体规划制图规范（试行）》等。

（2）开展双评估、双评价工作。

1）尽快完成资源环境承载能力和国土空间开发适宜性评价工作。

2）在此基础上，确定生态、农业、城镇等不同开发保护利用方式的适宜程度。

3）主要参考文件或规范：《市县国土空间开发保护现状评估技术指南（试行）》《资源环境承载能力和国土空间开发适宜性评价指南（试行）》《国土空间规划城市体检评估规程》TD/T 1063—2021等。

（3）开展重大问题研究。

要在对国土空间开发保护现状评估和未来风险评估的基础上，专题分析对本地区未来可持续发展具有重大影响的问题，积极开展国土空间规划前期研究。

根据《中共中央 国务院关于建立国土空间规划体系并监督实施的若干意见》的规定，强化对专项规划的指导约束作用。

1）海岸带、自然保护地等专项规划及跨行政区域或流域的国土空间规划，由所在区域或上一级自然资源主管部门牵头组织编制，报同级政府审批。

2）涉及空间利用的某一领域专项规划，如交通、能源、水利、农业、信息、市政等基础设施，公共服务设施，军事设施，以及生态环境保护、文物保护、林业草原等专项规划，由相关主管部门组织编制。

3）相关专项规划可在国家、省和市县层级编制，不同层级、不同地区的专项规划可结合实际选择编制的类型和精度。

注：①注意学习专项规划及跨行政区域或流域的国土空间规划和涉及空间利用的某一领域专项规划的组织编制部门是不同的，容易混考。②相关专项规划在国家、省和市县层级编制，没有乡镇。

（4）科学评估三条控制线。

结合主体功能区划分，科学评估既有生态保护红线、永久基本农田、城镇开发边界等重要控制线划定情况，进行必要调整完善，并纳入规划成果。

主要参考文件或规范：《城镇开发边界划定指南（试行，征求意见稿）》《城区范围确定规程》TD/T 1064—2021，《生态保护红线划定指南》《关于在国土空间规划中统筹划定落实三条控制线的指导意见》（厅字〔2019〕48 号），《生态保护红线管理办法（试行）》（征求意见稿）等。

（5）各地要加强与正在编制的国民经济和社会发展五年规划的衔接，落实经济、社会、产业等发展目标和指标，为国家发展规划落地实施提供空间保障，促进经济社会发展格局、城镇空间布局、产业结构调整与资源环境承载能力相适应。

（6）集中力量编制好“多规合一”的实用性村庄规划。

结合县和乡镇级国土空间规划编制，通盘考虑农村土地利用、产业发展、居民点布局、人居环境整治、生态保护和历史文化传承等，落实乡村振兴战略，优化村庄布局，编制“多规合一”的实用性村庄规划，有条件、有需求的村庄应编尽编。

主要参考文件或规范：《自然资源部 国家发展改革委 农业农村部关于保障和规范农村一二三产业融合发展用地的通知》（自然资发〔2021〕16 号），《自然资源部办公厅关于加强村庄规划促进乡村振兴的通知》（自然资办发〔2019〕35 号），《中共中央 国务院关于全面推进乡村振兴加快农业农村现代化的意见》，《自然资源部办公厅关于进一步做好村庄规划工作的意见》（自然资办发〔2020〕57 号），《中央农办 农业农村部 自然资源部 国家发展改革委 财政部关于统筹推进村庄规划工作的意见》（农规发〔2019〕1 号）等。

（7）同步构建国土空间规划“一张图”实施监督信息系统。

基于国土空间基础信息平台，整合各类空间关联数据，着手搭建从国家到市县级的国土空间规划“一张图”实施监督信息系统，形成覆盖全国、动态更新、权威统一的国土空间规划“一张图”。

主要参考文件或规范：《国土空间规划“一张图”建设指南（试行）》《自然资源部办公厅关于开展国土空间规划“一张图”建设和现状评估工作的通知》（自然资办发〔2019〕38 号），《国土空间规划“一张图”实施监督信息系统技术规范》GB/T 39972—2021，《自然资源三维立体时空数据库建设总体方案》（自然资办发〔2021〕21 号）等。

2. 工作要求

《中共中央 国务院关于建立国土空间规划体系并监督实施的若干意见》的要求。

（1）加强组织领导。各地区各部门要落实国家发展规划提出的国土空间开发保护要求，发挥国土空间规划体系在国土空间开发保护中的战略引领和刚性管控作用，统领各类空间利用，把每一寸土地都规划得清清楚楚。坚持底线思维，立足资源禀赋和环境承载能力，加快构建生态功能保障基线、环境质量安全底线、自然资源利用上线。严格执行规划，以钉钉子精神抓好贯彻落实，久久为功，做到一张蓝图干到底。地方各级党委和政府要充分认识建立国土空间规划体系的重大意义，主要负责人亲自抓，落实政府组织编制和实施国土空间规划的主体责任，明确责任分工，落实工作经费，加强队伍建设，加强监督考核，做好宣传教育。

注："三线一单"，是指生态保护红线、环境质量底线、资源利用上线和生态环境准入清单。

（2）落实工作责任。各地区各部门要加大对本行业本领域涉及空间布局相关规划的指导、协调和管理，制定有利于国土空间规划编制实施的政策，明确时间表和路线图，形成合力。组织、人事、审计等部门要研究将国土空间规划执行情况纳入领导干部自然资源资产离任审计，作为党政领导干部综合考核评价的重要参考。纪检监察机关要加强监督。发展改革、财政、金融、税务、自然资源、生态环境、住房城乡建设、农业农村等部门要研究制定完善主体功能区的配套政策。自然资源主管部门要会同相关部门加快推进国土空间规划立法工作。组织部门在对地方党委和政府主要负责人的教育培训中要注重提高其规划意识。教育部门要研究加强国土空间规划相关学科建设。自然资源部要强化统筹协调工作，切实负起责任，会同有关部门按照国土空间规划体系总体框架，不断完善制度设计，抓紧建立规划编制审批体系、实施监督体系、法规政策体系和技术标准体系，加强专业队伍建设和行业管理。自然资源部要定期对本意见贯彻落实情况进行监督检查，重大事项及时向党中央、国务院报告。

历年真题

第三次全国国土调查数据将作为国土空间规划的基础，作为统一编制空间规划的基础工作，第三次全国国土调查数据需要落实完成（　　）。[2019-24]

A. 底图底数　　B. 底数数据　　C. 空间定位数据　　D. 高程数据

【答案】 A

【解析】《自然资源部关于全面开展国土空间规划工作的通知》中明确：国土空间规划编制统一采用第三次全国国土调查数据作为规划现状底数和底图基础，统一采用2000国家大地坐标系和1985国家高程基准作为空间定位基础，各地要按此要求尽快形成现状底数和底图基础。

七、报批审查

《自然资源部关于全面开展国土空间规划工作的通知》要求改进规划报批审查方式：①简化报批流程，取消规划大纲报批环节。②压缩审查时间，省级国土空间规划和国务院审批的市级国土空间总体规划，自审批机关交办之日起，一般应在90天内完成审查工作，上报国务院审批。③各省（自治区、直辖市）也要简化审批流程和时限。

国土空间规划编制审批体系见表3-3。

表 3-3　国土空间规划编制审批体系

<table>
<tr><th colspan="3">类型</th><th>组织编制</th><th>审定 / 审批</th></tr>
<tr><td rowspan="4">总体规划</td><td colspan="2">全国国土空间规划</td><td>自然资源部会同相关部门</td><td>党中央、国务院审定后印发</td></tr>
<tr><td colspan="2">省级国土空间规划</td><td>省级政府</td><td>经同级人大常委会审议后报国务院审批</td></tr>
<tr><td rowspan="2">市县和乡镇</td><td>需报国务院审批的城市国土空间总体规划</td><td>城市人民政府</td><td>经同级人大常委会审议后，由省级人民政府报国务院审批</td></tr>
<tr><td>其他市县及乡镇国土空间规划</td><td>本级人民政府</td><td>由省级政府根据当地实际，明确规划编制审批内容和程序要求</td></tr>
<tr><td rowspan="2">专项规划</td><td colspan="2">海岸带、自然保护地等专项规划及跨行政区域或流域的国土空间规划</td><td>所在区域或上一级自然资源主管部门牵头</td><td>同级政府审批</td></tr>
<tr><td colspan="2">涉及空间利用的某一领域专项规划，公共服务设施，军事设施，以及生态环境保护、文物保护、林业草原等专项规划</td><td>相关主管部门</td><td>国土空间规划“一张图”核对</td></tr>
<tr><td rowspan="2">详细规划</td><td colspan="2">城镇开发边界内的详细规划</td><td>市县自然资源主管部门</td><td>报同级政府（市县人民政府）</td></tr>
<tr><td colspan="2">在城镇开发边界外的乡村地区</td><td>乡镇政府（以一个或几个行政村为单元，由乡镇政府组织编制“多规合一”的实用性村庄规划，作为详细规划）</td><td>报上一级政府（市县人民政府）</td></tr>
</table>

在市县及以下编制详细规划。《中共中央 国务院关于建立国土空间规划体系并监督实施的若干意见》规定，在市县及以下编制详细规划，详细规划是对具体地块用途和开发建设强度等作出的实施性安排，是开展国土空间开发保护活动、实施国土空间用途管制、核发城乡建设项目规划许可、进行各项建设等的法定依据。

在城镇开发边界内的详细规划，由市县自然资源主管部门组织编制，报同级政府审批。

在城镇开发边界外的乡村地区，以一个或几个行政村为单元，由乡镇政府组织编制“多规合一”的实用性村庄规划，作为详细规划，报上一级政府审批。

注：①省级层面不编制详细规划。②注意学习城镇开发边界内和边界外详细规划的不同点。③在城镇开发边界外编制实用性村庄规划作为详细规划。④这里的详细规划应该是指控制性详细规划。⑤实用性村庄规划是法定规划。

历年真题

根据《自然资源部关于全面开展国土空间规划工作的通知》，下列说法错误的是（　　）。[2020-22]

A. 将主体功能区、土地利用总体规划、城市规划、海洋功能区划等统称为国土空间规划

B. 开展双评价是确定生态、农业、城镇不同开发利用方式的基础

C. 省级国土空间规划和国务院审批的市级国土空间总体规划，自审批机关交办之日起，一般应在90天内完成审查工作，上报国务院审批

D. 简化报批流程，取消规划大纲的研究

【答案】D

【解析】简化报批流程，取消规划大纲报批环节。

八、实施与监管

《中共中央 国务院关于建立国土空间规划体系并监督实施的若干意见》的规定。

1. 强化规划权威

规划一经批复，任何部门和个人不得随意修改、违规变更，防止出现换一届党委和政府改一次规划。下级国土空间规划要服从上级国土空间规划，相关专项规划、详细规划要服从总体规划；坚持先规划、后实施，不得违反国土空间规划进行各类开发建设活动；坚持“多规合一”，不在国土空间规划体系之外另设其他空间规划。相关专项规划的有关技术标准应与国土空间规划衔接。因国家重大战略调整、重大项目建设或行政区划调整等确需修改规划的，须先经规划审批机关同意后，方可按法定程序进行修改。对国土空间规划编制和实施过程中的违规违纪违法行为，要严肃追究责任。

2. 改进规划审批

按照谁审批、谁监管的原则，分级建立国土空间规划审查备案制度。精简规划审批内容，管什么就批什么，大幅缩减审批时间。减少需报国务院审批的城市数量，直辖市、计划单列市、省会城市及国务院指定城市的国土空间总体规划由国务院审批。相关专项规划在编制和审查过程中应加强与有关国土空间规划的衔接及“一张图”的核对，批复后纳入同级国土空间基础信息平台，叠加到国土空间规划“一张图”上。

简化报批流程，取消规划大纲报批环节。压缩审查时间，省级国土空间规划和国务院审批的市级国土空间总体规划，自审批机关交办之日起，一般应在90天内完成审查工作，上报国务院审批。各省（自治区、直辖市）也要简化审批流程和时限。

3. 健全用途管制制度

以国土空间规划为依据，对所有国土空间分区分类实施用途管制。在城镇开发边界内的建设，实行“详细规划＋规划许可”的管制方式；在城镇开发边界外的建设，按照主导用途分区，实行“详细规划＋规划许可”和“约束指标＋分区准入”的管制方式。对以国家公园为主体的自然保护地、重要海域和海岛、重要水源地、文物等实行特殊保护制度。因地制宜制定用途管制制度，为地方管理和创新活动留有空间。

注：①这里是指对所有国土空间。②注意学习哪些类型实行特殊保护制度管制。③在城镇开发边界外是“详细规划＋规划许可”和“约束指标＋分区准入”，这里是“和”不是“或者”。④分区分类，国

土空间规划前的城乡规划主要是以分类为主，现在要分区分类管理。分区，比如生态保护区、农田保护区、城镇发展区等；分类，比如耕地、林地、公共管理与公共服务用地、商业服务业用地、工矿用地等，分类目前主要参考的指南是《国土空间调查、规划、用途管制用地用海分类指南（试行）》。

4. 监督规划实施

依托国土空间基础信息平台，建立健全国土空间规划动态监测评估预警和实施监管机制。上级自然资源主管部门要会同有关部门组织对下级国土空间规划中各类管控边界、约束性指标等管控要求的落实情况进行监督检查，将国土空间规划执行情况纳入自然资源执法督察内容。健全资源环境承载能力监测预警长效机制，建立国土空间规划定期评估制度，结合国民经济社会发展实际和规划定期评估结果，对国土空间规划进行动态调整完善。

5. 推进"放管服"改革

以"多规合一"为基础，统筹规划、建设、管理三大环节，推动"多审合一""多证合一"。优化现行建设项目用地（海）预审、规划选址以及建设用地规划许可、建设工程规划许可等审批流程，提高审批效能和监管服务水平。

历年真题

1. 下列关于国土空间规划编制实施机制的表述，不准确的是（　　）。[2021-76]

A. 建立健全国土空间规划动态监测评估预警和实施监管机制

B. 将国土空间规划执行情况纳入自然资源执法督察内容

C. 健全资源环境承载能力监测预警长效机制

D. 结合国民经济社会发展实际对国土空间规划进行动态调整完善

【答案】D

【解析】《中共中央 国务院关于建立国土空间规划体系并监督实施的若干意见》规定，依托国土空间基础信息平台，建立健全国土空间规划动态监测评估预警和实施监管机制。上级自然资源主管部门要会同有关部门组织对下级国土空间规划中各类管控边界、约束性指标等管控要求的落实情况进行监督检查，将国土空间规划执行情况纳入自然资源执法督察内容。健全资源环境承载能力监测预警长效机制，建立国土空间规划定期评估制度，结合国民经济社会发展实际和规划定期评估结果，对国土空间规划进行动态调整完善。

2. 下列关于国土空间规划用途管制制度的表述，不准确的是（　　）。[2021-77]

A. 以国土空间规划为依据，对所有国土空间分区分类实施用途管制

B. 对建设活动实行"详细规划 + 规划许可"的管制方式

C. 对自然保护地、重要海域和海岛、重要水源地、文物等实行特殊保护制度

D. 因地制宜制定用途管制制度，为地方管理和创新活动留有空间

【答案】B

【解析】《中共中央 国务院关于建立国土空间规划体系并监督实施的若干意见》规定，在城镇开发边界内的建设，实行"详细规划 + 规划许可"的管制方式；在城镇开发边界外的建设，按照主导用途分区，实行"详细规划 + 规划许可"和"约束指标 + 分区准入"的管制方式。

3. 下列说法错误的是（　　）。[2020-21]

A. 在城镇开发边界外的建设，实行"约束指标 + 分区准入"和"详细规划 + 规划许可"的管制方式

B. 在城镇开发边界内的建设，实行“详细规划 + 规划许可”的管制方式

C. 对以国家公园为主体的自然保护地、重要海域和海岛、重要水源地、文物等实行备案保护制度

D. 对所有国土空间分区分类实施用途管制

【答案】 C

【解析】《中共中央 国务院关于建立国土空间规划体系并监督实施的若干意见》规定，对以国家公园为主体的自然保护地、重要海域和海岛、重要水源地、文物等实行特殊保护制度。

九、法规政策与技术保障

1. 完善法规政策体系

研究制定国土空间开发保护法，加快国土空间规划相关法律法规建设。梳理与国土空间规划相关的现行法律法规和部门规章，对“多规合一”改革涉及突破现行法律法规规定的内容和条款，按程序报批，取得授权后施行，并做好过渡时期的法律法规衔接。完善适应主体功能区要求的配套政策，保障国土空间规划有效实施。

2. 完善技术标准体系

按照“多规合一”要求，由自然资源部会同相关部门负责构建统一的国土空间规划技术标准体系，修订完善国土资源现状调查和国土空间规划用地分类标准，制定各级各类国土空间规划编制办法和技术规程。

3. 完善国土空间基础信息平台

以自然资源调查监测数据为基础，采用国家统一的测绘基准和测绘系统，整合各类空间关联数据，建立全国统一的国土空间基础信息平台。以国土空间基础信息平台为底板，结合各级各类国土空间规划编制，同步完成县级以上国土空间基础信息平台建设，实现主体功能区战略和各类空间管控要素精准落地，逐步形成全国国土空间规划“一张图”，推进政府部门之间的数据共享以及政府与社会之间的信息交互。

注：采用国家统一的测绘基准是指统一采用 2000 国家大地坐标（CGCS2000）系。

第四章　省级国土空间规划

第一节　省级国土空间规划的作用

省级国土空间总体规划是规范省域内各类开发建设活动秩序、实施国土空间用途管制和编制下位国土空间规划的基本依据。省级国土空间总体规划要落实全国国土空间规划要求，为省发展规划落地实施提供空间保障。指导市县国土空间规划编制，侧重协调性。省级国土空间规划需要制定省域国土空间开发保护战略目标和总体格局，确定县（市、区）主体功能定位，分解下达各项规划指标，科学设计各类空间开发保护的指引与管控规则，引导国土空间适度有序开发。统筹省域各类自然资源要素的保护与利用，明确开发利用的总量、结构和时序，加强全省国土空间生态整体保护、系统修复和综合治理。

第二节　省级国土空间规划的编制

一、总体要求

1. 适用范围

适用于各省、自治区、直辖市国土空间规划编制。跨省级行政区域、流域和城市群、都市圈等区域性国土空间规划可参照执行。直辖市国土空间总体规划，可结合《省级国土空间规划编制指南（试行）》和《市级国土空间总体规划编制指南（试行）》有关要求编制。

2. 规划定位

省级国土空间规划是对全国国土空间规划纲要的落实和深化，是一定时期内省域国土空间保护、开发、利用、修复的政策和总纲，是编制省级相关专项规划、市县等下位国土空间规划的基本依据，在国土空间规划体系中发挥承上启下、统筹协调作用，具有战略性、协调性、综合性和约束性。

3. 编制原则

生态优先、绿色发展，以人民为中心、高质量发展，区域协调、融合发展，因地制宜、特色发展，数据驱动、创新发展，共建共治、共享发展。

4. 规划范围和期限

包括省级行政辖区内全部陆域和管理海域国土空间。

5. 编制主体和程序

规划编制主体为省级人民政府，由省级自然资源主管部门会同相关部门开展具体编制工作。编制程序包括准备工作、专题研究、规划编制、规划多方案论证、规划公示、成果报批、规划公告等。

6. 成果要求

规划成果包括规划文本、附表、图件、说明和专题研究报告，以及基于国土空间基础信息平台的国土空间规划“一张图”等。

二、基础准备

1. 数据基础

以第三次国土调查成果数据为基础，形成统一的工作底数。结合基础测绘和地理国情监测成果，收集整理自然地理、自然资源、生态环境、人口、经济、社会、文化、基础设施、城乡建设、灾害风险等方面的基础数据和资料，以及相关规划成果、审批数据。利用大数据等手段，加强基础数据分析。

2. 梳理重大战略

按照主体功能区战略、区域协调发展战略、乡村振兴战略、可持续发展战略等国家战略部署，以及省级党委政府有关发展要求，梳理相关重大战略对省域国土空间的具体要求，作为编制省级国土空间规划的重要依据。

3. 现状评价与风险评估

通过资源环境承载能力和国土空间开发适宜性评价，分析区域资源环境禀赋特点，识别省域重要生态系统，明确生态功能极重要和极脆弱区域，提出农业生产、城镇发展的承载规模和适宜空间。

从数量、质量、布局、结构、效率等方面，评估国土空间开发保护现状问题和风险挑战。结合城镇化发展、人口分布、经济发展、科技进步、气候变化等趋势，研判国土空间开发利用需求；在生态保护、资源利用、自然灾害、国土安全等方面识别可能面临的风险，并开展情景模拟分析。

4. 专题研究

各地可结合实际，开展国土空间开发保护重大问题研究，如国土空间目标战略、城镇化趋势、开发保护格局优化、人口产业与城乡融合发展、空间利用效率和品质提升、基础设施与资源要素配置、历史文化传承和景观风貌塑造、生态保护修复和国土综合整治、规划实施机制和政策保障等。要加强水平衡研究，综合考虑水资源利用现状和需求，明确水资源开发利用上限，提出水平衡措施。量水而行，以水定城、以水定地、以水定人、以水定产，形成与水资源、水环境、水生态、水安全相匹配的国土空间布局。沿海省份应开展海洋相关专题研究。

三、重点管控性内容

1. 目标与战略

（1）目标定位。落实国家重大战略，按照全国国土空间规划纲要的主要目标、管控方向、重大任务等，结合省域实际，明确省级国土空间发展的总体定位，确定国土空间开发保护目标。落实全国国土空间规划纲要确定的省级国土空间规划指标要求，完善指标体系。

（2）空间战略。按照空间发展的总体定位和开发保护目标，立足省域资源环境禀赋和经济社会发展需求，针对国土空间开发保护突出问题，制定省级国土空间开发保护战略，推动形成主体功能约束有效、科学适度有序的国土空间布局体系。

2. 开发保护格局

（1）主体功能分区。落实全国国土空间规划纲要确定的国家级主体功能区。各地可结合实际，完善和细化省级主体功能区，按照主体功能定位划分政策单元，确定协调引导要求，明确管控导向。按照陆海统筹、保护优先原则，沿海县（市、区）要统筹确定一个主体功能定位。

（2）生态空间。依据重要生态系统识别结果，维持自然地貌特征，改善陆海生态系统、流域水系网络的系统性、整体性和连通性，明确生态屏障、生态廊道和生态系统保护格局；确定生态保护与修复重点区域；构建生物多样性保护网络，为珍稀动植物保留栖息地和迁徙廊道；合理预留基础设施廊道。

优先保护以自然保护地体系为主的生态空间，明确省域国家公园、自然保护区、自然公园等各类自然保护地布局、规模和名录。

（3）农业空间。将全国国土空间规划纲要确定的耕地和永久基本农田保护任务严格落实，确保数量不减少、质量不降低、生态有改善、布局有优化。以水平衡为前提，优先保护平原地区水土光热条件好、质量等级高、集中连片的优质耕地，实施“小块并大块”，推进现代农业规模化发展；在山地丘陵地区因地制宜发展特色农业。

综合考虑不同种植结构水资源需求和现代农业发展方向，明确种植业、畜牧业、养殖业等农产品主产区，优化农业生产结构和空间布局。

按照乡村振兴战略和城乡融合要求，提出优化乡村居民点布局的总体要求，实施差别化国土空间利用政策；可对农村建设用地总量作出指标控制要求。

（4）城镇空间。依据全国国土空间规划纲要确定的建设用地规模，结合主体功能定位，综合考虑经济社会、产业发展、人口分布等因素，确定城镇体系的等级和规模结构、职能分工，提出城市群、都市圈、城镇圈等区域协调重点地区多中心、网络化、集约型、开放式的空间格局，引导大中小城市和小城镇协调发展。按照城镇人口规模300万以下、300万～500万、500万～1 000万、1 000万～2 000万、2 000万以上等层级，分别确定城镇空间发展策略，促进集中集聚集约发展。将建设用地规模分解至各市（地、州、盟）。针对不同规模等级城镇提出基本公共服务配置要求，优化教育、医疗、养老等民生领域重要设施的空间布局。加强产城融合，完善产业集群布局，为战略性新兴产业预留发展空间。

（5）网络化空间组织。以重要自然资源、历史文化资源等要素为基础、以区域综合交通和基础设施网络为骨架、以重点城镇和综合交通枢纽为节点，加强生态空间、农业空间和城镇空间的有机互动，实现人口、资源、经济等要素优化配置，促进形成省域国土空间网络化。

（6）统筹三条控制线。将生态保护红线、永久基本农田、城镇开发边界等三条控制线（以下简称三条控制线）作为调整经济结构、规划产业发展、推进城镇化不可逾越的红线。结合生态保护红线和自然保护地评估调整、永久基本农田核实整改等工作，陆海统筹，确定省域三条控制线的总体格局和重点区域，明确市县划定任务，提出管控要求，将三条控制线的成果在市县乡级国土空间规划中落地。实事求是解决历史遗留问题，协调解决划定矛盾，做到边界不交叉、空间不重叠、功能不冲突。各类线性基础设施应尽量并线、预留廊道，做好与三条控制线的协调衔接。

3. 资源要素保护与利用

（1）自然资源。按照山水林田湖草系统保护要求，统筹耕地、森林、草原、湿地、河湖、海洋、冰川、荒漠、矿产等各类自然资源的保护利用，确定自然资源利用上线和环境质量安全底线，提出水、土地、能源等重要自然资源供给总量、结构以及布局调整的重点和方向。

严格保护耕地和永久基本农田，对水土光热条件好的优质耕地，要优先划入永久基本农田。建立永久基本农田储备区制度。各项建设要尽量不占或少占耕地，特别是永久基本农田。

结合自然保护地体系建设，保护林地、草地、湿地、冰川等重要自然资源，落实天然林、防护林、储备林、基本草原保护要求。

在落实国家确定的战略性矿产资源勘查、开发布局安排的基础上，明确省域内大中型能源矿产、金属矿产和非金属矿产的勘查开发区域，加强与三条控制线衔接，明确禁止、限制矿产资源勘查开采的空间。

沿海省份要明确海洋开发保护空间，提出海域、海岛与岸线资源保护利用目标。除国家重大项目外，全面禁止新增围填海，提出存量围填海的利用方向。明确无居民海岛保护利用的底线要求，加强特殊用途海岛保护。

以严控增量、盘活存量、提高流量为基本导向，确定水、土地、能源等资源节约集约利用的目标、指标与实施策略。明确统筹地上地下空间，以及其他对省域发展产生重要影响的资源开发利用要求，提出建设用地结构优化、布局调整的重点和时序安排。

（2）历史文化和自然景观资源。落实国家文化发展战略，深入挖掘历史文化资源，系统建立包括国家文化公园、世界遗产、各级文物保护单位、历史文化名城名镇名村、传统村落、历史建筑、非物质文化遗产、未核定公布为文物保护单位的不可移动文物、地下文物埋藏区、水下文物保护区等在内的历史文化保护体系，编撰名录。全面评价山脉、森林、河流、湖泊、草原、沙漠、海域等自然景观资源，保护自然特征和审美价值。构建历史文化与自然景观网络，统一纳入省级国土空间规划。梳理各种涉及保护和利用的空间管控要求，制定区域整体保护措施，延续历史文脉，突出地方特色，做好保护、传承、利用。

4. 基础支撑体系

（1）基础设施。落实国家重大交通、能源、水利、信息通信等基础设施项目，明确空间布局和规划要求。预测新增建设用地需求，明确省级重大基础设施项目、建设时序安排、确定重点项目表。按照区域一体化要求，构建与国土空间开发保护格局相适应的基础设施支撑体系。按照高效集约的原则，统筹各类区域基础设施布局，线性基础设施尽量并线，明确重大基础设施廊道布局要求，减少对国土空间的分割和过度占用。

（2）防灾减灾。考虑气候变化可能造成的环境风险，如沿海地区海平面上升、风暴潮等自然灾害，山地丘陵地区崩塌、滑坡、泥石流等地质灾害，提出防洪排涝、抗震、防潮、人防、地质灾害防治等防治标准和规划要求，明确应对措施。对国土空间开发不适宜区域，根据治理需求提出应对措施。合理布局各类防灾抗灾救灾通道，明确省级综合防灾减灾重大项目布局及时序安排，并纳入重点项目表。

5. 生态修复和国土综合整治

落实国家确定的生态修复和国土综合整治的重点区域、重大工程。按照自然恢复为主、人工修复为辅的原则以国土空间开发保护格局为依据，针对省域生态功能退化、生物多样性降低、用地效率低下、国土空间品质不高等问题区域，将生态单元作为修复和整治范围，按照保障安全、突出生态功能、兼顾景观功能的优先次序，结合山水林田湖草系统修复、国土综合整治、矿山生态修复和海洋生态修复等类型，提出修复和整治目标、重点区域、重大工程。

6. 区域协调与规划传导

（1）省际协调。做好与相邻省份在生态保护、环境治理、产业发展、基础设施、公共服务等方面协商对接，确保省与省之间生态格局完整、环境协同共治、产业优势互补，基础设施互联互通，公共服务共建共享。

（2）省域重点地区协调。

加强省内流域和重要生态系统统筹，协调空间矛盾冲突，明确分区发展指引和管控要求，促进整体保护和修复。生态功能强的地区要得到有效保护，创造更多优质生态产品，建立健全纵向横向结合、多元化市场化的生态保护补偿机制。

明确省域重点区域的引导方向和协调机制，按照内涵式、集约型、绿色化的高质量发展要求，加强存量建设用地盘活力度，提高经济发展优势区域的经济和人口承载能力。在此基础上，建设用地资源向中心城市和重点城市倾斜，使优势地区有更大发展空间。通过优化空间布局结构，促进解决资源枯竭型城市、传统工矿城市发展活力不足的问题。

发挥比较优势，增强不同地区在保障生态安全、粮食安全、边疆安全、文化安全、能源资源安全等方面的功能，明确主体功能定位和管控导向，促进各类要素合理流动和高效集聚，走合理分工、优化发展的路子。

完善全民所有自然资源资产收益管理制度，健全自然资源资产收益分配机制，作为区域协调的重要手段。

（3）市县规划传导。以省域国土空间格局为指引，统筹市县国土空间开发保护需求，实现发展的持续性和空间的合理性。省级国土空间规划通过分区传导、底线管控、控制指标、名录管理、政策要求等方式，对市县级规划编制提出指导约束要求。省级国土空间规划要将上述要求分解到下级规划，下级规划不得突破。

（4）专项规划指导约束。省级国土空间规划要综合统筹相关专项规划的空间需求，协调各专项规划空间安排。专项规划经依法批准后纳入同级国土空间基础信息平台，叠加到国土空间规划“一张图”，实施严格管理。

历年真题

1. 下列区域中，不属于生态修复所针对的问题区域是（　　）。[2021-7]

A. 生态功能退化的区域

B. 生物多样性降低的区域

C. 开发强度过高的区域

D. 水土流失的区域

【答案】C

【解析】根据《省级国土空间规划编制指南（试行）》第3.5节，生态修复和国土综合整治，落实国家确定的生态修复和国土综合整治的重点区域、重大工程。针对省域生态功能退化、生物多样性降低、用地效率低下、国土空间品质不高等问题区域。

2. 下列关于省级国土空间规划的重点管控内容的表述，错误的是（　　）。[2021-23]

A. 可结合实际完善和细化省级主体功能区

B. 落实国家确定的生态修复和国土综合整治的重点区域、重大工程

C. 优化生产、生活、生态用水结构

D. 系统建立历史文化保护体系、编撰名录

【答案】C

【解析】优化生产、生活、生态用水结构和空间布局，是市级国土空间总体规划的要求。

四、规划实施保障

健全配套政策机制。省级国土空间规划编制，要完善细化主体功能区配套政策和制度安排，建立健全自然资源调查监测、资源资产管理、有偿使用、用途管制、生态保护修复等方面的规划实施保障机制及政策措施。

完善国土空间基础信息平台建设。将现状数据及规划数据纳入省级国土空间基础信息平台，汇总市县基础数据和规划数据。依托国土空间基础信息平台，构建国土空间规划"一张图"。推动实现互联互通的数据共享。

建立规划监测评估预警制度。省级自然资源主管部门会同有关部门动态监测省级国土空间规划实施情况，定期评估省级国土空间规划主要目标、空间布局、重大工程等执行情况，以及各市县对省级国土空间规划的落实情况，对规划实施情况开展动态监测、评估和预警。

近期安排。结合发展规划确定的"十四五"规划重点任务，明确近期规划安排。确定约束性和预期性指标，并分解下达至下级规划，明确推进措施。

五、公众参与和社会协调

规划编制采取政府组织、专家领衔、部门合作、公众参与的方式，建立全流程、多渠道的公众参与机制，公众参与情况在规划说明中要形成专章。

六、规划论证和审批

省级人民政府负责组织规划成果的专家论证，并及时征求自然资源部等部门意见。规划论证情况在规划说明中要形成专章，包括规划环境影响评价、专家论证意见、部门和地方意见采纳情况等。对存在重大分歧和颠覆性意见的意见和建议，行政层面不要轻易拍板，要经过充分论证后形成决策方案。

规划成果论证完善后，经同级人大常委会审议后报国务院审批。规划经批准后，应在一个月内向社会公告。涉及向社会公开的文本和图件，应符合国家保密管理和地图管理等有关规定。

规划技术路线见图4-1。

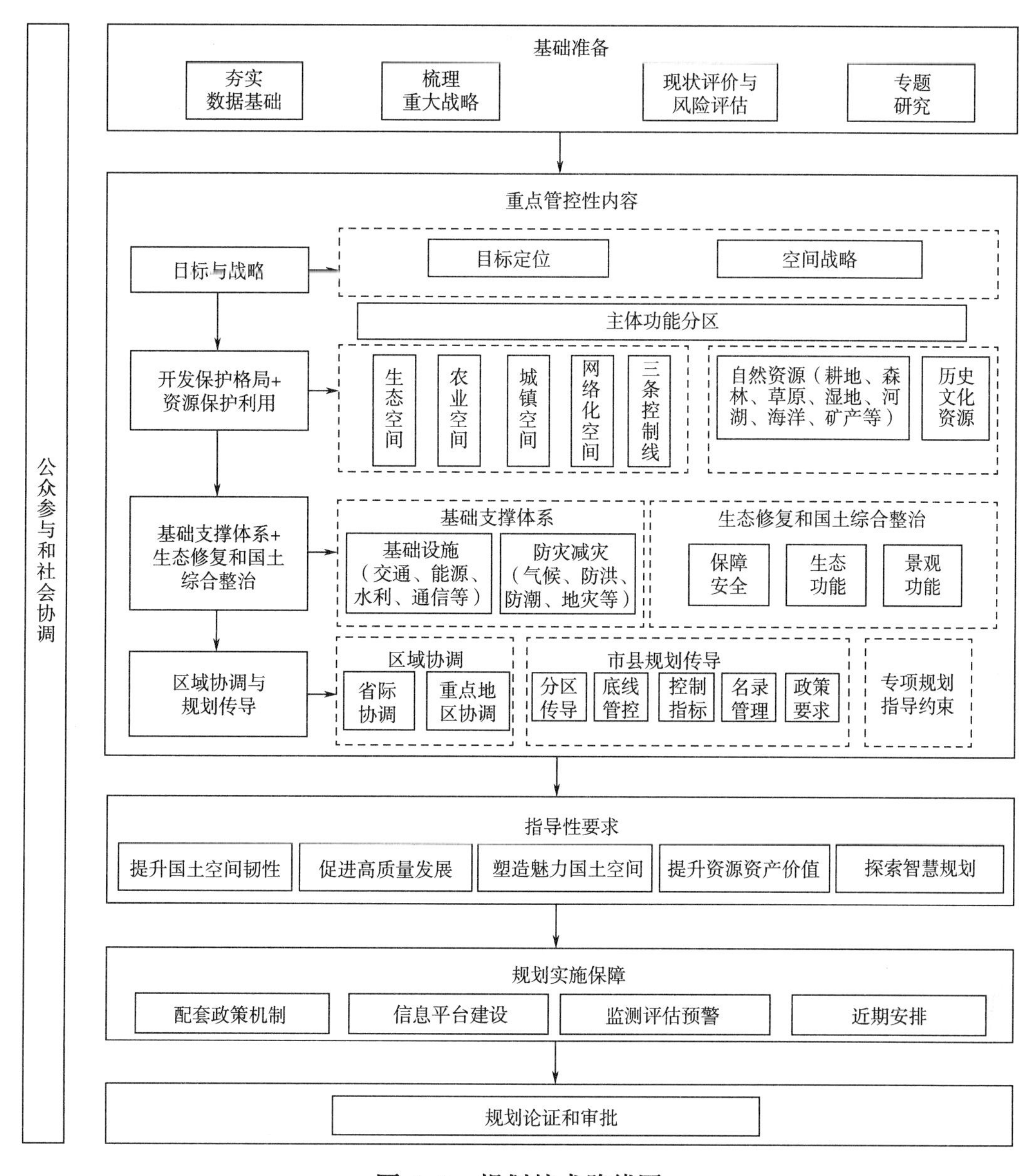

图 4–1　规划技术路线图

七、规划指标体系

1. 规划指标体系表

规划指标体系见表 4–1。

表 4–1　规划指标体系表

类型	名称	单位	属性
生态保护类	生态保护红线面积	平方公里	约束性
	用水总量	亿立方米	约束性

续表 4–1

类型	名称	单位	属性
生态保护类	林地保有量	平方公里（万亩）	约束性
	基本草原面积	平方公里（万亩）	约束性
	湿地面积	平方公里（万亩）	约束性
	新增生态修复面积	平方公里	预期性
	自然岸线保有率（大陆自然海岸线保有率、重要河湖自然岸线保有率）	%	约束性
农业发展类	耕地保有量（永久基本农田保护面积）	平方公里（万亩）	约束性
	规模化畜禽养殖用地	平方公里（万亩）	预期性
	海水养殖用海区面积	万亩	预期性
区域建设类	国土开发强度	%	预期性
	城乡建设用地规模	平方公里	约束性
	“1/2/3 小时”交通圈人口覆盖率	%	预期性
	公路与铁路网密度	公里 / 平方公里	预期性
	单位 GDP 使用建设用地（用水）下降率	%	约束性

2. 指标性质

按指标性质分为约束性指标、预期性指标。

（1）约束性指标是为实现规划目标，在规划期内不得突破或必须实现的指标。

（2）预期性指标是指按照经济社会发展预期，规划期内要努力实现或不突破的指标。

3. 指标涵义

生态保护红线面积：在生态空间范围内具有特殊重要生态功能，必须强制性严格保护的陆域、水域、海域等面积。

用水总量：国家确定的规划水平年流域、区域用水总量控制性约束指标。

林地保有量：规划期内必须保有的林地数量。

基本草原面积：具有重要生态功能和适用于畜牧业生产，实施特殊保护的草地。

湿地面积：指红树林地，天然的或人工的，永久的或间歇性的沼泽地、泥炭地、盐田、滩涂等。

新增生态修复面积：指规划期通过人工干预方式新增的山水林田湖草生态修复、矿山生态修复、海洋生态修复等区域面积累计规模。

自然岸线保有率：大陆自然海岸线保有率是指辖区内大陆自然海岸线长度与总长度的比例；重要河湖自然岸线保有率是指辖区内重要河湖自然岸线长度与总长度的比例。

耕地保有量：规划期内必须保有的耕地数量。

永久基本农田保护面积：按照一定时期人口和经济社会发展对农产品的需求，依据国土空间规划确定的不得擅自占用或改变用途的耕地。

规模化畜禽养殖用地：具有法人资格和一定规模，用于畜禽养殖的用地。

海水养殖用海区面积：用于海水增养殖的海域。

国土开发强度：建设用地总规模占行政区陆域面积的比例，建设用地总规模是指城乡建设用地、区域基础设施用地和其他建设用地规模之和。

城乡建设用地规模：城市、建制镇、村庄面积之和，按照第三次全国国土调查工作分类，对应 201、202、203 中的建设用地。

“1/2/3 小时”交通圈人口覆盖率：指以省级城市群为主要对象，其中，都市圈 1 小时通勤圈、城市群 2 小时商务圈以及主要城市 3 小时高铁交通圈的覆盖人口与总人口的比例。

公路与铁路网密度：每平方公里上的公路和铁路网总长度。

单位 GDP 使用建设用地（用水）下降率：与规划基期年相比，单位 GDP 建设用地使用面积（用水）的降低幅度。

4. 分解思路

遵循节约优先、保护优先、绿色发展的理念，贯彻主体功能区等国家重大战略，落实全国国土空间规划纲要任务要求，以第三次国土调查数据为基础，结合省域实际，按照严控增量、更新存量的原则，合理分解下达主要指标。省级国土空间规划对市县规划重要指标分解中，要将主体功能区定位作为重要依据，针对不同主体功能区类型，实施国土空间资源的差别化配置。

（1）生态保护类指标。

1）生态保护红线面积。按照应保尽保、科学划定的原则，依据各地生态保护红线划定成果，结合生态保护红线评估调整、自然保护地范围和功能优化调整、重大战略实施等，确定规划期末生态保护红线面积和布局。

2）用水总量。根据各地现状用水情况，结合区域供水能力、人口规模、经济社会发展需求，确定用水区间。

3）林地保有量。以第三次国土调查数据为基础，综合考虑征占用林地规模、新一轮退耕还林方案等因素，确定各地林地保有量。

4）基本草原面积。以第三次国土调查数据为基础，综合考虑征占用草地规模、新一轮退耕还草方案等因素，确定各地基本草原面积。

5）湿地面积。除落实国家战略外，原则上要求规划期末湿地规模不减少。

6）自然岸线保有率。大陆自然海岸线保有率：根据最新的岸线修测数据，在确保不低于省级自然海岸线保有率目标的基础上，结合各地市现有自然岸线本底状况和发展需求综合确定。重要河湖自然岸线保有率：根据最新的岸线调查统计数据，在确保不低于省级重要河湖自然岸线的基础上，结合各地市现有岸线本底状况和发展需求综合确定。

（2）农业发展类指标。

1）耕地保有量。以水土平衡为基础，综合考虑农业发展现代化、规模化、特色化要求，结合乡村振兴，确定各地耕地保护任务，实现耕地面积基本稳定。

2）永久基本农田保护面积。按照数量不减少、质量不降低、生态有改善、布局有优化的原则，以永久基本农田划定现状为基础，结合永久基本农田核实整改、重大战略实施等，确定规划期末永久基本农田面积和布局。

（3）区域建设类指标。

1）国土开发强度。新增建设用地规模要优先保障国家级、省级及其他合理的基础设施用地需求，严控新增城乡建设用地，提高利用效率。

2）城乡建设用地规模。原则上以人均城镇用地下降和人均农村居民点用地稳定为前提，结合城乡人口流动，合理测算城乡建设用地规模。

八、规划成果建议

1. 成果构成

规划成果包括：规划文本、规划图集、规划说明、专题研究报告及其他材料。

2. 规划文本

省级国土空间规划文本一般包含以下内容：①现状分析与风险识别；②规划目标和战略；③区域协调联动；④国土空间开发保护格局；⑤资源要素保护与利用；⑥国土空间基础支撑体系；⑦国土空间生态修复；⑧规划管控引导；⑨规划实施保障；⑩规划附表。

3. 规划图集

省级国土空间规划图集包括规划成果图、基础分析图、评价分析图。

（1）规划成果图。规划成果图为必备图件，各地可根据实际需要增设。包括：①国土空间总体规划图；②主体功能分区图；③生态空间布局规划图；④农业空间布局规划图；⑤城镇空间布局规划图；⑥城镇体系规划图；⑦重要产业集群布局规划图；⑧重点基础设施规划图；⑨自然保护地体系规划图；⑩历史文化保护规划图；⑪海岸带保护利用规划图（沿海省份）；⑫生态修复和国土综合整治规划图；⑬重点区域（流域）规划图。

（2）基础分析图。基础分析图可根据地区实际情况和需求选择性绘制，包括：①区位图；②地形地貌图；③行政区划图；④土地利用现状图；⑤海域、海岛开发利用现状图；⑥矿产资源分布图；⑦自然保护地现状图；⑧城镇体系现状图；⑨历史文化保护现状图；⑩综合交通现状图；⑪地质、水文、灾害、海洋环境质量等其他现状图。

（3）评价分析图。评价分析图可根据地区实际情况和需求选择性绘制，包括：①生态保护重要性等级评价图；②农业生产适宜性等级评价图；③城镇建设适宜性等级评价图。

4. 规划说明

省级国土空间规划说明主要包含以下内容：规划编制基础、规划目标定位、主体功能区划分、国土空间开发保护格局、资源要素保护与利用、基础支撑体系、生态修复和国土综合整治、规划环境影响评价、规划协调衔接、公众参与。

5. 专题研究报告

根据设置的重大专题，形成相应专题研究报告。

6. 其他资料

包括规划编制过程中形成的工作报告、基础资料、会议纪要、人大常委会审议意见、部门意见、专家论证意见、公众参与记录等。

7. 电子数据

包括各类文字报告、图件及各类栅格和矢量数据。主要涉及三种类型的数据：一是由自然要素和经济社会要素构成的基础空间数据和属性数据；二是在规划编制中搜集的其他相关规划的数据；三是通过对基础数据和相关规划数据分析评价、加工计算形成的规划数据。

8. 成果报批和公告

成果报批。采取多种方式和渠道，对规划方案征求公众意见。规划方案由规划编制工作小组组织专家论证、征求相关部门意见与合规性审查后，报省级人民政府审议。规划成果经同级人大常委会审议后，报国务院审批。

规划公告。规划经批准后，应向社会公告。涉及向社会公开的图件，应符合国家地图管理有关规定并依法履行地图审核程序。

九、图件编制规范

1. 空间参照系统

国土空间规划图件的平面坐标系统采用“2000 国家大地坐标系”，高程系统采用“1985 国家高程基准”。比例尺大于 1 ∶ 100 万时，采用高斯–克吕格投影系统（6° 分带），比例尺小于或等于 1 ∶ 100 万时，采用双标准纬线等面积割圆锥投影系统（兰伯特投影），中央经线和标准纬线根据各区域辖区范围和形状确定。辖区面积小的区域可采用高斯–克吕格投影（3° 分带）。

2. 图件比例尺

（1）基本比例尺。国土空间规划图件均采用北方定向，基本比例尺为 1 ∶ 50 万、1 ∶ 100 万，各省（自治区、直辖市）根据辖区范围和形状选择。辖区面积过大或过小，可调整图件比例尺，确保制图区域内容全部表达在图幅内。

（2）比例尺——挂图。国土空间规划图件可根据图纸和绘图机尺寸规格，在不超过 2 幅图纸拼接，且高度和宽度分别小于或等于 1 600 毫米和 1 800 毫米的前提下，比例尺优先采用 1 ∶ 50 万或 1 ∶ 100 万。当辖区面积过大或过小，可适当调整图件比例尺，比例尺尽量采用 5 的整数倍数。辖区面积较小的地区根据实际情况选择比例尺。

十、资料性附录

1. 主体功能分区

（1）主体功能分区类型。

全国主体功能区由国家级主体功能区和省级主体功能区组成，省级主体功能区包括省级城市化发展区、农产品主产区和重点生态功能区，以及省级自然保护地、战略性矿产保障区、特别振兴区等重点区域名录。

1）城市化发展区。指经济社会发展基础较好，集聚人口和产业能力较强的区域。该类区域的功能定位是，推动高质量发展的主要动力源，带动区域经济社会发展的龙头，促进区域协调发展的重要支撑点，重点增强创新发展动力，提升区域综合竞争力，保障经济和人口承载能力。

2）农产品主产区。指农用地面积较多，农业发展条件较好，保障国家粮食和重要农产品供给的区域。该类区域的功能定位是，国家农业生产重点建设区和农产品供给安全保障的重要区域，现代化农业建设重点区，农产品加工、生态产业和县域特色经济示范区，农村居民安居乐业的美好家园，社会主义新农村建设的示范区。

3）重点生态功能区。指生态系统服务功能重要、生态脆弱区域为主的区域。该类区域的功能定位是，保障国家生态安全、维护生态系统服务功能推进山水林田湖草系统治理、保持并提高生态产品供给能力的重要区域，推动生态文明示范区建设、践行绿水青山就是金山银山理念的主要区域。

4）自然保护地名录。指对重要的自然生态系统、自然遗迹、自然景观及其所承载的自然资源、生态功能和文化价值实施长期保护的陆域和海域，包括纳入自然保护地体系的国家公园、自然保护区和自然公园三类区域。该区域的功能定位是，守护自然生态，保育自然资源，保护生物多样性与地质地貌景观多样性，维护自然生态系统健康稳定，提高生态系统服务功能；服务社会，为人民提供优质生态产品，为全社会提供科研、教育、体验、游憩等公共服务；维持人与自然和谐共生并永续发展。

5）战略性矿产保障区名录。指为经济社会可持续发展提供战略性矿产资源保障的重要区域，主要包括全国和省级战略性矿产资源分布的国家规划矿区、能源资源基地、重要价值矿区和重点勘查开采区。该类区域功能定位是，关系国家和区域经济社会发展的战略性矿产资源科学保护、合理开发利用和供给安全的重要区域，落实矿产资源节约与综合利用、实现矿产开发与环境保护协调发展的示范区域。

6）特别振兴区名录。指因资源枯竭、人口收缩等原因致使发展活力不足、关系国家边疆安全，以及需要国家特别扶持的区域，主要包括边疆重要城市、资源枯竭型城市、传统工矿城市等。该类区域功能定位是，边疆重要城市是落实国家对外开放战略的重要区域，资源枯竭型城市和传统工矿城市，是培育接续替代产业、实现城市精明发展的主要区域。

（2）分区要求。

1）全域覆盖。国家级主体功能区与省级主体功能区叠加后，覆盖省级行政辖区内全部陆域和管理海域国土空间。

2）陆海统筹。省级国土空间规划在确定各个沿海县（市、区）的主体功能区定位时，要统筹考虑当地陆地和海洋空间开发保护要求，根据陆海统筹、保护优先、实事求是的原则，科学确定主体功能区。

3）分区传导。全国国土空间规划纲要确定的国家级主体功能区，在省级国土空间规划中必须确定为相同的主体功能区类型，不得改变。

4）因地制宜。城市化发展区、农产品主产区、重点生态功能区是必备类型区，省级人民政府可结合实际对三类主体功能区做二级细分；在自然保护地、战略性矿产保障区和特别振兴区名录外，也可结合实际将其他需在空间上加强管控引导的重要区域纳入名录进行管控。

5）基本单元。主体功能区的基本分区单元原则上为县级行政区，对自然条件和经济发展水平差异性较大、县域面积较大的省份，可以乡镇级行政区为基本分区单元。

6）协调规则。根据双评价结果，应划分为农产品主产区、重点生态功能区的市辖区以及自治州政府、地区行署、盟行署所在地的市辖区，可确定为城市化发展区；其他可同时作为重点生态功能区、农产品主产区与城市化发展区的，按照生态优先、保护优先原则，优先确定为重点生态功能区或农产品主产区。

按照陆海统筹原则，原海洋主体功能定位为重点生态功能区或海洋渔业保障区，陆域主体功能定位为农产品主产区或重点生态功能区，资源环境承载能力和国土空间开发适宜性评价结果具有生态功能导向的优先划定为重点生态功能区，具有农业功能导向的优先划定为农产品主产区；原海洋主体功能定位为重点生态功能区或海洋渔业保障区，陆域主体功能定位为城市化发展区的，依据海洋生态保护主要对象和布局、陆域开发内容布局和强度，综合确定县域主体功能定位，明确重点生态功能保护或海洋渔业保障管控要求。原海洋主体功能定位为重点开发区，陆域主体功能定位为农产品主产区或重点生态功能区的，优先判定为农产品主产区或重点生态功能区。

（3）技术流程。

第一步，评估既有分区，提出备选方案。以资源环境承载能力和国土空间开发适宜性评价为基础，对已有主体功能区进行评估；根据主导判别因素，识别需要优化调整的城市化发展区、农产品主产区和重点生态功能区的重点区域，衔接自然保护地、战略性矿产保障区和特别振兴区名录，提出备选方案。

第二步，衔接发展战略，提出初步方案。衔接国家和省级发展战略，结合农业、生态、能源矿产资源、自然保护地、边疆重要城市、资源枯竭型城市、传统工矿城市等有关成果要求，提出初步方案。

第三步，协调对接，形成最终方案。在与相关主管部门及相邻省市及县（区）充分衔接基础上，形成最终方案。

主体功能区划定技术路线见图 4–2。

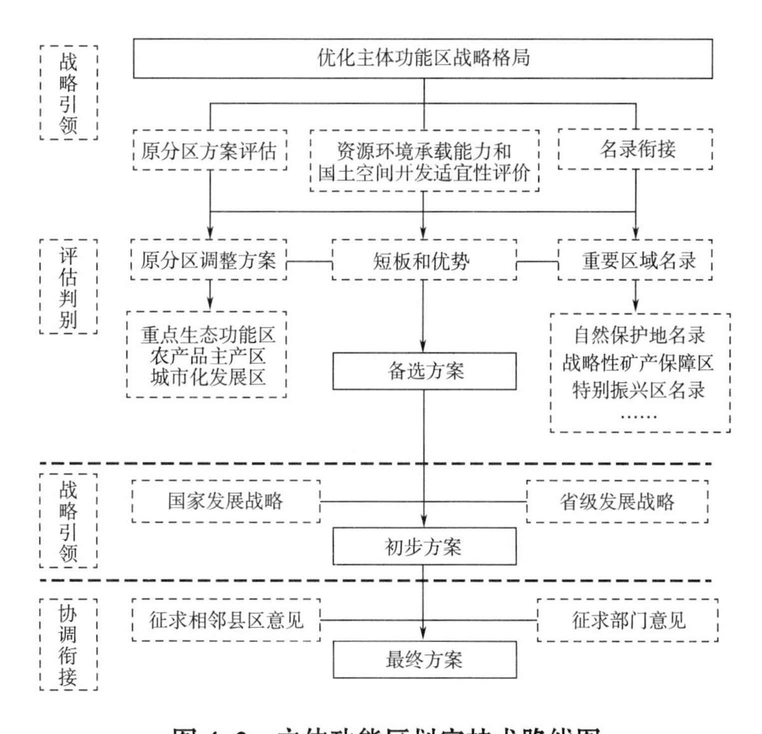

图 4–2　主体功能区划定技术路线图

（4）主导因素判别。

1）城市化发展区。短板因素包括，地质灾害高易发、地震灾害危险性较大、水污染严重、不具备大规模开发条件的海岸带和海岛等；比较优势包括，国家和区域城市群、都市圈的中心和节点城市，人口、产业集聚度较高，人口密度较大、具备就地就近城市化发展潜力，交通和区域优势度较高，经济水平、科技创新能力、公共服务能力较强。不具备大规模开发条件的海岸带和海岛地区，不应确定为城市化发展区。

2）农产品主产区。短板因素包括，水资源超载、土壤和水污染严重、耕地锐减等；比较优势包括，国家或省的粮食、经济作物、畜牧业和海洋水产品养殖的主要保障区，列入国家或省产粮大县、畜牧大县、水产养殖大县名单，粮食产量、肉产品产量、水产品产量之一高于全省平均水平，国家优质粮食基地县（场），以及其他农业资源条件好、增产潜力大的地区等关系农产品供给安全的地区。

3）重点生态功能区。短板因素包括，石漠化、水土流失、荒漠化面积占比较大，林草湿地锐减等；比较优势包括，生态保护红线的集中分布区占比不低于全省平均水平，水源涵养、水土保持、防风固沙、生物多样性维护、海岸维护功能的生态安全重要屏障区，天然林保护地区、退耕还林还草地区、草原“三化”地区相对集中或占比较大。

2. 生态修复和国土综合整治

（1）生态修复和国土综合整治重点区域和重大工程。在一定时间、区域和投资范围内，为维护生态安全、促进生态系统良性循环、提高国土空间开发利用的效率和质量，对空间格局失衡、资源利用低效、生态功能退化、生态系统受损的重点区域，进行系统修复或综合整治的活动。依据规划目标和任务，按照工程分布相对集中、整治类型相对综合、基础条件相对较好、综合效益相对较强的原则，对工程目标、建设内容、投资估算、预期效益等提出科学安排和合理布置。

1）山水林田湖草系统修复。针对生态系统功能整体不强、生态破坏严重、生态屏障脆弱等问题，结合各区域的生态系统特征和国家重大战略要求，提出生态保护和修复重大行动重点区域，分析区域内的经济、产业、人口、发展方向和生态现状，统筹山水林田湖草各生态要素，整体谋划荒漠化防治、天然林资源保护、草原和湿地资源保护修复、防护林体系建设、矿山生态修复、水土保持、海洋生态修复等时序安排，筑牢国家生态安全屏障。

2）国土综合整治。包括农村和城镇土地综合整治、重大自然灾害灾后生态修复。主要针对农业生产效率不高、农村建设用地粗放、人居环境不优等问题，大力推进乡村全域土地综合整治，推进乡村土地集约高效利用，改善乡村生产生活条件，提升农产品生产能力，优化乡村人居环境。针对城市化地区国土空间利用效率不高、城市病日益突显等问题，在主要城市化地区开展低效用地再开发和人居环境综合整治，提高建设用地效率和品质，改善提升人居环境。

3）矿山生态修复。针对矿产资源开发造成地灾隐患、占用和损毁土地、生态破坏等问题，通过预防控制和综合整治措施，使矿山地质环境达到稳定、损毁的土地达到可供利用状态以及生态功能恢复的活动。

4）海洋生态修复。针对开发活动造成的滨海湿地大面积减少、自然岸线锐减等典型海洋生态系统受损、退化等问题，通过开展整治和修复，逐步恢复遭到破坏的海洋生态系统的结构和功能，提高海洋生物多样性，促进海洋生态安全屏障建设。

（2）重大工程安排。提出重大工程名称、工程类型、重点任务、实施区域、建设规模、主要技术指标、建设时序等。

历年真题

根据《省级国土空间规划编制指南（试行）》，下列不属于全国和省级战略性矿产保

障区名录的是（　　）。［2022-70］

A. 国家规划矿区　　　　B. 能源资源基地

C. 传统工矿城市地区　　D. 重点勘查开采区

【答案】C

【解析】根据《省级国土空间规划编制指南（试行）》附录C.1.5，战略性矿产保障区名录是指为经济社会可持续发展提供战略性矿产资源保障的重要区域，主要包括全国和省级战略性矿产资源分布的国家规划矿区、能源资源基地、重要价值矿区和重点勘查开采区。

十一、术语和定义

国土空间：国家主权与主权权利管辖下的地域空间，包括陆地国土空间和海洋国土空间。

国土空间规划：对国土空间的保护、开发、利用、修复作出的总体部署与统筹安排。

生态修复和国土综合整治：遵循自然规律和生态系统内在机理，对空间格局失衡、资源利用低效、生态功能退化、生态系统受损的国土空间，进行适度人为引导、修复或综合整治，维护生态安全、促进生态系统良性循环的活动。

国土空间用途管制：以总体规划、详细规划为依据，对陆海所有国土空间的保护、开发和利用活动，按照规划确定的区域、边界、用途和使用条件等，核发行政许可、进行行政审批等。

主体功能区：以资源环境承载能力、经济社会发展水平、生态系统特征以及人类活动形式的空间分异为依据，划分出具有某种特定主体功能、实施差别化管控的地域空间单元。

城市群：依托发达的交通通信等基础设施网络所形成的空间组织紧凑、经济联系紧密的城市群体。

都市圈：以中心城市为核心，与周边城镇在日常通勤和功能组织上存在密切联系的一体化地区，一般为一小时通勤圈，是区域产业、生态和设施等空间布局一体化发展的重要空间单元。

城镇圈：以多个重点城镇为核心，空间功能和经济活动紧密关联、分工合作可形成小城镇整体竞争力的区域，一般为半小时通勤圈，是空间组织和资源配置的基本单元，体现城乡融合和跨区域公共服务均等化。

生态单元：具有特定生态结构和功能的生态空间单元，体现区域（流域）生态功能系统性、完整性、多样性、关联性等基本特征。

地理设计：基于区域自然生态、人文地理禀赋，以人与自然和谐为原则，用地理学的理论和数字化等工具，塑造高品质的空间形态和功能的设计方法。

第五章　市级国土空间总体规划

第一节　市级国土空间总体规划编制

一、总体要求

1. 规划定位

市级总规是城市为实现“两个一百年”奋斗目标制定的空间发展蓝图和战略部署，是城市落实新发展理念，实施高效能空间治理，促进高质量发展和高品质生活的空间政策，是市域国土空间保护、开发、利用、修复和指导各类建设的行动纲领。市级总规要体现综合性、战略性、协调性、基础性和约束性，落实和深化上位规划要求，为编制下位国土空间总体规划、详细规划、相关专项规划和开展各类开发保护建设活动、实施国土空间用途管制提供基本依据。

2. 工作原则

（1）贯彻新时代新要求。坚持以人民为中心的发展思想，从社会全面进步和人的全面发展出发，塑造高品质城乡人居环境，不断提升人民群众的获得感、幸福感、安全感；坚持底线思维，在生态文明思想和总体国家安全观指导下编制规划，将城市作为有机生命体，探索内涵式、集约型、绿色化的高质量发展新路子，推动形成绿色发展方式和生活方式，增强城市韧性和可持续发展的竞争力；坚持陆海统筹、区域协同、城乡融合，落实区域协调发展、新型城镇化、乡村振兴、可持续发展和主体功能区等国家战略；坚持一切从实际出发，立足本地自然和人文禀赋以及发展特征，发挥比较优势，因地制宜开展规划编制工作，突出地域特点、文化特色、时代特征。

（2）突出公共政策属性。坚持体现市级总规的公共政策属性，坚持问题导向、目标导向、结果导向相结合，坚持以战略为引领，按照“问题—目标—战略—布局—机制”的逻辑，针对性地制定规划方案和实施政策措施，确保规划能用、管用、好用，更好发挥规划在空间治理能力现代化中的作用。

（3）创新规划工作方法。坚持开门编规划，践行群众路线，将共谋、共建、共享、共治贯穿规划工作全过程，广泛凝聚社会智慧；强化城市设计、大数据、人工智能等技术手段对规划方案的辅助支撑作用，提升规划编制和管理水平。

3. 规划范围、期限和层次

规划范围包括市级行政辖区内全部陆域和管辖海域国土空间；本轮规划目标年为2035年，近期至2025年，远景展望至2050年。

市级总规一般包括市域和中心城区两个层次。市域要统筹全域全要素规划管理，侧重国土空间开发保护的战略部署和总体格局；中心城区要细化土地使用和空间布局，侧重功能完善和结构优化；市域与中心城区要落实重要管控要素的系统传导和衔接。

4. 编制主体与工作方式

市级人民政府负责市级总规组织编制工作，市级自然资源主管部门会同相关部门承担具体编制工作。

规划编制应坚持党委领导、政府组织、部门协同、专家领衔、公众参与的工作方式。

5. 工作程序

工作程序包括基础工作、规划编制、规划设计方案论证、规划公示、成果报批、规划公告等。

6. 成果形式

规划成果包括规划文本、附表、图件、说明、专题研究报告、国土空间规划“一张图”相关成果等。

历年真题

1. 组织城市国土空间总体规划实施的主体是（　　）。[2022-78]

A. 城市人民政府　　B. 城市规划主管部门

C. 城市自然资源主管部门　　D. 城市建设主管部门

【答案】A

【解析】《市级国土空间总体规划编制指南（试行）》第 1.5 节规定，规划编制应坚持党委领导、政府组织、部门协同、专家领衔、公众参与的工作方式。市级人民政府负责市级总规组织编制工作，市级自然资源主管部门会同相关部门承担具体编制工作。

2. 下列关于沿海城市国土空间总体规划编制内容的表述，错误的是（　　）。[2021-48]

A. 将大陆自然海岸线保有率设为预期性指标

B. 合理安排集约化海水养殖和现代化海洋牧场空间布局

C. 按照陆海统筹原则确定生态保护红线

D. 应对因气候变暖造成的海平面上升等灾害

【答案】A

【解析】大陆自然海岸线保有率应为约束性指标。

3. 市级国土空间总体规划的规划层次一般包括（　　）。[2021-88]

A. 市域　　B. 市区

C. 城市集中建设区　　D. 中心城区

E. 历史街区

【答案】AD

【解析】市级总规一般包括市域和中心城区两个层次。

二、基础工作

具体基础工作框架见表 5-1。

表 5-1　基础工作框架

要点	简称 / 俗称	参考技术指南
统一底图底数	一张底图	《国土空间规划“一张图”建设指南（试行）》《国土空间规划用地用海分类指南》《城区范围确定标准》《第三次全国国土调查技术规程》TD/T 1055—2019

续表 5-1

要点	简称 / 俗称	参考技术指南
分析自然地理格局	双评价	《资源环境承载能力和国土空间开发适宜性评价指南（试行）》
重视规划实施和灾害风险评估	双评估	《市县国土空间开发保护现状评估技术指南（试行）》《城市总体规划实施评估办法（试行）》
加强重大专题研究	专题研究	—
开展总体城市设计研究	城市设计	《国土空间规划城市设计指南》TD/T 1065—2021

1. 统一底图底数（“一张底图”）

各地应在第三次国土调查（以下简称“三调”）的基础上，按照国土空间用地用海分类、城区范围确定等部有关标准规范，形成符合规定的国土空间利用现状和工作底数。统一采用 2000 国家大地坐标系和 1985 国家高程基准作为空间定位基础，形成坐标一致、边界吻合、上下贯通的工作底图。沿海地区要增加所辖海域海岛底图底数。

以“三调”成果为基础，整合规划编制所需的空间关联现状数据和信息，形成坐标一致、边界吻合、上下贯通的一张底图，用于支撑国土空间规划编制。国土空间规划的编制及其中三条控制线、自然保护地和历史文化保护范围的划定等内容必须与一张底图相对应。各省、市、县应整合形成本辖区范围内的一张底图，逐级汇交至自然资源部，最终形成全国一张底图。一张底图应随年度土地变更调查、补充调查等工作及时更新。

2. 分析自然地理格局（“双评价”）

研究当地气候和地形地貌条件、水土等自然资源禀赋、生态环境容量等空间本底特征，分析自然地理格局、人口分布与区域经济布局的空间匹配关系，开展资源环境承载能力和国土空间开发适宜性评价（以下简称“双评价”），明确农业生产、城镇建设的最大合理规模和适宜空间，提出国土空间优化导向。

市县级“双评价”是在省级评价结果基础上进行细化、边界校核、补充评价和修正。

3. 重视规划实施和灾害风险评估（“双评估”）

国土空间规划风险识别评估。结合自然地理本底特征和“双评价”结果，针对不确定性和不稳定性，分析区域发展和城镇化趋势、人口与社会需求变化、科技进步和产业发展、气候变化等因素，系统梳理国土空间开发保护中存在的问题，开展灾害风险评估。参考技术指南：《市县国土空间开发保护现状评估技术指南（试行）》。

国土空间规划实施评估。开展现行城市总体规划、土地利用总体规划、市级海洋功能区划等空间类规划及相关政策实施的评估，评估自然生态和历史文化保护、基础设施和公共服务设施、节约集约用地等规划实施情况。参考技术指南：《城市总体规划实施评估办法（试行）》和各地最新的市县空间规划实施评估技术指南。

成果报批。市级（地级市）空间规划实施评估成果经市级人民政府审查同意后，上报省自然资源厅（报国务院审批的城市按国家要求执行）。县级（含县级市）空间规划实施评估成果经本级人民政府审查同意后，报上级人民政府审查，经上级人民政府审查同意后，上报省自然资源厅。

4. 加强重大专题研究（“专题研究”）

重大专题研究可包括但不限于：①研究人口规模、结构、分布以及人口流动等对空间供需的影响和对策；②研究气候变化及水土资源、洪涝等自然灾害等因素对空间开发保护的影响和对策；③研究重大区域战略、新型城镇化、乡村振兴、科技进步、产业发展等对区域空间发展的影响和对策；④研究交通运输体系和信息技术对区域空间发展的影响和对策；⑤研究公共服务、基础设施、公共安全、风险防控等支撑保障系统的问题和对策；⑥研究建设用地节约集约利用和城市更新、土地整治、生态修复的空间策略；⑦研究自然山水和人工环境的空间特色、历史文化保护传承等空间形态和品质改善的空间对策；⑧研究资源枯竭、人口收缩城市振兴发展的空间策略；⑨综合研究规划实施保障机制和相关政策措施。

5. 开展总体城市设计研究（“城市设计”）

将城市设计贯穿规划全过程。基于人与自然和谐共生的原则，研究市域生产、生活、生态的总体功能关系，优化开发保护的约束性条件和管控边界，协调城镇乡村与山水林田湖草海等自然环境的布局关系，塑造具有特色和比较优势的市域国土空间总体格局和空间形态。基于本地自然和人文禀赋，加强自然与历史文化遗产保护，研究城市开敞空间系统、重要廊道和节点、天际轮廓线等空间秩序控制引导方案，提高国土空间的舒适性、艺术性，提升国土空间品质和价值。参考技术指南：《国土空间规划城市设计指南》TD/T 1065—2021。

三、主要编制内容

主要编制内容框架见图 5-1。

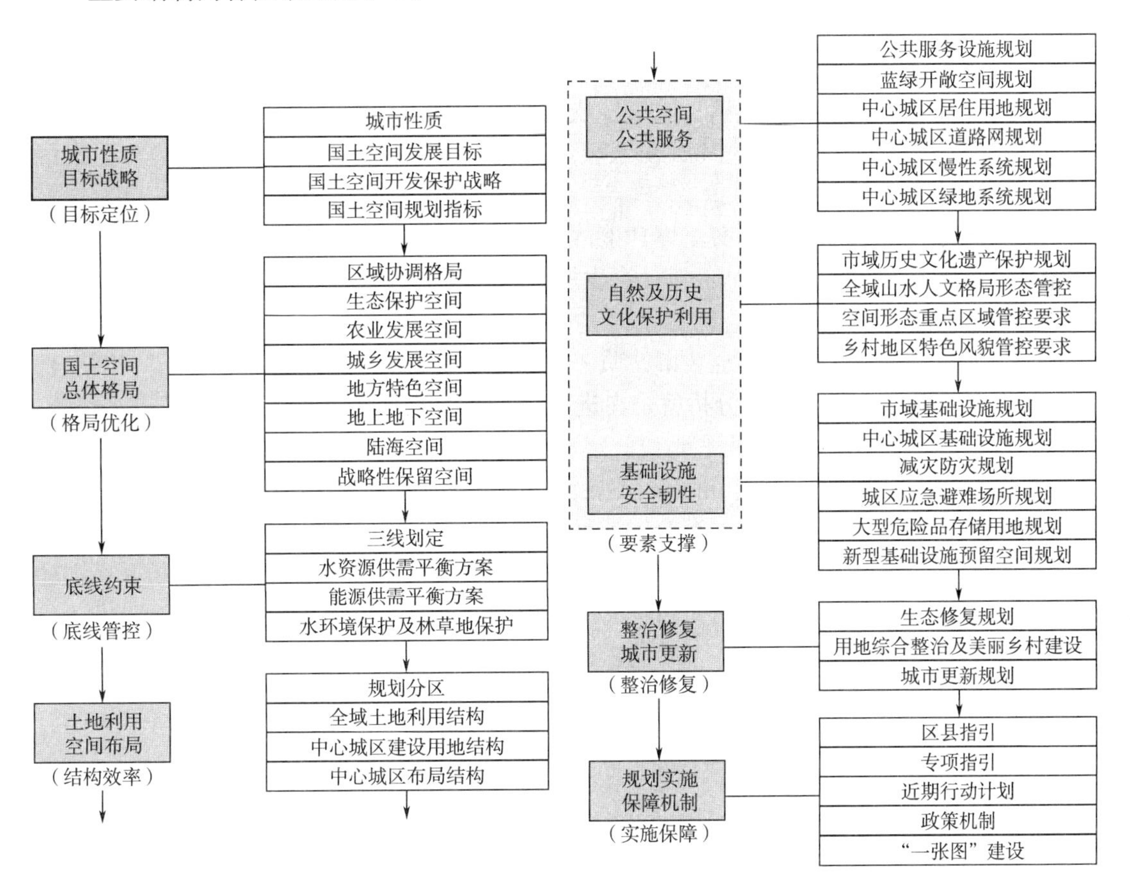

图 5-1　主要编制内容框架

1. 落实主体功能定位，明确空间发展目标战略

（1）主要内容：强化总体规划的战略引领和底线管控作用，促进国土空间发展更加绿色安全、健康宜居、开放协调、富有活力并各具特色。

围绕“两个一百年”奋斗目标和上位规划部署，结合本地发展阶段和特点，并针对存在问题、风险挑战和未来趋势，确定城市性质和国土空间发展目标，提出国土空间开发保护战略。

落实上位规划的约束性指标要求，结合经济社会发展要求，确定国土空间开发保护的量化指标。

（2）城市发展目标、城市职能和城市性质。

1）城市发展目标。城市发展目标是一定时期内城市经济、社会、环境的发展所应达到的目的和指标，通常可分为四个方面：经济发展目标、社会发展目标、城市建设目标和环境保护目标。

2）城市职能。城市职能是指城市在一定地域内的经济、社会发展中所发挥的作用和承担的分工。城市职能的着眼点是城市的基本活动部分。按照城市职能在城市生活中的作用，可划分为基本职能和非基本职能。城市的主要职能是城市基本职能中比较突出的、对城市发展起决定作用的职能。

3）城市性质。城市性质是指城市在一定地区、国家以至更大范围内的政治、经济与社会发展中所处的地位和担负的主要职能，由城市形成与发展的主导因素的特点所决定，由该因素组成的基本部门的主要职能所体现。城市性质关注的是城市最主要的职能，是对主要职能的高度概括。城市性质是城市发展方向和布局的重要依据。城市性质应该体现城市的个性，反映其所在区域的经济、政治、社会、地理、自然等因素的特点。

确定城市性质的依据。落实主体功能战略，依据省级国土空间规划、城市群发展规划、都市区规划等上位规划，从经济社会发展、资源环境约束、国土空间保护、空间利用效率、生态整治修复等方面综合确定。

确定城市性质的方法。确定城市性质一般采用“定性分析”与“定量分析”相结合，以定性分析为主的方法。定性分析就是在进行深入调查研究之后，全面分析城市在经济、政治、社会、文化等方面的作用和地位。定量分析是在定性基础上对城市职能，特别是经济职能，采用一定的技术指标，确定起主导作用的行业（或部门）。一般从三个方面入手：①起主导作用的行业（或部门）在全国或地区的地位和作用；②分析主要部门经济结构的主次，采用同一经济技术标准（如职工人数、产值、产量等），从数量上分析其所占比重；③分析用地结构，以用地所占比重的大小表示。

历年真题

1. 下列关于城市性质的说法，不正确的是（　　）。[2019-26]

A. 城市性质体现发展目标　　B. 城市性质体现城市个性

C. 城市性质体现主导产业　　D. 城市性质体现发展方向

【答案】A

【解析】城市性质是城市主要职能的体现，而主要职能是由城市基本经济活动部类决定的，体现城市产业发展重点和发展方向。城市性质应该体现城市的个性，反映其所在区域的经济、政治、社会、自然等因素的特点，B、C、D 选项正确。城市的发展目标包括经济发展目标、社会发展目标、城市建设目标和环境保护目标，城市发展目标和城市性质是城市的同一层次的两个方面的问题，一般无法直接体现，比如经济发展目标、城市建设目标在城市性质中基本不体现。

2. 下列哪一项不是城市总体规划中城市发展目标的内容？（　　）[2018-24]

A. 城市性质　　　　　　　　　　B. 用地规模

C. 人口规模　　　　　　　　　　D. 基础设施和公共设施配套水平

【答案】A

【解析】城市发展目标包括：①经济发展目标：国内生产总值、人均国民收入等；②社会发展目标：人口规模、年龄结构等人口构成指标；③城市建设目标：建设规模、用地结构、基础设施和社会公共设施配套水平等指标；④环境保护目标：城市形象与生态环境水平等方面的指标。

（3）指标体系。

国土空间规划的指标体系要求落实上级规划的管控要求和指标，按照生态优先、高质量发展、高品质生活、高水平治理的要求，明确本级规划管控要求和指标，并将主要要求和指标分解到下级行政区。指标体系是支撑国土空间规划的重要数据。

1）指标体系构架要点。①支撑战略定位和发展目标。城市的战略定位和发展目标的实现是需要通过具体的指标体系来进行支撑和体现。②上位规划指标（上级传导）。落实上级规划的管控要求和指标，按照生态优先、高质量发展、高品质生活、高水平治理的要求，明确本级规划管控要求和指标，并将主要要求和指标分解到下级行政区。③市县国土空间总体规划必须严格落实上级规划明确的约束性指标。约束性指标与预期性指标相结合，其中约束性指标为必选指标，预期性指标可结合当地实际增减。④体现地方特色。各地可根据实际情况对预期性指标进行调整，可增加与地方特点相适应的指标；有条件的地区可选择部分预期性指标作为约束性指标。

2）指标分类。国土空间指标体系按指标性质分为约束性指标、预期性指标：①约束性指标是为实现规划目标，在规划期内不得突破或必须实现的指标。②预期性指标是指按照经济社会发展预期，规划期内要努力实现或不突破的指标。

3）规划指标体系（见表 5-2）。

表 5-2　规划指标体系表

编号	指标项	指标属性	指标层级
一、空间底线			
1	生态保护红线面积（平方公里）	约束性	市域
2	用水总量（亿立方米）	约束性	市域
3	永久基本农田保护面积（平方公里）	约束性	市域
4	耕地保有量（平方公里）	约束性	市域
5	建设用地总面积（平方公里）	约束性	市域
6	城乡建设用地面积（平方公里）	约束性	市域

续表 5–2

编号	指标项	指标属性	指标层级
7	林地保有量（平方公里）	约束性	市域
8	基本草原面积（平方公里）	约束性	市域
9	湿地面积（平方公里）	约束性	市域
10	大陆自然海岸线保有率（%）	约束性	市域
11	自然和文化遗产（处）	预期性	市域
12	地下水水位（米）	建议性	市域
13	新能源和可再生能源比例（%）	建议性	市域
14	本地指示性物种种类	建议性	市域
二、空间结构与效率			
15	常住人口规模（万人）	预期性	市域、中心城区
16	常住人口城镇化率（%）	预期性	市域
17	人均城镇建设用地面积（平方米）	约束性	市域、中心城区
18	人均应急避难场所面积（平方米）	预期性	中心城区
19	道路网密度（千米 / 平方公里）	约束性	中心城区
20	轨道交通站点 800 米半径服务覆盖率（%）	建议性	中心城区
21	都市圈 1 小时人口覆盖率（%）	建议性	市域
22	每万元 GDP 水耗（立方米）	预期性	市域
23	每万元 GDP 地耗（平方米）	预期性	市域
三、空间品质			
24	公园绿地、广场步行 5 分钟覆盖率（%）	约束性	中心城区
25	卫生、养老、教育、文化、体育等社区公共服务设施步行 15 分钟覆盖率（%）	预期性	中心城区
26	城镇人均住房面积（平方米）	预期性	市域
27	每千名老年人养老床位数（张）	预期性	市域
28	每千名人口医疗卫生机构床位数（张）	预期性	市域
29	人均体育用地面积（平方米）	预期性	中心城区
30	人均公园绿地面积（平方米）	预期性	中心城区
31	绿色交通出行比例（%）	预期性	中心城区
32	工作日平均通勤时间（分钟）	建议性	中心城区
33	降雨就地消纳率（%）	预期性	中心城区
34	城镇生活垃圾回收利用率（%）	预期性	中心城区
35	农村生活垃圾处理率（%）	预期性	市域

4）规划指标涵义。

生态保护红线面积：在生态空间范围内具有特殊重要生态功能、必须强制性严格保护的陆域、水域、海域等面积。

用水总量：全年各类用水量的总和，包括生产用水、生活用水和生态用水等。

永久基本农田保护面积：为保障国家粮食安全，按照一定时期人口和经济社会发展对农产品的需求，依法确定不得擅自占用或改变用途、实施特殊保护的耕地的面积。

耕地保有量：规划期内必须保有的耕地面积。

建设用地总面积：市域范围内的建设用地的总面积。

城乡建设用地面积：城市、建制镇、村庄范围内的建设用地的面积。

林地保有量：规划期内必须保有的林地面积。

基本草原面积：依据《中华人民共和国草原法（2013 年修正）》第四十二条规定，划定的基本草原总面积。

湿地面积：红树林地，天然的或人工的、永久的或间歇性的沼泽地、泥炭地，滩涂等。

大陆自然海岸线保有率：大陆自然海岸线（砂质岸线、淤泥质岸线、基岩岸线、生物岸线等原生海岸线，以及整治修复后具有自然海岸形态特征和生态功能的海岸线）长度占大陆海岸线总长度的比例。

自然和文化遗产：由各级政府和部门依法认定公布的自然和文化遗产数量。一般包括世界遗产、国家文化公园、风景名胜区、文化生态保护区、历史文化名城名镇名村街区、传统村落、文物保护单位和一般不可移动文物、历史建筑，以及其他经行政认定公布的遗产类型。

地下水水位：含浅层和深层，依托国家地下水监测工程监测点测量的地下水面高程（以黄海高程为准）。

新能源和可再生能源比例：在消费的各种能源中，新能源和可再生能源折算标准量累计后占能源消费总量的比例。

本地指示性物种种类：反映本地生态系统的保持情况的指示性物种的种类。

常住人口规模：实际经常居住半年及以上的人口数量。

常住人口城镇化率：城镇常住人口占常住人口的比例。

人均城镇建设用地面积：城市、建制镇范围内的建设用地面积与城镇常住人口规模的比值。

人均应急避难场所面积：应急避难场所面积与常住人口规模的比值。

道路网密度：快速路及主干路、次干路、支路总里程数与中心城区面积的比值。

轨道交通站点 800 米半径服务覆盖率：轨道交通站点 800 米半径范围内覆盖的人口与就业岗位占总人口与就业岗位的比例。

都市圈 1 小时人口覆盖率：都市圈 1 小时通勤圈范围内覆盖的人口占总人口的比例。

每万元 GDP 水耗：每万元 GDP 产出消耗的水资源数量。

每万元 GDP 地耗：每万元二三产业产出增加值消耗的建设用地面积。

公园绿地、广场步行 5 分钟覆盖率：400 平方米以上公园绿地、广场用地周边 5 分钟步行范围覆盖的居住用地占所有居住用地的比例。

卫生、养老、教育、文化、体育等社区公共服务设施步行15分钟覆盖率：卫生、养老、教育、文化、体育等各类社区公共服务设施周边15分钟步行范围覆盖的居住用地占所有居住用地的比例（分项计算）。

城镇人均住房面积：城镇住房建筑总面积与城镇常住人口规模的比值。

每千名老年人养老床位数：每千名60岁及以上老年人拥有的养老机构床位数。

每千名人口医疗卫生机构床位数：每千名常住人口拥有的各类医疗卫生机构床位数。

人均体育用地面积：体育用地总面积与常住人口规模的比值。

人均公园绿地面积：公园绿地总面积与常住人口规模的比值。

绿色交通出行比例：采用步行、非机动车、常规公交、轨道交通等绿色方式出行量占所有方式出行总量的比例。

工作日平均通勤时间：工作日居民通勤出行时间的平均值。

降雨就地消纳率：通过减少硬化面积，增加渗水、蓄水、滞水空间，使多年平均降雨量的70%实现下渗、储存、净化、回用的城市建成区占总建成区的比例，是反映海绵城市建设水平的指标。

城镇生活垃圾回收利用率：城镇经生物、物理、化学转化后作为二次原料的生活垃圾处理量占生活垃圾产生总量的比例。

农村生活垃圾处理率：农村经收集、处理的生活垃圾量占生活垃圾产生总量的比例。

历年真题

社区公共服务设施步行15分钟覆盖率指标是指（　　）。[2022-61]

A. 社区公共服务设施周边15分钟步行范围覆盖的建设用地占总建设用地的比例

B. 社区公共服务设施周边15分钟步行范围覆盖居住人口占总人口的比例

C. 社区公共服务设施周边15分钟步行范围覆盖的居住用地占所有居住用地的比例

D. 社区公共服务设施周边15分钟步行范围覆盖的住宅建筑面积占总住宅建筑面积的比例

【答案】C

【解析】根据《市级国土空间总体规划编制指南（试行）》，卫生、养老、教育、文化、体育等社区公共服务设施步行15分钟覆盖率是指卫生、养老、教育、文化、体育等各类社区公共服务设施周边15分钟步行范围覆盖的居住用地占所有居住用地的比例（分项计算）。

（4）城市规模。城市规模包括城市人口规模和城市用地规模。

1）城市人口规模的预测。

①城市人口的变化。一个城市的人口始终处于变化之中，它主要受到自然增长与机械增长的影响，两者之和便是城市人口的增长值。

a. 自然增长是指出生人数与死亡人数的净差值。通常以一年内城市人口的自然增加数与该年平均人数（或期中人数）之比的千分率来表示其增长速度，称为自然增长率。

$$\text{自然增长率}=\frac{\text{本年出生人口数}-\text{本年死亡人口数}}{\text{年平均人数}}\times 1\,000‰$$

出生率的高低与城市人口的年龄构成、育龄妇女的生育率、初育年龄、人民生活水平、文化水平、传统观念和习俗、医疗卫生条件以及国家计划生育政策有密切关系，死亡率则受年龄构成、卫生保健条件、人民生活水平等因素影响。

b. 机械增长是指由于人口迁移所形成的变化量，即一定时期内，迁入城市的人口与迁出城市的人口的净差值。机械增长的速度用机械增长率来表示：即一年内城市的机械增长的人口数对年平均人数（或期中人数）之比的千分率。

$$机械增长率=\frac{本年迁入人口数-本年迁出人口数}{年平均人数}\times 1\,000‰$$

人口平均增长速度（或人口平均增长率）指一定年限内，平均每年人口增长的速度，可用下式计算：

$$人口平均增长率=\sqrt[年限]{\frac{期末人口数}{期初人口数}}-1$$

根据城市历年统计资料，可计算历年人口平均增长数和平均增长率，以及自然增长和机械增长的平均增长数和平均增长率，并绘制人口历年变动累计曲线。

②人口预测的内容。

在充分研究人口特征与问题、历史变化规律，深入分析人口变动影响因素及变化趋势的基础上，分析人口发展面临的重大问题并测算规划期内市县常住人口总量及结构。人口流动性较高的市县宜同时测算居住半年以下的流动人口总量及结构。

人口预测成果是校核建设用地规模指标以及确定基础设施、公共服务设施等各类设施配置标准的依据。

③人口预测的技术流程。人口预测的技术流程主要包括以下 4 个步骤。

第一步，校准基础数据。收集统计、公安及其他涉及人口统计的行政管理部门的人口基础数据并进行统计口径、统计范围校准。常住人口一般应以市县统计部门公布的统计数据为主，城乡人口划分应与《关于统计上划分城乡的规定》（国函〔2008〕60 号）保持一致。

第二步，研判发展形势。在识别市县人口发展的自然演变规律的基础上，研判市县人口发展面临的重大问题，如剧烈的人口季节性变化、人口收缩、老龄化、人才结构失衡等。

第三步，生成情景方案。依据市县人口变动的影响因素及变化趋势，针对性地选择人口预测方法并形成情景方案。人口变动平稳的市县，可以趋势推断类预测方法为主；社会经济发展环境较前期有较大变化并可能对人口总量及结构带来重大影响的市县，可在趋势推断预测的基础上增加社会经济相关的预测方法；资源环境对人口发展形成底线约束的市县，应在人口预测基础上增加资源环境承载力相关校核。

第四步，形成综合判断。在人口预测基础之上，进行政策背景、城镇化宏观态势、经济增长、人口结构等多视角的综合分析，形成各类因素制约下符合人口自然变化规律并有利于市县可持续发展的人口总量及结构的最优方案建议。

④预测方法。

综合平衡法：根据城市的人口自然增长和机械增长来推算城市人口的发展规模。适用于基本人口（或生产性劳动人口）的规模难以确定的城市。

时间序列法：从人口增长与时间变化的关系中找出两者之间的规律，建立数学公式来进行预测。这种方法要求城市人口要有较长的时间序列统计数据，而且人口数据没有大的起伏，适用于相对封闭、历史长、影响发展因素稳定的城市。

相关分析法（间接推算法）：找出与人口关系密切、有较长时序的统计数据，且易于把握的影响因素（如就业、产值等）进行预测。适用于影响因素的个数及作用大小较为确定的城市，如工矿城市、海港城市。

区位法：根据城市在区域中的地位、作用来对城市人口规模进行分析预测。该方法适用于城镇体系发育比较完善、等级系列比较完整、接近克里斯塔勒中心地理论模式地区的城市。

职工带眷系数法：根据职工人数与部分职工带眷情况来计算城市人口发展规模。适用于新建的工矿小城镇。

不宜单独作为预测城市人口规模的方法，但可以作为校核方法使用的有：环境容量法（门槛约束法）、比例分配法、类比法。

⑤有环境约束的校核方法。

资源环境承载能力校核方法是指强调资源环境对人口发展的限制作用，测算一定技术经济条件下资源环境条件所能承载的“最大人口规模”，并作为“门槛因素”对预测人口规模进行资源环境承载能力进行校核的方法。主要包括土地资源承载力法、水资源承载力法及生态足迹法等。

生态足迹指支持每个人生命所需的生产土地与水源面积。是用于衡量人类对地球生态系与自然资源的需求的一种分析方法。生态足迹显示在现有技术条件下，指定的人口单位内（一个人、一个城市、一个国家或全人类）需要多少具备生物生产力的土地和水域，来生产所需资源和吸纳所衍生的废物。它的值越高，人类对生态的破坏就越严重。

生态足迹能够判断一个国家或区域的生产消费活动是否处于当地的生态系统承载力范围之内。生态足迹法多用于城市生态系统的现状评价中，分析出该区域人口对自然资源的利用状况和计算时刻该区域的可持续性。当一个地区的生态承载力小于生态足迹时，即出现“生态赤字”；当其大于生态足迹时，则产生“生态盈余”。生态赤字表明该地区的人类负荷超过了其生态容量。

2）城市用地规模预测。

城市用地规模是一个随时间变化的动态指标。通过预测所获得的用地规模只是对未来某个时点所作出的大致估计。在城市实际发展过程中，不但各种用地之间的比例会随时变化，而且达到预测规模的时点也会提前或延迟。

城市用地规模是指城市规划区内各项城市建设用地的总和，其大小通常依据已预测的城市人口以及与城市性质、规模等级、所处地区的自然环境条件、城市发展情况，通过人均城市建设用地指标来计算。一般来说，城市用地规模 = 人口规模 × 规划人均建设用地指标。

规划人均建设用地指标有一定的幅度范围，如大城市人口集中，用地紧张，规划人均建设用地指标较低，边缘小城市，规划人均建设用地指标相应大一些。

根据《城市用地分类与规划建设用地标准》GB 50137—2011 的规定，规划人均城市建设用地面积指标应根据现状人均城市建设用地面积指标、城市（镇）所在的气候区以及规划人口规模，按表 5–3 的规定综合确定，并应同时符合表 5–3 中允许采用的规划人均城市建设用地面积指标和允许调整幅度双因子的限制要求。

表 5-3　规划人均城市建设用地面积指标　　单位：m^2/人

气候区	现状人均城市建设用地面积指标	允许采用的规划人均城市建设用地面积指标	允许调整幅度		
			规划人口规模 ≤ 20.0 万人	规划人口规模 20.1 万 ~ 50.0 万人	规划人口规模 > 50.0 万人
Ⅰ、Ⅱ、Ⅵ、Ⅶ	≤ 65.0	65.0 ~ 85.0	> 0.0	> 0.0	> 0.0
	65.1 ~ 75.0	65.0 ~ 95.0	+0.1 ~ +20.0	+0.1 ~ +20.0	+0.1 ~ +20.0
	75.1 ~ 85.0	75.0 ~ 105.0	+0.1 ~ +20.0	+0.1 ~ +20.0	+0.1 ~ +15.0
	85.1 ~ 95.0	80.0 ~ 110.0	+0.1 ~ +20.0	−5.0 ~ +20.0	−5.0 ~ +15.0
	95.1 ~ 105.0	90.0 ~ 110.0	−5.0 ~ +15.0	−10.0 ~ +15.0	−10.0 ~ +10.0
	105.1 ~ 115.0	95.0 ~ 115.0	−10.0 ~ −0.1	−15.0 ~ −0.1	−20.0 ~ −0.1
	> 115.0	≤ 115.0	< 0.0	< 0.0	< 0.0
Ⅲ、Ⅳ、Ⅴ	≤ 65.0	65.0 ~ 85.0	> 0.0	> 0.0	> 0.0
	65.1 ~ 75.0	65.0 ~ 95.0	+0.1 ~ +20.0	+0.1 ~ 20.0	+0.1 ~ +20.0
	75.1 ~ 85.0	75.0 ~ 100.0	−5.0 ~ +20.0	−5.0 ~ +20.0	−5.0 ~ +15.0
	85.1 ~ 95.0	80.0 ~ 105.0	−10.0 ~ +15.0	−10.0 ~ +15.0	−10.0 ~ +10.0
	95.1 ~ 105.0	85.0 ~ 105.0	−15.0 ~ +10.0	−15.0 ~ +10.0	−15.0 ~ +5.0
	105.1 ~ 115.0	90.0 ~ 110.0	−20.0 ~ −0.1	−20.0 ~ −0.1	−25.0 ~ +5.0
	> 115.0	≤ 110.0	< 0.0	< 0.0	< 0.0

注：新建城市（镇）的规划人均城市建设用地面积指标宜在 85.1 ~ 105.0m^2/人内确定。
首都的规划人均城市建设用地面积指标应在 105.1 ~ 115.0m^2/人内确定。
边远地区、少数民族地区城市（镇），以及部分山地城市（镇）、人口较少的工矿业城市（镇）、风景旅游城市（镇）等，不符合表 5-3 的规定时，应专门论证确定规划人均城市建设用地面积指标，且上限不得大于 150.0m^2/人。

规划人均单项城市建设用地面积标准。规划人均公共管理与公共服务设施用地面积不应小于 5.5m^2/人。规划人均道路与交通设施用地面积不应小于 12m^2/人。规划人均绿地与广场用地面积不应小于 10m^2/人，其中人均公园绿地面积不应小于 8.0m^2/人。

规划城市建设用地结构。居住用地、公共管理与公共服务设施用地、工业用地、道路交通设施用地、绿地与广场用地五大类主要用地规划占城市建设用地的比例宜符合表 5-4 的规定。

表 5-4　规划城市建设用地结构

用地名称	占城市建设用地比例（%）
居住用地	25.0 ~ 40.0
公共管理与公共服务设施用地	5.0 ~ 8.0
工业用地	15.0 ~ 30.0
道路与交通设施用地	15.0 ~ 25.0
绿地与广场用地	10.0 ~ 15.0

注：道路与交通设施用地的占比在《城市用地分类与规划建设用地标准》GB 50137—2011 规定的是 10% ~ 25%，但在新出的《城市综合交通体系规划标准》GB/T 51328—2018（3.0.4）“规划的城市道路与交通设施用地面积应占城市规划建设用地面积的 15% ~ 25%”中给出的是 15% ~ 25%，所以按照新标准执行。

历年真题

1. 当前我国东部沿海经济增速较高的城市，城市人口变化最有可能出现的情况是（　　）。[2021-27]

A. 自然增长率较高，机械增长率较高　　B. 自然增长率较高，机械增长率较低

C. 自然增长率较低，机械增长率较高　　D. 自然增长率较低，机械增长率较低

【答案】C

【解析】我国东部沿海经济增速较高的城市，具有较强的吸引力，迁移到此的人口占比高，所以城市人口变化会产生自然增长率较低、机械增长率较高的情况。

2. 市级国土空间总体规划中，用于中心城区社区公共服务设施步行覆盖率的指标是（　　）。[2021-34]

A. 步行 5 分钟覆盖率　　B. 步行 10 分钟覆盖率

C. 步行 15 分钟覆盖率　　D. 步行 30 分钟覆盖率

【答案】C

【解析】根据《市级国土空间总体规划编制指南（试行）》，市级国土空间总体规划中，用于中心城区社区公共服务设施步行覆盖率的指标是步行 15 分钟覆盖率。

2. 优化空间总体格局，促进区域协调、城乡融合发展

落实国家和省的区域发展战略、主体功能区战略，以自然地理格局为基础，形成开放式、网络化、集约型、生态化的国土空间总体格局。

（1）完善区域协调格局。注重推动城市群、都市圈交通一体化，发挥综合交通对区域网络化布局的引领和支撑作用，重点解决资源和能源、生态环境、公共服务设施和基础设施、产业空间和邻避设施布局等区域协同问题。城镇密集地区的城市要提出跨行政区域的都市圈、城镇圈协调发展的规划内容，促进多中心、多层次、多节点、组团式、网络化发展，防止城市无序蔓延。其他地区在培育区域中心城市的同时，要注重发挥县城、重点特色镇等节点城镇作用，形成多节点、网络化的协同发展格局。

（2）优先确定生态保护空间。明确自然保护地等生态重要和生态敏感地区，构建重要

生态屏障、廊道和网络，形成连续、完整、系统的生态保护格局和开敞空间网络体系，维护生态安全和生物多样性。

（3）保障农业发展空间。优化农业（畜牧业）生产空间布局，引导布局都市农业，提高就近粮食保障能力和蔬菜自给率，重点保护集中连片的优质耕地、草地，明确具备整治潜力的区域，以及生态退耕、耕地补充的区域。沿海城市要合理安排集约化海水养殖和现代化海洋牧场空间布局。

（4）融合城乡发展空间。围绕新型城镇化、乡村振兴、产城融合，明确城镇体系的规模等级和空间结构，提出村庄布局优化的原则和要求。完善城乡基础设施和公共服务设施网络体系，改善可达性，构建不同层次和类型、功能复合、安全韧性的城乡生活圈。

（5）彰显地方特色空间。发掘本地自然和人文资源，系统保护自然景观资源和历史文化遗存，划定自然和人文资源的整体保护区域。

（6）协同地上地下空间。提出地下空间和重要矿产资源保护开发的重点区域，处理好地上与地下、矿产资源勘查开采与生态保护红线及永久基本农田等控制线的关系。提出城市地下空间的开发目标、规模、重点区域、分层分区和协调连通的管控要求。

（7）统筹陆海空间。沿海城市应按照陆海统筹原则确定生态保护红线，并提出海岸带两侧陆海功能衔接要求，制定陆域和海域功能相互协调的规划对策。

（8）战略留白。明确战略性的预留空间，应对未来发展的不确定性。

历年真题

1. 在城市国土空间总体规划中需加强区域协同，以下不属于区域协同内容的是（　　）。［2022-21］

A. 资源和能源利用　　B. 开发边界划定

C. 基础设施对接　　D. 邻避设施布局

【答案】B

【解析】根据《市级国土空间总体规划编制指南（试行）》，注重推动城市群、都市圈交通一体化，发挥综合交通对区域网络化布局的引领和支撑作用，重点解决资源和能源、生态环境、公共服务设施和基础设施、产业空间和邻避设施布局等区域协同问题。开发边界划定是在市域范围内来划定，不会产生与外部区域协调的问题。

2. 下列规划事项中，不属于国土空间规划区域协调的重点是（　　）。［2021-28］

A. 资源和能源供给　　B. 社区公共服务设施布局

C. 重大基础设施布局　　D. 邻避设施布局

【答案】B

【解析】根据《市级国土空间总体规划编制指南（试行）》，注重推动城市群、都市圈交通一体化，发挥综合交通对区域网络化布局的引领和支撑作用，重点解决资源和能源、生态环境、公共服务设施和基础设施、产业空间和邻避设施布局等区域协同问题。

3. 强化资源环境底线约束，推进生态优先、绿色发展

基于资源环境承载能力和国土安全要求，明确重要资源利用上限，划定各类控制线，作为开发建设不可逾越的红线。

落实上位国土空间规划确定的生态保护红线、永久基本农田、城镇开发边界等划定要求，统筹划定三条控制线。各地可结合地方实际，提出历史文化、矿产资源等其他需要保护和控制的底线要求。

制定水资源供需平衡方案，明确水资源利用上限。按照以水定城、以水定地、以水定人、以水定产原则，优化生产、生活、生态用水结构和空间布局，重视雨水和再生水等资源利用，建设节水型城市。

制定能源供需平衡方案，落实碳排放减量任务，控制能源消耗总量。优化能源结构，推动风、光、水、地热等本地清洁能源利用，提高可再生能源比例，鼓励分布式、网络化能源布局，建设低碳城市。

基于地域自然环境条件，严格保护低洼地等调蓄空间，明确海洋、河湖水系、湿地、蓄滞洪区和水源涵养地的保护范围，确定海岸线、河湖自然岸线的保护措施。明确天然林、生态公益林、基本草原等为主体的林地、草地保护区域。

（1）“三区”是指城镇空间、农业空间、生态空间；“三线”是指生态保护红线、永久基本农田、城镇开发边界。“三区”比“三线”范围要大。“三区”突出主导功能划分，“三线”则侧重边界的刚性管控（见图 5–2）。

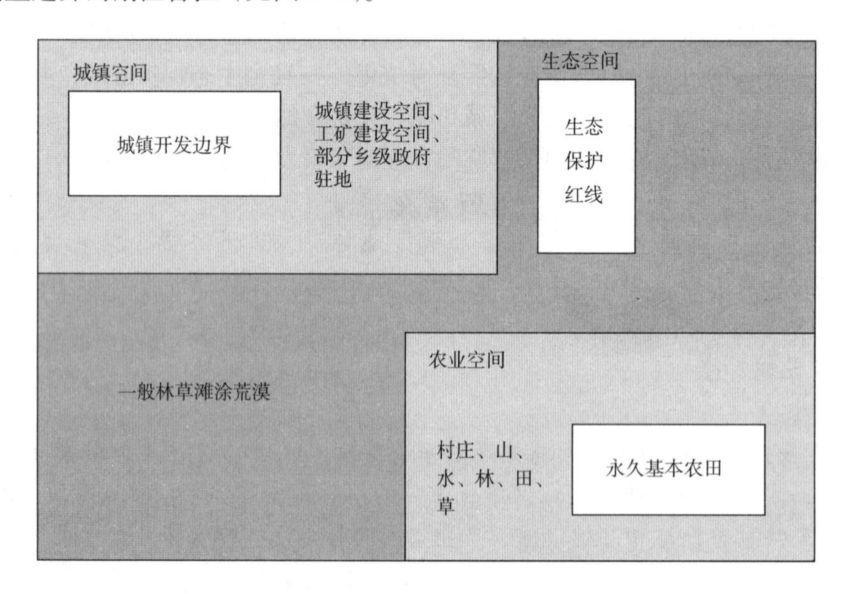

图 5–2 “三区三线”关系示意图

（2）“三区”。

城镇空间：以城镇居民生产、生活为主体功能的国土空间，包括城镇建设空间、工矿建设空间以及部分乡级政府驻地的开发建设空间。包含的要素有：居住生活区、综合服务区、商业商务区、工业物流区、绿地水系区、交通设施区、公用基础设施区、历史文化保护用地、特色功能区、规划留白区、规划备用区、特别用途区、区域基础设施用地、特殊用地、采矿盐田用地等。

农业空间：以农业生产和农村居民生活为主体功能，承担农产品生产和农村生活功能的国土空间，主要包括永久基本农田、一般农田等农业生产用地以及村庄等农村生活用地。包含的要素有：基本农田、一般农田、园地、牧草地、历史文化保护村落、农村居民点、其他农业空间。

生态空间：具有自然属性的，以提供生态服务或生态产品为主体功能的国土空间，包括森林、草原、湿地、河流、湖泊、滩涂、荒地、荒漠等。包含的要素有：林地、草地、水域、滩涂沼泽、其他生态空间。

（3）“三线”。

生态保护红线是指在生态空间范围内具有特殊重要生态功能、必须强制性严格保护的区域，是保障和维护国家生态安全的底线和生命线，通常包括具有重要水源涵养、生物多样性维护、水土保持、防风固沙、海岸生态稳定等功能的生态功能重要区域，以及水土流失、土地沙化、石漠化、盐渍化等生态环境敏感脆弱区域。

永久基本农田是为保障国家粮食安全和重要农产品供给，实施永久特殊保护的耕地。

城镇开发边界是在一定时期内因城镇发展需要，可以集中进行城镇开发建设、以城镇功能为主的区域边界，涉及城市、建制镇以及各类开发区等。

4. 优化空间结构，提升连通性，促进节约集约、高质量发展

依据国土空间开发保护总体格局，注重城乡融合、产城融合，优化城市功能布局和空间结构，改善空间连通性和可达性，促进形成高质量发展的新增长点。

按照主体功能定位和空间治理要求，优化城市功能布局和空间结构，划分规划分区。其中，中心城区和沿海城市的海洋发展区应细化至二级规划分区。

落实上位规划指标，以盘活存量为重点明确用途结构优化方向，确定全域主要用地用海的规模和比例，制定市域国土空间功能结构调整表，该表中城乡建设用地中的城镇、村庄是指城镇、村庄范围的建设用地，规划基期年数据采用“三调”中的城市、建制镇、村庄用地数据，区域基础设施用地包括区域性交通运输用地、公用设施用地，其他建设用地是城乡建设用地、区域基础设施用地以外的建设用地，主要包括特殊用地、矿业用地等。提出城乡建设用地集约利用的目标和措施。优先保障住房和各类重要公共服务设施用地，以及涉及军事、外事、殡葬等特殊用地。

确定中心城区各类建设用地总量和结构，制定中心城区城镇建设用地结构规划表。提出不同规划分区的用地结构优化导向，鼓励土地混合使用。

优化建设用地结构和布局，推动人、城、产、交通一体化发展，促进产业园区与城市服务功能的融合，保障发展实体经济的产业空间，在确保环境安全的基础上引导发展功能复合的产业社区，促进产城融合、职住平衡。

提高空间连通性和交通可达性，明确综合交通系统发展目标，促进城市高效、安全、低能耗运行，优化综合交通网络，完善物流运输系统布局，促进新业态发展，增强区域、市域、城乡之间的交通服务能力。

坚持公交引导城市发展，提出与城市功能布局相融合的公共交通体系与设施布局。优化公交枢纽和场站（含轨道交通）布局与集约用地要求，提高站点覆盖率，鼓励站点周边地区土地混合使用，引导形成综合服务节点，服务于人的需求。

5. 完善公共空间和公共服务功能，营造健康、舒适、便利的人居环境

结合不同尺度的城乡生活圈，优化居住和公共服务设施用地布局，完善开敞空间和慢行网络，提高人居环境品质。

基于常住人口的总量和结构，提出分区分级公共服务中心体系布局和标准，针对实际服务管理人口特征和需求，完善服务功能，改善服务的便利性。确定中心城区公共服务设施用地总量和结构比例。

优化居住用地结构和布局，改善职住关系，引导政策性住房优先布局在交通和就业便利地区，避免形成单一功能的大型居住区。确定中心城区人均居住用地面积。严控高层高密度住宅。

完善社区生活圈，针对人口老龄化、少子化趋势和社区功能复合化需求，重点提出医疗、康养、教育、文体、社区商业等服务设施和公共开敞空间的配置标准和布局要求，建设全年龄友好健康城市，以社区生活圈为单元补齐公共服务短板。

按照“小街区、密路网”的理念，优化中心城区城市道路网结构和布局，提高中心城区道路网密度。

构建系统安全的慢行系统，结合街道和蓝绿网络，构建连通城市和城郊的绿道系统，提出城市中心城区覆盖地上地下、室内户外的慢行系统规划要求，建设步行友好城市。

结合市域生态网络，完善蓝绿开敞空间系统，为市民创造更多接触大自然的机会。确定结构性绿地、城乡绿道、市级公园等重要绿地以及重要水体的控制范围，划定中心城区的绿线、蓝线，并提出控制要求。

在中心城区提出通风廊道、隔离绿地和绿道系统等布局和控制要求。确定中心城区绿地与开敞空间的总量、人均用地面积和覆盖率指标，并着重提出包括社区公园、口袋公园在内的各类绿地均衡布局的规划要求。

历年真题

1. 根据《市级国土空间总体规划编制指南（试行）》，居住用地规划内容的要求不包括（　　）。[2022-25]

A. 优化空间结构和功能布局，改善职住关系

B. 引导政策性住房优先布局在交通和就业便利地区

C. 进一步提升人均居住用地面积

D. 严控高层高密度住宅

【答案】C

【解析】《市级国土空间总体规划编制指南（试行）》第3.5节规定，优化居住用地结构和布局，改善职住关系，引导政策性住房优先布局在交通和就业便利地区，避免形成单一功能的大型居住区。确定中心城区人均居住用地面积。严控高层高密度住宅。

2. 根据《市级国土空间总体规划编制指南（试行）》，下列关于公共服务设施布局的表述，不准确的是（　　）。[2022-26]

A. 基于实际服务管理人口需求，提出分区分级公共服务中心体系布局和标准

B. 针对人口老龄化趋势提出医疗、康养等服务设施配置标准和布局要求

C. 围绕全年龄段人口生活需要建立各级城乡生活圈

D. 以社区生活圈为单元补齐公共服务短板

【答案】A

【解析】《市级国土空间总体规划编制指南（试行）》第3.5节规定，基于常住人口的总量和结构，提出分区分级公共服务中心体系布局和标准，针对实际服务管理人口特征和需求，完善服务功能，改善服务的便利性。确定中心城区公共服务设施用地总量和结构比例。

6. 保护自然与历史文化，塑造具有地域特色的城乡风貌

加强自然和历史文化资源的保护，运用城市设计方法，优化空间形态，突显本地特色优势。

各类历史文化保护线。挖掘本地历史文化资源，梳理市域历史文化遗产保护名录，明确和整合各级文物保护单位、历史文化名城名镇名村、历史城区、历史文化街区、传统村落、历史建筑等历史文化遗存的保护范围，统筹划定包括城市紫线在内的各类历史文化保护线。保护历史性城市景观和文化景观，针对历史文化和自然景观资源富集、空间分布集中的地域和廊道，明确整体保护和促进活化利用的空间要求。

全域山水人文格局。提出全域山水人文格局的空间形态引导和管控原则，对滨水地区（河口、海岸）、山麓地区等城市特色景观地区提出有针对性的管控要求。

空间形态重点管控地区。明确空间形态重点管控地区，提出开发强度分区和容积率、密度等控制指标，以及高度、风貌、天际线等空间形态控制要求。明确有景观价值的制高点、山水轴线、视线通廊等，严格控制新建超高层建筑。

乡村地区分类分区。对乡村地区分类分区提出特色保护、风貌塑造和高度控制等空间形态管控要求，发挥田野的生态、景观和空间间隔作用，营造体现地域特色的田园风光。

历年真题

下列城市设计措施中，不属于市级国土空间总体规划中塑造特色城乡风貌内容要求的是（　　）。[2021-49]

A. 提出全域山水人文格局的空间形态引导和管控原则

B. 提出重点管控地区的高度、风貌、天际线等空间形态控制要求

C. 提出景观价值地区的建筑后退红线距离和建筑临街面宽度

D. 提出乡村地区分类分区的空间形态管控要求

【答案】C

【解析】根据《市级国土空间总体规划编制指南（试行）》，明确有景观价值的制高点、山水轴线、视线通廊等，严格控制新建超高层建筑。

7. 完善基础设施体系，增强城市安全韧性

统筹存量和增量、地上和地下、传统和新型基础设施系统布局，构建集约高效、智能绿色、安全可靠的现代化基础设施体系，提高城市综合承载能力，建设韧性城市。

以协同融合、安全韧性为导向，结合空间格局优化和智慧城市建设，优化形成各类基础设施一体化、网络化、复合化、绿色化、智能化布局。提出市域重要交通廊道和高压输电干线、天然气高压干线等能源通道空间布局，以及市域重大水利工程布局安排。提出中心城区交通、能源、水系统、信息、物流、固体废弃物处理等基础设施的规模和网络化布局要求，明确廊道控制要求，鼓励新建城区提出综合管廊布局方案。

基于灾害风险评估，确定主要灾害类型的防灾减灾目标和设防标准，划示灾害风险区。明确防洪（潮）、抗震、消防、人防、防疫等各类重大防灾设施标准、布局要求与防灾减灾措施，适度提高生命线工程的冗余度。针对气候变化影响，结合城市自然地理特征，优化防洪排涝通道和蓄滞洪区，划定洪涝风险控制线，修复自然生态系统，因地制宜推进海绵城市建设，增加城镇建设用地中的渗透性表面。沿海城市应强化因气候变化造成

海平面上升的灾害应对措施。

以社区生活圈为基础构建城市健康安全单元，完善应急空间网络。结合公园、绿地、广场等开敞空间和体育场馆等公共设施，提出网络化、分布式的应急避难场所、疏散通道的布局要求。

预留一定应急用地和大型危险品存储用地，科学划定安全防护和缓冲空间。

确定重要交通、能源、市政、防灾等基础设施用地控制范围，划定中心城区重要基础设施的黄线，与生态保护红线、永久基本农田等控制线相协调。在提出控制要求的同时保留一定弹性，为新型基础设施建设预留发展空间。

历年真题

下列关于提升城市韧性的表述，错误的是（　　）。[2022–72]

A. 城市韧性是城市可持续发展的核心要素之一

B. 城市韧性的核心是应对发展过程中的不确定和脆弱性

C. 城市韧性建设不是规划的附加部分，而是必需部分

D. 城市韧性提升的重要手段之一是减渗增排

【答案】D

【解析】《市级国土空间总体规划编制指南（试行）》第 3.7 节规定，完善基础设施体系，增强城市安全韧性的内容包括，针对气候变化影响，结合城市自然地理特征，优化防洪排涝通道和蓄滞洪区，划定洪涝风险控制线，修复自然生态系统，因地制宜推进海绵城市建设，增加城镇建设用地中的渗透性表面。

8. 推进国土整治修复与城市更新，提升空间综合价值

针对空间治理问题，分类开展整治、修复与更新，有序盘活存量，提高国土空间的品质和价值。

生态修复应坚持山水林田湖草生命共同体的理念，按照陆海统筹的原则，针对生态功能退化、生物多样性减少、水土污染、洪涝灾害、地质灾害等问题区域，明确生态系统修复的目标、重点区域和重大工程，维护生态系统，改善生态功能。

城市更新应根据城市发展阶段与目标、用地潜力和空间布局特点，明确实施城市有机更新的重点区域，根据需要确定城市更新空间单元，结合城乡生活圈构建，注重补短板、强弱项，优化功能布局和开发强度，传承历史文化，提升城市品质和活力，避免大拆大建，保障公共利益。

土地整治应以乡村振兴为目标，结合村庄布局优化要求，推进乡村地区田水路林村全要素综合整治，针对土壤退化等问题，提出农用地综合整治、低效建设用地整治等综合整治目标、重点区域和重大工程，建设美丽乡村。

历年真题

1. 根据《市级国土空间总体规划编制指南（试行）》，需确定的城市更新内容是（　　）。[2022–71]

A. 城市更新空间单元　　B. 城市更新实施主体

C. 城市更新项目清单　　D. 城市更新行动计划

【答案】A

【解析】《市级国土空间总体规划编制指南（试行）》第 3.8 节规定，应根据城市发展

阶段与目标、用地潜力和空间布局特点，明确实施城市有机更新的重点区域，根据需要确定城市更新空间单元，结合城乡生活圈构建，注重补短板、强弱项，优化功能布局和开发强度，传承历史文化，提升城市品质和活力，避免大拆大建，保障公共利益。

2. 我国城市更新的典型模式有（　　）。[2022-99]

A. 市场主导，以开发企业为主体　　B. 多方参与、共建共享

C. 政府主导，市场运作　　D. 政府统筹前提下市场化运作

E. 居民主导、自主运作

【答案】ACD

【解析】城市更新分为三种模式：政府主导模式、政府和市场合作模式、市场主导模式。第一种为政府组织实施，以深圳为例，由市区人民政府组织实施；第二种为政府主导、开发商参与合作实施，但需要符合规定的开发商参与实施；第三种为市场主体，即开发商主导，A、C、D 选项符合题意。多方参与、共建共享属于社区治理的理念，B 选项不符合题意。我国主要城市更新模式没有居民主导类型，E 选项不符合题意。

9. 建立规划实施保障机制，确保一张蓝图干到底

保障规划有效实施，提出对下位规划和专项规划的指引；衔接国民经济和社会发展五年规划，制定近期行动计划；提出规划实施保障措施和机制，以“一张图”为支撑完善规划全生命周期管理。

（1）区县指引。对市辖县（区、市）提出规划指引，按照主体功能区定位，落实市级总规确定的规划目标、规划分区、重要控制线、城镇定位、要素配置等规划内容。制定市辖县（区、市）的约束性指标分解方案，下达调控指标，确保约束性指标的落实。

各地可根据实际情况，在市级总规基础上，大城市可以行政区或规划片区为单元编制分区规划（相当于县级总规），中小城市可直接划分详规单元，加强对详细规划的指引和传导。涉及中心城区范围的县（区、市）的国土空间总体规划，应落实市级总规对中心城区的国土空间安排。

（2）专项指引。明确专项规划编制清单。相关专项规划应在国土空间总体规划的指导约束下编制，落实相关约束性指标，不得违背市级总规的强制性内容。经依法批准后纳入市级国土空间基础信息平台，叠加到国土空间规划“一张图”上。

（3）近期行动计划。衔接国民经济和社会发展五年规划，结合城市体检评估，对规划近期做出统筹安排，制定行动计划。编制城市更新、土地整治、生态修复、基础设施、公共服务设施和防洪排涝工程等重大项目清单，提出实施支撑政策。

（4）政策机制。落实和细化主体功能区等政策，提出有针对性、可操作的财政、投资、产业、环境、生态、人口、土地等规划实施政策措施，保障规划目标的实现，促进国土空间的优化和空间资源的资产价值实现。鼓励探索主体功能区制度在基层落实的途径，各地可依法制定相应配套措施。

（5）国土空间规划“一张图”建设。形成市级总规数据库，作为市级总规的成果组成部分同步上报。建立各部门共建共享共用、全市统一、市县（区）联动的国土空间基础信息平台，并做好与国家级平台对接，积极推进与其他信息平台的横向联通和数据共享。基

于国土空间基础信息平台同步建设国土空间规划“一张图”实施监督信息系统，为城市体检评估和规划全生命周期管理奠定基础。基于国土空间基础信息平台，探索建立城市信息模型（CIM）和城市时空感知系统，促进智慧规划和智慧城市建设，提高国土空间精治、共治、法治水平。

历年真题

下列关于市级国土空间总体规划中近期行动计划要求的表述，不准确的是（　　）。［2022-53］

A. 结合城市体检评估　　B. 衔接国民经济和社会发展五年规划

C. 编制重大项目清单　　D. 落实各类专项规划

【答案】D

【解析】根据《市级国土空间总体规划编制指南（试行）》，衔接国民经济和社会发展五年规划，结合城市体检评估，对规划近期做出统筹安排，制定行动计划。编制城市更新、土地整治、生态修复、基础设施、公共服务设施和防洪排涝工程等重大项目清单，提出实施支撑政策。

四、公众参与和多方协同

贯彻落实“人民城市人民建，人民城市为人民”理念，坚持开门编规划，建立全流程、多渠道的公众参与和社会协同机制。在规划编制阶段。广泛调研社会各界意见和需求，深入了解人民群众所需所急所盼；充分调动和整合各方力量，鼓励各类相关机构参与规划编制；健全专家咨询机制，组建包括各相关领域专家的综合性咨询团队；完善部门协作机制，共同推进规划编制工作。在方案论证阶段。要形成通俗易懂可视化的中间成果，充分征求有关部门、社会各界意见。规划获批后。应在符合国家保密管理和地图管理等有关规定的基础上及时公开，并接受社会公众监督。

五、审查要求

在方案论证阶段和成果报批之前，审查机关应组织专家参与论证和进行审查。审查要件包括市级总规相关成果。

六、强制性内容

市级总规中涉及的安全底线、空间结构等方面内容，应作为规划强制性内容，并在图纸上有准确标明或在文本上有明确、规范的表述，同时提出相应的管理措施。

市级总规中强制性内容应包括：①约束性指标落实及分解情况，如生态保护红线面积、用水总量、永久基本农田保护面积等；②生态屏障、生态廊道和生态系统保护格局，自然保护地体系；③生态保护红线、永久基本农田和城镇开发边界三条控制线；④涵盖各类历史文化遗存的历史文化保护体系，历史文化保护线及空间管控要求；⑤中心城区范围内结构性绿地、水体等开敞空间的控制范围和均衡分布要求；⑥城乡公共服务设施配置标准，城镇政策性住房和教育、卫生、养老、文化体育等城乡公共服务设施布局原则和标准；⑦重大交通枢纽、重要线性工程网络、城市安全与综合防灾体系、地下空间、邻避设施等设施布局。

历年真题

1. 下列不属于市级国土空间规划强制性内容的是（　　）。[2020-25]

A. 约束性指标落实及分解情况

B. 生态屏障、生态廊道和生态系统保护格局

C. 城乡公共服务设施配置标准

D. 产业发展布局、土地整治生态修复的空间策略

【答案】D

【解析】根据《市级国土空间总体规划编制指南（试行）》附录F，市级总规中强制性内容应包括：①约束性指标落实及分解情况；②生态屏障、生态廊道和生态系统保护格局，自然保护地体系；③城乡公共服务设施配置标准，城镇政策性住房和教育、卫生、养老、文化体育等城乡公共服务设施布局原则和标准。D选项不属于强制性内容。

2. 下列规划工作内容中，不属于市级国土空间总体规划强制性内容的是（　　）。[2021-56]

A. 生态屏障、生态廊道和生态系统保护格局，自然保护地体系

B. 永久基本农田、生态保护红线和城镇开发边界三条控制线

C. 城市有机更新的重点实地区域、城市更新空间单元

D. 中心城区范围内结构性绿地、水体等开敞空间的控制范围和均衡分布要求

【答案】C

【解析】根据《市级国土空间总体规划编制指南（试行）》，城市有机更新的重点实地区域、城市更新空间单元不属于市级国土空间总体规划强制性内容。

七、规划图件目录

1. 现状图

应提交的现状图件：市域国土空间用地用海现状图、市域自然保护地分布图、市域历史文化遗存分布图、市域自然灾害风险分布图、中心城区用地用海现状图。

其他现状图件：反映自然地理、生态环境、能源矿产、区域发展、经济产业、人口社会、城镇化、乡村发展、灾害风险等方面现状与分析评价的必要图件。

2. 规划图

应提交的规划图件：市域主体功能分区图，市域国土空间总体格局规划图，市域国土空间控制线规划图，市域生态系统保护规划图，市域城镇体系规划图，市域农业空间规划图，市域历史文化保护规划图，市域城乡生活圈和公共服务设施规划图，市域综合交通规划图，市域基础设施规划图，市域国土空间规划分区图，市域生态修复和综合整治规划图，市域矿产资源规划图，中心城区土地使用规划图，中心城区国土空间规划分区图，中心城区开发强度分区规划图，中心城区控制线规划图（绿线、蓝线、紫线、黄线），中心城区历史文化保护和城市更新规划图，中心城区绿地系统和开敞空间规划图，中心城区公共服务设施体系、道路交通、市政基础设施、综合防灾减灾、地下空间规划图。

其他规划图件：包括住房保障、社区生活圈、慢行系统、城乡绿道、通风廊道、景观风貌、详规单元等内容的规划图件。

历年真题

根据《市级国土空间总体规划编制指南（试行）》，下列选项中，不属于规划成果必须包含的是（　　）。[2021-57]

A. 市域“双评价”成果图　　B. 市域主体功能分区图

C. 中心城区国土空间规划分区图　　D. 中心城区控制线规划图

【答案】A

【解析】根据《市级国土空间总体规划编制指南（试行）》，市域“双评价”成果图不属于规划成果必须包含的内容。

八、城镇开发边界划定要求

1. 基本概念及说明

城镇开发边界：城镇开发边界是在国土空间规划中划定的，一定时期内因城镇发展需要，可以集中进行城镇开发建设，完善城镇功能、提升空间品质的区域边界，涉及城市、建制镇以及各类开发区等。城镇开发边界内可分为城镇集中建设区、城镇弹性发展区和特别用途区（空间关系详见图 5-3）。城市、建制镇应划定城镇开发边界。

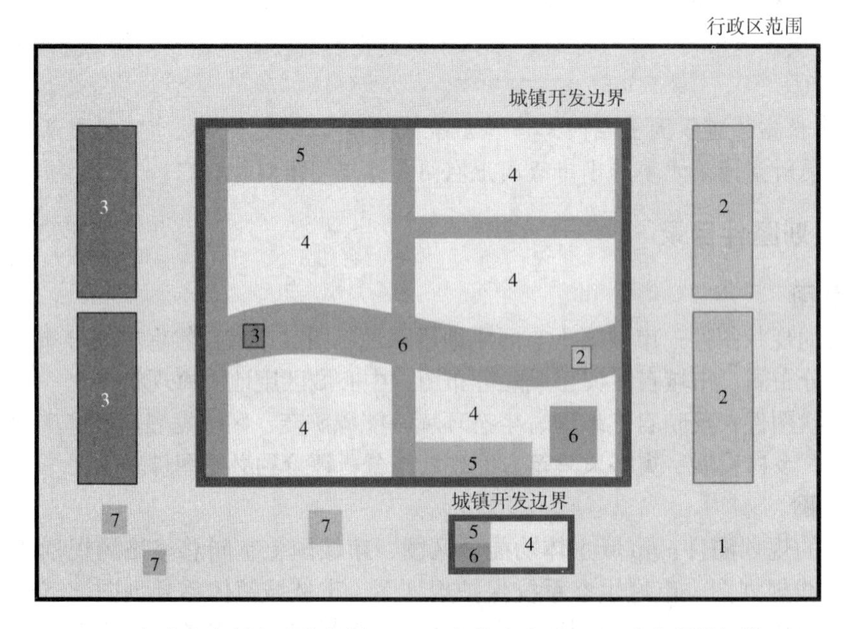

1—一般生态空间和农业空间；2—永久基本农田；3—生态保护红线；
4—城镇集中建设区；5—城镇弹性发展区；6—特别用途区；
7—农村居民点、点状设施等。

图 5-3　空间关系示意图

城镇集中建设区：根据规划城镇建设用地规模，为满足城镇居民生产生活需要，划定的一定时期内允许开展城镇开发和集中建设的地域空间。

城镇弹性发展区：为应对城镇发展的不确定性，在城镇集中建设区外划定的，在满足特定条件下方可进行城镇开发和集中建设的地域空间。在不突破规划城镇建设用地规模的前提下，城镇建设用地布局可在城镇弹性发展范围内进行调整，同时相应核减城镇集中建设区用地规模。

特别用途区：为完善城镇功能，提升人居环境品质，保持城镇开发边界的完整性，根据规划管理需划入开发边界内的重点地区，主要包括与城镇关联密切的生态涵养、休闲游憩、防护隔离、自然和历史文化保护等地域空间。特别用途区原则上禁止任何城镇集中建设行为，实施建设用地总量控制，原则上不得新增除市政基础设施、交通基础设施、生态修复工程、必要的配套及游憩设施外的其他城镇建设用地。

2. 总体要求

（1）划定原则。①坚持节约优先、保护优先、安全优先，以"双评价"为基础，优先划定森林、河流、湖泊、山川等不能进行开发建设的范围，统筹划定三条控制线。②城镇开发边界形态尽可能完整，充分利用现状各类边界。③为未来发展留有空间，强化城镇开发边界对开发建设行为的刚性约束作用，同时也要考虑城镇未来发展的不确定性，适当增加布局弹性。④因地制宜，结合当地城镇化发展水平和阶段特征，兼顾近期和长远发展。

（2）划定层次。市级总规应依照上位国土空间规划确定的城镇定位、规模指标等控制性要求，结合地方发展实际，划定市辖区城镇开发边界；统筹提出县人民政府所在地镇（街道）、各类开发区的城镇开发边界指导方案。县级总规应依据市级总规的指导方案，划定县域范围内的城镇开发边界，包括县人民政府所在地镇（街道）、其他建制镇、各类开发区等。按照"自上而下、上下联动"的组织方式，同步推进城镇开发边界划定工作，整合形成城镇开发边界"一张图"。

（3）规划期限。城镇开发边界期限与国土空间总体规划相一致。特大、超大城市以及资源环境超载的城镇，要划定永久性开发边界。

（4）调整和勘误。城镇开发边界以及城镇开发边界内的特别用途区原则上不得调整。因国家重大战略调整、国家重大项目建设、行政区划调整等确需调整的，按国土空间规划修改程序进行。规划实施中因地形差异、用地勘界、产权范围界定、比例尺衔接等情况需要局部勘误的，由市级自然资源主管部门认定后，不视为边界调整。

3. 划定技术流程

城镇开发边界划定一般包括基础数据收集、开展评价研究、边界初划、方案协调、边界划定入库等5个环节。其中，基础数据收集、开展评价研究与市级总规基础工作一并开展。

（1）边界初划。

1）城镇集中建设区。结合城镇发展定位和空间格局，依据国土空间规划中确定的规划城镇建设用地规模，将规划集中连片、规模较大、形态规整的地域确定为城镇集中建设区。现状建成区，规划集中连片的城镇建设区和城中村、城边村，依法合规设立的各类开发区，国家、省、市确定的重大建设项目用地等应划入城镇集中建设区。城镇建设和发展应避让地质灾害风险区、蓄泄洪区等不适宜建设区域，不得违法违规侵占河道、湖面、滩地。

市级总规在市辖区划定的城镇开发边界内，划入城镇集中建设区的规划城镇建设用地一般不少于市辖区规划城镇建设用地总规模的80%。县级总规按照市级总规提出的区县指引要求划定县（区）域的全部城镇开发边界后，以县（区）为统计单元，划入城镇集中建设区的规划城镇建设用地一般应不少于县（区）域规划城镇建设用地总规模的90%。

2）城镇弹性发展区。在与城镇集中建设区充分衔接、关联的基础上，合理划定城镇弹性发展区，做到规模适度、设施支撑可行。城镇弹性发展区面积原则上不超过城镇集中建设区面积的15%，其中现状城区常住人口300万以上城市的城镇弹性发展区面积原则上不超过城镇集中建设区面积的10%，现状城区常住人口500万以上城市、收缩城镇及人均城镇建设用地显著超标的城镇，应进一步收紧弹性发展区所占比例，原则上不超过城镇集中建设区面积的5%。

3）特别用途区。根据地方实际，特别用途区应包括对城镇功能和空间格局有重要影响、与城镇空间联系密切的山体、河湖水系、生态湿地、风景游憩、防护隔离、农业景观、古迹遗址等地域空间。同时，对于影响城市长远发展，在规划期内不进行规划建设，也不改变现状的空间，可以以林地、草地或湿地等形态，一并划入特别用途区予以严格管控。特别用途区应做好与城镇集中建设区的蓝绿空间衔接，形成完整的城镇生态网络体系。对于开发边界围合面积超过城镇集中建设区面积1.5倍的，对其合理性及必要性应当予以特殊说明。

（2）方案协调。城镇开发边界应尽可能避让生态保护红线、永久基本农田。出于城镇开发边界完整性及特殊地形条件约束的考虑，对于无法调整的零散分布生态保护红线和永久基本农田，可以"开天窗"形式不计入城镇开发边界面积，并按照生态保护红线、永久基本农田的保护要求进行管理。

（3）边界划定入库。

1）明晰边界。尽量利用国家有关基础调查明确的边界、各类地理边界线、行政管辖边界等界线，将城镇开发边界落到实地，做到清晰可辨、便于管理。城镇开发边界由一条或多条连续闭合线组成，单一闭合线围合面积原则上不小于30公顷。

2）上图入库。划定成果矢量数据采用2000国家大地坐标系和1985国家高程基准，在"三调"成果基础上，结合高分辨率卫星遥感影像图、地形图等基础地理信息数据，作为国土空间规划成果一同汇交入库。

九、规划分区

1. 一般规定

规划分区应落实上位国土空间规划要求，为本行政区域国土空间保护开发作出综合部署和总体安排，应充分考虑生态环境保护、经济布局、人口分布、国土利用等因素。

坚持陆海统筹、城乡统筹、地上地下空间统筹的原则，以国土空间的保护与保留、开发与利用两大功能属性作为规划分区的基本取向。

规划分区划定应科学、简明、可操作，遵循全域全覆盖、不交叉、不重叠，并应符合下列基本规定：①以主体功能定位为基础，体现规划意图，配套管控要求。②当出现多重使用功能时，应突出主导功能，选择更有利于实现规划意图的规划分区类型。③如市域内存在本指南未列出的特殊政策管控要求，可在规划分区建议的基础上，叠加历史文化保护、灾害风险防控等管控区域，形成复合控制区。

2. 分区类型

规划分区分为一级规划分区和二级规划分区。一级规划分区包括以下7类：生态保护区、生态控制区、农田保护区，以及城镇发展区、乡村发展区、海洋发展区、矿产能源发展区。在城镇发展区、乡村发展区、海洋发展区分别细分为二级规划分区，各地可结合实际补充二级规划分区类型。城镇发展区包括二级规划分区的城镇集中建设区、城镇弹性发展区、特别用途区。乡村发展区包括二级规划分区的村庄建设区、一般农业区、林业发展区、牧业发展区。海洋发展区包括渔业用海区、交通运输用海区、工矿通信用海区、游憩用海区、特殊用海区、海洋预留区。

城镇弹性发展区是指为应对城镇发展的不确定性，在满足特定条件下方可进行城镇开发和集中建设的区域。

特别用途区是指为完善城镇功能，提升人居环境品质，保持城镇开发边界的完整性，根据规划管理需划入开发边界内的重点地区，主要包括与城镇关联密切的生态涵养、休闲游憩、防护隔离、自然和历史文化保护等区域。

3. 规划分区关系

结合城镇开发边界示意图来分析规划分区关系（见图 5-4）。

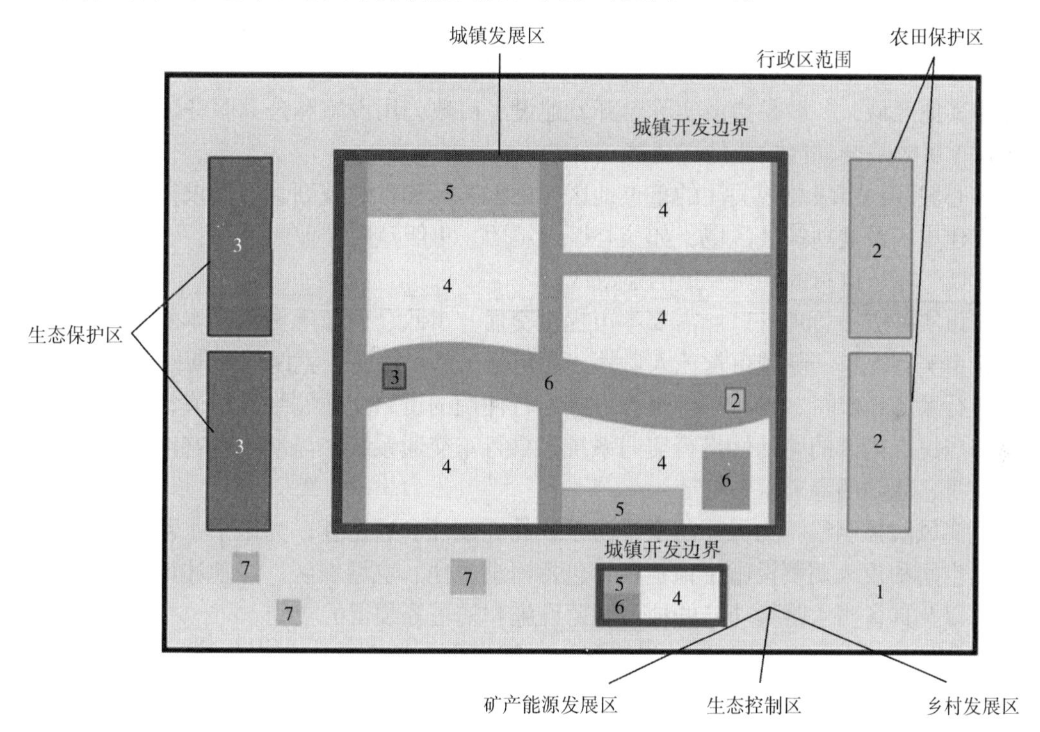

1—一般生态空间和农业空间；2—永久基本农田；3—生态保护红线；
4—城镇集中建设区；5—城镇弹性发展区；6—特别用途区；
7—农村居民点、点状设施等。

图 5-4　规划分区关系示意图

历年真题

下列属于城镇集中建设区二级规划分区的是（　　）。[2022-87]

A. 综合服务区　　B. 商业商务区

C. 生态控制区　　D. 绿地休闲区

E. 特别用途区

【答案】ABD

【解析】根据《市级国土空间总体规划编制指南（试行）》，生态控制区属于一级规划分区，C 选项不符合题意。特别用途区与城镇集中建设区属于同一级别，E 选项不符合题意。

十、名词解释和说明

城镇圈：以重点城镇为核心，空间服务功能和经济社会活动紧密关联的城乡一体化区域，一般为半小时通勤圈，是统筹城乡空间组织和资源配置的基础单元，体现城乡融合和公共服务的共建共享。

城乡生活圈：按照以人为核心的城镇化要求，围绕全年龄段人口的居住、就业、游憩、出行、学习、康养等全面发展的生活需要，在一定空间范围内，形成日常出行尺度的功能复合的城乡生活共同体。对应不同时空尺度，城乡生活圈可分为都市生活圈、城镇生活圈、社区生活圈等；其中，社区生活圈应作为完善城乡服务功能的基本单元。

城区：在市辖区和不设区的市，区、市政府驻地的实际建设连接到的居民委员会所辖区域和其他区域，一般是指由实际已开发建设、市政公用设施和公共服务设施基本具备的居（村）民委员会辖区构成的建成区。

中心城区：市级总规关注的重点地区，根据实际和本地规划管理需求等确定，一般包括城市建成区及规划扩展区域，如核心区、组团、市级重要产业园区等；一般不包括外围独立发展、零星散布的县城及镇的建成区。

城市实际服务管理人口：需要本市提供交通、市政、商业等城市基本服务以及行政管理的城市实有人口，除城市常住人口外，还包括出差、旅游、就医等短期停留人口。

慢行系统：步行、自行车等慢行方式出行使用的道路交通网络及附属设施，主要包括城镇与居民点内部的生活性步行交通系统、自行车交通系统；与城乡生态空间结合的，供人们健身、休闲的绿道网系统等。

洪涝风险控制线：为保障防洪排涝系统的完整性和通达性，为雨洪水蓄滞和行泄划定的自然空间和重大调蓄设施用地范围，包括河湖湿地、坑塘农区、绿地洼地、涝水行泄通道等，以及具备雨水蓄排功能的地下调蓄设施和隧道等预留的空间。

城市体检评估：依据市级总规等国土空间规划，按照“一年一体检、五年一评估”，对城市发展体征及规划实施情况定期进行的分析和评价，是促进和保障国土空间规划有效实施的重要工具。

历年真题

下列关于市级国土空间总体规划相关概念的表述，错误的是（　　）。[2021-24]

A. 市辖区（或不设区的市）的范围大于或等于城区范围

B. 城市建成区范围不大于中心城区范围

C. 城市实际服务管理人口大于或等于城市常住人口

D. 都市圈范围大于城镇圈范围

【答案】A

【解析】根据《市级国土空间总体规划编制指南（试行）》，城区是指在市辖区和不设区的市，区、市政府驻地的实际建设连接到的居民委员会所辖区域和其他区域，一般是指由实际已开发建设、市政公用设施和公共服务设施基本具备的居（村）民委员会辖区构成的建成区。

第二节　“双评价”和“双评估”

一、资源环境承载能力和国土空间开发适宜性评价

本部分结合《资源环境承载能力和国土空间开发适宜性评价技术指南（试行）》编写。

1. 术语和定义（第 2 章）

资源环境承载能力：基于特定发展阶段、经济技术水平、生产生活方式和生态保护目标，一定地域范围内资源环境要素能够支撑农业生产、城镇建设等人类活动的最大合理规模。

国土空间开发适宜性：在维系生态系统健康和国土安全的前提下，综合考虑资源环境等要素条件，特定国土空间进行农业生产、城镇建设等人类活动的适宜程度。

2. 评价目标（第 3 章）

分析区域资源禀赋与环境条件，研判国土空间开发利用问题和风险，识别生态保护极重要区（含生态系统服务功能极重要区和生态极脆弱区），明确农业生产、城镇建设的最大合理规模和适宜空间，为编制国土空间规划，优化国土空间开发保护格局，完善区域主体功能定位，划定三条控制线，实施国土空间生态修复和国土综合整治重大工程提供基础性依据，促进形成以生态优先、绿色发展为导向的高质量发展新路子。

3. 评价原则（第 4 章）

底线约束：坚持最严格的生态环境保护制度、耕地保护制度和节约用地制度，维护国家生态安全、粮食安全等国土安全。在优先识别生态保护极重要区基础上，综合分析农业生产、城镇建设的合理规模和适宜等级。

问题导向：充分考虑陆海全域水、土地、气候、生态、环境、灾害等资源环境要素，定性定量相结合，客观评价区域资源禀赋与环境条件，识别国土空间开发利用现状中的问题和风险，有针对性地提出意见和建议。

因地制宜：充分体现不同空间尺度和区域差异，合理确定评价内容、技术方法和结果等级。下位评价应充分衔接上位评价成果，并结合本地实际，开展有针对性的补充和深化评价。

简便实用：在保证科学性的基础上，抓住解决实际问题的本质和关键，选择代表性要素和指标，采用合理方法工具，结果表达简明扼要。紧密结合国土空间规划编制，强化操作导向，确保评价成果科学、权威，适用、管用、好用。

4. 工作流程

编制县级以上国土空间总体规划，应先行开展“双评价”，形成专题成果，随同级国土空间总体规划一并论证报批入库。县级国土空间总体规划可直接使用市级评价运算结果，强化分析，形成评价报告；也可有针对性地开展补充评价。工作流程见图 5-5。

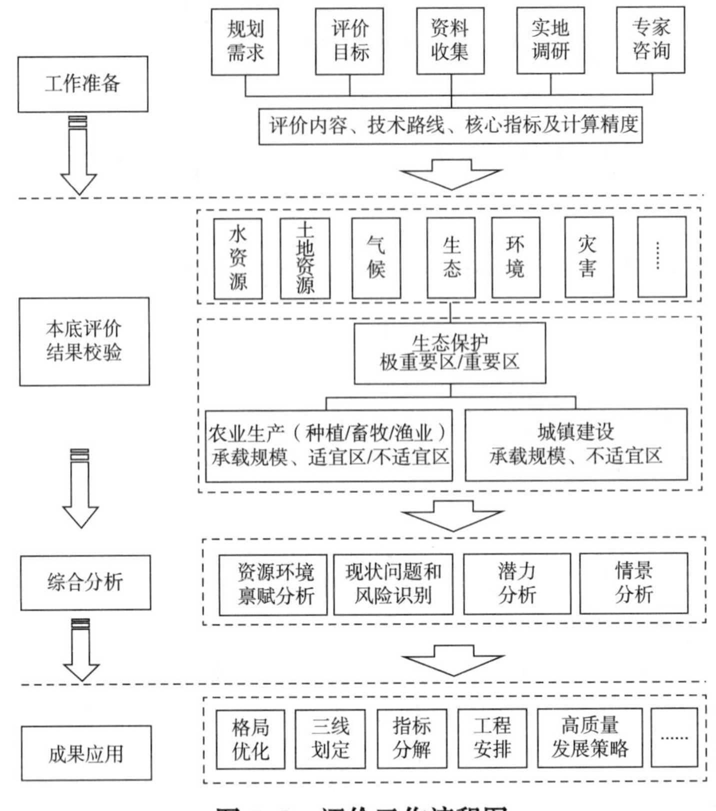

图 5–5 评价工作流程图

（1）工作准备。（第 5.1 节）

评价统一采用 2000 国家大地坐标系（CGCS2000），高斯 – 克吕格投影，陆域部分采用 1985 国家高程基准，海域部分采用理论深度基准面高程基准。制图规范、精度等参考同级国土空间规划要求。

（2）本底评价。（第 5.2.1 ~ 5.2.4 条）

将资源环境承载能力和国土空间开发适宜性作为有机整体，主要围绕水资源、土地资源、气候、生态、环境、灾害等要素，针对生态保护、农业生产（种植、畜牧、渔业）、城镇建设三大核心功能开展本底评价。

1）生态保护重要性评价。

省级评价：从区域生态安全底线出发，在陆海全域，评价水源涵养、水土保持、生物多样性维护、防风固沙、海岸防护等生态系统服务功能重要性，以及水土流失、石漠化、土地沙化、海岸侵蚀及沙源流失等生态脆弱性，综合形成生态保护极重要区和重要区。

市县评价：在省级评价结果基础上，根据更高精度数据和实地调查进行边界校核。从生态空间完整性、系统性、连通性出发，结合重要地下水补给、洪水调蓄、河（湖）岸防护、自然遗迹、自然景观等进行补充评价和修正。

2）农业生产适宜性评价。

省级评价：在生态保护极重要区以外的区域，开展种植业、畜牧业、渔业等农业生产适宜性评价，识别农业生产适宜区和不适宜区。

市县评价：省级评价内容和精度已满足市县国土空间规划编制需要的，可直接在省级评价结果基础上进行综合分析。

3）城镇建设适宜性评价。

省级评价：在生态保护极重要区以外的区域，优先考虑环境安全、粮食安全和地质安全等底线要求，识别城镇建设不适宜区。沿海地区针对海洋开发利用活动开展评价。

市县评价：进一步提高评价精度，对城镇建设不适宜区范围进行校核。根据城镇化发展阶段特征，增加人口、经济、区位、基础设施等要素，识别城镇建设适宜区。结合海洋资源优势，识别海洋开发利用适宜区。

4）承载规模评价。

基于现有经济技术水平和生产生活方式，以水资源、空间约束等为主要约束，缺水地区重点考虑水平衡，分别评价各评价单元可承载农业生产、城镇建设的最大合理规模。各地可结合环境质量目标、污染物排放标准和总量控制等因素，评价环境容量对农业生产、城镇建设约束要求。按照短板原理，取各约束条件下的最小值作为可承载的最大合理规模。

一般地，省级以市级（或县级）行政区为单元评价承载规模，市级以县级（或乡级）行政区为单元评价承载规模。

（3）综合分析。（第 5.3.1 ～ 5.3.4 条）

1）资源环境禀赋分析。分析水、土地、森林、草原、湿地、海洋、冰川、荒漠、能源矿产等自然资源的数量（总量和人均量）、质量、结构、分布等特征及变化趋势，结合气候、生态、环境、灾害等要素特点，对比国家、省域平均情况，对标国际和国内，总结资源环境禀赋优势和短板。

2）现状问题和风险识别。将生态保护重要性、农业生产及城镇建设适宜性评价结果与用地用海现状进行对比，重点识别以下冲突（包括空间分布和规模）：生态保护极重要区中永久基本农田、园地、人工商品林、建设用地以及用海活动；种植业生产不适宜区中耕地、永久基本农田；城镇建设不适宜区中城镇用地；地质灾害高危险区内农村居民点。

对比现状耕地规模与耕地承载规模、现状城镇建设用地规模与城镇建设承载规模、牧区实际载畜量与牲畜承载规模、渔业实际捕捞和养殖规模与渔业承载规模等，判断区域资源环境承载状态。对资源环境超载的地区，找出主要原因，提出改善路径。

可根据相关评价因子，识别水平衡、水土保持、生物多样性、湿地保护、地面沉降、土壤污染等方面问题，研判未来变化趋势和存在风险。

3）潜力分析。根据农业生产适宜性评价结果，对种植业、畜牧业不适宜区以外的区域，根据土地利用现状和资源环境承载规模，分析可开发为耕地、牧草地的空间分布和规模。根据渔业生产适宜性评价结果，在渔业生产适宜区内，根据渔业养殖、捕捞现状和渔业承载规模，分析渔业养殖、捕捞的潜力空间和规模。

根据城镇建设适宜性评价结果，对城镇建设不适宜区以外的区域（市县层面可直接在城镇建设适宜区内），扣除集中连片耕地后，根据土地利用现状和城镇建设承载规模，分析可用于城镇建设的空间分布和规模。

4）情景分析。针对气候变化、技术进步、重大基础设施建设、生产生活方式转变等不同情景，分析对水资源、土地资源、生态系统、自然灾害、陆海环境、能源资源、滨海城镇安全等的影响，给出相应的评价结果，提出适应和应对的措施建议，支撑国土空间规划多方案比选。

5. 成果要求（第6章）

评价成果包括报告、表格、图件、数据集等。报告应重点说明评价方法及过程、评价区域资源环境优势及短板、问题风险和潜力，对国土空间格局、主体功能定位、三条控制线、规划主要指标分解方案等提出建议。按照国土空间规划相关数据标准和汇交要求，形成评价成果数据集，随国土空间规划成果一并上报入库。

6. 成果应用（第7章）

当前阶段开展“双评价”工作具有一定的相对性，生态评价方面应基于科学评价确定保护底线，对农业生产、城镇建设评价结果具有多宜性的，应结合资源禀赋、环境条件和发展目标、治理要求进行综合权衡，并与上位评价成果衔接，作出合理判断。评价成果具体从以下方面支撑国土空间规划编制。

支撑国土空间格局优化。生态格局应与生态保护重要性评价结果相匹配；农业格局应与农业生产适宜性评价结果相衔接。

支撑完善主体功能分区。生态保护、农业生产、城镇建设单一功能特征明显的区域，可作为重点生态功能区、农产品主产区、城市化发展区备选区域。两种或多种功能特征明显的区域，按照安全优先、生态优先、节约优先、保护优先的原则，结合区域发展战略定位，以及在全国或区域生态、农业、城镇格局中的重要程度，综合权衡后，确定其主体功能定位。

支撑划定三条控制线。生态保护极重要区，作为划定生态保护红线的空间基础。种植业生产适宜区，作为永久基本农田的优选区域；退耕还林还草等应优先在种植业生产不适宜区内开展。城镇开发边界优先在城镇建设适宜区范围内划定，并避让城镇建设不适宜区，无法避让的需进行专门论证并采取相应措施。

支撑规划指标确定和分解。耕地保有量、建设用地规模等指标的确定和分解，应与农业生产、城镇建设现状及未来潜力相匹配，不能突破区域农业生产、城镇建设的承载规模。

支撑重大工程安排。国土空间生态修复和国土综合整治重大工程的确定与时序安排，应优先在生态极脆弱、灾害危险性高、环境污染严重等区域开展。

支撑高质量发展的国土空间策略。在坚守资源环境底线约束、有效解决开发保护突出问题的基础上，按照高质量发展要求，提出产业结构和布局优化、资源利用效率提高、重大基础设施和公共服务配置等国土空间策略的建议。

支撑编制空间类专项规划。海岸带、自然保护地、生态保护修复、矿产资源开发利用等专项规划的主要目标任务，应与评价成果相衔接。

7. 省级本底评价方法

（1）生态保护重要性评价。（附录A.1）

开展生态系统服务功能重要性和生态脆弱性评价，集成得到生态保护重要性，识别生态保护极重要区和重要区。

水源涵养、水土保持、生物多样性维护、防风固沙、海岸防护等生态系统服务功能越重要，水土流失、石漠化、土地沙化、海岸侵蚀及沙源流失等生态脆弱性越高，且生态系统完整性越好、生态廊道的连通性越好，生态保护重要性等级越高。

1）生态系统服务功能重要性。（附录 A.1.1）

评价水源涵养、水土保持、生物多样性维护、防风固沙、海岸防护等生态系统服务功能重要性，取各项结果的最高等级作为生态系统服务功能重要性等级。

①水源涵养功能重要性：通过降水量减去蒸散量和地表径流量得到的水源涵养量，评价生态系统水源涵养功能的相对重要程度。降水量大于蒸散量较多，且地表径流量相对较小的区域，水源涵养功能重要性较高。森林、灌丛、草地和湿地生态系统质量较高的区域，由于地表径流量小，水源涵养功能相对较高。一般地，将累积水源涵养量最高的前 50% 区域确定为水源涵养极重要区。在此基础上，结合大江大河源头区、饮用水水源地等边界进行适当修正。

②水土保持功能重要性：通过生态系统类型、植被覆盖度和地形特征的差异，评价生态系统土壤保持功能的相对重要程度。一般地，森林、灌丛、草地生态系统土壤保持功能相对较高，植被覆盖度越高、坡度越大的区域，土壤保持功能重要性越高。将坡度不小于 25°（华北、东北地区可适当降低）且植被覆盖度不小于 80% 的森林、灌丛和草地确定为水土保持极重要区；在此范围外，将坡度不小于 15° 且植被覆盖度不小于 60% 的森林、灌丛和草地确定为水土保持重要区。不同地区可对分级标准进行适当调整，同时结合水土保持相关规划和专项成果，对结果进行适当修正。

③生物多样性维护功能重要性：生物多样性维护功能重要性在生态系统、物种和遗传资源三个层次进行评价。

在生态系统层次，将原真性和完整性高，需优先保护的森林、灌丛、草地、内陆湿地、荒漠、海洋等生态系统评定为生物多样性维护极重要区；其他需保护的生态系统评定为生物多样性维护重要区。

在物种层次，参考国家重点保护野生动植物名录、世界自然保护联盟（IUCN）濒危物种及中国生物多样性红色名录，确定具有重要保护价值的物种为保护目标，将极危、濒危物种的集中分布区域、极小种群野生动植物的主要分布区域，确定为生物多样性维护极重要区；将省级重点保护物种等其他具有重要保护价值物种的集中分布区域，确定为生物多样性维护重要区。

在遗传资源层次，将重要野生的农作物、水产、畜牧等种质资源的主要天然分布区域，确定为生物多样性维护极重要区。

④防风固沙功能重要性：通过干旱、半干旱地区生态系统类型、大风天数、植被覆盖度和土壤砂粒含量，评价生态系统防风固沙功能的相对重要程度。一般地，森林、灌丛、草地生态系统防风固沙功能相对较高，大风天数较多、植被覆盖度较高、土壤砂粒含量高的区域，防风固沙功能重要性较高。将土壤砂粒含量不小于 85%、大风天数不小于 30 天、植被覆盖度不小于 15%（青藏高原可调整为 30%）的森林、灌丛、草地生态系统确定为防风固沙极重要区；在此范围外，大风天数不小于 20 天、土壤砂粒含量不小于 65%、植被覆盖度不小于 10%（青藏高原可调整为 20%）的森林、灌丛、草地生态系统确定为防风固沙重要区。不同区域可对判别因子及分级标准进行适当调整，同时可结合防沙治沙相关规划和专项成果，对结果进行适当修正。

⑤海岸防护功能重要性：通过识别沿海防护林、红树林、盐沼等生物防护区域以及

基岩、砂质海岸等物理防护区域，评价海岸防护功能的相对重要程度。将原真性和完整性高、需优先保护的区域确定为海岸防护极重要区，区域范围自海岸线向陆缓冲一定距离，向海根据自然地理边界确定。

2）生态脆弱性。（附录 A.1.2）

评价水土流失、石漠化、土地沙化、海岸侵蚀及沙源流失等生态脆弱性，取各项结果的最高等级作为生态脆弱性等级。

利用水土流失、石漠化、土地沙化专项调查监测的最新成果，按照以下规则确定不同的脆弱性区域：水力侵蚀强度为剧烈和极强烈的区域确定为水土流失极脆弱区，强烈和中度的区域确定为脆弱区；石漠化监测成果为重度及以上的区域确定为石漠化极脆弱区，中度区域确定为脆弱区；风力侵蚀强度为剧烈和极强烈的区域确定为土地沙化极脆弱区，强烈和中度的区域确定为脆弱区。

海岸侵蚀及沙源流失脆弱性评价主要基于海岸底质类型、风暴潮增水、侵蚀速率等因素，识别极脆弱的原生及整治修复后具有自然形态的砂质、粉砂淤泥质海岸。区域范围自海岸线向陆缓线一定距离，向海根据自然地理边界确定。砂质海岸外侧可补充划定沙源流失极脆弱区，区域范围自海岸线向陆缓冲一定距离，向海至波基面。

3）结果集成及校验。（附录 A.1.3）

取生态系统服务功能重要性和生态脆弱性评价结果的较高等级，作为生态保护重要性等级的初判结果。生态系统服务功能极重要区和生态极脆弱区加总确定为生态保护极重要区，其余重要和脆弱区加总确定为生态保护重要区。

将省级生态保护重要性等级初判结果与全国评价结果进行衔接，确保极重要区与全国生态安全格局总体一致。

对生态保护红线划定中，按照模型法开展过评价的地区，可将初判结果与其进行校验。

根据野生动物活动监测结果和专家经验，对野生动物迁徙、洄游十分重要的生态廊道，将初判结果为重要等级的图斑调整为极重要。依据地理环境、地貌特点和生态系统完整性确定的边界，如林线、雪线、岸线、分水岭、入海河流与海洋分界线，以及生态系统分布界线，对生态保护极重要区和重要区进行边界修正。

（2）农业生产适宜性评价。（附录 A.2）

在生态保护极重要区以外的区域，开展种植业、畜牧业、渔业等农业生产适宜性评价，识别农业生产适宜区和不适宜区。

1）种植业生产适宜性。（附录 A.2.1）

以水、土、光、热组合条件为基础，结合土壤环境质量、气象灾害等因素，评价种植业生产适宜程度。一般地，水资源丰度越高，地势越平坦，土壤肥力越好，光热越充足，土壤环境质量越好，气象灾害风险越低，盐渍化程度越低，且地块规模和连片程度越高，越适宜种植业生产。各地可根据当地条件确定种植业生产适宜区的具体判别标准。

原则上，将干旱（多年平均降水量低于 200mm，云贵高原等蒸散力较强的区域可根据干旱指数，西北等农业供水结构中过境水源占比较大的区域可根据用水总量控制指标确定干旱程度），地形坡度大于 25°（山区梯田可适当放宽），土壤肥力很差（粉砂含量大，或有机质少，或土壤厚度太薄难以耕种），光热条件不能满足作物一年一熟需要（大于或等于0℃积温小于1 500℃），土壤污染物含量大于风险管控值的区域，确定为种植业生产不适宜区。

2）畜牧业生产适宜性。（附录A.2.2）

畜牧业分为放牧为主的牧区畜牧业和舍饲为主的农区畜牧业。年降水量400mm等值线或10℃以上积温3 200℃等值线是牧区和农区的分界线。根据当地自然地理条件，确定其畜牧业类型并开展适宜性评价。

牧区畜牧业主要分布在干旱、半干旱地区，受自然条件约束大。一般地，草原饲草生产能力越高（优质草原），雪灾、风灾等气象灾害风险越低，地势越平坦和相对集中连片，越适宜牧区畜牧业生产。

农区畜牧业主要分布在湿润、半湿润地区，受自然条件约束相对较小，主要制约因素是饲料供给能力、环境容量等。可将农区内种植业生产适宜区全部确定为畜牧业适宜区。

3）渔业生产适宜性。（附录A.2.3）

按渔业捕捞、渔业养殖两类（含淡水和海水）评价渔业生产适宜性。

渔业捕捞适宜程度主要取决于可捕获渔业资源、鱼卵和幼稚鱼数量、天然饵料供给能力等因素。一般地，捕捞对象的资源量越丰富、鱼卵和幼稚鱼越多、天然饵料基础越好，渔业捕捞适宜程度越高。渔业资源再生产能力退化水域确定为渔业捕捞不适宜区。

渔业养殖适宜程度主要取决于水域环境、自然灾害等因素。一般地，水质优良、自然灾害风险低的水域确定为渔业养殖适宜区。水质不达标或环境污染严重的水域确定为渔业养殖不适宜区。

4）结果校验。（附录A.2.4）

对农业生产适宜性结果进行专家校验，综合判断评价结果的科学性与合理性。对明显不符合实际的，应开展必要的现场核查。

（3）城镇建设适宜性评价。

1）城镇建设不适宜区。（附录A.3.1）

在生态保护极重要区以外的区域，开展城镇建设适宜性评价，着重识别不适宜城镇建设的区域。

一般地，将水资源短缺，地形坡度大于25°，海拔过高，地质灾害、海洋灾害危险性极高的区域，确定为城镇建设不适宜区。各地可根据当地实际细化或补充城镇建设限制性因素并确定具体判别标准。

海洋开发利用主要考虑港口、矿产能源等功能，将海洋资源条件差、生态风险高的区域，确定为海洋开发利用不适宜区。

2）结果校验。（附录A.3.2）

对城镇建设适宜性评价结果进行专家校验，综合判断评价结果的科学性与合理性。对明显不符合实际的，应开展必要的现场核查。

（4）承载规模评价。

1）农业生产承载规模。（附录A.4.1）

①耕地承载规模：从水资源的角度，可承载的耕地规模包括可承载的灌溉耕地面积和单纯以天然降水为水源的耕地面积（雨养耕地面积）。可承载的灌溉耕地面积等于一定条

件下灌溉可用水量和农田综合灌溉定额的比值。灌溉可用水量要在区域用水总量控制指标基础上，结合区域供用水结构、三产结构等确定。农田综合灌溉定额根据当地农业生产实际情况，以代表性作物（水稻、小麦、玉米等）灌溉定额为基础，根据不同种植结构、复种情况、灌溉方式（漫灌、管灌、滴灌、喷灌等）、农田灌溉水有效利用系数等确定。雨养耕地面积，根据作物生长期内降水量、降水过程与作物需水过程的一致性等确定。相关参数可采用联合国粮农组织推荐值，并根据当地经验进行修正。

从空间约束的角度，将生态保护极重要区和种植业生产不适宜区以外区域的规模，作为空间约束下耕地的最大承载规模。

按照短板原理，取上述约束条件下的最小值，作为耕地承载的最大合理规模。

②牲畜承载规模：针对牧区畜牧业，通过测算草地资源的可持续饲草生产能力，确定草原合理载畜量（以标准羊计）。针对农区畜牧业，通过测算农区养殖粪肥养分需求量和供给量，确定农区合理载畜量（以猪当量计）。

③渔业承载规模：针对渔业捕捞，以可供捕捞种群的数量或已开发程度为依据，以维护渔业资源的再生产能力和持续渔获量为目标，确定渔业捕捞的合理规模。

针对渔业养殖，以控制养殖尾水排放和水质污染为前提，以保证鱼、虾、贝、藻、参类正常生长、繁殖和水产品质量为目标，确定渔业养殖的合理规模。

2）城镇建设承载规模。（附录 A.4.2）

从水资源的角度，通过区域城镇可用水量除以城镇人均需水量，确定可承载的城镇人口规模，可承载的城镇人口规模乘以人均城镇建设用地面积，确定可承载的建设用地规模。城镇可用水量要在区域用水总量控制指标基础上，结合区域供用水结构、三产结构等确定。城镇人均需水量需考虑不同发展阶段、经济技术水平和生产生活方式等因素，按照生活和工业用水量的合理占比综合确定。人均城镇建设用地面积，要基于现状和节约集约发展要求合理确定。

从空间约束的角度，将生态保护极重要区和城镇建设不适宜区以外区域的规模，作为空间约束下城镇建设的最大规模。

按照短板原理，取上述约束条件下的最小值作为可承载的最大合理规模。

8. 图件（附录 B.3）

图件主要包括基础图、成果图等。①基础图包括：行政区划图、地形地貌图。②成果图包括：生态保护重要性评价结果图、农业生产适宜性评价结果图、城镇建设适宜性评价结果图、生态保护极重要区内开发利用地类分布图、种植业生产不适宜区内耕地分布图、城镇建设不适宜区内城镇建设用地分布图、耕地空间潜力分析图、城镇建设空间潜力分析图、生态系统服务功能重要性分布图、生态脆弱性分布图、多年平均降水量分布图、人均可用水资源总量分布图、地质灾害危险性分区图、地下水超采与地面沉降分布图。

历年真题

1. 根据《资源环境承载能力和国土空间开发适宜性评价指南（试行）》，下列关于资源环境承载能力及生态空间、农业空间、承载空间评价要求的表述，不准确的是（ ）。［2022-20］

A. 明确农业生产、城镇建设的最大合理规模和适宜空间是“双评价”的工作目标之一

B. 生态保护极重要区，重点识别的用地冲突类型有永久基本农田、园地、公益林、建设用地以及用海活动

C. 农业生产适宜性评价中，若省级评价内容和精度可满足市县规划编制需要，市县评价可在省级评价基础上进行综合分析

D. 城镇建设适宜性评价可结合当地实际，针对矿产资源、历史文化和自然景观资源等开展必要的补充评价

【答案】B

【解析】将生态保护重要性、农业生产及城镇建设适宜性评价结果与用地用海现状进行对比，重点识别以下冲突（包括空间分布和规模）：生态保护极重要区中永久基本农田、园地、人工商品林、建设用地以及用海活动；种植业生产不适宜区中耕地、永久基本农田；城镇建设不适宜区中城镇用地；地质灾害高危险区内农村居民点。

2. 下列评价工作中，不属于"双评价"本底评价内容的是（　　）。［2021–26］

A. 生态保护重要性评价　　B. 规划环境影响评价

C. 农业生产适宜性评价　　D. 城镇建设适宜性评价

【答案】B

【解析】《资源环境承载能力和国土空间开发适宜性评价指南（试行）》指出，将资源环境承载能力和国土空间开发适宜性作为有机整体，主要围绕水资源、土地资源、气候、生态、环境、灾害等要素，针对生态保护、农业生产（种植、畜牧、渔业）、城镇建设三大核心功能开展本底评价。

二、市县国土空间开发保护现状评估

本部分结合《市县国土空间开发保护现状评估技术指南（试行）》编写。

1. 评估原则（第1章）

坚持目标导向：评估工作，一是要体现坚守生态安全、水安全、粮食安全等底线要求，反映市县在应对气候变化、保护生物多样性等方面对全球生态文明的贡献；二是要科学评估规划实施现状与规划约束性目标的关系，做到全面监测、重点评估和特殊预警，防范化解重大风险挑战；三是要客观反映国土空间开发保护结构、效率和宜居水平，为领导干部综合考评，实施自然资源管理和用途管制政策，以及规划动态调整完善提供参考。

坚持问题导向：评估要着力发现规划实施中存在的空间维度"重量轻质"、时间维度"重静轻动"、政策维度"重地轻人"等突出矛盾和问题，以人为本，从规模、结构、质量、效率、时序等多角度充分挖掘存量空间和流量空间价值，提出针对性解决措施，促进规划更好编制实施。

坚持操作导向：评估要结合本技术指南要求，统筹兼顾，构建科学有效、便于操作、符合当地实际的评估指标体系。采用客观真实的数据及可靠的分析方法，确保评估过程科学严谨，评估结论真实可信。同时，落实国家大数据战略要求，在充分利用现状基础数据、规划成果数据等基础上，鼓励采用社会大数据，提高空间治理问题的动态精准识别能力，着力构建可感知、能学习、善治理、自适应的智慧规划监测评估预警体系。

2. 评估任务与流程

（1）制定评估方案。（第 3.1 节）

制定评估工作技术方案，明确总体要求、主要任务、指标体系、进度计划、组织保障等内容。

（2）构建指标体系。（第 3.2 节）

1）指标体系构建如图 5-6 所示。

各市县在以评估基本指标为核心的基础上，可另行增设与时空紧密关联，体现质量、效率和结构的指标，按安全、创新协调、绿色、开放和共享维度，建立符合地方实际的指标体系，开展评估。评估推荐指标是根据新时代国土空间规划重构性要求，遴选出的具有代表性的指标，供各地选用。

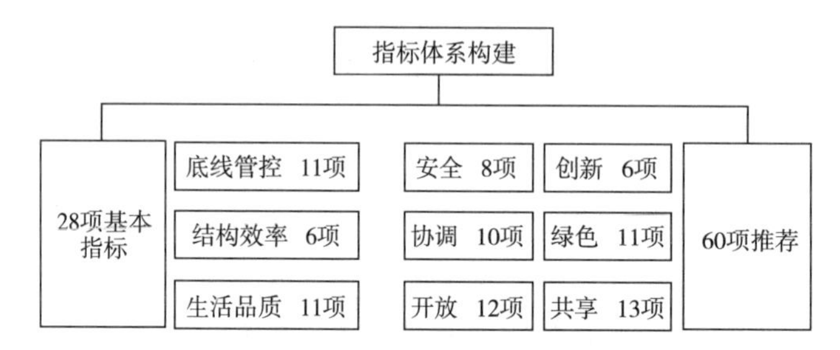

图 5-6 指标体系构建图

2）评估指标。（附件 1、附件 2）

评估指标见表 5-5 和表 5-6。

表 5-5 市县国土空间开发保护现状评估——基本指标

编号	指标项
一、底线管控	
A-01	生态保护红线范围内建设用地面积（平方千米）
A-02	永久基本农田保护面积（平方千米）
A-03	耕地保有量（平方千米）
A-04	城乡建设用地面积（平方千米）
A-05	森林覆盖率（%）
A-06	湿地面积（平方千米）
A-07	河湖水面率（%）
A-08	水资源开发利用率（%）
A-09	自然岸线保有率（%）
A-10	重要江河湖泊水功能区水质达标率（%）
A-11	近岸海域水质优良（一、二类）比例（%）

续表 5-5

编号	指标项
二、结构效率	
A-12	人均应急避难场所面积（平方米）
A-13	道路网密度（千米 / 平方千米）
A-14	人均城镇建设用地（平方米）
A-15	人均农村居民点用地（平方米）
A-16	存量土地供应比例（%）
A-17	每万元 GDP 地耗（平方米）
三、生活品质	
A-18	森林步行 15 分钟覆盖率（%）
A-19	公园绿地、广场步行 5 分钟覆盖率（%）
A-20	社区卫生医疗设施步行 15 分钟覆盖率（%）
A-21	社区中小学步行 15 分钟覆盖率（%）
A-22	社区体育设施步行 15 分钟覆盖率（%）
A-23	城镇人均住房建筑面积（平方米）
A-24	历史文化风貌保护面积（平方千米）
A-25	消防救援 5 分钟可达覆盖率（%）
A-26	每千名老年人拥有养老床位数（张）
A-27	生活垃圾回收利用率（%）
A-28	农村生活垃圾处理率（%）

表 5-6　市县国土空间开发保护现状评估——推荐指标

一级	二级	编号	指标项	备注
安全	底线管控	B-01	城镇开发边界范围内建设用地面积（平方千米）	
		B-02	三线范围外建设用地面积（平方千米）	
	粮食安全	B-03	高标准农田面积占比（%）	
	水安全	B-04	地下水供水量占总供水量比例（%）	▲
		B-05	再生水利用率（%）	▲
		B-06	地下水水质优良比例（%）	
	防灾减灾	B-07	年平均地面沉降量（毫米）	
		B-08	防洪堤防达标率（%）	

续表 5-6

一级	二级	编号	指标项	备注
创新	创新投入产出	B-09	研究与试验发展经费投入强度（%）	
		B-10	万人发明专利拥有量（件）	
		B-11	科研用地占比（%）	
	创新环境	B-12	在校大学生数量（万人）	
		B-13	受过高等教育人员占比（%）	
		B-14	高新技术企业数量（家）	
协调	城乡融合	B-15	户籍人口城镇化率（%）	
		B-16	常住人口城镇化率（%）	
		B-17	常住人口数量（万人）	
		B-18	实际服务人口数量（万人）	▲
		B-19	等级医院交通 30 分钟村庄覆盖率（%）	▲
		B-20	行政村等级公路通达率（%）	
		B-21	农村自来水普及率（%）	
		B-22	城乡居民人均可支配收入比	
	陆海统筹	B-23	海洋生产总值占 GDP 比重（%）	
	地上地下统筹	B-24	人均地下空间面积（平方米）	▲
绿色	生态保护	B-25	生物多样性指数	▲
		B-26	森林蓄积量（亿立方米）	▲
		B-27	新增国土空间生态修复面积（平方千米）	▲
	绿色生产	B-28	单位 GDP 二氧化碳排放降低（%）	▲
		B-29	每万元 GDP 能耗（吨标煤）	
		B-30	每万元 GDP 水耗（立方米）	
		B-31	工业用地地均增加值（亿元 / 平方千米）	▲
		B-32	年新增城市更新改造用地面积（平方千米）	▲
	绿色生活	B-33	原生垃圾填埋率（%）	▲
		B-34	绿色交通出行比例（%）	▲
		B-35	人均年用水量（立方米）	▲

续表 5-6

一级	二级	编号	指标项	备注
开放	网络联通	B-36	定期国际通航城市数量（个）	
		B-37	机场国内通航城市数量（个）	
	对外交往	B-38	国内旅游人数（万人次 / 年）	
		B-39	入境旅游人数（万人次 / 年）	
		B-40	外籍常住人口数量（万人）	
		B-41	机场年旅客吞吐量（万人次）	
		B-42	铁路年旅客运输量（万人次）	▲
		B-43	城市对外日均人流联系量（万人次）	
		B-44	国际会议、展览、体育赛事数量（次）	
	对外贸易	B-45	港口年集装箱吞吐量（万标箱）	
		B-46	机场年货邮吞吐量（万吨）	
		B-47	对外贸易进出口总额（亿元）	
共享	宜居	B-48	年新增政策性住房占比（%）	▲
		B-49	人均公园绿地面积（平方米）	▲
		B-50	空气质量优良天数（天）	
		B-51	人均绿道长度（米）	▲
		B-52	每万人拥有咖啡馆、茶舍、书吧等数量（个）	
		B-53	每 10 万人拥有的博物馆、图书馆、科技馆、艺术馆等文化艺术场馆数量（处）	▲
		B-54	轨道站点 800 米范围人口和岗位覆盖率（%）	
		B-55	足球场地设施步行 15 分钟覆盖率（%）	▲
	宜养	B-56	平均每社区拥有老人日间照料中心数量（个）	
		B-57	万人拥有幼儿园班数（班）	▲
	宜业	B-58	城镇年新增就业人数（万人）	
		B-59	工作日平均通勤时间（分钟）	
		B-60	45 分钟通勤时间内居民占比（%）	▲

注：加“▲”为国务院审批城市在基本指标基础上增加的评估基本指标。

3）市县国土空间开发保护现状评估指标说明。（附件 3）

①全域范围评估的。

生态保护红线范围内建设用地面积（平方千米）：指划定的生态保护红线范围内的建设用地面积。数据来源于全国国土调查及年度变更调查。

永久基本农田保护面积（平方千米）：指为保障国家粮食安全，落实“藏粮于地、藏粮于技”战略，按照一定时期人口和社会经济发展对农产品的需求，依法确定不得擅自占用或改变用途，实施特殊保护的耕地面积。数据来源于全国国土调查及年度变更调查。

耕地保有量（平方千米）：指区域内的耕地总面积。数据来源于全国国土调查及年度变更调查。

城乡建设用地面积（平方千米）：指城市、建制镇、农村居民点总面积。数据来源于全国国土调查及年度变更调查。

森林覆盖率（%）：指郁闭度 0.2 以上的乔木林地和竹林地以及国家特别规定的灌木林、农田林网以及四旁（村旁、路旁、水旁、宅旁）林木的覆盖总面积占土地总面积的比率。数据来源于国土调查和自然资源专项调查。

湿地面积（平方千米）：指红树林地，天然的或人工的，永久的或间歇性的沼泽地、泥炭地，盐田，滩涂等。数据来源于自然资源专项调查、国土调查、地理国情普查。包括红树林地、森林沼泽、灌丛沼泽、沼泽草地、盐田、沿海滩涂、内陆滩涂和沼泽地等。

河湖水面率（%）：指河道、湖泊常水位的水域面积占行政区域面积（不考虑邻近海域面积）的比率。计算公式：河湖水面率＝（河流水面面积＋湖泊水面面积＋水库水面面积）/ 行政区域面积 ×100%。河湖水面面积来源于全国国土调查及年度变更调查，为河流、湖泊、水库水面的面积总和。

水资源开发利用率（%）：指用水量占水资源总量的比例。数据来源于水利部门。

自然岸线保有率（%）：指没有经过人为干扰的水体与陆地的分界线长度占岸线总长度的比值。计算公式：自然岸线保有率＝自然岸线长度 / 岸线总长度 ×100%。自然岸线长度、岸线总长度来源于国土调查、自然资源专项调查。

重要江河湖泊水功能区水质达标率（%）：指在江河湖库划定的具有主导功能和水质管理目标的水域中，经评价水质达标的水域数量占全部监测水域数量的比率。数据来源于水利部门。

近岸海域水质优良（一、二类）比例（%）：指按照《中华人民共和国海水水质标准》GB 3097 对海水水质的分类，报告期内近岸海域海水水质达到一类和二类的面积占近岸海域总面积的比例。计算公式：近岸海域水质优良（一、二类）比例＝近岸海域海水水质达到一类和二类的面积 / 近岸海域面积 ×100%。数据来源于统计年鉴等统计调查资料。

人均城镇建设用地（平方米）：指城市、建制镇居民点总面积按城镇常住人口分配的人均面积。计算公式：人均城镇建设用地＝城市和建制镇居民点用地面积 / 城镇常住人口。城市和建制镇居民点用地面积来源于全国国土调查及年度变更调查；人口来源于统计年鉴。

人均农村居民点用地（平方米）：指农村居民点面积按农村户籍人口分配的人均面积。计算公式：人均农村居民点用地＝农村居民点面积 / 农村户籍人口。农村居民点面积来源于全国国土调查及年度变更调查；人口来源于统计年鉴。

存量土地供应比例（%）：指存量建设用地供应面积占土地供应总面积的比率。计算公式：存量土地供应比例=评估年份前三年存量建设用地供应总面积/评估年份前三年土地供应总面积。如评估年为2019年，则统计2016年、2017年和2018年存量建设用地供应面积和土地供应总面积。存量建设用地供应面积和土地供应总面积来源于土地市场动态监测与监管平台或从自然资源主管部门开展的建设用地节约集约利用评价中获取。

每万元GDP地耗（平方米）：指每万元GDP产出消耗的建设用地面积。计算公式：每万元GDP地耗=建设用地面积/GDP。建设用地来源于全国国土调查及年度变史调查；GDP来源于统计年鉴。

城镇人均住房建筑面积（平方米）：指城镇住房建筑总面积与城镇常住人口的比值。城镇住房建筑总面积来源于行业主管部门；人口来源于统计年鉴。

历史文化风貌保护面积（平方千米）：指规划确定的历史遗存或文化场所（设施）集中成片、能较完整地体现当地某一时期地域或文化价值风貌区的面积。数据来源于行业主管部门。

每千名老年人拥有养老床位数（张）：指每千名60岁及以上老年人拥有的养老机构床位数。数据来源于统计年鉴等统计调查资料。

农村生活垃圾处理率（%）：指农村经收集、处理的生活垃圾量占生活垃圾产生总量的比率。数据来源于行业主管部门。

城镇开发边界范围内建设用地面积（平方千米）：指划定的城镇开发边界范围内的建设用地总面积。建设用地面积来源于全国国土调查及年度变更调查。

三线范围外建设用地面积（平方千米）：指自然资源主管部门划定的城镇开发边界、生态保护红线、永久基本农田控制线以外的建设用地面积。数据来源于全国国土调查及年度变更调查。

高标准农田面积占比（%）：指通过土地整治建设完成的集中连片、设施配套、高产稳产、生态良好、抗灾能力强且与现代农业生产和经营方式相适应的农田总面积占耕地总面积的比率。高标准农田面积来源于行业主管部门；耕地总面积来源于全国国土调查及年度变更调查。

地下水供水量占总供水量比例（%）：指地下水供水量占总供水量比率。数据来源于统计年鉴等统计调查资料。

再生水利用率（%）：指经污水处理后实际回用的总水量占污水排放量的比率。计算公式：再生水利用率=再生水利用量/污水排放量 ×100%。数据来源于统计年鉴等统计调查资料。

地下水水质优良比例（%）：指地下水的水质监测点中达到Ⅰ、Ⅱ、Ⅲ类水质标准的监测点占总监测点数量的比率。数据来源于行业主管部门。

年平均地面沉降量（毫米）：指年内地壳表面标高较上一年度平均降低的高度。数据来源于行业主管部门。

防洪堤防达标率（%）：指防洪堤防达到相关规划防洪标准要求的长度与现状堤防总长度的比率。数据来源于水利部门。

研究与试验发展经费投入强度（%）：指年内实际用于基础研究、应用研究和试验发展的经费支出占GDP总量的比率。数据来源于统计年鉴等统计调查资料。

万人发明专利拥有量（件）：指每万人常住人口拥有经国内外知识产权主管部门授权且在有效期内的发明专利件数。数据来源于统计年鉴等统计调查资料。

在校大学生数量（万人）：指区域内高校招收的具备普通全日制学籍的在校生，具体包括专科生、本科生、研究生。数据来源于统计年鉴等统计调查资料。

受过高等教育人员占比（%）：指受过高等教育（大专及以上）常住人口占常住总人口比重。数据来源于统计年鉴等统计调查资料。

高新技术企业数量（家）：指持续进行研究开发与技术成果转化，形成企业核心自主知识产权，经认定符合《高新技术企业认定管理办法》要求的企业数量。数据来源于统计年鉴等统计调查资料。

户籍人口城镇化率（%）：指户籍非农业人口占户籍总人口比率。数据来源于统计年鉴等统计调查资料。

常住人口城镇化率（%）：指城镇常住人口占常住总人口的比率。数据来源于统计年鉴等统计调查资料。

常住人口数量（万人）：指实际经常居住半年及以上的人口数量。数据来源于统计年鉴等统计调查资料。

等级医院交通 30 分钟村庄覆盖率（%）：指等级医院 15 千米半径范围所覆盖的行政村数量占行政村总数量的比率。行政村数量、名称来源于民政部门，其位置信息结合全国国土调查及年度变更调查、地理国情普查确定；等级医院位置信息以行业主管部门数据为基础，结合全国国土调查及年度变更调查、地理国情普查等确定。以医院为中心，计算缓冲 15 千米半径范围内行政村数量占行政村总数量的比率。

行政村等级公路通达率（%）：指通行四级及以上公路的行政村数量占行政村总数量的比率。村域范围来源于全国国土调查及年度变更调查；等级公路来源于基础测绘、全国国土调查及年度变更调查、地理国情普查和监测。

农村自来水普及率（%）：指自来水入户，且采用统一用水管理的行政村数占行政村总数比率。数据来源于行业主管部门。

城乡居民人均可支配收入比：指城镇居民人均可支配收入与农村居民人均可支配收入的比值。数据来源于统计年鉴等统计调查资料。

海洋生产总值占 GDP 比重（%）（仅涉海地区使用）：指海洋渔业、海洋交通运输业、海洋船舶工业、海盐业、海洋油气业、滨海旅游业等海洋生产总值占 GDP 的比重。海洋生产总值来源于自然资源主管部门；GDP 来源于统计年鉴等统计调查资料。

生物多样性指数：指所有来源的活的生物体中的变异性，这些来源包括陆地、海洋和其他水生生态系统及其所构成的生态综合体等，包含物种内部、物种之间和生态系统的多样性。数据来源于行业主管部门，具体计算参见《区域生物多样性评价标准》（HJ 623）。

森林蓄积量（亿立方米）：指森林中林木材积的总量。数据来源于自然资源专项调查。

新增国土空间生态修复面积（平方千米）：指年内水土流失、沙化治理、国土综合整治、矿山修复、海洋生态修复、石漠化等国土空间生态修复的累计面积，重叠区域不重复计算。数据来源于自然资源主管部门。

单位 GDP 二氧化碳排放降低（%）：指每万元 GDP 产出所排放的二氧化碳量相比上

年的降低比例。数据来源于发展改革部门和统计部门。

每万元 GDP 能耗（吨标煤）：指每万元 GDP 产出所消耗的能源。数据来源于统计年鉴等统计调查资料。

每万元 GDP 水耗（立方米）：指每万元 GDP 产出消耗的水资源量。数据来源于行业主管部门。

工业用地地均增加值（亿元 / 平方千米）：指年度内每平方千米工业用地产出的工业增加值。计算公式：工业用地地均增加值=工业增加值 / 工业用地面积。工业增加值来源于统计年鉴等统计调查资料；工业用地面积来源于全国国土调查及年度变更调查、不动产登记信息、城镇地籍调查等。

人均年用水量（立方米）：指生产用水、生活用水、公共用水，以及消防等一切用水总量与常住人口的比值。数据来源于行业主管部门。

定期国际通航城市数量（个）：指机场定期直航、经停的国外城市数量。数据来源于行业主管部门。

机场国内通航城市数量（个）：指机场通航国内城市的数量，包括直航、经停。数据来源于行业主管部门。

国内旅游人数（万人次 / 年）：指全年在中国（大陆）观光旅游、度假、探亲访友、就医疗养、购物、参加会议或从事经济、文化、体育、宗教活动的中国（大陆）居民人数。数据来源于统计年鉴等统计调查资料。

入境旅游人数（万人次 / 年）：指全年来中国参观、访问、旅行、探亲、访友、休养、考察、参加会议和从事经济、科技、文化、教育、宗教等活动的外国人、华侨、中国港澳同胞和台湾同胞的人数。数据来源于统计年鉴等统计调查资料。

外籍常住人口数量（万人）：指外国在我国的常驻机构，如使领馆、通讯社、企业办事处的工作人员，以及来我国居住或经常居住 6 个月以上的外国专家、留学生等人员的数量。数据来源于统计年鉴等统计调查资料。

机场年旅客吞吐量（万人次）：指全年机场进港、出港旅客人数的总和。数据来源于统计年鉴等统计调查资料。

铁路年旅客运输量（万人次）：指铁路旅客年发送总量。数据来源于统计年鉴等统计调查资料。

*城市对外日均人流联系量（万人次）：指城市与外部地区之间的日均人流量，包括流入量、流出量，表征城市与外部人流联系程度。分析时，同时对流向进行分析。数据来源于大数据分析识别。利用位置大数据、移动信令数据等，分析人口的空间位置变化，识别流入和流出人口数量，汇总得出城市对外日均人流联系量。

国际会议、展览、体育赛事数量（次）：国际会议指每年举办或服务的经国际大会及会议协会（ICCA）认证的大型会议；国际展览指中国大陆以外国家和地区（含港澳台地区）的参展商参展面积达到展出面积 20% 以上的大型展览；国际体育赛事指洲际、世界性的各类综合性运动会或由世界单项体育组织举办的具有相当影响的单项运动会，如亚运会、奥运会、世界杯足球赛等。数据来源于行业主管部门。

港口年集装箱吞吐量（万标箱）：指每年经水运输出、输入港区并经过装卸作业的集装箱总量。数据来源于统计年鉴等统计调查资料。

机场年货邮吞吐量（万吨）：指机场物流关口进口和出口的全年货物总流通量。数据来源于统计年鉴等统计调查资料。

对外贸易进出口总额（亿元）：指对外贸易进口和出口货物总值。数据来源于统计年鉴等统计调查资料。

空气质量优良天数（天）：指全年空气质量达到优良（API ≤ 100）的天数。数据来源于生态环境部门。

城镇年新增就业人数（万人）：指全年新增的城镇就业人口数量。数据来源于统计年鉴等统计调查资料。

②城区范围评估的。

城区范围：指在市辖区和不设区的市，区、市政府驻地的实际建设连接到的居民委员会所辖区域和其他区域。

人均应急避难场所面积（平方米）：指应急避难场所总面积按城区常住人口分配的面积。应急避难场所总面积以行业主管部门数据为基础，结合国土调查、地理国情普查和遥感监测获取；人口来源于统计年鉴。

道路网密度（千米 / 平方千米）：指快速路及主干路、次干路、支路总里程与城区面积的比值。道路网里程来源于基础测绘、国土调查、地理国情普查和遥感监测。

森林步行 15 分钟覆盖率（%）：指郁闭度 0.2 以上、面积大于 3 公顷的森林 1 千米半径范围覆盖的城区面积占城区总面积的比率。数据以自然资源专项调查、国土调查和地理国情普查为基础，筛选大于 3 公顷的森林图斑，以图斑外轮廓线向外缓冲 1 千米半径范围，计算覆盖的城区面积占城区总面积的比率。

公园绿地、广场步行 5 分钟覆盖率（%）：指 400 平方米以上公园绿地、广场周边 300 米半径范围覆盖的城区面积占城区总面积的比率。公园绿地、广场位置范围结合全国国土调查及年度变更调查、地理国情普查和遥感监测确定；以公园绿地、广场为中心测算 300 米半径范围内覆盖的城区面积占城区总面积的比率。

社区卫生医疗设施步行 15 分钟覆盖率（%）：指社区卫生服务中心、卫生服务点等社区卫生医疗设施 1 千米半径范围覆盖的居住用地占所有居住用地的比率。居住用地来源于全国国土调查及变更调查中的城镇住宅用地。社区卫生医疗设施结合全国国土调查及年度变更调查中的医疗卫生用地，以及地理国情普查和监测等确定卫生医疗设施坐标位置。以卫生医疗设施为中心缓冲 1 千米半径范围，计算覆盖的居住用地面积占居住用地总面积的比率。

社区中小学步行 15 分钟覆盖率（%）：指社区中小学 1 千米半径范围覆盖的居住用地占所有居住用地的比率。居住用地来源于全国国土调查及变更调查中的城镇住宅用地。社区中小学设施结合全国国土调查及年度变更调查中的教育用地范围，以及地理国情普查和监测等资料，辅助实地调查，确定中小学设施坐标位置。以中小学位置为中心缓冲 1 千米半径范围，计算覆盖的居住用地面积占居住用地总面积的比率。

社区体育设施步行 15 分钟覆盖率（%）：指综合健身馆、游泳馆、运动场等社区体育设施 1 千米半径范围覆盖的居住用地面积占居住用地总面积的比率。居住用地来源于全国国土调查及变更调查中的城镇住宅用地。社区体育设施结合全国国土调查及年度变更调查中的文化体育用地，以及地理国情普查和监测等确定体育设施坐标位置。以体育设施中心缓冲 1 千米半径范围，计算覆盖的居住用地面积占居住用地总面积的比率。

消防救援 5 分钟可达覆盖率（%）：指消防站 3 千米半径范围覆盖城区面积占城区总面积的比率。消防站点来源于应急管理部门；以站点中心位置缓冲 3 千米半径做缓冲分析，计算其覆盖范围的城区面积占城区总面积比率。

生活垃圾回收利用率（%）：指经生物、物理、化学转化后作为二次原料的生活垃圾处理量占垃圾总量的比率。数据来源于行业主管部门。

科研用地占比（%）：指独立的科研、勘察、研发、设计、检验检测、技术推广、环境评估与监测、科普等科研事业单位及其附属设施用地占建设用地总面积的比例。计算公式：科研用地占比＝科研用地面积 / 建设用地总面积 ×100%。科研用地和建设用地面积来源于全国国土调查及年度变更调查。

* 实际服务人口数量（万人）：指常住人口和 3 天以上、半年以下短期驻留人口总和。数据来源于大数据分析识别。利用移动信令数据识别在区域内有稳定居住 3 天以上的人数，选取某一天计算人口数量。

人均地下空间面积（平方米）：指地下空间面积与常住人口的比值。其中，地下空间主要包括地下公共服务设施、地下工业仓储设施、地下防灾减灾设施、地下交通设施、地下居住设施、地下市政公用设施、地下固体废弃物输送设施、地下附属设施等类型。地下空间面积来源于地下空间普查和更新；人口来源于统计年鉴等统计调查资料。

年新增城市更新改造用地面积（平方千米）：指年度内已完成竣工验收的城市更新改造的用地面积，包括棚户区改造、三旧改造等，不包括微更新、建筑维护改造、环境整治等。数据来源于行业主管部门，以全国国土调查及年度变更调查、地理国情普查和监测、遥感监测数据辅助更新校核。

原生垃圾填埋（%）：指未经任何处理的原状态垃圾直接填埋量占垃圾总量的比率。数据来源于行业主管部门。

绿色交通出行比例（%）：指采用步行、非机动车、常规公交、轨道交通等健康无污染的方式出行量占所有方式出行总量的比例。数据来源于交通调查资料。

年新增政策性住房占比（%）：指新增完成的人才公寓、廉租房、公租房、经济适用房和共有产权房等政策性住房的套数占总新增住房套数的比率。数据来源于行业主管部门。

人均公园绿地面积（平方米）：指年末平均每人拥有的公园绿地面积。其中，公园绿地指向公众开放的、以游憩为主要功能，有一定的游憩设施和服务设施，同时兼有健全生态、美化景观、防灾减灾等综合作用的绿化用地。公园绿地面积来源于全国国土调查及年度变更调查中公园与绿地，扣除广场用地面积；常住人口来源于统计年鉴。

人均绿道长度（米）：指区域绿道、城市绿道、社区绿道长度与城区常住人口数的比值。绿道长度指符合绿化工程建设程序，通过绿化工程验收的各类绿道长度总和。绿道长度以规划为基础，采用国土调查、地理国情普查、遥感监测等开展现状核实获取；人口来源于统计年鉴。

每万人拥有咖啡馆、茶舍、书吧等数量（个）：指每万常住人口拥有咖啡馆、茶舍、书吧数量。咖啡馆、茶舍、书吧来源于专项调查或通过互联网数据分析识别；人口来源于统计年鉴。

每 10 万人拥有的博物馆、图书馆、科技馆、艺术馆等文化艺术场馆数量（处）：指每

10 万常住人口拥有的博物馆（包括文物馆、天文馆、陈列馆等综合或专项博物馆）、图书馆、科技馆、艺术馆（如美术馆、音乐厅）等文化艺术场馆数量。以上场馆为同一建筑空间的，不重复统计。场馆信息结合行业主管部门数据，采用地理国情普查、国土调查等辅助识别，必要时采用实地调查获取；人口来源于统计年鉴等统计调查资料。

*轨道站点 800 米范围人口和岗位覆盖率（%）：指轨道站点 800 米半径范围所覆盖的人口、岗位占现状总人口、岗位的比率。轨道站点位置结合国土调查、地理国情普查和遥感监测等手段确定；人口、岗位数据结合大数据技术分析识别。

足球场地设施步行 15 分钟覆盖率（%）：指 5 人制以上足球场地设施（包含学校的足球场地）1 千米半径范围覆盖的居住用地占所有居住用地的比率。居住用地来源于全国国土调查及变更调查中的城镇住宅用地。足球场地设施位置来源于地理国情普查、实地调查等。以足球场为中心，测算周边 1 千米范围覆盖居住用地面积占居住用地总面积的比率。

平均每社区拥有老人日间照料中心数量（个）：指为社区内生活不能完全自理、日常生活需要一定照料的半失能老年人提供膳食供应、个人照顾、保健康复、休闲娱乐等日间托养服务的设施数量与社区数量的比值。数据来源于民政部门。

万人拥有幼儿园班数（班）：指每万常住人口拥有幼儿园班级数量。幼儿园来源于教育部门；人口数据来源于统计年鉴。

*工作日平均通勤时间（分钟）：指工作日居民通勤出行时间的平均值。数据来源于交通调查数据或依据一定时间序列的大数据分析识别通勤人口及其工作地、居住地，通过通勤人口的通勤总时长与通勤人口的比值计算获得。

*45 分钟通勤时间内居民占比（%）：指单程通勤时长在 45 分钟以内通勤人口数量占总通勤人口数量的比率。数据来源于交通调查或依据一定时间序列的大数据分析识别通勤人口及其工作地、居住地，通过筛选通勤时长在 45 分钟以内通勤人口数量与总通勤人口数量的比值计算获得。

注：关于大数据有关指标：鼓励有条件的地区，采用大数据技术进行城市问题的研究与分析。“*”所列指标供各地参考使用，各地可结合地方实际进行创新实践。

（3）资料收集调查。（第 3.3 节）

充分收集评估所需的规划成果和现状数据、社会大数据等资料，针对评估指标数据，尽可能收集分析近年来连续数据，反映指标的变化趋势。

（4）监测分析评价。（第 3.4 节）

评估采用空间分析、差异对比、趋势研判等方法开展监测分析。

（5）编制评估报告。（第 3.5 节）

报告成果包括文本、表格和图件。文本应简明扼要，重点突出，篇幅控制在 10 000 字以内，从总体结论、指标监测及分析、对策建议三个方面，反映各地规划实施情况。图件主要包括能突出反映底线控制、资源高效利用、设施协调布局和公共服务均等化等方面的专题分析图。

（6）汇交评估成果。（第 3.6 节）

评估成果包括电子文档和指标空间数据。电子文档采用 PDF 文件格式；指标空间数据采用 VCT 或 GDB 文件格式。评估成果按照汇交要求，以省级为单位汇总，采用光盘介质离线汇交自然资源部，纳入国土空间规划“一张图”实施监督信息系统。

历年真题

下列属于在各级国土空间规划现状评估指南都需要评估的指标是（　　）。[2020-34]

A. 森林覆盖率　　B. 自然岸线保有率

C. 地下水质优良比例　　D. 行政村等级公路通达率

【答案】 B

【解析】 根据《市县国土空间开发保护现状评估技术指南（试行）》，森林覆盖率和自然岸线保有率是市县国土空间开发保护现状评估的基本指标。地下水水质优良比例、行政村等级公路通达率是推荐指标。《海岸线保护与利用管理办法》规定，土地利用总体规划、城乡规划、港口规划、流域综合规划、防洪规划、河口整治规划等涉及海岸线保护与利用的相关规划，应落实自然岸线保有率的管理要求。

三、国土空间规划实施评估

1. 主要资料

所在区域的第三次国土调查基础数据，主体功能区规划、土地利用总体规划、城市总体规划以及生态保护、林业、综合交通、历史文化保护等其他专项类空间规划，统计年鉴、统计公报及其他公开的部门统计资料等。

2. 评估组织

现行空间类规划实施评估应由本级人民政府组织、自然资源和规划主管部门具体落实，同级政府其他职能部门协同配合落实；市（县）人民政府可以委托具有相应资质的规划编制单位或者组织专家组承担具体评估工作。

3. 评估目的

总结现有规划的实施成效和不足，为国土空间规划编制提供支撑。一方面梳理城市空间形态历史演进和发展轨迹，提取城市空间形态的结构性要素，了解城市发展历程，在现代城市规划建设中把握传统与现代的关系；另一方面结合当前城市人口、用地、产业等数据分析，评估规划实施效果，研判城市规划与城市空间扩张及用地结构的契合度，审视近五年来城市空间发展的成效和问题，分析原因，提出相应对策，为新一轮规划编制提供有力支撑。

承接国土空间规划编制，为城市发展趋势提出新战略。全面梳理周边区域城市群、国家、省市等上级机构对自身城市建设发展的新要求，以城市自身远景发展目标为依托，分析现行各类空间规划与未来发展的新形势、新战略、新要求是否相适应，在尊重城市发展规律前提下，提出适应自身发展的新战略。

4. 评估主要内容

对现行土地利用总体规划、城乡总体规划、林业草业规划、海洋功能区划等空间类规划，在战略目标评估、城镇建设发展格局评估、耕地与基本农田保护评估、空间管控评估、要素配置评估、现行各类空间规划方案合理性评估、区域发展的新形势与新要求分析、其他专项类规划评估（历史文化名城保护情况评估、风景名胜区保护情况评估）等方面的实施情况进行评估，并识别不同空间规划之间的冲突和矛盾，总结成效和问题。

5. 评估成果

成果由评估报告、图纸和附件组成。

第三节 城镇总体规划基础研究

一、区域城镇体系演变的基本规律

城镇体系是区域城镇群体发展到一定阶段的产物，也是区域社会经济发展到一定阶段的产物。因此，城镇体系存在着一个形成—发展—成熟的过程。

按社会发展阶段划分，城镇体系的演化和发展阶段可以分为：①前工业化阶段（农业社会），以规模小、职能单一、孤立分散的低水平均衡分布为特征；②工业化阶段，以中心城市发展、集聚为表征的高水平不均衡分布为特征；③工业化后期至后工业化阶段（信息社会），以中心城市扩散，各种类型城市区域（包括城市连绵区、城市群、城市带、城市综合体，等等）的形成，各类城镇普遍发展，区域趋向于整体性城镇化的高水平均衡分布为特点。因此简单地说，城镇体系的组织结构演变相应经历了低水平均衡阶段、极核发展阶段、扩散阶段和高水平均衡阶段等。

从空间演化形态看，区域城镇体系的演化一般会经历“点—轴—网”的逐步演化过程（见图5-7）。

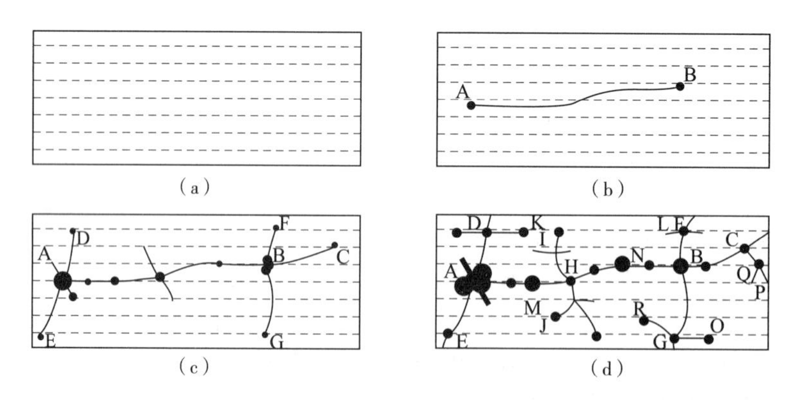

图5-7 “点—轴—网”空间结构系统形成过程模式

点—轴形成前的均衡阶段，区域是比较均质的空间，社会经济客体虽说呈“有序”状态的分布，但却是无组织状态，这种空间无组织状态具有极端的低效率。

点、轴同时开始形成，区域局部开始有组织状态，区域资源开发和经济进入动态增长时期。

主要的点—轴系统框架形成，社会经济发展迅速，空间结构变动幅度大。

“点—轴—网”空间结构系统形成，区域进入全面有组织状态，它的形成是社会经济要素长期自组织过程的结果，也是科学的区域发展政策和计划、规划的结果。

二、城镇总体规划现状调查

1. 现状调查的内容

（1）对区域环境的调查。区域环境在不同的城市规划阶段可以指不同的地域。

（2）历史文化环境的调查。通过对城市形成和发展过程的调查，把握城市发展动力以及城市形态的演变原因。城市的经济、社会和政治状况的发展演变是城市发展最重要的决定因素。

城市的特色与风貌体现在两个方面：①社会环境方面，是城市中的社会生活和精神生活的结晶，体现了当地经济发展水平和当地居民的习俗、文化素养、社会道德和生活情趣等。②物质方面，表现在历史文化遗产、建筑形式与组合、建筑群体布局、城市轮廓线、城市设施、绿化景观以及市场、商品、艺术和土特产等方面。

（3）自然环境调查。自然环境是城市生存和发展的基础，不同的自然环境对城市的形成起着重要作用，而不同的自然条件又影响决定了城市的功能组织、发展潜力、外部景观等。如自然资源的开采与枯竭，会导致城市的兴衰，等等。

在自然环境的调查中，主要涉及以下几个方面：①自然地理环境，包括地理位置、地形地貌、工程地质、水文地质和水文条件等。②气象因素，包括风向、气温、降雨、太阳辐射等。③生态因素。主要涉及城市及周边地区的野生动植物种类与分布，生物资源、自然植被、园林绿地、城市废弃物的处置对生态环境的影响等。

（4）社会环境的调查。调查内容包括：①人口方面，主要涉及人口的年龄结构、自然变动、迁移变动和社会变动。②社会组织和社会结构方面，主要涉及构成城市社会各类群体及它们之间的相互关系，包括家庭规模、家庭生活方式、家庭行为模式及社区组织等。③政府部门、其他公共部门及各类企事业单位的基本情况。

（5）经济环境的调查。调查内容包括：①城市整体的经济状况，如城市经济总量及其增长变化情况，城市产业结构，工农业总产值及各自的比重，当地资源状况，经济发展的优势和制约因素等。②城市中各产业部门的状况，如工业、农业、商业、交通运输业、房地产业等；有关城市土地经济方面的内容，包括土地价格、土地供应潜力与供应方式、土地的一级市场与二级市场及其运作的概况等。③城市建设资金的筹措、安排与分配，其中既涉及城市政府公共项目资金的运作，也涉及私人资本的运作，以及政府吸引国内外资金从事城市建设的政策与措施。调查历年城市公共设施、市政设施的资金来源，投资总量以及资金安排的程序与分布等。

（6）广域规划及上位规划。城市规划将国土规划、土地利用规划、省级国土空间规划等具有更广泛空间范围的规划，按照主体功能区定位和城市的资源禀赋、区位条件、地方特色和发展阶段，作为研究确定城市性质、规模等要素的依据之一。

（7）城市土地使用的调查。

按照国家标准《城市用地分类与规划建设用地标准》所确定的城市用地使用分类，对规划区范围的所有用地进行现场踏勘调查，对各类土地使用的范围、界限、用地性质等在地形图上进行标注，完成土地使用的现状图和用地平衡表。

（8）城市道路与交通设施调查。分析现状问题，研究发展计划。

（9）城市园林绿化、开敞空间及非城市建设用地调查。了解城市现状各类公园、绿地、风景区、水面等开敞空间以及城市外围的大片农林牧业用地和生态保护绿地。

（10）城市住房及居住环境调查。了解城市现状居住水平，中低收入家庭住房状况，居民住房意愿，居住环境，当地住房政策。

（11）市政公用工程系统调查。了解各项市政设施现状情况。

（12）城市环境状况调查。有关城市环境质量的监测数据，包括大气、水质、噪声等方面，主要反映现状中的城市环境质量水平；工矿企业等主要污染源的污染物排放监测数据。

2. 现状调查的主要方法

现场踏勘：城市总体规划调查中最基本的手段。主要用于城市土地使用、城市空间结构等方面的调查，也用于交通量调查等。

问卷调查：是要掌握一定范围内大众意愿时最常见的调查形式。通过问卷调查的形式可以大致掌握被调查群体的意愿、观点、喜好等。在城市总体规划工作中通常更多地采用抽样调查。

访谈和座谈会调查：针对无文字记载的民俗民风、历史文化等方面；针对尚未形成文字或对一些愿望与设想的调查，如城市中各部门、政府的领导以及广大市民对未来发展的设想与愿望等；针对某些关于城市规划重要决策问题收集专业人士的意见。

文献资料搜集：城市总体规划的相关文献和统计资料通常以公开出版的城市统计年鉴、城市年鉴、各类专业年鉴、不同时期的地方志等形式存在，这些文献及统计资料具有信息量大、覆盖范围广、时间跨度大、在一定程度上具有连续性可推导出发展趋势等特点。

历年真题

1. 下列不属于城市规划中人口调查内容的是（　　）。[2019-22]

A. 年龄构成　　B. 宗教构成　　C. 迁移变动　　D. 社会变动

【答案】B

【解析】人口调查：涉及人口的年龄结构、自然变动、迁移变动和社会变动。

2. 城市总体规划中的城市住房调查涉及的内容包括（　　）。[2017-85]

A. 城市现状居住水平　　B. 中低收入家庭住房状况

C. 居民住房意愿　　D. 当地住房政策

E. 居民受教育程度

【答案】ABCD

【解析】城市住房及居住环境调查的内容包括：了解城市现状居住水平，中低收入家庭住房状况，居民住房意愿，居住环境，当地住房政策。

三、城市空间发展方向

影响城市发展方向的因素较多，可大致归纳为以下几种。

自然条件：地形地貌、河流水系、地质条件等土地的自然因素通常是制约城市用地发展的重要因素之一；同时，出于维护生态平衡、保护自然环境目的的各种对开发建设活动的限制也是城市用地发展的制约条件之一。

人工环境：高速公路、铁路、高压输电线等区域基础设施的建设状况以及区域产业布局和区域中各城市间的相对位置关系等因素均有可能成为制约或诱导城市向某一特定方向发展的重要因素。

城市建设现状与城市形态结构：除个别完全新建的城市外，大部分城市均依托已有的城市发展。因此，城市现状的建设水平不可避免地影响到与新区的关系，进而影响到城市整体的形态结构。城市新区是依托旧城区在各个方向上均等发展，还是摆脱旧城区，在某一特定方向上另行建立完整新区，决定了城市用地的发展方向。

规划及政策性因素：城市用地的发展方向也不可避免地受到政策性因素以及其他各种

规划的影响。例如，土地部门主导的土地利用总体规划中，必定体现农田保护政策，从而制约城市用地的扩展过多地占用耕地；而文物部门所制定的有关文物保护的规划或政策，则限制城市用地向地下文化遗址或地上文物古迹集中地区的扩展。

其他因素：除以上因素外，土地产权问题、农民土地征用补偿问题、城市建设中的城中村问题等社会问题也是需要关注和考虑的因素。

历年真题

1. 下列不属于影响城市发展方向的因素是（　　）。[2019-23]、[2018-27]、[2017-25]

A. 区域高速公路　　B. 基本农田　　C. 教育、医疗设施　　D. 地形地貌

【答案】C

【解析】影响城市发展方向的因素较多：①自然条件：地形地貌、河流水系等；②人工环境：高速公路等；③城市建设现状与城市形态结构；④规划及政策性因素；⑤其他因素：土地产权问题、农民土地征用补偿问题等。

2. 影响城市用地发展方向选择的主要因素一般不包括（　　）。[2012-6]

A. 与城市中心的距离　　B. 城市主导风向

C. 交通的便捷程度　　D. 与周边用地的竞争与依赖关系

【答案】B

【解析】城市主导风向主要影响城市用地布局，对城市用地发展方向影响较小。

第四节　城镇空间发展布局规划

一、落实主体功能区战略

尊重自然规律和发展规律，深入实施主体功能区战略，发挥主体功能区作为国土空间开发保护基础制度作用，将国家和省级层面主体功能区战略格局在市县层面精准落地。本部分结合《全国主体功能区规划》编写。

1. 主体功能区划分

各类主体功能区，在全国经济社会发展中具有同等重要的地位，只是主体功能不同，开发方式不同，保护内容不同，发展首要任务不同，国家支持重点不同。对城市化地区主要支持其集聚人口和经济，对农产品主产区主要支持其增强农业综合生产能力，对重点生态功能区主要支持其保护和修复生态环境。

按开发方式：分为优化开发区域、重点开发区域、限制开发区域和禁止开发区域。

注：优化开发、重点开发和限制开发区域原则上以县级行政区为基本单元；禁止开发区域以自然或法定边界为基本单元，分布在其他类型主体功能区域之中。

按开发内容：分为城市化地区、农产品主产区和重点生态功能区。

按层级：分为国家和省级两个层面。

2. 城市化地区、农产品主产区和重点生态功能区

城市化地区、农产品主产区和重点生态功能区，是以提供主体产品的类型为基准划分的。

城市化地区：是以提供工业品和服务产品为主体功能的地区，也提供农产品和生态产品。

农产品主产区：是以提供农产品为主体功能的地区，也提供生态产品、服务产品和部分工业品。

重点生态功能区：是以提供生态产品为主体功能的地区，也提供一定的农产品、服务产品和工业品。

3. 优化开发区域、重点开发区域、限制开发区域和禁止开发区域

优化开发区域、重点开发区域、限制开发区域和禁止开发区域，是基于不同区域的资源环境承载能力、现有开发强度和未来发展潜力，以是否适宜或如何进行大规模高强度工业化城镇化开发为基准划分的。

优化开发区域：优化进行工业化城镇化开发的城市化地区。国家优化开发区域是指具备以下条件的城市化地区：综合实力较强，能够体现国家竞争力；经济规模较大，能支撑并带动全国经济发展；城镇体系比较健全，有条件形成具有全球影响力的特大城市群；内在经济联系紧密，区域一体化基础较好；科学技术创新实力较强，能引领并带动全国自主创新和结构升级。

重点开发区域：重点进行工业化城镇化开发的城市化地区。国家重点开发区域是指具备以下条件的城市化地区：具备较强的经济基础，具有一定的科技创新能力和较好的发展潜力；城镇体系初步形成，具备经济一体化的条件，中心城市有一定的辐射带动能力，有可能发展成为新的大城市群或区域性城市群；能够带动周边地区发展，且对促进全国区域协调发展意义重大。

限制开发区域：包括农产品主产区和重点生态功能区两类。①限制开发区域（农产品主产区）——限制进行大规模高强度工业化城镇化开发的农产品主产区。国家层面限制开发的农产品主产区是指具备较好的农业生产条件，以提供农产品为主体功能，以提供生态产品、服务产品和工业品为其他功能，需要在国土空间开发中限制进行大规模高强度工业化城镇化开发，以保持并提高农产品生产能力的区域。②限制开发区域（重点生态功能区）——限制进行大规模高强度工业化城镇化开发的重点生态功能区。国家层面限制开发的重点生态功能区是指生态系统十分重要，关系全国或较大范围区域的生态安全，目前生态系统有所退化，需要在国土空间开发中限制进行大规模高强度工业化城镇化开发，以保持并提高生态产品供给能力的区域。

禁止开发区域：禁止进行工业化城镇化开发的重点生态功能区。国家禁止开发区域是指有代表性的自然生态系统、珍稀濒危野生动植物物种的天然集中分布地、有特殊价值的自然遗迹所在地和文化遗址等，需要在国土空间开发中禁止进行工业化城镇化开发的重点生态功能区。

主体功能区分类及其功能如图 5-8 所示。

4. 主体功能区与其他功能关系

（1）主体功能与其他功能的关系。主体功能不等于唯一功能。明确一定区域的主体功能及其开发的主体内容和发展的主要任务，并不排斥该区域发挥其他功能。优化开发区域和重点开发区域作为城市化地区，主体功能是提供工业品和服务产品，集聚人口和经济，但也必须保护好区域内的基本农田等农业空间，保护好森林、草原、水面、湿地等生态空间，也要提供一定数量的农产品和生态产品。限制开发区域作为农产品主产区和重点生态功能区，主体功能是提供农产品和生态产品，保障国家农产品供给安全和生态系统稳定，

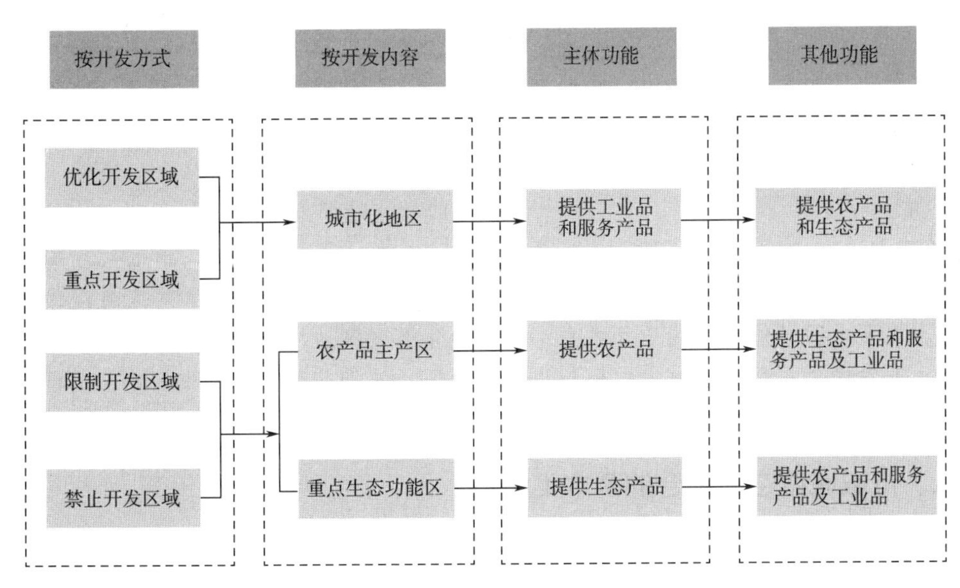

图 5-8 主体功能区分类及其功能

但也允许适度开发能源和矿产资源，允许发展那些不影响主体功能定位、当地资源环境可承载的产业，允许进行必要的城镇建设。对禁止开发区域，要依法实施强制性保护。政府从履行职能的角度，对各类主体功能区都要提供公共服务和加强社会管理。

（2）主体功能区与农业发展的关系。把农产品主产区作为限制进行大规模高强度工业化城镇化开发的区域，是为了切实保护这类农业发展条件较好区域的耕地，使之能集中各种资源发展现代农业，不断提高农业综合生产能力。同时，也可以使国家强农惠农的政策更集中地落实到这类区域，确保农民收入不断增长，农村面貌不断改善。此外，通过集中布局、点状开发，在县城适度发展非农产业，可以避免过度分散发展工业带来的对耕地过度占用等问题。

（3）主体功能区与能源和矿产资源开发的关系。能源和矿产资源富集的地区，往往生态系统比较脆弱或生态功能比较重要，并不适宜大规模高强度的工业化城镇化开发。能源和矿产资源开发，往往只是“点”的开发，主体功能区中的工业化城镇化开发，更多的是“片”的开发。将一些能源和矿产资源富集的区域确定为限制开发区域，并不是要限制能源和矿产资源的开发，而是应该按照该区域的主体功能定位实行“点上开发、面上保护”。

（4）主体功能区与区域发展总体战略的关系。推进形成主体功能区是为了落实好区域发展总体战略，深化细化区域政策，更有力地支持区域协调发展。把环渤海、长江三角洲、珠江三角洲地区确定为优化开发区域，就是要促进这类人口密集、开发强度高、资源环境负荷过重的区域，率先转变经济发展方式，促进产业转移，从而也可以为中西部地区腾出更多发展空间。把中西部地区一些资源环境承载能力较强、集聚人口和经济条件较好的区域确定为重点开发区域，是为了引导生产要素向这类区域集中，促进工业化城镇化，加快经济发展。把西部地区一些不具备大规模高强度工业化城镇化开发条件的区域确定为限制开发的重点生态功能区，是为了更好地保护这类区域的生态产品生产力，使国家支持生态环境保护和改善民生的政策能更集中地落实到这类区域，尽快改善当地公共服务和人民生活条件。

历年真题

主体功能区规划是我国国土空间开发的战略性、基础性和约束性规划。下列不属于主体功能区按开发区内容分类的是（　　）。[2020–23]

A. 城市化地区　　B. 农产品主产区

C. 重点开发区　　D. 重点生态功能区

【答案】C

【解析】主体功能区规划是我国国土空间开发的战略性、基础性和约束性规划。国土空间分为以下主体功能区：按开发方式，分为优化开发区域、重点开发区域、限制开发区域和禁止开发区域；按开发内容，分为城市化地区、农产品主产区和重点生态功能区；按层级，分为国家和省级两个层面。

二、市域城镇空间组合的基本类型

市域城镇空间由中心城区及周边其他城镇组成，主要有如下几种组合类型（见图 5–9）。

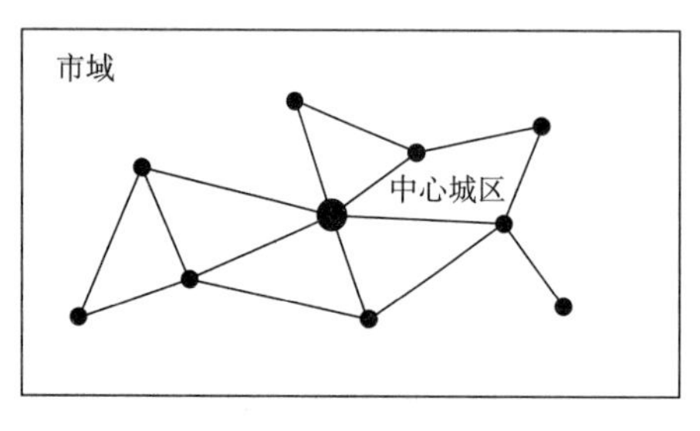

（a）均衡式

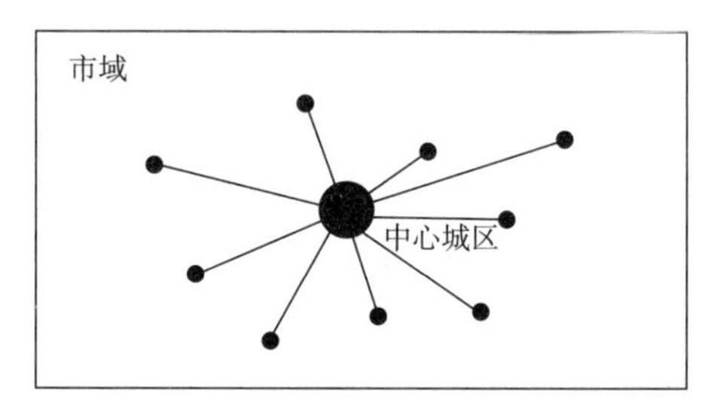

（b）单中心集核式

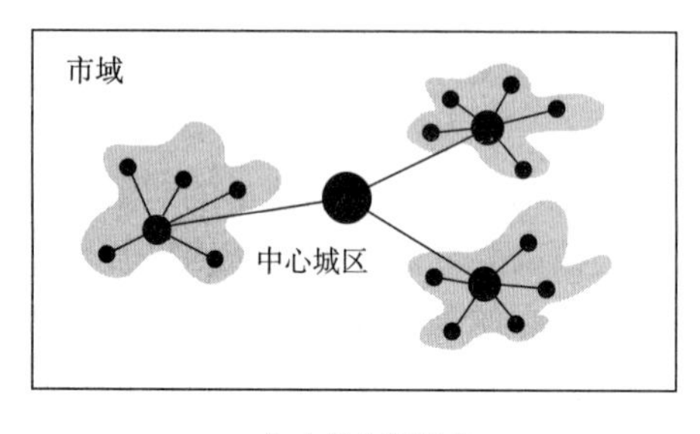

（c）分片组团式

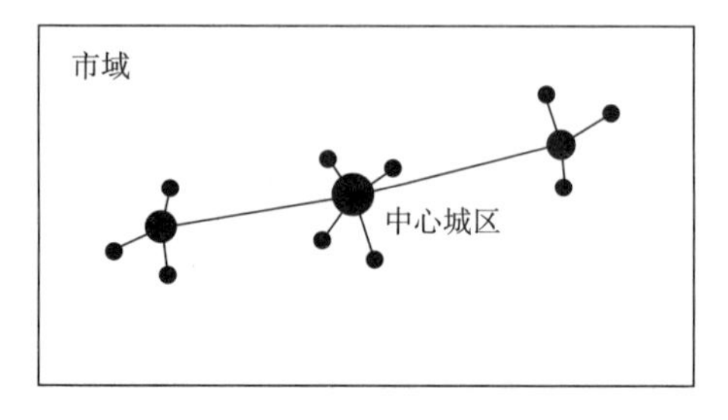

（d）轴带式

图 5–9　市域城镇空间组合类型

均衡式：市域范围内中心城区与其他城镇的分布较为均衡，没有呈现明显的聚集。

单中心集核式：中心城区集聚了市域范围内大量的资源，首位度高，其他城镇的分布呈现围绕中心城区、依赖中心城区的态势，中心城区往往是市域的政治、经济、文化中心。

分片组团式：市域范围内城镇由于地形、经济、社会、文化等因素的影响，若干个城镇聚集成组团，呈分片布局形态。

轴带式：这类市域城镇组合类型一般是由于中心城区沿某种地理要素扩散，如交通道路、河流以及海岸等，市域城镇沿一条主要伸展轴发展，呈“串珠”状发展形态。中心城区向外集中发展，形成轴带，市域内城镇沿轴带间隔分布。

历年真题

1. 下列表述正确的是（　　）。［2013–20］

A. 主体功能区规划应以城市总体规划为指导

B. 城市总体规划应以城镇体系规划为指导

C. 区域国土规划应以城镇体系规划为指导

D. 城市总体规划应以土地利用总体规划为指导

【答案】B

【解析】城市总体规划应符合主体功能区的要求。国土规划和城乡规划分别属于不同的系统。城市总体规划以全国城镇体系规划、省域城镇体系规划等为依据，与土地利用规划相衔接。

2. 下列关于市域城镇空间组合基本类型的表述，正确的是（　　）。［2012–27］

A. 均衡式的市域城镇空间，其中心城区与其他城镇分布比较均衡，首位度相对低

B. 单中心集核式的市域城镇空间，其他城镇是中心城区的卫星城镇

C. 轴带式的市域城镇空间，市域内城镇沿一条发展轴带状连绵布局

D. 分片组群式的市域城镇空间，中心城区的辐射能力比较薄弱

【答案】A

【解析】单中心集核式，中心城区集聚了市域范围内大量的资源，首位度高，其他城镇的分布呈现围绕中心城区、依赖中心城区的态势。轴带式市域城镇沿一条主要伸展轴发展，呈“串珠”状发展形态。分片组群式，如成都，辐射能力很强。

三、城市发展与空间形态的形成

1. 影响城市空间形态形成的因素

影响城市空间形态形成的因素是多方面的，其直接因素既包括城市本身所在的区位、地形、地质、水文、气象、景观、生态、农林矿业资源等地理环境自然条件，也包括城市的人口规模，用地范围，城市性质，在国家和地区中的地位和作用，能源、水源和对外交通，大型工业企业配置，公共建筑和居住区组织形式等社会经济和城市建设条件；其间接影响因素则是城市各历史时期的发展特征、国家政策和行政体制、规划设计理论和建筑法规、文化传统理念等人为条件。

2. 城市形态的分类

城市规划学术界较多采用比较直观的、简单易行的“图解式分类法”，以城市行政区划边界以内主体建成区总平面外轮廓形状为差别标准，城市主体周围距离较远或面积规模较小的相对独立的分区或村镇不参与差别的判断。大体可以分为集中型、带型、放射型、星座型、组团型和散点型六大主要类型（见图 5–10）。

集中型形态：城市建成区主体轮廓长短轴之比小于 4 ∶ 1，属于一元化的城市格局。适用于平原城市。

带型形态：建成区主体平面形状的长短轴之比大于 4 ∶ 1，并明显呈单向或双向发展，由市一级中心和分区次一级中心组成的多元化结构。适用于沿河城市。

放射型形态：建成区总平面的主体团块有 3 个以上明确的发展方向，从一元结构向多

元发展。适用于平原且交通便利城市。

星座型形态：城市总平面是由一个相当大规模的主体团块和三个以上较次一级的基本团块组成的复合式形态。地区中心城市与卫星城镇形成多元结构。适用于国家首都或特大型地区中心城市。

组团型形态：城市建成区是由 2 个以上相对独立的主体团块和若干个基本团块组成。这种形态属于多元复合结构。适用于大河分割。

散点型形态：城市没有明确的主体团块，各个基本团块在较大区域内呈散点状分布。适用于资源较分散的矿业城市。

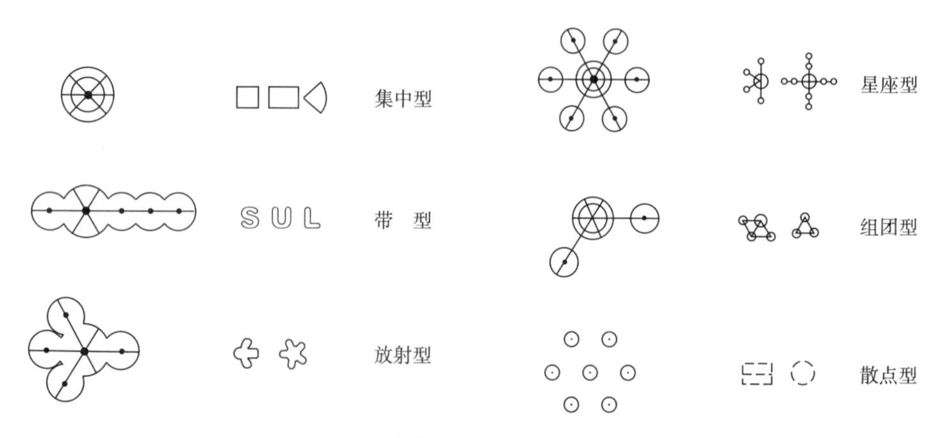

图 5–10　城市形态图解式分类示意

3. 城市空间形态与布局结构

特大城市形态布局最佳方案的战略主要可归纳以下几种设想方案：①合理规划大城市人口和用地规模，抑制其无序扩展方式，以郊区环状绿带限制蔓延，改造城市中心地区，向空中和地下争取空间，为控制性方案。②保持强大的城市中心功能，按规划引导城市进一步沿主体轴线或多向扩展，形成更大的放射型形态，而且保留绿化间隔和楔形绿地。③适当分散城市功能，在大城市近郊外围培育建造一系列功能较单纯的新开发区或稍远的卫星城镇，形成更大规模的星座型形态。④在几座大城市之间，沿市际交通干线走廊重新配置城市功能，在特大城市周围形成多向串连的城镇系列。⑤在具有强大吸引力的大城市远郊范围，在一定距离的隔离绿色地带外，按环状配置新型的小城镇，保证其良好的生态环境。⑥在特大城市行政区附近建设具有独立功能或特殊性质的新城市或城市群。⑦在城市行政区范围内，大面积分散城市功能，将大城市分解转化为城市共同体或社区共同体，为充分分散方案。⑧从根本上避免形成单核心形态的大城市，而在保留的大型绿色核心区外围安排组织环状城镇群。⑨在城市物质空间形态与布局结构上，重视根据城市历史和现状保持并发展原来所具有的特征，规划设计上强调继承历史、文化、人文传统内涵以及地方性景观和城市美学建设。

历 年 真 题

1. 下列关于城市空间形态的说法，错误的是（　　）。[2020–27]

A. 集中型形态的城市属于一元化的城市格局

B. 放射型形态的城市多位于地形比较平坦，而对外交通便利的平原地区

C. 星座型形态的城市通常是一些国家首都或者特大型地区中心城市，一般为多元化结构

D. 组团型形态城市没有明确的主体团块，各个基本团块在较大区域内呈散点状分布，一般仍只有一个中心，为一元化城市结构

【答案】D

【解析】组团型形态的城市建成区是由两个以上相对独立的主体团块和若干个基本团块组成，城市用地被分隔成几个有一定规模的分区团块，有各自的中心和道路系统，团块之间有一定的空间距离，但由较便捷的联系性通道使之组成一个城市实体。这种形态属于多元复合结构。D选项错误。散点型形态的城市没有明确的主体团块，各个基本团块在较大区域内呈散点状分布。

2. 下列关于城市形态的表述，错误的是（　　）。[2017-29]

A. 集中型城市形态一般适合于平原

B. 带型城市形态一般适合于沿河地区

C. 放射型城市形态一般适合于山区

D. 星座型城市形态一般适合于特大型城市

【答案】C

【解析】放射型城市的建成区总平面的主体团块有3个以上明确的发展方向，包括指状、星状、花状等子型，这些形态的城市多位于地形较平坦，且对外交通便利的平原地区。

3. 为了改善特大城市人口与产业过于集中布局在中心城区带来的环境恶化状况，最有效的途径是（　　）。[2017-36]

A. 产业向城市近郊区转移

B. 在市域甚至更大的区域范围布置生产力

C. 在中心城区周边建立绿化隔离带

D. 城市布局采用组团式结构

【答案】A

【解析】产业向城市近郊区转移是改善特大城市人口与产业过于集中布局在中心城区带来的环境恶化状况的最有效的途径。产业转移是优化生产力空间布局、形成合理产业分工体系的有效途径，是推进产业结构调整、加快经济发展方式转变的必然要求。

四、信息社会城市空间结构形态的演变发展趋势

1. 大分散小集中

城市空间结构形态将从集聚走向分散，但分散之中又有集中，呈现大分散与小集中的局面。技术进步提高了生产率，也使空间出现“时空压缩”效应，人们对更好的、更接近自然的居住、工作环境的追求，是城市空间结构分散化的重要原因。分散的结果就是城市规模扩大，市中心区的聚集效应降低，城市边缘区与中心区的聚集效应差别缩小，城市密度梯度的变化曲线日趋平缓，城乡界限变得模糊。城市空间结构的分散将导致城市的区域整体化，即城市景观向区域的蔓延扩展。与分散对应，集中也是一个趋势。

2. 从圈层走向网络

进入工业化后期，城市形态呈圈层式自内向外扩展。

进入信息社会，网络的“同时”效应使不同地段的空间区位差异缩小，城市各功能单位的距离约束变弱，空间出现网络化的特征。网络化的趋势使城市空间形散而神不散，城市结构正是在网络的作用下，以前所未有的紧密程度联系着。分散化与网络化的另一个影响是城市用地从相对独立走向兼容。

3. 新型集聚体出现

城市结构的网络化重构也将出现多功能新社区。例如，位于郊区的社区不仅是传统的居住中心，而且是商业中心、就业中心。

历年真题

1. 下列关于当代城市发展的表述，正确的是（　　）。[2020-12]

A. 交通枢纽城市保持着持续发展

B. 随着电子商务的快速发展，城市分散化发展趋势加剧

C. 制造业城市出现衰退，服务业城市快速发展

D. 科技创新集中在大都市地区

【答案】C

【解析】当代城市中，铁路、航空等交通枢纽型城市保持了持续的发展，部分水路交通枢纽城市失去活力，A选项错误。信息化浪潮下的城市空间结构形态将从集聚走向分散，但分散之中又有集中，呈现大分散与小集中的局面。B选项错误。大学园区也促进了城市向郊区的扩展，大学园区尤其是以研究型大学为核心的大学园区，其科技创新及科技成果的转化功能与教学科研功能同等重要，集产、学、研为一体，促进了高新技术的研究及科技成果的转化，推动了高新技术产业的发展，D选项错误。后工业社会的城市，城市的性质由生产功能转向服务功能，制造业的地位明显下降，服务业的经济地位逐渐上升，C选项正确。

2. 下列关于信息社会城市空间形态演变的表述，不准确的是（　　）。[2017-30]、[2013-30]

A. 城乡界限变得模糊

B. 城市各功能的距离约束变弱，空间出现网络化的特征

C. 由于用地出现兼容化的特点，功能聚集体逐渐消失

D. 网络的“同时”效应使不同地段的空间区位差异缩小

【答案】C

【解析】虽然城市用地出现兼容化的特点，但是由于城市外部效应、规模经济仍然存在，功能集聚继续产生。

第五节　城市用地布局规划

一、国土空间调查、规划、用途管制用地用海分类与评价

本部分内容主要根据《国土空间调查、规划、用途管制用地用海分类指南（试行）》（以下简称《分类指南》）编写。

1. 编制背景和意义

（1）建设生态文明是中华民族永续发展的千年大计，党中央、国务院高度重视自然资源管理和国土空间治理工作。

（2）建立统一的国土空间用地用海分类是实施国家自然资源统一管理、建立国土空间开发保护制度的重要基础。

“多规合一”改革前，相关部门在各自业务领域对用地用海分类都有各自的标准和实践基础，但各分类管理目标不同、标准内涵不一、名词术语不同。空间性规划重叠冲突的重要原因之一就是基础分类的不统一、不衔接。主要是5个分类规范，包括《土地利用现状分类》GB/T 21010—2017、《城市用地分类与规划建设用地标准》GB 50137—2011、《城市地下空间规划标准》GB/T 51358—2019、《第三次全国国土调查技术规程》TD/T 1055—2019、《海域使用分类》HY/T 123—2009（见表5-7）。

表5-7　各类标准或文件

主导部门	制定时间	名称
国土部门	2003年	《耕地后备资源调查与评价技术规程》TD/T 1007—2003
	2010年	《县级土地利用总体规划编制规程》TD/T 1024—2010 《乡（镇）土地利用总体规划编制规程》TD/T 1025—2010
	2017年	《土地利用现状分类》GB/T 21010—2017
	2019年	《第三次全国国土调查技术规程》TD/T 1055—2019
建设部门	2007年	《镇规划标准》GB 50188—2007
	2009年	《城市水系规划规范》GB 50513—2009
	2011年	《城市用地分类与规划建设用地标准》GB 50137—2011
	2014年	《村庄规划用地分类指南》（建村〔2014〕98号）
	2017年	《城市绿地分类标准》GJJ/T 85—2017
林业部门	1984年	《中华人民共和国森林法》（2019年修订）
	2001年	《生态公益林建设　规划设计通则》GB/T 18337.2—2001
	2004年	《国家森林资源连续清查技术规定》（林资发〔2004〕25号）
	2009年	《林地分类》LY/T 1812—2009
	2009年	《湿地分类》GB/T 24708—2009
	2009年	《沙化土地监测技术规程》GB/T 24255—2009
	2010年	《林业资源分类与代码　森林类型》GB/T 14721—2010
	2010年	《森林资源规划设计调查技术规程》GB/T 26424—2010
测绘部门	2005年	《基础地理信息数字产品土地覆盖图》GH/T 1012—2005
	2013年	《地理国情普查内容与指标》GDPJ 01—2013 《地理国情普查数据规定与采集要求》GDPJ 03—2013
发改部门	2015年	《市县经济社会发展总体规划技术规范与编制导则》（发改办规划〔2015〕2084号）
	2017年	《国民经济行业分类》GB/T 4754—2017
农业部门	2006年	《草原资源与生态监测技术规程》NY/T 1233—2006
水利部门	1988年	《中华人民共和国水法》（2016年修改）
海域部门	2009年	《海域使用分类》HY/T 123—2009

（3）建立统一的国土空间用地用海分类对自然资源部履行“两统一”和“多规合一”职责具有长远的历史意义。

《深化党和国家机构改革方案》中明确了自然资源部“两统一”和“多规合一”等重要职责，即统一行使全民所有自然资源资产所有者职责，统一行使所有国土空间用途管制和生态保护修复职责，具体职责有统一调查和确权登记，建立空间规划体系并监督实施，推进“多规合一”，实现土地利用规划、城乡规划等有机融合，《分类指南》的编制对自然资源部履行“两统一”和“多规合一”职责具有长远的历史意义，也是贯彻落实党的十九届五中全会提出的“多做打基础利长远的工作”的具体举措。

2. 总体内容和框架

（1）《分类指南》包括总则、一般规定、用地用海分类三个章节，以及附录和附件。

①总则。编制目的、适用范围、总体原则。②一般规定。分类规则、使用规则。③用地用海分类。分类名称、代码，以及细分规定。④附录。附录 A：用地用海分类名称、代码和含义；附录 B：地下空间用途补充分类及其名称、代码和含义。⑤附件。国土空间调查、规划、用途管制用地用海分类说明；分类依据、分类说明、与“三调”工作分类对接。

（2）一般规定。

1）分类依据。用地用海分类主要参考的现行标准包括：现行国家标准《土地利用现状分类》GB/T 21010—2017、现行国家标准《城市用地分类与规划建设用地标准》GB 50137—2011 及其 1990 年版的分类思路、现行国家标准《城市地下空间规划标准》GB/T 51358—2019、现行行业标准《第三次全国国土调查技术规程》TD/T 1055—2019（附录 A：第三次全国国土调查土地分类）、现行行业标准《海域使用分类》HY/T 123—2009。

2）分类原则。依据国土空间的主要配置利用方式、经营特点和覆盖特征等因素，对国土空间用地用海类型进行归纳、划分，反映国土空间利用的基本功能，满足自然资源管理需要。用地用海分类设置不重不漏。当用地用海具备多种用途时，应以其主要功能进行归类。

3）使用原则。用地用海二级类为国土调查、国土空间规划的主干分类。国家国土调查以一级类和二级类为基础分类，三级类为专项调查和补充调查的分类。

国土空间总体规划原则上以一级类为主，可细分至二级类；国土空间详细规划和市县层级涉及空间利用的相关专项规划，原则上使用二级类和三级类。具体使用按照相关国土空间规划编制要求执行。

国土空间用途管制、用地用海审批、规划许可、出让合同和确权登记应依据有关法律法规，将国土空间规划确定的用途分类作为管理的重要依据。

在保障安全、避免功能冲突的前提下，鼓励节约集约利用国土空间资源，国土空间详细规划可在本指南分类基础上确定用地用海的混合利用以及地上、地下空间的复合利用。为满足调查工作中年度考核管理的需要，用途改变过程中，未达到新用途验收或变更标准的，按原用途确认。

（3）按照资源利用的主导方式划分类型，用地用海分类采用三级分类体系，共设置 24 种一级类、106 种二级类及 39 种三级类。

3. 主要特点和变化

（1）全过程：适用于自然资源管理的全过程。

《分类指南》全面采用统一的地用海分类，适用于国土调查、监测、统计、评价，国土空间规划、用途管制、耕地保护、生态修复，土地审批、供应、整治、执法、登记及信息化管理等自然资源管理的全过程各环节工作，体现“全生命周期”管理理念（见图 5–11）。

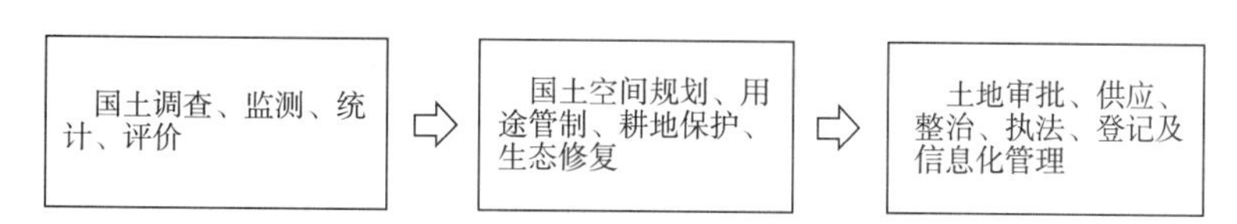

图 5–11　自然资源管理全过程

（2）在具体使用中，不同环节的工作使用不同的分类层级。

国土调查：国家国土调查以一级类和二级类为基础分类，三级类为专项调查和补充调查的分类。

国土空间规划：国土空间总体规划原则上以一级类为主，可细分至二级类；国土空间详细规划和市县层级涉及空间利用的相关专项规划，原则上使用二级类和三级类，具体使用按照相关国土空间规划编制要求执行。

国土空间用途管制、用地用海审批、规划许可、出让合同和确权登记应依据有关法律法规，将国土空间规划确定的用途分类作为管理的重要依据。

（3）实现国土空间的全域全要素覆盖。

1）在全域实现陆域、海域全覆盖。遵循陆海统筹原则，在分类体系设置上将用海与用地分类作为整体考虑，将陆域国土空间的相关用途与海洋资源利用的相关用途在名称上尽可能进行统筹和衔接。

由于无居民海岛多与周边海域一并开发利用，其现行用途分类与海域基本一致，因此将海域和无居民海岛视为整体进行分类（见表 5–8）。

表 5–8　用地用海分类名称、代码和含义——渔业用海

代码	名称	含义
18	渔业用海	指为开发利用渔业资源、开展海洋渔业生产所使用的海域及无居民海岛
1801	渔业基础设施用海	指用于渔船停靠、进行装卸作业和避风，以及用以繁殖重要苗种的海域，包括渔业码头、引桥、堤坝、渔港港池（含开敞式码头前沿船舶靠泊和回旋水域）、渔港航道及其附属设施使用的海域及无居民海岛
1802	增养殖用海	指用于养殖生产或通过构筑人工鱼礁等进行增养殖生产的海域及无居民海岛
1803	捕捞海域	指开展适度捕捞的海域

2）在陆域实现生产、生活、生态等各类用地全覆盖。耕地、园林、林地、草地等用地分类衔接土地利用现状分类，并结合第三次全国国土调查的最新成果，对含义进行了修改完善。同时将“湿地”正式纳入用地用海分类，体现生态空间保护和治理的重要性（见表 5–9）。

表 5–9　用地用海分类名称、代码和含义——湿地

代码	名称	含义
05	湿地	指陆地和水域的交汇处，水位接近或处于地表面，或有浅层积水，且处于自然状态的土地
0501	森林沼泽	指以乔木植物为优势群落、郁闭度≥ 0.1 的淡水沼泽
0502	灌丛沼泽	指以灌木植物为优势群落、覆盖度≥ 40% 的淡水沼泽
0503	沼泽草地	指以天然草本植物为主的沼泽化的低地草甸、高寒草甸
0504	其他沼泽地	指除森林沼泽、灌丛沼泽和沼泽草地外、地表经常过湿或有薄层积水，生长沼生或部分沼生和部分湿生、水生或盐生植物的土地，包括草本沼泽、苔藓沼泽、内陆盐沼等
0505	沿海滩涂	指沿海大潮高潮位与低潮位之间的潮浸地带，包括海岛的滩涂，不包括已利用的滩涂
0506	内陆滩涂	指河流、湖泊常水位至洪水位间的滩地，时令河、湖洪水位以下的滩地，水库正常蓄水位与洪水位间的滩地，包括海岛的内陆滩地，不包括已利用的滩地
0507	红树林地	指沿海生长红树植物的土地，包括红树林苗圃

建设用地设置多个一级类，涵盖城乡建设各类用地的基本功能。首次明确将“农业设施建设用地”单独列为一级类，将破坏耕作层的农业设施相关用地单设一类，切实防止耕地“非农化”和“非粮化”，适应了目前农业农村发展的新形势，新特点。而对乡村工业、仓储、商业，以及公用设施和公共服务设施等用地，不单独设立农村专用地类，统一使用相应的建设用地分类，已体现城乡统筹发展。

3）在空间复合分层上实现地上、地下空间全覆盖。《分类指南》规定了地上、地下空间资源用途类别的代码应区别表达，当需要表达地下空间用途时，应根据其主要功能对照地上用途分类的类型并在其代码前增加 UG 字样（同时删除用地字样）（见表 5–10）。

表 5–10　用地用海分类名称、代码和含义——地下用地

代码	名称	含义
UG12	地下交通运输设施	指地下道路设施、地下轨道交通设施、地下公共人行通道、地下交通场站、地下停车设施等
UG1210	地下人行通道	指地下人行通道及其配套设施
UG13	地下公用设施	指利用地下空间实现城市给水、供电、供气、供热、通信、排水、环卫等市政公用功能的设施，包括地下市政场站、地下市政管线、地下市政管廊和其他地下市政公用设施

续表 5–10

代码	名称	含义
UG1314	地下市政管线	指地下电力管线、通信管线、燃气配气管线、再生水管线、给水配水管线、热力管线、燃气输气管线、给水输水管线、污水管线、雨水管线等
UG1315	地下市政管廊	指用于统筹设置地下市政管线的空间和廊道，包括电缆隧道等专业管廊、综合管廊和其他市政管廊
UG25	地下人民防空设施	指地下通信指挥工程、医疗救护工程、防空专业队工程、人员掩蔽工程等设施
UG26	其他地下设施	指除以上之外的地下设施

（4）体现经济社会高质量发展新需要。对建设用地类型的细分原则进行调整，以满足新时期差异化与精细化管理需求。对必须加强管制、提供保障，或规划选址布局有特殊要求的用地类型进行进一步的细分。对用途相近、没有布局管制要求或用途间转换不需要严格区别、无特别附加条件的，则未再进一步细分。比如，公共管理与公共服务用地、商业服务业用地、工矿用地、仓储用地等（见表 5–11）。

表 5–11　用地用海分类名称、代码和含义——公共管理与公共服务用地

一级类		二级类		三级类		备注
代码	名称	代码	名称	代码	名称	
08	公共管理与公共服务用地	0801	机关团体用地			
		0802	科研用地			
		0803	文化用地	080301	图书与展览用地	这类体现了对基本公共服务的保障
				080302	文化活动用地	
		0804	教育用地	080401	高等教育用地	
				080402	中等职业教育用地	
				080403	中小学用地	
				080404	幼儿园用地	
				080405	其他教育用地	
		0805	体育用地	080501	体育场馆用地	
				080502	体育训练用地	
		0806	医疗卫生用地	080601	医院用地	这类体现了对基本公共服务的保障
				080602	基层医疗卫生设施用地	
				080603	公共卫生用地	
		0807	社会福利用地	080701	老年人社会福利用地	
				080702	儿童社会福利用地	
				080703	残疾人社会福利用地	
				080704	其他社会福利用地	

（5）增设一级类“留白用地”，以应对城市未来发展的不确定性。为应对城市未来发展的不确定性，针对国土空间规划确定的城镇、村庄范围内暂未明确规划用途、规划期内不开发或特定条件下开发的用地，增设 1 个一级类“留白用地”（见表 5–12）。

表 5–12　用地用海分类名称、代码和含义——留白用地

代码	名称	含义
16	留白用地	指国土空间规划确定的城镇、村庄范围内暂未明确规划用途、规划期内不开发或特定条件下开发的用地

（6）制定差别化的设施细则和进一步细分的接口。《分类指南》在使用中可根据实际需要，在现有分类基础上制定用地用海分类实施细则；用地用海分类未展开二级类的一级类、未展开三级类的二级类以及三级类，可进一步结合具体工作需要展开细分；使用时可根据规划和管理实际需求，在指南分类基础上增设土地混合使用的用地类型及其相关详细规定（见表 5–13）。

表 5–13　用地用海分类名称、代码

<table>
<tr><th colspan="2">一级类</th><th colspan="2">二级类</th><th colspan="2">三级类</th><th rowspan="2">备注</th></tr>
<tr><th>代码</th><th>名称</th><th>代码</th><th>名称</th><th>代码</th><th>名称</th></tr>
<tr><td rowspan="3">01</td><td rowspan="3">耕地</td><td>0101</td><td>水田</td><td></td><td></td><td rowspan="21">这类用地未展开三级类的二级类，可进一步结合具体工作展开细分</td></tr>
<tr><td>0102</td><td>水浇地</td><td></td><td></td></tr>
<tr><td>0103</td><td>旱地</td><td></td><td></td></tr>
<tr><td rowspan="4">02</td><td rowspan="4">园地</td><td>0201</td><td>果园</td><td></td><td></td></tr>
<tr><td>0202</td><td>茶园</td><td></td><td></td></tr>
<tr><td>0203</td><td>橡胶园</td><td></td><td></td></tr>
<tr><td>0204</td><td>其他园地</td><td></td><td></td></tr>
<tr><td rowspan="4">03</td><td rowspan="4">林地</td><td>0301</td><td>乔木林地</td><td></td><td></td></tr>
<tr><td>0302</td><td>竹林地</td><td></td><td></td></tr>
<tr><td>0303</td><td>灌木林地</td><td></td><td></td></tr>
<tr><td>0304</td><td>其他林地</td><td></td><td></td></tr>
<tr><td rowspan="3">04</td><td rowspan="3">草地</td><td>0401</td><td>天然牧草地</td><td></td><td></td></tr>
<tr><td>0402</td><td>人工牧草地</td><td></td><td></td></tr>
<tr><td>0403</td><td>其他草地</td><td></td><td></td></tr>
<tr><td rowspan="7">05</td><td rowspan="7">湿地</td><td>0501</td><td>森林沼泽</td><td></td><td></td></tr>
<tr><td>0502</td><td>灌丛沼泽</td><td></td><td></td></tr>
<tr><td>0503</td><td>沼泽草地</td><td></td><td></td></tr>
<tr><td>0504</td><td>其他沼泽地</td><td></td><td></td></tr>
<tr><td>0505</td><td>沿海滩涂</td><td></td><td></td></tr>
<tr><td>0506</td><td>内陆滩涂</td><td></td><td></td></tr>
<tr><td>0507</td><td>红树林地</td><td></td><td></td></tr>
</table>

续表 5-13

一级类		二级类		三级类		备注
代码	名称	代码	名称	代码	名称	
06	农业设施建设用地	0601	乡村道路用地	060101	村道用地	三级类可进一步细分
				060102	村庄内部道路用地	
		0602	种植设施建设用地			

（7）用地用海分类一级类详解。用地用海分类一级类详解见表 5-14。

表 5-14　用地用海分类一级类详解

代码	名称	备注
01	耕地	主要衔接《土地利用现状分类》GB/T 21010—2017，并结合第三次全国国土调查的最新成果
02	园地	
03	林地	
04	草地	
05	湿地	
06	农业设施建设用地	本次新增地类
07	居住用地	主要衔接《城市用地分类与规划建设用地标准》GB 50137—2011，并结合《土地利用现状分类》GB/T 21010—2017 和第三次全国国土调查的最新成果
08	公共管理与公共服务用地	
09	商业服务业用地	
10	工矿用地	
11	仓储用地	
12	交通运输用地	
13	公用设施用地	
14	绿地与开敞空间用地	
15	特殊用地	
16	留白用地	本次新增地类
17	陆地水域	主要衔接《土地利用现状分类》GB/T 21010—2017 并调整完善
18	渔业用海	主要衔接《海域使用分类》HY/T 123—2009，并结合海洋功能区划
19	工矿通信用海	
20	交通运输用海	
21	游憩用海	
22	特殊用海	
23	其他土地	
24	其他海域	

4. 用地用海分类的含义总表

用地用海分类的含义见表 5–15 的规定。

表 5–15 用地用海分类名称、代码和含义

代码	名称	含义
01	耕地	指利用地表耕作层种植农作物为主，每年种植一季及以上（含以一年一季以上的耕种方式种植多年生作物）的土地，包括熟地，新开发、复垦、整理地，休闲地（含轮歇地、休耕地）；以及间有零星果树、桑树或其他树木的耕地；包括南方宽度＜ 1.0 米，北方宽度＜ 2.0 米固定的沟、渠、路和地坎（埂）；包括直接利用地表耕作层种植的温室、大棚、地膜等保温、保湿设施用地
0101	水田	指用于种植水稻、莲藕等水生农作物的耕地，包括实行水生、旱生农作物轮种的耕地
0102	水浇地	指有水源保证和灌溉设施，在一般年景能正常灌溉，种植旱生农作物（含蔬菜）的耕地
0103	旱地	指无灌溉设施，主要靠天然降水种植旱生农作物的耕地，包括没有灌溉设施，仅靠引洪淤灌的耕地
02	园地	指种植以采集果、叶、根、茎、汁等为主的集约经营的多年生作物，覆盖度大于 50% 或每亩株数大于合理株数 70% 的土地，包括用于育苗的土地
0201	果园	指种植果树的园地
0202	茶园	指种植茶树的园地
0203	橡胶园	指种植橡胶的园地
0204	其他园地	指种植桑树、可可、咖啡、油棕、胡椒、药材等其他多年生作物的园地，包括用于育苗的土地
03	林地	指生长乔木、竹类、灌木的土地。不包括生长林木的湿地，城镇、村庄范围内的绿化林木用地，铁路、公路征地范围内的林木，以及河流、沟渠的护堤林用地
0301	乔木林地	指乔木郁闭度≥ 0.2 的林地，不包括森林沼泽
0302	竹林地	指生长竹类植物，郁闭度≥ 0.2 的林地
0303	灌木林地	指灌木覆盖度≥ 40% 的林地，不包括灌丛沼泽
0304	其他林地	指疏林地（树木郁闭度≥ 0.1、＜ 0.2 的林地）、未成林地，以及迹地、苗圃等林地
04	草地	指生长草本植物为主的土地，包括乔木郁闭度＜ 0.1 的疏林草地、灌木覆盖度＜ 40% 的灌丛草地，不包括生长草本植物的湿地、盐碱地

续表 5–15

代码	名称	含义
0401	天然牧草地	指以天然草本植物为主，用于放牧或割草的草地，包括实施禁牧措施的草地
0402	人工牧草地	指人工种植牧草的草地，不包括种植饲草的耕地
0403	其他草地	指表层为土质，不用于放牧的草地
05	湿地	指陆地和水域的交汇处，水位接近或处于地表面，或有浅层积水，且处于自然状态的土地
0501	森林沼泽	指以乔木植物为优势群落、郁闭度≥ 0.1 的淡水沼泽
0502	灌丛沼泽	指以灌木植物为优势群落、覆盖度≥ 40% 的淡水沼泽
0503	沼泽草地	指以天然草本植物为主的沼泽化的低地草甸、高寒草甸
0504	其他沼泽地	指除森林沼泽、灌丛沼泽和沼泽草地外、地表经常过湿或有薄层积水，生长沼生或部分沼生和部分湿生、水生或盐生植物的土地，包括草本沼泽、苔藓沼泽、内陆盐沼等
0505	沿海滩涂	指沿海大潮高潮位与低潮位之间的潮浸地带，包括海岛的滩涂，不包括已利用的滩涂
0506	内陆滩涂	指河流、湖泊常水位至洪水位间的滩地，时令河、湖洪水位以下的滩地，水库正常蓄水位与洪水位间的滩地，包括海岛的内陆滩地，不包括已利用的滩地
0507	红树林地	指沿海生长红树植物的土地，包括红树林苗圃
06	农业设施建设用地	指对地表耕作层造成破坏的，为农业生产、农村生活服务的乡村道路用地以及种植设施、畜禽养殖设施、水产养殖设施建设用地
0601	乡村道路用地	指村庄内部道路用地以及对地表耕作层造成破坏的村道用地
060101	村道用地	指在农村范围内，乡道及乡道以上公路以外，用于村间、田间交通运输，服务于农村生活生产的对地表耕作层造成破坏的硬化型道路（含机耕道），不包括村庄内部道路用地和田间道
060102	村庄内部道路用地	指村庄内的道路用地，包括其交叉口用地，不包括穿越村庄的公路
0602	种植设施建设用地	指对地表耕作层造成破坏的，工厂化作物生产和为生产服务的看护房、农资农机具存放场所等，以及与生产直接关联的烘干晾晒、分拣包装、保鲜存储等设施用地，不包括直接利用地表种植的大棚、地膜等保温、保湿设施用地
0603	畜禽养殖设施建设用地	指对地表耕作层造成破坏的，经营性畜禽养殖生产及直接关联的圈舍、废弃物处理、检验检疫等设施用地，不包括屠宰和肉类加工场所用地等

续表 5-15

代码	名称	含义
0604	水产养殖设施建设用地	指对地表耕作层造成破坏的，工厂化水产养殖生产及直接关联的硬化养殖池、看护房、粪污处置、检验检疫等设施用地
07	居住用地	指城乡住宅用地及其居住生活配套的社区服务设施用地
0701	城镇住宅用地	指用于城镇生活居住功能的各类住宅建筑用地及其附属设施用地
070101	一类城镇住宅用地	指配套设施齐全、环境良好，以三层及以下住宅为主的住宅建筑用地及其附属道路、附属绿地、停车场等用地
070102	二类城镇住宅用地	指配套设施较齐全、环境良好，以四层及以上住宅为主的住宅建筑用地及其附属道路、附属绿地、停车场等用地
070103	三类城镇住宅用地	指配套设施较欠缺、环境较差，以需要加以改造的简陋住宅为主的住宅建筑用地及其附属道路、附属绿地、停车场等用地，包括危房、棚户区、临时住宅等用地
0702	城镇社区服务设施用地	指为城镇居住生活配套的社区服务设施用地，包括社区服务站以及托儿所、社区卫生服务站、文化活动站、小型综合体育场地、小型超市等用地，以及老年人日间照料中心（托老所）等社区养老服务设施用地，不包括中小学、幼儿园用地
0703	农村宅基地	指农村村民用于建造住宅及其生活附属设施的土地，包括住房、附属用房等用地
070301	一类农村宅基地	指农村用于建造独户住房的土地
070302	二类农村宅基地	指农村用于建造集中住房的土地
0704	农村社区服务设施用地	指为农村生产生活配套的社区服务设施用地，包括农村社区服务站以及村委会、供销社、兽医站、农机站、托儿所、文化活动室、小型体育活动场地、综合礼堂、农村商店及小型超市、农村卫生服务站、村邮站、宗祠等用地，不包括中小学、幼儿园用地
08	公共管理与公共服务用地	指机关团体、科研、文化、教育、体育、卫生、社会福利等机构和设施的用地，不包括农村社区服务设施用地和城镇社区服务设施用地
0801	机关团体用地	指党政机关、人民团体及其相关直属机构、派出机构和直属事业单位的办公及附属设施用地
0802	科研用地	指科研机构及其科研设施用地
0803	文化用地	指图书、展览等公共文化活动设施用地
080301	图书与展览用地	指公共图书馆、博物馆、科技馆、公共美术馆、纪念馆、规划建设展览馆等设施用地

续表 5–15

代码	名称	含义
080302	文化活动用地	指文化馆（群众艺术馆）、文化站、工人文化宫、青少年宫（青少年活动中心）、妇女儿童活动中心（儿童活动中心）、老年活动中心、综合文化活动中心、公共剧场等设施用地
0804	教育用地	指高等教育、中等职业教育、中小学教育、幼儿园、特殊教育设施等用地，包括为学校配建的独立地段的学生生活用地
080401	高等教育用地	指大学、学院、高等职业学校、高等专科学校、成人高校等高等学校用地，包括军事院校用地
080402	中等职业教育用地	指普通中等专业学校、成人中等专业学校、职业高中、技工学校等用地，不包括附属于普通中学内的职业高中用地
080403	中小学用地	指小学、初级中学、高级中学、九年一贯制学校、完全中学、十二年一贯制学校用地，包括职业初中、成人中小学、附属于普通中学内的职业高中用地
080404	幼儿园用地	指幼儿园用地
080405	其他教育用地	指除以上之外的教育用地，包括特殊教育学校、专门学校（工读学校）用地
0805	体育用地	指体育场馆和体育训练基地等用地，不包括学校、企事业、军队等机构内部专用的体育设施用地
080501	体育场馆用地	指室内外体育运动用地，包括体育场馆、游泳场馆、大中型多功能运动场地、全民健身中心等用地
080502	体育训练用地	指为体育运动专设的训练基地用地
0806	医疗卫生用地	指医疗、预防、保健、护理、康复、急救、安宁疗护等用地
080601	医院用地	指综合医院、中医医院、中西医结合医院、民族医院、各类专科医院、护理院等用地
080602	基层医疗卫生设施用地	指社区卫生服务中心、乡镇（街道）卫生院等用地，不包括社区卫生服务站、农村卫生服务站、村卫生室、门诊部、诊所（医务室）等用地
080603	公共卫生用地	指疾病预防控制中心、妇幼保健院、急救中心（站）、采供血设施等用地
0807	社会福利用地	指为老年人、儿童及残疾人等提供社会福利和慈善服务的设施用地
080701	老年人社会福利用地	指为老年人提供居住、康复、保健等服务的养老院、敬老院、养护院等机构养老设施用地

续表 5-15

代码	名称	含义
080702	儿童社会福利用地	指为孤儿、农村留守儿童、困境儿童等特殊儿童群体提供居住、抚养、照护等服务的儿童福利院、孤儿院、未成年人救助保护中心等设施用地
080703	残疾人社会福利用地	指为残疾人提供居住、康复、护养等服务的残疾人福利院、残疾人康复中心、残疾人综合服务中心等设施用地
080704	其他社会福利用地	指除以上之外的社会福利设施用地，包括救助管理站等设施用地
09	商业服务业用地	指商业、商务金融以及娱乐康体等设施用地，不包括农村社区服务设施用地和城镇社区服务设施用地
0901	商业用地	指零售商业、批发市场及餐饮、旅馆及公用设施营业网点等服务业用地
090101	零售商业用地	指商铺、商场、超市、服装及小商品市场等用地
090102	批发市场用地	指以批发功能为主的市场用地
090103	餐饮用地	指饭店、餐厅、酒吧等用地
090104	旅馆用地	指宾馆、旅馆、招待所、服务型公寓、有住宿功能的度假村等用地
090105	公用设施营业网点用地	指零售加油、加气、充换电站、电信、邮政、供水、燃气、供电、供热等公用设施营业网点用地
0902	商务金融用地	指金融保险、艺术传媒、研发设计、技术服务、物流管理中心等综合性办公用地
0903	娱乐康体用地	指各类娱乐、康体等设施用地
090301	娱乐用地	指剧院、音乐厅、电影院、歌舞厅、网吧以及绿地率小于 65% 的大型游乐等设施用地
090302	康体用地	指高尔夫练习场、赛马场、溜冰场、跳伞场、摩托车场、射击场，以及水上运动的陆域部分等用地
0904	其他商业服务业用地	指除以上之外的商业服务业用地，包括以观光娱乐为目的的直升机停机坪等通用航空、汽车维修站以及宠物医院、洗车场、洗染店、照相馆、理发美容店、洗浴场所、废旧物资回收站、机动车、电子产品和日用产品修理网点、物流营业网点等用地
10	工矿用地	指用于工矿业生产的土地
1001	工业用地	指工矿企业的生产车间、装备修理、自用库房及其附属设施用地，包括专用铁路、码头和附属道路、停车场等用地，不包括采矿用地

续表 5-15

代码	名称	含义
100101	一类工业用地	指对居住和公共环境基本无干扰、污染和安全隐患，布局无特殊控制要求的工业用地
100102	二类工业用地	指对居住和公共环境有一定干扰、污染和安全隐患，不可布局于居住区和公共设施集中区内的工业用地
100103	三类工业用地	指对居住和公共环境有严重干扰、污染和安全隐患，布局有防护、隔离要求的工业用地
1002	采矿用地	指采矿、采石、采砂（沙）场，砖瓦窑等地面生产用地及排土（石）、尾矿堆放用地
1003	盐田	指用于盐业生产的用地，包括晒盐场所、盐池及附属设施用地
11	仓储用地	指物流仓储和战略性物资储备库用地
1101	物流仓储用地	指国家和省级战略性储备库以外，城、镇、村用于物资存储、中转、配送等设施用地，包括附属设施、道路、停车场等用地
110101	一类物流仓储用地	指对居住和公共环境基本无干扰、污染和安全隐患，布局无特殊控制要求的物流仓储用地
110102	二类物流仓储用地	指对居住和公共环境有一定干扰、污染和安全隐患，不可布局于居住区和公共设施集中区内的物流仓储用地
110103	三类物流仓储用地	指用于存放易燃、易爆和剧毒等危险品，布局有防护、隔离要求的物流仓储用地
1102	储备库用地	指国家和省级的粮食、棉花、石油等战略性储备库用地
12	交通运输用地	指铁路、公路、机场、港口码头、管道运输、城市轨道交通、各种道路以及交通场站等交通运输设施及其附属设施用地，不包括其他用地内的附属道路、停车场等用地
1201	铁路用地	指铁路编组站、轨道线路（含城际轨道）等用地，不包括铁路客货运站等交通场站用地
1202	公路用地	指国道、省道、县道和乡道用地及附属设施用地，不包括已纳入城镇集中连片建成区，发挥城镇内部道路功能的路段，以及公路长途客货运站等交通场站用地
1203	机场用地	指民用及军民合用的机场用地，包括飞行区、航站区等用地，不包括净空控制范围内的其他用地
1204	港口码头用地	指海港和河港的陆域部分，包括用于堆场、货运码头及其他港口设施的用地，不包括港口客运码头等交通场站用地

续表 5-15

代码	名称	含义
1205	管道运输用地	指运输矿石、石油和天然气等地面管道运输用地，地下管道运输规定的地面控制范围内的用地应按其地面实际用途归类
1206	城市轨道交通用地	指独立占地的城市轨道交通地面以上部分的线路、站点用地
1207	城镇道路用地	指快速路、主干路、次干路、支路、专用人行道和非机动车道等用地，包括其交叉口用地
1208	交通场站用地	指交通服务设施用地，不包括交通指挥中心、交通队等行政办公设施用地
120801	对外交通场站用地	指铁路客货运站、公路长途客运站、港口客运码头及其附属设施用地
120802	公共交通场站用地	指城市轨道交通车辆基地及附属设施，公共汽（电）车首末站、停车场（库）、保养场，出租汽车场站设施等用地，以及轮渡、缆车、索道等的地面部分及其附属设施用地
120803	社会停车场用地	指独立占地的公共停车场和停车库用地（含设有充电桩的社会停车场），不包括其他建设用地配建的停车场和停车库用地
1209	其他交通设施用地	指除以上之外的交通设施用地，包括教练场等用地
13	公用设施用地	指用于城乡和区域基础设施的供水、排水、供电、供燃气、供热、通信、邮政、广播电视、环卫、消防、干渠、水工等设施用地
1301	供水用地	指取水设施、供水厂、再生水厂、加压泵站、高位水池等设施用地
1302	排水用地	指雨水泵站、污水泵站、污水处理、污泥处理厂等设施及其附属的构筑物用地，不包括排水河渠用地
1303	供电用地	指变电站、开关站、环网柜等设施用地，不包括电厂等工业用地。高压走廊下规定的控制范围内的用地应按其地面实际用途归类
1304	供燃气用地	指分输站、调压站、门站、供气站、储配站、气化站、灌瓶站和地面输气管廊等设施用地，不包括制气厂等工业用地
1305	供热用地	指集中供热厂、换热站、区域能源站、分布式能源站和地面输热管廊等设施用地
1306	通信用地	指通信铁塔、基站、卫星地球站、海缆登陆站、电信局、微波站、中继站等设施用地
1307	邮政用地	指邮政中心局、邮政支局（所）、邮件处理中心等设施用地
1308	广播电视设施用地	指广播电视的发射、传输和监测设施用地，包括无线电收信区、发信区以及广播电视发射台、转播台、差转台、监测站等设施用地
1309	环卫用地	指生活垃圾、医疗垃圾、危险废物处理和处置，以及垃圾转运、公厕、车辆清洗、环卫车辆停放修理等设施用地

续表 5–15

代码	名称	含义
1310	消防用地	指消防站、消防通信及指挥训练中心等设施用地
1311	干渠	指除农田水利以外，人工修建的从水源地直接引水或调水，用于工农业生产、生活和水生态调节的大型渠道
1312	水工设施用地	指人工修建的闸、坝、堤林路、水电厂房、扬水站等常水位岸线以上的建（构）筑物用地，包括防洪堤、防洪枢纽、排洪沟（渠）等设施用地
1313	其他公用设施用地	指除以上之外的公用设施用地，包括施工、养护、维修等设施用地
14	绿地与开敞空间用地	指城镇、村庄建设用地范围内的公园绿地、防护绿地、广场等公共开敞空间用地，不包括其他建设用地中的附属绿地
1401	公园绿地	指向公众开放，以游憩为主要功能，兼具生态、景观、文教、体育和应急避险等功能，有一定服务设施的公园和绿地，包括综合公园、社区公园、专类公园和游园等
1402	防护绿地	指具有卫生、隔离、安全、生态防护功能，游人不宜进入的绿地
1403	广场用地	指以游憩、健身、纪念、集会和避险等功能为主的公共活动场地
15	特殊用地	指军事、外事、宗教、安保、殡葬，以及文物古迹等具有特殊性质的用地
1501	军事设施用地	指直接用于军事目的的设施用地
1502	使领馆用地	指外国驻华使领馆、国际机构办事处及其附属设施等用地
1503	宗教用地	指宗教活动场所用地
1504	文物古迹用地	指具有保护价值的古遗址、古建筑、古墓葬、石窟寺、近现代史迹及纪念建筑等用地，不包括已作其他用途的文物古迹用地
1505	监教场所用地	指监狱、看守所、劳改场、戒毒所等用地范围内的建设用地，不包括公安局等行政办公设施用地
1506	殡葬用地	指殡仪馆、火葬场、骨灰存放处和陵园、墓地等用地
1507	其他特殊用地	指除以上之外的特殊建设用地，包括边境口岸和自然保护地等的管理与服务设施用地
16	留白用地	指国土空间规划确定的城镇、村庄范围内暂未明确规划用途、规划期内不开发或特定条件下开发的用地
17	陆地水域	指陆域内的河流、湖泊、冰川及常年积雪等天然陆地水域，以及水库、坑塘水面、沟渠等人工陆地水域
1701	河流水面	指天然形成或人工开挖河流常水位岸线之间的水面，不包括被堤坝拦截后形成的水库区段水面

续表 5-15

代码	名称	含义
1702	湖泊水面	指天然形成的积水区常水位岸线所围成的水面
1703	水库水面	指人工拦截汇集而成的总设计库容≥ 10 万立方米的水库正常蓄水位岸线所围成的水面
1704	坑塘水面	指人工开挖或天然形成的蓄水量< 10 万立方米的坑塘常水位岸线所围成的水面
1705	沟渠	指人工修建，南方宽度≥ 1.0 米、北方宽度≥ 2.0 米用于引、排、灌的渠道，包括渠槽、渠堤、附属护路林及小型泵站，不包括干渠
1706	冰川及常年积雪	指表层被冰雪常年覆盖的土地
18	渔业用海	指为开发利用渔业资源、开展海洋渔业生产所使用的海域及无居民海岛
1801	渔业基础设施用海	指用于渔船停靠、进行装卸作业和避风，以及用以繁殖重要苗种的海域，包括渔业码头、引桥、堤坝、渔港港池（含开敞式码头前沿船舶靠泊和回旋水域）、渔港航道及其附属设施使用的海域及无居民海岛
1802	增养殖用海	指用于养殖生产或通过构筑人工鱼礁等进行增养殖生产的海域及无居民海岛
1803	捕捞海域	指开展适度捕捞的海域
19	工矿通信用海	指开展临海工业生产、海底电缆管道建设和矿产能源开发所使用的海域及无居民海岛
1901	工业用海	指开展海水综合利用、船舶制造修理、海产品加工等临海工业所使用的海域及无居民海岛
1902	盐田用海	指用于盐业生产的海域，包括盐田取排水口、蓄水池等所使用的海域及无居民海岛
1903	固体矿产用海	指开采海砂及其他固体矿产资源的海域及无居民海岛
1904	油气用海	指开采油气资源的海域及无居民海岛
1905	可再生能源用海	指开展海上风电、潮流能、波浪能等可再生能源利用的海域及无居民海岛
1906	海底电缆管道用海	指用于埋（架）设海底通信光（电）缆、电力电缆、输水管道及输送其他物质的管状设施所使用的海域
20	交通运输用海	指用于港口、航运、路桥等交通建设的海域及无居民海岛
2001	港口用海	指供船舶停靠、进行装卸作业、避风和调动的海域，包括港口码头、引桥、平台、港池、堤坝及堆场等所使用的海域及无居民海岛

续表 5–15

代码	名称	含义
2002	航运用海	指供船只航行、候潮、待泊、联检、避风及进行水上过驳作业的海域
2003	路桥隧道用海	指用于建设连陆、连岛等路桥工程及海底隧道海域，包括跨海桥梁、跨海和顺岸道路、海底隧道等及其附属设施所使用的海域及无居民海岛
21	游憩用海	指开发利用滨海和海上旅游资源，开展海上娱乐活动的海域及无居民海岛
2101	风景旅游用海	指开发利用滨海和海上旅游资源的海域及无居民海岛
2102	文体休闲娱乐用海	指旅游景区开发和海上文体娱乐活动场建设的海域，包括海上浴场、游乐场及游乐设施使用的海域及无居民海岛
22	特殊用海	指用于科研教学、军事及海岸防护工程、倾倒排污等用途的海域及无居民海岛
2201	军事用海	指建设军事设施和开展军事活动的海域及无居民海岛
2202	其他特殊用海	指除军事用海以外，用于科研教学、海岸防护、排污倾倒等的海域及无居民海岛
23	其他土地	指上述地类以外的其他类型的土地，包括盐碱地、沙地、裸土地、裸岩石砾地等植被稀少的陆域自然荒野等土地以及空闲地、田坎、田间道
2301	空闲地	指城、镇、村庄范围内尚未使用的建设用地。空闲地仅用于国土调查监测工作
2302	田坎	指梯田及梯状坡地耕地中，主要用于拦蓄水和护坡，南方宽度≥ 1.0 米、北方宽度≥ 2.0 米的地坎
2303	田间道	指在农村范围内，用于田间交通运输，为农业生产、农村生活服务的未对地表耕作层造成破坏的非硬化道路
2304	盐碱地	指表层盐碱聚集，生长天然耐盐碱植物的土地。不包括沼泽地和沼泽草地
2305	沙地	指表层为沙覆盖、植被覆盖度≤ 5% 的土地。不包括滩涂中的沙地
2306	裸土地	指表层为土质，植被覆盖度≤ 5% 的土地。不包括滩涂中的泥滩
2307	裸岩石砾地	指表层为岩石或石砾，其覆盖面积≥ 70% 的土地。不包括滩涂中的石滩
24	其他海域	指需要限制开发，以及从长远发展角度应当予以保留的海域及无居民海岛

历年真题

1. 根据《国土空间调查、规划、用途管制用地用海分类指南（试行）》，下列关于村庄用地的表述，正确的是（　　）。[2022-59]

A. 农村宅基地包括农村建造集中住房的土地

B. 农村社区服务设施用地包括中小学、幼儿园用地

C. 村道用地包括村庄内部道路用地和田间道

D. 畜禽养殖场建设用地包括屠宰场和肉类加工场用地

【答案】A

【解析】农村社区服务设施用地不包括中小学、幼儿园用地，B选项错误。村道用地不包括村庄内部道路用地和田间道，C选项错误。畜禽养殖设施建设用地不包括屠宰和肉类加工场所用地等，D选项错误。

2. 根据《国土空间调查、规划、用途管制用地用海分类指南（试行）》，属于交通运输用地的有（　　）。[2022-88]

A. 机场用地　　B. 社会停车场用地

C. 管道运输用地　　D. 乡村道路用地

E. 田间道

【答案】ABC

【解析】乡村道路用地属于农业设施建设用地，D选项不符合题意。田间道属于其他土地，E选项不符合题意。

3. 根据《国土空间调查、规划、用途管制用地用海分类指南（试行）》，下列国土类型中不属于湿地的是（　　）。[2021-8]

A. 水田　　B. 内陆滩涂　　C. 红树林地　　D. 沿海滩涂

【答案】A

【解析】水田属于耕地。

4. 根据《国土空间调查、规划、用途管制用地用海分类指南（试行）》，下列用海中不属于交通运输用海的是（　　）。[2021-9]

A. 港口用海　　B. 航运用海　　C. 输油管道用海　　D. 路桥隧道用海

【答案】C

【解析】输油管道用海不属于交通运输用海。

5. 根据《国土空间调查、规划、用途管制用地用海分类指南（试行）》，下列设施的用地属于公共管理与公共服务用地的有（　　）。[2021-89]

A. 电影院　　B. 博物馆

C. 技工学校　　D. 残疾人康复中心

E. 加油（气）站

【答案】BCD

【解析】电影院和加油（气）站属于商业服务业用地。

5. 城市用地评价

城市用地评价包括多方面的内容，主要是三个方面，分别是自然条件评价、建设条件评价、用地经济性评价。

（1）城市用地自然条件评价。城市用地自然条件包括工程地质条件、水文及水文地质条件。

水文地质条件一般指地下水的存在形式。地下水按其成因与埋藏条件可分为三类，即上层滞水、潜水和承压水，其中能作为城市水源的，主要是潜水和承压水。承压水受大气降水的影响较小，也不易受地面污染，因此往往作为远离江河城市的主要水源。如上层滞水、潜水和承压水结构图（见图 5-12）。

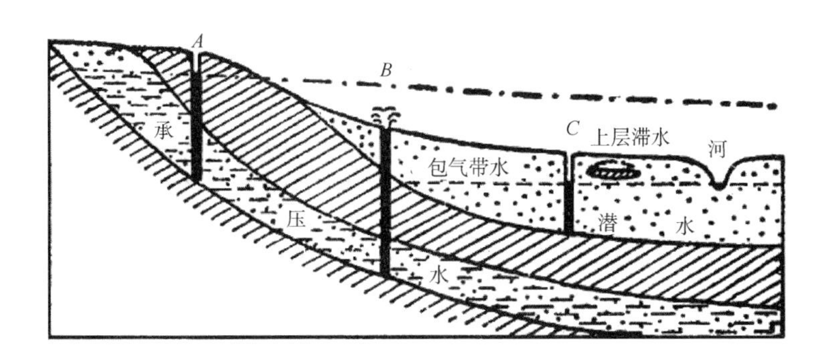

图 5-12　上层滞水、潜水和承压水结构图

气候条件包括太阳辐射、风象、气温、降水与湿度。

风向就是风吹来的方向。表示风向最基本的一个特征指标叫风向频率。风向频率是累计某一时期内各个方位风向的次数，并以各个风向发生的次数占该时期内观测、累计各个不同风向（包括静风）的总次数的百分比来表示。即：风向频率 =（某一时期内观测、累计某一风向发生的次数）/（同一时期内观测、累计风向的总次数）× 100%。

风速是指单位时间内风所移动的距离，表示风速最基本的一个指标叫平均风速。平均风速是按某城市风玫瑰图每个风向的风速累计平均值来表示的。

根据城市多年风向观测记录汇总所绘制的风向频率图和平均风速又称风玫瑰图。

历年真题

1. 下列不属于城市用地条件评价内容的是（　　）。[2018-28]

A. 自然条件评价　　B. 社会条件评价　　C. 建设条件评价　　D. 用地经济性评价

【答案】B

【解析】城市用地的评价主要体现在三个方面：自然条件评价、建设条件评价和用地经济性评价。

2. 风向频率是指（　　）。[2017-37]

A. 各个风向发生的次数占同时期内不同风向的总次数的百分比

B. 各个风向发生的天数占所有风向发生的总天数的百分比

C. 某个风向发生的次数占同时期内不同风向的总次数的百分比

D. 某个风向发生的天数占所有风向发生的总天数的百分比

【答案】A

【解析】风向频率一般是分 8 个或 16 个罗盘方位观测，累计某一时期内（一季、一年或多年）各个方位风向的次数，并以各个风向发生的次数占该时期内观测、累计各个不同风向（包括静风）的总次数的百分比来表示。

（2）城市用地建设条件评价。城市用地建设条件是指组成城市各项物质要素的现有状况与它们在近期内建设或改进的可能，以及它们的服务水平与质量。

（3）城市用地经济性评价。城市用地经济性评价是指根据城市土地的经济和自然两方面的属性及其在城市社会经济活动中所产生的作用，综合评价土地质量优劣差异，为土地使用提供依据。在城市中，通过分析土地的区位、投资于土地上的资本状况、经济活动状况等条件，可以揭示土地质量和土地收益的差异。

影响城市用地经济性评价的因素一般可以分为三个层次（见表 5–16）。

表 5–16 城市用地经济性评价因素因子体系

基本因素层	派生因素层	因子层
土地区位	繁华度	商业服务中心等级、高级商务金融集聚区、集贸市场
	交通通达度	道路功能与宽度、道路网密度、公交便捷度
城市设施	城市基础设施	供水设施、排水设施、供暖设施、供气设施、供电设施
	社会服务设施	文化教育设施、医疗卫生设施、文娱体育设施、邮电设施、公园绿地
环境优劣度	环境质量	大气污染、水污染、噪声污染
	自然条件	地形坡度、地基承载力、洪水淹没与积水、绿化覆盖率
其他	—	人口密度、建筑容积率、用地潜力

历年真题

城市用地经济性评价的因素不包括（　　）。[2020–29]

A. 用地的交通通达度　　B. 用地的社会服务设施供给

C. 用地周边的房地产价格　　D. 用地的环境质量

【答案】C

【解析】派生因素层，即由基本因素派生出来的子因素，包括繁华度、交通通达度、城市基础设施、社会服务设施、环境质量、自然条件和城市规划等子因素，它们从不同方面反映基本因素的作用。C 选项城市用地周边的房地产价格属于城市用地经济性评价的结果。

（4）城市用地工程适宜性评定。城市用地工程适宜性评定是综合各项用地的自然条件对用地质量进行评价的结果。城市用地工程适宜性评定一般分为三类：

一类用地（适宜修建的用地）：地形坡度在 10% 以下，符合各项建设用地的要求；土质能满足建筑物地基承载力的要求；地下水位低于建筑物、构筑物的基础埋藏深度；没有被百年一遇洪水淹没的危险；没有沼泽现象或采取简单的工程措施即可排除地面积水的地段；没有冲沟、滑坡、崩塌、岩溶等不良地质现象的地段。

二类用地（基本上适宜修建的用地）：土质较差，在修建建筑物时，地基需要采取人工加固措施；地下水位距地表面的深度较浅，修建建筑物时，需降低地下水位或采取排水措施；属洪水轻度淹没区，淹没深度不超过 1.5m，需采取防洪措施；地形坡度较大，修建建筑物时，除需要采取一定的工程措施外，还需动用较大土石方工程；地表面有较严重的积水现象，需要采取专门的工程准备措施加以改善；有轻微的活动性冲沟、滑坡等不良地质现象，需要采取一定工程准备措施等。

三类用地（不适宜修建的用地）：地基承载力极低和厚度在 2m 以上的泥炭或流沙层的土壤，需要采取很复杂的人工地基和加固措施才能修建；地形坡度超过 20%，布置建筑物很困难；经常被洪水淹没，且淹没深度超过 1.5m；有严重的活动性冲沟、滑坡等不良地质现象，若采取防治措施需花费很大工程量和工程费用；农业生产价值很高的丰产农田，具有开采价值的矿藏，属给水水源卫生防护地段，存在其他永久性设施和军事设施等。

注：该知识点考生主要记住一类用地和三类用地的要点，其他就是二类用地的要点。

历年真题

1. 在城市用地工程适宜性评定中，下列用地不属于二类用地的是（　　）。[2013-31]

A. 地形坡度 15%

B. 地下水位低于建筑物的基础埋藏深度

C. 洪水轻度淹没区

D. 有轻微的活动性冲沟、滑坡等不良地质现象

【答案】B

【解析】地下水位低于建筑物的基础埋藏深度属于一类建设用地。

2. 下列关于城市用地工程适宜性评定的表述，错误的是（　　）。[2011-1]

A. 对平原河网地区的城市必须重点评价水质条件

B. 对山区和丘陵地区的城市必须重点评价地形、地貌

C. 对地震区的城市，必须重点评价地质构造

D. 对矿区附近的城市，必须重点评价地下矿藏的分布

【答案】A

【解析】平原河网地区的城市必须重点分析水文和地基承载力的情况。

6.《市级国土空间总体规划环境影响评价技术要点（试行）》

（1）总体要求。评价范围应包括规划范围及可能受规划实施影响的周边区域、流域或海域。评价时段应包括整个规划期。

（2）现状问题和制约因素分析。充分利用区域资源、生态、环境现状资料和已有研究成果，分析区域生态系统结构与功能状况、资源利用水平和环境质量变化趋势，系统分析区域国土空间开发保护现状、存在的生态环境问题及原因，识别规划实施的资源、生态、环境制约因素。

（3）规划的环境影响评价。

环境目标与评价指标：分析国家和区域可持续发展战略、区域生态文明与美丽中国建设，以及污染防治、生态环境保护和生态修复等任务、目标及要求，合理确定评价的环境目标和指标。

环境影响预测与评价：结合评价的环境目标，充分利用“双评价”成果，评价规划实施对区域资源环境承载能力与生态安全、环境质量、资源利用的影响和潜在的环境风险，重点关注以下内容：①资源环境承载能力。充分利用自然资源管理和生态环境数据，分析规划方案与区域资源环境承载能力的匹配性。②生态安全。以生态功能重要、敏感、脆弱等区域为重点，分析规划方案确定的空间格局、功能布局等对生态安全的影响，分析规划的相关举措是否有利于区域生物多样性保护、生态系统结构和功能稳定、生态保护和修复。③环境质量。分析规划方案提出的发展规模、功能布局、产业布局、交通运输基础设施及环境基础设施布局等是否影响大气、水、土壤、近岸海域等环境质量目标的实现。④资源利用。分析规划方案提出的资源能源利用方案的环境可行性，是否促进区域绿色低碳发展。⑤生态环境风险。分析规划实施对生态保护、环境质量、资源利用等可能存在的生态环境风险。

二、城市总体布局

1. 自然条件对城市总体布局的影响

自然条件对城市总体布局的影响主要包括：地貌类型、地表形态、地表水系、地下水、风向、风速等。

风向。在进行城市用地规划布局时，为了减轻工业排放的有害气体对生活区的危害，通常把工业区布置于生活居住区的下风向，但应同时考虑最小风频风向、静风频率、各盛行风向的季节变换及风速关系。如全年只有一个盛行风向，且与此相对的方向风频最小，或最小风频风向与盛行风向转换夹角大于90°，则工业用地应放在最小风频之上风向，居住区位于其下风向；当全年拥有两个方向的盛行风时，应避免使有污染的工业处于任何一个盛行风向的上风方向，工业区及居住区一般可分别布置在盛行风向的两侧。

风速。位于盆地或峡谷的城市，静风频率往往很高。布局时除了将有污染的工业布置在盛行风向的下风地带以外，还应与居住区保持一定的距离，防止近处受严重污染。道路系统的走向可与冬季盛行风向成一定角度，以减轻寒风对城市的侵袭；为了防止台风、季节风暴的袭击，道路走向和绿地分布以垂直其盛行风向为好。如在山地背风面，由于会产生机械性涡流，布置于此的建筑有利于通风，但其上风向若为污染源时，也会因此而加剧污染。

2. 城市总体布局主要模式

（1）集中式布局。特点是城市各项建设用地集中连片发展，就其道路网形式而言，可分为网络状、环状、环形放射状、混合状以及沿江、沿海或沿主要交通干线带状发展等模式。

优点：①布局紧凑，节约用地，节省建设投资；②容易低成本配套建设各项生活服务设施和基础设施；③居民工作、生活出行距离较短，城市氛围浓郁，交往需求易于满足。

缺点：①城市用地功能分区不十分明显，工业区与生活区紧邻，如果处理不当，易造成环境污染；②城市用地大面积集中连片布置，不利于城市道路交通的组织，因为越往市中心，人口和经济密度越高，交通流量越大；③城市进一步发展，会出现“摊大饼”的现象，即城市居住区与工业区层层包围，城市用地连绵不断地向四周扩展，城市总体布局可能陷入混乱。

（2）分散式布局。城市分为若干相对独立的组团，组团之间大多被河流、山川等自然地形、矿藏资源或对外交通系统分隔，组团间一般都有便捷的交通联系。

优点：①布局灵活，城市用地发展和城市容量具有弹性，容易处理好近期与远期的关系；②接近自然、环境优美；③各城市物质要素的布局关系井然有序，疏密有致。

缺点：①城市用地分散，土地利用不集约；②各城区不易统一配套建设基础设施，分开建设成本较高；③如果每个城区的规模达不到一个最低要求，城市氛围就不浓郁；④跨区工作和生活出行成本高，居民联系不便。

历年真题

1. 下列关于特大城市集中式总体布局的表述，不准确的是（　　）。[2022-23]

A. 按路网形式，可分为网络状、环状、环形放射状、混合状等

B. 有利于道路交通的组织

C. 有利于节约用地，节省建设投资

D. 在城市发展过程中，容易出现居住区和工业区层层包围的现象

【答案】B

【解析】集中式布局的缺点是城市用地大面积集中连片布置，不利于城市道路交通的组织。

2. 下列关于分散式城市总体布局的表述，错误的是（　　）。[2022-24]

A. 通常由若干个相对独立的组团组成，组团间一般有便捷的交通联系

B. 城市用地发展缺乏弹性，不易处理好近远期发展关系

C. 各组团接近自然，环境优美

D. 容易造成工作和生活出行成本高，居民联系不便

【答案】B

【解析】分散式布局的优点是布局灵活，城市用地发展和城市容量具有弹性，容易处理好近期与远期的关系。

3. 下列关于城市集中式布局模式特点的表述，不准确的是（　　）。[2021-29]

A. 布局紧凑，节约用地　　B. 居民工作生活出行距离较短

C. 城市氛围浓厚，交往需求容易满足　　D. 容易处理近远期关系

【答案】D

【解析】集中式布局的优点：布局紧凑，节约用地，节省建设投资；容易低成本配套建设各项生活服务设施和基础设施；居民工作、生活出行距离较短，城市氛围浓郁，交往需求易于满足。

3. 城市总体布局的基本内容

城市活动概括起来主要有工作、居住、游憩、交通四个方面。城市总体布局的核心是城市用地的功能组织，包括：①按组群方式布置工业企业，形成工业区。比如高新技术产业集中成组群，但要协调好产业之间的生产协作关系、协调好产业与交通及居住的联系。②按15分钟生活圈居住区、10分钟生活圈居住区、5分钟生活圈居住区等组成梯级布置，并按级配套相应的公共服务设施。③配合城市各功能要素，组织城市绿化系统，建立各级休憩与游乐场所。④按居民工作、居住、游憩等活动的特点，形成城市的公共活动中心体系。⑤按交通性质和交通速度，划分城市道路的类别（快速路、主干路、次干路等），形成城市道路交通体系。城市道路与交通体系的规划必须与城市工业区和居住区等功能区的

分布相关联。

三、主要城市建设用地规模的确定

居住用地规模：预测的人口规模 × 人均居住用地面积。

工业用地规模：①各主要工业门类的产值预测 × 该门类工业的单位产值所需用地规模。②各主要工业门类的职工数 × 与该门类工业人均用地面积。③城市主导产业的变化，劳动生产率的提高、工业工艺的改变等因素均会对工业用地的规模产生较大的影响。

商业用地规模：最难预测。通常可以采用将商务、批发商业、零售业、娱乐服务业用地等分项相加。

道路与广场用地规模：城市中的道路、绿地等可以按照城市总用地规模的一定比例计算出来。比如道路广场的比例是 15% ~ 25%。

其他：机场、港口、军事用地按照实际需要逐项估算。

历年真题

影响工业用地规模预测的主要因素不包括（　　）。[2011–37]

A. 城市主导产业的变化　　B. 各主要工业门类的产值

C. 劳动生产率的提高　　D. 现状工业用地的布局

【答案】D

【解析】现状工业用地的布局会对新增加的工业用地规划产生影响，但是对整个工业用地规划规模（也就是预测的总规模）几乎没有影响，因为现状工业用地只是其中的一部分。

四、主要城市建设用地位置及相互关系确定

主要城市用地类型的空间分布特征见表 5–17。

表 5–17　主要城市用地类型的空间分布特征

用地种类	功能要求	地租承受能力	与其他用地关系	在城市中的区位
居住用地	较便捷的交通条件、较完备的生活服务设施、良好的居住环境	中等、较低（不同类型居住用地对地租的承受能力相差很大）	与工业用地、商务用地等就业中心保持密切联系，但不受其干扰	从城市中心至郊区，分布范围较广
商务、商业用地（零售业）	便捷的交通、良好的城市基础设施	较高	一般需要一定规模的居住用地作为其服务范围	城市中心、副中心或社区中心
工业用地（制造业）	良好、廉价的交通运输条件、大面积平坦的土地	中等、较低	需要与居住用地之间保持便捷的交通，对城市其他种类的用地有一定的负面影响	下风向、河流下游的城市外围或郊外

五、居住用地规划布局

1. 居住用地指标

居住用地指标主要由两方面来表达，一是居住用地占整个城市用地的比重；二是居住用地的分级以及各项内容的用地分配与标准。

（1）居住用地指标的拟定主要受到下列因素的影响。

城市规模：大城市因工业、交通、公共设施等用地较之小城市的比重要高，相对地居住用地比重会低些。大城市可能建造较多高层住宅，人均居住用地指标会比小城市低。

城市性质：老城建筑层数较低，居住用地比重高；新兴工业城市，因产业占地较大，居住用地比重就较低。

自然条件：如在丘陵或水网地区，会因土地可利用率较低，需要增加居住用地的数量，加大该项用地的比重。

（2）用地指标。

1）居住用地的比重：按照现行国家标准《城市用地分类与规划建设用地标准》GB 50137—2011 规定，居住用地占城市建设用地的比例为 25% ~ 40%，可根据城市具体情况取值。如大城市可能偏于低值，小城市可能接近高值。

2）居住用地人均指标：按照现行国家标准《城市用地分类与规划建设用地标准》GB 50137—2011，规划人均居住用地面积指标应符合表 5–18 的规定。

表 5–18　人均居住用地面积指标　　单位：m^2/ 人

建筑气候区划	Ⅰ、Ⅱ、Ⅵ、Ⅶ气候区	Ⅲ、Ⅳ、Ⅴ气候区
人均居住用地面积	28.0 ~ 38.0	23.0 ~ 35.0

2. 居住用地的规划布局

（1）居住用地的选址。

自然环境良好，适宜的地形与工程地质条件，避免选择易受洪水、地震灾害和滑坡、沼泽、风口等不良条件的地区。在丘陵地区，宜选择向阳、通风的坡面。在可能情况下，尽量接近水面和风景优美的环境。居住用地的选择应协调与城市就业区和商业中心等功能地域的相互关系，以减少居住—工作、居住—消费的出行距离与时间。居住用地避免周边的环境污染影响。在接近工业区时，要选择在常年主导风向的上风向，并按环境保护等法规规定保持必要的防护距离。应有适宜的规模与用地形状。合理地组织居住生活、经济有效地配置公共服务设施等。合适的用地形状将有利于居住区的空间组织和建设工程经济。在城市外围选择居住用地，利用旧城区公共设施、就业设施，节省居住区建设初期投资。居住区用地选择要结合房产市场的需求趋向，考虑建设的可行性与效益。居住用地要与产业用地配合安排，留有余地。

（2）居住用地的规划布局。

集中布置：城市规模不大，无自然或人为分隔，可以成片紧凑地组织用地时，常采用集中布置方式。但城市规模较大，居住用地过于大片的密集布置，增加居民上下班出行距离，高峰时易形成钟摆式交通。疏远居住与自然的联系，影响居住生态质量等诸多问题。

分散布置：受地形等自然条件或产业分布和道路交通设施布局影响，采用分散布置。如丘陵地区或矿区城市。

轴向布置：当城市用地以中心地区为核心，沿着多条由中心向外围放射的交通干线发展时，居住用地依托交通干线（如快速路、轨道交通线等），在适宜的出行距离范围内，赋以一定的组合形态，并逐步延展。如有的城市因轨道交通的建设，带动了沿线房地产业的发展，居住区在沿线集结，呈轴线发展态势。

历年真题

1. 居住用地选择需考虑（　　）。[2019-89]

A. 自然环境条件　　B. 与城市对外交通枢纽的距离

C. 用地周边的环境污染影响　　D. 房产市场的需求趋向

E. 大面积平坦的土地

【答案】ACDE

【解析】与城市对外交通枢纽的距离不是居住用地选择必须考虑的内容。

2. 下列哪个项目建设对周边地区的住宅开发具有较强的带动作用？（　　）[2018-80]

A. 城市公园　　B. 变电站　　C. 污水厂　　D. 政府办公楼

【答案】A

【解析】变电站、污水处理厂对居住区住宅建设具有负外部效应，因此不会带动住宅的开发；政府办公楼属于公共建筑，能较强地带动周边的服务产业发展，与可以直接给住宅建设带来环境正效应的城市公园相比较，带动性相对较弱。

六、公共设施用地规划布局

城市公共设施的内容设置及其规模大小与城市的职能和规模相关联。某些公共设施（如公益性设施）的配置与人口规模密切相关而具有地方性；有些公共设施则与城市的职能相关，并不全然涉及城市人口规模的大小，如一些旅游城市的交通、商业等营利性设施，多为外来游客服务，而具有泛地方性；另外也有些公共设施是兼而有之，如一些学校等。

城市公共设施是以公共利益及设施的可公共使用为基本特性的。公共设施的设置，在一定的标准与要求控制下，可以由政府、社团或是企业与个人来设立与经营，并不因其所有权属的性质而影响其公共性。

1. 公共设施用地规模

（1）公共设施用地规模的影响因素。

在城市总体规划阶段，公共设施用地的规模通常不包括与市民日常生活关系密切的设施的用地规模。影响城市公共设施用地规模的因素主要有以下几个方面。

1）城市性质。城市性质对公共设施用地规模具有较大的影响，有时这种影响是决定性的。例如，在一些国家或地区经济中心城市中，大量的商务办公空间，并形成中央商务区（CBD）。在这种城市中，商务办公用地的规模就会大幅度增加。而在不具备这种活动的城市中，商务办公用地的规模就会小很多。再如，交通枢纽城市、旅游城市中需要为大量外来人口提供商业服务以及开展文化娱乐活动的设施，相应用地的规模也会远远高于其他性质的城市。

2）城市规模。按照一般规律，城市规模越大，其公共服务设施的门类越齐全，专业化水平越高，规模也就越大。但是专业化商业服务设施以及部分公共设施的设置需要一个最低限度的人群作为支撑，例如可能每个城市都有电影院，但音乐厅则只能存在于大城市甚至是特大城市中。

3）城市经济发展水平。就城市整体而言，经济较发达的城市中第三产业占有较高的比重，对公共设施用地有大量的需求。对于个人或家庭消费而言，可支配的收入越多就意味着购买力越强，也就要求更多的商业服务、文化娱乐设施。

4）居民生活习惯。虽然居民的生活和消费习惯与经济发展水平有一定的联系，但不完全成正比。例如，在我国南方地区，由于气候等原因，居民更倾向于在外就餐，因而带动餐饮业以及零售业的蓬勃发展，产生出相应的用地需求。

5）城市布局。在布局较为紧凑的城市中，商业服务中心的数量相对较少，但中心的用地规模较大且其中的门类较齐全，等级较高。而在因地形等原因呈较为分散布局的城市中，为了照顾到城市中各个片区的需求，商业服务中心的数量增加，同时整体用地规模也相应增加。

（2）公共设施用地规模的确定。

根据人口规模推算：如体育设施用地根据城市人口规模确定；医疗卫生、金融设施、商业设施、文化娱乐用地指标是依据人口和经济规模确定。

根据各专业系统和有关部门的规定来确定：如银行、邮局、公安部门。

根据地方的特殊需要，通过调研，按需确定：如自然条件特殊、少数民族地区。对于一些非地方性的公共设施，如科研、高校管理等机构，或是地方特殊需要设置的，如纪念性展示馆、博览会场、区域性体育场馆等设施，都应以项目确定其用地。

历年真题

1. 影响城市公共服务设施设置内容的相关因素不包括（　　）。[2021-32]

A. 城市职能　　B. 城市规模　　C. 城市形态　　D. 生活水平

【答案】C

【解析】城市公共设施的内容设置及其规模大小与城市的职能和规模相关联。对于个人或家庭消费而言，可支配的收入越多就意味着购买力越强，也就要求更多的商业服务、文化娱乐设施。

2. 下列关于确定城市公共设施指标的表述，错误的有（　　）。[2014-89]、[2010-88]

A. 体育设施用地指标应根据城市人口规模确定

B. 医疗卫生设施用地指标应根据有关部门的规定确定

C. 金融设施用地指标应根据城市产业特点确定

D. 商业设施用地指标应根据城市形态确定

E. 文化娱乐设施用地指标应根据城市风貌确定

【答案】BCDE

【解析】医疗卫生设施用地指标、金融设施用地指标、商业设施用地指标、文化娱乐设施用地指标主要确定的依据是人口和经济规模。

2. 公共设施的布局规划

总体规划阶段，在研究确定城市公共设施总量指标和分类分项指标的基础上，进行公共设施用地的总体布局。

（1）公共设施项目要合理地配置。公共设施项目配置包括：①城市各公共设施配套齐全，以保证城市的生活质量和城市机能的运转。②按城市布局结构分级或系统配置，与城市的功能、人口、用地的分布格局对应。③在局部地域的设施按服务功能和对象予以成套的设置，如地区中心、车站码头地区、大型游乐场所等地域。④某些专业设施的集聚配置，以发挥联动效应，如专业市场群、专业商业街区等。

（2）公共设施要确定合理的服务半径。服务半径是检验公共设施分布合理与否的指标之一。

（3）公共设施的布局要结合城市道路与交通规划考虑。公共设施要按照它们的使用性质和对交通集聚的要求，结合城市道路系统规划与交通组织一并安排。如大型体育场馆、展览中心等公共设施，由于对城市道路交通系统的依存关系，则应与城市干路相联结，商业街与公交站联系。

（4）根据公共设施本身的特点及其对环境的要求进行布置。医院要求清洁安静的环境；学校、图书馆不宜与剧场、市场、游乐场、文化馆等紧邻，以免相互之间干扰。

（5）公共设施布置要考虑城市景观组织的要求。通过不同的公共设施和其他建筑的和谐处理与布置。

（6）公共设施的布局要考虑合理的建设顺序，并留有余地。安排好公共设施项目的建设顺序，使得既在不同建设时期保证必要的公共设施配置，又不致过早或过量的建设，造成投资的浪费。

（7）公共设施的布置要充分利用城市原有基础。如旧工厂改成艺术馆。

历年真题

1. 下列关于城市布局的表述，不准确的是（　　）。[2022-22]

A. 大型展览中心，会议中心应集中布置在城市公共中心地区

B. 居住区布局应尽量避免选择易受洪水、地质灾害等不良条件的地区

C. 一类工业可结合居住用地布置

D. 油库选址应远离居住区

【答案】A

【解析】公共设施项目要合理地配置。按城市布局结构分级或系统配置，与城市的功能、人口、用地的分布格局对应。

2. 下列关于公共设施布局规划的表述，不准确的是（　　）。[2019-30]

A. 公共设施布局要按照与居民生活的密切程度确定合理的服务半径

B. 公共设施布局要结合城市道路与交通规划考虑

C. 公共设施布局要选择在城市或片区的几何中心

D. 公共设施布局要考虑合理的建设时序，并留有发展余地

【答案】C

【解析】公共设施要确定合理的服务半径。并非只在城市或片区的几何中心。

3. 城市公共中心的组织与布置

城市公共中心包括市中心、区中心及专业中心等。

（1）城市公共中心系列。

在规模较大的城市，因公共设施的性质与服务地域和对象的不同，往往有全市性、地区性以及居住区、小区等分层级的集聚设置，形成城市公共中心的等级系列。

同时，由于城市功能的多样性，还有一些专业设施相聚配套而形成的专业性公共中心，如体育中心、科技中心、展览中心、会议中心等。尤其在一些大城市，或是以某项专业职能为主的城市，会有此类专业中心，或位于城市公共中心地区，或是在单独地域设置。图 5-13 为城市分级公共中心和专业中心等的构成示意图。

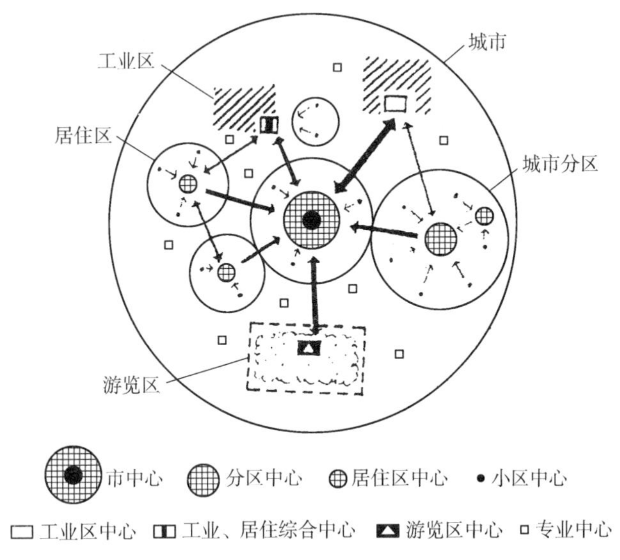

图 5-13　城市各类公共中心构成示意图

（2）全市性公共中心。

全市性公共中心是显示城市历史与发展状态、城市文明水准以及城市建设成就的标志性地域。这里是信息、交通、物资汇流的枢纽，也是第三产业密集的区域。其形态包括单中心、多中心、主副中心。全市性公共中心的组织与布置应考虑以下内容。

1）按照城市的性质与规模，组合功能与空间环境。城市公共中心因城市的职能与规模不同，有相应的设施内容与布置方式。在一些大城市，都有规模较大且配置齐全的城市商业中心，并且还伴有市级行政与经济管理等功能地域。它们可以相类而聚，也可分别设立。在一些都会城市，还有中央商务区（CBD）的设置，这里集聚有为之服务的设施，是商务、信息高度集中的地区，往往也是土地高度集约利用、房地产价格昂贵的地区。

公共中心的功能地域要发挥组合效应，提高运营效能。在中心地区规模较大时，应结合区位条件安排部分居住用地，以免在夜晚出现中心“空城”现象。

在一些大城市或都会地区，通过建立城市副中心，完善市中心的整体功能。在规模不大的城市，城市公共中心也有多样的组合形态。

随着信息、网络技术与产业的快速发展，原本凭借地缘性关系而紧凑集结的一些城市中心设施与功能，将可突破地理空间的约束，分散到环境更为适宜的地点择址，而出现所谓“逆中心化”的倾向。

在以商业设施为主体的公共中心，为避免商业活动受汽车交通的干扰，以提供适意而安全的购物休闲环境，而辟建商业步行街或步行街区。如北京的王府井，上海的南京路等商业步行街等。

2）组织中心地区的交通。公共设施应按交通集散量的大小及其与道路的组合关系进行合理分布。如通过在中心区外围设置疏解环路及停车设施，以拦阻车辆超量进入中心地区。

3）城市公共中心的内容与建设标准要与城市的发展目标相适应。同时要为城市未来发展留有余地。

4）慎重对待城市传统商业中心。旧城的传统商业中心一般不应轻率地废弃与改造。尤其在一些历史文化名城，或是有保护价值的历史文化地段，更要制定保护策略，通过保存、充实与更新等措施，以适应时代的需要，重新焕发历史文化的光彩。如哈尔滨的中央大街。

历年真题

1. 下列关于市级公共中心内涵及特点的表述，错误的是（　　）。[2021-33]

A. 是反映城市历史和发展状态的重要地域

B. 是第三产业密集的区域

C. 其服务范围是市区

D. 其形态包括单中心、多中心、主副中心

【答案】C

【解析】市级公共中心主要服务范围是市中心区。

2. 下列表述中，不准确的是（　　）。[2014-31]

A. 大城市的市级中心与各区级中心之间应有便捷的交通联系

B. 大城市商业中心应充分利用城市的主干路形成商业大街

C. 大城市中心地区应配置适当的停车设施

D. 大城市中心地区应配置完善的公共交通

【答案】B

【解析】在以商业设施为主体的公共中心，为避免商业活动受汽车交通的干扰，以提供适意而安全的购物休闲环境，而辟建商业步行街或步行街区。

七、工业用地规划布局

工业是近现代城市产生与发展的根本原因。工业生产活动通常占用城市中大面积的土地，伴随包括原材料与产品运输在内的货运交通以及以职工通勤为主的人流交通，同时还在不同程度上产生影响城市环境的废气、废水、废渣和噪声。

1. 城市中工业布置的基本要求

（1）工业用地自身需求。

1）用地的形状和规模。不仅因生产类别不同而不同，且与机械化、自动化程度、采用的运输方式、工艺流程和建筑层数有关。规划中必须根据城市发展战略对不同类型的工业用地进行充分的调查分析，为未来的城市支柱产业留有足够的空间和弹性。

2）地形要求。工业用地的自然坡度（0.5% ＜坡度＜ 2%）要和工业生产工艺、运输方式与排水坡度相适应。利用重力运输的水泥厂、选矿厂应设于山坡地，对安全距离要求很高的工厂宜布置在山坳或丘陵地带，有铁路运输时则应满足线路铺设要求。

3）水源要求。安排工业项目时注意工业与农业用水的协调平衡。由于冷却、工艺、原料、锅炉、冲洗以及空调的需要（如火力发电、造纸、纺织、化纤等），用水量很大的工业类型用地（如火力发电、造纸、纺织、化纤等），应布置在供水量充沛可靠的地方，并注意与水源的高差问题。水源条件对工业用地的选址往往起决定作用。有些工业对水质有特殊的要求，如食品工业对水的味道和气味、造纸厂对水的透明度和颜色、纺织工业对水温、丝织工业对水的铁质等的要求，规划布局时必须予以充分考虑。

4）能源要求。安排工业区必须有可靠的能源供应，大量用电的炼铝、铁合金、电炉炼钢、有机合成与电解企业用地要尽可能靠近电源布置，争取采用发电厂直接输电，以减少架设高压线、升降电压带来的电能损失。染料厂、胶合板厂、氨厂、碱厂、印染厂、人造纤维厂、糖厂、造纸厂以及某些机械厂，在生产过程中，由于加热、干燥、动力等需大量蒸汽及热水，对这类工业的用地应尽可能靠近热电站布置。

5）工程地质、水文地质与水文要求。工业用地不应选在 7 级和 7 级以上的地震区，山地城市的工业用地应特别注意，不应选址于滑坡、断层、岩溶或泥石流等不良地质地段；在黄土地区，工业用地选址应尽量选在湿陷量小的地段，以减少基建工程费用。工业用地的地下水位最好是低于厂房的基础，并能满足地下工程的要求；地下水的水质要求不致对混凝土产生腐蚀作用。工业用地应避开洪水淹没地段，一般应高出当地最高洪水位 0.5m 以上。大、中型企业最高洪水频率为百年一遇，小型企业为五十年一遇。厂区不应布置在水库坝址下游，如必须布置在下游时，应考虑布置在当水坝发生意外事故时，建筑不致被水冲毁的地段。

6）工业的特殊要求。如有易燃、易爆危险性的企业，要求远离居住区、铁路、公路、高压输电线等，厂区应分散布置，同时还须在其周围设置特种防护地带。

7）其他要求。工业用地应避开以下地区：军事用地、水利枢纽、大桥等战略目标，以及矿物蕴藏地区、采空区、文物古迹埋藏地区以及生态保护与风景旅游区、埋有地下设备的地区。

（2）交通运输的要求。

城市的工业多沿公路、铁路、通航河流进行布置。在考虑工业布局时，要根据货运量的大小、货物单件尺寸与特点、运输距离，经分析比较后确定运输方式，将工业用地布置在有相应运输条件的地段，可采用铁路、水路、公路或连续运输方式。

中小型工业，货运量小，投资少，尽可能利用原有运输设施；这些工业要靠近铁路接轨站、码头、公路进行布置。大型联合企业货运量大，往往超过原有运输设施的运输能力，建厂时必须开辟新的线路，增建新的运输设施。特别是大型港口的自然条件。

工业区的运输方案应考虑各种运输方式互相联系，互相补充，形成系统，并避免货运线路和主要客运线路交叉。

1）铁路运输：有需要大量燃料、原料和生产大量产品的冶金、化工、重型机器制造业，或大量提供原料、燃料的煤、铁、有色金属开采业，有大量向外运输，或只有一个固定原料基地的工业，才有条件设铁路专用线。一般要求年运输量大于 10 万 t 或单件重量在 5t 以上，有体形很大及有可燃气体、酸等不允许转运的货物才可铺设。把有关工业组成工业区，统一建设铁路运输设施，可以提高专用线的利用率，节约建设投资。

2）水路运输：在有通航河流的城市安排工业，特别是木材、造纸原料、砖瓦、矿石、煤炭等大宗货物的运输应尽量采用水运，采用水路运输的工厂要尽量靠近码头。水路运输费用最为低廉。

3）公路运输：公路运输是城市的主要运输方式。为此在规划中要注意工业区与公路、码头、车站、仓库等有便捷的交通联系。

4）连续运输：连续运输包括传送带、传送管道、液压、空气压缩输送管道、悬索及单轨运输等方式。连续运输效率高，节约用地，并可节约运输费用和时间，但建设投资高，灵活性小。

城市中布置工业用地时，对运输条件的考虑随工业规模大小不同而不同。中小型工业，货运量小，投资少，尽可能利用原有运输设施；这些工业要靠近铁路接轨站、码头、公路进行布置。大型联合企业货运量大，往往超过原有运输设施的运输能力，建厂时必须开辟新的线路，增建新的运输设施。这些工业的安排要注意满足修建运输设施的基本条件，特别是大型港口的自然条件。工业区的运输方案应考虑各种运输方式互相联系，互相补充，形成系统，并避免货运线路和主要客运线路交叉。

（3）防止工业对城市环境的污染。

工业生产中可能排出大量废水、废气、废渣，并产生强大噪声，使空气、水、土壤受到污染，造成环境质量的恶化。废气污染以化工和金属制品工业最为严重；废水污染以化工、纤维与钢铁工业影响最大；废渣则以高炉为最多。为减少和避免工业对城市的污染，在城市中布置工业用地时应注意以下几个方面。

1）减少有害气体对城市的污染。废气污染以化工和金属制品工业最为严重。散发有害气体的工业不宜过分集中在一个地段。应特别注意，不要把废气能相互作用产生新的污染的工厂布置在一起，如氮肥厂和炼油厂相邻布置时，两个厂排放的废气会在阳光下发生复杂的化学反应，形成极为有害的光化学污染。

在群山环绕的盆地、谷地，四周被高大建筑包围的空间及静风频率高的地区，不宜布置排放有害废气的工业。

工业区与居住区之间按要求隔开一定距离，称为卫生防护带，这段距离的大小随工业排放污物的性质与数量的不同而变化。在卫生防护带中，一般可以布置一些少数人使用的、停留时间不长的建筑，如消防车库、仓库、停车场、市政工程构筑物等，不得将体育设施、学校、儿童机构和医院等布置在防护带内。

2）防止废水污染。废水污染以化工、纤维与钢铁工业影响最大。在城市现有及规划水源的上游不得设置排放有害废水的工业，也不得在排放有害废水的工业如纺织、制革、造纸等下游开辟新的水源。集中布置废水性质相同的厂，以便统一处理废水，节约废水的处理费用。如纺织、制革、造纸等企业都排出含有机物废水，布置在一起可统一用微生物处理。

3）防止工业废渣污染。工业废渣主要来源于燃料和冶金工业，其次来源于化学和石油化工工业，它们的数量大，化学成分复杂，有的具有毒性。工业废渣回收利用途径较多，应尽量回收利用，否则不仅需占用大片土地，而且会对土壤、水质及大气产生污染。在城市中布置工业可根据其废渣的成分、综合利用的可能，适当安排一些配套项目，以求物尽其用。不能立即综合利用的废渣，要对其堆弃场地早作安排，尽量利用荒地堆弃废渣，并注意防止其对土壤、水源的污染。

4）防止噪声干扰。从工厂的性质看，噪声最大的是金属制品厂，其次为机械厂和化工厂。工业生产噪声很大，形成城市局部地区噪声干扰，特别是散布在居住区内的工厂，干扰更为严重。在规划中要注意将噪声大的工业布置在离居住区较远的地方，也可设置一定宽度的绿带，减弱噪声干扰。

2. 工业用地在城市中的布置

工业用地的布置直接影响到城市功能结构和城市形态。

（1）工业用地分类。

1）按环境污染可分为隔离工业、严重干扰和污染的工业、有一定干扰和污染的工业、一般工业等。①隔离工业指放射性、剧毒性、有爆炸危险性的工业。这类工业污染极其严重，一般布置在远离城市的独立地段上。比如钢铁联合企业、石油化工联合企业和有色金属冶炼厂。②严重干扰和污染的工业指化学工业、冶金工业等。即三类工业用地：这类工业的废水、废气或废渣污染严重，对居住和公共环境有严重干扰、污染和安全隐患的工业用地，一般应与城市保持一定的距离，需设置较宽的绿化防护带。③有一定干扰和污染的工业指某些机械工业、纺织工业等。即二类工业用地：有废水、废气等污染，对居住和公共环境有一定干扰、污染和安全隐患的工业用地，用地大、货运量大、需要采用铁路运输的工厂应布置在城市边缘的独立地段上。这类工厂有着生产、工艺、原料、运输等各方面的联系，宜集中在几个专门地段形成不同性质的工业区。④一般工业指电子工业、缝纫厂、手工业、机械修理厂、无线电厂、食品厂等。即一类工业用地：对居住和公共环境基本无干扰、污染和安全隐患的工业用地，可结合居住用地布置。

2）按照《国土空间调查、规划、用途管制用地用海分类指南（试行）》，可分为：①一类工业用地，对居住和公共环境基本无干扰、污染和安全隐患的工业用地。②二类工业用地，对居住和公共环境有一定干扰、污染和安全隐患的工业用地。③三类工业用地，对居住和公共环境有严重干扰、污染和安全隐患的工业用地。

（2）工业在城市中布局的一般原则。

城市中工业用地布局的基本要求应满足工业企业生产和建设条件，并处理好工业用地与城市其他功能的关系，特别是工业区与居住区的关系。布局一般原则包括：①有足够的用地面积，用地条件符合工业的具体特点和要求，有方便的交通运输条件，能解决给排水问题。②职工的居住用地应分布在卫生条件较好的地段上，尽量靠近工业区，并有方便的交通联系。③在各个发展阶段中，工业区和城市各部分应保持紧凑集中，互不妨碍，并充分注意节约用地。④相关企业之间应取得较好的联系，开展必要的协作，考虑资源的综合利用，减少市内运输。

（3）工业用地在城市中的布局。

除与其他类型的城市用地交错布局形成的混合用途区域中的工业用地外，常见的相对集中的工业用地布局形式有以下几种。

1）工业用地位于城市特定地区。工业用地相对集中地位于城市中某一方位上，形成工业区，或者分布于城市周边。通常中小城市中的工业用地多呈此种形态布局，其特点是总体规模较小，与生活居住用地之间具有较密切的联系，但容易造成污染，并且当城市进一步发展时，有可能形成工业用地与生活居住用地相间的情况。

2）工业用地与其他用地形成组团。无论是由于地形条件所致，还是随城市不同发展时期逐渐形成，工业用地与生活居住等其他种类的用地一起形成相对明确的组团。这种情况常见于大城市或丘陵地区的城市，其优点是在一定程度上平衡组团内的就业和居住，但由于不同程度地存在工业用地与其他用地交叉布局的情况，不利于局部污染的防范。城市整体的污染防范可以通过调整各组团中的工业门类来实现。

3）工业园或独立的工业卫星城。与组团式的工业用地布局相似，在工业园或独立的工业卫星城中，通常也带有相关的配套生活居住用地。尤其是独立的工业卫星城中各项配套设施更加完备，有时可做到基本上不依赖主城区，但与主城区有快速便捷的交通相连。北京的亦庄经济技术开发区，上海的宝山、金山、松江等卫星城镇就是该类型的实例。

4）工业地带。当某一区域内的工业城市数量、密度与规模发展到一定程度时就形成了工业地带。这些工业城市之间分工合作，联系密切，但各自独立。事实上，对工业地带中工业及相关用地的规划布局已不属于城市总体规划的范畴，而更倾向于区域规划所应解决的问题。

3. 旧城工业布局调整

（1）旧城工业布局存在的问题。

1）工厂用地面积小，不能满足生产需要。有些工厂，由于历史原因无集中用地，一厂分散几处，使生产过程不连续，生产管理不便。

2）缺乏必要的交通运输条件。有的厂位于小巷深处，道路不通畅，运输不便，往往造成交通堵塞和事故。

3）居住区与工厂混杂。在我国现有城市中除新建大厂形成工业区外，市区大量的旧有工厂混杂在居住区中。噪声、烟尘、废气、废水污染严重，影响附近居民健康。

4）工厂的仓库、堆场不足。有的工厂侵占道路面积，造成“马路仓库”，影响交通和市容整洁。

5）工厂布局混乱，缺乏生产上的统一安排，形成“小而全”“大而全”的局面。

6）有些工厂的厂房利用一般民房或临时建筑，不符合生产要求，影响生产和安全。

（2）旧城工业布局调整的一般措施。

1）留：原有的工厂，厂房设备好，位于交通方便、市政设施齐全的地段，而且对周围环境没有影响，可以保留，允许就地扩建。

2）改：包括改变生产性质、改革工艺和生产技术两方面。原有工厂的厂房设备好，且位于交通方便、市政设施齐全、有发展余地的地段，但对周围环境有影响，应采取改变生产性质、改革工艺等措施，以减轻或消除对环境的污染，有的还可以改作他用。

3）并：规模小、车间分散的工厂可适当合并，以改善技术设备，提高生产率。生产性质相同并分散设置的小厂可按专业要求组成大厂，各个相同的生产车间亦可合并成专业厂，如铸造厂、机修厂、铆焊厂等。

4）迁：凡在生产过程中，对周围环境有严重污染，又不易治理，或有易燃、易爆的工厂，应尽可能迁往远郊；厂区用地狭小、设备差、生产无发展余地，或厂房位置妨碍城市重要工程建设的工厂应迁建；运输量很大，在城区内无法修建必要的运输设施（专用线、车库、工业港等）的工厂，亦可根据情况迁建。工厂搬迁费用较多，很多城市利用土地的级差地租来实现其搬迁。

如有的厂需要外迁，近期难以实现，可在近期限制发展，进行技术改造，远期再迁出。

历年真题

1. 下列关于三类工业用地在城市布局中的表述，错误的是（　　）。[2022-28]

A. 应布局在城市最小风频的上风向

B. 应与居住区保持一定的防护距离

C. 现有及规划水源的上游不得布置排放有害废水的工业

D. 应该将散发各类有害气体的工业集中布置在一个地段

【答案】D

【解析】不要把产生的废气能相互作用，从而产生新的污染的工厂布置在一起，如氮肥厂和炼油厂相邻布置时，两个厂排放的废气会在阳光下发生复杂的化学反应，形成极为有害的光化学污染。

2. 工业区用地设置的卫生防护带中，不宜设置（　　）。[2022-29]

A. 消防车库　　B. 停车场　　C. 仓库　　D. 体育场

【答案】D

【解析】在卫生防护带中，一般可以布置一些少数人使用的、停留时间不长的建筑，如消防车库、仓库、停车场、市政工程构筑物等，不得将体育设施、学校、儿童机构和医院等布置在防护带内。

3. 下列关于山地丘陵城市布局的表述，错误的是（　　）。[2021-30]

A. 市中心一般选择在山体周边进行建设

B. 有污染的工业一般布置在谷地中

C. 居住区宜选择向阳、通风的坡面

D. 交通组织宜采用联系各组团的链式路网结构

【答案】B

【解析】在群山环绕的盆地、谷地，四周被高大建筑包围的空间及静风频率高的地区，不宜布置排放有害废气的工业。

八、物流仓储用地规划布局

物流仓储用地是指城市中专门用作储存物资的用地，主要包括仓储企业的库房、堆场、包装加工车间及其附属设施，并不包括工业企业内部、对外交通设施内部或商业服务业内部的专用仓库。

1. 物流仓储用地的分类

按照《国土空间调查、规划、用途管制用地用海分类指南（试行）》，物流仓储用地分为：①一类物流仓储用地指对居住和公共环境基本无干扰、污染和安全隐患，布局无特殊控制要求的物流仓储用地。②二类物流仓储用地指对居住和公共环境有一定干扰、污染和安全隐患，不可布局于居住区和公共设施集中区内的物流仓储用地。③三类物流仓储用地指用于存放易燃、易爆和剧毒等危险品，布局有防护、隔离要求的物流仓储用地。

2. 物流仓储用地在城市中的布置

（1）仓储用地布置的一般原则。

1）满足仓储用地的一般技术要求。地势较高，地形平坦，有一定坡度，利于排水。地下水位不能太高，不应将仓库布置在潮湿的洼地上。蔬菜仓库，要求地下水位同地面的距离不得小于 2.5m，储藏在地下室的食品和材料库，地下水位应离地面 4m 以上。土壤承载力高，特别是当沿河修建仓库时，应考虑到河岸的稳固性和土壤的耐压力。

2）有利于交通运输。仓库用地必须以邻近货运需求量大或供应量大的地区为原则，方便为生产、生活服务。大型仓库必须考虑铁路运输以及水运条件。

3）有利建设、有利经营使用。不同类型和不同性质的仓库最好分别布置在不同的地段，同类仓库尽可能集中布置。

4）节约用地，但有一定发展余地。仓库的平面布置必须集中紧凑，提高建筑层数，采用竖向运输与储存的设施，如粮食采用的筒仓以及其他各种多层仓库等。

5）沿河、湖、海布置仓库时，必须留出岸线，照顾城市居民生活、游憩利用河（海）岸线的需要。与城市没有直接关系的储备、转运仓库应布置在城市生活居住区以外的河（海）岸边。

6）注意城市环境保护，防止污染，保证城市安全，应满足有关卫生、安全方面的要求（见表 5–19）。

表 5–19 储用地与居住街坊之间的卫生防护带宽度 单位：m

仓库种类	宽度
全市性水泥供应仓库，可用废品仓库、起灰尘的建筑材料露天堆场	300
非金属建筑材料供应仓库、煤炭仓库、未加工的二级无机原料临时储藏仓库、500m^2 以上的藏冰库	100
蔬菜、水果储藏库，600t 以上批发冷藏库，建筑与设备供应仓库（无起灰材料的），木材贸易和箱桶装仓库	50

（2）仓库在城市中的布局。

小城市宜设置独立的地区来布置各种性质的仓库，特别是县城，由于是城乡物资交流集散地，需要各类仓库及堆场，而且一般储备量较多，占地较大，因此宜较集中地布置在城市的边缘，靠近铁路车站、公路或河流，便于城乡集散运输。要防止将这些占地大的仓库放在市区，造成城市布局的不合理及使用的不便。在河道较多的小城镇，城乡物资交流大多利用河流水运，仓库也多沿河设置。

大、中城市仓储区的分布应采用集中与分散相结合的方式。可按照专业将仓库组织成各类仓库区（同类集中，不同类分散），并配置相应的专用线、工程设施和公用设备，并按它们各自的特点与要求，在城市中适当分散地布置在恰当的位置。

仓库区过分集中的布置，既不利于交通运输，也不利于战备，对工业区、居住区的布局也不利。为本市服务的仓库应均匀分散布置在居住区边缘，并与商业系统结合起来，在具体布置时应按仓库的类型进行考虑。

1）储备仓库：一般应设在城市郊区、远郊、水陆交通方便，有专用的独立地段。

2）转运仓库：应设在城市边缘或郊区，并与铁路、港口等对外交通设施紧密结合。

3）收购仓库：收购仓库如属农副产品和当地土产收购的仓库，应设在货源来向的郊区入城干路口或水运必经的入口处。

4）供应仓库或一般性综合仓库：要求接近其供应的地区，可布置在使用仓库的地区内或附近地段，并具有方便的市内交通运输条件。

5）特种仓库：①危险品仓库（易燃易爆剧毒）：布置在城市远郊的独立地段的专门用地上，应与使用单位所在位置方向一致，避免运输时穿越城市。②冷藏仓库（常结合屠宰场、加工厂、毛皮处理厂等布置）：设备多、容积大，需要大量运输，有一定气味与污水的污染，多设于郊区河流沿岸，建有码头或专用线。③蔬菜仓库：设于城市市区边缘通向四郊的干道入口处，不宜过分集中，以免运输线太长，损耗太大。④木材、建材材料仓库：运输量大、用地大，常设于城郊对外交通运输线或河流附近。⑤燃料及易燃材料仓库（石油、煤炭、天然气及其他易燃物品）：应满足防火要求，布置在郊区的独立地段。在气候干燥、风速大的城市，还必须布置在大风季节城市的下风向或侧风向。⑥油库选址：应离开居住区、变电所、重要交通枢纽、机场、大型水库及水利工程、电站、重要桥梁、大中型工业企业、矿区、军事目标和其他重要设施，并最好在城市地形的低处，有一定防护措施。

历年真题

1. 下列关于城市仓库布局要求的表述，错误的是（　　）。[2021-31]

A. 储备仓库应设置在城市中心区边缘的专用独立地段

B. 转运仓库应设置在城市郊区，与铁路、港口等对外交通设施紧密结合

C. 供应仓库可设置在其供应的地区内或附近地段

D. 收购仓库应设置在货源来向的郊区入城干路口或水运必经的入口处

【答案】A

【解析】储备仓库一般应设置在城市郊区、远郊、水陆交通方便，有专用的独立地段。

2. 大城市的蔬菜批发市场应该（　　）。[2013-34]、[2010-37]

A. 集中布置在城市中心区边缘　　B. 统一安排在城市的下风向

C. 结合产地布置在远郊区县　　D. 设于城区边缘的城市出入口

【答案】D

【解析】大城市的蔬菜批发市场应设于城市市区边缘通向四郊的干路入口处，不宜过分集中，以免运输线太长，损耗太大。

九、城市用地布局与城市交通系统的关系

1.《雅典宪章》的启示

城市交通系统包括城市道路系统、城市运输系统和交通管理系统三个组成部分，其中运输系统是交通的运作网络，道路等设施是交通的通道网络，管理系统是交通正常运行的保障。交通居于城市功能活动的核心位置，在《雅典宪章》提出的城市四大基本活动（居住、工作、游憩、交通）中具有核心作用。

从对《雅典宪章》的分析中可以得到如下结论。

（1）人的活动是城市交通的主要活动，也是城市交通的决定性因素。人在城市用地中的分布和活动需求决定了城市交通的流动和分布。

（2）城市用地是城市交通的决定性因素。城市道路网和公交网的结构和形态取决于城市用地的布局结构和形态，应该与城市的用地布局形态相协调。

（3）要处理好城市用地布局与道路系统的合理关系，要有交通分流的思想和功能分工的思想，在不同功能的道路旁布置不同性质的建设用地，形成道路交通系统与城市用地布局的合理的配合关系。

城市布局的不合理使工作与居住距离过远，交通分布不合理，是造成道路拥挤、交通阻塞的根本原因。沙里宁提出的有机疏散理论揭示了一条通过改变城市布局来缓解城市交通的有效途径：城市呈组团、多中心的布局可以从根本上解决交通问题。

对于不同规模和不同类型的城市，要从用地布局的角度研究其交通分布的基本关系，因地制宜地选择不同的道路交通网络类型和模式，确定不同的道路密度和交通组织方式。

2. 城市道路系统与城市用地的协调发展关系

城市道路的第一功能是“组织城市的骨架”。城市道路的第二功能是“交通的通道”，具有联系对外交通和各类城市用地的功能要求。

初期是小城镇，也是后来的“旧城”部分。大多呈现为单中心集中式布局，城市道路为规整的方格网（见图 5-14）。虽有主次之分（仍可分为干路、支路与街巷三级），但明显宽度较窄、密度偏高，较适用于步行和非机动化交通。位于水网发达地区的城市可能出现河路融合、不规整的方格网形态或其他形态，位于交通要道位置的小城镇也可能出现外围放射状路与城内路网相衔接的形态。

中等城市仍可能呈集中式布局，但必然会出现多个次级中心，而合理的城市布局应该通过强化各次级中心建设，逐渐形成多中心的、较为紧凑的组团式布局，从而使城市交通分布趋于合理。城市道路网在中心组团仍维持旧城的基本格局，在外围组团则会形成更适合机动交通的现代城市三级道路网，大多依旧保持方格网型（见图 5-15）。

城市发展到大城市，如果仍然按照单中心集中式的布局，必然出现出行距离过长、交通过于集中、交通拥挤阻塞，导致生产生活不便、城市效率低下等一系列的大城市通病。因此规划一定要引导城市逐渐形成相对分散的、多中心组团式布局，中心组团相对紧凑、相对独立，若干外围组团相对分散。除现代城市三级道路外，出现连接中心组团和城市外围组团的城市快速路，城市道路系统开始向混合式道路网转化（见图 5-16）。

特大城市可能呈“组合型城市”的布局，城市外围在原外围城镇的基础上进一步发展为由若干相对紧凑的组团组成的外围城区。而中心城区则在原大城市的基础上发展、调整、进一步组合而成。城市道路进一步发展形成混合型网，出现了对加强城区间交通联系有重要作用的城市交通性主干路网的需求，并与快速路网组合为城市的疏通性交通干线道路网，城区之间也可以利用公路或高速公路相联系（见图 5-17）。

一般来说，旧城的用地布局较为紧凑，道路网络比较密而狭窄。密度高，交通可以较为分散；狭窄，则可组织单向交通，适于分散的交通模式。对于大城市、特大城市外围较为分散的用地布局，为适应出行距离长、要求交通速度快的特点，就要组织效率高的集量性的交通流，配之以高效率的道路交通设施，就需要有结构层次分明的分流式道路网络，相比旧城，密度就要低一些，宽度就要宽一些，对现代化交通的适应能力就要大一些。

不同规模和不同类型的城市用地布局有不同的交通分布和通行要求，就会有不同的道路网络类型和模式，就会有不同的路网密度要求和交通组织方式。所以，不同的城市可能有不

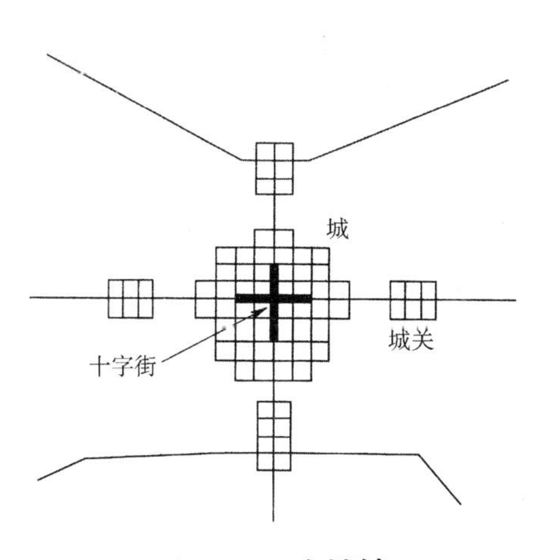

图 5-14　小城镇

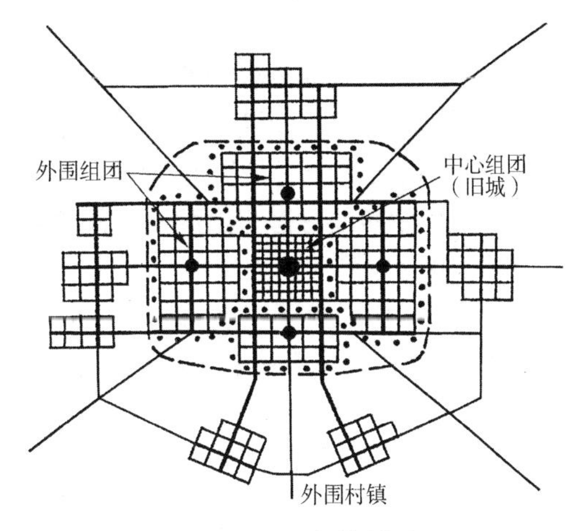

图 5-15　中等城市

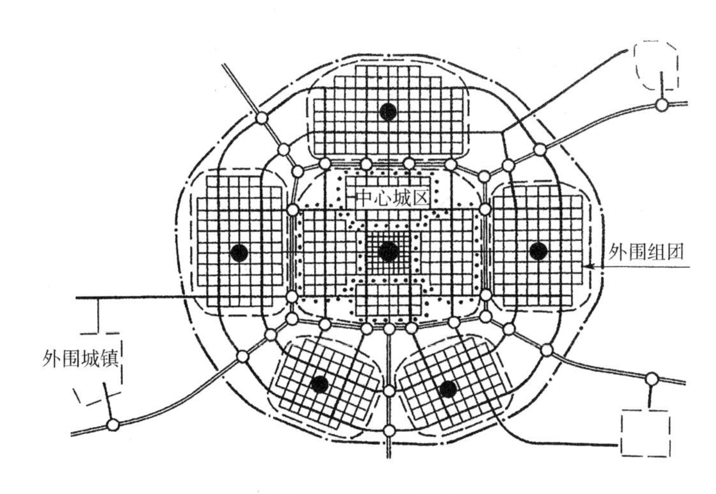

图 5-16　大城市

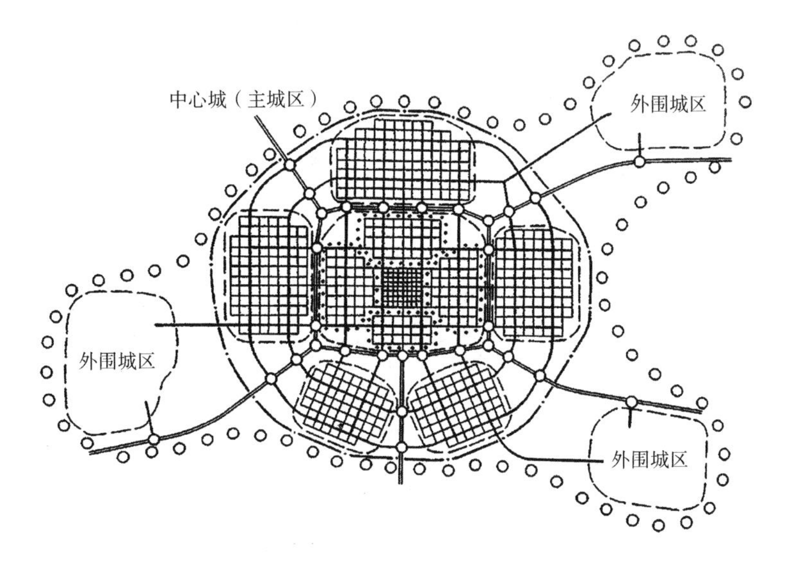

图 5-17　特大城市

同的道路网络类型；同一城市的不同城区或地段，由于用地布局的不同，也会有不同的道路网类型。不同类型的城市干路网是与城市不同的用地布局形式密切相关、密切配合的。

城市道路的功能分工是从道路的产生初期就有的。

3. 城市用地布局形态与道路交通网络形式的配合关系

城市用地的布局形态大致可分为集中型和分散型两大类。

集中型较适用于规模较小的城市，道路网形式大多为方格网状。

分散型城市中，规模较小的城市、受自然地形限制的较小城市，由交通性道路（或公路）将各个分散的城区道路联系为一个整体。较大城市呈组团式用地布局，组团式布局的城市的道路网络形态应该与组团结构形态相一致。各组团间的隔离绿地中布置疏通性的快速路，而交通性主干路和生活性主干路则把相邻城市组团和组团内的道路网联系在一起。

沿河谷、山谷或交通走廊呈带状组团布局的城市，布置联系各组团的交通性干路和有城市发展轴性质的道路，与各组团路网一起共同形成链式路网结构。

中心城市对周围城镇有辐射作用，其交通联系也呈中心放射的形态，因而城市道路网络也会形成在方格网基础上呈放射状的交通性路网形态。

城市除了沿道路轴线发展外，城市公交网络也能对城市用地的发展起作用，特别是公交干线的形态同城市道路轴线的形态对城市用地形态有引导和决定性的作用。

4. 城市用地布局结构与城市道路网络的功能配合关系

各级城市道路都是组织城市的骨架，又是城市交通的通道，要根据城市用地布局和交通强度的要求来安排各级城市道路网络的布局。城市中各级路网的性质、功能与城市用地布局结构的关系表现为城市道路的功能布局，如表 5–20 所示。组团布局城市的各级道路与用地布局的关系如图 5–18 所示。

表 5–20　各级路网特点

因素	城市快速路网	城市主干路网		城市次干路网	城市支路
		交通性主干路	一般主干路		
性质	快速机动车专用路网，连接高速公路	全市性的路网，疏通城市交通的主要通道及与快速路相连接的主要常速道路	全市性的路网，包括生活性主干路和集散性主干路	城市组团内的路网（组团内成网），与主干路一起构成城市的基本骨架	地段内根据用地细部安排而划定的道路，在局部地段可能成网
功能	为城市组团间的中长距离交通和连接高速公路的交通服务	为城市组团间和组团内的主要交通流量、流向上的中、长距离疏通性交通服务	为城市组团间和组团内的主要生活性交通服务，有交通集散功能	主要为组团内的中、短距离服务性交通服务	为短距离服务性交通服务
位置	位于城市组团间的隔离绿地中	组团间和组团内	组团间和组团内	组团内	地段内
围合	围合城市组团	大致围合一个城市片区（分组团）	大致围合一个居住区的规模	大致围合一个居住小区的规模	—

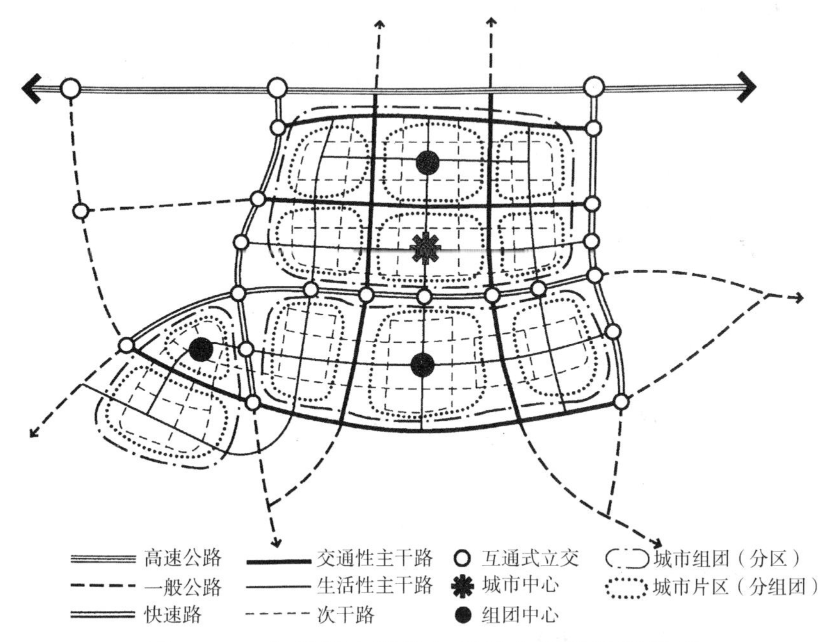

图 5–18　各级城市道路与用地布局结构的关系

快速路网主要为城市组团间的中、长距离交通和连接高速公路的交通服务，宜布置在城市组团间的隔离绿地中。快速路基本围合一个城市组团。

城市主干路网是遍及全市城区的路网，主要为城市组团间和组团内的主要交通流量、流向上的中、长距离交通服务。在城市中布置疏通性的城市交通性主干路网，作为疏通城市交通的主要通道及与快速路相连接的主要常速道路。城市交通性主干路大致围合一个城市片区（分组团），其他城市主干路（包括生活性主干路和集散性主干路）大致围合一个居住区的规模。

城市次干路网是城市组团内的路网（在组团内成网），与城市主干路网一起构成城市的基本骨架和城市路网的基本形态，主要为组团内的中、短距离交通服务。城市次干路大致围合一个居住小区的规模。

城市支路在详细规划中安排，在城市的局部地段（如商业区、按街坊布置的居住区）可能成网，而在城市组团和整个城区中不可能成网。因而，在城市总体规划中不规划，不计算其密度和数量，在详细规划中，城市支路的间距主要依照用地划分而定。

历年真题

1. 下列关于城市道路系统与城市用地协调发展关系的表述，不准确的是（　　）。［2022–31］

A. 支路在城市组团内应成网

B. 交通性干路对城市用地形态具有引导性作用

C. 地形起伏变化较大的城市一般采用自由式路网

D. 水网发达地区城市的路网一般会出现河路融合的路网形态

【答案】 A

【解析】 城市支路在城市的局部地段（如商业区、按街坊布置的居住区）可能成网，而在城市组团和整个城区中不可能成网。

2. 下列关于城市快速路的表述，不准确的是（　　）。[2022-34]

A. 快速路构成了城市的基本骨架和城市路网的基本形态

B. 快速路主要为城市组团间长距离机动化交通服务

C. 快速路宜布置在城市组团间的隔离绿地中

D. 快速路可以连接高速公路

【答案】A

【解析】城市次干路网是城市组团内的路网（在组团内成网），与城市主干路网一起构成城市的基本骨架和城市路网的基本形态。

第六节　城市综合交通规划

本节主要结合《城市综合交通体系规划标准》GB/T 51328—2018 编写。

一、城市综合交通的基本概念

1. 术语（第 2.0.1、2.0.4、2.0.10 ～ 2.0.12、2.0.14、2.0.17 条）

出行：有明确的活动目的，采用一种或多种交通方式从一个地方到另一个地方的移动过程。在城市综合交通体系规划的交通需求分析中，一般指使用城市道路与交通设施的出行。根据出行目的，可以分为通勤出行（上、下班，上、下学），公务、商务出行，生活性出行（与购物、餐饮、娱乐休闲等个人日常生活安排相关的出行）和其他出行（与探亲访友、探病看病等非个人日常生活安排相关的出行）。

集约型公共交通：为城区中的所有人提供的大众化公共交通服务，且运输能力与运输效率较高的城市公共交通方式，简称公交。可分为大运量、中运量和普通运量公交。大运量公交指单向客运能力大于 3 万人次 /h 的公共交通方式；中运量公交指单向客运能力为 1 万 ～ 3 万人次 /h 的公共交通方式；普通运量公交指单向客运能力小于 1 万人次 /h 的公共交通方式。

当量小汽车：以 4 座 ～ 5 座的小客车为标准车，作为各种类型车辆换算道路交通量的当量车种，单位为 pcu。

单位标准公共汽电车：以车身长度 7m ～ 10m 的单节单层公共汽车为标准车，简称标台。

交通稳静化：是道路规划、设计中一系列工程和管理措施的总称，主要用在城市次干路、支路的规划设计中。通过在道路上设置物理设施，或通过立法、技术标准、通行管理等降低机动车车速、减少机动车流量，并控制过境交通进入，以改善道路沿线居民的生活环境，保障行人和非机动车的交通安全。也称“交通宁静化”。

内陆港：内陆城市依照国内有关运输法规、条约和惯例设立的对外开放的国内商港，一般作为地区性货物集散中心，通常为海（河）对外港口功能在内陆城市的延伸。

交通瓶颈地区：城市中受到自然地貌或对外交通设施（如城市中的江、河、山体、铁路等）阻隔，导致交通组织空间供应紧缺的地区。

2. 城市综合交通（第 3.0.1 条）

城市综合交通应包括出行的两端都在城区内的城市内部交通，和出行至少有一端在城区外的城市对外交通（包括两端均在城区外，但通过城区组织的城市过境交通）。

按照城市综合交通的服务对象可划分为城市客运与货运交通。从地域关系上，城市综合交通大致可分为城市对外交通和城市交通两大部分。从形式上，城市综合交通可分为地上交通、地下交通、路面交通、轨道交通、水上交通等。城市综合交通分类关系见图 5–19。

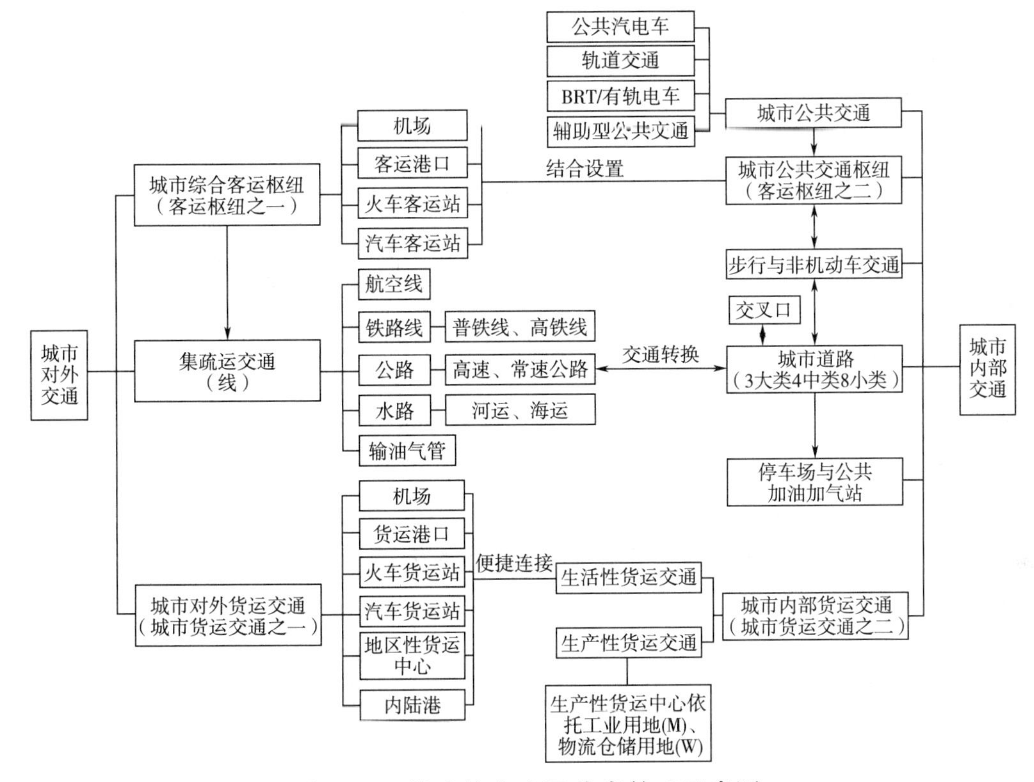

图 5–19　城市综合交通分类关系示意图

城市交通系统是由城市运输系统（交通行为的运作）、城市道路系统（交通行为的通道）和城市交通管理系统（交通行为的控制）组成的。城市交通系统是城市的社会、经济和物质结构的基本组成部分。城市道路系统和城市运输系统合称为“城市道路交通系统”。

3. 现代城市交通的特点与发展规律

现代城市交通最重要的表象是“机动化”，“机动化”的实质是对“快速”和“高效率”的追求，城市交通的“机动化”必然呈迅速上升的趋势。

城市交通拥挤一定程度上是城市经济繁荣和人民生活水平提高的表现。

历 年 真 题

下列关于城市交通系统子系统构成的表述，正确的是（　　）。[2017–39]

A. 城市道路、铁路、公路

B. 自行车、公共汽车、轨道交通

C. 城市道路、城市运输、交通枢纽

D. 城市运输、城市道路、城市交通管理

【答案】D

【解析】城市交通系统包括城市道路系统（交通行为的通道）、城市运输系统（交通行为的运作）和城市交通管理系统（交通行为的控制）三个组成部分。

二、城市综合交通规划的基本要求和内容

1. 基本规定（第 3.0.2 ~ 3.0.11 条）

城市综合交通体系规划的范围与年限应与城市总体规划一致。

城市综合交通体系应优先发展绿色、集约的交通方式，引导城市空间合理布局和人与物的安全、有序流动，并应充分发挥市场在交通资源配置中的作用，保障城市交通的效率与公平，支撑城市经济社会活动正常运行。

规划的城市道路与交通设施用地面积应占城市规划建设用地面积的 15% ~ 25%，人均道路与交通设施面积不应小于 $12m^2$。城市综合交通体系规划与建设应集约、节约用地，并应优先保障步行、城市公共交通和自行车交通运行空间，合理配置城市道路与交通设施用地资源。

城市综合交通体系规划应符合下列规定：①城市内部客运交通中由步行与集约型公共交通、自行车交通承担的出行比例不应低于 75%。②应为规划范围内所有出行者提供多样化的出行选择，并应保障其交通可达性，满足无障碍通行要求。③城市内部出行中，95% 的通勤出行的单程时耗，规划人口规模 100 万及以上的城市应控制在 60min 以内（规划人口规模超过 1 000 万的超大城市可适当提高），100 万以下城市应控制在 40min 以内。④应通过交通需求管理与交通设施建设保障城市道路运行的服务水平。城市干线道路交通高峰时段机动车平均行程车速不应低于表 5–21 的规定。

表 5–21　城市快速路、主干路交通高峰时段机动车平均行程车速低限 单位：km/h

道路等级	城市中心区	其他地区
快速路	30	40
主干路	20	30

城市综合交通体系应与城市空间布局、土地使用相互协调，城市综合交通的各子系统之间，以及城市内部交通与城市对外交通之间应在发展目标、发展时序、建设标准、服务水平、运营组织等方面进行协调。

城市综合交通体系的规划应符合城市所在地和城市不同发展分区的发展特征和发展阶段，并应符合下列规定：①城市新区的规划应充分满足城市发展的需求，并充分考虑城市发展的不确定性。设施建设基本完成的城市建成区的规划应以优化交通政策，改善步行、非机动车和公共交通，以及优化交通组织为重点。②应能适应规划期内城市不同发展阶段空间组织的要求。③应符合城市不同发展分区的交通特征。④应为符合城市发展战略的新型交通方式提供发展条件。

规划人口规模 100 万及以上城市的地下空间的开发和改造，应优先、统筹考虑公共交通和停车设施。

城市综合交通体系应符合城市的经济社会发展水平，在经济和财务上可持续，并应对重大交通基础设施的远景发展进行布局规划和用地控制。

城市综合交通体系规划必须符合城市防灾减灾的要求。

城市综合交通体系规划的编制、修改与评估应与城市总体规划同步进行；应保障在规

划过程中的公众参与。

2. “区域”和“城市”两个层面研究

城市综合交通规划要从“区域”和“城市”两个层面进行研究，并分别对市域的“城市对外交通”和中心城区的“城市交通”进行规划，并在两个层次的研究和规划中处理好对外交通和城市交通的衔接关系。

3. 城市综合交通规划的目标

通过改善与经济发展直接相关的交通出行来提高城市的经济效率。

确定城市合理的交通结构，充分发挥各种交通方式的综合运输潜力，促进城市客、货运交通系统的整体协调发展和高效运作。

在充分保护有价值的地段（如历史遗迹）、解决居民搬迁和财政允许的前提下，尽快建成相对完善的城市交通设施。

通过多方面投资来提高交通可达性，拓展城市的发展空间，保证新开发的地区都能获得有效的公共交通服务。

在满足各种交通方式合理运行速度的前提下，把城市道路上的交通拥挤控制在一定的范围内。

有效的财政补贴、社会支持和科学的、多元化经营，尽可能使运输价格水平适应市民的承受能力。

历年真题

1. 下列关于城市综合交通体系规划原则的表述，不准确的是（　　）。[2022-32]

A. 应关注绿色出行的安全和便捷

B. 应优先保障机动化交通的运行空间

C. 应为所有的出行者提供多样化的出行选择

D. 应充分发挥机动化交通提升城市运行效率的作用

【答案】B

【解析】《城市综合交通体系规划标准》第 3.0.4 条规定，城市综合交通体系规划与建设应集约、节约用地，并应优先保障步行、城市公共交通和自行车交通运行空间，合理配置城市道路与交通设施用地资源。

2. 下列关于城市综合交通规划的表述，不准确的是（　　）。[2020-40]

A. 应与城市空间布局、土地使用相互协调

B. 应优先保障机动化交通的运行空间

C. 应符合城市减灾防灾的要求

D. 应为新型交通方式提供发展条件

【答案】B

【解析】《城市综合交通体系规划标准》第 3.0.4 条规定，城市综合交通体系规划与建设应集约、节约用地，并应优先保障步行、城市公共交通和自行车交通运行空间，合理配置城市道路与交通设施用地资源。

4. 综合交通与城市空间布局（第 4.0.1 ~ 4.0.5 条）

城市综合交通体系应与城市空间布局协同规划，通过用地布局优化引导城市职住空间的匹配、合理布局城市各级公共与生活服务设施，将居民出行距离控制在合理范围内，并

应符合下列规定：①城区的居民通勤出行平均出行距离宜符合表5-22的规定，规划人口规模超过1 000万人及以上的超大城市可适当提高。②城区内生活出行，采用步行与自行车交通的出行比例不宜低于80%。

表5-22　居民通勤出行（单程）平均出行距离的控制要求

规划人口规模（万人）	≥500	300～500（不含）	100～300（不含）	50～100（不含）	＜50
通勤出行距离（km）	≤9	≤7	≤6	≤5	≤4

城市综合交通体系应有效引导城市空间布局与优化并应符合下列规定：①综合交通网络布局应与城市空间结构、交通走廊分布契合。②城市公共交通骨干系统应串联城市活动联系密切的城市功能地区。

应利用城市公共交通引导城市开发，依托城市公共交通走廊、城市客运交通枢纽布局城市的高强度开发。城市综合交通设施与服务应根据土地使用强度差异化提供，城市土地使用高强度地区应提高城市道路与公共交通设施的密度，加密步行与非机动车交通网络。

城市建成区的更新地区，交通系统规划与建设应符合下列规定：①应根据交通系统承载力确定城市更新的规模与用途；②应优先落实规划预留的各类交通设施及空间；③应结合街区改造，提高城市次干路和支路的密度；④应增加步行、城市公共交通与非机动车交通空间；⑤应完善城市货物配送的交通设施及空间。

城市交通瓶颈地区，交通系统规划与建设应符合下列规定：①应控制穿越交通瓶颈的交通总量；②应充分考虑城市远景发展规划，做好设施间协调与预留控制；③穿越交通瓶颈的通道应优先保障公共交通路权；④应通过通道设施布局、交通方式的多样性，提高穿越交通瓶颈的交通系统可靠性。

历年真题

1. 下列关于城市交通与城市布局关系的表述，不准确的是（　　）。[2022-30]

A. 城市综合交通设施与服务应根据土地使用强度差异化提供

B. 城市交通瓶颈地区应提高穿越交通瓶颈的交通系统可靠性

C. 城市更新地区应完善货运配送的交通设施及空间

D. 城市土地使用高强度地区应提高城市道路与机动化交通密度

【答案】D

【解析】《城市综合交通体系规划标准》第4.0.3条规定，城市土地使用高强度地区应提高城市道路与公共交通设施的密度，加密步行与非机动车交通网络。

2. 下列关于综合交通与城市空间布局关系的表述，不准确的是（　　）。[2021-35]

A. 城市土地使用高强度地区，应加密步行与非机动车交通网络

B. 应通过布置大运能的交通方式，提高穿越交通瓶颈地区的交通系统可靠性

C. 应通过用地布局优化引导城市职住空间的匹配，将居民出行距离控制在合理范围内

D. 城区内生活出行，采用步行与自行车交通的出行比例不宜低于80%

【答案】B

【解析】根据《城市综合交通体系规划标准》，城市交通瓶颈地区，交通系统规划与

建设应通过通道设施布局、交通方式的多样性，提高穿越交通瓶颈的交通系统可靠性。

3. 下列关于城市建成区的更新地区与用途，交通系统规划与建设的表述，不准确的是（　　）。[2021-36]

A. 应根据城市更新的规模与用途确定交通系统的承载力

B. 应优先落实规划预留的各类交通设施及空间

C. 应增加步行、公共交通与非机动车交通空间

D. 应结合街区改造，提高城市次干路和支路的密度

【答案】A

【解析】《城市综合交通体系规划标准》规定，城市建成区的更新地区，交通系统规划与建设应根据交通系统承载力确定城市更新的规模与用途。

5. 城市交通体系协调

（1）一般规定。（第 5.1.1 ~ 5.1.5 条）

城市交通体系协调对象应为城市各交通子系统，应包括城市公共交通，小客车、摩托车等个体机动化客运交通方式，步行、自行车等非机动化客运交通方式，以及机动化与非机动化货运交通方式。

城市综合交通体系规划应根据不同城市和城市不同地区的交通特征，差异化确定综合交通体系内不同交通方式的功能定位、优先规则、组织方式和资源配置。

城市客运交通体系应优先保障步行、城市公共交通和自行车等绿色交通方式的运行空间与环境，引导小客车、摩托车等个体机动化交通方式有序发展、合理使用。

城市综合交通体系应通过交通政策、服务价格、空间分配和系统组织，协调各种交通方式的运行和各种交通工具的停放。停车设施的供给应结合城市交通网络承载能力和运行状态、区位和用地功能等因素差异化确定。

城市宜根据产业发展和客货运交通组织要求协调货运通道和物流场站布局，加强不同方式货运系统之间的协作，提高运输效率。货运交通组织应与客运交通适度分离，主要货运线路不应穿越城市中心区和居住区等客流密集地区。

（2）城市客运交通。（第 5.2.1 ~ 5.2.5 条）

1）不同规模城市的客运交通系统规划应符合以下规定，带形城市可按其上一档规划人口规模城市确定。①规划人口规模 500 万及以上的城市，应确立大运量城市轨道交通在城市公共交通系统中的主体地位，以中运量及多层次普通运量公交为基础，以个体机动化客运交通方式作为中长距离客运交通的补充。规划人口规模达到 1 000 万及以上时，应构建快线、干线等多层次大运量城市轨道交通网络。②规划人口规模 300 万 ~ 500 万的城市，应确立大运量城市轨道交通在城市公共交通系统中的骨干地位，以中运量及多层次普通运量公交为主体，引导个体机动化交通方式的合理使用。③规划人口规模 100 万 ~ 300 万的城市，宜以大、中运量公共交通为城市公共交通的骨干，多层次普通运量公交为主体，引导个体机动化客运交通方式的合理使用。④规划人口规模 50 万 ~ 100 万的城市，客运交通体系宜以中运量公交为骨干，普通运量公交为基础，构建有竞争力的公共交通服务网络。⑤规划人口规模 50 万以下的城市，客运交通体系应以步行和自行车交通为主体，普通运量公交为基础，鼓励城市公共交通承担中长距离出行。

2）城市内不同土地使用强度地区的客运交通系统应根据交通特征差异化规划，并应

符合以下规定：①城市中心区应优先保障公共交通路权，加密城市公共交通网络和站点，并应优先保障城市公共交通枢纽用地；应构建独立、连续、高密度的步行网络，紧密衔接各类公共交通站点与周边建筑，以及在适合自行车骑行的地区构建安全、连续、高密度的非机动车网络；应严格控制机动车出行停车位规模，降低个体机动化交通出行需求和使用强度。②城市其他地区的公共交通走廊应保障公共交通优先路权；构建安全、连续的步行和非机动车网络，控制机动车出行停车位规模，调控高峰时段个体机动化通勤交通需求。

3）高峰期城市公共交通全程出行时间宜控制在小客车出行时间的 1.5 倍以内。城市公共交通站点、客运枢纽应与步行、非机动车系统良好衔接。

4）在交通拥堵常发地区，应优先保障城市公共交通、步行与非机动车交通路权，对小客车、摩托车等个体机动化出行需求进行管控。

5）旅游城市应结合旅游交通特征，依托城市综合客运枢纽和城市公共交通枢纽等设置旅游交通集散中心，发展以城市公共交通、步行与自行车交通为主体的旅游交通系统。

（3）城市货运交通。（第 5.3.3、5.3.4 条）

城市道路网络布局与通行管理应保障城市货物运输网络的完整性。

城市干线道路系统应为城市主要工业区、仓储区与货运枢纽及主要对外公路之间的联系提供高品质运输服务条件。

城市外围货运交通枢纽应与物流园区、物流配送中心、货运中心等货运节点结合布置，或设置便捷的联系通道。

城市各类货运枢纽与货运节点应配建与其规模相适应的停车设施，停车设施的类型与服务能力应与载运工具相匹配。

（4）交通需求管理。（第 5.4.1 ~ 5.4.4 条）

城市应综合利用法律法规、经济、行政等交通需求管理手段，合理调节交通需求的总量、时空分布和方式结构引导小客车、摩托车等个体机动化交通合理出行，提高步行、自行车、城市公共交通方式的出行比例。

对小客车、摩托车等个体机动化出行的调控，宜从拥有、使用、停放和淘汰等环节综合制定对策。

城市中心区应优先采取交通需求管理措施抑制个体机动化出行需求，保持道路交通运行状况在可接受的水平。

城市中各类保护区，应根据规划确定的保护要求，制定与城市综合交通体系发展相适应的交通需求管理措施。

6. 城市综合交通体系规划的主要内容（附录 B.0.1、B.0.2）

调查、评估与现状分析：以交通调查为依据，评估城市在执行的城市综合交通体系规划与交通现状，分析交通发展和规划实施中存在的问题，构建交通需求分析模型。

城市交通发展战略与政策：根据城市发展目标等，确定交通发展与土地使用的关系；预测城市综合交通体系发展趋势与需求；确定城市综合交通体系发展目标及各种交通方式的作用、发展要求和目标；提出交通发展战略和政策；确定不同发展地区交通资源分配利用的原则；并根据交通发展特征提出个体机动车交通需求管控与提高绿色交通分担率的交通需求管理政策。

对外交通系统规划：确定对外交通系统组织与发展策略。提出重要公路、铁路、航空、水运和综合交通枢纽等设施的功能等级与布局规划要求，以及城市对外交通与城市内部交通的衔接要求。

城市交通系统组织：确定交通系统组织的原则和策略；论证客货运交通走廊布局与特征；论证公共交通系统的构成与定位，确定集约型公共交通系统的组成；确定货运通道布局要求。

交通枢纽：提出城市各类客货交通枢纽规划建设和布局原则。确定各类交通枢纽的总体规划布局、功能等级、用地规模和衔接要求。

公共交通系统：确定城市公共交通优先措施。规划有城市轨道交通的城市应提出轨道交通网络和场站的布局与发展要求；确定公共汽电车网络结构与布局要求，确定城市快速公交走廊、公共交通专用道的布局；确定公共汽电车车辆发展规模、要求与场站布局、规模；提出其他辅助型公共交通发展的要求；确定公共交通场站设施黄线划定要求。

步行与非机动车交通：确定步行与非机动车交通系统网络布局和设施规划指标，确定步行与非机动车交通系统的总体布局要求。

道路系统：确定城市干线道路系统和集散道路的功能等级、网络布局、红线控制要求、断面分配建议，以及主要交叉口的基本形式、交通组织与用地控制要求，提出城市不同功能地区支线道路的发展要求。

停车系统：论证城市各类停车需求，提出城市不同地区的停车政策，确定不同地区停车设施布局和规模等规划要求。

交通信息化：提出交通信息化的发展策略与要求。

近期建设：制定近期交通发展策略、重大交通基础设施建设实施计划和措施。

保障措施：提出保障规划实施的政策、法规、交通管理、投资、体制等方面的措施。

城市综合交通体系规划宜根据城市特色，增加旅游交通规划等内容。

历年真题

下列关于城市综合交通规划主要内容的表述，不准确的是（　　）。[2021-37]

A. 论证货运交通走廊的布局与特征

B. 确定主要道路交叉口的基本形式、交通组织与用地控制要求

C. 规划有轨道交通的城市应提出轨道交通系统选型和运营规模

D. 确定不同地区停车设施布局和规模

【答案】C

【解析】根据《城市综合交通体系规划标准》，规划有城市轨道交通的城市应提出轨道交通网络和场站的布局与发展要求。

三、城市交通调查与需求分析

1. 城市交通调查的目的和要求

城市交通调查是进行城市交通规划、城市道路系统规划和城市道路设计的基础工作，其目的是通过对城市交通现状的调查与分析，摸清城市道路上的交通状况，城市交通的产生、分布、运行规律以及现状存在的主要问题。

城市交通调查包括城市交通基础资料调查、城市道路交通调查和交通出行 OD 调查等。

2. 城市交通基础资料调查与分析（第 14.0.1 ~ 14.0.4 条）

城市综合交通体系规划应以相关资料和交通调查为依据，并应符合下列要求：①基础资料宜包括城市和区域经济社会、历史文化保护、城市土地使用、交通工具和设施供给、交通政策、交通组织与管理、居民出行、对外客货运输、城市综合交通系统运行、交通投资、体制与机制、交通环境与安全等方面；②采用的基础资料应来源可靠、数据准确、内容完整；③反映现状的统计数据宜采用规划基年前 1 年的资料，特殊情况下可采用前 2 年的资料；用于发展趋势分析的数据资料不应少于连续的 5 个年度，且最近的年份不宜早于规划基年前 2 年；现状分析和交通模型建立应采用 5 年内的交通调查资料；④城市应根据规划的要求进行相关交通调查，交通调查的内容和精度应根据规划的分析要求确定；⑤调查应涵盖城市综合交通所涉及的各种交通方式、各类交通设施；⑥交通调查应包含不同调查项目之间相互校验的内容，以及与其他来源公开数据的一致性检查；⑦规划范围外与规划范围内通勤出行较大的地区，居民出行调查取样原则宜与规划范围内一致。

城市综合交通体系规划应采用宏观与微观相结合的分析手段进行交通需求分析，并应符合以下规定：①交通需求分析的范围应与城市综合交通体系规划的规划范围一致，并应统筹考虑规划范围内外部之间的通勤交通；②交通需求分析的年限一般应与城市总体规划一致，对城市轨道交通等城市重大交通基础设施还应进行远景年交通需求分析；③应建立交通需求分析模型，定量分析规划期内城市不同区域在不同发展阶段的交通需求特征；④交通需求分析模型应作为城市交通信息共享与应用平台的重要组成部分；⑤城市交通需求分析模型所采用的参数应通过调查数据标定；⑥模型精度必须保证规划控制指标计算的精确度。

应采用交通分析模型对城市交通发展战略、政策和规划方案进行多方案测试和评价，对城市发展的不确定性进行分析。测出和评价指标除交通运行外，还宜包括经济、环境、社会公平等方面的指标。

交通调查和需求分析可采用新的技术方法与工具，但应对调查数据的准确性和分析结果的可靠性进行评价，分析精度不得低于传统的“四阶段”等方法。

3. 交通出行 OD 调查与分析

OD 调查就是交通出行的起、终点调查，目的是得到现状城市交通的流动特性，是交通规划的基础工作。OD 调查主要包括居民出行抽样调查和货运抽样调查两类。根据交通规划的需要还可以分别进行流动人口出行调查、公共交通客流调查、对外交通客货流调查、出租汽车出行调查等。

（1）交通划分。

为了对 OD 调查获得的资料进行科学分析，需要把调查区域分成若干交通区，每个交通区又可分为若干交通小区。交通小区是研究分析居民、车辆出行及分布的空间最小单元。

划分交通区应符合下列条件：①交通区应与城市用地布局规划和人口等调查的划区相协调，以便于综合交通区的土地使用和出行生成的各项资料。②交通区的划分应便于把该区的交通分配到交通网上，如城市干路网、城市公共交通网、地铁网等。③应使每个交通区预期的土地使用动态和交通的增长大致相似。④交通区的大小也取决于调查的类型和调查区域的大小。交通区划得越小，精确度越高，但资料整理工作会越困难。

在划定交通区后，还要考虑划出一条或多条分隔查核线。查核线是在外围境界线范围内分隔成几个大区的分界线，使每一次出行通过这条线不超过一次，用以查核所调查的资料。在可能的条件下，可选取对交通可以起障碍作用的天然地形（如河流）或人工障碍物（如铁路）作为查核线。

（2）居民出行调查。

居民出行 OD 调查的对象包括年满 6 岁以上的城市居民、暂住人口和流动人口。调查的内容包括：调查对象的社会经济属性（家庭地址、用地性质、家庭成员情况、经济收入等）和调查对象的出行特征（出行起终点、出行目的、出行次数、出行时间、出行路线、交通方式的选择等）。为了减少调查的工作量，一般都采用抽样家庭访问的方法进行调查，抽样率应根据城市人口规模大小在 4% ~ 20% 选用。调查数据搜集方法：家庭访问法、路旁询问法、邮寄回收法等。为了保证调查质量，一般建议采用专业调查人员家庭访问法。

通过居民出行调查，可以研究居民出行生成形态，得到交通生成指标、居民出行规律及居民出行生成与土地使用特征、社会经济条件之间的关系。

居民出行规律包括出行分布和出行特性。城市居民的出行特性有下列四项要素：①出行目的：包括上下班出行（含上下学出行）、生活出行（购物、游憩、社交）和公务出行三大类。交通规划主要研究上下班出行，这是形成客运高峰的主要出行。②出行方式：即居民出行采用步行或使用交通工具的方式。城市居民采用各种出行方式的比例称为出行结构，或称交通结构。③平均出行距离：即居民平均每次出行的距离。还可以用平均出行时间和最大出行时间来表示。④日平均出行次数：即每日人均出行次数，反映城市居民对生产、生活活动的要求程度。

（3）货运出行调查。

货运调查常采用抽样发调查表或深入单位访问的方法，研究货运出行生成的形态，取得货运交通生成指标，货运出行与土地使用特征（性质、面积、规模）、社会经济条件（产值、产量、货运总量、生产水平）之间的关系，得到全市不同货物运输量、货流及货运车辆的（道路）空间和时间分布规律。

吸引点调查：吸引点调查采用城市道路交通调查，调查方法为对吸引点进行人流、车流的计数以及到达人员出行情况的问卷调查。

4. 现状城市道路交通问题分析

现状城市道路交通问题及产生的原因主要有：①城市人口的过度增长，城市布局的不合理，城市人口分布的不合理，不必要地加大了城市交通的出行量和出行距离，是城市道路交通问题产生的根本原因。②“南北不通，东西不畅”，表明了城市道路交通设施的不完善，城市道路交通网络存在系统缺陷。③“交通混杂，交通效率低下”，是现状城市道路交通网络功能不分（交通性、生活性不分）、快慢不分，以及道路功能与道路两侧用地的性质不协调所造成的。④“重要节点交通拥堵”，除现状城市道路交通系统上对衔接和缓冲关系处理不当，规划对重要节点的细部安排存在缺陷。

历年真题

1. 下列关于城市交通调查与分析的表述，不正确的是（　　）。[2018–33]

A. 居民出行调查对象应包括暂住人口和流动人口

B. 居民出行调查常采用随机调查方法进行

C. 货运调查的对象是工业企业、仓库、货运交通枢纽

D. 货运调查常采用深入单位访问的方法进行

【答案】B

【解析】居民出行一般都采用抽样家庭访问的方法进行调查，为了保证调查质量，建议采用专业调查人员家庭访问法。

2. 下列属于居民出行调查对象的是（　　）。[2014-40]、[2010-43]

A. 所有的暂住人口　　B. 6岁以上流动人口

C. 所有的城市居民　　D. 学龄前儿童

【答案】B

【解析】居民出行调查对象包括年满6岁以上的城市居民、暂住人口和流动人口。

四、规划实施评估

1. 评估方法（第6.0.1、6.0.2条）

城市综合交通体系规划的编制和实施计划的制订，应进行城市综合交通体系规划的实施评估，并应以城市综合交通体系规划的实施评估结论为依据。

城市综合交通体系规划实施评估应采取定量与定性相结合的方法，对城市综合交通的发展目标、策略、政策，城市的空间布局与交通系统协调，综合交通体系各组成部分的组织与协调，交通设施投资与建设、交通系统运行与管理等方面进行评估，并对规划编制与实施提出建议。

2. 评估内容（第6.0.3条）

评估内容包括实施进度、实施效果和外部效益等方面，并应符合以下规定：①实施进度评估应评估综合交通体系各组成部分的规划实施进度与协调性；②实施效果评估应评估规划实施后城市空间布局调整、居民出行特征、交通系统运行效果、财政可持续能力等与规划预期的关系；③外部效益评估应评估规划实施对城市经济发展、土地使用、社会与环境可持续等方面的外部影响。

五、城市综合交通发展战略与交通预测

1. 城市交通发展战略研究

（1）市域交通发展战略研究框架。市域综合交通发展战略研究首先要尊重国家铁路、高速公路、国道、省道、大区域机场和港口的布局规划，满足区域交通的需要，同时要进一步研究市域内经济、社会的发展和城镇体系发展对城市对外交通的需要，提出市域内铁路网站、市（县）级公路骨架网络和市域内的港口、航道的发展战略和调整意见。研究中要处理好与市域内城镇发展和城镇内的道路交通系统的关系。

（2）城市交通发展战略研究框架。中心城市的城市交通发展战略研究要以城市经济社会发展、城市用地发展和现状分析为基础，要提出宏观对总体规划（土地使用和道路交通系统）的指导性意见，中观对控制性详细规划的指导意见和调整意见。中心城的综合交通规划要根据对城市现状存在问题的分析、城市社会经济发展和城市土地使用规划，提出对城市土地使用和道路交通规划的指导性意见，对中心城内的各类道路、交通设施和交通组织进行规划。

2. 城市交通发展战略研究的基本内容

（1）城市交通发展分析。

1）经济、社会与城市空间发展的趋势与规律分析，确定城市交通发展目标和策略的基础性研究。

2）预估城市交通总体发展水平。城市交通总体发展水平的预估与城市经济、社会和城市空间发展有关，也取决于城市交通的发展模式和发展策略，要同城市交通发展战略分析结合进行。

城市交通总体发展水平的预测包括对城市交通总量发展的预测和对机动车总量发展的预测。城市交通总量的发展可以通过居民出行分析进行预测，机动车总量的发展预测方法主要有：①弹性系数法："收入弹性系数"是由典型研究得到的机动车拥有量发展与居民收入增加之间的相关系数，根据城市的发展水平选择适当的"收入弹性系数"对城市机动车拥有量进行预测。②趋势外推法：通过历年经济总量与机动车拥有量的相关关系的"线性回归分析"，对未来年的机动车拥有量进行"外延式"的预测。③千人拥有法：根据经济增长速度的高低，按千人拥有机动车指标进行预测。

（2）城市交通发展战略分析。

指导思想。适应城市经济、社会和城市空间发展的需要。不断完善城市交通系统。

发展模式。不同城市、不同城市地域可以采用不同的城市交通模式（交通方式结构）。

发展目标。城市交通发展战略的总目标就是要形成一个优质、高效、整合的城市交通系统来适应不断增长的交通需求，提升城市的综合竞争力，促进城市经济、社会和城市建设的全面发展。

发展策略。为了达到城市交通发展战略的目标，必须提出城市交通的发展策略。包括：①制定适合城市交通发展的交通政策；②整合城市的交通设施；③协调各类交通的运行，实现交通的综合科学管理；④建立强有力的综合协调管理机构，全面协调城市土地使用规划管理、综合交通规划建设、交通运营与管理。

（3）城市交通政策制定。交通政策是为解决特定的城市交通问题并欲达到某种交通目标而制定的，普遍具有很强的针对性和目标效用。城市交通政策，是由交通技术政策、经济政策和管理政策组成的多方面相关的政策体系。

3. 城市交通结构与车辆发展预测

城市交通结构预测。城市交通结构的预测要根据城市的规模、城市形态、布局结构与空间关系、经济社会发展和居民生活水平、居民出行习惯，分析城市交通出行演变趋势，城市居民不同出行要求对出行方式的需求关系，从科学引导的角度，实事求是地对城市交通结构的发展作出判断。

车辆发展预测。公共交通车辆和出租车一般可按规范预测；货运车辆除考虑规范要求外，还要适应城市货运发展的要求；公共交通车辆、出租车、私人小汽车、摩托车和自行车的预测还应考虑城市客运交通系统结构的发展需求。

4. 城市交通预测

城市交通预测的基本思路。城市交通预测是基于城市用地布局和道路交通系统初步方案的工作，预测必须充分考虑城市用地布局关系及由此决定的人在用地空间上的分布和流动关系。

城市交通流量预测。城市交通流量的预测常采用如下方法进行：首先应将城市区域结合自然地理状况，按城市布局结构关系划分交通大区和交通小区，选择交通高峰作为预测的模型时段，确定预测的交通方式，然后按照出行生成、出行分布、出行方式划分、交通分配四阶段进行交通流量预测。①“出行生成”就是预测各交通小区的出行发生和吸引的次数；②“出行分布”就是分析和计算各个交通小区间相互出行的次数；③“出行方式划分”就是将各小区间的出行量分解为各种交通方式的数量（转换为交通流量）；④“交通分配”就是将各种交通方式的交通流量分配到城市的各个路段上。

5. 城市交通校核与道路交通系统规划方案的交通评价

要对城市道路交通系统规划方案进行交通量与通行能力校核和对道路交通设施交通水平进行评价。包括对道路服务水平进行分析，对道路的运行速度进行评价，对道路设施交通水平不佳的原因进行分析，提出对道路网络、道路等级、道路横断面的改善、调整建议。

道路上交通量与通行能力之比称为该道路的服务水平。远期城市道路交通系统高峰小时的服务水平均应在 1 以下，平均服务水平应在 0.8 以下。

历年真题

1. 下列不属于城市综合交通发展战略研究内容的是（　　）。[2019–31]

A. 研究城市交通发展模式

B. 预估城市交通总体发展水平

C. 提出市级公路骨架的发展战略和调整意见

D. 优化配置城市干路网结构

【答案】D

【解析】优化配置城市干路网结构属于城市道路网规划布局的内容。

2. 下列关于城市综合交通发展战略研究内容的表述，错误的是（　　）。[2018–34]

A. 确定城市综合交通体系总体发展方向和目标

B. 确定各交通子系统发展定位和发展目标

C. 确定航空港功能、等级规模和规划布局

D. 确定城市交通方式结构

【答案】C

【解析】确定航空港功能、等级规模和规划布局是城市对外交通规划的内容。

六、城市对外交通规划

1. 城市对外交通规划的规划思想

城市对外交通运输是指以城市为基点，与城市外部进行联系的各类交通运输的总称。城市对外交通运输是城市形成与发展的重要条件。城市对外交通线路和设施的布局直接影响到城市的发展方向、城市布局、城市干路走向、城市环境以及城市的景观。

2. 一般规定（第 7.1.1 ~ 7.1.4 条）

城市对外交通衔接应符合以下规定：①城市的各主要功能区对外交通组织均应高效、便捷；②各类对外客货运系统，应优先衔接可组织联运的对外交通设施，在布局上结合或邻近布置；③规划人口规模 100 万及以上城市的重要功能区、主要交通集散点，以及规划

人口规模50万～100万的城市，应能15min到达高、快速路网，30min到达邻近铁路、公路枢纽，并至少有一种交通方式可在60min内到达邻近机场。

对外交通设施规划应符合下列规定：①城市重大对外交通设施规划要充分考虑城市的远景发展要求；②市域内对外交通通道、综合客运枢纽和城乡客运设施的布局应符合市域城镇发展要求；③承担城市通勤交通的对外交通设施，其规划与交通组织应符合城市交通相关标准及要求，并与城市内部交通体系统一规划；④城市规划区内，同一对外交通走廊内相同走向的铁路、公路线路宜集中设置；⑤城市道路上过境交通量大于或等于10 000pcu/d，宜布局独立的过境交通通道。

城市对外交通走廊或场站规划，应预留与之相交的城市主干路及以上等级道路、重要次干路的穿越通道，减少对城市的分割。

承担国家或区域性综合交通枢纽职能的城市，城市主要综合客运枢纽间交通连接转换时间不宜超过1h。

3. 铁路规划

（1）铁路分类、分级。

从与城市的关系看分为两类：①直接与城市生产、生活有密切关系的客、货运设施，如客运站、综合性货运站及货场等；②与城市生产、生活没有直接关系的铁路专用设施，尽可能布置在离城市外围有相当距离的地方，如编组站、客车整备场、迂回线等。

（2）总体要求。（第7.3.1、7.3.2条）

铁路应综合考虑线路功能与等级、市域城镇布局、城市空间布局与沿线城市用地开发、环境保护要求等，合理布局线路，确定敷设方式和车站位置。

铁路场站之间宜相互连通，布局应符合下列规定：①规划人口规模100万及以上的城市，应根据城市空间布局和对外联系方向均衡布局铁路客运站；其他城市的铁路客运站宜根据城市空间布局和铁路线网合理设置。②高、快速铁路主要客站应布置在中心城区内，并宜与普铁路客运站结合设置，中心城区外规划人口规模50万人及以上的城市地区，宜设置高、快速铁路客运站。③城际铁路客运站应靠近中心城镇和城市主要中心设置；承担城市通勤的铁路，其车站布局应与城市用地结合，并应满足城市交通组织的要求。④铁路货运场站应与城市产业布局相协调，宜与公路、港口等货运枢纽和货运节点结合设置，并应具有便捷的集疏运通道。⑤铁路编组站、动车段（所）等设施宜布局在中心城区边缘或之外。编组站应布置于铁路干线汇合处，并与铁路干线顺畅连接，可与铁路货运站结合设置。

（3）铁路场站布置的原则。

铁路客运站应该靠近城市中心区布置，如果布置在城市外围，即使有城市干路与城市中心相连，也容易造成城市结构过于松散，居民出行不便。为工业区和仓库区服务的工业站和地区站则应布置在相关地段附近，一般设在城市外围。其他铁路专用设施则应在满足铁路技术要求及配合铁路枢纽总体布局的前提下，尽可能布置在城市外围，不应影响城市的正常运转和发展。在城市铁路布局中，场站位置起着主导作用，线路的走向是根据场站与场站、场站与服务地区的联系需要而确定的。①会让站、越行站是铁路正线上的分界点，间距约8～12km，主要进行铁路运行的技术作业，场站布置不一定要与居民点结合。其布置形式有横列式、纵列式和半纵列式，长度约1～2.7km，站坪宽度除正线外，配到发线 1 ~ 2 条。②中间站是客货合一的小车站，多设在中小城市，采用横列式布置，间距约 20 ~ 40km。按客运站、货场和城市三者的相对位置关系，有客货城同侧布置，客货对侧、客城同侧布置，客货对侧、货城同侧布置三种布置方式。城市规划应尽可能将铁路布置在城市一侧，货场设置要方便货运，减少对城市的干扰，尽量减少城市跨铁路交通。③区段站除了中间站的作业以外，还有机务段、到发场和调车场等，进行更换机车和乘务组、车辆检修和货物列车的解结编组等业务。区段站的用地面积较大，按照横列式与纵列式布置，其长度为 2 ~ 3.5km，宽度为 250 ~ 700m。④编组站是为货运列车服务的专业性车站，承担车辆解体、汇集、甩挂和改编的业务。编组站由到发场、出发场、编组场、驼峰、机务段和通过场组成。铁路编组站、动车段（所）等设施宜布局在中心城区边缘或之外。编组站一般应设在铁路干线汇合处，并与铁路干线顺畅连接，可与铁路货运站结合设置。主要为地区服务的工业和港湾编组站，应设在车辆集散的地点附近，不可远离城市。⑤客运站的位置既要方便旅客，又要提高铁路运输效能，并应与城市的布局有机结合。客运站的服务对象是旅客，为方便旅客，位置要适当。中、小城市客运站可以布置在城区边缘，大城市可能有多个客运站，应深入城市中心区边缘布置。客运站的布置方式有通过式、尽端式和混合式三种。中、小城市客运站常采用通过式的布局形式，可以提高客运站的通过能力；大城市、特大城市的客运站常采用尽端式或混合式的布置，可减少干线铁路对城市的分割。大城市、特大城市客运站地区的城市可将地铁直接引进客运站，或将客运站伸入城市中心地下。⑥货运站。中小城市一般设置一个综合性货运站或货场。

大城市、特大城市的货运站应按其性质分别设于其服务的地段。以到发为主的综合性货运站（特别是零担货场），一般应深入市区，接近货源和消费地区。以某几种大宗货物为主的专业性货运站，应接近其供应的工业区、仓库区等大宗货物集散点，一般应在市区外围。不为本市服务的中转货物装卸站则应设在郊区，接近编组站和水陆联运码头。危险品（易爆、易燃、有毒）及有碍卫生（如牲畜货场）的货运站，应设在市郊，并有一定安全隔离地带，还应与其主要使用单位、储存仓库在城市同一侧，以免造成穿越市区的主要交通。

综合性货运站是办理多种货物运输种类或多种品类货物的货运营业和专用线作业的车站，一般设置在大城市、工业区或港口等大量货物装卸地点，并设有较大货场。

4. 公路规划

（1）公路的分类与分级。

1）公路分类：根据公路的性质和作用及其在国家公路网中的位置对公路的分类，分为国道（国家级干线公路）、省道（省级干线公路）、县道（县级干线公路，联系各乡镇）和乡道。设市城市可设置市道，作为市区联系市属各县城的公路。

2）公路分级：按公路的使用任务、功能和适应的交通量对公路的分级，可分为高速公路，一级、二级、三级、四级公路。高速公路是国家级和省级的干线公路；一级、二级公路常用作联系高速公路和中等以上城市的干线公路，三级公路常用作联系县和城镇的集散公路；四级公路常用作沟通乡、村的地方公路。

高速公路的设计时速多为 100 ~ 120km（山区可降低为 60km/h ）。大城市、特大城市可布置高速公路环线联系各条高速公路，并与城市快速路网相衔接。对于中、小城市，考虑城市未来的发展，高速公路应远离城市中心，采用互通式立体交叉以专用的人城道路（或一般等级公路）与城市联系。

（2）公路在市域内的布置。（第 7.4.1、7.4.2 条）

公路在市域范围内的布置主要决定于国家和省公路网的规划，同时要满足市域城镇体系发展的需要。

1）干线公路要与城市道路网有合理的联系。国道、省道等过境公路应以切线或环线绕城而过，县道也要绕村、镇而过。作为公路枢纽的大城市、特大城市，应在城市道路网的外围布置连接各条干线公路的公路环线，再与城市道路网联系。要逐步改变公路直接穿过小城镇的状况，并注意防止新的沿公路进行建设的现象发生。

2）干线公路应与城市主干路及以上等级的道路衔接。规划人口规模 500 万及以上的城市，主要对外高速公路出入口宜根据城市空间布局，靠近城市承担区域服务职能的主要功能区设置。

3）进入中心城区内的公路，道路横断面除满足对外交通需求外，还应考虑步行、非机动车和城市公共交通的通行要求。

（3）公路汽车场站的布置。

公路汽车站又称为长途汽车站，按其性质可分为客运站、货运站、技术站和混合站。按车站所处的地位又可分为起点站、终点站、中间站和区段站。

1）客运站。大城市、特大城市和作为地区公路交通枢纽的城市，常为多个方向的长途客运设置多个客运站，并与货运站和技术站分开设置。为方便旅客，客运站常设在城市中心区边缘，用城市交通性干路与公路相连。公路长途客运站应纳入城市客运交通枢纽规划，与城市公共交通换乘枢纽合站设置。

中、小城市，一般可设一个长途客运站，或将客运站与货运站合并，也可与技术站组织在一起。公路客运站应根据城乡客运需求、城市布局和对外交通方向合理设置；宜结合铁路、港口、机场布局，便于组织联运，并应与城市交通系统相衔接。

2）货运站、技术站。货运场站的位置选择与货主的位置和货物的性质有关。①供应城市日常生活用品的货运站应布置在城市中心区边缘。②以工业产品、原料和中转货物为主的货运站应布置在工业区、仓库区或货物较为集中的地区，亦可设在铁路货运站、货运码头附近，以便组织水陆联运。③货运站要结合城市物流中心的规划布局进行布置，并要与城市交通干路有好的联系。

技术站主要担负清洗、检修（保养）汽车的工作，要求的用地面积较大，且对居民有一定的干扰。技术站一般设在市区外围靠近公路线附近。

3）公路过境车辆服务站。为了减少进入市区的过境交通量，可在对外公路交会的地点或城市入口处设置公路过境车辆服务设施。这些设施也可与城市边缘的小城镇结合设置，亦有利于小城镇的发展。

5. 港口规划

港口是水陆联运的枢纽。城市港口分为客运港和货运港，客运港是城市对外客运交通设施，货运港是对外货运交通设施，小规模港口可合并设置。港口分为水域和陆域两个部分，水域供船舶航行、转运、锚泊及其他水上作业使用，陆域提供旅客上下、货物装卸、存储的作业活动使用，要求有一定的岸线长度、纵深和高程。

港口城市的规划要妥善处理岸线使用、港区布置及城市布局之间的关系，综合考虑船舶航行、货物装卸、库场储存及后方集疏四个环节的布置。

（1）港口选址与规划原则。（第 7.5.1、7.5.2 条）

1）港口选址应与城市总体规划布局相互协调。港口位置的选择既要满足港口技术上的要求，也要符合城市发展的整体利益。

2）港口建设应与区域交通综合考虑。在港口建设中，应综合考虑港口内部疏运系统（港内铁路和港区道路）与港口外部疏运系统（区域性铁路、公路和城市道路）的有机联系和合理衔接。

大型货运港口应优先发展铁路、水路集疏运方式，并应规划独立的集疏运道路，集疏运道路应与国家和省级高速公路网络顺畅衔接。

城市客运港口宜与城市公共交通枢纽、公路客运站等交通枢纽结合设置。

3）港口建设与工业布置要紧密结合。货运量大而污染易于治理的工厂尽可能沿河、海有建港条件的岸线布置。

4）合理进行岸线分配与作业区布置。岸线分配应遵循“深水深用，浅水浅用，避免干扰，各得其所”的原则。水深 10m 的岸线可停万吨级船舶，应充分用作港口泊位；接近城市生活区的位置应留出一定长度的岸线为城市生活休憩使用。一个综合性城市的港口通常按客运、煤、粮、木材、石油、件杂货、集装箱以及水陆联运等作业要求布置成若干个作业区。岸线按水深一般分为深水、中深水和浅水三种，其划分标准与适用性如表 5–23 所示。

5）加强水陆联运的组织。港口是水陆联运的枢纽，规划中要妥善安排水陆联运和水水联运，提高港口的疏运能力。

表 5–23 岸线类型

类型	水深	可停船舶吨数
深水岸线	水深≥ 10m	可停泊万吨级以上船舶
中深水岸线	水深 6 ~ 10m（不含）	可停泊 0.3 万 ~ 0.5 万吨级船舶
浅水岸线	水深＜ 6m	可停泊 0.3 万吨级以下船舶

（2）客运港与旅游码头在城市中的布置。

客运港是专门停泊客轮和转运快件货物的港口，又称客运码头。按港口所在城市的地位、客运量的大小和航线特征分为三个等级，客运量不大的港口可以设置客货联合码头。

客运港应选在与城市生活性用地相近、交通联系方便的位置，综合考虑港口作业、站房设施、站前广场、站前配套服务设施等的布置，以及与城市干路相衔接。客运港和旅游码头都应配套建设停车设施。

（3）不同功能码头的规划布局。

港口的件杂货作业区：一般应设在离城市较近，具有深水或中深水的岸线段。以适于杂货船舶停泊以及有关业务部门联系。

集装箱码头：宜邻近件杂货区，要有较大水深和较大的陆域面积。

为当地服务的作业区：应尽量接近城市仓库区，与生产加工、生活消费地点保持短捷的运输距离。货物中转码头则应与城市对外交通设施有良好的联系。

散货作业区：散装码头装卸的货种主要有煤炭、化肥、粮食、矿石、矿粉、砂石料等，其中化肥、粮食等需要进仓库储存。应布置在城市的常年主导风向的下风位置，防止对城市生活区污染。煤矿粉等散货区与散装粮食装卸应做到"黑白分家"，有足够的间隔距离。

油码头：油码头对水深要求高，设独立的储存系统，有严格的防火和防止油污染水域的要求，一般设于离外海最近而与其他货区相隔一定距离的单独作业区内。

木材作业区。要有宽广水域，便于停放和编解木筏，位置不宜在船只来往频繁的地段，单独设置并离开易燃区。

石油、化工码头。石油、化工码头采用管道输送，输送距离较长，应根据陆域用地、环境保护、消防等因素确定储罐区和输送管道用地。应在城市、港区、锚地、重要桥梁的下游，不应把岸线全部占用。

6. 航空港规划（机场）

（1）航空港分类。

民用航空港（机场）按其航线性质可分为国际航线机场和国内航线机场。

民用机场又可按航线布局分为枢纽机场、干线机场和支线机场。

枢纽机场是全国航空运输网络和国际航线的枢纽，运输业务量特别繁忙的机场。干线机场是以国内航线为主，可开辟少量国际航线，可以全方位建立跨省跨地区的国内航线，运输量较为集中的机场。支线机场是分布在各省、自治区内及至邻近省区的短途航线机场，运输量较少的机场。

（2）航空港布局规划。

要从区域的角度考虑航空港的共用及其服务范围。在城市分布比较密集的区域，应在各城市使用都方便的位置设置若干城市共用的航空港，高速公路的发展有利于多座城市共用一个航空港。

1）净空限制要求。机场净空限制的规定是由净空空间的临界部位处建立的一些假想面（即净空障碍物限制面）组成。按我国民航规定，机场的净空障碍物限制面尺度一般要求，我国民航规定的机场净空障碍物限制要求如图 5-20 所示。

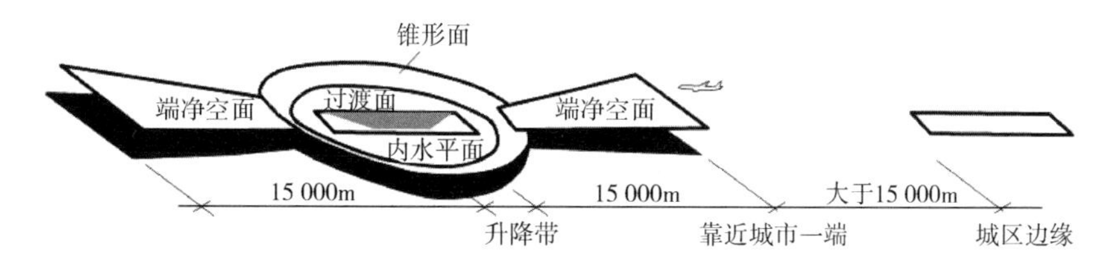

图 5-20　机场的净空障碍物限制要求

从净空限制的角度来看，航空港的选址应尽可能使跑道轴线方向避免穿过市区，最好位于与城市侧面相切的位置，机场跑道中心与城区边缘的最小距离为 5 ~ 7km（《城市对外交通规划规范》GB 50925—2013 规定大于 5km）为宜，如果跑道中线通过城市，则跑道靠近城市的一端与市区边缘的距离至少应在 15km 以上。这种布置方式也有益于减少飞机起飞、降落时噪声对城市的影响。

机场宜布置在城市主导风向两侧（与主导风向平行），跑道应与城市主导风向一致，利用风的作用，方便飞机的起降。

2）注意机场周边的干扰影响。为满足机场对通信联络的要求，避免电波、磁场等对机场导航、通信系统的干扰，在选择航空港位置时，要考虑机场对周围的高压线、变电站、发电站、电讯台、广播站、电气铁路以及有高频设备或X光设备的工厂、企业、科研、医疗单位的影响，并应按有关技术规范规定与它们保持一定距离。另外，机场也应与铁路编组站保持适当的距离。

（3）航空港与城市的交通联系。（第7.2.1 ~ 7.2.4条）

1）航空港与城市间的距离。国际航空港与城区的距离一般都应超过10km。我国城市城区与航空港的距离一般为20km ~ 30km，必须努力争取在满足机场选址的要求前提下，尽量缩短航空港与城区距离。枢纽机场、干线机场与城市之间应规划机场专用道路。枢纽机场应有2条及以上对外运输通道。枢纽机场、干线机场距离市中心宜为20km ~ 40km，支线机场距离市中心宜为10km ~ 20km。

2）交通联系方式。常采用专用高速公路的方式，使航空港与城市间的时间距离保持在30分钟以内。有条件时亦可采用高速列车（包括悬挂单轨车）、专用铁路、地铁和直升机等方式实现航空港与城市的快捷联系。

3）交通联系要求。

衔接机场的铁路与道路系统布局应与机场的客货运服务腹地范围一致。年旅客吞吐量2 000万人次及以上的机场宜与城际铁路、高速铁路衔接，年旅客吞吐量1 000万人次及以上的机场，应布局与主要服务城市之间的机场专用道路，并宜设置城市航站楼。

机场集疏运交通组织应鼓励采用集约型公共交通方式。

布局有多个机场的城市，机场之间应设置快捷的联系道路或轨道交通。

年旅客吞吐量1 000万人次及以上的机场应规划城市公共汽电车、出租汽车、机场专线巴士等衔接设施；年旅客吞吐量20万人次及以上的机场，宜规划机场专线巴士、出租汽车等衔接设施；年旅客吞吐量小于20万人次及货运为主的机场、通用机场，应结合货邮吞吐量、旅客吞吐量和服务水平标准等规划衔接设施。

历年真题

1. 下列关于对外交通规划的表述，错误的是（　　）。[2022-33]

A. 城市对外交通走廊应预留与之相交的城市主干路及以上等级的穿越通道

B. 布局多个机场的城市，机场之间应设置快捷的联系道路或轨道交通

C. 高速铁路客运站应与普通铁路客运站分开设置

D. 进入中心城区的公路应考虑步行和自行车的通行要求

【答案】C

【解析】《城市综合交通体系规划标准》第7.3.2条规定，高、快速铁路主要客站应布置在中心城区内，并宜与普通铁路客运站结合设置。

2. 下列关于铁路客运站规划布局的表述，正确的有（　　）。[2021-90]

A. 超大城市和特大城市的铁路客运站可引入城市中心地下布置

B. 特大城市和大城市高速铁路客运站应与普通铁路客运站分开设置

C. 特大城市和大城市根据城市布局可设置多个铁路客运站

D. 中小城市铁路客运站一般采用尽端式的布局形式，以减少铁路对城市的分割

E. 中小城市铁路客运站根据城市布局和铁路线网规划可布置在城区边缘

【答案】ACE

【解析】高、快速铁路主要客站应布置在中心城区内，并宜与普通铁路客运站结合设置，B 选项错误。大城市、特大城市的客运站常采用尽端式或混合式的布置，可减少干线铁路对城市的分割，D 选项错误。

七、客运枢纽

1. 一般规定（第 8.1.1、8.1.4 条）

城市客运枢纽按其承担的交通功能、客流特征和组织形式分为城市综合客运枢纽和城市公共交通枢纽两类。客运枢纽还应包括与社会交通方式接驳换乘和停车（R+P）的设施。城市综合客运枢纽服务于航空、铁路、公路、水运等对外客流集散与转换，可兼顾城市内部交通的转换功能。城市公共交通枢纽服务于以城市公共交通为主的多种城市客运交通之间的转换。

城市客运枢纽中不同功能、方式、线路间的客流服务设施应共享或合并设置。

铁路、水运、航空等城市对外客运设施的布置主要取决于城市对外交通在城市中的布局。公路长途客运设施一般布置在城市中心区边缘附近或靠近铁路客站、水运客站附近，并与城市对外公路干线有方便的联系。结合公共交通线路网的布局，市内大型人流集散点（商业服务中心、大型文化体育中心）的布置，形成若干个市内客运交通枢纽。

2. 城市综合客运枢纽（第 8.2.1 ~ 8.2.3 条）

城市综合客运枢纽应依据城市空间布局布置，应便于连接城市对外联系通道，服务城市主要活动中心。

城市综合客运枢纽宜与城市公共交通枢纽结合设置。城市综合客运枢纽必须设置城市公共交通衔接设施，规划有城市轨道交通的城市，主要的城市综合客运枢纽应有城市轨道交通衔接。枢纽内主要换乘交通方式出人口之间旅客步行距离不宜超过 200m。

城市综合客运枢纽中对外交通集散规模超过 5 000 人次 /d 应规划对外客流集散与转换用地，用地面积（不包括对外交通场站）应符合下列规定：①公共汽电车衔接设施面积应按 100m^2/ 标准车 ~ 120m^2/ 标准车计算；②出租车服务点面积宜按 26m^2/ 辆 ~ 32m^2/ 辆计算；③机动车停车场宜按 15m^2/ 标准停车位 ~ 30m^2/ 标准停车位计算；④非机动车停车场应按 1.5m^2/ 辆 ~ 1.8m^2/ 辆计算；⑤承担城乡客运组织、旅游交通组织职能和包含航空运输方式的城市综合客运枢纽，可适当增加集散与转换用地。

3. 城市公共交通枢纽（第 8.3.2、8.3.3 条）

城市公共交通枢纽（一般客运枢纽）指规模较小、交通方式相对单一、多线路换乘的客运枢纽。

城市公共交通枢纽宜与城市大型公共建筑、公共汽电车首末站以及轨道交通车站等合并布置，并应符合城市客流特征与城市客运交通系统的组织要求。

城市公共交通枢纽高峰小时客流转换规模（不包括城市轨道交通车站内部换乘量）达

到 2 000 人次 /h，应规划城市公共交通枢纽用地。根据高峰小时转换客流规模（不包括城市轨道交通内部换乘量），城市公共交通枢纽用地在城市中心区宜按照 0.5m²/ 人次 ~ 1m²/ 人次控制，其他地区宜按照 1m²/ 人次 ~ 1.5m²/ 人次控制，且总用地规模宜符合表 5–24 的规定。

表 5–24　城市公共交通枢纽用地规模　　单位：m²

客运枢纽区位	用地规模
城市中心区	2 000 ~ 5 000
其他地区	2 000 ~ 10 000

城市公共交通枢纽衔接交通设施的配置，应符合表 5–25 的规定。

表 5–25　城市公共交通枢纽衔接交通设施配置要求

客运枢纽区位	交通设施配置要求
城市中心区	宜设置城市公共汽电车首末站；应设置便利的步行交通系统；宜设置非机动车停车设施；宜设置出租车和社会车辆上、落客区
其他地区	应设置城市公共汽电车首末站；应设置便利的步行交通系统；宜设置非机动车停车设施；应设置出租车上、落客区；宜设置社会车辆立体停车设施

八、城市公共交通

1. 一般规定（第 9.1.2 ~ 9.1.5 条）

中心城区集约型公共交通服务应符合下列规定：①集约型公共交通站点 500m 服务半径覆盖的常住人口和就业岗位，在规划人口规模 100 万以上的城市不应低于 90%；②采用集约型公共交通方式的通勤出行，单程出行时间宜符合表 5–26 的规定；③城市公共交通不同方式、不同线路之间的换乘距离不宜大于 200m，换乘时间宜控制在 10min 以内。

表 5–26　采用集约型城市公共交通的通勤出行单程出行时间控制要求

规划人口规模（万人）	采用集约型城市公交 95% 的通勤出行时间最大值（min）
≥ 500	60
300 ~ 500（不含）	50
100 ~ 300（不含）	45
50 ~ 100（不含）	40
20 ~ 50（不含）	35
< 20	30

城市公共交通走廊按照高峰小时单向客流量或客流强度可分为高、大、中与普通客流走廊四个层级。①各层级城市公共交通走廊客流特征应符合下列规定：高客流走廊的规模是高峰小时单向客流量≥6万人次/h或客运强度≥3万人次/（km·d），宜选择城市轨道交通系统的运载方式。大客流走廊的规模是高峰小时单向客流量3万人次/h～6万人次/h或客运强度2万人次/（km·d）～3万人次/（km·d），宜选择城市轨道交通系统的运载方式。中客流走廊的规模是高峰小时单向客流量1万人次/h～3万人次/h或客运强度1万人次/（km·d）～2万人次/（km·d），宜选择城市轨道交通或快速公共汽车（BRT）或有轨电车系统的运载方式。普通客流走廊的规模是高峰小时单向客流量0.3万人次/h～1万人次/h，宜选择公共汽电车系统或有轨车系统的载方式。②城市公共交通走廊应设置专用公共交通路权。

各种方式的城市公共交通应一体化发展。修建轨道交通的城市，应根据轨道交通网络的建设与开通，及时对公共汽电车系统进行相应调整。

城际铁路、城际公交、城乡客运班线、镇村公交应与城市客运枢纽相衔接。

2. 城市公共汽电车（第9.2.1～9.2.7条）

城市公共汽电车线路宜分为干线、普线和支线三个层级，城市可根据公交客流特征选择线路层级构成。不同层级的城市公共汽电车线路的功能与服务要求宜符合下规定：①干线，沿客流走廊，串联主要客流集散点；②普线，大城市分区内部道路或中小城市内部的主要线路；③深入社区内部，是干线或普线的补充。

城市公共汽电车的车站服务区域，以300m半径计算，不应小于规划城市建设用地面积的50%；以500m半径计算，不应小于90%。

城市公共汽电车的车辆规模与发展要求，应综合考虑运载效率、乘坐舒适性和环保要求。

城市公共汽电车场站分类与设施配置要求宜符合下列规定：①首末站：a.应配备乘客候车、上落客等设施；b.首站应设置城市公共汽电车运营组织调度设施；c.根据用地条件宜配套设置司乘人员服务设施；d.根据用地条件宜设置车辆停放设施。②停车场：a.应设置运营车辆停放、简单维修设施；b.宜设置修车材料、燃料储存空间；c.应设置燃料添加（加油、加气、充电等）、车辆清洗等服务设施；d.宜配套设置司乘人员服务设施。③保养场：a.应具有运营车辆保养、维修、配件加工、修制等设施；b.应设置修车材料、燃料储存空间；c.应设置燃料添加（加油、加气、充电等）、车辆清洗等服务设施；d.根据用地条件宜与车辆停放设施结合布置。

城市公共汽电车场站应根据服务需求、车种、车辆数、服务半径和用地条件在城市内均衡布局。

城市公共汽电车场站总用地规模应根据城市公共汽电车车辆发展的规模和要求确定，场站用地总面积按照每标台150m^2～200m^{2}控制。

各类公共汽电车场站应节约用地，鼓励立体建设。可根据需求与用地条件，整合停车场与保养场。各类场站用地指标应符合以下规定：①停车场、保养场用地指标宜按照每标台120m^2～150m^{2}控制；②电车整流站用地规模应根据其所服务的车辆类型和车辆数确定，单座整流站用地面积不应大于500m^2；③充换电站应结合各类公共汽电车场站设置；④单个首末站的用地面积不宜低于2 000m^2，在用地紧张地区，首末站可适当简化功能、缩减面积，但不应低于 1 000m²，无轨电车首末站用地面积应乘以 1.2 的系数。

3. 城市轨道交通（第 9.3.1 ～ 9.3.8 条）

高峰期 95% 的乘客在轨道交通系统内部（轨道交通站间）单程出行时间不宜大于 45min。

城市轨道交通线路分为快线和干线，功能层次划分和运送速度宜符合表 5–27 的规定。

表 5–27 城市轨道交通线路功能层次划分和运送速度 单位：km/h

大类	小类	运送速度
快线	A	≥ 65
	B	45 ～ 60
干线	A	30 ～ 40
	B	20 ～ 30（不含）

城市轨道交通线网的规划和建设规模应与城市的经济社会发展水平相适应。中心城区轨道交通站点 800m 半径范围内覆盖的人口与就业岗位占规划总人口与就业岗位的比例，宜符合表 5–28 的规定。

表 5–28 轨道交通站点 800m 半径范围内覆盖的人口与就业岗位比例

规划人口规模（万人）	覆盖目标（%）
≥ 1 000	≥ 65
500 ～ 1 000（不含）	≥ 50
300 ～ 500（不含）	≥ 35
150 ～ 300（不含）	≥ 20

城市轨道交通线路的系统制式应根据线路功能、需求特征、技术标准、敷设条件、工程造价、资源共享等要素综合确定。

城市轨道交通系统布局应符合下列规定：①城市轨道交通线路走向应与客流走廊主方向一致。②城市轨道交通快线宜布局在中客流及以上等级客流走廊，客流密度不宜小于 10 万人 • km/（km • d）。干线 A 宜布局在大客流及以上等级客流走廊，干线 B 宜布局在大、中客流走廊。③城市轨道交通线路长度大于 50km 时，宜选用快线 A；30km ～ 50km 时，宜选用快线 B；干线宜布局在中心城区内。④根据客流走廊的客流特征和运量等要求，可在同一客流走廊内布设多条轨道交通线路。⑤城市轨道交通主要换乘站应与城市各级中心结合布局，并方便乘客的换乘需求和轨道交通的组织。城市土地使用高强度地区，应提高轨道交通站点的密度。⑥城市轨道交通快线宜进入城市中心区，并应加强与城市轨道交通干线的换乘衔接。

城市轨道交通站点的衔接交通设施应结合站点所在区位和周边用地特征设置，并应符合下列规定：①城市轨道交通应优先与集约型公共交通及步行、自行车交通衔接。

②城市轨道交通站点周边800m半径范围内应布设高可达、高服务水平的步行交通网络。③城市轨道交通站点非机动车停车场选址宜在站点出人口50m内。④城市轨道交通站点与公交首末站衔接时，站点出入口与首末站的换乘距离不宜大于100m；与公交停靠站衔接，换乘距离不宜大于50m。⑤城市轨道交通外围末端型车站可根据周边用地条件设置小客车换乘停车场，并应立体布设。⑥城市轨道交通站点衔接换乘设施配置应符合表5–29的规定。

表5–29　城市轨道交通站点衔接换乘设施配置

站点类型		外围末端型	中小型	一般型
换乘设施类型	非机动车停车场	▲	△	▲
	公交停靠站	▲	▲	▲
	公交车首末站	▲	△	△
	出租车上落客点	▲	△	△
	出租车蓄车区	△	—	—
	社会车辆上落客点	▲	△	△
	社会车辆停车场	△	—	—

注：▲表示应配备的设施；△表示宜配备的设施。

城市轨道交通车辆基地布局应符合下列规定：①城市轨道交通车辆基地选址应靠近正线，有良好的接轨条件。考虑上盖开发时，宜靠近车站设置。一条城市轨道交通线路应至少设一处定修车辆段，当线路长度超过20km时，应增设停车场。②车辆基地应资服共享，占地面积总规模宜按每千米正线$0.8hm^2$ ~ $1.2hm^2$控制，车辆段的用地面积宜按$25hm^2$/座 ~ $35hm^2$/座控制，停车场的用地面积宜按$10hm^2$/座 ~ $20hm^2$/座控制，综合维修基地用地宜按$30hm^2$/座 ~ $40hm^2$/座控制。

城市轨道交通线路的通道、车站及附属设施用地均应满足建设及运营要求，轨道交通线路通道与车站的规划控制边界应符合下列规定：①线路通道建设控制区宽度宜为30m，2线及以上线路通道应结合运营要求确定用地控制范围；②标准地下车站控制区长度宜为200m ~ 300m，宽度宜为40m ~ 50m。标准地面、高架车站控制区长度宜为150m ~ 200m，宽度宜为50m ~ 60m。起终点车站、编组数大于6节或股道数大于2线的车站、采用铁路制式的车站．应根据具体情况确定用地控制范围。

4. 快速公共汽车交通系统与有轨电车（第9.4.1 ~ 9.4.3条）

城市快速公共汽车交通系统与有轨电车宜布设在城市的中客流和普通客流走廊上，并与城市的公共汽电车系统、城市轨道交通系统良好衔接。

快速公共汽车交通系统的停车场宜设置在线路起、终点附近，应按需求和用地条件配置保养、维修、加油、加气、充换电等设施，并宜与其他公共汽电车场站合并设置。

城市有轨电车线路与车辆基地控制应符合下列规定：①城市有轨电车宜采用地面敷设方式，线路（车站除外）用地控制宽度不宜小于8m。②城市有轨电车车辆基地占地面积

直接每千米正线 $0.3hm^2$ ~ $0.5hm^2$ 控制。

5. 辅助型公共交通（第 9.5.1 ~ 9.5.4 条）

城市应鼓励校车和各类定制班车等辅助型公共交通的发展，其他辅助型公共交通宜根据城市发展实际需求确定。

城市出租汽车发展政策宜根据城市性质与交通需求特征，结合集约型公共交通、其他辅助型公共交通的发展情况以及道路交通运行状况综合确定。

配置分时租赁自行车系统的城市区域，租赁点服务半径应根据城市用地功能与开发强度确定，分时租赁自行车的停车需求应纳入非机动车停车设施规划统筹考虑。

对轮渡、索道、缆车等辅助型公共交通方式应做好其相关设施用地的规划控制。

6. 现代城市公共交通系统规划的基本理念

（1）规划目标与原则。

城市公共交通规划的目标是：在客流预测的基础上，使公共交通的客运能力满足城市高峰客流的需求。

城市公共交通规划必须符合下列原则：①符合优先发展公共交通的政策。②公共交通系统模式要与城市用地布局模式相匹配。③满足一定时期城市客运交通发展的需要，并留有余地。

（2）规划要求。

在客流预测的基础上，应使公共交通的客运能力满足高峰客流的需求。

选择公共交通方式时，应使其客运能力与线路上的客流量相适应。

（3）现代化城市公共交通系统结构。

快慢分流、主次分流，建设公交换乘枢纽是提高公共交通效率和服务质量的关键。提高服务质量和交通方便性的重要措施是提高公共交通线网的覆盖率和线网密度。公共交通高效率要求同方便优质的服务要求相结合，要求分别设置城市公共交通的骨干线路（主要线路）和常规普通线路（次要线路）。公交骨干线路和普通线路实现系统衔接的重要设施是公交换乘枢纽。

现代化的城市公共交通系统结构（除出租车外）应该是以公共交通换乘枢纽为中心，以轨道和市级公交快车线路为骨干，以组团级公交普通线路为基础的配合良好的完整系统。公交换乘枢纽是城市公共交通系统的核心设施。市级公交快车线路主要体现“快速”与“高效率”，可由地下或高架轨道交通线和地面公交快车线构成，实现公交换乘枢纽间（跨组团）的联系。组团级（地方性）公交普通线路则要体现公交服务的方便性。

（4）公共交通线网布置与用地布局、道路的关系。

公交普通线路与城市服务性道路的布置思路和方式相同。公交普通线路要体现为乘客服务的方便性，同服务性道路一样要与城市用地密切联系，应布置在城市服务性道路上。

城市快速道路与快速公共交通布置的思路和方式不同。城市快速道路为了保证其快速、畅通的功能要求，应该尽可能与城市用地分离，与城市组团布局形成“藤与瓜”的关系；快速公交线路应尽可能将各城市中心和对外客运枢纽串接起来，与城市组团布局形成“串糖葫芦”的关系。

目前在一些城市的规划建设中倡导建设的“复合式公交走廊”的模式是一种混合交通

的模式，把过多的公交线路集中在一条路上布置，将大大降低公交线网密度，导致乘客到公交站点距离的加长，乘用公交不方便，降低公交的服务性和吸引力，不利于公共交通的发展。

（5）优先发展公共交通首先要提高公共交通的服务质量，努力做到迅速、准点、方便和舒适，进一步提高公共交通在城市客运总量中的比重。包括：①“迅速”：要运送速度快、行车间隔短（或候车时间短）；②“准点”：是判断公共交通运营好坏的主要标志；③“方便”：要求其交通合理布线，提高公交线网覆盖率；④“舒适”：改善候车和换乘条件。

7. 公共交通线网规划

（1）系统确定。

公共交通线路系统的形式要根据不同城市的规模、布局和居民出行特征进行选定。

公共汽车分为两类：一类是联系相邻城市组团及市级大型人流集散点的市级公共汽车（干线、快线）网，并解决快速轨道交通所不能解决的横向交通联系；另一类以城市组团中心的轨道交通站点为中心（形成客运换乘枢纽），联系次级（组团级）人流集散点的地方公共汽车（支线、普线）网，主要解决城市组团内的客流和与轨道交通的联系。再以公共汽车和轨道交通站点为集散点，形成与步行和自行车的交通的联系。

一般城市公共交通线网的类型有棋盘型、中心放射型（又分单中心放射型和多中心放射型）、环线型、混合型、主辅线型五种。轨道公共交通线路网通常为混合型或环线加放射型。

（2）线路规划。

线网布置原则：①满足城市居民上下班出行的乘车需要，同时要满足生活出行、旅游等乘车需要；②经济合理地安排公共交通线路，做到主次分线、快慢分线，提高公共交通覆盖率（服务面积），使客流量尽可能均匀并与运载能力相适应；③尽可能在城市主要人流集散点（如对外客运交通枢纽、大型商业文体中心、大居住区中心等）之间开辟直接线路，线路走向必须与主要客流流向一致；④综合考虑城区线、近郊线和远郊线的紧密衔接，在主要客流的集散点设置不同交通方式的换乘枢纽，方便乘客停车与换乘，尽可能减少居民乘车出行的换乘次数。

（3）公共交通场站规划。

公共交通场站有三类：一类是担负公共交通线路分区、分类运营管理和车辆维修的“公交车场”；另一类是担负公共交通线路运营调度和换乘的各类“公交枢纽站”；还有一类是“公交停靠站”。

1）公交车场。根据城市公共交通线路的分布与分工在城市中进行布置，一般不在城市各级中心附近布置。

2）公交枢纽站。公交枢纽站可分为换乘枢纽、首末站和到发站三类。公交换乘枢纽一般在城市对外客运交通枢纽、轨道交通线路中心站点、市区主要公交线路中心站点及市区与市郊公交线路交会换乘站等处设置。必要时还在城市主要交叉路口处设置中途换乘枢纽站。

3）公交停靠站。在道路平面交叉口和立体交叉口上设置的车站，换乘距离不宜大于150m，并不得大于200m。

历年真题

1. 下列关于城市公共交通规划目标和原则的表述，正确的有（　　）。［2021-91］

A. 高峰期 95% 的乘客在轨道交通系统内部单程出行时间不宜大于 45min

B. 城市轨道交通应优先与辅助型公共交通及步行、自行车交通衔接

C. 快速公共汽车交通系统和有轨电车宜布置在高峰小时单向断面客流在 3 万人次 /h 以下的客流走廊上

D. 快速公共汽车交通系统的停车场宜布置在线路起、终点附近

E. 同一客流走廊内，可根据客流特征和运量等要求布设多条轨道交通线路

【答案】ADE

【解析】根据《城市综合交通体系规划标准》GB/T 51328—2018，城市轨道交通应优先与集约型公共交通及步行、自行车交通衔接，B 选项错误。城市快速公共汽车交通系统与有轨电车宜布设在城市的中客流和普通客流走廊上，并与城市的公共汽电车系统、城市轨道交通系统良好衔接，C 选项错误。

2. 下列关于公交线路规划的说法，错误的是（　　）。［2020-44］

A. 市级公交线路侧重速度和效率

B. 组团级公交线路侧重覆盖度和便捷性

C. 普通公交线路与城市服务性道路布局思路和方式相同

D. 快速公交车线路和城市快速路布局思路和方式相同

【答案】D

【解析】城市快速道路与快速公共交通布置的思路和方式不同。

九、步行与非机动车交通

1. 一般规定（第 10.1.1 ~ 10.1.6 条）

步行与非机动车交通系统由各级城市道路的人行道、非机动车道、过街设施，步行与非机动车专用路（含绿道）及其他各类专用设施（如楼梯、台阶、坡道、电扶梯、自动人行道等）构成。

步行与非机动车交通系统应安全、连续、方便、舒适。

步行与非机动车交通通过城市主干路及以下等级道路交叉口与路段时，应优先选择平面过街形式。

城市宜根据用地布局，设置步行与非机动车专用道路，并提高步行与非机动车交通系统的通达性。河流和山体分隔的城市分区之间，应保障步行与非机动车交通的基本连接。

城市内的绿道系统应与城市道路上布设的步行与非机动车通行空间顺畅衔接。

当机动车交通与步行交通或非机动车交通混行时，应通过交通稳静化措施，将机动车的行驶速度限制在行人或非机动车安全通行速度范围内。

2. 步行交通（第 10.2.1 ~ 10.2.6 条）

步行交通是城市最基本的出行方式。除城市快速路主路外，城市快速路辅路及其他各级城市道路红线内均应优先布置步行交通空间。

根据地形条件、城市用地布局和街区情况，宜设置独立于城市道路系统的人行道、步

行专用通道与路径。

人行道最小宽度不应小于 2.0m，且应与车行道之间设置物理隔离。

大型公共建筑和大、中运量城市公共交通站点 800m 范围内，人行道最小通行宽度不应低于 4.0m；城市土地使用强度较高地区，各类步行设施网络密度不宜低于 $14km/km^2$，其他地区各类步行设施网络密度不应低于 $8km/km^2$。

当不同地形标高的人行系统衔接困难时，应设置步行专用的人行梯道、扶梯、电梯等连接设施。

城市应结合各类绿地、广场和公共交通设施设置连续的步行空间；当不同地形标高的人行系统衔接困难时，应设置步行专用的人行梯道、扶梯、电梯等连接设施。

3. 非机动车交通（第 10.3.1 ~ 10.3.4 条）

非机动车交通是城市中、短距离出行的重要方式，是接驳公共交通的主要方式，并承担物流末端配送的重要功能。

适宜自行车骑行的城市和城市片区，除城市快速路主路外，城市快速路辅路及其他各级城市道路均应设置连续的非机动车道。并宜根据道路条件、用地布局与非机动车交通特征设置非机动车专用路。

适宜自行车骑行的城市和城市片区，非机动车道的布局与宽度应符合下列规定：①最小宽度不应小于 2.5m；②城市土地使用强度较高和中等地区各类非机动车道网络密度不应低于 $8km/km^2$；③非机动车专用路、非机动车专用休闲与健身道、城市主次干路上的非机动车道，以及城市主要公共服务设施周边、客运走廊 500m 范围内城市道路上设置的非机动车道，单向通行宽度不宜小于 3.5m，双向通行不宜小于 4.5m，并应与机动车交通之间采取物理隔离；④不在城市主要公共服务设施周边及客运走廊 500m 范围内的城市支路，其非机动车道宜与机动车交通之间采取非连续性物理隔离，或对机动车交通采取交通稳静化措施。

当非机动车道内电动自行车、人力三轮车和物流配送非机动车流量较大时，非机动车道宽度应适当增加。

十、城市货运交通

1. 一般规定（第 11.1.1、11.1.3 条）

城市货运交通系统包括城市对外货运枢纽及其集疏运交通、城市内部货运、过境货运和特殊货运交通。

重大件货物、危险品货物以及海关监管等特殊货物应根据货物属性、运输特征和货运需求规划专用货运通道。

2. 城市对外货运枢纽及其集疏运交通（第 11.2.1 ~ 11.2.4 条）

城市对外货运枢纽包括各类对外运输方式的货运枢纽，及其延伸的地区性货运中心和内陆港。其布局应依托港口、铁路和机场货运枢纽或者仓储物流用地设置，并应符合下列规定：①地区性货运中心应临近对外货运交通枢纽或设置与其相连接的专用货运通道。②内陆港应贴近货源生成地或集散地，并与铁路货运站、水运码头或高速公路衔接便捷。③地区性货运中心和内陆港与居住区、医院、学校等的距离不应小于 1km。

单个地区性货运中心及内陆港的用地面积不宜超过 $1km^2$。

城市对外货运枢纽的集疏运系统规划应符合下列规定：①依托航空、铁路、公路运输的城市货运枢纽，应设置高速公路集疏运通道，或设置与高速公路相衔接的城市快速路、主干路集疏运通道。②依托海港、大型河港的城市货运枢纽应加强水路集疏运通道建设，并与高速公路相衔接。高速公路集疏运通道的数量应根据货物属性和吞吐量确定。年吞吐量超亿吨的货运枢纽宜至少与两条高速公路集疏运通道衔接；大型集装箱枢纽、以大宗货物为主的货运枢纽应设置铁路集疏运通道。③油、气、液体货物集疏运宜采用管道交通方式，管道不得通过居住区和人流集中的区域。④城市货运枢纽到达高速公路（或其他高等级公路）通道的时间不宜超过 20min。

过境货运交通禁止穿越城市中心区，且不宜通过中心城区。

3. 城市内部货运交通（第 11.3.1 ~ 11.3.4 条）

城市内部货运交通包括生产性货运交通与生活性货运交通。生活性货运交通包括城市应急、救援品储备中心，生活性货运集散点以及城市货运配送网络。

生产性货物集聚区域，宜设置生产性货运中心，选址宜依托工业用地或仓储物流用地设置。

生产性货运中心、生活性货物集散点不应设置在居住用地内。

生活性货物集散点应具备与城市对外货运枢纽便捷连接的设施条件，并宜邻近居住用地、商业服务中心，分散布局。

历年真题

1. 下列关于城市货运交通的表述，错误的是（　　）。[2020–39]

A. 地区性货运中心应临近对外货运交通枢纽

B. 生产性货运交通中心宜依托工业或仓储物流用地设置

C. 生产性物流集散区域宜设置生产性货运中心

D. 生活性货物集散点宜设置在居住用地内

【答案】D

【解析】《城市综合交通体系规划标准》GB/T 51328—2018 第 11.3.3 条规定，生产性货运中心、生活性货物集散点不应设置在居住用地内。

2. 下列关于交通枢纽在城市中的布局原则的表述，错误的是（　　）。[2011–46]

A. 对外交通枢纽的布置主要取决于城市对外交通设施在城市的布局

B. 城市公共交通换乘枢纽一般应结合大型人流集散点布置

C. 客运交通枢纽不能过多地冲击和影响城市交通性主干路的通畅

D. 货运交通枢纽应结合城市公共交通换乘枢纽布置

【答案】D

【解析】货运交通枢纽的布局应与产业布局、主要交通设施（港口、铁路、公路等）、城市土地使用等密切结合，尽量靠近发生源、吸引源，以实现物流组织的最优化，减少城市道路的交通量。

十一、城市道路系统规划

1. 影响城市道路系统布局的因素

城市道路系统是组织城市各种功能用地的“骨架”，又是城市进行生产活动和生活活动的“动脉”。

影响城市道路系统布局的因素主要有三个：城市在区域中的位置（城市外部交通联系和自然地理条件）；城市用地布局结构与形态（城市骨架关系）；城市交通运输系统（市内交通联系）。

2. 城市道路系统规划的基本要求

（1）满足组织城市用地的“骨架”要求。

城市各级道路应成为划分城市各组团、各片区地段、各类城市用地的分界线。

城市各级道路应成为联系城市各组团、各片区地段、各类城市用地的通道。城市道路的选线应有利于组织城市的景观，并与城市绿地系统和主体建筑相配合形成城市的“景观骨架”。

（2）满足城市交通运输的要求。

1）道路的功能必须同毗邻道路的用地的性质相协调。如果是交通性的道路，不应在道路两侧（及两端）安排可能产生或吸引大量人流的生活性用地，如居住、商业服务中心和大型公共建筑；如果是生活性道路，不应在其两侧安排会产生或吸引大量车流、货流的交通性用地，如大中型工业、仓库和运输枢纽等。

2）城市道路系统完整，交通均衡分布。要尽可能把交通组织在城区或城市组团的内部，减少跨越城区或组团的远距离交通，并做到交通在道路系统上的均衡分布。在城市道路系统规划中应注意采取集中与分散相结合的原则。集中就是把性质和功能要求相同的交通相对集中起来，提高道路的使用效率；分散就是尽可能使交通均匀分布，简化交通矛盾，同时尽可能为使用者提供多种选择机会。所以，在规划中应特别注意避免单一通道的做法，对于每一种交通需要，都应提供两条以上的路线（通道）为使用者选择。城市各部分之间（如市中心、工业区、居住区、车站和码头）应有便捷的交通联系，各城区、组团间要有必要的干路数量相联系。

3）要有适当的道路网密度和道路用地面积率。不同城市，城市中不同区位、不同性质地段的道路网密度应有所不同。一般城市中心区的道路网密度较大，边缘区较小；商业区的道路网密度较大，工业区较小。而居住区则应采取“小街区、密路网”的交通组织方式。道路用地面积率是道路用地面积占城市总用地面积的比例，一定程度上反映了城市道路网的密度和宽度的状况。

4）城市道路系统要有利于实现交通分流。城市交通根据发展的需求逐步形成快速与常速、交通性与生活性、机动与非机动、车与人等不同的系统，承担不同的交通流。如快速机动系统（交通性、疏通性），常速混行系统（又可分为交通性和生活服务性两类）。

5）城市道路系统要为交通组织和管理创造良好的条件。道路交叉口交会的道路通常不宜超过 4 条；交叉角不宜小于 60° 或不宜大于 120° ，否则将影响道路的通行能力和交通安全。道路路线转折角大时，转折点宜放在路段上，不宜设在交叉口上。不要组织多路交叉口，避免布置错口交叉口。

6）城市道路系统应与城市对外交通有方便的联系。公路兼有为过境和出入城交通服务的两种作用，不能和城市内部的道路系统相混淆。铁路与城市道路的立交设置至少应保证城市干路无阻通过，必要时还应考虑适当设置人行立交设施。

（3）满足各种工程管线布置的要求。

城市道路应根据城市工程管线的规划为管线的敷设留有足够的空间。

（4）满足城市环境的要求。

城市道路的布局应尽可能使建筑用地取得良好的朝向，道路的走向最好由东向北偏转一定的角度（一般不大于15° ）。从交通安全角度，道路最好能避免正东西方向，因为日光耀眼易导致交通事故。道路的走向又要有利于通风，一般应平行于夏季主导风向，同时又要考虑抗御冬季寒风和台风等灾害性风的正面袭击。

为了减少车辆噪声的影响，应避免过境交通直穿市区，避免交通性道路（大量货运车辆和有轨车辆）穿越生活居住区。道路的走向又要有利于通风，一般应平行于夏季主导风向，同时又要考虑抗御冬季寒风和台风等灾害性风的正面袭击。

3. 一般规定（第12.1.1 ~ 12.1.4条）

城市道路系统应保障城市正常经济社会活动所需的步行、非机动车和机动车交通的安全、便捷与高效运行。

城市道路系统规划应结合城市的自然地形、地貌与交通特征，因地制宜进行规划，并应符合以下原则：①与城市交通发展目标相一致，符合城市的空间组织和交通特征；②道路网络布局和道路空间分配应体现窄马路、密路网、完整街道的理念；③城市道路的功能、布局应与两侧城市的用地特征、城市用地开发状况相协调；④体现历史文化传统，保护历史城区的道路格局，反映城市风貌；⑤为工程管线和相关市政公用设施布设提供空间；⑥满足城市救灾、避难和通风的要求。

承担城市通勤交通功能的公路应纳入城市道路系统统一规划。

中心城区内道路系统的密度不宜小于8km/km^2。

历年真题

1. 下列关于城市道路系统规划的表述，错误的是（　　）。[2019-33]

A. 城市不同区位、不同地段均要采用“小街区、密路网”

B. 不同等级的道路有不同的交叉口间距要求

C. 城市道路系统是组织城市各种功能用地的骨架

D. 城市道路系统应有利于组织城市景观

【答案】A

【解析】城市道路应根据所处的区域考虑道路的密度，一般城市中心区的道路网密度较大，边缘区较小；商业区的道路网密度较大，工业区较小；而居住区则应采取“小街区、密路网”的交通组织方式。

2. 下列关于城市道路系统规划的表述，正确的有（　　）。[2019-91]、[2018-89]

A. 道路的功能应与毗邻道路用地的性质相协调

B. 道路路线转折角较大时，转折点宜放在交叉口上

C. 道路要有适当的道路网密度和道路用地面积率

D. 公路兼有过境和出入城交通功能时，宜与城市内部道路功能混合布置

E. 道路一般不应形成多路交叉口

【答案】ACE

【解析】城市道路系统除应满足A、C、E选项内容外，还应满足下列要求：①城市道

路系统完整，交通均衡分布；②城市道路系统要有利于实现交通分流；③道路路线转折角大时，转折点宜放在路段上，不宜设在交叉口上；④公路兼有为过境和出入城交通服务的两种作用，不能和城市内部的道路系统相混淆。

4. 城市道路功能分类与等级

（1）城市道路的规划分类。

快速路：快速路是大城市、特大城市交通运输的主要动脉，也是城市与高速公路的联系通道。快速路在城市是联系城市各组团，为中、长距离快速机动车交通服务的专用通道，属于全市性的机动交通主干线。快速路设有中央分隔带，布置有 4 条以上的行车道，采用立体控制，一般应布置在城市组团间的绿化分隔带中，不宜穿越城市中心和生活居住区。

主干路：主干路是全市性的城市干路，城市中主要的常速交通道路，主要为城市组团间和组团内的主要交通流量、流向上的中、长距离交通服务，也是与城市对外交通枢纽联系的主要通道。主干路在城市道路网中起骨架作用。大城市、特大城市的主干路大多以交通功能为主，也有少量的主干路可以成为城市主要的生活性景观大道。通常中、小城市的主干路兼有为沿线服务的功能。

次干路：次干路是城市各组团内的主要道路，主要为组团内的中、短距离交通服务，在交通上担负集散交通的作用；由于次干路沿路常布置公共建筑和住宅，又兼具生活服务性功能。次干路联系各主干路，并与主干路组成城市干路网。

支路：支路是城市地段内根据用地细部安排所产生的交通需求而划定的道路，在交通上起汇集地方交通的作用，直接为用地服务，以生活服务性功能为主。支路在城市的局部地段（如商业区、按街坊布置的居住区）可能成网，而在城市组团和整个城区中不可能成网。因此，支路应在详细规划中安排，在城市总体规划阶段不能予以规划。

（2）按城市道路功能分类。

1）交通性道路：以满足交通运输的要求为主要功能的道路，承担城市主要的交通流量及与对外交通的联系。道路两旁要求避免布置吸引大量人流的公共建筑。

根据车流的性质，交通性道路又可分为：①货运为主的交通干路，主要分布在城市外围和工业区、对外货运交通枢纽附近；②客运为主的交通干路，主要布置在城市客流主要流向上；客货混合性交通道路。

2）生活性道路：以满足城市生活性交通要求为主要功能的道路，道路两旁多布置为生活服务的、人流较多的公共建筑及居住建筑。

（3）城市道路功能等级。（第 12.2.1 ~ 12.2.3 条）

按照城市道路所承担的城市活动特征，城市道路应分为干线道路、支线道路，以及联系两者的集散道路三个大类；城市快速路、主干路、次干路和支路四个中类和八个小类。不同城市应根据城市规模、空间形态和城市活动特征等因素确定城市道路类别的构成，并应符合下列规定：①干线道路应承担城市中、长距离联系交通，集散道路和支线道路共同承担城市中、长距离联系交通的集散和城市中、短距离交通的组织。②应根据城市功能的连接特征确定城市道路中类。

城市道路小类划分应符合表 5-30 的规定。

表 5–30　城市道路功能等级划分与规划要求

大类	中类	小类	功能说明	设计车速（km/h）	高峰小时服务交通量推荐（双向 pcu）
干线道路	快速路	Ⅰ级快速路	为城市长距离机动车出行提供快速、高效的交通服务	80 ~ 100	3 000 ~ 12 000
		Ⅱ级快速路	为城市长距离机动车出行提供快速交通服务	60 ~ 80	2 400 ~ 9 600
	主干路	Ⅰ级主干路	为城市主要分区（组团）间的中、长距离联系交通服务	60	2 400 ~ 5 600
		Ⅱ级主干路	为城市分区（组团）间中、长距离联系以及分区（组团）内部主要交通联系服务	50 ~ 60	1 200 ~ 3 600
		Ⅲ级主干路	为城市分区（组团）间联系以及分区（组团）内部中等距离交通联系提供辅助服务，为沿线用地服务较多	40 ~ 50	1 000 ~ 3 000
集散道路	次干路	次干路	为干线道路与支线道路的转换以及城市内中、短距离的地方性活动组织服务	30 ~ 50	300 ~ 2 000
支线道路	支路	Ⅰ级支路	为短距离地方性活动组织服务	20 ~ 30	—
		Ⅱ级支路	为短距离地方性活动组织服务的街坊内道路、步行、非机动车专用路等	—	—

城市道路的分类与统计应符合下列规定：①城市快速路统计应仅包含快速路主路，快速路辅路应根据承担的交通特征，计入Ⅲ级主干路或次干路；②公共交通专用路应按照Ⅲ级主干路，计入统计；③承担城市景观展示、旅游交通组织等具有特殊功能的道路，应按其承担的交通功能分级并纳入统计；④Ⅱ级支路应包括可供公众使用的非市政权属的街坊内道路，根据路权情况计入步行与非机动车路网密度统计，但不计入城市道路面积统计；⑤中心城区内的公路应按照其承担的城市交通功能分级，纳入城市道路统计。

5. 城市道路网布局（第 12.3.1 ~ 12.3.11 条）

城市道路网络规划应综合考虑城市空间布局的发展与控制要求、开发密度、用地性质、客货交通流量流向、对外交通等，结合既有道路系统布局特征，以及地形、地物、河流走向和气候环境等因地制宜确定。

城市道路经过历史城区、历史文化街区、地下文物埋藏区和风景名胜区时，必须符合相关规划的保护要求；城市建成区的道路网改造时，必须兼顾历史文化、地方特色和原有路网形成的历史，对有历史文化价值的街道应予以保护。

干线道路系统应相互连通，集散道路与支线道路布局应符合不同功能地区的城市活动特征。

道路交叉口相交道路不宜超过 4 条。

城市中心区的道路网络规划应符合以下规定：①中心区的道路网络应主要承担中心区内的城市活动，并宜以Ⅲ级主干路、次干路和支路为主；②城市Ⅱ级主干路及以上等级干线道路不宜穿越城市中心区。

城市规划环路时，应符合下列规定：①规划人口规模 100 万及以上规模城市外围可布局外环路，宜以Ⅰ级快速路或高速公路为主，为城市过境交通提供绕行服务；②历史城区外围、规划人口规模 100 万及以上城市中心区外围，可根据城市形态布局环路，分流中心区的穿越交通；③环路建设标准不应低于环路内最高等级道路的标准，并应与放射性道路衔接良好。

规划人口规模 100 万及以上的城市主要对外方向应有 2 条以上城市干线道路，其他对外方向宜有 2 条城市干线道路；分散布局的城市，各相邻片区、组团之间宜有 2 条以上城市干线道路。

带形城市应确保城市长轴方向的干线道路贯通，且不宜少于两条，道路等级不宜低于Ⅱ级主干路。

水网与山地城市道路网络规划应符合以下规定：①道路宜平行或垂直于河道布置；②滨水道路应保证沿线人行道、非机动车道的连续；③跨越通航河道的桥梁，应满足桥下通航净空要求；④人行道、机动车道可处于不同标高。

道路系统走向应满足城市道路的功能，以及通风和日照要求。

道路选线应避开泥石流、滑坡、崩塌、地面沉降、塌陷、地震断裂活动带等自然灾害易发区；当不能避开时，必须在科学论证的基础上提出工程和管理措施，保证道路的安全运行。

6. 干线道路系统（第 12.5.1 ~ 12.5.8 条）

干线道路规划应以提高城市机动化交通运行效率为原则。

干线道路选择应满足下列规定：①不同规模城市干线道路的选择宜符合表 5-31 的规定；②带形城市可参照上一档规划人口规模的城市选择。当中心城区长度超过 30km 时，宜规划Ⅰ级快速路；超过 20km 时，宜规划Ⅱ级快速路。

表 5-31　城市干线道路等级选择要求

规划人口规模（万人）	最高等级干线道路	干线道路网密度（km/km^2）
≥ 200	Ⅰ级快速路或Ⅱ级快速路	1.5 ~ 1.9
100 ~ 200（不含）	Ⅱ级快速路或Ⅰ级主干路	1.4 ~ 1.9
50 ~ 100（不含）	Ⅰ级主干路	1.3 ~ 1.8
20（不含）~ 50（不含）	Ⅱ级主干路	1.3 ~ 1.7
≤ 20	Ⅲ级主干路	1.5 ~ 2.2

城市建设用地内部的城市干线道路的间距不宜超过 1.5km。

干线道路上的步行、非机动车道应与机动车道隔离。

干线道路不得穿越历史文化街区与文物保护单位的保护范围，以及其他历史地段。

干线道路桥梁与隧道车行道布置及路缘带宽度直与衔接道路相同。

干线道路上交叉口间距应有利于提高交通控制的效率。

规划人口规模 100 万及以上的城市，放射性干线道路的断面应留有潮汐车道设置条件。

7. 集散道路与支线道路（第 12.6.1 ~ 12.6.4 条）

城市集散道路和支线道路系统应保障步行、非机动车和城市街道活动的空间，避免引入大量通过性交通。

次干路主要起交通的集散作用，其里程占城市总道路里程的比例宜为 5% ~ 15%。

城市不同功能地区的集散道路与支线道路密度，应结合用地布局和开发强度综合确定，街区尺度宜符合表 5–32 的规定。城市不同功能地区的建筑退线应与街区尺度相协调。

表 5–32　不同功能区的街区尺度推荐值

类别	街区尺度（m）		路网密度（km /km^2）
	长	宽	
居住区	≤ 300	≤ 300	≥ 8
商业区与就业集中的中心区	100 ~ 200	100 ~ 200	10 ~ 20
工业区、物流园区	≤ 600	≤ 600	≥ 4

注：工业区与物流园区的街区尺度根据产业特征确定，对于服务型园区，街区尺度应小于 300m，路网密度应大于 8km/km^2。道路网密度是城市道路长度与城市用地面积的比值。

城市居住街坊内道路应优先设置为步行与非机动车专用道路。

8. 城市道路绿化（第 12.8.1、12.8.2 条）

城市道路绿化的布置和绿化植物的选择应符合城市道路的功能，不得影响道路交通的安全运行，并应符合下列规定：①道路绿化布置应便于养护；②路侧绿带宜与相邻的道路红线外侧其他绿地相结合；③人行道毗邻商业建筑的路段，路侧绿带可与行道树绿带合并；④道路两侧环境条件差异较大时，宜将路侧绿带集中布置在条件较好的一侧；⑤干线道路交叉口红线展宽段内，道路绿化设置应符合交通组织要求；⑥轨道交通站点出入口、公共交通港湾站、人行过街设施设置区段，道路绿化应符合交通设施布局和交通组织的要求。

城市道路路段的绿化覆盖率宜符合表 5–33 的规定。城市景观道路可在表 5–33 的基础上适度增加城市道路路段的绿化覆盖率；城市快速路宜根据道路特征确定道路绿化覆盖率。

表 5–33　城市道路路段绿化覆盖率要求

城市道路红线宽度（m）	＞ 45	30 ~ 45	15 ~ 30	＜ 15
绿化覆盖率（%）	20	15	10	酌情设置

注：城市快速路主辅路并行的路段，仅按照其辅路宽度适用上表。

9. 其他功能道路（第 12.9.1 ～ 12.9.3 条）

承担城市防灾救援通道的道路应符合下列规定：①次干路及以上等级道路两侧的高层建筑应根据救援要求确定道路的建筑退线；②立体交叉口宜采用下穿式；③道路宜结合绿地与广场、空地布局；④ 7 度地震设防的城市每个疏散方向应有不少于 2 条对外放射的城市道路；⑤承担城市防灾救援的通道应适当增加通道方向的道路数量。

城市滨水道路规划应符合下列规定：①结合岸线利用规划滨水道路，在道路与水岸之间宜保留一定宽度的自然岸线及绿带；②沿生活性岸线布置的城市滨水道路，道路等级不宜高于Ⅲ级主干路，并应降低机动车设计车速，优先布局城市公共交通、步行与非机动车空间；③通过生产性岸线和港口岸线的城市道路，应按照货运交通需要布局。

旅游道路、公交专用路、非机动车专用路、步行街等具有特殊功能的道路，其断面应与承担的交通需求特征相符合。以旅游交通组织为主的道路应减少其所承担的城市交通功能。

历年真题

1. 下列关于城市道路网布局的表述，不准确的是（　　）。[2022–35]

A. 干线道路应相互连通

B. 道路交叉口相交道路不宜超过 4 条

C. 滨水道路应保证沿线人行道及非机动车道的连续

D. 中心城区的道路网应以Ⅲ级主干路、次干路、支路为主

【答案】D

【解析】《城市综合交通体系规划标准》第 12.3.3 条规定，干线道路系统应相互连通，A 选项正确。第 12.3.4 条规定，道路交叉口相交道路不宜超过 4 条，B 选项正确。第 12.3.9 条规定，滨水道路应保证沿线人行道、非机动车道的连续，C 选项正确。第 12.3.5 条规定，中心区的道路网络应主要承担中心区内的城市活动，并宜以Ⅲ级主干路、次干路和支路为主，D 选项错误。

2. 下列关于城市道路系统规划的表述，正确的有（　　）。[2022–89]

A. 沿生活性岸线布置的城市滨水道路等级宜高于Ⅲ级主干道

B. 支路道路密度在不同的城市功能区宜基本相同

C. 路线转折角大时，转折点宜放在路段上

D. 道路空间分配应体现完整街道理念

E. 集散道路应兼顾通过性交通

【答案】CD

【解析】《城市综合交通体系规划标准》第 12.9.2 条规定，沿生活性岸线布置的城市滨水道路，道路等级不宜高于Ⅲ级主干路，并应降低机动车设计车速，优先布局城市公共交通、步行与非机动车空间，A 选项错误。第 12.6.3 条规定，城市不同功能地区的集散道路与支线道路密度，应结合用地布局和开发强度综合确定，B 选项错误。第 12.6.1 条规定，城市集散道路和支线道路系统应保障步行、非机动车和城市街道活动的空间，避免引入大量通过性交通，E 选项错误。

3. 下列关于道路系统的说法，不准确的是（　　）。[2020–43]

A. 支线道路不宜直接与干线道路衔接

B. 城市道路分为干线道路、支线道路和集散道路

C. 集散道路应相互连通

D. 公共交通专用路应按Ⅱ级主干道计入城市道路的分类与统计

【答案】D

【解析】根据《城市综合交通体系规划标准》，公共交通专用路应按照Ⅲ级主干路计入统计。

10. 城市道路系统的空间布置

（1）城市道路网可归纳为四种类型。

方格网式道路系统（又称棋盘式）。适于地形平坦城市，用方格网道路划分的街坊形状整齐，有利于建筑的布置。对角线方向的交通联系不便，非直线系数（道路距离与空间直线距离之比）大。有的城市在方格网基础上增加若干条放射干线，利于对角线方向的交通，但又产生复杂的交叉口和三角形街坊。完全方格网的大城市，如果不进行功能分工，不配合交通管制，容易形成不必要的穿越中心区的交通。

环形放射式道路系统。环形放射式道路系统起源于欧洲以广场组织城市的规划手法，最初是几何构图的产物，多用于大城市。放射形干路有利于市中心同外围市区和郊区的联系，环形干路又有利于中心城区外的市区及郊区的相互联系。放射形干道易把外围交通引入市中心，环形干道易引起城市沿环路发展，促使城市成同心圆不断向外扩张。

自由式道路系统。因地形起伏变化较大，道路结合自然地形呈不规则状布置而形成的。路网没有一定的格式，非直线系数较大。

混合式道路系统。“方格网 + 环形放射式”的道路系统，是大城市、特大城市发展后期形成的效果较好的一种道路网形式，如北京等城市。链式道路网，由一两条主要交通干道作为纽带，串联较小范围的道路网而形成，如兰州等城市。

（2）城市道路网的分工。

1）城市道路网按“速度”的分工。城市道路网可以分为快速道路网和常速道路网两大道路网。对于大城市和特大城市，城市快速路网不但能起到疏解城市交通的作用，而且可以成为高速公路与城市道路间的中介系统。城市常速路网包括一般机、非混行的道路网和步行、自行车专用系统。

2）城市道路网按“性质”（功能）的分工。城市道路网又可以大致分为交通性道路网和生活服务性道路网两个相对独立又有机联系（也可能部分重合为混合性道路）的网络。

交通性道路网要求快速、畅通、避免行人频繁过街的干扰。生活性道路网要求的行车速度相对低一些，要求不受交通性车辆的干扰，同居民要有方便的联系。

交通性道路网在城市中的形式：特别是在大城市和特大城市，由城市各分区（组团）之间的规则或不规则的方格状道路，同对外交通道路（公路）呈放射式的联系，再加上若干条环线，构成环形放射（部分方格状）式的道路系统。在组合型的城市、带状发展的城市和指状发展的城市，通常以链式或放射式的交通性干路的骨架形成交通性道路网。在小城市，交通性道路网的骨架可能会形成环形或其他较为简单的形状。

生活服务性道路网在城市中的形式：生活性道路一般由两部分组成，一部分是联系各

城区、组团的生活性主干路，另一部分是城区、组团内部的道路网。前一部分常根据城市布局的形态形成方格状或放射环状的路网，后一部分常形成方格状（常在旧城中心部分）或自由式（常在城市边缘新区）的道路网。

（3）城市各级道路的衔接。（第 12.7.1 ~ 12.7.5 条）

1）衔接原则。低速让高速，次要让主要，生活性让交通性，适当分离。

2）城镇间道路与城市道路网的衔接关系。城镇间道路把城市对外联络的交通引出城市，又把大量入城交通引入城市。所以城镇间道路与城市道路网的连接应有利于把城市对外交通迅速引出城市，避免入城交通对城市道路，特别是城市中心地区道路上的交通的过多冲击，还要有利于过境交通方便地绕过城市，不应该把过境的穿越性交通引入城市和城市中心地区。

3）城镇间道路分为高速公路和一般公路。一般公路可以直接与城市外围的干路相连，要避免与直通城市中心的干路相连。高速公路则应该采用立体交叉与城市道路网相连，由一处（小城镇）或两处（较大城市）以上的立体交叉引出联络性交通干路（入城干路）连接城市快速道路网（大城市和特大城市）和城市外围的交通性干路。

4）把公路交通与城镇内交通分离开来。一般可采取两种方式：①公路立体穿越城镇；②公路绕过城镇。选择适当的位置将公路移出城镇，原公路成为城镇内部道路。③对于特大城市，高速公路可以直接引到中心城区的边缘，连接城市外围高速公路环路，再由高速公路环路与城市主要快速路、交通性主干路相连（见图 5-21）。

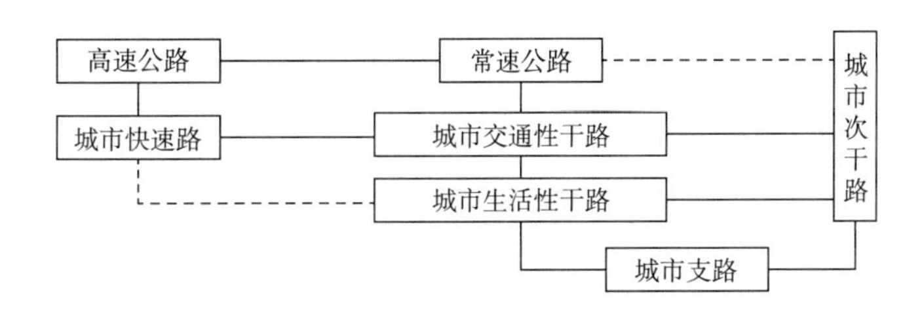

图 5-21　城市道路及公路的衔接关系

5）道路衔接要求：①城市主要对外公路应与城市干线道路顺畅衔接，规划人口规模 50 万以下的城市可与次干路衔接。②城市道路与公路交叉时，若有一方为封闭路权道路，应采用立体交叉。③支线道路不宜直接与干线道路形成交叉连通。④交叉口应优先满足公共交通、步行和非机动车交通安全、方便通行的要求。山地城市Ⅱ级主干路及以上等级道路相交时，交叉口可根据地形条件按立交用地进行控制。⑤当道路与铁路交叉时，若采用平面交叉类型，道路的上、下行交通应分幅布置。

历 年 真 题

1. 下列关于城市道路系统的表述，错误的是（　　）。[2018-36]

A. 方格网式道路系统适用于地形平坦城市

B. 方格网式道路系统非直线系数小

C. 自由式道路系统适用于地形起伏变化较大的城市

D. 放射形干路容易把外围交通迅速引入市中心

【答案】B

【解析】方格网式道路系统非直线系数大。

2. 下列（　　）是城市道路与公路衔接的原则。[2017-90]

A. 有利于把城市对外交通迅速引出城市

B. 有利于把入城交通方便地引入城市中心

C. 有利于过境交通方便地绕过城市

D. 规划环城公路成为公路与城市道路的衔接路

E. 不同等级的公路与相应等级的城市道路衔接

【答案】ACD

【解析】城镇间道路与城市道路网的连接应有利于把城市对外交通迅速引出城市，避免入城交通对城市道路，特别是城市中心地区道路上的交通的过多冲击，还要有利于过境交通方便地绕过城市，而不应该把过境的穿越性交通引入城市和城市中心地区，B选项错误。在城市规划方面，规划环城公路与城市道路衔接具有较好的截流和疏散功能，但应该避免城市道路与公路直接衔接，以免对外交通直接对城市交通造成冲击，E选项错误。

11. 城市道路系统的技术空间布置

（1）交叉口。

不同规模的城市有不同的交叉口间距要求，不同性质、不同等级的道路也有不同的交叉口间距要求。交叉口的间距主要取决于规划规定的道路的设计车速及隔离程度。具体要求参考《城市道路交叉口规范》GB 50647—2011。

除了渠化、拓宽路口、组织环形交叉和立体交叉外，改善的方法主要有以下几种：①错口交叉改善为十字交叉；②斜角交叉改善为正交交叉；③多路交叉改善为十字交叉；④合并次要道路，再与主要道路相交。

（2）道路红线宽度。（第 12.4.1 ~ 12.4.3 条）

道路红线是道路用地和两侧建设用地的分界线，即道路横断面中各种用地总宽度的边界线，道路红线宽度又称为路幅宽度。一般情况下，道路红线就是建筑红线，即为建筑不可逾越线。但许多城市在道路红线外侧另行划定建筑红线，增加绿化用地，并为将来道路红线向外扩展留有余地。

道路红线内的用地包括车行道、步行道、绿化带、分隔带四个部分。道路红线实际需要的宽度是变化的，红线不应该是一条直线。

注：当设计车速大于 50km/h 时，必须设置中央分隔带。

城市道路的红线宽度应优先满足城市公共交通、步行与非机动车交通通行空间的布设要求，并应根据城市道路承担的交通功能和城市用地开发状况，以及工程管线、地下空间、景观风貌等布设要求综合确定。

城市道路红线宽度（快速路包括辅路），规划人口规模 50 万及以上城市不应超过 70m，20 万 ~ 50 万的城市不应超过 55m，20 万以下城市不应超过 40m。

城市道路红线宽度还应符合下列规定：①对城市公共交通、步行与非机动车，以及工程管线、景观等无特殊要求的城市道路，红线宽度取值应符合表 5-34；②大件货物运输通道可按要求适度加宽车道和道路红线，满足大型车辆的通行要求；③城市应保护与延续历史街巷的宽度与走向。

表 5-34　无特殊要求的城市道路红线宽度取值

道路分类	快速路（不包括辅路）		主干路			次干路	支路	
	Ⅰ	Ⅱ	Ⅰ	Ⅱ	Ⅲ		Ⅰ	Ⅱ
双向车道数（条）	4 ~ 8	4 ~ 8	6 ~ 8	4 ~ 6	4 ~ 6	2 ~ 4	2	—
道路红线宽度（m）	25 ~ 35	25 ~ 40	40 ~ 50	40 ~ 45	40 ~ 45	25 ~ 35	14 ～ 20	—

（3）道路横断面类型。

不用分隔带划分车行道的道路横断面称为一块板断面；用分隔带划分车行道为两个部分的道路横断面称为两块板断面；用分隔带将车行道划分为三个部分的道路横断面称为三块板断面；用分隔带将车行道划分为四个部分的道路横断面称为四块板断面。

1）一块板道路横断面。不用分隔带划分车行道的道路横断面。一块板道路的车行道可以用作机动车专用道、自行车专用道以及大量作为机动车与非机动车混合行驶的次干路及支路。

在混行状态下，机动车的车速较低。一块板道路在机动车交通量较小，自行车交通量较大，或机动车交通量较大、自行车交通量较小，或两种车流交通量都不大的状况下都能取得较好的使用效果。

由于一块板道路能适应“钟摆式”的交通流（即上班早高峰时某个方向交通量所占比例特别大，下班晚高峰时相反方向交通量所占比例特别大），以及可以利用自行车和机动车高峰在不同时间出现的状况，调节横断面的使用宽度，并具有占地小、投资省、通过交叉口时间短、交叉口通行效率高的优点，仍是一种很好的横断面类型。

2）两块板道路横断面。两块板道路用中央分隔带（可布置低矮绿化）将车行道分成两部分。①解决对向机动车流相互干扰问题：当道路设计车速大于 50km/h 时，必须设置中央分隔带。这种形式的两块板道路主要用于纯机动车行驶的车速高、交通量大的交通性干路，包括城市快速路和高速公路。②有较高的景观、绿化要求：对于景观、绿化要求较高的生活性道路，可以用较宽的绿化分隔带形成景观绿化环境。这种形式的两块板道路采用同方向机动车和非机动车分车道行驶的交通组织，也可以利用机动车和非机动车高峰错时的现象，在不同时段调节横断面各车道的使用性质，或调节不同车流的使用宽度。要注意不能将道路中间的绿地用作居民的休憩地。

地形起伏变化较大的地段：将两个方向的车行道布置在不同的平面上，形成有高差的中央分隔带，宽度可随地形变化而变动，以减少土方量和道路造价。对于交通性道路可组织纯机动车交通的单向行驶；对于混合性道路和生活性道路，则可以考虑在每一个车行道上组织机动车单向行驶和非机动车双向行驶。

机动车与非机动车分离：对于机动车和自行车流量车速都很大的近郊区道路，可以用较宽的绿带分别组织机动车路和自行车路，形成两块板式横断面的道路。这种横断面可以大大减少机动车与自行车的矛盾，使两种交通流都能获得良好的交通环境，但在交叉口的交通组织不易处理得很好，故而较少采用。

此外，当主要交通干路的一侧布置有产生大量车流出入和集散的用地时，可以在该侧设置辅助道路，以减少这些车流对主要交通干路正常行驶车流的冲击干扰，在形式上类同于两块板道路。辅助道路两端出入口（与该交通干路的交叉口）间距应大致等于该交通干路的合理交叉口间距，如采用禁止左转驶入干路的交通管制，则间距可以缩小。

3）三块板道路横断面。用分隔带将车行道划分为三个部分的道路横断面。三块板道路通常利用两条分隔带将机动车流和自行车（非机动车）流分开，机动车与非机动车分道行驶，可以提高机动车和自行车的行驶速度、保障交通安全。同时，三块板道路可以在分隔带上布置多层次的绿化，从景观上可以取得较好的美化城市的效果。

三块板道路由于没有解决对向机动车的相互影响，行车车速受到限制；机动车与沿街用地之间受到自行车道的隔离，经常发生机动车正向或逆向驶入自行车道的现象，占用自行车道断面，影响自行车的正常通行，易发生交通事故；自行车的行驶也受到分隔带的限制，与街道另一侧的联系不方便，经常出现自行车在自行车道，甚至机动车道上逆向行驶的状况，存在安全隐患。同时，三块板道路的红线宽度至少在 40m 以上，占地大，投资高；一般车行道部分的宽度在 20m ~ 30m，车辆通过交叉口的距离较大，交叉口的通行效率受到影响。

一般三块板横断面适用于机动车交通量不大，而又有一定的车速和车流畅通要求，自行车交通量又较大的生活性道路或客运交通干路，不适用于机动车和自行车交通量都很大的交通性干路和要求机动车车速快而畅通的城市快速路。

4）四块板道路横断面。用分隔带将车行道划分为四个部分的道路横断面。

四块板横断面就是在三块板的基础上，增加中央分隔带，解决对向机动车相互干扰的问题。四块板道路的占地和投资都很大，交叉口通行能力较低。四块板横断面如果采用机动车与非机动车分行的组合断面时存在着矛盾：机动车车速超过 50km/h 必须设置中央分隔带，此时机动车流应是快速车流；而由于设有低速的自行车道，存在低速自行车流可能穿越机动车道的状况，必然会影响机动车流的车速、畅通和安全。如果限制非机动车横穿道路，则给道路两侧的联系造成不便，又可能出现在少数允许过街路口交通过于集中的现象，反而影响机动车的畅通和快速。如果四块板横断面采用机动车快车道与机、非混行慢车道的组合时，车道分隔带不间断布置，可以形成兼具疏通性和服务性的道路功能。

（4）城市道路断面选择与组合。

城市道路横断面的选择与组合要综合考虑由两旁城市用地性质所决定的道路的功能、交通的性质与组合、交通流量、交通管理等多种因素。如城市快速路应该是封闭的汽车专用路，其横断面应采用分向通行的两块板形式。城市快速路在必须穿越城市组团内中心地段时，可以采用高架方式与城市主干路立体组合，或选用四块板横断面，降低等级为城市交通性主干路。

城市交通性主干路的横断面（见图 5-22）应该是机动车（准）快车道与机非混行的慢车道的组合形式（常为四块板形式），而不是一般常采用的机、非分行的四块板横断面形式。城市交通性主干路的机动车快车道可以保证机动车辆的快速、畅通，满足道路“疏通性”的要求；而机、非混行的慢车道则可满足道路为两侧用地服务的功能要求；快车道与慢车道的交通在交叉口实现转换。为避免对快车道的干扰，保证快车道的快速、畅通，车行道分隔带应该通长布置。

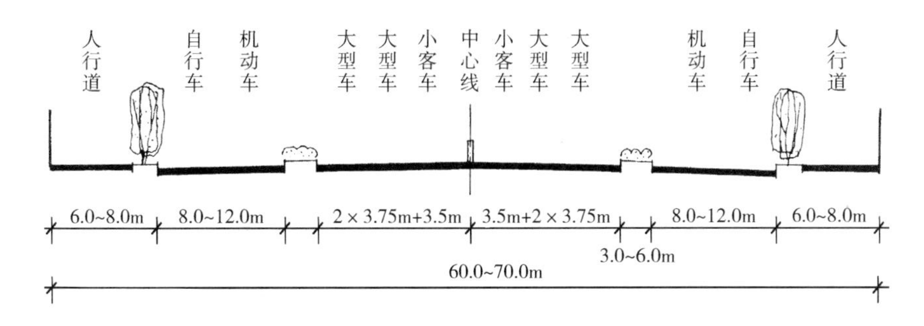

图 5–22 交通性主干路横断面示意图

交通性主干路快车道进出口一般要结合交叉口设计，采取先出后进的方式，把进出快车道车辆的交织路段设在慢车道上。

城市生活性主干路宜布置为机、非分行的三块板或分向通行的两块板横断面。次干路和支路宜布置为一块板横断面。

（5）道路断面规划要求。（第 12.4.4 ～ 12.4.8 条）

道路横断面布置应符合所承载的交通特征，并应符合下列规定：①道路空间分配应符合不同运行速度交通的安全行驶要求；②城市道路的横断面布置应与道路承担的交通功能及交通方式构成相一致；当道路横断面变化时，道路红线应考虑过渡段的设置要求；③设置公交港湾、人行立体过街设施、轨道交通站点出入口等的路段，不应压缩人行道和非机动车道的宽度，红线宜适当加宽；④城市Ⅰ级快速路可根据情况设置应急车道。

干线道路平面交叉口用地应在方便行人过街的基础上适度展宽。

全方式出行中自行车出行比例高于 10% 的城市，布设主要非机动车通道的次干路宜采用三幅路形式，对于自行车出行比例季节性变化大的城市宜采用单幅路；其他次干路可采用单幅路；支路宜采用单幅路。

城市道路立体交叉用地宜按照枢纽立交 $8hm^2$ ～ $12hm^2$、一般立交 $6hm^2$ ～ $8hm^2$ 控制，跨河通道和穿山隧道两端主要节点宜按高限控制。

历年真题

下列关于道路系统的说法，不准确的是（　　）。[2020–41]

A. 交叉口间距主要取决于规划规定的道路设计车速及隔离程度

B. 城市不同区位道路密度一致

C. 道路红线宽度的确定主要依据道路性质、位置、道路与两旁建筑的关系、街景设计的要求等，并考虑街道空间尺度比例

D. 城市道路的功能必须同毗邻道路的用地性质相协调

【答案】B

【解析】城市道路网密度受现状、地形、交通分布、建筑及桥梁位置等条件的影响，不同城市、城市中不同区位、不同性质地段的道路网密度应有所不同。

12. 城市交通设施规划

（1）城市交通设施的分类。

城市交通设施包括城市各类交通枢纽设施、道路立交桥梁设施和停车设施。城市交通枢纽又可分为客运交通枢纽和货运交通枢纽。

（2）城市道路立交桥梁设施布置。

城市道路交通设施包括跨河桥梁和为解决人流、车流相互交叉的立体交叉（包括人行天桥和地道）等。

城市主干路的位置设置跨河桥梁；在城市中心地段可以按次干路设置桥梁，也可根据需要设置步行桥或自行车桥。城市道路立体交叉的布置主要取决于城市道路系统的布局，因此，城市道路上的立体交叉主要应设置在快速路的沿线上；在城市道路与铁路相交的节点也应设置分离式立体交叉；在城市人流集中的路段或交叉口附近应设置人行立交。

注：城市交通枢纽设施和停车设施在下面单独介绍。

13. 城市道路交通组织规划

（1）城市道路交通组织的目的与作用。城市交通组织规划就是在满足城市交通基本需求和符合交通规律的前提下，在空间上和时间上对城市道路上不同种类的交通的通行进行组织，使城市交通在城市中的分布适应城市不同地段、不同道路网的通行需求和通行容量。

（2）城市道路交通组织的方法。城市道路交通组织要与城市交通管理相结合。城市道路交通的组织实际是对城市道路交通的控制（管理）方案。对城市道路交通的控制可以分为区域控制、路线控制和时段控制三类，所有的控制都不包括对礼宾公务车、警车、清洁车等特殊车辆的控制。

1）区域控制包括：①步行区：限制一切车辆通行，可以通行专用游览车，通常设置于商业中心地段和历史文化遗产保护区内；②机动车辆禁行区：限制一切机动车辆通行，可以通行自行车，通常设置于街道狭窄的旧城区；③社会车辆禁行区：限制一切社会车辆通行，公交车除外，通常设置于城市核心区；④货运车辆禁行区：限制货运车辆通行，允许客运车辆通行，设置于交通比较拥挤的中心区，可以允许晚间通行货运车辆。

2）路线控制包括：①步行路：设置于步行区或狭窄街巷；②非机动车禁行路：设置于步行街；③机动车辆禁行路：设置于步行街或狭窄街道；④社会车辆禁行路：设置于公交专用路等；⑤货运车辆禁行路：设置于居住区内街道或风景特色街道；⑥机动车辆单行路：设置于狭窄街道；⑦社会车辆单行路：设置于狭窄街道。

3）时段控制主要是在昼间一定时段内配合区域控制和路线控制的交通控制措施，包括：①货运车辆时段禁行；②社会车辆时段禁行。

14. 交通信息化（第 15.0.1、15.0.2、15.0.4、15.0.5 条）

交通信息化规划应提出支持综合交通体系实施评估、建模分析等的交通信息采集、传输与处理要求，以及交通信息共享、发布的机制与设施、系统要求。

交通信息采集、存储包括城市和交通地理信息、土地使用与空间规划信息、交通参与者信息、交通出行信息、交通运行信息、交通事件和交通环境信息等。交通信息应整合政府与民间的信息资源、定期更新。

交通信息采集设施应覆盖城区，以及与城区联系紧密的城镇，采集对象应包括主要交通设施和交通参与者。规划人口规模 100 万及以上的城市宜提高交通信息采集的密度。

规划人口规模 100 万及以上的城市应建设城市交通信息共享与应用平台，平台应具备交通出行基础性信息服务、交通运行状态监测与预报、交通运营管理、交通规划与决策支持等功能，并与城市“多规合一”平台相衔接。

十二、城市停车设施

1. 城市停车设施的布置（第 13.1.1、13.1.2 条）

停车场是调节机动车拥有与使用的主要交通设施，停车位的供给应结合交通需求管理与城市建设情况，分区域差异化供给。

停车场按停放车辆类型可分为非机动车停车场和机动车停车场；按用地属性可分为建筑物配建停车场和公共停车场。停车位接停车需求可分为基本车位和出行车位。

城市停车设施指城市中的社会公共停车设施，是城市道路系统的组成部分之一。按车辆性质和类别可分为外来机动车公共停车场、市内机动车公共停车场和自行车公共停车场三类。

城市公共停车场宜在客流集中的商业办公区、旅游风景区、体育场馆和公共交通枢纽等处规划布局与选址。城市公共停车场宜结合城市公园绿地、广场、体育场馆及地下人防设施修建地下停车库。

根据城市交通的停车要求，可以将停车设施分为六种类型：

1）城市出入口停车设施：即外来机动车公共停车场，是为外来或过境货运机动车服务的停车设施。作用是从城市安全、卫生和对市内交通的影响出发，截流外来车辆或过境车辆，经检验后方可按指定时间进入城市装卸货物。这类停车设施应设在城市外围的城市主要出入干路附近。可配套一些商业和文化服务设施。

2）交通枢纽性停车设施：主要是在城市对外客运交通枢纽和城市客运交通换乘枢纽所需配备的停车设施，是为疏散交通枢纽的客流、完成客运转换而服务的。这类停车设施一般都结合交通枢纽布置。

3）生活居住区停车设施：包含自行车停放设施和机动车停放设施，一般按照人车分流的原则布置在小区边缘或在地下建设的停车设施。

4）城市各级商业、文化娱乐中心附近的公共停车设施：根据城市商业、文化娱乐设施的布局安排规模适宜的以停放中、小型客车为主的社会公用停车设施（另设置一定规模的自行车停车场地）。一般应布置在商业、文娱中心的外围。步行距离以不超过 100 ~ 150m 为宜。大型公共设施的停车首选地下停车库或专用停车楼。为了缓解城市中心地段的交通，实现城市中心地段对机动车的交通管制，规划可以考虑在城市中心地段交通限制区边缘干路附近设置截流性的停车设施，可以结合公共交通换乘枢纽，形成包括小汽车停车功能在内的小汽车与中心地段内部交通工具的换乘设施。

5）城市外围大型公共活动场所停车设施：包括体育场馆、大型超级商场、大型公园等设施配套的停车设施，这类停车设施的停车量大而且集中，高峰期明显，要求集散迅速。规划时既要处理好停车设施的交通集散与城市干路的关系，又要考虑与建筑、景观的协调，并使步行距离不超过 100 ~ 150m。停车场布置在设施的出入口附近，以停放客车为主，也可以结合公共汽车首末站进行布置，并要考虑自行车停车场地的设置。

6）路边停车设施：城市主干路不允许路边临时停车，只能在适当位置设置路外停车场；城市次干路应尽可能设置路外停车场，也可以考虑设置少量的路边临时停车带，但需要设分隔带与车行道分离；城市支路，在适当位置考虑允许路边停车的横断面设计。

2. 机动车停车场（第 13.1.4、13.3.1 ~ 13.3.7 条）

机动车停车场应规划电动汽车充电设施。公共建筑配建停车场、公共停车场应设置不少于总停车位 10% 的充电停车位。

应根据城市综合交通体系协调要求确定机动车基本车位和出行车位的供给，调节城市的动态交通。

应分区域差异化配置机动车停车位，公共交通服务水平高的区域，机动车停车位供给指标应低于公共交通服务水平低的区域。

机动车停车位供给应以建筑物配建停车场为主、公共停车场为辅。

建筑物配建停车位指标的制定应符合以下规定：①住宅类建筑物配建停车位指标应与城市机动车拥有量水平相适应；②非住宅类建筑物配建停车位指标应结合建筑物类型与所处区位差异化设置。医院等特殊公共服务设施的配建停车位指标应设置下限值，行政办公、商业、商务建筑配建停车位指标应设置上限值。

机动车公共停车场规划应符合以下规定：①规划用地总规模宜按人均 $0.5m^2$ ~ $1.0m^2$ 计算，规划人口规模 100 万及以上的城市宜取低值；②在符合公共停车场设置条件的城市绿地与广场、公共交通场站、城市道路等用地内可采用立体复合的方式设置公共停车场；③规划人口规模 100 万及以上的城市公共停车场宜以立体停车楼（库）为主，并应充分利用地下空间；④单个公共停车场规模不宜大于 500 个车位；⑤应根据城市的货车停放需求设置货车停车场，或在公共停车场中设置货车停车位（停车区）。

机动车路内停车位属临时停车位，其设置应符合以下规定：①不得影响道路交通安全及正常通行；②不得在救灾疏散、应急保障等道路上设置；③不得在人行道上设置；④应根据道路运行状况及时、动态调整。

地面机动车停车场用地面积，宜按每个停车位 $25m^2$ ~ $30m^2$ 计。停车楼（库）的建筑面积，宜按每个停车位 $30m^2$ ~ $40m^2$ 计。

3. 非机动车停车场（第 13.2.1 ~ 13.2.5 条）

非机动车停车场应满足非机动车的停放需求，宜在地面设置，并与非机动车交通网络相衔接。可结合需求设置分时租赁非机动车停车位。

公共交通站点及周边，非机动车停车位供给宜高于其他地区。

非机动车路内停车位应布设在路侧带内，但不应妨碍行人通行。

非机动车停车场可与机动车停车场结合设置，但进出通道应分开布设。

非机动车的单个停车位面积宜取 $1.5m^2$ ~ $1.8m^2$。

4. 公共加油加气站及充换电站（第 13.4.1 ~ 13.4.6 条）

公共加油加气站的服务半径宜为 1km ~ 2km，公共充换电站的服务半径宜为 2.5km ~ 4km。城市土地使用高强度地区、山地城市宜取低值。

城市中心区宜设置三级加油加气站。公共充电站用地面积宜控制在 $2\,500m^2$ ~ $5\,000m^2$；公共换电站用地面积宜控制在 $2\,000m^2$ ~ $5\,000m^2$。

公共加油加气站及充换电站宜沿城市主、次干路设置，其出入口距道路交叉口不宜小于 100m。

每 2 000 辆电动汽车应配套一座公共充电站。

公共汽车加油加气站及充换电站应结合城市公共交通场站设置。

城市建成区内的加油加气站，宜靠近城市道路，但不宜选在城市干道的交义路口附近。加油站的进出口要分开设置。一级汽车加油站、一级汽车加气站和一级汽车加油加气合建站不应布置在城市建成区内。

历年真题

1. 下列关于城市综合交通体系规划中停车场配置要求的表述，不正确的是（　　）。[2021-40]

A. 城市中心区的人均机动车停车位供给水平不应高于城市外围地区

B. 机动车停车应以配建停车场为主，公共停车为辅

C. 在公共交通服务水平高的区域，机动车停车位的供给指标应低于公共交通服务水平低的区域

D. 行政办公、商业、商务建筑配建机动车停车位指标应设置下限

【答案】D

【解析】根据《城市综合交通体系规划标准》，机动车停车场配置中行政办公、商业、商务建筑配建停车位指标应设置上限值。

2. 下列不能缓解城市中心区机动车交通拥挤量的是（　　）。[2019-25]、[2018-37]、[2011-45]

A. 在中心步行街和广场地下建设地下停车场

B. 利用小巷建设自行车停车场

C. 在中心城区外围设置截流式停车场

D. 对中心城区进行限行政策

【答案】A

【解析】在中心区步行街和广场地下建设停车场，可以减少中心区的部分停车难问题，但会吸引更多的机动车进入中心区，不能缓解城市中心区的交通拥堵。为了缓解城市中心地段的交通，实现城市中心地段对机动车的交通管制，规划可以考虑在城市中心地段交通限制区边缘干路附近设置截流性的停车设施，可以结合公共交通换乘枢纽，形成包括小汽车停车功能在内的小汽车与中心地段内部交通工具的换乘设施。

十三、《城市道路交叉口规划规范》GB 50647—2011 要点

1. 术语（第 2.1.10、2.1.15 条）

枢纽立交：特大城市、大城市的快速路与快速路、城际高速公路或重要主干路相交，车流分层通行的交叉、转向交通节点。

进口道：平面交叉口上，车辆从上游路段驶入交叉口的一段车行道。

2. 基本规定

（1）城市道路交叉口分类、功能及选型。（第 3.2.1、3.2.2 条）

平面交叉口应分为信号控制交叉口（平 A 类）、无信号控制交叉口（平 B 类）和环形交叉口（平 C 类）。

立体交叉应分为枢纽立交（立 A 类）、一般立交（立 B 类）和分离立交（立 C 类）。

各类交叉口的功能和基本要求应符合下列规定：①快 – 快交叉口应满足快速路主线

车流快速、连续通行，车行道应为机动车专用车道，主线上不得因设置匝道而使匝道进出口上游与下游通行能力严重不匹配。②快－主交叉口应满足快速路主线车流快速、连续通行，车行道应为机动车专用车道，主线上不得因设置匝道而使匝道进出口上游与下游通行能力严重不匹配。③快－次交叉口应满足快速路主线交通快速、连续通行功能和次干路局部生活功能。④主－主交叉口应满足主干路主要流向车流畅通、能以中等速度间断通行、以交通功能为主。⑤主－次交叉口应满足主干路畅通及次干路－主干路间转向交通需求、能以中等速度间断通行、以集散交通功能为主、兼有次干路局部生活功能。⑥主－支交叉口应满足主干路畅通、能以中等速度连续通行，支路应右转进出主干路，有必要时，经论证可选用其他相交形式；主干路应以交通功能为主，支路应以生活功能为主，并应符合主、支道路的要求。⑦次－次交叉口应满足次干路主要流向车流畅通、能以中等速度间断通行，应兼具交通与生活功能，并应符合次干路的要求。⑧次－支交叉口应满足次干路集散交通功能和支路的生活功能，当不采用信号控制时，应保证次干路车流连续通行，并应符合次、支道路的要求。⑨支－支交叉口应满足生活功能，并应符合支路的要求。

（2）交叉口规划范围。（第 3.4.1、3.5.2、3.5.5 条）

平面交叉口规划范围应包括构成该平面交叉口各条道路的相交部分和进口道、出口道及其向外延伸 10m ~ 20m 的路段所共同围成的空间。

平面交叉口红线规划必须满足安全停车视距三角形限界的要求，安全停车视距不得小于表 5–35 的规定。视距三角形限界内，不得规划布设任何高出道路平面标高 1.0m 且影响驾驶员视线的物体。

表 5–35　交叉口视距三角形要求的安全停车视距

路线设计车速（km/h）	60	50	45	40	35	30	25	20
安全停车视距 S_s（m）	75	60	50	40	35	30	25	20

城市道路交叉口范围内的规划最小净高应与道路规划最小净高一致，并应根据规划道路通行车辆的类型，按下列规定确定：①通行一般机动车的道路，规划最小净高应为 4.5m ~ 5.0m，主干路应为 5m；通行无轨电车的道路，应为 5.0m；通行有轨电车的道路，应为 5.5m。②通行超高车辆的道路，规划最小净高应根据通行的超高车辆类型确定。③通行行人和自行车的道路，规划最小净高应为 2.5m。④当地形条件受到限制时，支路降低规划最小净高应经技术、经济论证，但不得小于 2.5m；当通行公交车辆时，不得小于 3.5m。支路规划最小净高降低后，应保证大于规划净高的车辆有绕行的道路，支路规划最小净高处应采取保护措施。

3. 平面交叉口规划

（1）一般规定。（第 4.1.1、4.1.3 条）

控制性详细规划中的交叉口规划应对总体规划阶段确定的平面交叉口间距、形状进行优化调整，并应符合下列规定：①新建道路交通网规划中，规划干路交叉口不应规划超过 4 条进口道的多路交叉口、错位交叉口、畸形交叉口；相交道路的交角不应小于 70°，地形条件特殊困难时，不应小于 45°。②交通信号控制的各平面交叉口间距宜相等。

平面交叉口进口道红线展宽、车道宽度及展宽段长度，应符合下列规定：①进、出口道部位机动车道总宽度大于16m时，规划人行过街横道应设置行人过街安全岛，进口道规划红线展宽宽度必须在进口道展宽的基础上再增加2m。②新建交叉口进口道每条机动车道的宽度不应小于3.0m。改建与治理交叉口，当建设用地受到限制时，每条机动车进口车道的最小宽度不宜小于2.8m，公交及大型车辆进口道最小宽度不宜小于3.0m。交叉口范围内可不设路缘带。

（2）常规环形交叉口。（第4.4.1条）

交通工程规划阶段，常规环形交叉口规划应符合下列规定：①常规环形交叉口不宜用于大城市干路相交的交叉口上，仅在交通量不大的支路上可选用环形交叉口。新建道路交叉口交通量不大，且作为过渡形式或圈定道路交叉用地时，可设环形交叉。②常规环形交叉口各组成要素的规划，应包括中心岛形式和大小、交织段长度、环道车道数及其宽度与横断面、环道外缘形状、进出口转角半径、交通岛、人行横道等。环道车道数宜为2条或3条。

4. 立体交叉规划（第5.1.1条）

枢纽立交应选择全定向、半定向、组合型等立交形式。一般立交可选择全苜蓿叶形、部分苜蓿叶形、喇叭形、菱形以及环形或组合型等立交形式。

左转交通量较大的立交不应选用环形立交。

5. 道路与铁路交叉规划

（1）一般规定。（第6.1.1、6.1.3条）

道路与铁路平面交叉道口，不应设在铁路曲线段、视距条件不符合安全行车要求的路段、车站、桥梁、隧道两端及进站信号处外侧100m范围内。

道路与铁路交叉宜布设成正交形式。当布设为斜交形式时，交叉角不宜小于70°；困难地段交叉角不应小于60°。

（2）道路与铁路平面交叉道口。（第6.2.2条）

平面交叉道口平面规划应符合下列规定：①道路与铁路平面交叉道口的道路线形应为直线。直线段从最外侧钢轨外缘算起不应小于50m。困难条件下，道路设计车速不大于50km/h时，不应小于30m。平面交叉道口两侧有道路平面交叉口时，其缘石转弯曲线切点距最外侧钢轨外缘不应小于50m。②无栏木设施的平面交叉道口，道路上停止线位置距最外侧钢轨外缘应大于5m。

（3）道路与铁路立体交叉。（第6.3.1条）

道路与铁路立体交叉应符合下列规定：①城市快速路、主干路、行驶无轨电车和轨道交通的道路与铁路交叉，必须规划布设立体交叉。②其他道路与设计车速大于或等于120km/h的铁路交叉，应规划布设立体交叉。③地形条件有利于布设立体交叉或不利于布设平面交叉时，应规划布设立体交叉。④被铁路分割的中小城市，可选择部分干路规划布设立体交叉。⑤铁路调车作业对道路行驶车辆造成延误较严重时，应规划布设立体交叉。

6. 行人与非机动车过街设施规划（第7.1.2、7.1.3、7.1.5条）

交叉口范围内的人行道宽度不应小于路段上人行道的宽度。

当行人需要穿越快速路或铁路时，应规划设置立体过街设施。

人行过街横道长度超过16m时（不包括非机动车道），应在人行横道中央规划设置行人过街安全岛，行人过街安全岛的宽度不应小于2.0m，困难情况不应小于1.5m。

7. 公共交通设施规划（第 8.1.2 条）

道路交叉口公共汽（电）车停靠站间的换乘距离，宜符合下列规定：①同向换乘，换乘距离不宜大于 50m。②异向换乘和交叉换乘，换乘距离不宜大于 150m。③任何换乘方向换乘，换乘距离不宜大于 250m。

历年真题

1. 下列有利于城市道路交叉口改善的措施有（　　）。[2022–90]

A. 组织立体交叉
B. 渠化和扩宽路口
C. 斜角交叉改为正交叉
D. 环形交叉改为多路交叉
E. 错口交叉改为十字交叉

【答案】 ABCE

【解析】 平面交叉口的改善，除了渠化、拓宽路口、组织环形交叉和立体交叉外，改善的方法主要有以下几种：①错口交叉改善为十字交叉；②斜角交叉改善为正交交叉；③多路交叉改善为十字交叉；④合并次要道路，再与主要道路相交。

2. 下列关于城市道路交叉口规划要求的表述，不准确的是（　　）。[2021–38]

A. 主干路与主干路交叉口应满足主干路主线机动车流畅通、连续通行
B. 主干路人行过街横道中间应设安全岛，并采用专用信号控制
C. 新建道路网规划中，规划干路交叉口不应规划错位交叉口、畸形交叉口
D. 交通信号控制的平面交叉口间距宜相等

【答案】 A

【解析】《城市道路交叉口规划规范》第 3.2.2 条规定，主 – 次交叉口应满足主干路畅通及次干路 – 主干路间转向交通需求、能以中等速度间断通行、以集散交通功能为主、兼有次干路局部生活功能，并应符合主、次干路的要求以及交叉口通行能力与转向交通需求相匹配的要求。

十四、《城市对外交通规划规范》GB 50925—2013 要点

1. 基本规定（第 3.0.3、3.0.6 条）

城市对外交通集疏运通道应根据集疏运方向、运输方式和客货分流的要求，合理布局。

对外交通走廊布局应根据铁路、公路等功能和技术要求，与城市空间布局相协调。对外交通走廊内相同走向的多条线路宜并行设置。

2. 对外交通枢纽（第 4.2.1、4.3.2 条）

对外交通客运枢纽应按对外交通区位、服务功能和客运规模分为三级。一级客运规模大于 80 000 人次 / 日，二级客运规模在 30 000 ~ 80 000 人次 / 日，三级客运规模小于 30 000 人次 / 日。

对外交通货运枢纽应优先考虑与铁路站场、港区、机场等衔接，实现多式联运，并应规划集疏运通道，与城市道路系统和公路系统合理衔接。

3. 铁路

（1）铁路规划。（第 5.1.2 条）

铁路按运输功能应分为普速铁路、高速铁路和城际铁路；按铁路网中的技术等级应分为铁路干线、铁路支线和铁路专用线等。

（2）铁路线路。（第 5.2.2 条）

港区、工业区、工矿企业等可根据运输需要设置铁路专用线。

（3）铁路站场。（第 5.3.1 ~ 5.3.4 条）

高速铁路客站应在中心城区内合理设置。

铁路货运站场宜设置在中心城区外围，应具有便捷的集疏运通道，可结合公路、港口等货运枢纽合理设置。

集装箱中心站应设置在中心城区外，与铁路干线顺畅连接，与公路有便捷的联系。

编组站、动车段（所）等铁路设施应设置在中心城区外，编组站宜与货运站结合设置，位于铁路干线汇合处，与铁路干线顺畅连接。

（4）铁路用地。（第 5.4.1 条）

城镇建成区外高速铁路两侧隔离带规划控制宽度应从外侧轨道中心线向外不小于 50m；普速铁路干线两侧隔离带规划控制宽度应从外侧轨道中心线向外不小于 20m；其他线路两侧隔离带规划控制宽度应从外侧轨道中心线向外不小于 15m。

4. 公路

（1）公路规划。（第 6.1.3 ~ 6.1.5 条）

特大城市和大城市主要对外联系方向上应有 2 条二级以上等级的公路。

高速公路应与城市快速路或主干路衔接，一级、二级公路应与城市主干路或次干路衔接。

城镇建成区外公路红线宽度和两侧隔离带规划控制宽度应符合表 5-36。

表 5-36　城镇建成区外公路红线宽度和两侧隔离带规划控制宽度　单位：m

公路等级	高速公路	一级公路	二级公路	三级公路	四级公路
红线宽度	40 ~ 60	30 ~ 50	20 ~ 40	10 ~ 24	8 ~ 10
两侧隔离带	20 ~ 50	10 ~ 30	10 ~ 20	5 ~ 10	2 ~ 5

（2）公路设施。（第 6.2.1 条）

高速公路城市出入口，宜设置在建成区边缘；特大城市可在建成区内设置高速公路出入口，其平均间距宜为 5km ~ 10km，最小间距不应小于 4km。

5. 港口

（1）港口规划。（第 7.1.3、7.1.5 条）

大型港口的集疏运通道应区域共享。

海上航道的净空要求应根据海轮通过最大吨位的高度设置。

（2）港区规划。（第 7.2.3、7.2.4、7.2.10 条）

港区应合理确定集疏运方式，集疏运通道应与高速公路、一级公路、二级公路、城市快速路或主干路衔接。

海港停泊锚地应设置在河口或近海水面开阔、水深适宜、锚泊安全的水域；河港停泊锚地应设置在城镇边缘、水流平缓、水深适宜的河段。

客运港宜布局在中心城区，应与城市交通紧密衔接。客运港用地规模应按高峰小时旅客聚集量确定。

6. 机场

（1）机场规划。（第 8.1.2 ~ 8.1.4 条）

机场应分为枢纽机场、干线机场和支线机场。

枢纽机场、干线机场距离市中心宜为 20km ~ 40km，支线机场距离市中心宜为 10km ~ 20km。

机场跑道轴线方向应避免穿越城区和城市发展主导方向，宜设置在城市一侧。跑道中心线延长线与城区边缘的垂直距离应大于 5km；跑道中心线延长线穿越城市时，跑道中心线延长线靠近城市的一端与城区边缘的距离应大于 15km，与居住区的距离应大于 30km。

（2）机场交通。（第 8.2.2、8.2.3 条）

枢纽机场、干线机场与城市之间应规划机场专用道路。枢纽机场应有 2 条及以上对外运输通道。

枢纽机场、重要的干线机场与城市间宜采用轨道交通方式，在机场服务范围内宜设置城市航站楼。

历年真题

下列关于对外交通规划要求的表述，不准确的是（　　）。[2021–39]

A. 城市对外集疏运通道应根据集疏运方向，客货运资源共享的要求合并设置

B. 客运港用地规模应按高峰小时旅客集聚量确定

C. 同一对外交通走廊内相同走向的铁路、公路线路宜集中设置

D. 干线机场与城市之间应规划机场专用路

【答案】 A

【解析】《城市对外交通规划规范》第 3.0.3 条规定，城市对外交通集疏运通道应根据集疏运方向、运输方式和客货分流的要求，合理布局。

十五、《城市轨道交通线网规划标准》GB/T 50546—2018 要点

1. 术语（第 2.0.9、2.0.10 条）

城市轨道交通普线：旅行速度为 45km/h 以下的城市轨道交通线路，简称普线。

城市轨道交通快线：旅行速度为 45km/h 及以上的城市轨道交通线路，简称快线。

2. 基本规定（第 3.0.5、3.0.6 条）

在中心城区，规划人口规模 500 万人及以上的城市，城市轨道交通应在城市公共交通体系中发挥主体作用；规划人口规模 150 万人至 500 万人的城市，城市轨道交通宜在城市公共交通体系中发挥骨干作用。

对于规划人口规模不满 150 万人、确有必要发展建设轨道交通的城市，可在城市总体规划中预先安排轨道交通线路，规划预留相关设施建设用地。

3. 交通需求分析（第 4.0.2、4.0.5 条）

交通需求分析的年限应包括基准年和预测年，预测年应分为远期和远景两个年限。

交通需求分析应包括下列重点内容：①人口与就业岗位特征分析；②城市主要客流集散点客流特征分析；③城市主要客流走廊客流特征分析；④城市主要截面、交通瓶颈客流特征分析；⑤线网方案对已开通线路的客流影响分析。

4. 服务水平与线网功能层次

（1）服务水平。（第 5.1.2 ~ 5.1.4 条）

城市轨道交通线网规划应保障城市轨道交通出行效率，城市主要功能区之间轨道交通系统内部出行时间应符合下列规定：①规划人口规模 500 万人及以上的城市，中心城区的市级中心与副中心之间不宜大于 30min；150 万人至 500 万人的城市，中心城区的市级中心与副中心之间不宜大于 20min；②中心城区市级中心与外围组团中心之间不宜大于 30min，当两者之间为非通勤客流特征时，其出行时间指标不宜大于 45min。

不同线路站台之间乘客换乘的平均步行时间不宜大于 3min，困难条件下不宜大于 5min。

城市轨道交通车厢舒适度由高到低可分为 A、B、C、D、E 五个等级。普线平均车厢舒适度不宜低于 C 级，快线平均车厢舒适度不宜低于 B 级。当线路客流方向不均衡系数大于 2.5 时，平均车厢舒适度可适当降低。

（2）线网功能层次。（第 5.2.2 ~ 5.2.4 条）

城市轨道交通普线按运量可划分为大运量和中运量两个层次。中运量系统可分为全封闭系统和部分封闭系统。

城市轨道交通快线按旅行速度可划分为快线 A 和快线 B 两个等级。快线 A 的速度大于 65km/h，服务于区域、市域，商务、通勤、旅游等多种目的；快线 B 的速度是 45 ~ 60 km/h，服务于市域城镇连绵地区或部分城市的城区，以通勤为主等多种目的。

中心城区线网宜由普线构成。

5. 线网组织与布局

（1）线网组织。（第 6.2.2、6.2.4 ~ 6.2.6 条）

换乘站布局应符合城市客流特征与城市轨道交通系统组织要求，并应与城市主要公共服务中心、主要客运枢纽结合布置，换乘站距离市级中心、副中心核心区域的距离不宜大于 300m。外围组团与中心城区联系的快线宜进入中心城区。

外围组团与中心城区联系的快线宜进入中心城区。

规划高峰小时旅客发送量大于或等于 1 万人次的特大型铁路客运站应设置城市轨道交通进行接驳，大于或等于 3 000 人次且小于 1 万人次的大型铁路客运站宜设置城市轨道交通进行接驳。城市轨道交通车站应与铁路客运站结合设置，不能结合设置的，换乘距离不应大 300m。

机场与城市主中心之间轨道交通内部出行时间不宜大于 40min。

（2）线网布局。（第 6.3.2、6.3.4 ~ 6.3.6、6.3.8、6.3.9 条）

中心城区线网布局应与中心城区空间结构形态、主要公共服务中心布局、主要客流走廊分布相吻合，并应符合下列规定：①线网应布设在主要客流走廊上，线路高峰小时单向最大断面客流量不应小于 1 万人次；②线网应衔接大型商业商务中心、行政中心、城市及对外客运枢纽、会展中心、体育中心、城市人口与就业密集区等公共服务设施和地区；③线网应提高沿客流主导方向的直达客流联系，降低线网换乘客流量和换乘系数。

以商业商务服务或就业为主的市级中心，规划人口规模 500 万人及以上的城市应由 2 条及以上的轨道交通线路服务，规划人口规模 150 万人至 500 万人的城市宜由 2 条及以上的轨道交通线路服务。在市级中心区域应形成线网换乘站，有条件时宜形成具有多站换乘功能的枢纽地区。

线路应沿市域城镇主要客流走廊布设。

市域的快线网规划布局应符合下列规定：①快线应串联沿线主要客流集散点，在外围可设支线增加其覆盖范围；②快线客流密度不宜小于 10 万人 • km/（km • d）；③快线在中心城区与普线宜采用多线多点换乘方式，不宜与普线采用端点衔接方式；④当多条快线在中心城区布局时，应满足快线之间换乘需求的便捷性，并应结合交通需求分布特征研究互联互通的必要性。

城市客流走廊可根据客流规模、交通需求特征、出行时间目标要求等设置轨道交通快线、普线共用走廊。

当快线、普线共用走廊时，快线与普线应独立设置。如快线、普线的运输能力富余可共轨时，共轨后各自线路的旅行速度应满足各层次的技术指标要求，各自线路的运能应满足该走廊交通需求的基本要求。

（3）运能配置。（第 6.4.4 条）

与铁路客运站、长途汽车站衔接的城市轨道交通车站，其提供的运能宜达到其接驳对外客运枢纽客运发送量的 50% 以上。

6. 线路规划

（1）线路。（第 7.2.1、7.2.2 条）

线路的起终点车站、支线分叉点均不宜布设在客流大断面位置。

线路的路由宜沿承担主要客运功能的城市道路或客流走廊布设。

（2）车站。（第 7.3.3 条）

换乘站宜结合城市重要功能区和大型客流集散点布设。普线与普线相交、快线与快线相交处应设置换乘站，有条件的可采用平行换乘或同台换乘。快线与普线相交且有换乘客流需求时应设置换乘站。

（3）敷设方式。（第 7.4.3 条）

在中心城区，大运量线路宜采用地下敷设为主，当条件许可时可采用高架线；中运量全封闭系统线路宜采用高架敷设为主，对于寒冷地区、飓风频繁地区经技术经济论证合理的条件下可采用地下线；中运量部分封闭系统线路宜采用高架、地面敷设为主。在中心城区以外，全封闭系统线路宜采用高架敷设为主，有条件的地段也可采用地面线。

（4）交通接驳。（第 7.5.2 ~ 7.5.5 条）

车站的步行方式接驳应安全、便捷，并应符合下列规定：①集散广场、人行步道等设施应满足车站步行客流集散需求和通过能力要求；②车站出入口宜设置客流集散广场，面积不宜小于 $30m^2$，对于突发性客流敏感车站，集散广场的设置应控制与之相适应的规模；③应减小城市轨道交通车站与公交车站、非机动车停车场等换乘设施间的换乘距离，提高换乘效率；④有条件时车站出入口应与周边建筑结合，合理规划步行空间并满足城市轨道交通运营和安全疏散的要求。

车站的非机动车方式接驳应符合下列规定：①非机动车停车场应结合城市轨道交通车站出入口分散布设，中心区宜采取分散与集中相结合的布设方式；②非机动车停车场应布设在车站出入口附近，接驳距离不宜大于 50m。

车站的地面公交方式接驳应符合下列规定：①公交车站与城市轨道交通车站出入口的

接驳距离不宜大于 50m，并不应超过 150m；②在城市轨道交通线路的末端车站应设置接驳公交车站。

在车站出入口周边应结合用地条件配置出租车候客区，出租车候客区与车站出入口的接驳距离宜控制在 50m 以内，困难条件下不应大于 150m。

7. 车辆基地规划（第 8.0.3、8.0.5、8.0.6 条）

同一层次线网的车辆制式宜保持一致，不同线路相互临近的车辆基地宜统一选址。

线网中相同车型线路的车辆大、架修应统筹规划，集中设置综合维修基地，应通过配置必要的联络线实现多线共用一个综合维修基地，一个综合维修基地服务的线路规模宜为 80 ~ 120km。

一条城市轨道交通线路应设一处车辆段，当车辆段至线路另一端起终点的距离普线超过 20km、快线超过 30km 时，宜增设停车场；对于超长线路宜设置一处车辆段和多处停车场，每处车辆段或停车场的停车规模不宜超过 60 列。

8. 用地控制（第 9.1.2、9.2.1、9.2.2、9.3.1 条）

用地控制范围应包括建设控制区和控制保护区。

在城市建成区，线路区间宜优先布置在城市道路红线内。

线路区间建设控制区宽度宜为 30m。当 2 条及以上线路共用走廊时，建设控制区宽度应相应增加。

位于城市道路红线内的车站，车站主体宜布置在城市道路红线内，车站附属设施宜布置在城市道路红线外两侧毗邻地块内。

历年真题

下列关于城市轨道交通线网布局原则的表述，不准确的是（　　）。[2021-41]

A. 城市轨道交通线网功能层次结构应按不同空间层次交通需求构成特征和服务水平要求确定

B. 当一条客流走廊有多种速度标准需求时，不同层次的线路，宜采用由不同速度标准、不同系统制式组合而成的独立线路或混合线路组织模式

C. 城市轨道交通线网应根据城市各功能片区开发强度的高低提供差异化服务

D. 中心城区轨道线应沿城市主要客流走廊布设，在中心区应设支线增加其覆盖范围

【答案】D

【解析】《城市轨道交通线网规划标准》第 6.3.2 条规定，中心城区线网布局应与中心城区空间结构形态、主要公共服务中心布局、主要客流走廊分布相吻合。

十六、《城市道路工程设计规范》CJJ 37—2012（2016 年版）要点

1. 术语（第 2.1.5、2.1.6 条）

通行能力：在一定的道路和交通条件下，单位时间内道路上某一路段通过某一断面的最大交通流率。

服务水平：衡量交通流运行条件及驾驶人和乘客所感受的服务质量的一项指标，通常根据交通量、速度、行驶时间、行驶（步行）自由度、交通中断、舒适和方便等指标确定。

2. 基本规定

（1）道路分级。（第 3.1.1 条）

城市道路应按道路在道路网中的地位、交通功能以及对沿线的服务功能等，分为快速路、主干路、次干路和支路四个等级，并应符合下列规定：①快速路应中央分隔、全部控制出入、控制出入口间距及形式，应实现交通连续通行，单向设置不应少于两条车道，并应设有配套的交通安全与管理设施。快速路两侧不应设置吸引大量车流、人流的公共建筑物的出入口。②主干路应连接城市各主要分区，应以交通功能为主。主干路两侧不宜设置吸引大量车流、人流的公共建筑物的出入口。③次干路应与主干路结合组成干路网，应以集散交通的功能为主，兼有服务功能。④支路宜与次干路和居住区、工业区、交通设施等内部道路相连接，应解决局部地区交通，以服务功能为主。

（2）设计速度。（第 3.2.1、3.2.2、3.2.4 条）

各级道路的设计速度应符合表 5-37 的规定。

表 5-37 各级道路的设计速度 单位：km/h

道路等级	快速路			主干路			次干路			支路		
设计速度	100	80	60	60	50	40	50	40	30	40	30	20

快速路和主干路的辅路设计速度宜为主路的 0.4 倍 ~ 0.6 倍。

平面交叉口内的设计速度宜为路段的 0.5 倍 ~ 0.7 倍。

（3）设计年限。（第 3.5.1、3.5.2 条）

道路交通量达到饱和状态时的道路设计年限为：快速路、主干路应为 20 年；次干路应为 15 年；支路宜为 10 年 ~ 15 年。

砌块路面采用混凝土预制块时，设计年限为 10 年；采用石材时，为 20 年。

（4）防灾标准。（第 3.7.2 条）

城市桥梁设计宜采用百年一遇的洪水频率，对特别重要的桥梁可提高到三百年一遇。

3. 通行能力和服务水平（第 4.2.4 条）

快速路设计时采用的最大服务交通量应符合下列规定：①双向四车道快速路折合成当量小客车的年平均日交通量为 40 000pcu ~ 80 000pcu。②双向六车道快速路折合成当量小客车的年平均日交通量为 60 000pcu ~ 120 000pcu。③双向八车道快速路折合成当量小客车的年平均日交通量为 100 000pcu ~ 160 000pcu。

4. 横断面布置

（1）横断面布置。（第 5.2.1 ~ 5.2.3 条）

横断面可分为单幅路、两幅路、三幅路、四幅路及特殊形式的断面。

当快速路两侧设置辅路时，应采用四幅路；当两侧不设置辅路时，应采用两幅路。

主干路宜采用四幅路或三幅路；次干路宜采用单幅路或两幅路，支路宜采用单幅路。

（2）横断面组成及宽度。（第 5.3.3、5.3.6 条）

非机动车道宽度应符合下列规定：与机动车道合并设置的非机动车道，车道数单向不应小于 2 条，宽度不应小于 2.5m。非机动车专用道路面宽度应包括车道宽度及两侧路缘带宽度，单向不宜小于 3.5m，双向不宜小于 4.5m。

当快速路单向机动车道数小于 3 条时，应设不小于 3.0m 的应急车道。当连续设置有困难时，应设置应急停车港湾，间距不应大于 500m，宽度不应小于 3.0m。

（3）路拱与横坡。（第 5.4.1 条）

道路横坡应根据路面宽度、路面类型、纵坡及气候条件确定，宜采用 1.0% ~ 2.0%。快速路及降雨量大的地区宜采用 1.5% ~ 2.0%；严寒积雪地区、透水路面宜采用 1.0% ~ 1.5%。保护性路肩横坡度可比路面横坡度加大 1.0%。

5. 平面和纵断面（第 6.2.1 条）

道路平面线形由直线、平曲线组成，平曲线由圆曲线、缓和曲线组成，应处理好直线与平曲线的衔接，合理地设置缓和曲线、超高、加宽等。

6. 道路与轨道交通线路交叉（第 8.2.1、8.3.1 条）

道路与铁路交叉时，应符合下列规定：①快速路和重要的主干路与铁路交叉时，必须设置立体交叉。②对行驶有轨电车或无轨电车的道路与铁路交叉，必须设置立体交叉。③主干路、次干路、支路与铁路交叉，当道口交通量大或铁路调车作业繁忙时，应设置立体交叉。④各级道路与旅客列车设计行车速度大于或等于 120km/h 的铁路交叉，应设置立体交叉。⑤当受地形等条件限制，采用平面交叉危及行车安全时，应设置立体交叉。⑥道路与铁路交叉，机动车交通量不大，但非机动车和行人流量较大时，可设置人行立体交叉或非机动车与行人合用的立体交叉。

次干路、支路与运量不大的铁路支线、地方铁路、工业企业铁路交叉时，可设置平交道口。

7. 行人和非机动车交通（第 9.2.4、9.2.6、9.3.1 条）

人行横道的设置应符合下列规定：①交叉口处应设置人行横道，路段内人行横道应布设在人流集中、通视良好的地点，并应设醒目标志。人行横道间距宜为 250m ~ 300m。②当人行横道长度大于 16m 时，应在分隔带或道路中心线附近的人行横道处设置行人二次过街安全岛，安全岛宽度不应小于 2.0m，困难情况下不应小于 1.5m。③人行横道的宽度应根据过街行人数量及信号控制方案确定，主干路的人行横道宽度不宜小于 5m，其他等级道路的人行横道宽度不宜小于 3m。宜采用 1m 为单位增减。④对视距受限制的路段和急弯陡坡等危险路段以及车行道宽度渐变路段，不应设置人行横道。

步行街的设计应符合下列规定：①步行街的规模应适应各重要吸引点的合理步行距离，步行距离不宜超过 1 000m。②步行街的宽度可采用 10m ~ 15m，其间可配置小型广场。步行道路和广场的面积，可按每平方米容纳 0.8 人 ~ 1.0 人计算。③步行街与两侧道路的距离不宜大于 200m，步行街进出口距公共交通停靠站的距离不宜大于 100m。④步行街附近应有相应规模的机动车和非机动车停车场，机动车停车场距步行街进出口的距离不宜大于 100m，非机动车停车场距步行街进出口的距离不宜大于 50m。

主干路非机动车道应与机动车道分隔设置；当次干路设计速度大于或等于 40km/h 时，非机动车道宜与机动车道分隔设置。

8. 公共交通设施

（1）公共交通专用车道。（第 10.2.2、10.2.3 条）

快速公交专用车道的设计应符合下列规定：①快速公交专用车道可布置在道路中央或道路两侧，中央专用车道按上下行有无物体隔离又可分为分离式和整体式，应优先选用中央整体式专用车道。②快速公交专用车道当单独布置时，设计速度可采用 40km/h ~ 60km/h；当与其他车道同断面布置时应与道路的设计速度协调统一。③快速公交专用车道单车道宽度不应小于 3.5m。

常规公交专用车道宜设置在最外侧车道上。

（2）公共交通车站。（第 10.3.1、10.3.2 条）

快速公交车站的设计应符合下列规定：车站可分为单侧停靠车站和双侧停靠车站，双侧停靠的站台宽度不应小于 5m，单侧停靠的站台宽度不应小于 3m。

常规公交车站的设计应符合下列规定：①车站应结合常规公交规划、沿线交通需求及城市轨道交通等其他交通站点设置。城区停靠站间距宜为 400m ~ 800m。②车站可为直接式和港湾式，城市主、次干路和交通量较大的支路上的车站，宜采用港湾式。③道路交叉口附近的车站宜安排在交叉口出口道一侧，距交叉口出口缘石转弯半径终点宜大于 50m。

9. 公共停车场和城市广场

（1）公共停车场。（第 11.2.5、11.2.6 条）

机动车停车场的设计应符合下列规定：①机动车停车场的出入口不宜设在主干路上，可设在次干路或支路上，并应远离交叉口；不得设在人行横道、公共交通停靠站及桥隧引道处。出入口的缘石转弯曲线切点距铁路道口的最外侧钢轨外缘不应小于 30m。距人行天桥和人行地道的梯道口不应小于 50m。②停车场出入口位置及数量应根据停车容量及交通组织确定，且不应少于 2 个，其净距宜大于 30m；条件困难或停车容量小于 50veh 时，可设一个出入口，但其进出口应满足双向行驶的要求。③停车场进出口净宽，单向通行的不应小于 5m，双向通行的不应小于 7m。

非机动车停车场的设计应符合下列规定：非机动车停车场出入口不宜少于 2 个。出入口宽度宜为 2.5m ~ 3.5m。场内停车区应分组安排，每组场地长度宜为 15m ~ 20m。

（2）城市广场。（第 11.3.1、11.3.4 条）

城市广场按其性质、用途可分为公共活动广场、集散广场、交通广场、纪念性广场与商业广场等。

广场设计坡度宜为 0.3% ~ 3.0%。地形困难时，可建成阶梯式。

10. 绿化和景观（第 16.1.2、16.2.2 条）

绿化和景观设施不得进入道路建筑限界，不得进入交叉口视距三角形，不得干扰标志标线、遮挡信号灯以及道路照明，不得有碍于交通安全和畅通。

道路绿化设计应符合下列规定：①对宽度小于 1.5m 分隔带，不宜种植乔木。对快速路的中间分隔带上，不宜种植乔木。②主、次干路中间分车绿带和交通岛绿地不应布置成开放式绿地。

历年真题

下列关于停车设施出入口设置的表述，正确的是（　　）。[2022-37]

A. 设置在主干路上，靠近道路交叉口

B. 设置在主干路上，远离公交停靠站

C. 设置在次干路上，远离道路交叉口

D. 设置在次干路上，靠近公交停靠站

【答案】C

【解析】《城市道路工程设计规范》第 11.2.5 条规定，机动车停车场出入口不宜设在主干路上，可设在次干路或支路上，并应远离交叉口。

第七节　城市历史文化遗产保护规划

一、历史文化遗产保护

1. 文化遗产包括物质文化遗产和非物质文化遗产

（1）物质文化遗产。

物质文化遗产指具有历史、艺术和科学价值的文物。

包括古遗址、古墓葬、古建筑、石窟寺、石刻、壁画、近现代重要史迹及代表性建筑等不可移动文物，历史上各时代的重要实物、艺术品、文献、手稿、图书资料等可移动文物，以及在建筑式样、分布均匀或与环境景色结合方面具有突出普遍价值的历史文化名城（街区、村镇）。

（2）非物质文化遗产。

非物质文化遗产指各种以非物质形态存在的，与群众生活密切相关、世代相承的传统文化表现形式。

包括口头传统、传统表演艺术、民俗活动和礼仪与节庆、有关自然界和宇宙的民间传统知识和实践、传统手工艺技能等以及与上述传统文化表现形式相关的文化空间。

2. 历史保护的发展

（1）国外。

1）1964 年的《威尼斯宪章》提出了古迹与其环境不可分离的概念。

2）法国 1962 年 8 月 4 日颁布《马尔罗法令》规定建立“历史保护区”。

3）1967 年英国通过《城市文明法案》提出了历史保护区的概念。保护的概念从威尼斯宪章提出的古迹及其环境逐步引申出历史地段的概念。

4）1987 年的《华盛顿宪章》，全称为《保护历史城镇与城区宪章》。宪章所涉及的历史城区，包括城市、城镇以及历史中心或居住区，也包括这里的自然和人工环境，“它们不仅可以作为历史的见证，而且体现了城镇传统文化的价值”。宪章列举了“历史地段”中应该保护的五项内容：①地段和街道的格局和空间形式；②建筑物和绿化、旷地的空间关系；③历史性建筑的内外面貌，包括体量、形式、建筑风格、材料、色彩、建筑装饰等；④地段与周围环境的关系，包括与自然和人工环境的关系；⑤该地段历史上的功能和作用。

（2）国内。

2002 年颁布修改的文物保护法，提出了“历史文化街区”的法定概念。

2003 年建设部颁布的《城市紫线管理办法》，规定“在编制城市规划时应当划定保护历史文化街区和历史建筑的紫线”。

2008 年国务院公布的《历史文化名城名镇名村保护条例》，进一步规定了历史文化街区的保护要求。

3. 术语

历史文化名城：经国务院、省级人民政府批准公布的保存文物特别丰富并且具有重大历史价值或者革命纪念意义的城市。

历史城区：城镇中能体现其历史发展过程或某一发展时期风貌的地区，涵盖一般通称的古城区和老城区。一般指历史范围清楚、格局和风貌保存较为完整、需要保护的地区。

历史地段：能够真实地反映一定历史时期传统风貌和民族、地方特色的地区。

历史文化街区：经省、自治区、直辖市人民政府核定公布的保存文物特别丰富、历史建筑集中成片、能够较完整和真实地体现传统格局和历史风貌，并具有一定规模的历史地段。

文物古迹：人类在历史上创造的具有价值的不可移动的实物遗存，包括地面、地下与水下的古遗址、古建筑、古墓葬、石窟寺、石刻、近现代史迹及纪念建筑等。

文物保护单位：经县级及以上人民政府核定公布应予重点保护的文物古迹。

历史建筑：是指经城市、县人民政府确定公布的具有一定保护价值，能够反映历史风貌和地方特色，未公布为文物保护单位，也未登记为不可移动文物的建筑物、构筑物。

传统风貌建筑：除文物保护单位、历史建筑外，具有一定建成历史，对历史地段整体风貌特征形成具有价值和意义的建筑物、构筑物。

建设控制地带：是指在文物保护单位的保护范围外，为保护文物保护单位的安全、环境、历史风貌对建设项目加以限制的区域。

环境协调区：在建设控制地带之外，划定的以保护自然地形地貌为主要内容的区域。

历史环境要素：反映历史风貌的古井、围墙、石阶、铺地、驳岸、古树名木等。

地下文物埋藏区：地下文物集中分布的地区，由城市人民政府或行政主管部门公布为地下文物埋藏区。地下文物包括埋藏在城市地面之下的古文化遗址、古墓葬、古建筑等。

保护：对保护项目及其环境所进行的科学的调查、勘测、评估、登录、修缮、维修、改善、利用的过程。

修缮：对文物古迹的保护方式，包括日常保养、防护加固、现状修整、重点修复等。

维修：对建筑物、构筑物进行的不改变外观特征的维护和加固。

改善：对建筑物、构筑物采取的不改变外观特征，调整、完善内部布局及设施的保护方式。

整治：为历史文化名城和历史文化街区风貌完整性的保持、建成环境品质的提升所采取的各项活动。

4. 适用范围（《历史文化名城名镇名村保护条例》第二条）

历史文化名城、名镇、名村的申报、批准、规划、保护，适用《历史文化名城名镇名村保护条例》。

5. 历史文化名城、名镇、名村的申报

（1）申报条件。（《历史文化名城名镇名村保护条例》第七条）

①保存文物特别丰富。②历史建筑集中成片。③保留着传统格局和历史风貌。④历史上曾经作为政治、经济、文化、交通中心或者军事要地，或者发生过重要历史事件，或者其传统产业、历史上建设的重大工程对本地区的发展产生过重要影响，或者能够集中反映本地区建筑的文化特色、民族特色。⑤申报历史文化名城的，在所申报的历史文化名城保护范围内还应当有 2 个以上的历史文化街区。

（2）申报材料。（《历史文化名城名镇名村保护条例》第八条）

历史沿革、地方特色和历史文化价值的说明；传统格局和历史风貌的现状；保护范围；

不可移动文物、历史建筑、历史文化街区的清单；保护工作情况、保护目标和保护要求。

（3）申报和批准。（《历史文化名城名镇名村保护条例》第九条）

申报历史文化名城，由省、自治区、直辖市人民政府提出申请，经国务院建设主管部门会同国务院文物主管部门组织有关部门、专家进行论证，提出审查意见，报国务院批准公布。

申报历史文化名镇、名村，由所在地县级人民政府提出申请，经省、自治区、直辖市人民政府确定的保护主管部门会同同级文物主管部门组织有关部门、专家进行论证，提出审查意见，报省、自治区、直辖市人民政府批准公布。

6. 保护规划的编制

（1）编制单位。历史文化名城为市（县）政府编制，名镇、名村为县级政府编制。

（2）承担编制任务的设计单位。除了历史文化名村保护规划编制可以由乙级规划设计资质编制，其他的（历史文化名城、名镇、街区保护规划）都应由甲级资质单位编制。

（3）编制时限。保护规划应当自历史文化名城、名镇、名村批准公布之日起1年内编制完成。

（4）规划期限。历史文化名城、名镇保护规划的规划期限应当与城市、镇总体规划的规划期限相一致；历史文化名村保护规划的规划期限应当与村庄规划的规划期限相一致。

（5）编制程序。保护规划报送审批前，保护规划的组织编制机关应当广泛征求有关部门、专家和公众的意见；必要时，可以举行听证。要把意见和意见的采纳情况一起报送。

（6）审批和备案。历史文化名城、名镇、名村的保护规划由省级人民政府审批。保护规划的组织编制机关应当将经依法批准的历史文化名城保护规划和中国历史文化名镇、名村保护规划，报国务院建设主管部门和国务院文物主管部门备案。

7. 历史文化名城、名镇、名村保护

（1）保护措施。

1）总体要求。①整体保护，保持传统格局、历史风貌和空间尺度，不得改变与其相互依存的自然景观和环境；②根据当地经济水平和保护规划，控制人口数量，改善基础设施、公共服务设施和居住环境。

2）禁止的活动。①开山、采石、开矿等破坏传统格局和历史风貌的活动；②占用保护规划确定保留的园林绿地、河湖水系、道路等；③修建生产、储存爆炸性、易燃性、放射性、毒害性、腐蚀性物品的工厂、仓库等；④在历史建筑上刻划、涂污。

3）从事建设活动的要求。应当符合保护规划的要求，不得损害历史文化遗产的真实性和完整性，不得对其传统格局和历史风貌构成破坏性影响。

4）可进行的活动。进行的活动应当保护其传统格局、历史风貌和历史建筑；制订保护方案，办理相关手续：①改变园林绿地、河湖水系等自然状态的活动；②在核心保护范围内进行影视摄制、举办大型群众性活动；③其他影响传统格局、历史风貌或者历史建筑的活动。

（2）核心保护范围。

1）总体保护要求。①核心保护范围内的建筑物、构筑物，应实行分类保护；②核心保护范围内的历史建筑，应当保持原有的高度、体量、外观形象及色彩等；③交通性干道不应穿越保护范围，改善交通环境但不宜改变原有街巷的宽度和尺度。不能随意改变村名、街巷名。

2）建设活动。①核心保护范围内，不得进行新建、扩建活动；②可新建、扩建必要的基础设施和公共服务设施，应在城市、县人民政府城乡规划主管部门核发建设工程规划许可证、乡村建设规划许可证前征求同级文物主管部门的意见；③拆除历史建筑以外的建筑物、构筑物或者其他设施的，应当经城市、县人民政府城乡规划主管部门会同同级文物主管部门批准。

（3）建设控制地带。

历史文化街区、名镇、名村建设控制地带内的新建建筑物、构筑物，应当符合保护规划确定的建设控制要求。

8. 历史文化名村传统村落

历史文化名村是省级政府批准公布的，“国”字头的是国务院批准公布。传统村落是村落形成较早，拥有丰富的传统资源，具有一定历史、文化、科学、艺术、社会、经济价值，应予以保护的村落。传统村落名录有省级和国家级。

9.《城市紫线管理办法》要点

第二条　城市紫线，是指国家历史文化名城内的历史文化街区和省、自治区、直辖市人民政府公布的历史文化街区的保护范围界线，以及历史文化街区外经县级以上人民政府公布保护的历史建筑的保护范围界线。

第六条　划定保护历史文化街区和历史建筑的紫线应当遵循下列原则。

1）历史文化街区的保护范围应当包括历史建筑物、构筑物和其风貌环境所组成的核心地段，以及为确保该地段的风貌、特色完整性而必须进行建设控制的地区。

2）历史建筑的保护范围应当包括历史建筑本身和必要的风貌协调区。

3）控制范围清晰，附有明确的地理坐标及相应的界址地形图。

城市紫线范围内文物保护单位保护范围的划定，依据国家有关文物保护的法律、法规。

第十一条　历史文化街区和历史建筑已经破坏，不再具有保护价值的，有关市、县人民政府应当向所在省、自治区、直辖市人民政府提出专题报告，经批准后方可撤销相关的城市紫线。

撤销国家历史文化名城中的城市紫线，应当经国务院建设行政主管部门批准。

第十三条　在城市紫线范围内禁止进行下列活动：①违反保护规划的大面积拆除、开发。②对历史文化街区传统格局和风貌构成影响的大面积改建。③损坏或者拆毁保护规划确定保护的建筑物、构筑物和其他设施。④修建破坏历史文化街区传统风貌的建筑物、构筑物和其他设施。⑤占用或者破坏保护规划确定保留的园林绿地、河湖水系、道路和古树名木等。

第十六条　城市紫线范围内各类建设的规划审批，实行备案制度。

历年真题

1. 下列属于《威尼斯宪章》提出的保护思想有（　　）。[2022-92]

A.“层积性”的保护理念

B. 古迹与其环境不可分离

C. 在世界范围内大力提倡文化多样性

D. 对遗产缺失部分的修补必须与整体保持和谐，但同时须区别原作

E. 历史园林是一种生命力的历史遗产，应进行适当的保护和修复

【答案】BD

【解析】“层积性”最早是地理学领域的一个概念，用来反映地质中的一种历史层层积压的现象，后被引入文化研究等领域。历史文化遗产的“层积”是多种文化在不同时间维度上的多元反应。“层积性”是在2011年11月10日联合国教科文组织大会通过的联合国教科文组织《关于历史性城市景观的建议书》中提出的，强调文化遗产的保护不仅应该关注过去或现在的文化层形态，而应从其动态发展的文化层积着手进行保护，是一种动态持续的保护，A选项不符合题意。1994年，国际古迹遗址理事会在日本奈良开会通过了关于遗产真实性的《奈良真实性文化》，阐述了多样性的重要意义，以及遗产真实性的考察原则，C选项不符合题意。《华盛顿宪章》所涉及的历史城区，包括城市、城镇以及历史中心或居住区，也包括这里的自然和人工环境，“它们不仅可以作为历史的见证，而且体现了城镇传统文化的价值”，E选项不符合题意。

2. 下列保护范围界线中，属于城市紫线管理范围的有（　　）。[2021-93]

A. 文物保护单位保护范围界线

B. 传统风貌建筑保护范围界线

C. 历史文化街区外公布历史建筑的保护范围界线

D. 大遗址保护范围界线

E. 历史文化街区保护范围界线

【答案】CE

【解析】城市紫线，是指国家历史文化名城内的历史文化街区和省、自治区、直辖市人民政府公布的历史文化街区的保护范围界线，以及历史文化街区外经县级以上人民政府公布保护的历史建筑的保护范围界线。

二、历史文化名城保护规划

1. 历史文化名城的类型

（1）根据历史文化名城的特征进行分类。

古都型：以都城时代的历史遗存物、古都的风貌为特点的城市。代表城市有北京、西安、洛阳、开封、安阳等。

传统风貌型：保留了某一时期及几个历史时期积淀下来的完整建筑群体的城市。代表城市有平遥、韩城、镇远、榆林等。

风景名胜型：自然环境往往对城市特色的形成起着决定性的作用，由于建筑与山水环境的叠加而显示出其鲜明的个性特征。代表城市有桂林、肇庆、承德、镇江、苏州、绍兴等。

地方及民族特色型：位于民族地区的城镇由于地域差异、文化环境、历史变迁的影响，而显示出不同的地方特色或独自的个性特征，民族风情、地方文化、地域特色已构成城市风貌的主体。代表城市有拉萨、喀什、丽江、大理等。

近现代史迹型：以反映历史的某一事件或某个阶段的建筑物或建筑群为其显著特色的城市。代表城市有上海、天津、重庆、遵义、延安等。

特殊职能型：城市中的某种职能在历史上有极突出的地位，并且在某种程度上成为城市的特征。代表城市有瓷都景德镇、药都亳州。

一般史迹型：以分散在全城各处的文物古迹作为历史传统体现的主要方式的城市。代表城市有长沙、济南、正定、吉林、襄樊等。

（2）按保护内容的完好程度、分布状况等来进行分类。

古城的格局风貌比较完整，有条件采取整体保护的政策，要严格管理、坚决保护好。

古城风貌犹存，或古城格局、空间关系等尚有值得保护之处，除保护文物古迹、历史文化街区外，要针对尚存的古城格局和风貌采取综合保护措施。

古城的整体格局和风貌已不存在，但还保存有若干体现传统历史风貌的历史文化街区，局部地段来反映城市延续和文化特色，用它来代表古城的传统风貌。

少数历史文化名城，目前已难以找到一处值得保护的历史文化街区，对它们来讲，重要的不是去再造一条仿古街道，而是要全力保护好文物古迹周围的环境，否则和其他一般城市就没什么区别了。

各级历史文化保护关系见图 5–23。

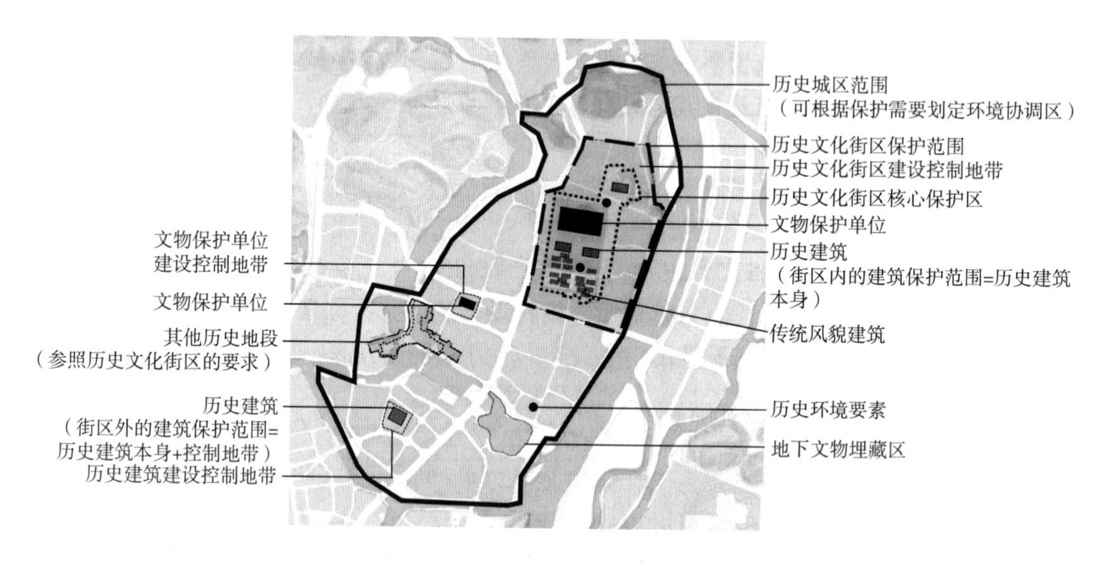

图 5–23　各级历史文化保护关系

2. 历史文化名城保护规划

（1）编制原则。

1）《历史文化名城保护规划标准》第 1.0.3 条规定：①保护历史真实载体的原则；②保护历史环境的原则；③合理利用、永续发展的原则；④统筹规划、建设、管理的原则。

2）《历史文化名城保护规划编制要求》（1994 年），编制保护规划应遵循以下原则：①历史文化名城应该保护城市的文物古迹和历史地段，保护和延续古城的风貌特点，继承和发扬城市的传统文化，保护规划应根据城市的具体情况编制和落实；②编制保护规划应当分析城市历史演变及性质、规模、现状特点，并根据历史文化遗存的性质、形态、分布等特点，因地制宜地确定保护原则和工作重点；③编制保护规划要从城市总体上采取规划措施，为保护城市历史文化遗存创造有利条件，同时又要注意满足城市经济、社会发展和改善人民生活和工作环境的需要，使保护与建设协调发展；④编制保护规划应当注意对城市传统文化内涵的发掘与继承，促进城市物质文明和精神文明的协调发展；⑤编制保护规划应当突出保护重点，即保护文物古迹、风景名胜及其环境；对于具有传统风貌的商业、手工业、居住以及其他性质的街区，需要保护整体环境的文物古迹、革命纪念建筑集中连片的地区，或在城市发展史上有历史、科学、艺术价值的近代建筑群等，要划定为“历史文化保护区”予以重点保护。特别要注意对濒临破坏的历史实物遗存的抢救和保护，不使继续破坏。对已不存在的“文物古迹”一般不提倡重建。

（2）规划期限。（《历史文化名城名镇名村保护条例》第十五条）

历史文化名城、名镇保护规划的规划期限应当与城市、镇总体规划的规划期限相一致；历史文化名村保护规划的规划期限应当与村庄规划的规划期限相一致。

（3）内容。

1）保护规划应当包括下列内容：①保护原则、保护内容和保护范围；②保护措施、开发强度和建设控制要求；③传统格局和历史风貌保护要求；④历史文化街区、名镇、名村的核心保护范围和建设控制地带；⑤保护规划分期实施方案。（《历史文化名城名镇名村保护条例》第十四条）

2）历史文化名城保护应包括下列内容：①城址环境及与之相互依存的山川形胜；②历史城区的传统格局与历史风貌；③历史文化街区和其他历史地段；④需要保护的建筑，包括文物保护单位、历史建筑、已登记尚未核定公布为文物保护单位的不可移动文物、传统风貌建筑等；⑤历史环境要素；⑥非物质文化遗产以及优秀传统文化。（《历史文化名城保护规划标准》第 3.1.1 条）

3）历史文化名城保护规划应包括下列内容：①城址环境保护；②传统格局与历史风貌的保持与延续；③历史地段的维修、改善与整治；④文物保护单位和历史建筑的保护和修缮。（《历史文化名城保护规划标准》第 3.1.5 条）

（4）一般规定。（《历史文化名城保护规划标准》第 3.1.3、3.1.4、3.1.6 ~ 3.1.9 条）

1）历史文化名城保护规划应坚持整体保护的理念，建立历史文化名城、历史文化街区与文物保护单位三个层次的保护体系。

2）历史文化名城保护规划应确定名城保护目标和保护原则，确定名城保护内容和保护重点，提出名城保护措施。

3）历史文化名城保护规划应划定历史城区、历史文化街区和其他历史地段、文物保护单位、历史建筑和地下文物埋藏区的保护界线，并应提出相应的规划控制和建设要求。

4）历史文化名城保护规划应优化调整历史城区的用地性质与功能，调控人口容量，疏解城区交通，改善市政设施等，并提出规划的分期实施及管理建议。

5）历史文化名城保护规划应对地下文物埋藏区保护界线范围内的道路交通设施建设、市政管线建设、房屋建设、绿化建设以及农业活动等提出相应的管控措施，不得危及地下文物的安全。

6）历史城区应明确延续历史风貌的要求。

（5）保护界线。（《历史文化名城保护规划标准》第 3.2 节）

历史文化名城保护规划应划定历史城区范围，可根据保护需要划定环境协调区。

历史文化名城保护规划应划定历史文化街区的保护范围界线，保护范围应包括核心保护范围和建设控制地带。对未列为历史文化街区的历史地段，可参照历史文化街区的划定方法确定保护范围界线。

历史文化名城保护规划中，文物保护单位保护范围和建设控制地带的界线，应以各级人民政府公布的具体界线为基本依据。

历史文化名城保护规划应当划定历史建筑的保护范围界线。历史文化街区内历史建筑的保护范围应为历史建筑本身，历史文化街区外历史建筑的保护范围应包括历史建筑本身和必要的建设控制地带。

当历史文化街区的保护范围与文物保护单位的保护范围和建设控制地带出现重叠时，应坚持从严保护的要求，应按更为严格的控制要求执行。

（6）格局与风貌。(《历史文化名城保护规划标准》第 3.3 节)

历史文化名城保护规划应对城址环境的自然山水和人文要素提出保护措施，对城址环境提出管控要求。

历史文化名城保护规划应对体现历史城区传统格局特征的城垣轮廓、空间布局、历史轴线、街巷肌理、重要空间节点等提出保护措施，并应展现文化内在关联。

历史文化名城保护规划应运用城市设计方法，对体现历史城区历史风貌特征的整体形态以及建筑的高度、体量、风格、色彩等提出总体控制和引导要求。并应强化历史城区的风貌管理，延续历史文脉，协调景观风貌。

历史文化名城保护规划应明确历史城区的建筑高度控制要求，包括历史城区建筑高度分区、重要视线通廊及视域内建筑高度控制、历史地段保护范围内的建筑高度控制等。

（7）道路交通。(《历史文化名城保护规划标准》第 3.4 节)

历史城区应保持或延续原有的道路格局，保护有价值的街巷系统，保持特色街巷的原有空间尺度和界面。

历史文化名城应通过完善综合交通体系，改善历史城区的交通条件。历史城区的交通组织应以疏导为主，应将通过性的交通干路、交通换乘设施、大型机动车停车场等安排在历史城区外围。

历史城区应优先发展公共交通、步行和自行车交通；应选择合适的公共交通车型，提高公共交通线网的覆盖率；宜结合整体交通组织，设置自行车和行人专用道、步行区，营造人性化的交通环境。

历史城区应控制机动车停车位的供给，完善停车收费和管理制度，采取分散、多样化的停车布局方式。不宜增建大型机动车停车场。

历史城区内道路及交叉口的改造，应充分考虑历史街道的原有空间特征。

历史城区内道路、桥梁、轨道、公交、停车场、加油站等交通设施的形式应满足历史风貌的管理要求，对现有风貌不协调的交通设施应予以整治。

（8）市政工程。(《历史文化名城保护规划标准》第 3.5 节)

1）历史城区内应积极改善市政基础设施，与用地布局、路交通组织等统筹协调，并应符合下列规定：①历史城区的市政基础设施规划应充分借鉴和延续传统方法和经验，充分发挥历史遗留设施的作用；②对现状已存在的大型市政设施，应进行统筹优化，提出调整措施；历史城区内不应保留污水处理厂、固体废弃物处理厂（场）、区域锅炉房、高压输气与输油管线和贮气与贮油设施等环境敏感型设施；不宜保留枢纽变电站、大中型垃圾转运站、高压配气调压站、通信枢纽局等设施；③历史城区内不应新设置区域性大型市政基础设施站点，直接为历史城区服务的新增市政设施站点宜布置在历史城区周边地带；④有条件的历史城区，应以市政集中供热为主；不具备集中供热条件的历史城区宜采用燃气、电力等清洁能源供热；⑤当市政设施及管线布置与保护要求发生矛盾时，应在满足保护和安全要求的前提下，采取适宜的技术措施进行处理。

2）历史城区市政设施建设应与历史城区整体风貌相协调。

3）历史城区市政管线布置和市政管线建设应结合用地布局、道路条件、现状管网情况以及市政需求预测结果确定，并应符合下列规定：①应根据居民基本生活需求，合理确定市政管线建设的优先次序；②应因地制宜确定排水体制，在有条件的地区推广雨水低影响开发建设模式；③管线宜采取地下敷设的方式，当受条件限制需要采用架空或沿墙敷设的方式时，应进行隐蔽和美化处理；④当在狭窄地段敷设管线无法满足国家现行相关标准的安全间距要求时，可采用新技术、新材料、新工艺，以满足管线安全运营管理要求。

（9）防灾和环境保护。（《历史文化名城保护规划标准》第 3.6 节）

防灾和环境保护设施应满足历史城区历史风貌的保护要求。

历史城区必须健全防灾安全体系。

历史城区内不得设置生产、贮存易燃易爆、有毒有害危险物品的工厂和仓库。

历史城区内应重点发展与历史文化名城相匹配的相关产业，不得保留或设置二、三类工业用地，不宜保留或设置一类工业用地。当历史城区外的污染源对历史城区造成大气、水体、噪声等污染时，应提出治理、调整、搬迁等要求。

历史城区防洪堤坝工程设施应与自然环境、历史环境相协调，保持滨水特色。对历史留存下的防洪构筑物、码头等应提出保护与利用措施。

历史城区的内涝防治措施应根据地形特点、水文条件、气候特征、雨水管渠系统、防洪设施现状和内涝防治要求等综合分析后确定，并应与城市竖向规划、防洪规划相协调。

（10）保护范围内禁止的活动。

《历史文化名城名镇名村保护条例》第二十四条规定：①开山、采石、开矿等破坏传统格局和历史风貌的活动。②占用保护规划确定保留的园林绿地、河湖水系、道路等。③修建生产、储存爆炸性、易燃性、放射性、毒害性、腐蚀性物品的工厂、仓库等。④在历史建筑上刻划、涂污。

（11）建设工程选址与历史文化保护。

《历史文化名城名镇名村保护条例》第三十四条规定：建设工程选址，应当尽可能避开历史建筑；因特殊情况不能避开的，应当尽可能实施原址保护。对历史建筑实施原址保护的，建设单位应当事先确定保护措施，报城市、县人民政府城乡规划主管部门会同同级文物主管部门批准。

因公共利益需要进行建设活动，对历史建筑无法实施原址保护、必须迁移异地保护或者拆除的，应当由城市、县人民政府城乡规划主管部门会同同级文物主管部门，报省、自治区、直辖市人民政府确定的保护主管部门会同同级文物主管部门批准。

历年真题

1. 根据《历史文化名城保护规划标准》，历史城区传统格局保护内容不包括（　　）。［2022-39］

A. 空间布局　　B. 历史环境要素　　C. 历史轴线　　D. 街巷肌理

【答案】B

【解析】《历史文化名城保护规划标准》第 3.3.2 条规定，历史文化名城保护规划应对体现历史城区传统格局特征的城垣轮廓、空间布局、历史轴线、街巷肌理、重要空间节点等提出保护措施，并应展现文化内在关联。

2. 下列关于历史城区内基础设施规划要求的表述，不准确的是（　　）。[2022–41]

A. 市政管线要和历史环境协调，应采取地下敷设的方式

B. 防洪堤坝工程设施应与自然环境、历史环境相协调

C. 不应保留区域锅炉房

D. 不宜保留枢纽变电站

【答案】A

【解析】《历史文化名城保护规划标准》第 3.5.3 条规定，管线宜采取地下敷设的方式，当受条件限制需要采用架空或沿墙敷设的方式时，应进行隐蔽和美化处理。

3. 在历史文化名城保护规划中，应划定保护界线的有（　　）。[2022–91]

A. 历史文化街区　　B. 历史地段

C. 历史建筑　　D. 传统风貌建筑

E. 历史环境要素

【答案】ABC

【解析】《历史文化名城保护规划标准》第 3.1.6 条规定，历史文化名城保护规划应划定历史城区、历史文化街区和其他历史地段、文物保护单位、历史建筑和地下文物埋藏区的保护界线，并应提出相应的规划控制和建设要求。

4. 下列要素中，不属于历史文化名城保护对象的是（　　）。[2021–42]

A. 城址环境及与之相互依存的山川形胜　　B. 中心城区的整体格局与传统风貌

C. 历史文化街区和其他历史地段　　D. 体现优秀传统文化的节庆活动

【答案】B

【解析】《历史文化名城保护规划标准》规定，历史文化名城保护应包括下列内容：城址环境及与之相互依存的山川形胜；历史城区的传统格局与历史风貌；历史文化街区和其他历史地段；需要保护的建筑，包括文物保护单位、历史建筑、已登记尚未核定公布为文物保护单位的不可移动文物、传统风貌建筑等；历史环境要素；非物质文化遗产以及优秀传统文化。

三、历史文化街区保护规划

本部分内容主要根据《历史文化名城保护规划标准》GB/T 50357—2018 编写。

1. 划定原则

历史文化街区的范围划定应符合历史真实性、生活延续性及风貌完整性原则。

2. 申报条件（第 4.1.1 条）

（1）应有比较完整的历史风貌。

（2）构成历史风貌的历史建筑和历史环境要素应是历史存留的原物。

（3）历史文化街区核心保护范围面积不应小于 1hm^2。

（4）历史文化街区核心保护范围内的文物保护单位、历史建筑、传统风貌建筑的总用

地面积不应小于核心保护范围内建筑总用地面积的 60%。

3. 一般规定（第 4.1.2 ~ 4.1.4 条）

历史文化街区保护规划应确定保护的目标和原则，严格保护历史风貌，维持整体空间尺度，对街区内的历史街巷和外围景观提出具体的保护要求。

历史文化街区保护规划应达到详细规划深度要求。历史文化街区保护规划应对保护范围内的建筑物、构筑物提出分类保护与整治要求。对核心保护范围应提出建筑的高度、体量、风格、色彩、材质等具体控制要求和措施，并应保护历史风貌特征。建设控制地带应与核心保护范围的风貌协调，至少应提出建筑高度、体量、色彩等控制要求。

历史文化街区增建设施的外观、绿化景观应符合历史风貌的保护要求。

4. 保护界线（第 4.2 节）

（1）历史文化街区核心保护范围界线。

应保持重要眺望点视线所及范围的建筑物外观界面及相应建筑物的用地边界完整。

应保持现状用地边界完整。

应保持构成历史风貌的自然景观边界完整。

（2）历史文化街区建设控制地带界线。

应以重要眺望点视线所及范围的建筑外观界面相应的建筑用地边界为界线。

应将构成历史风貌的自然景观纳入，并应保持视觉景观的完整性。

应将影响核心保护范围风貌的区域纳入，宜兼顾行政区划管理的边界。

（3）历史文化街区核心保护范围的规定。(《历史文化名城名镇名村保护条例》)

第二十七条　对历史文化街区、名镇、名村核心保护范围内的建筑物、构筑物，应当区分不同情况，采取相应措施，实行分类保护。历史文化街区核心保护范围内的历史建筑，应当保持原有的高度、体量、外观形象及色彩等。

第二十八条　历史文化街区核心保护范围内，不得进行新建、扩建活动。但是，新建、扩建必要的基础设施和公共服务设施除外。

在历史文化街区核心保护范围内，新建、扩建必要的基础设施和公共服务设施的，城市、县人民政府城乡规划主管部门核发建设工程规划许可证、乡村建设规划许可证前，应当征求同级文物主管部门的意见。

在历史文化街区核心保护范围内，拆除历史建筑以外的建筑物、构筑物或者其他设施的，应当经城市、县人民政府城乡规划主管部门会同同级文物主管部门批准。

第三十条　城市、县人民政府应当在历史文化街区核心保护范围的主要出入口设置标志牌。任何单位和个人不得擅自设置、移动、涂改或者损毁标志牌。

第三十一条　历史文化街区核心保护范围内的消防设施、消防通道，应当按照有关的消防技术标准和规范设置。确因历史文化街区的保护需要，无法按照标准和规范设置的，由城市、县人民政府公安机关消防机构会同同级城乡规划主管部门制订相应的防火安全保障方案。

（4）历史文化街区建设控制地带的规定。

1）历史文化街区建设控制地带内的新建建筑物、构筑物，应当符合保护规划确定的建设控制要求。

2）新建、扩建、改建活动。①新建、扩建、改建建筑时，应当在高度、体量、色彩等方面与历史风貌相协调；②新建、扩建、改建道路时，不得破坏传统格局和历史风貌；③不得新建对环境有污染的工业企业，现有对环境有污染的工业企业应当有计划地迁移。

5. 保护与整治（第 4.3.1 ~ 4.3.4 条）

（1）应对历史文化街区内需要保护建筑物、构筑物的位置信息、建造年代、结构材料、建筑层数、历史使用功能、现状使用功能、建筑面积、用地面积进行逐项调查统计。

（2）历史文化街区内的建筑物、构筑物的保护与整治方式应符合表 5–38 的规定。

（3）应对历史文化街区内与历史风貌相冲突的其他环境要素进行整治、拆除。

（4）当对历史文化街区内与历史风貌有冲突的建筑物、构筑物采取拆除重建的方式时，应符合历史风貌的保护要求；当采取拆除不建的方式时，宜多增加公共开放空间，提高历史文化街区的宜居性。

表 5–38 历史文化街区内的建筑物、构筑物的保护与整治方式

分类	文物保护单位	历史建筑	传统风貌建筑	其他建筑物、构筑物	
				与历史风貌无冲突的其他建筑物、构筑物	与历史风貌有冲突的其他建筑物、构筑物
保护与整治方式	修缮	修缮 维修 改善	维修 改善	保留 维修 改善	整治 （拆除重建、拆除不建）

注：表中与历史风貌无冲突的建（构）筑物和与历史风貌有冲突的建（构）筑物是指文物保护单位、保护建筑和历史建筑以外的所有新旧建筑。

6. 道路交通（第 4.4.1 ~ 4.4.5 条）

（1）宜在历史文化街区以外更大的空间范围内统筹交通设施的布局，历史文化街区内不应设置高架道路、立交桥、高架轨道、客货运枢纽、大型停车场、大型广场、加油站等交通设施。地下轨道选线不应穿越历史文化街区。

（2）历史文化街区宜采用宁静化的交通设计，可结合保护的需要，划定机动车禁行区。

（3）历史文化街区应优化步行和自行车交通环境，提高公共交通出行的可达性。

（4）历史文化街区内的街道宜采用历史上的原有名称。

（5）历史文化街区内道路的宽度、断面、路缘石半径、消防通道的设置应符合历史风貌的保护要求，道路的整修宜采用传统的路面材料及铺砌方式。

7. 市政工程（第 4.5.1、4.5.3、4.5.5 条）

（1）历史文化街区内宜采用小型化、隐蔽型的市政设施，有条件的可采用地下、半地下或与建筑相结合的方式设置，其设施形式应与历史文化街区景观风貌相协调。

（2）工程管线种类和敷设方式应根据需求及道路宽度、管线尺寸等因素综合确定，并应符合下列规定。

市政工程管线应以地下敷设方式为主，各种工程管线不宜在垂直方向上重叠直埋敷设。

排水管道宜选用强度高、接口可靠、便于在狭窄场地施工的管材。

当历史文化街区的街巷宽度受到限制以及不符合管线安全防护要求时，不应新建高压、次高压燃气管线。

热力管线宜采用直埋敷设，建筑改造应预留出热力管线走廊。

电力、通信管线宜采用地下敷设方式，因条件限制可采用架空或沿墙敷设方式，并应进行隐蔽化处理。

（3）在有条件的街巷，宜采用综合管廊、管沟的方式敷设工程管线。

8. 防灾和环境保护（第 4.6.1、4.6.2 条）

（1）历史文化街区宜设置专职消防场站，并应配备小型、适用的消防设施和装备，建立社区消防机制。在不能满足消防通道及消防给水管径要求的街巷内，应设置水池、水缸、沙池、灭火器及消火栓箱等小型、简易消防设施及装备。

（2）在历史文化街区外围宜设置环通的消防通道。

历年真题

1. 下列关于历史文化街区范围划定原则的表述，不准确的是（　　）。[2022-40]

A. 历史真实性　　B. 风貌完整性　　C. 文化多样性　　D. 生活延续性

【答案】C

【解析】历史文化街区的范围划定应符合历史真实性、生活延续性及风貌完整性原则。

2. 下列关于历史文化街区内涵与规划要求的表述，不正确的是（　　）。[2021-44]

A. 是历史文化名城价值的重要载体和城市整体历史风貌特色的集中体现

B. 是活态的遗产和城市中具有历史文化特色的功能片区

C. 保护规划要划定建设控制地带，在核心保护范围和新的建设地区之间形成缓冲

D. 保护规划要划定环境协调区，在街区和新的建设地区之间形成过渡

【答案】D

【解析】历史文化名城保护规划应划定历史城区范围，可根据保护需要划定环境协调区。

3. 下列关于历史文化街区保护要求的表述，不准确的是（　　）。[2021-45]

A. 街区内不应设置高架道路、立交桥等交通设施

B. 街区内可结合保护需要划定机动车禁行区

C. 街区内市政工程管线应以地下敷设为主，不应新建高压、次高压燃气管线

D. 街区内市政工程管线宜在垂直方向重叠直埋敷设以适应狭小空间

【答案】D

【解析】历史文化街区的市政工程管线应以地下敷设方式为主，各种工程管线不宜在垂直方向上重叠直埋敷设。

四、文物保护单位

1. 文物保护单位的核定与公布

国家重点文物保护单位：国务院文物总局挑选或直接确定，报国务院核定公布。

省级文物保护单位：省级人民政府核定公布，报国务院备案。

市、县级文物保护单位：市、县级人民政府核定公布，报省级人民政府备案。

不是文物保护单位的不可移动文物：县级人民政府登记公布。

2. 文物保护单位保护范围和建设控制地带的划定

（1）文物保护单位保护范围划定。

1）概念。文物保护单位的保护范围是指对文物保护单位本体及周围一定范围实施重点保护的区域。

2）划定原则。应确保文物保护单位的真实性和完整性，并在文物保护单位本体之外保持一定的安全距离。一般可以以历史上遗存的界墙、路网、壕沟等为基本界划，向外 10m ~ 20m 划定保护范围。无历史界线的，以能够包含当前保护单位的全部构成要素的范围为基本界划。埋深浅于 3m 的遗址，以基地边界向外 3m 处的连线作为基本界划。

（2）文物保护单位的建设控制地带划定。

1）概念。文物保护单位的建设控制地带是指在文物保护单位的保护范围外，为保护文物保护单位的安全、环境、历史风貌对建设项目加以限制的区域。

2）划定原则。根据文物保护单位的类别、规模、内容以及周围环境的历史和现实情况合理划定。

（3）划定单位。

文物保护单位保护范围和建设控制地带的划定单位，见表 5-39。

表 5-39　文物保护单位保护范围和建设控制地带的划定单位

类型	级别	核定公布
保护范围	全国重点和省级文物保护单位	自核定公布之日起 1 年内，由省级人民政府划定必要的保护范围
	市和县级文物保护单位	自核定公布之日起 1 年内，分别由市、县级人民政府划定保护范围
建设控制地带	全国重点文物保护单位	经省级人民政府批准，由省级政府的文物行政主管部门会同自然资源主管部门划定并公布
	省、市、县级文物保护单位	经省级人民政府批准，由核定公布该文物保护单位的文物行政主管部门会同自然资源主管部门划定并公布

3. 文物保护单位的保护范围和建设控制地带内的建设活动

（1）文物保护单位的保护范围内。（《中华人民共和国文物保护法》第十七条）

文物保护单位的保护范围内不得进行其他建设工程或者爆破、钻探、挖掘等作业。因特殊情况需要建设，必须保证文物保护单位的安全，并经核定公布该文物保护单位的人民政府批准，在批准前应当征得上一级人民政府文物行政部门同意。全国重点文物保护单位的保护范围内进行建设工程须经省级政府批准，在批准前应当征得国务院文物行政部门同意。

（2）文物保护单位的建设控制地带内。（《中华人民共和国文物保护法》第十八条）

在文物保护单位的建设控制地带内进行建设工程，不得破坏文物保护单位的历史风貌；工程设计方案应当根据文物保护单位的级别，经相应的文物行政部门同意后，报城乡建设规划部门批准。

4. 文物保护单位的使用

《中华人民共和国文物保护法》第二十三条规定，核定为文物保护单位的属于国家所有的纪念建筑物或者古建筑，除可以建立博物馆、保管所或者辟为参观游览场所外，不得作为企业资产经营。

作其他用途的需要核定，见表 5–40。

表 5–40　文物保护单位改变用途的核定

级别	改变用途核定公布
国家重点文物保护单位	应由省级人民政府报国务院核定批准
省级文物保护单位	省级文物行政部门审核同意后，报省级人民政府批准
市、县级文物保护单位	本级文物行政部门征求上一级文物行政部门同意后，报本级人民政府批准
不是文物保护单位的不可移动文物	报县级文物主管部门批准

5. 文物保护单位的修缮、迁移、重建

（1）对文物保护单位进行修缮，应当根据文物保护单位的级别报相应的文物行政部门批准；对未核定为文物保护单位的不可移动文物进行修缮，应当报登记的县级人民政府文物行政部门批准。文物保护单位的修缮、迁移、重建，由取得文物保护工程资质证书的单位承担。(《中华人民共和国文物保护法》第二十一条）

（2）迁移：无法实施原址保护，必须迁移异地保护或者拆除的，应当报省、自治区、直辖市人民政府批准；迁移或者拆除省级文物保护单位的，批准前须征得国务院文物行政部门同意。全国重点文物保护单位不得拆除；需要迁移的，须由省、自治区、直辖市人民政府报国务院批准。(《中华人民共和国文物保护法》第二十条）

6. 破坏文物保护单位的处罚

（1）《中华人民共和国文物保护法》第六十六条规定，有下列行为之一，尚不构成犯罪的，由县级以上人民政府文物主管部门责令改正，造成严重后果的，处五万元以上五十万元以下的罚款；情节严重的，由原发证机关吊销资质证书。

1）擅自在文物保护单位的保护范围内进行建设工程或者爆破、钻探、挖掘等作业的。

2）在文物保护单位的建设控制地带内进行建设工程，其工程设计方案未经文物行政部门同意、报城乡建设规划部门批准，对文物保护单位的历史风貌造成破坏的。

3）擅自迁移、拆除不可移动文物的。

4）擅自修缮不可移动文物，明显改变文物原状的。

5）擅自在原址重建已全部毁坏的不可移动文物，造成文物破坏的。

6）施工单位未取得文物保护工程资质证书，擅自从事文物修缮、迁移、重建的。

（2）刻划、涂污或者损坏文物尚不严重的，或者损毁依照文物保护法第十五条第一款规定设立的文物保护单位标志的，由公安机关或者文物所在单位给予警告，可以并处罚款。

（3）在文物保护单位的保护范围内或者建设控制地带内建设污染文物保护单位及其环境设施的，或者对已有的污染文物保护单位及其环境的设施未在规定的期限内完成治理的，由环境保护行政部门依照有关法律、法规的规定给予处罚。

（4）《中华人民共和国文物保护法》第六十八条规定，有下列行为之一的，由县级以上人民政府文物主管部门责令改正，没收违法所得，违法所得一万元以上的，并处违法所得二倍以上五倍以下的罚款；违法所得不足一万元的，并处五千元以上二万元以下的罚款。

1）转让或者抵押国有不可移动文物，或者将国有不可移动文物作为企业资产经营的。

2）将非国有不可移动文物转让或者抵押给外国人的。

3）擅自改变国有文物保护单位的用途的。

（5）《中华人民共和国文物保护法》第七十五条规定，有下列行为之一的，由县级以上人民政府文物主管部门责令改正。

1）改变国有未核定为文物保护单位的不可移动文物的用途，未依照本法规定报告的。

2）转让、抵押非国有不可移动文物或者改变其用途，未依照本法规定备案的。

3）国有不可移动文物的使用人拒不依法履行修缮义务的。

4）考古发掘单位未经批准擅自进行考古发掘，或者不如实报告考古发掘结果的。

5）文物收藏单位未按照国家有关规定建立馆藏文物档案、管理制度，或者未将馆藏文物档案、管理制度备案的。

五、不可移动文物

《中华人民共和国文物保护法》规定如下。

第五条　国有不可移动文物的所有权不因其所依附的土地所有权或者使用权的改变而改变。

第二十一条　对未核定为文物保护单位的不可移动文物进行修缮，应当报登记的县级人民政府文物行政部门批准。

对不可移动文物进行修缮、保养、迁移，必须遵守不改变文物原状的原则。

第二十二条　不可移动文物已经全部毁坏的，应当实施遗址保护，不得在原址重建。但是，因特殊情况需要在原址重建的，由省、自治区、直辖市人民政府文物行政部门报省、自治区、直辖市人民政府批准；全国重点文物保护单位需要在原址重建的，由省、自治区、直辖市人民政府报国务院批准。

第二十四条　国有不可移动文物不得转让、抵押。建立博物馆、保管所或者辟为参观游览场所的国有文物保护单位，不得作为企业资产经营。

第二十六条　使用不可移动文物，必须遵守不改变文物原状的原则，负责保护建筑物及其附属文物的安全，不得损毁、改建、添建或者拆除不可移动文物。

六、历史建筑

1. 历史建筑档案的内容

城市、县人民政府应当对历史建筑设置保护标志，建立历史建筑档案。历史建筑档案应当包括下列内容：①建筑艺术特征、历史特征、建设年代及稀有程度。②建筑的有关技术资料。③建筑的使用现状和权属变化情况。④建筑的修缮、装饰装修过程中形成的文字、图纸、图片、影像等资料。⑤建筑的测绘信息记录和相关资料。

2. 保护措施

保护历史建筑的历史特征、艺术特征、空间和风貌特色。

任何单位或者个人不得损坏或者擅自迁移、拆除历史建筑。历史建筑外围宜设置环形消防车道，严禁设置加油站。历史文化街区、名镇、名村核心保护范围内的历史建筑，应当保持原有的高度、体量、外观形象和色彩等。

历史文化街区内历史建筑的保护范围应为历史建筑本身，历史文化街区外历史建筑的保护范围包括历史建筑本身和必要的建设控制区。

3. 历史建筑的利用

可以对历史建筑进行利用，但不能改变外观和风貌，可以通过改建等方式进行功能活化。对历史建筑进行外部修缮装饰、添加设施以及改变历史建筑的结构或者使用性质的，应当经城、县自然资源主管部门会同同级文物主管部门批准，并依照有关法律、法规的规定办理相关手续。

4. 历史建筑的迁移或拆除

因公共利益需要进行建设活动，对历史建筑无法实施原址保护、必须迁移异地保护或者拆除的，应当由市、县自然资源主管部门会同同级文物主管部门，报省级人民政府确定的保护主管部门会同同级文物主管部门批准。

5. 非法拆除历史建筑的处罚

非法拆除历史的，责令停止并进行恢复，不能恢复的找人恢复，费用由违法者承担；造成严重后果的，个人罚 10 万 ~ 20 万元，单位罚款 20 万 ~ 50 万元。

6. 拆除核心区域内的非历史建筑

拆除核心区域内的非历史建筑，城市、县规划部门会同同级文物部门批准。

非法拆除核心保护区内的历史建筑，责令停止并进行恢复，不能恢复的找人恢复，费用由违法者承担，造成严重后果的，个人罚 1 万 ~ 5 万元，单位罚款 5 万 ~ 10 万元。

七、传统风貌建筑和其他建筑

传统风貌建筑可在不改变外观风貌的前提下，维护、修缮、整治，改善内部设施。

不协调的建筑可以改为和已有环境协调；环境不协调的新建建筑还可以拆除，拆除后复绿以改善人居环境。

八、《关于在城乡建设中加强历史文化保护传承的意见》要点

1. 构建城乡历史文化保护传承体系

准确把握保护传承体系基本内涵。城乡历史文化保护传承体系是以具有保护意义、承载不同历史时期文化价值的城市、村镇等复合型、活态遗产为主体和依托，保护对象主要包括历史文化名城、名镇、名村（传统村落）、街区和不可移动文物、历史建筑、历史地段，与工业遗产、农业文化遗产、灌溉工程遗产、非物质文化遗产、地名文化遗产等保护传承共同构成的有机整体。

分级落实保护传承体系重点任务。建立城乡历史文化保护传承体系三级管理体制。国家、省（自治区、直辖市）分别编制全国城乡历史文化保护传承体系规划纲要及省级规划，建立国家级、省级保护对象的保护名录和分布图，明确保护范围和管控要求，与

相关规划做好衔接。市县按照国家和省（自治区、直辖市）要求，落实保护传承工作属地责任，加快认定公布市县级保护对象，及时对各类保护对象设立标志牌、开展数字化信息采集和测绘建档、编制专项保护方案，制定保护传承管理办法，做好保护传承工作。

2. 加强保护利用传承

明确保护重点。保护能够真实反映一定历史时期传统风貌和民族、地方特色的历史地段。保护历史文化街区的历史肌理、历史街巷、空间尺度和景观环境，以及古井、古桥、古树等环境要素，整治不协调建筑和景观，延续历史风貌。保护历史文化名城、名镇、名村（传统村落）的传统格局、历史风貌、人文环境及其所依存的地形地貌、河湖水系等自然景观环境，注重整体保护，传承传统营建智慧。保护非物质文化遗产及其依存的文化生态，发挥非物质文化遗产的社会功能和当代价值。

严格拆除管理。对于因公共利益需要或者存在安全隐患不得不拆除的，应进行评估论证，广泛听取相关部门和公众意见。

推进活化利用。活化利用历史建筑、工业遗产，在保持原有外观风貌、典型构件的基础上，通过加建、改建和添加设施等方式适应现代生产生活需要。探索农业文化遗产、灌溉工程遗产保护与发展路径，促进生态农业、乡村旅游发展，推动乡村振兴。

融入城乡建设。采用“绣花”、“织补”等微改造方式，增加历史文化名城、名镇、名村（传统村落）、街区和历史地段的公共开放空间，补足配套基础设施和公共服务设施短板。

历年真题

1. 中共中央办公厅、国务院办公厅印发《关于在城乡建设中加强历史文化保护传承的意见》，提出构建城乡历史文化保护传承体系，该体系中的保护对象类型不包括（　　）。[2022-38]

A. 历史地段　　B. 历史文化保护区　C. 地名文化遗产　　D. 灌溉工程遗产

【答案】B

【解析】城乡历史文化保护传承体系是以具有保护意义、承载不同历史时期文化价值的城市、村镇等复合型、活态遗产为主体和依托，保护对象主要包括历史文化名城、名镇、名村（传统村落）、街区和不可移动文物、历史建筑、历史地段，与工业遗产、农业文化遗产、灌溉工程遗产、非物质文化遗产、地名文化遗产等保护传承共同构成的有机整体。

2. 下列关于历史建筑保护管理要求的表述，错误的是（　　）。[2021-46]

A. 历史建筑所有权人应按照保护规划的要求，负责历史建筑的维护和修缮

B. 城市、县人民政府应当对历史建筑设置保护标志

C. 对历史建筑进行外部修缮装饰，应经过城市、县人民政府批准

D. 任何单位和个人不得损坏或者擅自迁移历史建筑

【答案】C

【解析】对历史建筑进行外部修缮装饰、添加设施以及改变历史建筑的结构或者使用性质的，应当经城市、县人民政府城乡规划主管部门会同同级文物主管部门批准，并依照有关法律、法规的规定办理相关手续。

第八节　城市市政公用设施规划

城市市政公用设施规划主要分为总体规划和详细规划。总体规划主要是宏观性的，一般关键词是水源、标准、总量、方式、分区、干管等，详细规划是微观性的，一般关键词是计算、管径、平面、标高、管网等。

一、城市市政公用设施规划的基本概念和主要任务

基本概念：市政公用设施泛指由国家或各种公益部门建设管理、为社会生活和生产提供基本服务的行业和设施。

市政公用设施主要指规划区范围内的水资源、给水、排水、再生水、能源、电力、燃气、供热、通信、环卫设施等工程，是城市基础设施中最主要、最基本的内容。

城市总体规划阶段主要任务：根据确定的城市发展目标、规模和总体布局以及本系统上级主管部门的发展规划确立本系统的发展目标，提出保障城市可持续发展的水资源、能源利用与保护战略；合理布局本系统的重大关键性设施和网络系统，制定本系统主要的技术政策、规定和实施措施；综合协调并确定城市供水、排水、防洪、供电、通信、燃气、供热、消防、环卫等设施的规模和布局。

城市详细规划阶段主要任务：根据城市分区规划中市政公用设施规划和城市详细规划布局，具体布置规划范围内市政公用设施和工程管线，提出相应的工程建设技术和实施措施。

历年真题

下列不属于城乡规划中城市市政公用设施规划内容的是（　　）。[2017-50]

A. 水资源、给水、排水、再生水　　B. 能源、电力、燃气、供热

C. 通信　　D. 环卫、环保

【答案】D

【解析】市政公用设施主要指规划区范围内的水资源、给水、排水、再生水、能源、电力、燃气、供热、通信、环卫设施等工程。环保不属于市政公用设施。

二、城市市政公用设施规划的主要内容

1. 城市水资源规划

主要任务：根据城市和区域水资源的状况，最大限度地保护和合理利用水资源；按照可持续发展原则科学合理预测城乡生态、生产、生活等需水量，充分利用再生水、雨洪水等非常规水资源，进行资源供需平衡分析；确定城市水资源利用与保护战略，提出水资源节约利用目标、对策，制定水资源的保护措施。

主要内容：①水资源开发与利用现状分析：区域、城市的多年平均降水量、年均降水总量，地表水资源量、地下水资源量和水资源总量。②供用水现状分析：从地表水、地下水、外调水量、再生水等几方面分析供水现状及趋势，从生活用水、工业用水、农业用水及生态环境用水等几方面分析用水现状及趋势，横向及纵向分析城市用水效率水平及发展趋势。③供需水量预测及平衡分析：根据本地地表水、地下水、再生水及外调水等现状

情况及发展趋势，预测规划期内可供水资源，提出水资源承载能力；根据城市经济社会发展规划，结合城市总体规划方案，预测城市需水量，进行水资源供需平衡分析。④水资源保障战略：根据城市经济社会发展目标和城市总体规划目标，结合水资源承载能力，按照节流、开源、水源保护并重的规划原则，提出城市水资源规划目标，制定水资源保护、节约用水、雨洪及再生水利用、开辟新水源、水资源合理配置及水资源应急管理等战略保障措施。

2. 城市给水工程规划

城市给排水工程系统如表 5-41、图 5-24 所示。

表 5-41 城市给排水工程系统

工程类型	内容
取水工程（1，2，3，4）	水源、取水口、取水构筑物、提升原水的一级泵站、输送到净水工程的输水管
净水工程（6，7，8）	自来水厂、清水库、输送净水的二级泵站
输配水工程（5，9 内部的水塔等）	从水厂至用户的管网、水池、水塔、增加泵站

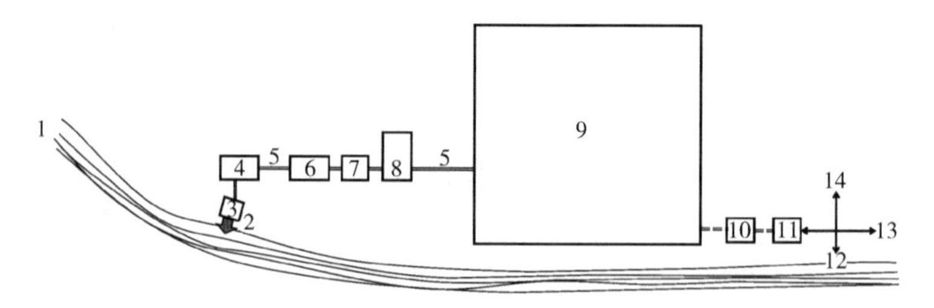

1—水源；2—取水口；3—取水构筑物；4— 一级泵站；5—输水管；6—自来水厂（净水厂）；
7—清水库；8—二级泵站；9—城市；10—污水泵站；11—污水处理厂；12—排水口；
13—灌溉农田；14—回用水处理厂。

图 5-24 城市给排水工程系统

主要任务：根据城市和区域水资源的状况，合理选择水源，科学合理确定用水量标准，预测城乡生产、生活等需水量，确定城市自来水厂等设施的规模和布局；布置给水设施和各级供水管网系统，满足用户对水质、水量、水压等要求。

城市总体规划阶段主要内容：①确定用水量标准，预测城市总用水量；②平衡供需水量，选择水源，确定取水方式和位置；③确定给水系统的形式、水厂供水能力和厂址，选择处理工艺；④布置输配水干管、输水管网和供水重要设施，估算干管管径。

城市详细规划阶段主要内容：①计算用水量，提出对用水水质、水压的要求；②布置给水设施和给水管网；③计算输配水管渠管径，校核配水管网水量及水压。

历年真题

下列不属于总体规划阶段给水工程规划主要内容的是（　　）。[2012-50]

A. 确定用水量标准，预测城市总用水量

B. 提出对用水水质、水压的要求

C. 确定给水系统的形式、水厂供水能力和厂址

D. 布置输配水干管、输水管网和供水重要设施，估算干管管径

【答案】B

【解析】计算用水量，提出对用水水质、水压的要求属于详细规划阶段的内容。

3. 城市再生水利用规划

主要任务：根据城市水资源供应紧缺状况，结合城市污水处理厂规模、布局，在满足不同用水水质标准条件下考虑将城市污水处理再生后用于生态用水、市政杂用水、工业用水等，确定城市再生水厂等设施的规模、布局；布置再生水设施和各级再生水管网系统，满足用户对水质、水量、水压等要求。

城市总体规划阶段主要内容：①确定再生水利用对象、用水量标准、水质标准，预测城市再生水需水量。②结合城市污水处理厂规模、布局，合理布置再生水厂布局、规模和服务范围。③布置再生水输配水干管、输水管网和供水重要设施。

城市详细规划阶段主要内容：①计算再生水需水量，提出对用水水压的要求；②布置再生水设施和管网；③计算输配水管渠管径，校核配水管网水量及水压。

历年真题

下列关于再生水利用规划的表述，不准确的是（　　）。[2013-54]

A. 城市再生水主要用于生态用水、市政杂用水和工业用水

B. 按照城市排水体制确定再生水厂的布局

C. 城市再生水利用规划需满足用户对水质、水量、水压等的要求

D. 城市详细规划阶段，需计算输配水管渠管径、校核配水管网水量及水压

【答案】B

【解析】城市再生水利用规划主要是根据城市水资源供应紧缺状况，结合城市污水处理厂规模、布局，在满足不同用水水质标准条件下考虑将城市污水处理再生后用于生态用水、市政杂用水、工业用水等，确定城市再生水等设施的规模、布局；布置再生水设施和各级再生水管网系统，满足用户对水质、水量、水压等要求，A、C选项准确。在详细规划阶段，需要计算输配水管渠管径，校核配水管网水量及水压，D选项准确。再生水厂主要是依据污水处理厂来确定，并不完全是按照排水体制来确定再生水厂的布局，B选项不准确。

4. 城市排水工程规划

主要任务：根据城市用水状况和自然环境条件，确定规划期内污水处理量，污水处理设施的规模与布局，布置各级污水管网系统；确定城市雨水排除与利用系统规划标准、雨水排除出路、雨水排放与利用设施的规模与布局。

城市总体规划阶段主要内容：①确定排水制度。②划分排水区域，估算雨水、污水总量，制定不同地区污水排放标准。③进行排水管、渠系统规划布局，确定雨水、污水主要泵站数量、位置，以及水闸位置。④确定污水处理厂数量、分布、规模、处理等级以及用地范围。⑤确定排水干管、渠的走向和出口位置。⑥提出污水综合利用措施。

城市详细规划阶段主要内容：①对污水排放量和雨水量进行具体的统计计算。②对排水系统的布局、管线走向、管径进行计算复核，确定管线平面位置、主要控制点标高。

③对污水处理工艺提出初步方案。

5. 城市河湖水系规划的主要任务和内容

主要任务：根据城市自然环境条件和城市规模等因素，确定城市防洪标准和主要河道治理标准；结合城市功能布局确定河道功能定位；划定河湖水系、湿地的蓝线，提出河道两侧绿化隔离带宽度；落实河道补水水源，布置河道截污设施。

城市总体规划阶段主要内容：①确定城市防洪标准和河道治理标准。②结合城市功能布局确定河湖水系布局和功能定位，确定城市河湖水系水环境质量标准。③划分河道流域范围，估算河道洪水量，确定河道规划蓝线和两侧绿化隔离带宽度，确定湿地保护范围。④落实景观河道补水水源，布置河道污水截流设施。

城市详细规划阶段主要内容：①根据河道治理标准和流域范围计算河道洪水量，确定河道规划中心线和蓝线位置。②协调河道与城市雨水管道高程衔接关系，计算河道洪水位，确定河道横断面形式、河道规划高程。③确定补水水源方案和河道污水截流方案。

6. 城市能源规划

主要任务：通过制定城市能源发展战略，保证城市能源供应安全；优化能源结构，落实节能减排措施；实现能源的优化配置和合理利用，协调社会经济发展和能源资源的高效利用与生态环境保护的关系，促进和保障城市经济社会可持续发展。

能源规划涵盖各类主要能源：电力、燃气、热力、油品、煤炭以及可再生能源，涉及能源生产、转化、输配到终端消费的各个环节。

主要内容：①确定能源规划的基本原则和目标；②预测城市能源需求；③平衡能源供需（包括能源总量和能源品种），并进一步优化能源结构；④落实能源供应保障措施及空间布局规划；⑤落实节能技术措施和节能工作；⑥制订能源保障措施。

历年真题

1. 下列不属于能源规划内容的是（　　）。[2018-48]

A. 石油化工　　B. 电力　　C. 煤炭　　D. 燃气

【答案】A

【解析】能源规划涵盖各类主要能源：电力、燃气、热力、油品、煤炭以及可再生能源，涉及能源生产、转化、输配到终端消费的各个环节。

2. 下列属于可再生能源的有（　　）。[2018-94]

A. 太阳能　　B. 天然气

C. 风能　　D. 水能

E. 核能

【答案】ACD

【解析】《中华人民共和国可再生能源法》第二条规定本法所称可再生能源，是指风能、太阳能、水能、生物质能、地热能、海洋能等非化石能源。

7. 城市电力工程规划

主要任务：根据城市和区域电力资源状况，合理确定规划期内的城市用电量、用电负荷，进行城市电源规划；确定城市输配电设施的规模、布局以及电压等级；布置变电所（站）等变电设施和输配电网络；制定各类供电设施和电力线路的保护措施。

城市总体规划阶段主要内容：①预测城市供电负荷；②选择城市供电电源；③确定城

市电网供电电压等级和层次；④确定城市变电站容量和数量；⑤布局城市高压送电网和高压走廊；⑥提出城市高压配电网规划技术原则。

城市详细规划阶段主要内容：①计算用电负荷；②选择和布局规划范围内的变、配电站；③规划设计 10kV 电网；④规划设计低压电网。

历年真题

高压送电网和高压走廊的布局，属于下列（　　）阶段城市电力工程规划的主要任务。［2017-51］

A. 城市总体规划　　B. 城市分区规划

C. 控制性详细规划　　D. 修建性详细规划

【答案】A

【解析】高压送电网和高压走廊的布局，属于城市总体规划阶段。

8. 城市燃气工程规划

主要任务：根据城市和区域燃料资源状况，选择城市燃气气源，合理确定规划期内各种燃气的用量，进行城市燃气气源规划；确定各种供气设施的规模、布局；选择确定城市燃气管网系统；科学布置气源厂、气化站等产、供气设施和输配气管网；制定燃气设施和管道的保护措施。

城市总体规划阶段主要内容：①预测城市燃气负荷；②选择城市气源种类；③确定城市气源厂和储配站的数量、位置与容量；④选择城市燃气输配管网的压力级制；⑤布局城市输气干管。

城市详细规划阶段主要内容：①计算燃气用量；②规划布局燃气输配设施，确定其位置、容量和用地；③规划布局燃气输配管网；④计算燃气管网管径。

9. 城市供热工程规划

主要任务：根据当地气候条件，结合生活与生产需要，确定城市集中供热对象、供热标准、供热方式；确定城市供热量和负荷选择并进行城市热源规划确定城市热电厂、热力站等供热设施的规模和布局；布置各种供热设施和供热管网；制定节能保温的对策与措施，以及供热设施的防护措施。

城市总体规划阶段主要内容：①预测城市热负荷；②选择城市热源和供热方式；③确定热源的供热能力、数量和布局；④布局城市供热重要设施和供热干线管网。

城市详细规划阶段主要内容：①计算规划范围内热负荷；②布局供热设施和供热管网；③计算供热管道管径；④计算燃气管网管径。

历年真题

详细规划阶段供热工程规划的主要内容，不包括（　　）。［2019-49］

A. 分析供热设施现状、特点及存在的问题

B. 计算热负荷和年供热量

C. 确定城市供热热源种类、热源发展原则、供热方式和供热分区

D. 确定热网布局、管径

【答案】C

【解析】确定城市供热热源种类、热源发展原则、供热方式和供热分区属于总体规划中供热工程规划的内容。

10. 城市通信工程规划

主要任务：根据城市通信实况和发展趋势，确定规划期内城市通信发展目标，预测通信需求；确定邮政、电信、广播、电视等各种通信设施和通信线路；制定通信设施综合利用对策与措施，以及通信设施保护措施。

城市总体规划阶段主要内容：①依据城市经济社会发展目标、城市性质与规模及通信有关基础资料，宏观预测城市近期和远期通信需求量，预测与确定城市近、远期电话普及率和装机容量，确定邮政、移动通信、广播、电视等发展目标和规模。②依据市域城镇体系布局、城市总体布局，提出城市通信规划的原则及其主要技术措施。③研究和确定城市长途电话网近、远期规划，确定城市长途网结构、长途网自动化传输方式、长途局规划，研究和确定城市电话本地网近、远期规划，研究确定市话网络结构、汇接局、汇接方式、模拟网、数字网（IDN）、综合业务数字网（ISDN）及模拟网等向数字网过渡方式，拟定市话网的主干路规划和管道规划。④研究和确定近、远期邮政、电话局所的分区范围、局所规模和局所选址。⑤研究和确定近、远期广播及电话台、站的规模和选址，拟定有线广播、有线电视网的主干路规划和管道规划。⑥划分无线电收发信区，制定相应主要保护措施。⑦研究和确定城市微波通道，制定相应的控制保护措施。

城市详细规划阶段主要内容：①计算规划范围内的通信需求量；②确定邮政、电信局所、广电设施的具体位置、用地及规模；③确定通信线路的位置、敷设方式、管孔数、管道埋深等；④划定规划范围内电台、微波站、卫星通信设施控制保护界线。

11. 城市环境卫生设施规划

主要任务：根据城市发展目标和城市布局，确定城市环境卫生设施配置标准和垃圾集运、处理方式；确定主要环境卫生设施的规模和布局；布置垃圾处理场等各种环境卫生设施，制定环境卫生设施的隔离与防护措施；提出垃圾回收利用的对策与措施。

城市总体规划阶段主要内容：①测算城市固体废弃物产量，分析其组成和发展趋势，提出污染控制目标；②确定城市固体废弃物的收运方案；③选择城市固体废弃物处理和处置方法；④布局各类环境卫生设施，确定服务范围、设置规模、设置标准、用地指标等；⑤进行可能的技术经济方案比较。

城市详细规划阶段主要内容：①估算规划范围内固体废弃物产量；②提出规划区的环境卫生控制要求；③确定垃圾收运方式；④布局废物箱、垃圾箱、垃圾收集点、垃圾转运点、公厕、环卫管理机构等，确定其位置、服务半径、用地、防护隔离措施等。

三、城市市政公用设施规划的强制性内容

饮用水水源保护区：饮用水水源保护区一般划分为一级保护区和二级保护区，必要时可增设准保护区。各级保护区应有明确的地理界线。

城市河湖水系：应依据国家及地方相关湿地、河流、水系等相关文件规定，划定湿地、河湖、水系等蓝线范围。

市政公用设施：提出的城市重要市政设施，包括水源、水厂、污水处理厂、热电站或集中锅炉房、气源、调压站、电厂、变电站、电信中心或邮电局、电台。

第九节　市政公用设施规划相关规范要点

一、《饮用水水源保护区划分技术规范》HJ 338—2018 要点

1. 术语和定义（第 3.1、3.3 ~ 3.6、3.9 ~ 3.11 节）

饮用水水源保护区：指为防止饮用水水源地污染、保证水源水质而划定，并要求加以特殊保护的一定范围的水域和陆域。饮用水水源保护区分为一级保护区和二级保护区，必要时可在保护区外划分准保护区。

饮用水水源一级保护区：指以取水口（井）为中心，为防止人为活动对取水口的直接污染，确保取水口水质安全而划定需加以严格限制的核心区域。

饮用水水源二级保护区：指在一级保护区之外，为防止污染源对饮用水水源水质的直接影响，保证饮用水水源一级保护区水质而划定，需加以严格控制的重点区域。

饮用水水源准保护区：指依据需要，在饮用水水源二级保护区外，为涵养水源、控制污染源对饮用水水源水质的影响，保证饮用水水源二级保护区的水质而划定，需实施水污染物总量控制和生态保护的区域。

风险源：可能向饮用水水源地释放有毒有害物质，造成饮用水水源水质恶化的污染源，包括但不限于工矿企业事业单位以及运输石化、化工产品的管线、规模化畜禽养殖等点源；运输危险化学品、危险废物及其他影响饮用水源安全物质的车辆、船舶等流动源；有可能对水源地水质造成影响的无固定污染排放点的分散式畜禽养殖和水产养殖污水等非点源。

承压水：指充满两个连续稳定隔水层之间含水层中的地下水。

孔隙水：指赋存并运移于松散沉积物颗粒间孔隙中的地下水。

裂隙水：指赋存并运移于岩石裂隙中的地下水。

2. 总则

（1）饮用水水源保护区的设置与管理。（第 4.1.1、4.1.2 条）

饮用水水源保护区分为地表水饮用水水源保护区和地下水饮用水水源保护区，地表水饮用水水源保护区包括一定范围的水域和陆域，地下水饮用水水源保护区指影响地下水饮用水水源地水质的开采井周边及相邻的地表区域。

饮用水水源地（包括备用的和规划的）都应设置饮用水水源保护区。饮用水水源存在以下情况之一的，应增设准保护区：①因一、二级保护区外的区域点源、面源污染影响导致现状水质超标的，或水质虽未超标，但主要污染物浓度呈上升趋势的水源；②湖库型水源；③流域上游风险源密集，密度大于 0.5 个 /km^2 的水源；④流域上游社会经济发展速度较快、存在潜在风险的水源。此外，地下水型饮用水水源补给区也应划为准保护区。

（2）饮用水水源保护区划分的技术方法。（第 4.5.1 条）

水源保护区水域的划分有类比经验法、应急响应时间法、数值模型计算法 3 种方法。陆域的划分有类比经验法、地形边界法、缓冲区法 3 种方法。

3. 河流型饮用水水源保护区的划分

（1）一级保护区。（第 5.1.1、5.1.2 条）

水域范围：采用类比经验法，确定一级保护区水域范围。①一般河流水源地，一级保护区水域长度为取水口上游不小于 1 000m，下游不小于 100m 范围内的河道水域。②一级保护区水域宽度，为多年平均水位对应的高程线下的水域。

陆域范围：采用类比经验法，确定一级保护区陆域范围。陆域沿岸长度不小于相应的一级保护区水域长度。

（2）二级保护区。（第 5.2.1、5.2.2 条）

水域范围：二级保护区长度从一级保护区的上游边界向上游（包括汇入的上游支流）延伸不小于 2 000m，下游侧的外边界距一级保护区边界不小于 200m。

陆域范围：以确保水源保护区水域水质为目标，可视情采用地形边界法、类比经验法和缓冲区法确定二级保护区陆域范围。二级保护区陆域沿岸长度不小于二级保护区水域长度。

4. 湖泊、水库型饮用水水源保护区的划分

（1）一级保护区。（第 6.2.1、6.2.2 条）

水域范围：小型水库和单一供水功能的湖泊、水库应将多年平均水位对应的高程线以下的全部水域划为一级保护区。小型湖泊、中型水库保护区范围为取水口半径不小于 300m 范围内的区域。大中型湖泊、大型水库保护区范围为取水口半径不小于 500m 范围内的区域。

陆域范围：小型和单一供水功能的湖泊、水库以及中小型水库为一级保护区水域外不小于 200m 范围内的陆域，或一定高程线以下的陆域，但不超过流域分水岭范围。大中型湖泊、大型水库为一级保护区水域外不小于 200m 范围内的陆域，但不超过流域分水岭范围。

（2）二级保护区。（第 6.3.1、6.3.2 条）

水域范围：小型湖泊、中小型水库一级保护区边界外的水域面积设定为二级保护区。大中型湖泊、大型水库以一级保护区外径向距离不小于 2 000m 区域为二级保护区水域面积，但不超过水域范围。

陆域范围：小型水库可将上游整个流域（一级保护区陆域外区域）设定为二级保护区。大中型湖泊、大型水库可以划分一级保护区外径向距离不小于 3 000m 的区域为二级保护区范围。二级保护区陆域边界不超过相应的流域分水岭。

5. 地下水源规模分级（第 7.1 节）

按含水层介质类型的不同，地下水分为孔隙水、基岩裂隙水和岩溶水三类；按地下水埋藏条件的不同，分为潜水和承压水两类；按开采规模，地下水水源地又可分为中小型水源地和大型水源地。

历年真题

下列关于饮用水水源保护区的表述，不准确的是（　　）。[2019-55]

A. 饮用水源保护区分为一级保护区、二级保护区和准保护区

B. 地表水饮用水源保护区包括一定的水域和陆域

C. 地下水饮用水源保护区指地下水饮用水源地的地表区域

D. 备用水源地一般不需要划定水源保护区

【答案】D

【解析】《饮用水水源保护区划分技术规范》第 4.1.2 条规定，饮用水水源地（包括备

用的和规划的）都应设置饮用水水源保护区，D选项错误。

二、《城市给水工程规划规范》GB 50282—2016要点

1. 术语（第2.0.5、2.0.6条）

给水规模：规划期末城市所需的最高日用水量。

城市水资源：用于城市用水的地表水和地下水、再生水、雨水、海水等。其中，地表水、地下水称为常规水资源，再生水、雨水、海水等称为非常规水资源。

2. 基本规定（第3.0.3、3.0.7条）

城市给水工程规划中的水压应满足城市直接供水建筑层数的最小服务水头。

当城市给水工程规划中的水源地位于城市规划区以外时，水源地和输水管道应纳入城市给水工程规划范围；当输水管道途经的城镇需由同一水源供水时，应对取水和输水工程规模进行统一规划。

3. 城市用水量（第4.0.3条）

综合生活用水为城市居民生活用水与公共设施用水之和，不包括市政用水和管网漏失水量。

4. 水源（第5.1.3、5.2.2、5.3.5条）

城市水资源：在几个城市共享同一水源或水源在城市规划区以外时，应进行市域或区域、流域范围的水资源供需平衡分析。

水源：以地表水为城市给水水源时，供水保证率宜达到90%～97%。

水源地：当选用地下水为水源时，水源地应设在不易受污染的富水区域。

5. 城市给水系统局

（1）布局。（第6.1.4～6.1.7条）

地形起伏大或供水范围广的城市，宜采用分区分压给水系统。

根据用户对水质的不同要求，可采用分质给水系统。

有多个水源可供利用的城市，应采用多水源给水系统。

有地形可供利用的城市，宜采用重力输配水系统。

（2）安全性。（第6.2.2～6.2.4、6.2.6条）

规划长距离输水管道时，输水管不宜少于2根。当城市为多水源给水或具备应急备用水源等条件时，也可采用单管输水。

配水管网应布置成环状。

城市给水系统中的调蓄水量宜为给水规模的10%～20%。

城市给水系统主要工程设施供电等级应为一级负荷。

6. 水厂（第7.0.1、7.0.2、7.0.6条）

地表水水厂的位置应选择在不受洪水威胁、有良好的工程地质条件、供电安全可靠、交通便捷和水厂生产废水处置方便的地方。

地下水水厂的位置应根据水源地的地点和取水方式确定，选择在取水构筑物附近。水厂厂区周围应设置宽度不小于10m的绿化带。

7. 输配水

（1）管网布置。（第8.1.3条）

城市配水干管走向应沿现有或规划道路布置，并宜避开城市交通主干道。

（2）加压泵站。（第 8.2.1、8.2.3 条）

对供水距离较长或地形起伏较大的城市，宜在配水管网中设置加压泵站。泵站周围应设置宽度不小于 10m 的绿化带，并宜与城市绿化用地相结合。

8. 应急供水（第 9.0.4 条）

应急供水量应首先满足城市居民基本生活用水要求。城市应急供水期间，居民生活用水指标不宜低于 80L/（人·d）。

历年真题

下列关于城市供水系统规划布局的表述，正确的是（　　）。[2022–42]

A. 供水范围广的城市，宜采用分区分压给水系统

B. 根据原水水质的不同，可采用分质给水系统

C. 地形起伏大的城市，宜采用重力输配水系统

D. 有地形可供利用的城市，宜采用分压给水系统

【答案】A

【解析】根据《城市给水工程规划规范》第 6.1 节，地形起伏大或供水范围广的城市，宜采用分区分压给水系统，A 选项正确，D 选项错误。根据用户对水质的不同要求，可采用分质给水系统，B 选项错误。有地形可供利用的城市，宜采用重力输配水系统，C 选项错误。

三、《城市给水工程项目规范》GB 55026—2022 要点

1. 建设要求（第 2.2.3 ~ 2.2.5、2.2.19 条）

城市给水工程主要设施的抗震设防类别应为重点设防类。

城市给水工程的防洪标准不得低于当地的设防要求。

城市给水工程中主要构筑物的主体结构和输配水管道，其结构设计工作年限不应小于 50 年，安全等级不应低于二级。

城市给水工程取水工程、净（配）水工程、转输厂站的供电负荷等级见表 5–42。

表 5–42　给水工程供电负荷等级

城市规模	永久性设施		临时性设施
	主要厂站	次要厂站	
中等及以上城市	一级负荷	二级负荷	三级负荷
小城市	二级负荷	二级负荷	三级负荷

2. 水质、水量

（1）水质。（第 3.1.4 条）

水源取水口、水厂出水口、居民用水点及管网末梢处必须根据水质代表性原则设置人工采样点或在线监测点。

（2）水量。（第 3.2.3、3.2.4 条）

城市给水系统的应急供水规模应满足供水范围居民基本生活用水水量的要求。城市给

水系统必须计量供水量和用水量。

3. 水源和取水工程（第 4.0.3、4.0.4、4.0.6、4.0.9、4.0.12 条）

单一水源供水的城市应建设应急水源或备用水源。

取水工程的设计取水量应包括水厂最高日供水量、处理系统自用水量及原水输水管（渠）漏损水量。

当水源为地表水时，设计枯水流量年保证率和设计枯水位保证率不应低于 90%，水源地必须位于水体功能区划规定的取水段。

水库取水构筑物的防洪标准应与水库大坝等主要建筑物的防洪标准相同，并应采用设计和校核两级标准。

地表水源一级保护区或地表水取水构筑物上游 1 000m 至下游 100m 范围内，必须进行巡视管理。

4. 给水泵站（第 6.0.2 条）

给水管网中设置中途增压泵站时，应采取有效措施确保泵站上游市政给水管网压力不低于当地给水管网服务压力。二次加压设施不得影响市政给水管网正常供水。

5. 给水管网（第 7.1.3、7.1.5、7.1.12、7.2.5、7.2.7 条）

严禁给水管网与非生活饮用水管道连通。

严禁在城市公共给水管道上直接接泵抽水。

城市公共给水管网的漏损率不应大于 10%。

配水管网应保障城市最高日最高时用水量和最不利点的供水压力需求。

设计事故供水量不应小于设计水量的 70%。

四、《室外给水设计标准》GB 50013—2018 要点

1. 给水系统（第 3.0.2、3.0.3、3.0.10 条）

地形高差大的城镇给水系统宜采用分压供水。对于远离水厂或局部地形较高的供水区域，可设置加压泵站，采用分区供水。

当用水量较大的工业企业相对集中，且有合适水源可利用时，经技术经济比较可独立设置工业用水给水系统，采用分质供水。

给水管网水压按直接供水的建筑层数确定时，用户接管处的最小服务水头，一层应为 10m，二层应为 12m，二层以上每增加一层应增加 4m。

2. 设计水量（第 4.0.1、4.0.2、4.0.4、4.0.7 ~ 4.0.9 条）

设计供水量应由下列各项组成：①综合生活用水，包括居民生活用水和公共设施用水；②工业企业用水；③浇洒市政道路、广场和绿地用水；④管网漏损水量；⑤未预见用水；⑥消防用水。

水厂设计规模应按设计年限，规划供水范围内综合生活用水、工业企业用水、浇洒市政道路、广场和绿地用水，管网漏损水量，未预见用水的最高日用水量之和确定。

大工业用水户或经济开发区的生产过程用水量宜单独计算。

城镇配水管网的基本漏损水量宜按综合生活用水、工业企业用水、浇洒市政道路、广场和绿地用水量之和的 10% 计算。

未预见水量应根据水量预测时难以预见因素的程度确定，宜采用综合生活用水、工业

企业用水、浇洒市政道路、广场和绿地用水、管网漏损水量之和的 8% ~ 12%。

城镇供水的时变化系数、日变化系数应根据城镇性质和规模、国民经济和社会发展、供水系统布局，结合现状供水曲线和日用水变化分析确定。当缺乏实际用水资料时，最高日城市综合用水的时变化系数宜采用 1.2 ~ 1.6，日变化系数宜采用 1.1 ~ 1.5。

3. 输配水（第 7.1.2、7.1.3、7.1.8、7.1.10、7.4.14 条）

从水源至净水厂的原水输水管（渠）的设计流量，应按最高日平均时供水量确定，并计入输水管（渠）的漏损水量和净水厂自用水量。从净水厂至管网的清水输水管道的设计流量，应按最高日最高时用水条件下，由净水厂负担的供水量计算确定。

城镇供水的事故水量应为设计水量的 70%。原水输水管道应采用 2 条以上，并应按事故用水量设置连通管。多水源或设置了调蓄设施并能保证事故用水量的条件下，可采用单管输水。输配水给水管道宜与热力管道分舱设置。

配水管网宜采用环状布置。当允许间断供水时，可采用枝状布置，但应考虑将来连成环状管网的可能。

配水管网应按最高日最高时供水量及设计水压进行水力计算，并应按下列 3 种设计工况校核：①消防时的流量和水压要求；②最大转输时的流量和水压要求；③最不利管段发生故障时的事故用水量和水压要求。

4. 水厂总体设计（第 8.0.1、8.0.10 条）

水厂厂址的选择应符合城镇总体规划和相关专项规划，通过技术经济比较综合确定，并应满足下列条件：①合理布局给水系统；②不受洪涝灾害威胁；③有较好的排水和污泥处置条件；④有良好的工程地质条件；⑤有便于远期发展控制用地的条件；⑥有良好的卫生环境，并便于设立防护地带；⑦少拆迁，不占或少占农田；⑧有方便的交通、运输和供电条件；⑨尽量靠近主要用水区域；⑩有沉沙特殊处理要求的水厂，有条件时设在水源附近。

一、二类城市主要水厂的供电应采用一级负荷。一、二类城市非主要水厂及三类城市的水厂可采用二级负荷。当不能满足时，应设置备用动力设施。

5. 应急供水（第 11.1.2、11.2.3、11.2.4 条）

应急供水可采用原水调度、清水调度和应急净水的供水模式，也可根据具体条件，采用三者相结合的应急供水模式。

应急水源可选用地下水或地表水。水源水质不宜低于常用水源水质，或采取应急处理后水厂处理工艺可适应的水质。

五、《城市排水工程规划规范》GB 50318—2017 要点

1. 术语（第 2.0.1、2.0.3 ~ 2.0.7 条）

城市雨水系统：收集、输送、调蓄、处置城市雨水的设施及行泄通道以一定方式组合成的总体，包括源头减排系统、雨水排放系统和防涝系统三部分。

雨水排放系统：应对常见降雨径流的排水设施以一定方式组合成的总体，以地下管网系统为主。亦称“小排水系统”。

防涝系统：应对内涝防治设计重现期以内的超出雨水排放系统应对能力的强降雨径流的排水设施以一定方式组合成的总体。亦称“大排水系统”。

防涝行泄通道：承担防涝系统雨水径流输送和排放功能的通道，包括城市河道、明渠、道路、隧道、生态用地等。

城市防涝空间：用于城市超标降雨的防涝行泄通道和布置防涝调蓄设施的用地空间，包括河道、明渠、隧道、坑塘、湿地、地下调节池（库）和承担防涝功能的城市道路、绿地、广场、开放式运动场等用地空间。

防涝调蓄设施：用于防治城市内涝的各种调节和储蓄雨水的设施，包括坑塘、湿地、地下调节池（库）和承担防涝功能的绿地、广场、开放式运动场地等。

2. 基本规定

（1）一般规定。（第 3.1.4 条）

城市建设应根据气候条件、降雨特点、下垫面情况等，因地制宜地推行低影响开发建设模式，削减雨水径流、控制径流污染、调节径流峰值、提高雨水利用率、降低内涝风险。

（2）排水范围。（第 3.2.2、3.2.3 条）

城市雨水系统的服务范围，除规划范围外，还应包括其上游汇流区域。

城市污水系统的服务范围，包括乡村或独立居民点。

（3）排水体制。（第 3.3.1、3.3.2 条）

同一城市的不同地区可采用不同的排水体制。

除干旱地区外，城市新建地区和旧城改造地区的排水系统应采用分流制；不具备改造条件的合流制地区可采用截流式合流制排水体制。

（4）排水管渠。（第 3.5.1、3.5.3、3.5.6 条）

排水管渠应以重力流为主，宜顺坡敷设。当受条件限制无法采用重力流或重力流不经济时，排水管道可采用压力流。

排水管渠应布置在便于雨、污水汇集的慢车道或人行道下，不宜穿越河道、铁路、高速公路等。截流干管宜沿河流岸线走向布置。道路红线宽度大于 40m 时，排水管渠宜沿道路双侧布置。

规划有综合管廊的路段，排水管渠宜结合综合管廊统一布置。

排水管渠断面尺寸应按设计流量确定。排水管渠出水口内顶高程宜高于受纳水体的多年平均水位。有条件时宜高于设计防洪（潮）水位。

（5）排水系统的安全性。（第 3.6.2、3.6.4 条）

排水工程中厂站的抗震和防洪设防标准不应低于所在城市相应的设防标准。合流制管道不得直接接入雨水管道系统，雨水管道接入合流制管道时，应设置防止倒灌设施。

3. 污水系统

（1）污水量。（第 4.2.1、4.2.4 条）

城市污水量应包括城市综合生活污水量和工业废水量。地下水位较高的地区，污水量还应计入地下水渗入量。

地下水渗入量宜根据实测资料确定，当资料缺乏时，可按不低于污水量的 10% 计入。

（2）污水泵站。（第 4.3.1 条）

污水泵站规模应根据服务范围内远期最高日最高时污水量确定。

（3）污水处理厂。（第 4.4.1、4.4.2、4.4.4 条）

城市污水处理厂的规模应按规划远期污水量和需接纳的初期雨水量确定。

城市污水处理厂选址，宜根据下列因素综合确定：①便于污水再生利用，并符合供水水源防护要求。②城市夏季最小频率风向的上风侧。③有扩建的可能。

新建污水处理厂卫生防护距离，在没有进行建设项目环境影响评价前，根据污水处理厂的规模，可按表 5–43 控制。

表 5–43 城市污水处理厂卫生防护距离

污水处理厂规模（万 m^3/d）	≤ 5	5（不含）~ 10（不含）	≥ 10
卫生防护距离（m）	150	200	300

注：卫生防护距离为污水处理厂厂界至防护区外缘的最小距离。

（4）污水再生利用。（第 4.5.2 条）

城市污水再生利用于城市杂用水、工业用水、环境用水和农、林、牧、渔业等用水时，应满足相应的水质标准。

（5）污泥处理与处置。（第 4.6.1、4.6.3 条）

城市污水处理厂的污泥应进行减量化、稳定化、无害化、资源化的处理和处置。

污泥处理处置设施宜采用集散结合的方式布置。应规划相对集中的污泥处理处置中心，也可与城市垃圾处理厂、焚烧厂等统筹建设。

4. 雨水系统

（1）排水分区与系统布局。（第 5.1.6 条）

防涝系统应以河、湖、沟、渠、洼地、集雨型绿地和生态用地等地表空间为基础，结合城市规划用地布局和生态安全格局进行系统构建。控制性详细规划、专项规划应落实具有防涝功能的防涝系统用地需求。

（2）雨水量。（第 5.2.2、5.2.5 条）

采用数学模型法计算雨水设计流量时，宜采用当地设计暴雨雨型。

雨水排放系统宜采用短历时降雨，防涝系统宜采用不同历时的降雨。

在同一排水系统中可采用不同设计重现期，重现期的选择应考虑雨水管渠的系统性；主干系统的设计重现期应按总汇水面积进行复核。

（3）城市防涝空间。（第 5.3.1、5.3.3 条）

城市新建区域，防涝调蓄设施宜采用地面形式布置。建成区的防涝调蓄设施宜采用地面和地下相结合的形式布置。

城市防涝空间规模计算应符合下列规定：①防涝调蓄设施（用地）的规模，应按照建设用地外排雨水设计流量不大于开发建设前或规定值的要求，根据设计降雨过程变化曲线和设计出水流量变化曲线经模拟计算确定。②城市防涝空间应按路面允许水深限定值进行推算。道路路面横向最低点允许水深不超过 30cm，且其中一条机动车道的路面水深不超过 15cm。

5. 合流制排水系统

（1）合流水量。（第 6.2.1、6.2.2 条）

进入合流制污水处理厂的合流水量应包括城市污水量和截流的雨水量。

合流制排水系统截流倍数宜采用 2 ~ 5；同一排水系统中可采用不同的截流倍数。

（2）合流制溢流污染控制。（第 6.5.1 条）

合流制区域应优先通过源头减排系统的构建，减少进入合流制管道的径流量，降低合流制溢流总量和溢流频次。

历年真题

1. 在城市建设中，应因地制宜地推行低影响开发建设模式，其目的有（　　）。［2022–93］

A. 削减雨水径流　　B. 提高抵御洪水能力

C. 控制径流污染　　D. 提高水体环境容量

E. 提高雨水利用率

【答案】ACE

【解析】《城市排水工程规划规范》第 3.1.4 条规定，城市建设应根据气候条件、降雨特点、下垫面情况等，因地制宜地推行低影响开发建设模式，削减雨水径流、控制径流污染、调节径流峰值、提高雨水利用率、降低内涝风险。

2. 下列关于城市污水处理设施规划布局要求的表述，不准确的是（　　）。［2021–50］

A. 污水处理厂按大型、中型、小型相结合的方式布置

B. 污水处理厂的服务范围，除规划范围外，还应包括其上游的江流区域

C. 污水处理厂应位于城市全年最小频率风向的上风侧

D. 污泥处理处置中心可与城市垃圾焚烧厂统筹建设

【答案】C

【解析】根据《城市排水工程规划规范》第 4.4.2 条，污水处理厂应位于城市夏季最小频率风向的上风侧。

3. 下列关于地下市政公用设施的说法，错误的是（　　）。［2020–61］

A. 居住区设置地下垃圾转运站

B. 结合公共服务设施设置地下污水处理站

C. 商业街区设置地下变电站

D. 结合公用绿地设置地下再生水处理站

【答案】B

【解析】根据《城市排水工程规划规范》第 4.3.2 条，污水泵站应与周边居住区、公共建筑保持必要的卫生防护距离，B 选项错误。

六、《室外排水设计标准》GB 50014—2021 要点

1. 术语（第 2.0.8、2.0.13 条）

低影响开发：强调城镇开发应减少对环境的影响，其核心是基于源头控制和降低冲击负荷的理念，构建与自然相适应的排水系统，合理利用空间和采取相应措施削减暴雨径流产生的峰值和总量，延缓峰值流量出现时间，减少城镇面源污染。

综合生活污水量变化系数：最高日最高时污水量与平均日平均时污水量的比值。

2. 排水工程

（1）一般规定。（第 3.1.1、3.1.2 条）

排水工程包括雨水系统和污水系统。

排水体制（分流制或合流制）的选择应符合下列规定：①同一城镇的不同地区可采用不同的排水体制。②除降雨量少的干旱地区外，新建地区的排水系统应采用分流制。③分流制排水系统禁止污水接入雨水管网，并应采取截流、调蓄和处理等措施控制径流污染。④现有合流制排水系统应通过截流、调蓄和处理等措施，控制溢流污染，还应按城镇排水规划的要求，经方案比较后实施雨污分流改造。

（2）雨水系统。（第 3.2.1 条）

雨水系统应包括源头减排、排水管渠、排涝除险等工程性措施和应急管理的非工程性措施，并应与防洪设施相衔接。

（3）污水系统。（第 3.3.1 条）

污水系统应包括收集管网、污水处理、深度和再生处理与污泥处理处置设施。

3. 设计流量

（1）雨水量。（第 4.1.1、4.1.3 条）

源头减排设施的设计水量应根据年径流总量控制率确定。

雨水管渠的设计流量应根据雨水管渠设计重现期确定。雨水管渠设计重现期应符合下列规定：①人口密集、内涝易发且经济条件较好的城镇，应采用规定的设计重现期上限；②同一雨水系统可采用不同的设计重现期；③非中心城区下穿立交道路的雨水管渠设计重现期不应小于 10 年，高架道路雨水管渠设计重现期不应小于 5 年。

（2）污水量。（第 4.1.14、4.1.21 条）

综合生活污水定额应根据当地采用的用水定额，结合建筑内部给排水设施水平确定，可按当地相关用水定额的 90% 采用。

分流制污水管道应按旱季设计流最设计，并在雨季设计流量下校核。

4. 排水管渠和附属构筑物

（1）一般规定。（第 5.1.2、5.1.3、5.1.9 条）

管渠平面位置和高程应符合下列规定：①排水干管应布置在排水区域内地势较低或便于雨污水汇集的地带；②排水管宜沿城镇道路敷设，并与道路中心线平行，宜设在快车道以外；③截流干管宜沿受纳水体岸边布置；④管渠高程设计除应考虑地形坡度外，尚应考虑与其他地下设施的关系及接户管的连接方便。

污水和合流污水收集输送时，不应采用明渠。

合流管道的雨水设计重现期可高于同一情况下的雨水管渠设计重现期。

（2）雨水口。（第 5.7.3、5.7.6 条）

雨水口间距宜为 25m ~ 50m。

当道路纵队于 2% 时，雨水口的间距可大于 50m。

（3）管道综合。（第 5.15.4 条）

再生水管道与生活给水管道、合流管道和污水管道相交时，应敷设在生活给水管道下面，宜敷设在合流管道和污水管道的上面。

5. 污水和再生水处理（第 7.1.3、7.2.1 条）

污水厂的规模应按平均日流量确定。

厂址布置在城镇夏季主导风向的下风侧。

七、《城市电力规划规范》GB/T 50293—2014 要点

1. 术语（第 2.0.10 ~ 2.0.12 条）

环网单元：用于 10kV 电缆线路分段、联络及分接负荷的配电设施。也称环网柜或开闭器。

箱式变电站：由中压开关、配电变压器、低压出线开关、无功补偿装置和计量装置等设备共同安装于一个封闭箱体内的户外配电装置。

高压线走廊：35kV 及以上高压架空电力线路两边导线向外侧延伸一定安全距离所形成的两条平行线之间的通道。也称高压架空线路走廊。

2. 城市用电负荷

（1）城市用电负荷分类。（第 4.1.1、4.1.2 条）

城市用电负荷按产业和生活用电性质分类，可分为第一产业用电、第二产业用电、第三产业用电、城乡居民生活用电。

城市用电负荷按城市负荷分布特点，可分为一般负荷（均布负荷）和点负荷两类。

（2）城市用电负荷预测。（第 4.2.5 条）

城市电力负荷预测方法的选择宜符合下列规定：①城市总体规划阶段电力负荷预测方法，宜选用人均用电指标法、横向比较法、电力弹性系数法、回归分析法、增长率法、单位建设用地负荷密度法、单耗法等。②城市详细规划阶段的电力负荷预测，一般负荷（均布负荷）宜选用单位建筑面积负荷指标法等；点负荷宜选用单耗法，或由有关专业部门、设计单位提供负荷、电量资料。

3. 城市供电电源

（1）城市供电电源种类和选择。（第 5.1.1、5.1.3、5.1.4 条）

城市供电电源可分为城市发电厂和接受市域外电力系统电能的电源变电站。

以系统受电或以水电供电为主的大城市，应规划建设适当容量的本地发电厂，以保证城市用电安全及调峰的需要。

有足够稳定的冷、热负荷的城市，电源规划宜与供热（冷）规划相结合，建设适当容量的冷、热、电联产电厂，并应符合下列规定：①以煤（燃气）为主的城市，宜根据热力负荷分布规划建设热电联产的燃煤（燃气）电厂，同时与城市热力网规划相协调。②城市规划建设的集中建设区或功能区，宜结合功能区规划用地性质的冷热电负荷特点，规划中小型燃气冷、热、电三联供系统。

（2）电力平衡与电源布局。（第 5.2.2、5.2.3 条）

大、中城市应组成多电源供电系统。

电源布局应根据负荷分布和电源点的连接方式，合理配置城市电源点。

（3）城市发电厂规划布局。（第 5.3.1 条）

城市发电厂的规划布局应符合下列规定：①燃煤（气）电厂的厂址宜选用城市非耕地；②大、中型燃煤电厂应安排足够容量的燃煤储存用地；燃气电厂应有稳定的燃气资源，并应规划设计相应的输气管道；③燃煤电厂选址宜在城市最小风频上风向；④供冷（热）电厂宜靠近冷（热）负荷中心。

（4）城市电源变电站布局。（第 5.4.4 条）

对用电量大、高负荷密度区，宜采用220kV及以上电源变电站深入负荷中心布置。

4. 城市电网（第6.2.5条）

电压等级和层次：城市电网中各级电网容量应按一定的容载比配置。

5. 城市供电设施

（1）城市变电站。（第7.2.2、7.2.4、7.2.6条）

城市变电站按其一次侧电压等级可分为500kV、330kV、220kV、110（66）kV、35kV五类变电站。

城市变电站规划选址，应符合下列规定：①应与城市总体规划用地布局相协调；②应靠近负荷中心；③应便于进出线；④应方便交通运输；⑤应减少对军事设施、通信设施、飞机场、领（导）航台、国家重点风景名胜区等设施的影响；⑥应避开易燃、易爆危险源和大气严重污秽区及严重盐雾区；⑦220kV ~ 500kV变电站的地面标高，宜高于100年一遇洪水位；35kV ~ 110kV变电站的地面标高，宜高于50年一遇洪水位；⑧应选择良好地质条件的地段。

规划新建城市变电站的结构形式选择，宜符合下列规定：①在市区边缘或郊区，可采用布置紧凑、占地较少的全户外式或半户外式；②在市区内宜采用全户内式或半户外式；③在市中心地区可在充分论证的前提下结合绿地或广场建设全地下式或半地下式；④在大、中城市的超高层公共建筑群区、中心商务区及繁华、金融商贸街区，宜采用小型户内式；可建设附建式或地下变电站。

（2）开关站。（第7.3.1、7.3.4条）

高电压线路伸入市区，可根据电网需求，建设110kV及以上电压等级开关站。

10(20)kV开关站宜与10(20)kV配电室联体建设，且宜考虑与公共建筑物混合建设。

（3）环网单元。（第7.4.1条）

10kV（20kV）环网单元宜在地面上建设，也可与用电单位的供电设施共同建设。与用电单位的建筑共同建设时，宜建在首层或地下一层。

（4）公用配电室。（第7.5.1、7.5.3条）

规划新建公用配电室的位置，应接近负荷中心。

在负荷密度较高的市中心地区，住宅小区、高层楼群、旅游网点和对市容有特殊要求的街区及分散的大用电户，规划新建的配电室宜采用户内型结构。

（5）城市电力线路。（第7.6.1、7.6.2、7.6.7条）

城市电力线路分为架空线路和地下电缆线路两类。

城市架空电力线路的路径选择，应符合下列规定：①应根据城市地形、地貌特点和城市道路网规划，沿道路、河渠、绿化带架设，路径应短捷、顺直，减少同道路、河流、铁路等的交叉，并应避免跨越建筑物；②35kV及以上高压架空电力线路应规划专用通道，并应加以保护；③规划新建的35kV及以上高压架空电力线路，不宜穿越市中心地区、重要风景名胜区或中心景观区；④宜避开空气严重污秽区或有爆炸危险品的建筑物、堆场、仓库；⑤应满足防洪、抗震要求。

规划新建的35kV及以上电力线路，在下列情况下，宜采用地下电缆线路：①在市中心地区、高层建筑群区、市区主干路、人口密集区、繁华街道等；②重要风景名胜区的核心区和对架空导线有严重腐蚀性的地区；③走廊狭窄，架空线路难以通过的地区；

④电网结构或运行安全的特殊需要线路；⑤沿海地区易受热带风暴侵袭的主要城市的重要供电区域。

历年真题

1. 下列关于城市发电厂规划布局要求的表述，正确的是（　　）。[2021–52]

A. 燃煤电厂宜选址在城市夏季主导风向的下风侧

B. 热电厂宜靠近热负荷中心布置

C. 燃气电厂应安排足够容量的燃气储存用地

D. 燃煤电厂应规划配套煤炭生产设施

【答案】B

【解析】根据《城市电力规划规范》第5.3.1条，燃煤电厂选址宜在城市最小风频上风向。供冷（热）电厂宜靠近冷（热）负荷中心。大、中型燃煤电厂应安排足够容量的燃煤储存用地；燃气电厂应有稳定的燃气资源，并应规划设计相应的输气管道。

2. 下列变电站选址不准确的是（　　）。[2020–53]

A. 要避开军事、机场等敏感区域

B. 要有便利交通条件

C. 选址对大气条件基本无要求

D. 避开地质条件不良区域

【答案】C

【解析】根据《城市电力规划规范》第7.2.4条，城市变电站规划选址：①应与城市总体规划用地布局相协调；②应靠近负荷中心；③应便于进出线；④应方便交通运输；⑤应减少对军事设施、通信设施、飞机场、领（导）航台、国家重点风景名胜区等设施的影响；⑥应避开易燃、易爆危险源和大气严重污秽区及严重盐雾区；⑦220kV ~ 500kV变电站的地面标高，宜高于100年一遇洪水位；35kV ~ 110kV变电站的地面标高，宜高于50年一遇洪水位；⑧应选择良好地质条件的地段。

八、《城镇燃气规划规范》GB/T 51098—2015要点

1. 术语（第2.0.13、2.0.14条）

燃气气化率：某类燃气用户占规划区域内此类用户总量的比例。

气源点：城镇管道燃气的供气起点，包括：门站、液化天然气供气站、压缩天然气供气站、人工煤气制气厂或储配站、液化石油气气化站或混气站等。

2. 用气负荷

（1）负荷分类。（第4.1.1 ~ 4.1.3条）

按用户类型，可分为居民生活用气负荷、商业用气负荷、工业生产用气负荷、采暖通风及空调用气负荷、燃气汽车及船舶用气负荷、燃气冷热电联供系统用气负荷、燃气发电用气负荷、其他用气负荷及不可预见用气负荷等。

按负荷分布特点，可分为集中负荷和分散负荷。

按用户用气特点，可分为可中断用户和不可中断用户。

（2）负荷预测。（第4.2.2、4.2.3、4.2.6条）

负荷预测前，应根据下列要求合理选择用气负荷：①应优先保证居民生活用气，同时兼顾其他用气；②应根据气源条件及调峰能力，合理确定高峰用气负荷，包括采暖用气、电厂用气等；③应鼓励发展非高峰期用户，减小季节负荷差，优化年负荷曲线；④宜选择

一定数量的可中断用户，合理确定小时负荷系数、日负荷系数；⑤不宜发展非节能建筑采暖用气。

燃气负荷预测应包括下列内容：①燃气气化率，包括：居民气化率、采暖气化率、制冷气化率、汽车气化率等；②年用气量及用气结构；③可中断用户用气量和非高峰期用户用气量；④年、周、日负荷曲线；⑤计算月平均日用气量，计算月高峰日用气量，高峰小时用气量；⑥负荷年增长率，负荷密度；⑦小时负荷系数和日负荷系数；⑧最大负荷利用小时数和最大负荷利用日数；⑨时调峰量，季（月、日）调峰量，应急储备量。

燃气负荷预测可采用人均用气指标法、分类指标预测法、横向比较法、弹性系数法、回归分析法、增长率法等。

（3）规划指标。（第 4.3.2 条）

不可预见用气及其他用气量可按总用气量的 3% ~ 5% 估算。

3. 燃气气源（第 5.0.1、5.0.3、5.0.6 条）

选择原则：燃气气源主要包括天然气、液化石油气和人工煤气。宜优先选择天然气、液化石油气。

规划布局：中心城区规划人口大于 100 万人的城镇输配管网，宜选择 2 个及以上的气源点。

4. 管网布置（第 6.2.1 ~ 6.2.7 条）

城镇燃气管网敷设应符合下列规定：①燃气主干管网应沿城镇规划道路敷设，减少穿跨越河流、铁路及其他不宜穿越的地区；②应减少对城镇用地的分割和限制，同时方便管道的巡视、抢修和管理；③应避免与高压电缆、电气化铁路、城市轨道等设施平行敷设。

中心城区规划人口大于 100 万人的城市，燃气主干管应选择环状管网。

长输管道应布置在规划城镇区域外围。

长输管道和城镇高压燃气管道的走廊应与公路、城镇道路、铁路、河流、绿化带及其他管廊等的布局相结合。

城镇高压燃气管道布线，应符合下列规定：①高压燃气管道不应通过军事设施、易燃易爆仓库、历史文物保护区、飞机场、火车站、港口码头等地区。②高压管道走廊应避开居民区和商业密集区。③多级高压燃气管网系统间应均衡布置联通管线，并设调压设施。④大型集中负荷应采用较高压力燃气管道直接供给。

城镇中压燃气管道布线，宜符合下列规定：①宜沿道路布置，一般敷设在道路绿化带、非机动车道或人行步道下；②宜靠近用气负荷，提高供气可靠性；③当为单一气源供气时，连接气源与城镇环网的主干管线宜采用双线布置。

城镇低压燃气管道不应在市政道路上敷设。

5. 燃气厂站

（1）天然气厂站。（第 8.2.1、8.2.2、8.2.4、8.2.6 条）

门站站址宜设在规划城市或镇建设用地边缘。规划有 2 个及以上门站时，宜均衡布置。储配站站址宜设在城镇主干管网附近。

当城镇有 2 个及以上门站时，储配站宜与门站合建；但当城镇只有 1 个门站时，储配站宜根据输配系统具体情况与门站均衡布置。

高中压调压站不宜设置在居住区和商业区内；居住区及商业区内的中低压调压设施，宜采用调压箱。

（2）液化石油气厂站。（第8.3.2、8.3.4条）

液化石油气供应站的站址选择应符合下列规定：①应选择在全年最小频率风向的上风侧；②应选择在地势平坦、开阔，不易积存液化石油气的地段。

液化石油气气化、混气、瓶装站的选址，应结合供应方式和供应半径确定，且宜靠近负荷中心。

（3）汽车加气站。（第8.4.2、8.4.4条）

汽车加气站站址宜靠近气源或输气管线。

汽车加气站建设应避免影响城镇燃气的正常供应，并宜符合下列规定：①常规加气站宜建在中压燃气管道附近；②加气母站宜建在高压燃气厂站或靠近高压燃气管道的地方。

（4）人工煤气厂站。（第8.5.2、8.5.4条）

人工煤气厂站应布置在该地区全年最小频率风向的上风侧。

人工煤气储配站站址宜设在城镇主干管网附近。人工煤气储配站宜与人工煤气厂对置布置。

历年真题

1. 在城市国土空间总体规划中，应预留燃气高压输气管道走廊。下列关于燃气廊道设置的表述，错误的是（　　）。[2022-43]

A. 宜与高速公路布局结合　　B. 宜与电力高压走廊布局结合

C. 宜与河流水系布局结合　　D. 宜与城镇道路布局结合

【答案】B

【解析】根据《城镇燃气规划规范》第6.2.1条，城镇燃气管网敷设应符合下列规定：燃气主干管网应沿城镇规划道路敷设，减少穿跨越河流、铁路及其他不宜穿越的地区；应减少对城镇用地的分割和限制，同时方便管道的巡视、抢修和管理；应避免与高压电缆、电气化铁路、城市轨道等设施平行敷设。

2. 下列说法错误的是（　　）。[2020-55]

A. 天然气门站位于城市用地边缘

B. 燃气储气配站靠近主干管附近

C. 燃气储气配站位于全年主导风向上风侧

D. 燃气瓶装供应站位于城市用地边缘

【答案】D

【解析】燃气瓶装供应站小城市可位于城市边缘，大城市一般位于各个组团。

九、《城镇燃气设计规范》GB 50028—2006（2020年版）要点

1. 用气量（第3.1.1条）

设计用气量包括下列各种用气量：①居民生活用气量；②商业用气量；③工业企业生产用气量；④采暖通风和空调用气量；⑤燃气汽车用气量。

2. 燃气输配系统（第 6.1.2 条）

城镇燃气输配系统一般由门站、燃气管网、储气设施、调压设施、管理设施、监控系统等组成。

3. 液化天然气气化站（第 9.2.7 条）

生产区宜布置在站区全年最小频率风向的上风侧或上侧风侧。

十、《城市供热规划规范》GB/T 51074—2015 要点

1. 热负荷（第 4.1.1、4.2.1 ~ 4.2.4 条）

城市热负荷分类：城市热负荷宜分为建筑采暖（制冷）热负荷、生活热水热负荷和工业热负荷三类。

城市热负荷预测：城市热负荷预测内容宜包括规划区内的规划热负荷以及建筑采暖（制冷）、生活热水、工业等分项的规划热负荷。

采暖、生活热水热负荷预测宜采用指标法。

工业热负荷宜采用相关分析法和指标法。

2. 供热方式

（1）供热方式分类。（第 5.1.2、5.1.3 条）

集中供热方式可分为燃煤热电厂供热、燃气热电厂供热、燃煤集中锅炉房供热、燃气集中锅炉房供热、工业余热供热、低温核供热设施供热、垃圾焚烧供热等。

分散供热方式可分为分散燃煤锅炉房供热、分散燃气锅炉房供热、户内燃气采暖系统供热、热泵系统供热、直燃机系统供热、分布式能源系统供热、地热和太阳能等可再生能源系统供热等。

（2）供热方式选择。（第 5.2.1 ~ 5.2.6、5.2.8、5.2.9 条）

以煤炭为主要供热能源的城市，应采取集中供热方式，并应符合下列规定：①具备电厂建设条件且有电力需求时，应选择以燃煤热电厂系统为主的集中供热。②不具备电厂建设条件时，宜选择以燃煤集中锅炉房为主的集中供热。③有条件的地区，燃煤集中锅炉房供热应逐步向燃煤热电厂系统供热或清洁能源供热过渡。

大气环境质量要求严格并且天然气供应有保证的地区和城市，宜采取分散供热方式。

对大型天然气热电厂供热系统应进行总量控制。

对于新规划建设区，不宜选择独立的天然气集中锅炉房供热。

在水电和风电资源丰富的地区和城市，可发展以电为能源的供热方式。

能源供应紧张和环境保护要求严格的地区，可发展固有安全的低温核供热系统。

太阳能条件较好地区，应选择太阳能热水器解决生活热水需求，并应增加太阳能供暖系统的规模。

历史文化街区或历史地段，宜采用电、天然气、油品、液化石油气和太阳能等为能源的供热系统。

3. 供热热源

（1）热电厂。（第 6.2.1、6.2.2 条）

燃煤或燃气热电厂的建设应“以热定电”，合理选取热化系数，并应符合以下规定：①以工业热负荷为主的系统，季节热负荷的峰谷差别及日热负荷峰谷差别不大的，热化系

数宜取 0.8 ～ 0.9；②以供暖热负荷为主的系统，热化系数宜取 0.5 ～ 0.7；③既有工业热负荷又有采暖热负荷的系统，热化系数宜取 0.6 ～ 0.8。

燃煤热电厂与单台机组发电容量 400MW 及以上规模的燃气热电厂规划应符合下列规定：①燃煤热电厂应有良好的交通运输条件；②单台机组发电容量 400MW 及以上规模的燃气热电厂应具有接入高压天然气管道的条件；③热电厂厂址应便于热网出线和电力上网；④热电厂宜位于居住区和主要环境保护区的全年最小频率风向的上风侧；⑤热电厂应有供水水源及污水排放条件。

（2）集中锅炉房。（第 6.3.1、6.3.2 条）

燃煤集中锅炉房规划设计应符合下列规定：①应有良好的道路交通条件，便于热网出线；②宜位于居住区和环境敏感区的采暖季最大频率风向的下风侧；③应设置在地质条件良好，满足防洪要求的地区。

燃气集中锅炉房规划设计应符合下列规定：①应便于热网出线；②应便于天然气管道接入；③应靠近负荷中心；④地质条件良好，厂址标高应满足防洪要求，并应有可靠的防洪排涝措施。

4. 热网及其附属设施（第 7.1.1 ～ 7.1.4、7.1.6、7.4.4 条）

当热源供热范围内只有民用建筑采暖热负荷时，应采用热水作为供热介质。

当热源供热范围内工业热负荷为主要负荷时，应采用蒸汽作为供热介质。

当热源供热范围内既有民用建筑采暖热负荷，也存在工业热负荷时，可采用蒸汽和热水作为供热介质。

热源为热电厂或集中锅炉房时，一级热网供水温度可取 110℃ ~ 150℃，回水温度不应高于 70℃。多热源联网运行的城市热网的热源供回水温度应一致。

居住区热力站应在供热范围中心区域独立设置，公共建筑热力站可与建筑结合设置。

历年真题

1. 下列关于城市供热方式选择的表述，正确的是（　　）。[2021-51]

A. 以煤炭为主要供热能源的城市，应采取集中与分散结合的供热方式

B. 以天然气为主要供热能源的城市，新规划建设区宜采用集中供热方式

C. 在太阳能条件较好的地区，应采取以太阳能为主的供热方式

D. 在风电资源丰富的地区，可发展以电为能源的供热方式

【答案】D

【解析】根据《城市供热规划规范》第 5.2 节，以煤炭为主要供热能源的城市，应采取集中供热方式，A 选项错误。大气环境质量要求严格并且天然气供应有保证的地区和城市，宜采取分散供热方式，B 选项错误。太阳能条件较好地区，应选择太阳能热水器解决生活热水需求，并应增加太阳能供暖系统的规模，C 选项错误。

2. 下列燃气集中供热锅炉选址不准确的是（　　）。[2020-52]

A. 靠近负荷中心　　B. 接入高压燃气管网

C. 应有利于自然通风和采光　　D. 宜使人流和燃料、灰渣运输的物流分开

【答案】B

【解析】集中供热锅炉房一般为小片区区域供热，不应接入高压燃气管网，形成受压不均衡从而造成安全事故。

十一、《城市通信工程规划规范》GB/T 50853—2013 要点

1. 电信用户预测（第 3.1.1、3.1.2 条）

城市电信用户预测应包括固定电话用户、移动电话用户和宽带用户预测等内容。

城市总体规划阶段电信用户预测应以宏观预测方法为主，可采用普及率法、分类用地综合指标法等多种方法预测；城市详细规划阶段应以微观分布预测为主。

2. 电信局站（第 4.1.2 条）

电信局站可分一类局站和二类局站，并宜按以下划分：①位于城域网接入层的小型电信机房为一类局站。包括小区电信接入机房以及移动通信基站等。②位于城域网汇聚层及以上的大中型电信机房为二类局站。包括电信枢纽楼、电信生产楼等。

3. 无线通信与无线广播传输设施（第 5.1.1、5.2.1、5.2.2 条）

城市无线通信设施应包括无线广播电视设施在内的以发射信号为主的发射塔（台、站）、以接收信号为主的监测站（场、台）、发射或（和）接收信号的卫星地球站、以传输信号为主的微波站等。

收信区和发信区的调整应符合下列要求：①城市总体规划和发展方向；②既设无线电台站的状况和发展规划；③相关无线电台站的环境技术要求和相关地形、地质条件；④人防通信建设规划；⑤无线通信主向避开市区。

城市收信区、发信区宜划分在城市郊区的两个不同方向的地方，同时在居民集中区、收信区与发信区之间应规划出缓冲区。

4. 微波空中通道（第 5.3.2 条）

城市微波通道应符合下列要求：①通道设置应结合城市发展需求；②应严格控制进入大城市、特大城市中心城区的微波通道数量；③公用网和专用网微波宜纳入公用通道，并应共用天线塔。

5. 邮件处理中心（第 8.2.1 条）

邮件处理中心选址应满足下列要求：①便于交通运输方式组织，靠近邮件的主要交通运输中心；②有方便大吨位汽车进出接收、发运邮件的邮运通道。

6. 城市微波通道分级保护（附录 A.0.1）

我国城市微波通道宜按以下三个等级分级保护：一级微波通道及保护应由城市规划行政主管部门和通道建设部门共同切实做好保护微波通道。一级、二级、三级微波通道的建设管理由城市规划行政主管部门主管。

历年真题

下列关于城市微波通道的表述，不准确的是（　　）。[2019-50]

A. 城市微波通道分为三个等级实施分级保护

B. 特大城市微波通道原则上由通道建设部门自我保护

C. 严格控制进入大城市中心城区的微波通道数量

D. 公用网和专用网微波纳入公用通道

【答案】B

【解析】根据《城市通信工程规划规范》附录 A，我国城市微波通道宜按三个等级分级保护；特大城市的微波通道原则上由城市规划行政主管部门和通道建设部门共同切实做

好保护微波通道工作，B 选项错误。

十二、《城市工程管线综合规划规范》GB 50289—2016 要点

1. 术语（第 2.0.4 ~ 2.0.6 条）

覆土深度：工程管线顶部外壁到地表面的垂直距离。

水平净距：工程管线外壁（含保护层）之间或管线外壁与建（构）筑物外边缘之间的水平距离。

垂直净距：工程管线外壁（含保护层）之间或工程管线外壁与建（构）筑物外边缘之间的垂直距离。

2. 基本规定（第 3.0.4、3.0.7 条）

工程管线的平面位置和竖向位置均应采用城市统一的坐标系统和高程系统。

当工程管线竖向位置发生矛盾时，宜按下列规定处理：①压力管线宜避让重力流管线；②易弯曲管线宜避让不易弯曲管线；③分支管线宜避让主干管线；④小管径管线宜避让大管径管线；⑤临时管线宜避让永久管线。

3. 地下敷设

（1）直埋、保护管及管沟敷设。（第 4.1.1 ~ 4.1.3、4.1.5 ~ 4.1.7、4.1.9、4.1.12 ~ 4.1.14 条）

严寒或寒冷地区给水、排水、再生水、直埋电力及湿燃气等工程管线应根据土壤冰冻深度确定管线覆土深度；非直埋电力、通信、热力及干燃气等工程管线以及严寒或寒冷地区以外地区的工程管线应根据土壤性质和地面承受荷载的大小确定管线的覆土深度。当受条件限制不能满足要求时，可采取安全措施减少其最小覆土深度。聚乙烯给水管线机动车道下的覆土深度不宜小于 1.00m。

工程管线应根据道路的规划横断面布置在人行道或非机动车道下面。位置受限制时，可布置在机动车道或绿化带下面。

工程管线在道路下面的规划位置宜相对固定，工程管线从道路红线向道路中心线方向平行布置的次序宜为：电力、通信、给水（配水）、燃气（配气）、热力、燃气（输气）、给水（输水）、再生水、污水、雨水。

沿城市道路规划的工程管线应与道路中心线平行，其主干线应靠近分支管线多的一侧。工程管线不宜从道路一侧转到另一侧。道路红线宽度超过 40m 的城市干道宜两侧布置配水、配气、通信、电力和排水管线。各种工程管线不应在垂直方向上重叠敷设。

沿铁路、公路敷设的工程管线应与铁路、公路线路平行。工程管线与铁路、公路交叉时宜采用垂直交叉方式布置；受条件限制时，其交叉角宜大于 60°。

当次高压燃气管道采取有效的安全防护措施或增加管壁厚度时，管道距建筑物外墙面不应小于 3.0m。直埋蒸汽管道与乔木最小水平间距为 2.0m。

当工程管线交叉敷设时，管线自地表面向下的排列顺序宜为：通信、电力、燃气、热力、给水、再生水、雨水、污水。给水、再生水和排水管线应按自上而下的顺序敷设。

工程管线交叉点高程应根据排水等重力流管线的高程确定。

铁路为时速大于或等于 200km/h 客运专线时，铁路（轨底）与其他管线最小垂直净距为 1.50m。

（2）综合管廊敷设。（第 4.2.1 ~ 4.2.3 条）

当遇下列情况之一时，工程管线宜采用综合管廊敷设：①交通流量大或地下管线密集的城市道路以及配合地铁、地下道路、城市地下综合体等工程建设地段；②高强度集中开发区域、重要的公共空间；③道路宽度难以满足直埋或架空敷设多种管线的路段；④道路与铁路或河流的交叉处或管线复杂的道路交叉口；⑤不宜开挖路面的地段。

综合管廊内可敷设电力、通信、给水、热力、再生水、天然气、污水、雨水管线等城市工程管线。干线综合管廊宜设置在机动车道、道路绿化带下，支线综合管廊宜设置在绿化带、人行道或非机动车道下。

干线综合管廊宜设置在机动车道、道路绿化带下，支线综合管廊宜设置在绿化带、人行道或非机动车道下。

4. 架空敷设（第 5.0.3 ~ 5.0.5 条）

架空线线杆宜设置在人行道上距路缘石不大于 1.0m 的位置，有分隔带的道路，架空线线杆可布置在分隔带内。

架空电力线与架空通信线宜分别架设在道路两侧。

架空电力线及通信线同杆架设应符合下列规定：①高压电力线可采用多回线同杆架设；②中、低压配电线可同杆架设；③高压与中、低压配电线同杆架设时，应进行绝缘配合的论证；④中、低压电力线与通信线同杆架设应采取绝缘、屏蔽等安全措施。

历年真题

1. 下列关于综合管廊布局的表述，不准确的是（　　）。[2019-48]

A. 宜布置在城市高强度开发地区　　B. 宜布置在不宜开挖路面的路段

C. 宜布置在地下管线较多的道路　　D. 宜布置在交通繁忙的过境公路

【答案】D

【解析】过境公路不属于城市道路，一般也不涉及城市建成区，综合管廊很少布置在过境公路下。

2. 下列关于城市工程管线综合规划的表述，错误的有（　　）。[2014-94]

A. 城市总体规划阶段管线综合规划应确定各种工程管线的干管走向

B. 城市详细规划阶段管线综合规划应确定规划范围内道路横断面下的管线排列位置

C. 热力管不应与电力和通信电缆、煤气管共沟布置

D. 当给水管与雨水管相矛盾时，雨水管应该避让给水管

E. 在管线共沟敷设时，排水管应始终布置在底部

【答案】DE

【解析】根据《城市工程管线综合规划规范》第 3.0.7 条，当工程管线竖向位置发生矛盾时，压力管线宜避让重力流管线，D 选项错误。管线共沟敷设原则是腐蚀介质管道的标高应低于沟内其他管线，E 选项错误。

十三、《城市黄线管理办法》要点

第二条　本办法所称城市黄线，是指对城市发展全局有影响的、城市规划中确定的、必须控制的城市基础设施用地的控制界线。

本办法所称城市基础设施包括：①城市公共汽车首末站、出租汽车停车场、大型公共停车场；城市轨道交通线、站、场、车辆段、保养维修基地；城市水运码头；机场；城市

交通综合换乘枢纽；城市交通广场等城市公共交通设施。②取水工程设施（取水点、取水构筑物及一级泵站）和水处理工程设施等城市供水设施。③排水设施；污水处理设施；垃圾转运站、垃圾码头、垃圾堆肥厂、垃圾焚烧厂、卫生填埋场（厂）；环境卫生车辆停车场和修造厂；环境质量监测站等城市环境卫生设施。④城市气源和燃气储配站等城市供燃气设施。⑤城市热源、区域性热力站、热力线走廊等城市供热设施。⑥城市发电厂、区域变电所（站）、市区变电所（站）、高压线走廊等城市供电设施。⑦邮政局、邮政通信枢纽、邮政支局；电信局、电信支局；卫星接收站、微波站；广播电台、电视台等城市通信设施。⑧消防指挥调度中心、消防站等城市消防设施。⑨防洪堤墙、排洪沟与截洪沟、防洪闸等城市防洪设施。⑩避震疏散场地、气象预警中心等城市抗震防灾设施。

第五条 城市黄线应当在制定城市总体规划和详细规划时划定。

直辖市、市、县人民政府建设主管部门（城乡规划主管部门）应当根据不同规划阶段的规划深度要求，负责组织划定城市黄线的具体工作。

第六条 城市黄线的划定，应当遵循以下原则：①与同阶段城市规划内容及深度保持一致；②控制范围界定清晰。

第九条 城市黄线应当作为城市规划的强制性内容，与城市规划一并报批。城市黄线上报审批前，应当进行技术经济论证，并征求有关部门意见。

第十条 城市黄线经批准后，应当与城市规划一并由直辖市、市、县人民政府予以公布。

历年真题

1. 纳入城市黄线管理的设施不包括（ ）。[2019-51]

A. 高压电力线走廊 B. 微波通道 C. 热力线走廊 D. 城市轨道交通线

【答案】B

【解析】《城市黄线管理办法》规定，微波站属于城市黄线管理设施，而微波通道不属于。

2. 根据《城市黄线管理办法》，不纳入黄线管理的是（ ）。[2018-47]、[2010-94]

A. 取水构筑物 B. 取水点 C. 水厂 D. 加压泵站

【答案】D

【解析】《城市黄线管理办法》第二条规定，取水工程设施（取水点、取水构筑物及一级泵站）和水处理工程设施等城市供水设施。一级泵站划入，而加压泵站不纳入黄线。

十四、《城市水系规划规范》GB 50513—2009（2016年版）要点

1. 基本规定（第3.0.3条）

城市水系规划的对象宜按下列规定分类：①水体按形态特征分为河流、湖库和湿地及其他水体四大类。河流包括江、河、沟、渠等；湖库包括湖泊和水库；湿地主要指有明确区域命名的自然和人工的狭义湿地；其他水体是指除河流、湖库、湿地之外的城市洼陷地域。②水体按功能类别分为水源地、生态水域、行洪通道、航运通道、雨洪调蓄水体、渔业养殖水体、景观游憩水体等。③岸线按功能分为生态性岸线、生活性岸线和生产性岸线。

2. 水系保护

（1）一般要求。（第4.1.1、4.1.5条）

城市水系的保护应包括水域保护、水质保护、水生态保护和滨水空间控制等内容。

应对城市规划区内的河流、湖库、湿地等需要保护的水系划定城市蓝线，并提出管控要求。

（2）水域保护。（第 4.2.2 条）

受保护水域的范围应包括构成城市水系的所有现状水体和规划新建的水体，并通过划定水域控制线进行控制。划定水域控制线宜符合下列规定：①有堤防的水体，宜以堤顶临水一侧边线为基准划定；②无堤防的水体，宜按防洪、排涝设计标准所对应的洪（高）水位划定；③对水位变化较大而形成较宽涨落带的水体，可按多年平均洪（高）水位划定；④规划的新建水体，其水域控制线应按规划的水域范围线划定；⑤现状坑塘、低洼地、自然汇水通道等水敏感区域宜纳入水域控制范围。

（3）水质保护。（第 4.3.2、4.3.4、4.3.6、4.3.7 条）

水质保护目标应根据水体规划功能制定，满足对水质要求最高的规划功能需求，并不应低于水体的现状水质类别。

同一水体的不同水域，可按照其功能需求确定不同的水质保护目标。

水质保护工程应以城市污水的收集与处理为基本措施，并包括面源污染和内源污染的控制与处理，必要时还可包括水生态修复措施。

对截留式合流制排水系统，应控制溢流污染总量和次数；对分流制排水系统，应结合海绵城市建设，削减城市径流污染。

（4）水生态保护。（第 4.4.2、4.4.7 条）

珍稀及濒危野生水生动植物集中分布区域和有保护价值的自然湿地应纳入水生态保护范围，并应根据需要划分核心保护范围和非核心保护范围。

滨水绿化控制区内的低影响开发设施应为周边区域雨水提供蓄滞空间，并与雨水管渠系统、超标雨水经流排放系统及下游水系相衔接。

（5）滨水空间控制。（第 4.5.2 条）

滨水绿化控制线应按水体保护要求和滨水区的功能需要确定，并应符合下列规定：①饮用水水源地的一级保护区陆域和水生态保护范围的陆域应纳入滨水绿化控制区范围；②有堤防的滨水绿化控制线应为堤顶背水一侧堤脚或其防护林带边线；③无堤防的江河、湖泊，其滨水绿化控制线与水域控制线之间应留有足够空间；④沟渠的滨水绿化控制线与水域控制线的距离宜大于 4m；⑤历史文化街区范围内的滨水绿化控制线应按现有滨水空间格局因地制宜进行控制；⑥结合城市道路、铁路及其他易于标识及控制的要素划定。

3. 水系利用（第 5.3.5、5.4.1、5.4.4、5.5.1 条）

岸线利用：生产性岸线的划定，应坚持“深水深用、浅水浅用”的原则。

滨水区规划布局：以生态功能为主的滨水区，应预留与其他生态用地之间的生态联通廊道，生态联通廊道的宽度不应小于 60m。

滨水区规划布局应保持一定的空间开敞度。通廊的宽度宜大于 20m。

水系修复与治理：水系改造不得减少现状水域面积总量和跨排水系统调剂水域面积指标。

4. 涉水工程设施之间的协调（第 6.3.2、6.3.5 条）

污水排水口不得设置在水源地一级保护区内，设置在水源地二级保护区的污水排水口应满足水源地一级保护区水质目标的要求。

码头、作业区和锚地不应位于水源一级保护区和桥梁保护范围内。

历年真题

1. 下列关于城市水系规划要求的表述，正确的有（　　）。[2021-96]

A. 应对规划范围内需要保护的河流、湖泊、湿地及其他水体划定城市蓝线

B. 水生态保护范围划分为核心保护范围和非核心保护范围

C. 水系改造不得减少现状水域面积总量，不得跨排水系统调剂水域面积指标

D. 受保护水域的范围应包括所有现状水体，不包括规划新建的水体

E. 水质保护目标应根据水体规划功能制定，对水质的要求不高于现状水体的水质类别

【答案】ABC

【解析】根据《城市水系规划规范》第4.2.2条，受保护水域的范围应包括构成城市水系的所有现状水体和规划新建的水体，并通过划定水域控制线进行控制，D选项错误。根据第4.4.2条，水质保护目标应根据水体规划功能制定，满足对水质要求最高的规划功能需求，并不应低于水体的现状水质类别，E选项错误。

2. 城市水系规划中，下列关于滨水绿化控制线的说法，不准确的是（　　）。[2020-60]

A. 饮用水源一级保护区陆域应纳入滨水绿化控制区范围

B. 有堤防的滨水绿化控制线应为堤顶背水一侧堤脚或防护林带边线

C. 无堤防的江河、湖泊，其滨水绿化控制线应为水域控制线

D. 沟渠的滨水绿化控制线与水域控制线的距离宜大于4m

【答案】C

【解析】根据《城市水系规划规范》第4.5.2条，无堤防的江河、湖泊，其滨水绿化控制线与水域控制线之间应留有足够空间。

十五、《城市蓝线管理办法》要点

第二条　本办法所称城市蓝线，是指城市规划确定的江、河、湖、库、渠和湿地等城市地表水体保护和控制的地域界线。

第五条　城市蓝线由直辖市、市、县人民政府在组织编制各类城市规划时划定。城市蓝线应当与城市规划一并报批。

第七条　在城市总体规划阶段，应当确定城市规划区范围内需要保护和控制的主要地表水体，划定城市蓝线，并明确城市蓝线保护和控制的要求。

第八条　在控制性详细规划阶段，应当依据城市总体规划划定的城市蓝线，规定城市蓝线范围内的保护要求和控制指标，并附有明确的城市蓝线坐标和相应的界址地形图。

第十条　在城市蓝线内禁止进行下列活动：①违反城市蓝线保护和控制要求的建设活动；②擅自填埋、占用城市蓝线内水域；③影响水系安全的爆破、采石、取土；④擅自建设各类排污设施。

历年真题

下列应划定蓝线的有（　　）。[2018-93]

A. 湿地　　B. 河湖

C. 水源地　　D. 水渠

E. 水库

【答案】ABDE

【解析】《城市蓝线管理办法》第二条规定，本办法所称城市蓝线，是指城市规划确定的江、河、湖、库、渠和湿地等城市地表水体保护和控制的地域界限。水源地不是一种水体，属于江、河、湖、库等一种。

十六、《城市环境卫生设施规划标准》GB/T 50337—2018 要点

1. 城市生活垃圾产量预测（第 3.1.3 条）

确定环境卫生处理及处置设施规划规模时，应统筹考虑镇（乡）村地区的需求。

2. 环境卫生收集设施

（1）一般规定。（第 4.1.1 条）

环境卫生收集设施一般包括生活垃圾收集点、生活垃圾收集站、废物箱、水域保洁及垃圾收集设施。

（2）生活垃圾收集点。（第 4.2.1、4.2.2 条）

生活垃圾收集点的服务半径不宜超过 70m，宜满足居民投放生活垃圾不穿越城市道路的要求；市场、交通客运枢纽及其他生活垃圾产量较大的场所附近应单独设置生活垃圾收集点。

生活垃圾收集点宜采用密闭方式。生活垃圾收集点可采用放置垃圾容器或建造垃圾容器间的方式，采用垃圾容器间时，建筑面积不宜小于 $10m^2$。

（3）生活垃圾收集站。（第 4.3.1、4.3.2 条）

收集站的服务半径应符合下列规定：①采用人力收集，服务半径宜为 0.4km，最大不宜超过 1km；②采用小型机动车收集，服务半径不宜超过 2km。

大于 5 000 人的居住小区（或组团）及规模较大的商业综合体可单独设置收集站。

（4）废物箱。（第 4.4.2 条）

设置在道路两侧的废物箱，其间距宜按道路功能划分：①在人流密集的城市中心区、大型公共设施周边、主要交通枢纽、城市核心功能区、市民活动聚集区等地区的主干路，人流量较大的次干路，人流活动密集的支路，以及沿线土地使用强度较高的快速路辅路设置间距为 30m ~ 100m；②在人流较为密集的中等规模公共设施周边、城市一般功能区等地区的次干路和支路设置间距为 100m ~ 200m；③在以交通性为主、沿线土地使用强度较低的快速路辅路、主干路，以及城市外围地区、工业区等人流活动较少的各类道路设置间距为 200m ~ 400m。

（5）水域保洁及垃圾收集设施。（第 4.5.3 条）

水域保洁管理站应按河道分段设置，宜按每 12km ~ 16km 河道长度设置 1 座。水域保洁管理站使用岸线每处不宜小于 50m，有条件的城市陆上用地面积不宜少于 $800m^2$。

3. 环境卫生转运设施

（1）一般规定。（第 5.1.1、5.1.2 条）

环境卫生转运设施一般包括生活垃圾转运站和垃圾转运码头、粪便码头。

环境卫生转运设施宜布局在服务区域内并靠近生活垃圾产量多且交通运输方便的场所，不宜设在公共设施集中区域和靠近人流、车流集中区段。

（2）生活垃圾转运站。（第 5.2.1、5.2.2 条）

生活垃圾转运站按照设计日转运能力分为大、中、小型三大类和Ⅰ、Ⅱ、Ⅲ、Ⅳ、Ⅴ五小类。用地指标应根据日转运量确定。

当生活垃圾运输距离超过经济运距且运输量较大时，宜设置垃圾转运站。服务范围内垃圾运输平均距离超过 10km 时，宜设置垃圾转运站；平均距离超过 20km 时，宜设置大、中型垃圾转运站。

（3）垃圾转运码头、粪便码头。（第 5.3.2、5.3.3 条）

垃圾转运码头、粪便码头不应设置在城市上风方向、城市中心区域和用于旅游观光的主要水面岸线上。

垃圾转运码头、粪便码头综合用地按每米岸线配备不少于 $15m^2$ 的陆上作业场地，垃圾转运码头周边应设置宽度不少于 5m 的绿化隔离带，粪便码头周边应设置宽度不少于 10m 的绿化隔离带。

4. 环境卫生处理及处置设施

（1）一般规定。（第 6.1.1 条）

城市环境卫生处理及处置设施一般包括：生活垃圾焚烧厂、生活垃圾卫生填埋场、生活垃圾堆肥处理设施、餐厨垃圾处理设施、建筑垃圾处理设施、粪便处理设施、其他固体废弃物处理厂（处置场）等。

（2）生活垃圾焚烧厂。（第 6.2.1、6.2.3 条）

新建生活垃圾焚烧厂不宜邻近城市生活区布局，其用地边界距城乡居住用地及学校、医院等公共设施用地的距离一般不应小于 300m。

生活垃圾焚烧厂单独设置时，用地内沿边界应设置宽度不小于 10m 的绿化隔离带。

（3）生活垃圾卫生填埋场。（第 6.3.1 ~ 6.3.4 条）

生活垃圾卫生填埋场应设置在城市规划建成区外、取土条件方便、人口密度低、土地及地下水利用价值低的地区，并不得设置在水源保护区、地下蕴矿区及影响城市安全的区域内，距农村居民点及人畜供水点不应小于 0.5km。

新建生活垃圾卫生填埋场不应位于城市主导发展方向上，且用地边界距 20 万人口以上城市的规划建成区不宜小于 5km，距 20 万人口以下城市的规划建成区不宜小于 2km。

生活垃圾卫生填埋场用地内沿边界应设置宽度不小于 10m 的绿化隔离带，外沿周边宜设置宽度不小于 100m 的防护绿带。

生活垃圾卫生填埋场使用年限不应小于 10 年。

（4）堆肥处理设施。（第 6.4.1、6.4.3 条）

生物降解有机垃圾可采用堆肥处理。堆肥处理设施宜位于城市规划建成区的边缘地带，用地边界距城乡居住用地不应小于 0.5km。

堆肥处理设施在单独设置时，用地内沿边界应设置宽度不小于 10m 的绿化隔离带。

（5）餐厨垃圾集中处理设施。（第 6.5.1 ~ 6.5.4 条）

餐厨垃圾应在源头进行单独分类、收集并密闭运输，餐厨垃圾集中处理设施宜与生活垃圾处理设施或污水处理设施集中布局。

餐厨垃圾集中处理设施用地边界距城乡居住用地等区域不应小于 0.5km。

餐厨垃圾集中处理设施综合用地指标不宜小于 $85m^2/(t\cdot d)$，并不宜大于 $130m^2/(t\cdot d)$。

餐厨垃圾集中处理设施在单独设置时，用地内沿边界应设置宽度不小于 10m 的绿化隔离带。

（6）粪便处理设施。（第 6.6.1、6.6.2、6.6.4 条）

粪便应逐步纳入城市污水管网统一处理。

粪便处理设施应优先选择在污水处理厂或污水主干管网、生活垃圾卫生填埋场的用地范围内或附近；规模不宜小于 50t/d。

粪便处理设施与住宅、公共设施等的间距不应小于 50m。粪便处理设施在单独设置时用地内沿边界应设置宽度不小于 10m 的绿化隔离带。

（7）建筑垃圾处理、处置设施。（第 6.7.1、6.7.2 条）

建筑垃圾填埋场宜在城市规划建成区外设置，应选择具有自然低洼地势的山坳、采石场废坑、土地及地下水利用价值低的地区，并不得设置在水源保护区、地下蕴矿区及影响城市安全的区域内，距农村居民点及人畜供水点不应小于 0.5km。

建筑垃圾综合利用厂宜结合建筑垃圾填埋场集中设置。

5. 其他环境卫生设施

（1）公共厕所。（第 7.1.1、7.1.3、7.1.6 条）

根据城市性质和人口密度，城市公共厕所平均设置密度应按每平方千米规划建设用地 3 座 ~ 5 座选取。

公共厕所设置应符合下列要求：①设置在人流较多的道路沿线、大型公共建筑及公共活动场所附近；②公共厕所应以附属式公共厕所为主，独立式公共厕所为辅，移动式公共厕所为补充；③附属式公共厕所不应影响主体建筑的功能，宜在地面层临道路设置，并单独设置出入口；④公共厕所宜与其他环境卫生设施合建；⑤在满足环境及景观要求的条件下，城市公园绿地内可以设置公共厕所。

商业街区、重要公共设施、重要交通客运设施、公共绿地及其他环境要求高的区域的公共厕所建筑标准不应低于一类标准：主、次干道交通量较大的道路沿线的公共厕所不应低于二类标准；其他街道及区域的公共厕所不应低于三类标准。

（2）环境卫生车辆停车场。（第 7.2.1 条）

环境卫生车辆停车场应设置在环境卫生车辆的服务范围内并避开人口稠密和交通繁忙的区域。

（3）洒水（冲洗）车供水器。（第 7.3.1 条）

环境卫生洒水（冲洗）车可利用市政给水管网及地表水、地下水、再生水作为水源；供水器宜设置在城市次干路和支路上，设置间距不宜大于 1 500m。

（4）环卫工人作息场所。（第 7.4.1 条）

环卫工人作息场所宜结合城市其他公共服务设施设置，可结合公共厕所、垃圾收集站、垃圾转运站、环境卫生车辆停车场等设施设置。

历年真题

1. 下列关于餐厨垃圾集中处理设施布局的表述，不准确的是（　　）。[2022-46]

A. 宜与生活垃圾焚烧厂集中布局

B. 宜与生活垃圾卫生填埋场集中布局

C. 宜与建筑垃圾处理设施集中布局

D. 宜与污水处理设施集中布局

【答案】C

【解析】《城市环境卫生设施规划标准》第 6.5.1 条规定，餐厨垃圾应在源头进行单独分类、收集并密闭运输，餐厨垃圾集中处理设施宜与生活垃圾处理设施或污水处理设施集中布局，C 选项错误。

2. 生活垃圾转运站的用地指标，应根据（　　）确定。[2021–53]

A. 服务范围　　B. 日转运量　　C. 服务人口　　D. 垃圾种类

【答案】B

【解析】根据《城市环境卫生设施规划标准》第 5.2.1 条，用地指标应根据日转运量确定。

第十节　其他主要专项规划

一、城市绿地系统规划

1. 城市绿地系统规划的任务

调查与评价城市发展的自然条件，参与研究城市的发展规模和布局结构，研究、协调城市绿地与其他各项建设用地的关系，确定和部署城市绿地，处理远期发展与近期建设的关系，指导城市绿地系统的合理发展。

2. 城市绿地系统功能

包括：①改善小气候：包括调节气温和湿度，增强城市的竖向通风，分散并减弱城市热岛效应，降低风速，防止风沙。②改善空气质量：包括增加氧气含量，吸收二氧化碳等有害气体，降低二氧化硫、氟化物、氯化物、氮氧化物的含量，降低空气飘尘的浓度，缓解城市噪声，使空气含菌量明显降低。③防洪：减少地表径流，减缓暴雨积水，涵养水源，蓄水防洪。④改善城市景观：包括完善城市天际线，协调建筑物之间的关系，满足现代人回归自然的强烈需求，创造宜人的城市生活情调等。⑤对游憩活动的承载功能：城市绿化能吸引定居、容纳户外游憩，也为野生动物提供栖息场所。⑥城市节能：通过攀缘绿化、屋顶绿化和庭院栽植等，冬季挡风、夏季遮阴，城市绿化可以减少城市热辐射，降低采暖和制冷的能耗。

3. 城市绿地指标

在城市绿地系统规划编制中主要控制的绿地指标为：人均公园绿地面积（m^2/ 人）、人均绿地面积（m^2/ 人）、城乡绿地率（%）、绿地率（%）。

规划人均绿地面积不应小于 10.0m^2/ 人，其中人均公园绿地面积不应小于 8.0m^2/ 人。

4. 绿地系统规划布局原则

包括：①整体性原则：各种绿地互相连成网络，城市被绿地楔入或外围以绿带环绕，可充分发挥绿地的生态环境功能。②匀布原则：各级公园按各自的有效服务半径均匀分布；不同级别、类型的公园一般不互相代替。③自然原则：重视土地使用现状和地形、史迹等条件，规划尽量结合山脉、河湖、坡地、荒滩、林地及优美景观地带。④地方性原则：乡土物种和古树名木代表了自然选择或社会历史选择的结果，规划中要反映地方植物生长的特性。地方性原则能使物种及其生存环境之间迅速建立食物链、食物网关系，并能有效缓解病虫害。

5. 城市绿地系统布局及规划内容

系统布局：①块状绿地布局：将绿地成块状均匀地分布在城市中，方便居民使用，多应用于旧城改建中。块状布局形式对改善城市小气候条件的生态效益不太显著，对改善城市整体艺术风貌的作用也不大。②带状绿地布局：多利用河湖水系、城市道路、旧城墙等线性因素，形成纵横向绿带、放射状绿带与环状绿地交织的绿地网。带状绿地布局有利于改善和表现城市的环境艺术风貌。③楔形绿地布局：利用从郊区伸入市中心由宽到窄的楔形绿地组合布局，将新鲜空气源源不断地引入市区，能较好地改善城市的通风条件，也有利于城市艺术风貌的体现。④混合式绿地布局：它是前三种形式的综合利用，可以做到城市绿地布局的点、线、面结合，组成较完整的体系。其优点是能够使生活居住区获得最大的绿地接触面，方便居民游憩，有利于小气候与城市环境卫生条件的改善，有利于丰富城市景观的艺术风貌。

规划内容：①依据城市经济社会发展规划和城市总体规划的战略要求，确定城市绿地系统规划的指导思想和规划原则。②调查、分析、评价城市绿化现状、发展条件及存在问题。③根据城市的自然条件、社会经济条件、城市性质、发展目标、总体布局等要求，确定城市绿化建设的发展目标和规划指标。④确定城市绿地系统的规划结构，合理确定各类城市绿地的总体关系。⑤统筹安排各类城市绿地，分别确定其位置、性质和发展指标；划定各种功能绿地的保护范围（绿线），确定城市各类绿地的控制原则。⑥提出城市生物多样性保护与建设的目标、任务和保护建设的措施。⑦对城市古树名木的保护进行统筹安排。⑧确定分期建设步骤和近期实施项目，提出城市绿地系统规划的实施措施。

二、《城市绿线管理办法》要点

第四条　城市人民政府规划、园林绿化行政主管部门，按照职责分工负责城市绿线的监督和管理工作。

第五条　城市规划、园林绿化等行政主管部门应当密切合作，组织编制城市绿地系统规划。

第十二条　任何单位和个人不得在城市绿地范围内进行拦河截溪、取土采石、设置垃圾堆场、排放污水以及其他对生态环境构成破坏的活动。

第十四条　城市人民政府规划、园林绿化行政主管部门按照职责分工，对城市绿线的控制和实施情况进行检查，并向同级人民政府和上级行政主管部门报告。

历年真题

1. 城市绿地系统规划的任务不包括（　　）。[2017-49]

A. 调查与评价城市发展的自然条件

B. 参与研究城市的发展规模和布局结构

C. 研究、协调城市绿地与其他各项建设用地的关系

D. 基于绿色生态职能确定城市禁止建设区范围

【答案】D

【解析】城市绿地系统规划的任务包括：调查与评价城市发展的自然条件，参与研究

城市的发展规模和布局结构，研究、协调城市绿地与其他各项建设用地的关系，确定和部署城市绿地，处理远期发展与近期建设的关系，指导城市绿地系统的合理发展。

2. 城市绿地系统的功能包括（　　）。[2017-94]

A. 改善空气质量　　　　B. 改善地形条件

C. 承载游憩活动　　　　D. 降低城市能耗

E. 减少地表径流

【答案】ACDE

【解析】城市绿地系统的功能有：①改善小气候；②改善空气质量；③减少地表径流，减缓暴雨积水，涵养水源，蓄水防洪；④减灾功能；⑤改善城市景观；⑥对游憩活动的承载功能；⑦城市节能，降低采暖和制冷的能耗。

三、城市综合防灾减灾规划

城市综合防灾减灾规划体系如图 5-25 所示。

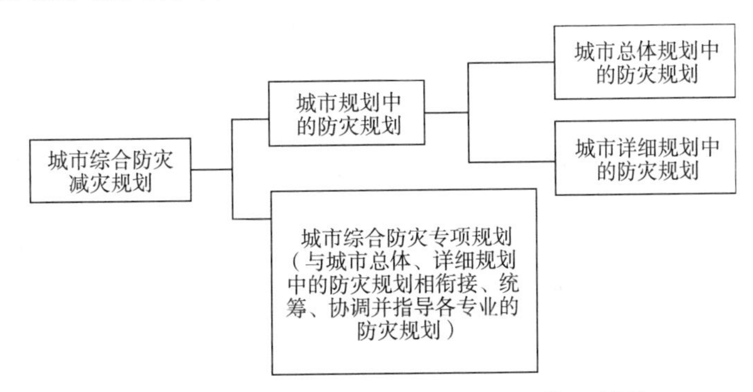

图 5-25　城市综合防灾减灾规划体系结构

1. 城市综合防灾减灾规划的主要任务、原则及主要内容

主要任务：根据城市自然环境、灾害区划和城市定位，确定城市各项防灾标准，合理确定各项防灾设施的布局、等级、规模；充分考虑防灾设施与城市常用设施的有机结合，制定防灾设施的统筹建设、综合利用、防护管理等对策与措施。

城市总体规划中的主要内容：确定城市消防、防洪、人防、抗震等设防标准；布局城市消防、防洪、人防等设施；制定防灾对策与措施；组织城市防灾生命线系统。

城市详细规划中的主要内容：确定规划范围内各种消防设施的布局及消防通道、间距等；确定规划范围内地下防空建筑的规模、数量、配套内容、抗力等级、位置布局，以及平战结合的用途；确定规划范围内的防洪堤标高、排涝泵站位置等；确定规划范围内疏散通道、疏散场地布局。

2. 城市防灾减灾专项规划的主要内容

消防工程设施专项规划的内容：①根据城市性质和发展规划，合理安排消防分区，全面考虑易燃易爆工厂、仓库和火灾危险较大的建筑、仓库布局及安全要求。②提出大型公共建筑（如商场、剧场、车站、港口、机场等）消防工程设施规划。③提出城市广场，主要干路的消防工程设施规划。④提出火灾危险性较大的工厂（如造纸厂、竹木器厂、易燃化学品厂）、仓库（如棉花、油料、粮食、化学纤维仓库）、汽车加油站等保障安全的有效措施。⑤提出城市古建筑、重点文物单位安全保护措施。⑥提出燃气管道、液化气站安全保护措施。⑦制定城市旧区改造消防工程设施规划。⑧初步确定城市消防站、点的分布规划。⑨初步确定城市消防给水规划，消防水池设置规划。⑩初步确定消防瞭望、消防通信及调度指挥规划。⑪ 确定消防训练、消防车通路的规划。

防洪工程设施专项规划的内容：①对城市历史洪水特点进行分析，现有堤防情况、抗洪能力的分析。②被保护对象在城市总体规划和国民经济中的地位，以及洪灾可能影响的程度。选定城市防洪设计标准和计算现有河道的行洪能力。③确定规划目标和规划原则。④制定城市防洪规划方案。包括河道综合治理规划、蓄滞洪区规划、非工程措施规划等。

城市抗震工程设施专项规划的内容：①抗震防灾规划的指导思想、目标和措施，规划的主要内容和依据等。②易损性分析和防灾能力评价，地震危险性分析，地震对城市的影响及危害程度估计，不同强度地震下的震害预测等。③城市抗震规划目标、抗震设防标准。④建设用地评价与要求：根据地震危险性分析、地震影响区划和震害预测，划出对抗震有利和不利的区域范围、不同地区适宜于建筑的结构类型、建筑层数和不应进行工程建设的地域范围。⑤抗震防灾措施：各级避震通道及避震疏散场地（如绿地、广场等）和避难中心的设置与人员疏散的措施；对城市基础设施的规划建设要求：城市交通、通信、给排水、燃气、电力、热力等生命线系统，以及消防、供油网络、医疗等重要设施的规划布局要求；重要建（构）筑物、超高建（构）筑物、人员密集的教育、文化、体育等设施的布局、间距和外部通道要求。⑥防止次生灾害规划。应对地震次生火灾、爆炸、水灾、毒气泄漏扩散、放射性污染、海啸、泥石流、滑坡等制定防御对策和措施，必要时可进行专题抗震防灾研究。⑦震前应急准备及震后抢险救灾规划。⑧抗震防灾人才培训等。

城市防空工程设施专项规划的内容：①城市总体防护。对城市总体规模、布局、道路、建筑物密度、绿地、广场、水面等提出防护和控制要求；对城市的经济目标提出防护要求；对城市的供水、供电、供热、煤气、通信等基础设施提出防护要求；对生产储存危险、有害物质的工厂、仓库的选择、迁移、疏散方案及降低次生火害程度的应急措施提出要求；对城市市区、市际交通线路系统的选线、布局及防护、疏运方案提出要求；对人防报警器的布置和选点提出要求。②人防工程建设规划。确定城市人防工程的总体规模、防护等级和配套布局；确定人防指挥部、通信、人员掩蔽、医疗救护、物资储备、防空专业队伍、疏散干道等工程以及配套设施的规模和布局；居住小区人防工程建设规模等；提出已建人防的改造和平时利用方案。③人防工程建设与城市地下空间开发利用相结合规划。确定人防工程建设与城市地下空间开发利用相结合的主要方面和内容；确定规划期内相结合建设项目的性质、规模和总体布局；确定近期开发建设项目，并进行投资估算。

城市地质灾害规划专项规划的内容：①地质灾害致灾自然背景及发育现状调查。针对城市地形地貌背景、气候降雨背景、地质构造特征及人类活动等情况进行调查，针对崩塌滑坡、泥石流、矿山采空塌陷、地面沉降、土地沙化、地裂缝、沙土液化以及活动断裂等地质灾害历史发生情况进行调查。②地质灾害易发区划。城市地质灾害规划应根据不同地质灾害的类型、发育强度、分布状况、发生发展趋势、危害目标（或潜在的危害对象）、发生频率、地形地质条件、气候降水条件及人类活动强度等因素，对城市地质灾害进行易发区划，可分为突发性地质灾害易发区、缓变性地质灾害易发区和地质灾害非易发区。地质灾害易发区划对城市规划布局具有重要指导意义。③地质灾害防灾减灾规划措施。建设比较完善的地质灾害监测、预报、预警、指挥系统；加强地质灾害防治科普知识宣传和教育工作；开展地质灾害风险区划与易损性评估、地质灾害防治的综合效益评估；进行地质灾害综合治理等。

其他综合防灾减灾规划的内容：除以上灾害的种类外，各城市可根据需要的防、抗灾害具体情况，编制突发事件应急系统、气象灾害、森林防火、防危险化学品事故灾害等专项规划。

历年真题

1. 区域地下水位的大幅下降会引起地质环境不良后果和危害，下列表述不准确的是（　　）。［2019-46］

A. 引起地面沉降等地质灾害　　B. 造成地下水水质污染

C. 导致天然自流泉干涸　　D. 导致河流断流

【答案】B

【解析】过度开采地下水所带来的危害有：①地下水水位大幅急速下降。形成地下水降落漏斗。②造成地面沉降、塌陷。③河流、湖泊水量减少，形成断流，干涸等灾害。④减少泉流量。而泉流量减少则破坏了古建筑物与文物的保护，甚至因泉水枯竭使古井和旅游景点失去了应有的旅游价值。⑤水井枯竭。单井用水量减少造成水井报废或掉泵，含沙量增加，使设备维修费与耗电量增加。⑥影响植被生长，加剧荒漠化。主要见西北地区放牧。⑦影响水土保持，造成水土流失。主要见陕中及草原边缘地带。⑧破坏房屋、公路、铁路、桥梁、水利、市政公用设施、矿山等工程建筑物开裂、倾斜、倒塌、埋没。这点类似于①、②等的引申影响。⑨使地下水水质恶化。A、C、D选项正确。B选项不属于地质环境的不良后果。

2. 下列不属于地质灾害的是（　　）。［2018-55］

A. 地震　　B. 泥石流　　C. 砂土液化　　D. 活动断裂

【答案】A

【解析】城市地质灾害主要有崩塌滑坡、泥石流、矿山踩空塌陷、地面沉降、土地沙化、地裂缝、沙土液化以及活动断裂等。

四、《城市综合防灾规划标准》GB/T 51327—2018要点

1. 术语（第2.0.1、2.0.2、2.0.12、2.0.14条）

综合防灾：为应对地震、洪涝、火灾及地质灾害、极端天气灾害等各种灾害，增强事故灾难和重大危险源防范能力，并考虑人民防空、地下空间安全、公共安全、公共卫生安全等要求而开展的城市防灾安全布局统筹完善、防灾资源统筹整合协调、防灾体系优化健全和防灾设施建设整治等综合防御部署和行动。

城市综合防灾规划：为建立健全城市防灾体系，开展综合防灾部署所编制的城市规划中的防灾规划和城市综合防灾专项规划。

应急服务设施：具有高于一般工程的综合抗灾能力，灾时可用于应急抢险救援、避险避难和过渡安置，提供临时救助等应急服务场所和设施，通常包括应急指挥、医疗救护和卫生防疫、消防救援、物资储备分发、避难安置等类型。

应急通道：应对灾害应急救援和抢险避难、保障灾后应急救灾和疏散避难活动的交通

通道，通常包括救灾干道、疏散主通道、疏散次通道和一般疏散通道。

2. 基本规定

（1）城市综合防灾规划宜以主要灾害防御为主线。（第 3.0.3 条）

自然灾害防御重点内容应包括：①抗震防灾。②受江河洪水、风暴潮、暴雨山洪或内涝威胁城市的防洪治涝。③遭受地质灾害威胁地区的泥石流、滑坡、崩塌等地质灾害防治。④可能遭受台风、龙卷风、暴风雪、雨雪冰冻等极端天气灾害影响地区的对应类型气象灾害防御。

事故灾难防御重点内容应包括：①统筹考虑火灾、重大危险源和其他灾害次生灾害的综合防御。②可能发生特大灾害损失或特大灾难性事故后果的设施和地区的防范。③易发生重大或特大事故后果的地下管线、地下综合管廊等地下空间设施的防范。

（2）城市灾害综合防御目标。（第 3.0.5 条）

城市灾害综合防御目标应满足下述要求：①当遭受相当于工程抗灾设防标准的较大灾害影响时，城市应能够全面应对灾害，应无重大人员伤亡；防灾设施应有效发挥作用，城市功能基本不受影响城市可保持正常运行。②当遭受相当于设定防御标准的重大灾害影响时，城市能有效减轻灾害，城市不应发生特大灾害效应，应无特大人员伤亡；防灾设施应能基本发挥作用，重大危险源以及可能发生特大灾难性事故后果的设施和地区应能得到有效控制。③当遭受高于设定防御标准的特大灾害影响时，应能保证对外疏散和对内救援可有效实施。

（3）城市灾害设定防御标准。（第 3.0.7 条）

城市灾害设定防御标准，应符合下列规定：①设定防御标准所对应的地震影响不应低于本地区抗震设防烈度对应的罕遇地震影响。②设定防御标准所对应的风灾影响不应低于重现期为 100 年的基本风压对应的风灾影响；临灾时期和灾时的应急救灾和避难的安全防护时间对龙卷风不应低于 3h，对台风不应低于 24h。

（4）提高设防标准的工程设施。（第 3.0.9 条）

城市综合防灾规划对下列地区或工程设施，应提出更高的设防标准或防灾要求：①城市发展建设特别重要的地区。②可能导致特大灾害损失或特大灾难性事故后果的设施和地区。③保障城市基本运行，灾时需启用或功能不能中断的工程设施。④承担应急救援和避难疏散任务的防灾设施，城市重要公共空间，公共建筑和公共绿地等重要公共设施。

（5）强制性内容。（第 3.0.10 条）

城市规划应将下述要求列为强制性内容：①设定防御标准，工程抗灾设防标准。②限制建设和不宜建设的用地范围，限制使用要求和用地防灾管控措施。③重大危险源、灾害高风险区、应急保障服务薄弱片区、可能造成特大灾难性后果设施和地区的规划措施。④防灾设施布局、规划用地控制要求。⑤城市重要防护对象、重要应急保障对象与重要设防对象的防灾设施配置要求和空间安全保障的规划控制要求。⑥防灾规划管控要求和措施。

3. 综合防灾评估（第 4.4.3 条）

用地布局安全评估时，下列设施或地区宜作为可能发生特大灾害损失和特大灾难性事故的重点防范对象：①核材料生产储存设施，核设施。②可能发生地表断错的发震断裂。

③水面高于城市用地标高，发生决堤、溃坝等事故，可能威胁到城市发展全局安全的河流、水库、湖泊、堰塞湖等大面积水域。④储存规模特别大的重大危险品储罐区、库区、生产企业、尾矿库等对城市用地有重大安全影响的设施。⑤灾害的遇合影响、耦合效应、连锁效应或规模效应可能特别突出的地区。

4. 城市防灾安全布局

（1）一般规定。（第 5.1.2 条）

城市综合防灾规划应以“平灾结合、多灾共用、分区互助、联合保障”为原则。

（2）用地安全布局。（第 5.2.1、5.2.2、5.2.8 条）

用地安全布局应划定灾害高风险片区、有条件适宜地段和不适宜地段、可能造成特大灾难性事故的设施和地区。

城市用地安全布局尚应符合下述规定：①用地安全布局规划应针对城市功能分区、用地布局、建设用地选择和重大项目建设提出控制或减缓用地风险的规划要求和防灾措施。②城市发展主导方向、城镇密集区、城镇走廊、新建城镇及区域重大设施布局等，应避开灾害风险高、用地防灾适宜性差的区域和地段，优先选择灾害风险低、用地防灾适宜性好的区域和地段。③较适宜地段、有条件适宜地段和不适宜地段采取工程措施后方可作为城乡建设用地。④城市规划建设用地安排应充分考虑竖向设计，不宜将重要设施布置在易发生内涝、积水的低洼地带。⑤城市规划应根据流域防洪规划有关要求分类分区建设和管理蓄滞洪区。城乡建设不得减少蓄滞洪总量。

城市火灾高风险区宜利用道路、绿地、广场等开敞空间设置防灾隔离带，并应符合下列要求：①防止特大规模次生火灾蔓延，防灾隔离带最小宽度为 40m；②防止重大规模次生火灾蔓延，防灾隔离带最小宽度为 28m；③一般街区分隔，防灾隔离带最小宽度为 14m。

（3）防灾分区。（第 5.3.2、5.3.3 条）

1）防灾分区的划分应符合下列规定：水体、山体等天然界限宜作为防灾分区的分界，防灾分区划分尚应考虑道路、铁路、桥梁等工程设施分隔作用。

2）防灾分区的规划控制内容应满足下述要求。

防灾分区的分级设置应符合下列规定：①人口规模为 3 万人 ~ 10 万人级别的防灾分区，宜设置固定避难场所、应急取水和储水设施、不低于Ⅱ级应急通道，应急医疗救护场地、应急物资储备分发场地。此级别防灾分区宜与城市规划管理单元相衔接，协调落实规划控制内容和防灾措施。②人口规模为 20 万人 ~ 50 万人级别或区级的防灾分区，宜设置中心避难场所、市区级应急指挥中心、Ⅰ级应急保障医院、救灾物资储备库、应急保障水源及应急保障水厂、Ⅰ级应急疏散通道、市区级应急医疗救护场地和应急物资储备分发场所。

通往每个防灾分区的应急通道不应少于 2 个。

（4）防灾设施和重要公共设施布局。（第 5.4.1、5.4.3 条）

城市保证一个主要灾害源发生最大可能灾害影响时可有效通行的疏散救援出入口数量，大城市不得少于 4 个、中等城市和小城市不得少于 2 个，特大城市、超大城市应按城市组团分别考虑疏散救援出入口设置。城市疏散救援出入口应与城市内救灾干道和区域高等级公路连接，并宜与航空、铁路、航运等交通设施连接。

固定避难人口数量应以避难场所服务责任区范围内常住人口为基准核定。

5. 应急保障基础设施（第 6.1.2、6.2.3 条）

城市应急交通、供水、供电、通信等应急保障基础设施的应急功能保障级别应划分为Ⅰ、Ⅱ和Ⅲ级。

应急通道的宽度和净空限高应符合下列规定：①应急通道的有效宽度，救灾干道不应小于 15.0m，疏散主通道不应小于 7.0m，疏散次通道不应小于 4.0m。②跨越应急通道的各类工程设施，应保证通道净空高度不小于 4.5m。

6. 应急服务设施（第 7.1.3、7.2.7 条）

承担城市防洪疏散避难场所的设定防洪标准应高于城市防洪标准，且避洪场地的应急避难区的地面标高宜按该地区历史最大洪水水位考虑，其安全超高不宜低于 0.5m。

避难场所应有利于避难人员顺畅进入和向外疏散，并应符合下列规定：①中心避难场所应与城市救灾干道有可靠通道连接，并与周边避难场所有应急通道联系，满足应急指挥和救援、伤员转运和物资运送的需要。②城市固定避难宜采取以居住地为主就近疏散的原则，紧急避难宜采取就地疏散的原则。③固定避难场所设置可选择城市公园绿地、学校、广场、停车场和大型公共建筑，并确定避难服务范围；紧急避难场所设置可选择居住小区内的绿地和空地等设施。④固定避难场所出入口及应急避难区与周边危险源、次生灾害源及其他存在潜在火灾高风险建筑工程之间的安全间距不应小于 30m。⑤雨洪调蓄区、危险源防护带、高压走廊等用地不宜作为避难场地。确需作为避难场地的，应提出具体防护措施确保安全。⑥防风避难场所应选择避难建筑。⑦洪灾避难场所可选择避洪房屋、安全堤防、安全庄台和避水台等形式。

7. 城市用地防灾适宜性评估要求（附录 A）

城市用地防灾适宜性评估类别主要包括适宜、较适宜、有条件适宜和不适宜。

较适宜：存在严重影响的场地不利或破坏因素，整治代价较大但整治效果可以保证，可采取工程抗灾措施减轻其影响到可接受程度：①场地不稳定；动力地质作用强烈，环境工程地质条件严重恶化，不易整治。②土质极差，地基存在严重失稳的可能性。③软弱土或液化土大规模发育，可能发生严重液化或软土震陷。④条状突出的山嘴和高耸孤立的山丘；非岩质的陡坡、河岸和边坡的边缘；成因、岩性、状态在平面分布上明显不均匀的土层（如故河道、疏松的断层破碎带、暗埋的塘浜沟谷和半填半挖地基）；高含水量的可塑黄土，地表存在结构性裂缝等地质环境条件复杂、潜在地质灾害危害性较大。⑤地形起伏大，易形成内涝。⑥洪水或地下水对工程建设有严重威胁。

有条件适宜：存在尚未查明或难以查明、整治困难的危险性场地破坏因素或存在其他限制使用条件：①存在潜在危险性但尚未查明或不太明确的滑坡、崩塌、地陷、地裂、泥石流、地震地表断错等。②地质灾害破坏作用影响严重，环境工程地质条件严重恶化，难以整治或整治效果难以预料。③具严重潜在威胁的重大灾害源的直接影响范围。④稳定年限较短或其稳定性尚未明确的地下采空区。⑤地下埋藏有待开采的矿藏资源。⑥过洪滩地、排洪河渠用地、河道整治用地。⑦液化等级为中等液化和严重液化的故河道、现代河滨、海滨的液化侧向扩展或流滑及其影响区。⑧存在其他方面对城市用地的限制使用条件。

五、《城市抗震防灾规划标准》GB 50413—2007 要点

1. 总则（第 1.0.5 条）

按照本标准进行城市抗震防灾规划，应达到以下基本防御目标：①当遭受多遇地震影响时，城市功能正常，建设工程一般不发生破坏；②当遭受相当于本地区地震基本烈度的地震影响时，城市生命线系统和重要设施基本正常，一般建设工程可能发生破坏但基本不影响城市整体功能，重要工矿企业能很快恢复生产或运营；③当遭受罕遇地震影响时，城市功能基本不瘫痪，要害系统、生命线系统和重要工程设施不遭受严重破坏，无重大人员伤亡，不发生严重的次生灾害。

2. 术语（第 2.0.6 条）

避震疏散场所，用作地震时受灾人员疏散的场地和建筑。可划分为以下类型：①紧急避震疏散场所：供避震疏散人员临时或就近避震疏散的场所，也是避震疏散人员集合并转移到固定避震疏散场所的过渡性场所。通常可选择城市内的小公园、小花园、小广场、专业绿地、高层建筑中的避难层（间）等；②固定避震疏散场所：供避震疏散人员较长时间避震和进行集中性救援的场所。通常可选择面积较大、人员容置较多的公园、广场、体育场地 / 馆、大型人防工程、停车场、空地、绿化隔离带以及抗震能力强的公共设施、防灾据点等；③中心避震疏散场所：规模较大、功能较全、起避难中心作用的固定避震疏散场所。场所内一般设抢险救灾部队营地、医疗抢救中心和重伤员转运中心等。

3. 基本规定（第 3.0.3、3.0.4 条）

城市抗震防灾规划按照城市规模、重要性和抗震防灾要求，分为甲、乙、丙三种编制模式。

城市抗震防灾规划编制模式应符合下述规定：①位于地震烈度 7 度及以上地区的大城市编制抗震防灾规划应采用甲类模式；②中等城市和位于地震烈度 6 度地区的大城市应不低于乙类模式；③其他城市编制城市抗震防灾规划应不低于丙类模式。

4. 城市用地（第 4.1.1 条）

城市用地抗震性能评价包括：城市用地抗震防灾类型分区，地震破坏及不利地形影响估计，抗震适宜性评价。

5. 城区建筑（第 6.1.2 条）

抗震防灾规划时，城市重要建筑应包括：城市的市一级政府指挥机关、抗震救灾指挥部门所在办公楼。

6. 地震次生灾害防御（第 7.1.1 条）

进行城市抗震防灾规划时，应对地震次生火灾、爆炸、水灾、毒气泄漏扩散、放射性污染、海啸、泥石流、滑坡等制定防御对策和措施，必要时宜进行专题抗震防灾研究。

7. 避震疏散（第 8.2.3、8.2.9 ~ 8.2.11、8.2.15 条）

城市的出入口数量宜符合以下要求：中小城市不少于 4 个，大城市和特大城市不少于 8 个。应保障与城市出入口相连接的城市主干道两侧建筑一旦倒塌后不阻塞交通。

避震疏散场地的规模：紧急避震疏散场地的用地不宜小于 $0.1hm^2$，固定避震疏散场地不宜小于 $1hm^2$，中心避震疏散场地不宜小于 $50hm^2$。

紧急避震疏散场所的服务半径宜为 500m，步行大约 10min 之内可以到达；固定避震

疏散场所的服务半径宜为 2 ~ 3km，步行大约 1h 之内可以到达。

避震疏散场地人员进出口与车辆进出口宜分开设置，应有多个不同方向的进出口。人防工程按照有关规定设立进出口，防灾据点至少有一个进口与一个出口。其他固定避震疏散场所至少有两个进口与两个出口。

紧急避震疏散场所内外的避震疏散通道有效宽度不宜低于 4m，固定避震疏散场所内外的避震疏散主通道有效宽度不宜低于 7m。与城市出入口、中心避震疏散场所、市政府抗震救灾指挥中心相连的救灾主干道不宜低于 15m。避震疏散主通道两侧的建筑应能保障疏散通道的安全畅通。

历 年 真 题

下列不属于地震后易引发的次生灾害的是（　　）。[2018-53]

A. 水灾　　B. 火灾　　C. 风灾　　D. 爆炸

【答案】C

【解析】《城市抗震防灾规划标准》规定，进行城市抗震防灾规划时，应对地震次生火灾、爆炸、水灾、毒气泄漏扩散、放射性污染、海啸、泥石流、滑坡等制定防御对策和措施，必要时宜进行专题抗震防灾研究。

六、《城市抗震防灾规划管理规定》要点

第二条　本规定所称抗震设防区，是指地震基本烈度六度及六度以上地区（地震动峰值加速度≥ 0.05g 的地区）。

第八条　城市抗震防灾规划编制应当达到下列基本目标：①当遭受多遇地震时，城市一般功能正常；②当遭受相当于抗震设防烈度的地震时，城市一般功能及生命线系统基本正常，重要工矿企业能正常或者很快恢复生产；③当遭受罕遇地震时，城市功能不瘫痪，要害系统和生命线工程不遭受严重破坏，不发生严重的次生灾害。

第九条　城市抗震防灾规划应当包括下列内容：①地震的危害程度估计，城市抗震防灾现状、易损性分析和防灾能力评价，不同强度地震下的震害预测等。②城市抗震防灾规划目标、抗震设防标准。③建设用地评价与要求：城市抗震环境综合评价，包括发震断裂、地震场地破坏效应的评价等；抗震设防区划，包括场地适宜性分区和危险地段、不利地段的确定，提出用地布局要求；各类用地上工程设施建设的抗震性能要求。

第十条　城市抗震防灾规划中的抗震设防标准、建设用地评价与要求、抗震防灾措施应当列为城市总体规划的强制性内容，作为编制城市详细规划的依据。

第十一条　城市抗震防灾规划应当按照城市规模、重要性和抗震防灾的要求，分为甲、乙、丙三种模式：①位于地震基本烈度七度及七度以上地区（地震动峰值加速度≥ 0.10g 的地区）的大城市应当按照甲类模式编制；②中等城市和位于地震基本烈度六度地区（地震动峰值加速度等于 0.05g 的地区）的大城市按照乙类模式编制；③其他在抗震设防区的城市按照丙类模式编制。

第二十条　任何单位和个人不得在抗震防灾规划确定的避震疏散场地和避震通道上搭建临时性建（构）筑物或者堆放物资。

历 年 真 题

下列不属于城市抗震防灾规划强制性内容的是（　　）。[2019-53]

A. 规划目标　　　　　　　　B. 抗震设防标准
C. 建设用地评价及要求　　　D. 抗震防灾措施

【答案】A

【解析】《城市抗震防灾规划管理规定》第十条规定，城市抗震防灾规划中的抗震设防标准、建设用地评价与要求、抗震防灾措施应当列为城市总体规划的强制性内容，作为编制城市详细规划的依据。

七、《城市社区应急避难场所建设标准》建标 180—2017 要点

1. 总则

第三条　本建设标准所称城市社区应急避难场所是指为应对突发性灾害，用于避难人员疏散和临时避难，具有一定规模的应急避难生活服务设施的场地和建筑。

第五条　城市社区应急避难场所建设应符合所在地城市规划要求，统一规划，一次或分期实施。

2. 建设规模与项目构成

第九条　城市社区应急避难场所建设规模应依据社区规划人口或常住人口数量确定。

第十一条　城市社区应急避难场所项目应包括避难场地、避难建筑和应急设施。

第十二条　避难场地应包括应急避难休息、应急医疗救护、应急物资分发、应急管理、应急厕所、应急垃圾收集、应急供电、应急供水等各功能区。

第十四条　应急设施应包括应急供电、应急供水、应急排水、应急广播和消防等。

3. 选址与规划布局

第十五条　城市社区应急避难场所的选址应符合所在城市居住区规划，遵循场地安全、交通便利和出入方便的原则，并应符合下列规定：①应选择地势较高、平坦、开阔、地质稳定、易于排水、适宜搭建帐篷的场地；②应避开周围的地质灾害隐患和易燃易爆危险源；③应选择利于人员和车辆进出的地段；④应选择便于应急供水、应急供电等设施接入的地段。

第十六条　城市社区应急避难场所宜优先选择社区花园、社区广场、社区服务中心等公共服务设施进行规划建设，并应符合避难场地和避难建筑的要求。

第十七条　城市社区应急避难场所的服务半径不宜大于 500m。

第十八条　城市社区应急避难场所应有两条及以上不同方向的安全通道与外部相通，通道的有效宽度不应小于 4m。

4. 场地、建筑与设施

第二十二条　避难场地宜根据社区规划人口或常住人口数划分若干应急避难休息区，每个避难休息区人数不宜大于 2 000 人，且每个避难休息区之间应采用宽度不小于 3m 的人行通道作为缓冲区进行分隔。

第二十三条　避难场地的应急医疗救护区、应急物资分发区和应急管理区宜设置在硬质地面上。

第二十四条　避难建筑宜为低层建筑。与社区公共服务设施合建时，避难休息室和医疗救护室应设置在建筑物底层，并应符合无障碍设计要求。

第二十六条　避难建筑的防火等级不应低于二级。

第二十七条　避难场地应配置给水接入管，给水接入管应与市政供水管连接。

第三十条　避难建筑宜按二级及以上负荷供电。

八、《防灾避难场所设计规范》GB 51143—2015（2021年版）要点

1. 术语（第2.0.2～2.0.4、2.0.15条）

紧急避难场所：用于避难人员就近紧急或临时避难的场所，也是避难人员集合并转移到固定避难场所的过渡性场所。

固定避难场所：具备避难宿住功能和相应配套设施，用于避难人员固定避难和进行集中性救援的避难场所。

中心避难场所：具备服务于城镇或城镇分区的城市级救灾指挥、应急物资储备分发、综合应急医疗卫生救护、专业救灾队伍驻扎等功能的固定避难场所。

单人平均净使用面积：供单个避难人员宿住或休息的空间在水平地面的人均投影面积。

2. 基本规定

（1）一般规定。（第3.1.4、3.1.10条）

避难场所按照其配置功能级别、避难规模和开放时间，可划分为紧急避难场所、固定避难场所和中心避难场所三类。固定避难场所按预定开放时间和配置应急设施的完善程度可划分为短期固定避难场所、中期固定避难场所和长期固定避难场所三类。

避难场所应满足其责任区范围内避难人员的避难需求以及城市级应急功能配置要求，并应符合下列规定：①中心避难场所和中期及长期固定避难场所配置的城市级应急功能服务范围，宜按建设用地规模不大于30km^2、服务总人口不大于30万人控制，并不应超过建设用地规模50km^2、服务总人口50万人；②中心避难场所的城市级应急功能用地规模按总服务人口50万人不宜小于20hm^2，按总服务人口30万人不宜小于15hm^2。承担固定避难任务的中心避难场所的控制指标尚宜满足长期固定避难场所的要求。

（2）设防要求。（第3.2.2～3.2.4、3.2.6条）

避难场所，设定防御标准所对应的地震影响不应低于本地区抗震设防烈度相应的罕遇地震影响，且不应低于7度地震影响。

防风避难场所的设定防御标准所对应的风灾影响不应低于100年一遇的基本风压对应的风灾影响，防风避难场所设计应满足临灾时期和灾时避难使用的安全防护要求，龙卷风安全防护时间不应低于3h，台风安全防护时间不应低于24h。

位于防洪保护区的防洪避难场所的设定防御标准应高于当地防洪标准所确定的淹没水位，且避洪场地的应急避难区的地面标高应按该地区历史最大洪水水位确定，且安全超高不应低于0.5m。

避难场所排水工程设计应符合下列规定：①避难场所建筑屋面排水设计重现期不应低于5年，室外场地不应低于3年；②中心避难场所及其周边区域的排水设计重现期不应低于5年；③固定避难场所及其周边区域的排水设计重现期不应低于3年；④防台风避难场所排水设计应保证在100年一遇的台风暴雨条件下，场所内避难建筑首层地面不被淹没。

（3）应急保障要求。（第3.3.9条）

避难场所的应急交通保障措施应符合下列规定：对于应急通道的有效宽度，救灾主干道不应小于15m，疏散主干道不应小于7m，疏散次干道不应小于4m。

3. 避难场所设置

（1）场地选择。（第 4.1.1、4.1.3 条）

避难场所应优先选择场地地形较平坦、地势较高、有利于排水、空气流通、具备一定基础设施的公共建筑与设施，其周边应道路畅通、交通便利，并应符合下列规定：①中心避难场所宜选择在与城镇外部有可靠交通连接、易于伤员转运和物资运送、并与周边避难场所有疏散道路联系的地段；②固定避难场所宜选择在交通便利、有效避难面积充足、能与责任区内居住区建立安全避难联系、便于人员进入和疏散的地段；③紧急避难场所可选择居住小区内的花园、广场、空地和街头绿地等；④固定避难场所和中心避难场所可利用相邻或相近的且抗灾设防标准高、抗灾能力好的各类公共设施，按充分发挥平灾结合效益的原则整合而成。

避难场所场址选择应符合下列规定：①避难场地应避开高压线走廊区域；②避难场所内的应急功能区与周围易燃建筑等一般火灾危险源之间应设置不小于 30m 的防火安全带，距易燃易爆工厂、仓库、供气厂、储气站等重大火灾或爆炸危险源的距离不应小于 1 000m；③周边或内部林木分布较多的避难场所，宜通过防火树林带等防火隔离措施防止次生火灾的蔓延。

（2）紧急避难场所。（第 4.2.2 ~ 4.2.5 条）

紧急避难场所宜设置应急休息区，且宜根据避难人数适当分隔为避难单元，并应符合下列规定：应急休息区的避难单元避难人数不宜大于 2 000 人。

紧急避难场所宜设置应急厕所、应急交通标志、应急照明设备、应急广播等设施和设备。

紧急避难场所宜设置应急垃圾收集点。

紧急避难场所应设置区域位置指示和警告标志，并宜设置场所设施标识。

（3）固定避难场所。（第 4.3.3、4.3.4 条）

固定避难场所应设置区域位置指示、警告标志和场所功能演示标识；超过 3 个避难单元的避难场所宜设置场所引导性标识、场所设施标识。

固定避难场所的责任区级应急物资储备分发和应急医疗卫生救护设施应设置在场所内相对独立地段或场所周边。当利用周边设施时，其与避难场所的通行距离不应大于 500m。

（4）中心避难场所。（第 4.4.1 条）

中心避难场所应独立设置城市级应急功能区，并应符合下列规定：①中心避难场所宜独立设置应急指挥区；②应急指挥区应配置应急停车区、应急直升机使用区及其配套的应急通信、供电等设施；③中心避难场所宜设置应急救灾演练、应急功能演示或培训设施。

4. 总体设计

（1）一般规定。（第 5.1.2 条）

避难场所的用地和应急设施规模的核定应符合下列规定：①对于城市级应急功能所要求的应急设施，应按其服务范围内的常住人口总数核定；②对于责任区级应急功能所要求的应急设施，应按责任区内常住人口总数核定；③对于场所级应急功能所要求的应急设施，应按责任区内避难总人数核定。

（2）总体布局设计。（第 5.3.5 条）

避难场地可根据自然地形坡度，采用平坡、台阶或混合式；当自然地形坡度小于 8% 时，可采用平坡式；当自然地形坡度大于 8% 时，宜采用台阶式，且台阶高度宜为

1.5m ~ 3.0m，台阶之间应设挡土墙或护坡。

（3）应急交通。（第 5.4.3、5.4.4 条）

避难场所主要、次要和专用出入口的确定应符合下列规定：①中心避难场所和长期固定避难场所应至少设 4 个不同方向的主要出入口，中期和短期固定避难场所及紧急避难场所应至少设置 2 个不同方向的主要出入口。②主要出入口宜在不同方向分散设置，应与灾害条件下避难场所周边和内部应急交通及人员的走向、流量相适应，并应根据避难人数、救灾活动的需要设置集散广场或缓冲区。

避难场所内的通道可按主通道、次通道、支道和人行道分级设置。道路路面可采用柔性路面，通道的有效宽度宜符合下列规定：主通道，通道有效宽度≥ 7.0m；次通道，通道有效宽度≥ 4.0m；支道，通道有效宽度≥ 3.5m；人行道，通道有效宽度≥ 1.5m。

（4）消防与疏散。（第 5.5.2、5.5.4 条）

对于避难场所的防火安全疏散距离，当避难场所有可靠的应急消防水源和消防设施时不应大于 50m，其他情况不应大于 40m。对于婴幼儿、高龄老人、行动困难的残疾人和伤病员等特定群体的专门避难区的防火安全疏散距离不应大于 20m，当避难场所有可靠的应急消防水源和消防设施时不应大于 25m。

避难场所内消防通道设置尚应符合下列规定：①避难场所内宜设置环形网状消防通道，应急功能区可供消防车通行的通道间距不宜大于 160m；②避难场所内可供消防车通行的尽端式通道的长度不宜大于 120m，并应设置长度和宽度均不小于 12m 的回车场地；③供消防车停留的车道及空地坡度不宜大于 3%。

5. 避难场所项目设置要求（附录 B）

紧急避难场所应配置的设施：应急标识；应急休息区；应急通道；出入口；应急交通标志；防火分区，防火分隔，安全疏散通道，消防水源；消防车，消防器材；物质分发点；地下场所；避难建筑。

固定避难场所应配置的设施：场所管理区；应急标识；应急休息区；避难宿住区；应急通道；出入口；应急停车场；应急交通标志；应急交通指挥设备；应急水源；应急储水设施；净水滤水设施；净水滤水设备或用品；市政应急保障输配水管线；市政给水管线；场所给水管线；应急水泵；临时管线、给水阀；饮水处；应急保障医院急救医院；应急医疗卫生救护区；应急医疗卫生所；医疗卫生室 / 医务点；医药卫生用品；防火分区，防火分隔，安全疏散通道，消防水源；消防水井，消防水池、消防水泵；消防栓，消防管网；消防车，消防器材；应急物资储备区；物资储备库，物资储备房；物资分发点；食品、药品等应急物资；应急发电区移动式发电机组；变电装置；应急充电站、充电点；紧急照明设备；线路，照明装置；通信室、监控室用房；广播室；应急广播设备（广播线路和设备）；应急电话；化粪池；应急固定厕所；应急临时厕所；应急排污设施；应急污水吸运设备；垃圾收集点；地下场所；避难建筑。

历年真题

1. 避难场所的各级应急保障通道应与避难场所外部的应急交通道路相连，疏散主干道的有效宽度最小为（　　）。[2022-44]

A. 15m　　B. 7m　　C. 4m　　D. 3.5m

【答案】B

【解析】根据《防灾避难场所设计规范》第3.3.9条，对于应急通道的有效宽度，救灾主干道不应小于15m，疏散主干道不应小于7m，疏散次干道不应小于4m。

2. 紧急避难场所应配置的场地与设施有（　　）。[2021-95]

A. 应急休息区
B. 应急发电区
C. 消防器材
D. 应急保障给水区管线
E. 应急医疗救护区

【答案】AC

【解析】根据《防灾避难场所设计规范》附录B，紧急避难场所应配置的场地与设施有：应急标识，应急休息区，应急通道，出入口，应急交通标志，防火分区，防火分隔，安全疏散通道，消防水源、消防车，消防器材，物质分发点，地下场所，避难建筑。

九、《建筑抗震设计规范》GB 50011—2010（2016年版）要点

1. 基本规定（第3.3.4条）

同一结构单元的基础不宜设置在性质截然不同的地基上。

2. 场地（第4.1.1、4.1.7条）

选择建筑场地时，应划分对建筑抗震有利、一般、不利和危险的地段：①有利地段：稳定基岩，坚硬土，开阔、平坦、密实、均匀的中硬土等；②一般地段：不属于有利、不利和危险的地段；③不利地段：软弱土，液化土，条状突出的山嘴，高耸孤立的山丘，陡坡，陡坎，河岸和边坡的边缘，平面分布上成因、岩性、状态明显不均匀的土层（含故河道、疏松的断层破碎带、暗埋的塘浜沟谷和半填半挖地基），高含水量的可塑黄土，地表存在结构性裂缝等；④危险地段：地震时可能发生滑坡、崩塌、地陷、地裂、泥石流等及发震断裂带上可能发生地表位错的部位。

场地内存在发震断裂时，应对断裂的工程影响进行评价，并应符合下列要求：对符合下列规定之一的情况，可忽略发震断裂错动对地面建筑的影响：①抗震设防烈度小于8度；②非全新世活动断裂；③抗震设防烈度为8度和9度时，隐伏断裂的土层覆盖厚度分别大于60m和90m。

历年真题

建筑场所存在发震断裂时，考虑有关可忽略发震断裂错动对地面建筑的影响，不准确的是（　　）。[2020-57]

A. 抗震设防烈度小于8度
B. 抗震设防烈度为8度，隐伏断裂的土层覆盖厚度大于60m
C. 抗震设防烈度为9度时，隐伏断裂的土层覆盖厚度大于90m
D. 非全新世活动断裂

【答案】C

【解析】根据《建筑抗震设计规范》第4.1.7条，场地内存在发震断裂时，应对断裂的工程影响进行评价，并应符合下列要求：对符合下列规定之一的情况，可忽略发震断裂错动对地面建筑的影响：①抗震设防烈度小于8度；②非全新世活动断裂；③抗震设防烈度为8度和9度时，隐伏断裂的土层覆盖厚度分别大于60m和90m。

十、《城市防洪规划规范》GB 51079—2016 要点

1. 城市防洪标准（第 3.0.1、3.0.2 条）

确定城市防洪标准应考虑下列因素：①城市总体规划确定的中心城区集中防洪保护区或独立防洪保护区内的常住人口规模；②城市的社会经济地位；③洪水类型及其对城市安全的影响；④城市历史洪灾成因、自然及技术经济条件；⑤流域防洪规划对城市防洪的安排。

当城市受山地或河流等自然地形分隔时，可分区采用不同的防洪标准。

2. 城市用地防洪安全布局（第 4.0.2 条）

城市用地布局应按高地高用、低地低用的用地原则，并应符合下列规定：①城市防洪安全性较高的地区应布置城市中心区、居住区、重要的工业仓储区及重要设施；②城市易涝低地可用作生态湿地、公园绿地、广场、运动场等；③城市发展建设中应加强自然水系保护，禁止随意缩小河道过水断面，并保持必要的水面率。

3. 城市防洪体系（第 5.0.1、5.0.3 ~ 5.0.5 条）

城市防洪体系应包括工程措施和非工程措施。工程措施包括挡洪工程、泄洪工程、蓄滞洪工程及泥石流防治工程等，非工程措施包括水库调洪、蓄滞洪区管理、暴雨与洪水预警预报、超设计标准暴雨和超设计标准洪水应急措施、防洪工程设施安全保障及行洪通道保护等。

不同类型地区的城市防洪工程的构建应符合下列规定：①山地丘陵地区城市防洪工程措施应主要由护岸工程、河道整治工程、堤防等组成；②平原地区河流沿岸城市防洪应采取以堤防为主体，河道整治工程、蓄滞洪区相配套的防洪工程措施；③河网地区城市防洪应根据河流分割形态，分片建立独立防洪保护区，其防洪工程措施由堤防、防洪（潮）闸等组成；④滨海城市防洪应形成以海堤、挡潮闸为主，消浪措施为辅的防洪工程措施。

山洪防治应在山洪沟上游采用水土保持和截流沟及调洪水库等措施，在下游采用疏浚排泄措施。

泥石流防治应采取工程措施与非工程措施相结合的综合治理措施，在上游区宜植树造林、稳定边坡；中游区宜设置拦挡坝等拦截措施；下游区宜修建排泄设施或停淤场。

4. 城市防洪工程措施（第 6.0.1 条）

城市堤防布置应符合下列规定：①堤防布置应利用地形形成封闭式的防洪保护区，并应为城市空间发展留有余地；②堤线应平顺，避免急弯和局部突出，应利用现有堤防工程，少占耕地；③中心城区堤型应结合现有堤防设施，根据设计洪水主流线、地形与地质、沿河公用设施布置情况以及城市景观效果合理确定。

5. 城市防洪非工程措施（第 7.0.4、7.0.5 条）

城市规划区内的调洪水库、具有调蓄功能的湖泊和湿地、行洪通道、排洪渠等地表水体保护和控制的地域界线应划入城市蓝线进行严格保护。

城市规划区内的堤防、排洪沟、截洪沟、防洪（潮）闸等城市防洪工程设施的用地控制界线应划入城市黄线进行保护与控制。

历年真题

下列属于防洪规划体系中工程措施的是（　　）。[2020-58]

A. 水库调蓄　　B. 泥石流防治　　C. 行洪通道保护　　D. 蓄洪区管理

【答案】B

【解析】根据《城市防洪规划规范》第5.0.1条，城市防洪体系应包括工程措施和非工程措施。工程措施包括挡洪工程、泄洪工程、蓄滞洪工程及泥石流防治工程等。

十一、《防洪标准》GB 50201—2014 要点

1. 基本规定（第3.0.1、3.0.3条）

防护对象的防洪标准应以防御的洪水或潮水的重现期表示；对于特别重要的防护对象，可采用可能最大洪水表示。防洪标准可根据不同防护对象的需要，采用设计一级或设计、校核两级。

同一防洪保护区受不同河流、湖泊或海洋洪水威胁时，宜根据不同河流、湖泊或海洋洪水灾害的轻重程度分别确定相应的防洪标准。

2. 不同防护区的防护标准

（1）城市防护区。（第4.2.1条）

城市防护区应根据政治、经济地位的重要性、常住人口或当量经济规模指标分为四个防护等级，其防护等级和防洪标准应按表5–44确定。

表5–44　城市防护区的防护等级和防洪标准

防护等级	重要性	常住人口（万人）	当量经济规模（万人）	防洪标准［重现期（年）］
Ⅰ	特别重要	≥150	≥300	≥200
Ⅱ	重要	＜150，≥50	＜300，≥100	200～100
Ⅲ	比较重要	＜50，≥20	＜100，≥40	100～50
Ⅳ	一般	＜20	＜40	50～20

注：当量经济规模为城市防护区人均GDP指数与人口的乘积，人均GDP指数为城市防护区人均GDP与同期全国人均GDP的比值。

（2）工矿企业。（第5.0.1、5.0.4条）

冶金、煤炭、石油、化工、电子、建材、机械、轻工、纺织、医药等工矿企业应根据规模分为四个防护等级，其防护等级和防洪标准应按表5–45确定。对于有特殊要求的工矿企业，还应根据行业相关规定，结合自身特点经分析论证确定防洪标准。

表5–45　工矿企业的防护等级和防洪标准

防护等级	工矿企业规模	防洪标准［重现期（年）］
Ⅰ	特大型	200～100
Ⅱ	大型	100～50（不含）
Ⅲ	中型	50～20（不含）
Ⅳ	小型	20～10

对于核工业和与核安全有关的厂区、车间及专门设施，应采用高于200年一遇的防洪

标准。

（3）交通运输设施。（第 6.1.1、6.2.1、6.3.1、6.3.3、6.3.5、6.4.1、6.4.2 条）

1）铁路。国家标准轨距铁路的各类建筑物、构筑物，应根据铁路在路网中的重要性和预测的近期年客货运量分为两个防护等级，其防护等级和防洪标准应按表 5–46 确定。

表 5–46　国家标准轨距铁路各类建筑物、构筑物的防护等级和防洪标准

<table>
<tr><th rowspan="3">防护等级</th><th rowspan="3">铁路等级</th><th rowspan="3">铁路在路网中的作用、性质</th><th colspan="3">防洪标准［重现期（年）］</th></tr>
<tr><th colspan="3">设计</th></tr>
<tr><th>路基</th><th>涵洞</th><th>桥梁</th></tr>
<tr><td rowspan="3">Ⅰ</td><td>客运专线</td><td>以客运为主的高速铁路</td><td rowspan="3">100</td><td rowspan="3">100</td><td rowspan="3">100</td></tr>
<tr><td>Ⅰ</td><td>在铁路网中起骨干作用的铁路</td></tr>
<tr><td>Ⅱ</td><td>在铁路网中起联络、辅助作用的铁路</td></tr>
<tr><td rowspan="2">Ⅱ</td><td>Ⅲ</td><td>为某一地区或企业服务的铁路</td><td rowspan="2">50</td><td rowspan="2">50</td><td rowspan="2">50</td></tr>
<tr><td>Ⅳ</td><td>为某一地区或企业服务的铁路</td></tr>
</table>

2）公路。公路的各类建筑物、构筑物应根据公路的功能和相应的交通量分为四个防护等级，其防护等级和防洪标准应按表 5–47 确定。

表 5–47　公路各类建筑物、构筑物的防护等级和防洪标准

<table>
<tr><th>防护等级</th><th>公路等级</th><th>路基防洪标准［重现期（年）］</th></tr>
<tr><td rowspan="2">Ⅰ</td><td>高速</td><td rowspan="2">100</td></tr>
<tr><td>一级</td></tr>
<tr><td>Ⅱ</td><td>二级</td><td>50</td></tr>
<tr><td>Ⅲ</td><td>三级</td><td>25</td></tr>
<tr><td>Ⅳ</td><td>四级</td><td>—</td></tr>
</table>

3）航运。河港主要港区的陆域，应根据重要性和受淹损失程度分为三个防护等级，其防护等级和防洪标准应按表 5–48 确定。

表 5–48　河港主要港区陆域的防护等级和防洪标准

<table>
<tr><th rowspan="2">防护等级</th><th rowspan="2">重要性和受淹损失程度</th><th colspan="2">防洪标准［重现期（年）］</th></tr>
<tr><th>河网、平原河流</th><th>山区河流</th></tr>
<tr><td>Ⅰ</td><td>直辖市、省会、首府和重要城市的主要港区陆域，受淹后损失巨大</td><td>100 ~ 50</td><td>50 ~ 20</td></tr>
<tr><td>Ⅱ</td><td>比较重要城市的主要港区陆域，受淹后损失较大</td><td>50 ~ 20</td><td>20 ~ 10</td></tr>
<tr><td>Ⅲ</td><td>一般城镇的主要港区陆域，受淹后损失较小</td><td>20 ~ 10</td><td>10 ~ 5</td></tr>
</table>

海港主要港区的陆域，应根据港口的重要性和受淹损失程度分为三个防护等级，其防护等级和防洪标准应按表 5–49 确定。

表 5–49　海港主要港区陆域的防护等级和防洪标准

防护等级	重要性和受淹损失程度	防洪标准［重现期（年）］
Ⅰ	重要的港区陆域，受淹后损失巨大	200 ~ 100
Ⅱ	比较重要港区陆域，受淹后损失较大	100 ~ 50
Ⅲ	一般港区陆域，受淹后损失较小	50 ~ 20

当河（海）港区陆域的防洪工程是城镇防洪工程的组成部分时，其防洪标准不应低于该城镇的防洪标准。

4）民用机场。民用机场应根据重要程度和飞行区指标分为三个防护等级，其防护等级和防洪标准应按表 5–50 确定。

表 5–50　民用机场的防护等级和防洪标准

防护等级	重要程度	飞行区指标	防洪标准［重现期（年）］
Ⅰ	特别重要的国际机场	4D 及以上	≥ 100
Ⅱ	重要的国内干线机场及一般的国际机场	4C、3C	≥ 50
Ⅲ	一般的国内支线机场	3C 以下	≥ 20

对于防护等级为Ⅰ等、年旅客吞吐量大于或等于 1 000 万人次的民用运输机场，还应按 300 年一遇的防洪标准进行校核；对于防护等级为Ⅱ等、年旅客吞吐量大于或等于 200 万人次的民用运输机场，还应按 100 年一遇的防洪标准进行校核。

（4）管道工程。（第 6.5.1 条）

穿越和跨越有洪水威胁水域的输油、输气等管道工程，应根据工程规模分为三个防护等级，其防护等级和防洪标准应按表 5–51 及所穿越和跨越水域的防洪要求确定。

表 5–51　输油、输气等管道工程的防护等级和防洪标准

防护等级	工程规模	防洪标准［重现期（年）］
Ⅰ	大型	100
Ⅱ	中型	50
Ⅲ	小型	20

（5）电力设施。（第 7.1.1 条）

火电厂厂区应根据规划容量分为三个防护等级，其防护等级和防洪标准应按表 5–52 确定。

表 5–52 火电厂厂区的防护等级和防洪标准

防护等级	规划容量（MW）	防洪标准［重现期（年）］
Ⅰ	＞ 2 400	≥ 100
Ⅱ	400 ～ 2 400	≥ 100
Ⅲ	＜ 400	≥ 50

注：对于风暴潮影响严重地区的海滨Ⅰ级火电厂厂区，防洪标准取 200 年一遇。

（6）高压和超高压变电设施。（第 7.3.2 条）

35kV 及以上的高压、超高压和特高压变电设施，应根据电压分为三个防护等级，其防护等级和防洪标准应按表 5–53 确定。

表 5–53 高压和超高压变电设施的防护等级和防洪标准

防护等级	电压（kV）	防洪标准［重现期（年）］
Ⅰ	≥ 500	≥ 100
Ⅱ	＜ 500，≥ 220	100
Ⅲ	＜ 220，≥ 35	50

（7）文物古迹。（第 10.1.1 条）

不耐淹的文物古迹，应根据文物保护的级别分为三个防防护等级，其防护等级和防洪标准应按表 5–54 确定。

表 5–54 不耐淹的文物古迹防防护等级

防护等级	文物保护的级别	防洪标准［重现期（年）］
Ⅰ	世界级、国家级	≥ 100
Ⅱ	省（自治区、直辖市）级	100 ～ 50
Ⅲ	市、县级	50 ～ 20

（8）水库工程。（第 11.3.3 条）

土石坝一旦失事将对下游造成特别重大的灾害时，Ⅰ级建筑物的校核洪水标准应采用可能最大洪水或 10 000 年一遇。

（9）堤防工程。（第 11.8.3 条）

堤防工程上的闸、涵、泵站等建筑物及其他构筑物的设计防洪标准，不应低于堤防工程的防洪标准，并应留有安全裕度。

十二、《城市防洪工程设计规范》GB/T 50805—2012 要点

1. 设计洪水、涝水和潮水位（第 3.1.1、3.2.1、3.3.1 条）

城市防洪工程设计洪水，应根据设计要求计算洪峰流量、不同时段洪量和洪水过程线的全部或部分内容。

城市治涝工程设计涝水应根据设计要求分析计算设计涝水流量、涝水总量和涝水过程线。

设计潮水位应根据设计要求分析计算设计高、低潮水位和设计潮水位过程线。

2. 防洪工程总体布局（第 4.2.4、4.3.4、4.5.2、4.5.3、4.6.1 条）

江河洪水防治：位于河网地区的城市，可根据城市河网情况分区，采取分区防洪的方式。

涝水防治：排涝河道出口受承泄区水位顶托时，宜在其出口处设置挡洪闸。

山洪防治：山洪防治应以小流域为单元，治沟与治坡相结合、工程措施与生物措施相结合，进行综合治理。坡面治理宜以生物措施为主，沟壑治理宜以工程措施为主。排洪沟道平面布置宜避开主城区。

泥石流防治：以防为主，防、避、治相结合的方针。

3. 江河堤防

（1）一般规定。（第 5.1.1、5.1.5 条）

堤线宜顺直，转折处应用平缓曲线过渡。

当堤顶设置防浪墙时，墙后土堤堤顶高程应高于设计洪（潮）水位 0.5m 以上。

（2）防洪堤防（墙）。（第 5.2.1、5.2.3、5.2.4、5.2.10、5.2.12 条）

防洪堤防（墙）可采用土堤、土石混合堤、浆砌石墙、混凝土或钢筋混凝土墙等形式。

土堤和土石混合堤，堤顶宽度应满足堤身稳定和防洪抢险的要求，且不宜小于 3m。

当堤身高度大于 6m 时，宜在背水坡设置戗台（马道），其宽度不应小于 2m。

当堤顶设置防浪墙时，其净高度不宜高于 1.2m。

城市主城区建设堤防，当其场地受限制时，宜采用防洪墙。防洪墙高度较大时，可采用钢筋混凝土结构；高度不大时，可采用混凝土或浆砌石结构。

4. 海堤工程（第 6.2.1 条）

海堤堤身断面可采用斜坡式、直立式或混合式。风浪较大的堤段宜采用斜坡式断面；中等以下风浪、地基较好的堤段宜采用直立式断面；滩涂较低，风浪较大的堤段，宜采用带有消浪平台的混合式或斜坡式断面。

5. 河道治理及护岸（滩）工程

（1）河道整治。（第 7.2.4、7.2.5 条）

护岸工程布置不应侵占行洪断面，不应抬高洪水位，上下游应平顺衔接，并应减少对河势的影响。

护岸形式可选用坡式护岸、墙式护岸、板桩及桩基承台护岸、顺坝和短丁坝护岸等。

（2）坡式护岸。（第 7.3.1 条）

建设场地允许的河段，宜选用坡式护岸。

（3）墙式护岸。（第 7.4.1、7.4.2 条）

受场地限制或城市建设需要可采用墙式护岸。

各护岸段墙式护岸具体的结构形式，应根据河岸的地形地质条件、建筑材料以及施工条件等因素，经技术经济比较选定，可采用衡重式护岸、空心方块及异形方块式护岸或扶壁式护岸等。

（4）板桩式及桩基承台式护岸。（第 7.5.1 条）

地基软弱且有港口、码头等重要基础设施的河岸段，宜采用板桩式及桩基承台式护岸。

（5）顺坝和短丁坝护岸。（第 7.6.1 ~ 7.6.4 条）

受水流冲刷、崩塌严重的河岸，可采用顺坝或短丁坝保滩护岸。

通航河道、河道较窄急弯冲刷河段和以波浪为主要破坏力的河岸，宜采用顺坝护岸。受潮流往复作用、崩岸和冲刷严重且河道较宽的河段，可辅以短丁坝群护岸。

顺坝和短丁坝护岸应设置在中枯水位以下，应根据河流流势布置，与水流相适应，不得影响行洪。短丁坝不应引起流势发生较大变化。

顺坝和短丁坝的坝型选择应根据水流速度的大小、河床土质、当地建筑材料以及施工条件等因素综合分析选定。

6. 治涝工程（第 8.2.5、8.4.5 条）

工程布局：排涝工程布局应自排与抽排相结合，有自排条件的地区，应以自排为主；受洪（潮）水顶托、自排困难的地区，应设挡洪（潮）排涝水闸，并设排涝泵站抽排。

排涝泵站：泵房室外地坪标高应满足防洪的要求，入口处地面高程应比设计洪水位高 0.5m 以上。

7. 防洪闸（第 9.1.2 条）

闸址应选择在水流流态平顺，河床、岸坡稳定的河段。泄洪闸、排涝闸宜选在河段顺直或截弯取直的地点；分洪闸应选在被保护城市上游，且河岸基本稳定的弯道凹岸顶点稍偏下游处或直段。

8. 山洪防治（第 10.1.1、10.1.3 条）

山洪防治工程设计应形成以水库、谷坊、跌水、陡坡、撇洪沟、截流沟、排洪渠道等工程措施与植被修复等生物措施相结合的综合防治体系。

山洪防治宜利用山前水塘、洼地滞蓄洪水。

9. 泥石流防治（第 11.1.2、11.1.7、11.1.8 条）

泥石流防治应以大中型泥石流为重点。

在泥石流上游宜采用生物措施和截流沟、小水库调蓄径流；泥沙补给区宜采用固沙措施；中下游宜采用拦截、停淤措施；通过市区段宜修建排导沟。

城市泥石流防治应以预防为主，主要城区应避开严重的泥石流沟；对已发生泥石流的城区宜以拦为主，将泥石流拦截在流域内，减少泥石流进入城市。

十三、《城市消防规划规范》GB 51080—2015 要点

1. 城市消防安全布局（第 3.0.2 ~ 3.0.4、3.0.8 条）

易燃易爆危险品场所或设施的消防安全应符合下列规定：①应设置在城市的边缘或相对独立的安全地带；②大、中型易燃易爆危险品场所或设施应设置在城市建设用地边缘的独立安全地区，不得设置在城市常年主导风向的上风向、主要水源的上游或其他危及公共安全的地区；③城市燃气系统应统筹规划，区域性输油管道和压力大于 1.6MPa 的高压燃气管道不得穿越军事设施、国家重点文物保护单位、其他易燃易爆危险品场所或设施用地、机场（机场专用输油管除外）、非危险品车站和港口码头。

城市建设用地内，应建造一、二级耐火等级的建筑，控制三级耐火等级的建筑，严格

限制四级耐火等级的建筑。

历史城区及历史文化街区的消防安全应符合下列规定：①历史城区应建立消防安全体系，因地制宜地配置消防设施、装备和器材；②历史城区不得设置生产、储存易燃易爆危险品的工厂和仓库，不得保留或新建输气、输油管线和储气、储油设施，不宜设置配气站，低压燃气调压设施宜采用小型调压装置；③历史城区的道路系统在保持或延续原有道路格局和原有空间尺度的同时，应充分考虑必要的消防通道；④历史文化街区应配置小型，适用的消防设施、装备和器材；不符合消防车通道和消防给水要求的街巷，应设置水池、水缸、沙池、灭火器等消防设施和器材；⑤历史文化街区外围宜设置环形消防车通道；⑥历史文化街区不得设置汽车加油站、加气站。

城市与森林、草原相邻的区域，应根据火灾风险和消防安全要求，划定并控制城市建设用地边缘与森林、草原边缘的安全距离。

2. 公共消防设施

（1）消防站。（第 4.1.1 ～ 4.1.3、4.1.6 ～ 4.1.8、4.1.11 条）

城市消防站应分为陆上消防站、水上消防站和航空消防站。陆上消防站分为普通消防站、特勤消防站和战勤保障消防站。普通消防站分为一级普通消防站和二级普通消防站。

陆上消防站设置应符合下列规定：①城市建设用地范围内应设置一级普通消防站；②城市建成区内设置一级普通消防站确有困难的区域，经论证可设二级普通消防站；③地级及以上城市、经济较发达的县级城市应设置特勤消防站和战勤保障消防站，经济发达且有特勤任务需要的城镇可设置特勤消防站；④消防站应独立设置。特殊情况下，设在综合性建筑物中的消防站应有独立的功能分区，并应与其他使用功能完全隔离，其交通组织应便于消防车应急出入。

陆上消防站布局应符合下列规定：①城市建设用地范围内普通消防站布局，应以消防队接到出动指令后 5min 内可到达辖区边缘为原则确定。②普通消防站辖区面积不宜大于 $7km^2$；设在城市建设用地边缘地区、新区且道路系统较为畅通的普通消防站，应以消防队接到出动指令后 5min 内可到达其辖区边缘为原则确定其辖区面积，其面积不应大于 $15km^2$。③特勤消防站应根据其特勤任务服务的主要对象，设在靠近其辖区中心且交通便捷的位置。④消防站辖区划定应结合城市地域特点、地形条件和火灾风险等，并应兼顾现状消防站辖区，不宜跨越高速公路、城市快速路、铁路干线和较大的河流。

有水上消防任务的水域应设置水上消防站。水上消防站设置和布局应符合下列规定：①水上消防站应设置供消防艇靠泊的岸线，岸线长度不应小于消防艇靠泊所需长度，河流、湖泊的消防艇靠泊岸线长度不应小于 100m；②水上消防站应设置陆上基地，陆上基地用地面积应与陆上二级普通消防站的用地面积相同；③水上消防站布局，应以消防队接到出动指令后 30min 内可到达其辖区边缘为原则确定，消防队至其辖区边缘的距离不大于 30km。

水上消防站选址应符合下列规定：①水上消防站应靠近港区、码头，避开港区、码头的作业区，避开水电站、大坝和水流不稳定水域。内河水上消防站宜设置在主要港区、码头的上游位置。②当水上消防站辖区内有危险品码头或沿岸有危险品场所或设施时，水上消防站及其陆上基地边界距危险品部位不应小于 200m。③水上消防站趸船与陆上基地之间的距离不应大于 500m，且不得跨越高速公路、城市快速路、铁路干线。

人口规模 100 万人及以上的城市和确有航空消防任务的城市，宜独立设置航空消防站。

水上消防站应配置趸船 1 艘、消防艇 1 ~ 2 艘、指挥艇 1 艘。

（2）消防供水。（第 4.3.1、4.3.4、4.3.5 条）

城市消防用水可由城市给水系统、消防水池及符合要求的其他人工水体、天然水体、再生水等供给。

市政消火栓、消防水鹤设置应符合下列规定：寒冷地区可设置消防水鹤，其服务半径不宜大于 1 000m。

当有下列情况之一时，应设置城市消防水池：①无市政消火栓或消防水鹤的城市区域；②无消防车通道的城市区域；③消防供水不足的城市区域或建筑群。

（3）消防车通道。（第 4.4.2、4.4.3 条）

消防车通道的设置应符合下列规定：①消防车通道之间的中心线间距不宜大于 160m；②环形消防车通道至少应有两处与其他车道连通，尽端式消防车通道应设置回车道或回车场地；③消防车通道的净宽度和净空高度均不应小于 4m，与建筑外墙的距离宜大于 5m；④消防车通道的坡度不宜大于 8%，转弯半径应符合消防车的通行要求。举高消防车停靠和作业场地坡度不宜大于 3%。

供消防车取水的天然水源、消防水池及其他人工水体应设置消防车通道，消防车通道边缘距离取水点不宜大于 2m，消防车距吸水水面高度不应超过 6m。

历年真题

1. 根据《城市消防规划规范》，下列关于消防站设置规定的表述，错误的是（　　）。[2022–45]

A. 城市与森林相邻的区域应设森林消防站

B. 地级及以上城市应设战勤保障消防站

C. 经济较发达的城市应设特勤消防站

D. 历史文化街区应设置小型消防站

【答案】A

【解析】根据《城市消防规划规范》第 3.0.8 条，城市与森林、草原相邻的区域，应根据火灾风险和消防安全要求，划定并控制城市建设用地边缘与森林、草原边缘的安全距离，A 选项符合题意。

2. 下列关于消防车道设置规定的表述，正确的是（　　）。[2021–54]

A. 消防车通道之间的中心线间距不宜大于 120m

B. 消防车通道与建筑外墙的距离宜大于 5m

C. 消防车通道的净宽度不应小于 4m，净空高度不应小于 5m

D. 消防车通道的坡度不应小于 5%

【答案】B

【解析】根据《城市消防规划规范》第 4.4.2 条，消防车通道之间的中心线间距不宜大于 160m；消防车通道的净宽度和净空高度均不应小于 4m，与建筑外墙的距离宜大于 5m；消防车通道的坡度不宜大于 8%，B 选项正确。

3. 消防站辖区不宜跨越（　　）。[2020–59]

A. 城市快速路　　B. 城市主干道　　C. 铁路专用线　　D. 高压走廊

【答案】A

【解析】根据《城市消防规划规范》第 4.1.3 条，消防站辖区划定应结合地域特点、地形条件和火灾风险等，并应现状兼顾消防站辖区，不宜跨越高速公路、城市快速路、铁路干线和较大的河流。

十四、《城市消防站建设标准》建标 152—2017 要点

1. 建设规模与项目构成

第七条　消防站分为普通消防站、特勤消防站和战勤保障消防站三类（以下简称普通站、特勤站和战勤保障站）。普通消防站分为一级普通消防站、二级普通消防站和小型普通消防站（以下简称一级站、二级站、小型站）。

第八条　消防站的设置应符合下列规定：①城市必须设立一级站。②城市建成区内设置一级站确有困难的区域，经论证可设二级站。③城市建成区内因土地资源紧缺设置二级站确有困难的下列地区，经论证可设小型站，但小型站的辖区至少应与一个一级站、二级站或特勤站辖区相邻：商业密集区、耐火等级低的建筑密集区、老城区、历史地段；经消防安全风险评估确有必要设置的区域。④地级及地级以上城市以及经济较发达的县级城市应设特勤站和战勤保障站。⑤有任务需要的城市可设水上消防站、航空消防站等专业消防站。

2. 规划布局与选址

第十三条　消防站的布局一般应以接到出动指令后 5min 内消防队可以到达辖区边缘为原则确定。

第十四条　消防站的辖区面积按下列原则确定：①设在城市的消防站，一级站不宜大于 $7km^2$，二级站不宜大于 $4km^2$，小型站不宜大于 $2km^2$，设在近郊区的普通站不应大于 $15km^2$。也可针对城市的火灾风险，通过评估方法确定消防站辖区面积。②特勤站兼有辖区灭火救援任务的，其辖区面积同一级站。③战勤保障站不宜单独划分辖区面积。

第十五条　消防站的选址应符合下列规定：①应设在辖区内适中位置和便于车辆迅速出动的临街地段，并应尽量靠近城市应急救援通道。②消防站执勤车辆主出入口两侧宜设置交通信号灯、标志、标线等设施，距医院、学校、幼儿园、托儿所、影剧院、商场、体育场馆、展览馆等公共建筑的主要疏散出口不应小于 50m。③辖区内有生产、贮存危险化学品单位的，消防站应设置在常年主导风向的上风或侧风处，其边界距上述危险部位一般不宜小于 300m。④消防站车库门应朝向城市道路，后退红线不宜小于 15m，合建的小型站除外。

第十六条　消防站不宜设在综合性建筑物中。特殊情况下，设在综合性建筑物中的消防站应自成一区，并有专用出入口。

第十九条　消防站的建筑面积指标应符合下列规定：①一级站 $2\,700m^2 \sim 4\,000m^2$。②二级站 $1\,800m^2 \sim 2\,700m^2$。③小型站 $650m^2 \sim 1\,000m^2$。④特勤站 $4\,000m^2 \sim 5\,600m^2$。战勤保障站 $4\,600m^2 \sim 6\,800m^2$。

历年真题

下列关于城镇消防站选址的表述，不准确的是（　　）。[2019-52]

A. 消防站应设置在主次干路的临街地段

B. 消防站执勤车辆的主出入口与学校、医院等人员密集场所的主要疏散出口的距离不应小于 50m

C. 消防站与加油站、加气站的距离不应小于 50m

D. 消防站用地边界距生产贮存危险化学品的危险部位不宜小于 50m

【答案】D

【解析】根据《城市消防规划规范》第 4.1.5 条（本条已废止），消防站应设置在便于消防车辆迅速出动的主、次干路的临街地段，A 选项正确。根据《城市消防站设计规范》GB 51054—2014 第 3.0.2 条，消防站与加油站、加气站等易燃易爆危险场所的距离不应小于 50m，C 选项正确。根据《城市消防站建设标准》第十五条，消防站执勤车辆主出入口两侧宜设置交通信号灯、标志、标线等设施，距医院、学校、幼儿园、托儿所、影剧院、商场、体育场馆、展览馆等公共建筑的主要疏散出口不应小于 50m。辖区内有生产、贮存危险化学品单位的，消防站应设置在常年主导风向的上风或侧风处，其边界距上述危险部位一般不宜小于 300m，B 选项正确，D 选项错误。

十五、城市环境保护规划

1. 城市环境保护规划的目的和基本任务

《中华人民共和国环境保护法》提出了环境保护的基本任务“为保护和改善环境，防治污染和其他公害，保障公众健康，推进生态文明建设，促进经济社会可持续发展”。由此可以看出环境保护的基本任务主要是两方面：一是生态环境保护；二是环境污染综合防治。

2. 城市环境保护规划的主要内容

按环境要素划分，城市环境保护规划可分为大气环境保护规划、水环境保护规划、固体废物污染控制规划、噪声污染控制规划。

大气环境保护规划的主要内容：包括大气环境质量规划和大气污染控制规划。

水环境保护规划的主要内容：包括饮用水源保护规划和水污染控制规划。饮用水源保护规划可划定一级及二级保护区，还可以在二级保护区外划定准保护区。

噪声污染控制规划的主要内容：提出噪声污染控制规划目标及实现目标所采取的噪声污染控制方案。

噪声污染控制方案包括交通噪声污染控制方案、工业噪声污染控制方案、建筑施工噪声污染控制方案、社会生活噪声污染控制方案等。

固体废弃物污染控制规划的主要内容：固体废弃物污染控制规划是根据环境目标，按照资源化、减量化和无害化的原则确定各类固体废弃物的综合利用率与处理、处置指标体系并制定最终治理对策。

固体废弃物污染物防治规划指标包括：①工业固体废弃物：处置率、综合利用率。②生活垃圾：城镇生活垃圾分类收集率、无害化处理率、资源化利用率。③危险废弃物：安全处置率。④废旧电子电器：收集率、资源化利用率。

历年真题

下列不属于城市生活垃圾无害化处理方式的是（　　）。[2018-50]

A. 卫生填埋　　B. 堆肥　　C. 密闭运输　　D. 焚烧

【答案】C

【解析】密闭运输只是运输，不属于处理方式。

十六、《生活垃圾分类制度实施方案》要点

有害垃圾：废电池（镉镍电池、氧化汞电池、铅蓄电池等），废荧光灯管（日光灯管、节能灯等），废温度计，废血压计，废药品及其包装物，废油漆、溶剂及其包装物，废杀虫剂、消毒剂及其包装物，废胶片及废相纸等。

易腐垃圾：相关单位食堂、宾馆、饭店等产生的餐厨垃圾，农贸市场、农产品批发市场产生的蔬菜瓜果垃圾、腐肉、肉碎骨、蛋壳、畜禽产品内脏等。

可回收物：废纸，废塑料，废金属，废包装物，废旧纺织物，废弃电器电子产品，废玻璃，废纸塑铝复合包装等。

历年真题

根据《生活垃圾分类制度实施方案》，下列属于有害垃圾的有（　　）。[2019-94]

A. 废电池　　B. 废药品包装物

C. 废弃电子产品　　D. 废塑料

E. 废相纸

【答案】ABE

【解析】根据《生活垃圾分类制度实施方案》，有害垃圾主要品种包括：废电池（镉镍电池、氧化汞电池、铅蓄电池等），废荧光灯管（日光灯管、节能灯等），废温度计，废血压计，废药品及其包装物，废油漆、溶剂及其包装物，废杀虫剂、消毒剂及其包装物，废胶片及废相纸等。

十七、《城市防疫专项规划编制导则》T/UPSC 0007—2021 要点

1. 总体要求（第 4.1 节）

城市防疫专项规划是城市传染病疫情防控救治特定领域的专项规划，是指导城市防疫设施建设、提升城市应对重大疫情防控能力的重要依据，向上支撑总体规划，向下指导详细规划编制，并与综合防灾规划、医疗卫生设施布局规划、人防设施规划等相关专项规划相协同。

2. 主要编制内容

（1）城市传染病疫情防控原则。（第 5.2.2 条）

①预防为主，平疫结合。②统一指挥，联防联控。③科技引领，精准施策。④科学防控，系统治理。

（2）城市防疫体系。（第 5.3.1 条）

结合本地行政事权分级管理体制，构建市级、区（县）级、街道（乡镇）级、社区（村）级等四级防疫体系。

（3）城市防疫分区。（第 5.3.2 条）

根据疫情防控管理需要，基于社区（行政村）设置，结合人口分布、网格管理、规划单元和城乡生活圈，合理划定城市防疫分区，构建基本防疫空间单元。

（4）城市防疫设施类型。（第 5.3.3 条）

按照传染病疫情防治需要，结合城市发展阶段和特点，合理确定城市防疫设施类型，主要包括城市传染病疫情防控救治所需的公共卫生应急指挥设施、公共卫生监测预警设施、疾病预防控制设施、防疫应急医疗救治设施、防疫应急集中隔离设施、防疫应急救援和物资通道、防疫应急物资储备分发设施、防疫应急基础保障设施、公共卫生社区治理设施等。

公共卫生应急指挥设施主要包括各级公共卫生应急指挥中心、应急指挥信息系统、疫情联防联控大数据智慧决策平台等。

公共卫生监测预警设施主要包括传染病监测直报系统、发热门诊、监测哨点等。

疾病预防控制设施主要包括各级疾病预防控制中心、各类疾病防治院（所）以及社区卫生服务中心等。

防疫应急医疗救治设施主要包括公共卫生临床中心、传染病医院、各级医院、社区卫生服务中心、临时救治场所等。

防疫应急集中隔离设施主要包括外来人口隔离场所、社区集中隔离场所等。

防疫应急救援和物资通道主要包括应急陆路、水路、空中救援和物资通道、应急救援出入口、应急主次通道、应急水上码头、应急救援直升机停机坪、应急物资空投点等。

（5）防疫应急医疗救治设施。（第 5.4.4 条）

防疫应急医疗救治设施的选址不宜设置在住宅、学校、大型公共建筑等城市人口密集区、交通稠密区，并与周边建筑设置 20 米及以上的卫生隔离带。

（6）防疫应急救援和物资通道。（第 5.4.6 条）

确保城市防疫应急救援出入口不少于 2 个。其中，大城市不少于 4 个，每个方向至少有 2 个及以上的防疫应急通道。

防疫应急救援和物资通道的有效宽度和净空限高应符合以下要求：防疫应急干道不应小于 15 米，防疫应急主通道不应小于 7 米，防疫应急次通道不应小于 4 米，防疫应急通道净空高度不应小于 4.5 米。

历年真题

根据《城市防疫专项规划编制导则》，下列不属于城市防疫设施的是（　　）。［2022–48］

A. 公共卫生应急指挥设施　　B. 公共卫生监测预警设施

C. 公共卫生应急培训设施　　D. 公共卫生社区治理设施

【答案】C

【解析】《城市防疫专项规划编制导则》第 5.3.3 条规定，按照传染病疫情防治需要，结合城市发展阶段和特点，合理确定城市防疫设施类型，主要包括城市传染病疫情防控救治所需的公共卫生应急指挥设施、公共卫生监测预警设施、疾病预防控制设施、防疫应急医疗救治设施、防疫应急集中隔离设施、防疫应急救援和物资通道、防疫应急物资储备分发设施、防疫应急基础保障设施、公共卫生社区治理设施等。

十八、城市竖向规划

1. 城市用地竖向规划的工作内容

工作内容：①结合城市用地选择，分析研究自然地形，充分利用地形，对一些需要采用工程措施后才能用于城市建设的地段提出工程措施方案。②综合解决城市规划用地的各项控制标高问题，如防洪堤、排水干管出口、桥梁和道路交叉口等。③使城市道路的纵坡度既能配合地形又能满足交通上的要求。④合理组织城市用地的地面排水。⑤经济合理地组织好城市用地的土方工程，考虑填方和挖方的平衡。⑥考虑配合地形，注意城市环境的立体空间的美观要求。

2. 总体规划阶段的竖向规划

主要内容：①城市用地组成及城市干路网；②城市干路交叉点的控制标高，干路的控制纵坡度；③城市其他一些主要控制点的控制标高，包括铁路与城市干路的交叉点、防洪堤、桥梁等标高；④分析地面坡向、分水岭、汇水沟、地面排水走向。还应有文字说明及对土方平衡的初步估算。

竖向规划首先要配合利用地形，而不应把改造地形、土地平整看作主要方式。铁路与城市干路立交口的控制标高也要在总体规划阶段确定。

3. 详细规划阶段的竖向规划

详细规划阶段的竖向规划的方法，一般有设计等高线法、高程箭头法、纵横断面法。

（1）设计等高线法：多用于地形变化不太复杂的丘陵地区的规划。能较完整地将任何一块规划用地或一条道路与原来的自然地貌作比较并反映填挖方情况，易于调整。

（2）高程箭头法：根据竖向规划设计原则，确定出规划设计地区内各种建筑物、构筑物的地面标高，道路交叉点、变坡点的标高，以及规划设计地区内地形控制点的标高，将这些点的标高标注在规划设计地区竖向规划图上，并以箭头表示规划设计地区内各类用地的排水方向。

高程箭头法的规划设计工作量较小，图纸制作较快，且易于变动、修改，为规划区竖向设计一般常用的方法。缺点是比较粗略，确定标高要有充分经验，有些部位的标高不明确，准确性差，仅适用于地形变化比较简单的情况。为弥补上述不足，在实际工作中也有采用高程箭头法和局部剖面的方法相结合。

（3）纵横断面法：在规划设计地区平面图上根据需要的精度绘出方格网，然后在方格网的每一交点上注明原地面标高和设计地面标高。沿方格网长轴方向者称为纵断面，沿短轴方向者称为横断面。该法多用于地形比较复杂地区的规划。

多用于地形比较复杂的地区。先根据需要的精度在规划设计地区平面图上绘出方格网。在方格网的每一交点上注明原地面标高和设计地面标高。沿方格网长轴方向称为纵断面，沿短轴方向称为横断面。其优点是对规划设计地区的原地形有一个立体的形象概念，容易着手考虑地形和改造。

历年真题

1. 城市用地竖向规划工作的基本内容不包括（　　）。[2017-56]

A. 综合解决城市规划用地的各项控制标高问题

B. 使城市道路的纵坡度既能配合地形，又能满足交通上的要求

C. 结合机场、通信等控制高度要求，制定城市限高规划

D. 考虑配合地形，注意城市环境的立体空间的美观要求

【答案】C

【解析】C 选项不属于城市用地竖向规划工作的基本内容。

2. 下列关于城市竖向规划的表述，不准确的是（　　）。[2014-55]

A. 竖向规划的重点是进行地形改造和土地平整

B. 铁路和城市干路交叉点的控制标高应在总体规划阶段确定

C. 详细规划阶段可采用高程箭头法、纵横断面法或设计等高线法

D. 大型集会广场应有平缓的坡度

【答案】A

【解析】竖向规划首先要配合利用地形，不应把改造地形、土地平整作为重点。

十九、《城乡建设用地竖向规划规范》CJJ 83—2016 要点

1. 术语（第 2.0.1、2.0.2、2.0.12 条）

城乡建设用地竖向规划：城乡建设用地内，为满足道路交通、排水防涝、建筑布置、城乡环境景观、综合防灾以及经济效益等方面的综合要求，对自然地形进行利用、改造，确定坡度、控制高程和平衡土石方等而进行的规划。

高程：以大地水准面作为基准面，并作零点（水准原点）起算地面各测量点的垂直高度。

坡比值：坡面（或梯道）的上缘与下缘之间垂直高差与其水平距离的比值。

2. 基本规定（第 3.0.7 条）

同一城市的用地竖向规划应采用统一的坐标和高程系统。

3. 竖向与用地布局及建筑布置（第 4.0.1 ~ 4.0.7 条）

城乡建设用地选择及用地布局应充分考虑竖向规划的要求，并应符合下列规定：①城镇中心区用地应选择地质、排水防涝及防洪条件较好且相对平坦和完整的用地，其自然坡度宜小于 20%，规划坡度宜小于 15%；②居住用地宜选择向阳、通风条件好的用地，其自然坡度宜小于 25%，规划坡度宜小于 25%；③工业、物流用地宜选择便于交通组织和生产工艺流程组织的用地，其自然坡度宜小于 15%，规划坡度宜小于 10%；④超过 8m 的高填方区宜优先用作绿地、广场、运动场等开敞空间；⑤应结合低影响开发的要求进行绿地、低洼地、滨河水系周边空间的生态保护、修复和竖向利用；⑥乡村建设用地宜结合地形，因地制宜，在场地安全的前提下，可选择自然坡度大于 25% 的用地。

规划地面形式可分为平坡式、台阶式和混合式。

用地自然坡度小于 5% 时，宜规划为平坡式；用地自然坡度大于 8% 时，宜规划为台阶式；用地自然坡度为 5% ~ 8% 时，宜规划为混合式。

台阶式和混合式中的台地规划应符合下列规定：台地的长边宜平行于等高线布置。

街区竖向规划应与用地的性质和功能相结合，并应符合下列规定：①公共设施用地分台布置时，台地间高差宜与建筑层高接近；②居住用地分台布置时，宜采用小台地形式；③大型防护工程宜与具有防护功能的专用绿地结合设置。

挡土墙高度大于 3m 且邻近建筑时，宜与建筑物同时设计，同时施工，确保场地安全。

高度大于 2m 的挡土墙和护坡，其上缘与建筑物的水平净距不应小于 3m，下缘与建筑物的水平净距不应小于 2m；高度大于 3m 的挡土墙与建筑物的水平净距还应满足日照标准要求。

4. 竖向与道路、广场（第 5.0.2 ~ 5.0.4 条）

道路规划纵坡和横坡的确定，应符合下列规定：①积雪或冰冻地区快速路最大纵坡不

应超过 3.5%，其他等级道路最大纵坡不应大于 6.0%。②非机动车车行道规划纵坡宜小于 2.5%。机动车与非机动车混行道路，其纵坡应按非机动车车行道的纵坡取值。③道路的横坡宜为 1% ~ 2%。

广场规划坡度宜为 0.3% ~ 3%。地形困难时，可建成阶梯式广场。

步行系统中需要设置人行梯道时，竖向规划应满足建设完善的步行系统的要求，并应符合下列规定：①人行梯道按其功能和规模可分为三级：一级梯道为交通枢纽地段的梯道和城镇景观性梯道；二级梯道为连接小区间步行交通的梯道；三级梯道为连接组团间步行交通或入户的梯道；②梯道宜设休息平台，每个梯段踏步不应超过 18 级，踏步最大步高宜为 0.15m；二、三级梯道连续升高超过 5.0m 时，除设置休息平台外，还宜设置转向平台，且转向平台的深度不应小于梯道宽度。

5. 竖向与排水（第 6.0.2 条）

城乡建设用地竖向规划应符合下列规定：①地面自然排水坡度不宜小于 0.3%；小于 0.3% 时应采用多坡向或特殊措施排水；②除用于雨水调蓄的下凹式绿地和滞水区等之外，建设用地的规划高程宜比周边道路的最低路段的地面高程或地面雨水收集点高出 0.2m 以上。

6. 竖向与防灾（第 7.0.2 条）

城乡建设用地防洪（潮）应符合下列规定：建设用地外围设防洪（潮）堤时，其用地高程应按排涝控制高程加安全超高确定；建设用地外围不设防洪（潮）堤时，其用地地面高程应按设防标准的规定所推算的洪（潮）水位加安全超高确定。

7. 土石方与防护工程（第 8.0.2、8.0.4、8.0.5、8.0.9 条）

土石方工程包括用地的场地平整、道路及室外工程等的土石方估算与平衡。土石方平衡应遵循“就近合理平衡”的原则。根据规划建设时序，分工程或分地段充分利用周围有利的取土和弃土条件进行平衡。

台阶式用地的台地之间宜采用护坡或挡土墙连接。相邻台地间高差大于 0.7m 时，宜在挡土墙墙顶或坡比值大于 0.5 的护坡顶设置安全防护设施。

相邻台地间的高差宜为 1.5m ~ 3.0m，台地间宜采取护坡连接，土质护坡的坡比值不应大于 0.67，砌筑型护坡的坡比值宜为 0.67 ~ 1.0；相邻台地间的高差大于或等于 3.0m 时，宜采取挡土墙结合放坡方式处理，挡土墙高度不宜高于 6m；人口密度大、工程地质条件差、降雨量多的地区，不宜采用土质护坡。

在地形复杂的地区，应避免大挖高填；岩质建筑边坡宜低于 30m，土质建筑边坡宜低于 15m。超过 15m 的土质边坡应分级放坡，不同级之间边坡平台宽度不应小于 2m。

8. 竖向与城乡环境景观（第 9.0.2 条）

挡土墙高于 1.5m 时，宜作景观处理或以绿化遮蔽。

历年真题

1. 在自然坡度为 22% 的规划建设用地上，依据《城乡建设用地竖向规划规范》，不适宜布局的有（　　）。[2022-94]

A. 城镇中心区用地　　B. 居住用地

C. 工业用地　　D. 物流用地

E. 乡村建设用地

【答案】ACD

【解析】《城乡建设用地竖向规划规范》第4.0.1条规定，城乡建设用地选择及用地布局应充分考虑竖向规划的要求，并应符合下列规定：①城镇中心区用地自然坡度宜小于20%；②居住用地自然坡度宜小于25%；③工业、物流用地自然坡度宜小于15%；④乡村建设用地可选择自然坡度大于25%的用地。

2. 下列关于城乡用地竖向与用地布局的说法，准确的是（　　）。［2020-90］

A. 城镇中心区用地应选择地质、排水防涝及防洪条件较好且相对平坦和完整的用地，其自然坡度宜小于20%，规划坡度宜小于15%

B. 居住用地宜选择向阳、通风条件好的用地，其自然坡度宜小于25%，规划坡度宜小于10%

C. 工业、物流用地宜选择便于交通组织和生产工艺流程组织的用地，其自然坡度宜小于15%，规划坡度宜小于10%

D. 超过8m的高填方区仅限作绿地、广场、运动场等开敞空间

E. 结合自然地形，规划地面形式分为平坡式、台地式

【答案】AC

【解析】根据《城乡建设用地竖向规划规范》第4.0.1、4.0.2条规定，居住用地宜选择向阳、通风条件好的用地，其自然坡度宜小于25%，规划坡度宜小于25%，B选项错误。超过8m的高填方区宜优先用作绿地、广场、运动场等开敞空间，D选项错误。规划地面形式可分为平坡式、台阶式和混合式，E选项错误。

二十、城市地下空间规划

1. 城市地下空间规划的基本概念

地下空间资源一般包括三方面含义：一是依附于土地而存在的资源蕴藏量；二是依据一定的技术经济条件可合理开发利用的资源总量；三是一定的社会发展时期内有效开发利用的地下空间总量。

2. 城市地下空间规划的编制体系

包括：①城市地下空间规划分为总体规划和详细规划两个阶段进行编制。②城市的中心区、地区中心、重要功能区等重点规划建设地区，应当编制地下空间详细规划。③城市重点规划建设地区的地下空间控制性详细规划由城市人民政府规划主管部门，依据已经批准的城市地下空间总体规划组织编制。④全市性地下空间总体规划应当纳入城市总体规划，各区（县）的地下空间总体规划由市人民政府审批。⑤城市重点规划建设地区地下空间详细规划由市人民政府审批，其他地区由市规划主管部门审批。

历年真题

1. 地下空间资源一般不包括（　　）。［2017-57］

A. 依附于土地而存在的资源蕴藏量

B. 依据一定的技术经济条件可合理开发利用的资源总量

C. 采用一定工程技术措施进行地形改造后可利用的地下、半地下空间资源

D. 一定的社会发展时期内有效开发利用的地下空间总量

【答案】C

【解析】人类社会为开拓生存与发展空间，将地下空间作为一种宝贵的空间资源。地下空间资源一般包括三方面含义：一是依附于土地而存在的资源蕴藏量；二是依据一定的技术经济条件可合理开发利用的资源总量；三是一定的社会发展时期内有效开发利用的地下空间总量。

2. 根据《城市地下空间开发利用管理规定》，城市地下空间规划的主要内容不包括（　　）。[2013-58]

A. 地下空间现状及发展预测

B. 地下空间开发战略

C. 开发层次、内容、期限、规模与布局

D. 地下空间开发实施措施与近期建设规划

【答案】D

【解析】城市地下空间规划的主要内容除A、B、C选项外，还包括：地下空间开发实施步骤，以及地下工程的具体位置，出入口位置，不同地段的高程，各设施之间的相互关系，以及其配套工程的综合布置方案、经济技术指标等。D选项为城市地下空间总体规划阶段的主要内容。

二十一、《城市地下空间规划标准》GB/T 51358—2019要点

1. 基本规定（第3.0.6条）

城市地下空间可分为浅层（0～−15m）、次浅层（−15m～−30m）、次深层（−30m～−50m）和深层（−50m以下）四层。城市地下空间利用应遵循分层利用、由浅入深的原则。

2. 地下空间资源评估和分区管控（第4.0.1、4.0.3、4.0.4条）

城市地下空间规划和开发利用前应进行城市地下空间资源评估，内容应包括调查、分析和可开发地下空间的适建性评估。

城市地下空间资源评估应以资源开发利用的战略性、前瞻性与长效性为基础，按照对资源的影响和利用导向确定评估要素，应包括但不限于下列要素：①自然要素：地形地貌、工程地质与水文地质条件、地质灾害区、地质敏感区、矿藏资源埋藏区和地质遗迹等；②环境要素：园林公园、风景名胜区、生态敏感区、重要水体和水资源保护区等；③人文要素：古建筑、古墓葬、遗址遗迹等不可移动文物和地下文物埋藏区等；④建设要素：新增建设用地、更新改造用地、现状建筑地下结构基础、地下建（构）筑物及设施、地下交通设施、地下市政公用设施和地下防灾设施分布等。

城市地下空间规划应以地下空间资源评估为基础，对城市规划区内地下空间资源划定管制范围，划定城市地下空间禁建区、限建区和适建区，提出管制措施要求。

3. 地下空间布局（第6.0.1～6.0.3、6.0.8、6.0.9条）

城市地下空间总体规划应根据城市总体规划的功能和空间布局要求将城市地下空间适建区划分为重点建设区和一般建设区。城市地下空间重点建设区包括城市重要功能区、交通枢纽和重要车站周边区域，其开发应满足功能综合、复合利用的要求。城市地下空间一般建设区应以配建功能为主。

城市地下空间应优先布局地下交通设施、地下市政公用设施、地下防灾设施和人民防空工程等，适度布局地下公共管理与公共服务设施、地下商业服务业设施和地下物流仓储

设施等，不应布局居住、养老、学校（教学区）和劳动密集型工业设施等。

建设用地地下空间退让地块红线应保障相邻地块的安全及地下设施的安全，退让地块红线距离不宜小于 3.0m。

当特殊情况下将公共管理与公共服务设施、商业服务业设施设置于地下时，应布局在浅层空间。当道路下建设地下空间时，其覆土深度不宜小于 3.0m。

4. 地下交通设施

（1）地下交通场站设施。（第 7.3.1、7.3.3 条）

与地下轨道交通车站或地下空间连通的客运交通场站可设置于地下。当有双层巴士停放时，净高不宜小于 4.6m。

（2）地下道路设施。（第 7.4.2 条）

当地下道路相交时，宜采用单向交通组织形式。

（3）地下公共人行通道。（第 7.6.2 条）

当通道长度超过 50m 时，应适当拓宽人行通道和增加集散广场、出入口、采光竖井等设施。

5. 地下市政公用设施

（1）一般规定。（第 8.1.1、8.1.2 条）

地下市政公用设施宜布局在浅层地下空间。地下市政管线和综合管廊宜布局在城市道路下。

（2）地下市政场站。（第 8.2.2 条）

地下市政场站应与地面设施协调和一体化设计，并应符合下列规定：①地下污水处理厂、再生水厂、大中型泵站、雨水调蓄池等地下市政场站的地面宜建设公园、绿地、广场和开敞型体育活动设施等，覆土深度应满足植被种植要求。②在满足消防、环保和安全等前提下，可在详细规划中结合商业服务业设施用地、居住用地或公共管理与公共服务用地等规划配建地下变电站、通信机房、小型泵站、垃圾转运站等地下市政场站。

（3）地下市政管线及管廊。（第 8.3.4 条）

电缆隧道等专业管廊和其他市政管沟宜纳入综合管廊一并建设。

历年真题

1. 不应建于地下的市政设施是（　　）。[2022–47]

A. 220kV 变电站　　B. 垃圾处理厂　　C. 污水处理厂　　D. 垃圾转运站

【答案】B

【解析】根据《城市地下空间规划标准》第 8.2.2 条，地下市政场站应与地面设施协调和一体化设计，并应符合下列规定：①地下污水处理厂、再生水厂、大中型泵站、雨水调蓄池等地下市政场站的地面宜建设公园、绿地、广场和开敞型体育活动设施等，覆土深度应满足植被种植要求。②在满足消防、环保和安全等前提下，可在详细规划中结合商业服务业设施用地、居住用地或公共管理与公共服务用地等规划配建地下变电站、通信机房、小型泵站、垃圾转运站等地下市政场站。

2.《城市地下空间规划标准》GB/T 51358—2019 中规定的浅层地下空间深度范围为（　　）。[2021–55]

A. 0 ~ −10m　　B. 0 ~ −15m　　C. 0 ~ −20m　　D. 0 ~ −30m

【答案】B

【解析】根据《城市地下空间规划标准》第3.0.6条，城市地下空间可分为浅层（0 ~ −15m）、次浅层（−15m ~ −30m）、次深层（−30m ~ −50m）和深层（−50m以下）四层。

第六章 城市近期建设规划

第一节 城市近期建设规划的作用与任务

一、城市近期建设规划的作用

作用：城市近期建设规划是城市总体规划的分阶段实施安排和行动计划，是落实城市总体规划的重要步骤。是近期土地出让和开发建设的重要依据，土地储备、分年度计划的空间落实、各类近期建设项目的布局和建设时序，都必须符合近期建设规划，保证城镇发展和建设的健康有序进行。

意义：①完善城市规划体系的需要。确保了实施的严肃性，同时又充分考虑了现实条件，确保了规划的灵活性，使规划编制与规划管理紧密结合。②发挥规划宏观调控作用的需要。明确城市发展重点，实现土地资源的优化配置和合理的城市发展方向。③加强城市监督管理的需要。指导城市建设有计划、有步骤地实施。

二、城市近期建设规划的任务

1. 基本任务

根据城市总体规划、土地利用总体规划和年度计划、国民经济和社会发展规划以及城镇的资源条件、自然环境、历史情况、现状特点，明确城镇建设的时序、发展方向和空间布局，自然资源、生态环境与历史文化遗产的保护目标，提出城镇近期内重要基础设施、公共服务设施的建设时序和选址，廉租住房和经济适用住房的布局和用地，城镇生态环境建设安排等。

2. 城市近期建设规划与国民经济和社会发展规划的关系

近期建设规划制定的依据包括：按照法定程序批准的总体规划，国民经济和社会发展五年规划、土地利用总体规划以及国家的有关方针政策等。

首先，近期建设规划与国民经济和社会发展规划应在编制时限上保持一致，同步编制、互相协调，将计划确定的重大建设项目在城市空间中进行合理的安排和布局。其次，在调整对象、内容、编制审批程序、效力等方面互有侧重。国民经济和社会发展五年规划主要在目标、总量、产业结构及产业政策等方面对城市的发展作出总体性和战略性的指引，侧重于时间序列上的安排；近期建设规划则主要在土地使用、空间布局、基础设施支撑等方面为城市发展提供基础性的框架，侧重于空间布局上的安排。

城市规划与政府操作体系的关系如图 6-1 所示。

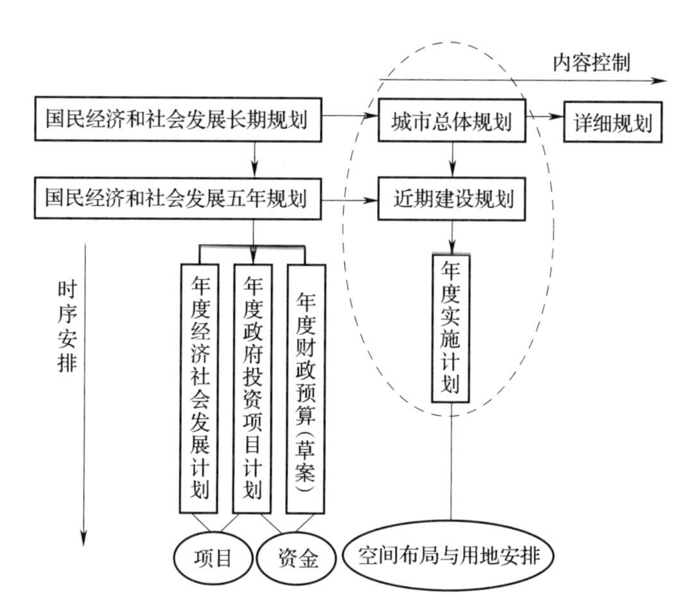

图 6-1 城市规划与政府操作体系的关系

历年真题

1. 不需要编制近期建设规划的是（ ）。[2022-52]

A. 总体规划　　B. 专项规划

C. 控制性详细规划　　D. 村庄规划

【答案】C

【解析】城市近期建设规划是城市总体规划的分阶段实施安排和行动计划，是落实城市总体规划的重要步骤。

2. 下列关于近期建设规划的表述，正确的是（ ）。[2014-58]

A. 城市增长稳定不需要继续编制近期建设规划

B. 近期建设规划应与土地利用总体规划相协调

C. 近期内出现计划外重大建设项目，应在下轮近期建设规划中落实

D. 近期建设规划应发挥其调控作用，使城市在总体规划期限内均匀增长

【答案】B

【解析】近期建设规划制定的依据包括：按照法定程序批准的总体规划，国民经济和社会发展五年规划、土地利用总体规划以及国家的有关方针政策等。

第二节 城市近期建设规划的内容与编制方法

一、城市近期建设规划的内容

重点内容：近期建设规划以重要基础设施、公共服务设施和中低收入居民住房建设以及生态环境保护为重点内容，明确近期建设的时序、发展方向和空间布局。

基本内容：①确定近期人口和建设用地规模，确定近期建设用地范围和布局。②确定

近期交通发展策略，确定主要对外交通设施和主要道路交通设施布局。③确定各项基础设施、公共服务和公益设施的建设规模和选址。④确定近期居住用地安排和布局。⑤确定历史文化名城、历史文化街区、风景名胜区等的保护措施，城市河湖水系、绿化、环境等保护、整治和建设措施。⑥确定控制和引导城市近期发展的原则和措施。城市人民政府可以根据本地区的实际，决定增加近期建设规划中的指导性内容。

强制性内容:①确定城市近期建设重点和发展规模。②依据城市近期建设重点和发展规模，确定城市近期发展区域。对规划年限内的城市建设用地总量、空间分布和实施时序等进行具体安排，并制定控制和引导城市发展的规定。③根据城市近期建设重点，提出对历史文化名城、历史文化保护区、风景名胜区、生态环境保护等相应的保护措施。

历年真题

1. 城市规划编制办法中，不属于近期建设规划内容的是（　　）。[2017-60]

A. 确定空间发展时序，提出规划实施步骤

B. 确定近期交通发展策略

C. 确定近期居住用地安排和布局

D. 确定历史文化名城、历史文化街区的保护措施

【答案】A

【解析】确定空间发展时序，提出规划实施步骤、措施和政策建议属于县城关镇区总体规划主要内容。

2. 近期建设规划的内容不包括（　　）。[2013-60]

A. 确定近期建设用地范围和布局

B. 确定近期主要对外交通设施和主要道路交通设施布局

C. 确定近期主要基础设施的位置、控制范围和工程干管的线路位置

D. 确定近期居住用地安排和布局

【答案】C

【解析】应确定各项基础设施、公共服务和公益设施的建设规模和选址。

二、城市近期建设规划的编制方法

1. 全面检讨总体规划及上一轮近期建设规划的实施情况

对总体规划及上一轮近期建设规划实施情况进行全面客观的检讨与评价是至关重要的。一方面，应对总体规划实施绩效进行评价，特别是找出实施中存在的问题；另一方面，寻找这些问题的原因，为后续的工作打好基础。具体的内容包括：对政府决策的作用、实施绩效及评价、总规实施中偏差出现的原因、在下一个近期规划中需要改进和加强的方面等。

2. 立足现状，切实解决当前城市发展面临的突出问题

近期规划必须从城市现状做起，改变从远期倒推的方法。因此要对现状进行充分的了解与认识，不仅要调查通常理解的城市建设现状，还要了解形成现状的条件和原因。因为现实情况是在现状的许多条件共同作用下形成的，如果不在条件的可能改变方面下功夫，所谓的规划理想便不可能成立；同时要改变以往仅凭简单事实就归纳城市发展若干结论的草率判断法，而要从事物的多重关联性出发，对城市问题进行审慎的判断。这样才能较为

正确地找出城市发展中的现实问题所在，从而有针对性地提出解决的办法。

3. 重点研究近期城市发展策略，对原有规划进行必要的调整和修正

在我国城镇化加速发展的背景下，五年对于一个城市的发展并不是一个很短的周期。总体规划实施五年后，城市发展的环境可能有较大变化。因此，编制第二个近期规划，必须对城市面临的许多重大问题重新进行思考和分析研究，对五年前确立的城市发展目标和策略进行必要的调整，而不仅仅是局部的微调或细节的深化。面对急剧变动中的内外部发展环境与机遇、自身发展趋势与制约等因素，从产业布局、城市空间拓展与重构、推进城镇化、生态保护、区域合作等方面深入研究，对城市的发展方向与策略有一个总体把握，从而确定未来五年的建设策略，并借此明确五年的建设目标，指导具体的用地布局与项目安排。

4. 确定近期建设用地范围和布局

城市建设与发展离不开土地，城市土地既是形成城市空间格局的地域要素，又是人类活动及其影响的载体，它的配置与利用方式成为城市综合发展规划的核心内容，适度有序地开发与合理供应土地资源无疑是发挥政府宏观调控职能的关键环节。我国实行土地的社会主义公有制，在市场经济条件下，对土地资源的配置是政府宏观调控城市发展最主要的手段。

依据近期建设规划的目标和土地供应年度计划，遵循优化用地结构与城市布局，促进经济发展的原则，确定近期建设用地范围和布局。制订城市近期建设用地总量，明确新增建设用地和利用存量土地的数量；确定城市近期建设中用地的空间分布，重点安排公益性用地（包括城市基础设施、公共服务设施用地、经济适用房、危旧房改造用地），并确定经营性房地产用地的区位和空间布局；提出城市近期建设用地的实施时序，制定实施城市近期建设用地计划的相关政策。

5. 确定重点发展地区，策划和安排重大建设项目

要使政府公共投资真正能够形成合力，发挥乘数效应，拉动经济增长，必须从城市经营角度出发，确定近期城市发展的重点地区；与此同时，要对那些对于城市长远发展具有重大影响的建设项目进行策划和安排。

确定重点发展地区是近期建设规划的工作重点，同时也是体现总体规划效用的重要方面。城市近期建设规划的一个重要功能就是要确定城市总体规划实施的先后次序。

政府投资的重大建设项目，是城市政府通过财政和实体开发建设的手段影响城市开发和城市布局结构的重要方法，城市规划实际上是通过一个个项目的建设逐步实施的。因此，近期建设规划的工作重点，应当是在确定城市建设用地布局的基础上，提出城市近期用地项目和建设项目，明确这些项目的规模、建设方式、投资估算、筹资方式、实施时序等方面的要求。对于那些对城市发展可能造成重大影响的项目，还必须对其开发运作过程、经营方式进行周密的策划和仔细安排，才能避免政府投资失败。

6. 研究规划实施的条件，提出相应的政策建议

近期建设规划本身的性质就应当是城市政策的总体纲要，是关于城市近期发展的政策陈述；近期建设规划的编制，也并非仅仅是城市规划部门的工作，而是政府部门的实际操作，是政府行政和政策的依据，提出规划实施政策应是近期建设规划工作的一项内容。保障规划实施的政策体系，应由人口政策、产业政策、土地政策、交通政策、住房政策、环境政策、城市建设投融资政策和税收政策等组成；另外，根据城市发展中出现的突出问题，还应当制定具体的政策。在规划成果形式上，要以政策陈述为主要内容，所完成的文本应当是城市未来发展过程中所建议的政策框架，图、表等只是这些政策文本的说明。

7. 建立近期建设规划的工作体系

要使近期建设规划真正能够发挥对城市建设活动的综合协调功能，必须从以下几个方面努力：①将规划成果转化为指导性和操作性很强的政府文件。②建立城市建设的项目库并完善规划跟踪机制。③建立建设项目审批的协调机制。④建立规划执行的责任追究机制。⑤组织编制城市建设的年度计划或规划年度报告。

历年真题

1. 下列关于城市近期建设规划编制的表述，错误的是（　　）。[2017–59]

A. 编制近期建设规划应对总体规划实施绩效进行全面检讨与评价

B. 编制近期建设规划不仅要调查城市建设现状，还要了解形成现状的条件和原因

C. 编制总体规划实施后的第二个近期建设规划，不需调整城市发展目标，仅需进行局部的微调和细化

D. 要处理好近期建设与长远发展、经济发展与资源环境条件的关系

【答案】 C

【解析】 编制第二个近期规划，必须对城市面临的许多重大问题重新进行思考和分析研究，对五年前确立的城市发展目标和策略进行必要的调整，而不仅仅是局部的微调或细节的深化。

2. 近期建设规划发挥对城市建设活动的综合协调功能体现在（　　）。[2017–96]

A. 将规划成果转化为法定性的政府文件

B. 建立城市建设的项目库并完善规划跟踪机制

C. 建立项目审批的协调机制

D. 建立规划执行的监督检查机制

E. 组织编制城市建设的年度计划或规划年度报告

【答案】 BCE

【解析】 除 B、C、E 选项外，还包括将规划成果转化为指导性和操作性很强的政府文件。建立规划执行的责任追究机制。

第七章 城市详细规划

详细规划从其作用和内容表达形式上可以大致分成两类：①控制性详细规划：详细规划并不对规划范围内的任何建筑物做出具体设计，而是对规划范围的土地使用设定较为详细的用途和容量控制，作为该地区建设管理的主要依据，属于开发建设控制型的详细规划。②修建性详细规划：以实现规划范围内具体的预定开发建设项目为目标，将各个建筑物的具体用途、体型、外观以及各项城市设施的具体设计作为规划内容，属于开发建设蓝图型的详细规划。

历年真题

下列关于详细规划的表述，错误的是（　　）。[2018-58]

A. 法定的详细规划分为控制性详细规划和修建性详细规划

B. 详细规划的规划年限与城市总体规划保持一致

C. 控制性详细规划是 20 世纪 90 年代初才正式采用的详细规划类型

D. 修建性详细规划属于开发建设蓝图型详细规划

【答案】B

【解析】相对于城市总体规划，详细规划一般没有设定明确的目标年限，而以该地区的最终建设完成为目标。

第一节 控制性详细规划编制

控制性详细规划是以总体规划（或分区规划）为依据，以规划的综合性研究为基础，以数据控制和图纸控制为手段，以规划设计与管理相结合的法规为形式，对城市用地建设和设施建设实施控制性的管理，把规划研究、规划设计与规划管理结合在一起的规划方法。

控制性详细规划通过立法实现对用地建设的规划控制，并为土地有偿使用提供依据。控制性详细规划为修建性详细规划和各项专业规划设计提供准确的规划依据，全面解决综合开发及配套建设中可能出现的漏洞，并从城市整体环境设计的要求上，提出意象性的城市设计和建筑环境的空间设计准则和控制要求，也为下一步修建性详细规划提供依据，同时也可作为工程建设项目规划管理的依据。

控制性详细规划有两个特点，一是“地域性”，规划的内容和深度应适应规划地段的特点（不同城市和城市不同地段的规划内容、控制要求和深度不同），保证规划地段及其周围地段的整体协调性。二是“法制化管理”，控制性详细规划是规划与管理的结合，是由技术管理向法制管理的转变，编制要保持一定的简洁性，要有一定的程序性和易查性。

控制性详细规划是城乡规划主管部门做出建设项目规划许可的依据。控制性详细规划应重点关注城市发展建设中公共利益的保障，明确社会各阶层、团体、个人在城市建设和发展中的责、权、利关系，并积极运用城市设计手段控制良好的城市空间环境。

历年真题

1. 下列关于控制性详细规划编制的表述，不准确的是（　　）。[2017-63]

A. 编制控制性详细规划要以总体规划为依据

B. 编制控制性详细规划要以规划的综合性研究为基础

C. 编制控制性详细规划要以数据控制和图纸控制为手段

D. 编制控制性详细规划要以规划设计与空间形象相结合的方案为形式

【答案】D

【解析】D选项为修建性详细规划的概念。

2. 下列关于控制性详细规划的表述，正确的是（　　）。[2017-64]

A. 控制性详细规划为修建性详细规划提供了准确的规划依据

B. 控制性详细规划的基本特点是“地域性”和“数据化管理”

C. 控制性详细规划提出控制性的城市设计和建筑环境的空间设计法定要求

D. 控制性详细规划通过量化指标对所有建设行为严格控制

【答案】A

【解析】控制性详细规划的基本特点是“地域性”和“法制化管理”，B选项错误。控制性详细规划从城市整体环境设计的要求上，提出意象性的城市设计和建筑环境的空间设计准则和控制要求，也为下一步修建性详细规划提供依据，同时也可作为工程建设项目规划管理的依据，C选项错误。控制性详细规划是在对用地进行细分的基础上，规定用地的性质、建筑量及有关环境、交通、绿化、空间、建筑形体等的控制要求，但并不是对所有建设行为都进行控制，D选项错误。

一、控制性详细规划基础理论

1. 控制性详细规划的发展历程

控制性详细规划是伴随着我国改革开放和市场经济体制的转型，适应土地有偿使用制度和城市开发建设方式的转变，改革原有的详细规划模式，借鉴了美国区划（zoning）的经验，结合我国的规划实践逐步形成的具有中国特色的规划类型。

（1）从产生到规范。控制性详细规划的实践与探索，是我国城市规划领域的一次具有里程碑意义的变革。

从最初的《上海虹桥新区详细规划》（1982）借鉴美国区划（zoning）进行的尝试，到后来经过《桂林中心区控制性详细规划》（1986）、《广州市街区规划》（1987）等规划实践在不同层面对控制性详细规划进行了积极有益的探索，到《温州市旧城改造控制性详细规划》（1989），控制性详细规划的编制方法基本定型。在相应的规划研究如《上海市土地使用区划管理法规的研究》（1986）、《苏州市古城街坊控制性详细规划研究》（1989）以及《南京控制性详细规划理论方法研究》（1991）等研究工作的基础上，《城市规划编制办法》（1991）和《城市规划编制办法实施细则》（1995）的相继出台，具有中国特色的控制性详细规划步入了规范化的轨道。

（2）不断的变革与探索。

1）伴随着城市土地有偿出让与转让制度的推广，控制性详细规划在全国范围内展开，对城市规划与建设管理起到了积极重要的作用，取得了有目共睹的成绩。

2）控制性详细规划在发展中不断进行探索，主要有两个方面：一是对控制性规划的法制化的努力。通过机构设置、规划编制、审批、公众参与以及实施程序的变革尝试，使控制性详细规划在法律的严肃性方面取得进展。二是对控制性详细规划在城市设计方面的控制，试图通过城市设计的引导和调控手段弥补控制性详细规划不足。

（3）新时期的发展趋势。对控制性详细规划的分区划定与用地编码进行规范。

在《城市规划编制办法》的基础上，进一步详细明确编制内容与编制方式，提供主要控制指标的赋值参考标准。

规范控制性详细规划成果的统一格式、制图规范和数据标准。

2. 控制性详细规划的地位、作用

《城乡规划法》和《城市规划编制办法》明确规定，控制性详细规划是法定规划。在我国的规划体系中，控制性详细规划是城市总体规划与建设实施之间（包括修建性详细规划和具体建设设计）从战略性控制到实施性控制的编制层次。控制性详细规划是实现总体规划意图，并对建设实施起到具体指导的作用，同时成为城市规划主管部门依法行政的依据。

（1）控制性详细规划是规划与管理、规划与实施之间衔接的重要环节。控制性详细规划将城市建设的规划控制要点，用简练、明确、适合操作的方式表达出来，作为控制土地批租、出让的依据，正确引导开发行为，实现土地开发的综合效益最大化。

（2）控制性详细规划是宏观与微观、整体与局部有机衔接的关键层次。控制性详细规划向上衔接总体规划和分区规划，向下衔接修建性详细规划、具体建筑设计与开发建设行为。它以量化指标和控制要求将城市总体规划的二维平面、定性、宏观的控制分别转化为对城市建设的三维空间、定量和微观控制。

（3）控制性详细规划是城市设计控制与管理的重要手段。控制性详细规划将宏观、中观到微观城市设计的内容，通过具体的设计要求、设计导则以及设计标准与准则的方式体现在规划成果之中，借助其在地方法规和行政管理方面的权威地位使城市设计要求在实施建设中得以贯彻落实。

（4）控制性详细规划是协调各利益主体的公共政策平台。控制性详细规划由于直接涉及城市建设中各个方面的利益，是城市政府意图、公众利益和个体利益平衡协调的平台，体现在城市建设中各方角色的责、权、利关系，是实现政府规划意图、保证公共利益、保护个体权利的城市公共政策载体。

3. 控制性详细规划的基本特征

控制性详细规划是我国特有的规划类型，是通过规划研究确定的对建设用地使用数据控制进行管理的规划。

（1）通过数据控制落实规划意图：通过一系列指标、图表、图则等表达方式将城市总体规划的宏观、平面、定性的内容具体为微观、立体、定量的内容。该内容是一种设计控制和开发建设指导，为具体的设计与实施提供深化、细化的个性空间，而非取代具体的个性设计内容。

（2）具有法律效应和立法空间：控制性详细规划作为法定规划，法律效应是其基本特征。控制性详细规划是城市总体规划宏观法律效应向微观法律效应的拓展。我国的土地使用控制模式既不是完全的规划主导型，更不是区划主导型，而是偏于规划主导型的一种综合型的土地使用控制模式。这就要求采取城市规划与城市立法相结合的方式来控制城市土地使用。

（3）横向综合性的规划控制汇总：控制性详细规划中包括城市建设或规划管理中的各纵向系统和各专项规划内容，如土地利用规划、公共设施与市政设施规划、道路交通规划、保护规划、景观规划、城市设计以及其他必要的非法定规划等内容。

（4）刚性与弹性相结合的控制方式：控制性规划的控制内容分为规定性和引导性两部分。刚性与弹性相结合的控制方式适应我国开发申请的审批方式为通则式与判例式相结合的特点。

历年真题

1. 下列关于控制性详细规划的表述，不准确的是（　　）。[2022-54]

A. 是纵向综合性的规划控制汇总

B. 既有整体控制要求，又有局部控制要求

C. 直接引导和控制地块内的各类开发建设

D. 对控制要素定性、定量、定位和定界控制引导

【答案】A

【解析】控制性详细规划的基本特征包括：①通过数据控制落实规划意图；②具有法律效应和立法空间；③横向综合性的规划控制汇总；④刚性与弹性相结合的控制方式。

2. 下列关于控制性详细规划发展历程的说法，正确的有（　　）。[2020-96]

A. 1980 年美国女建筑师协会带来土地分区规划管理

B.《上海虹桥新区详细规划》采用 8 项指标控制

C.《广州市街区规划》(1987) 引入区划思想，初步确定了控制性详细规划的基本方法

D.《南京控制性详细规划理论方法研究》为控制性详细规划确定提供了理论基础

E.《温州市旧城改造控制性详细规划》编制完成后，控制性详细规划的编制方法基本定型

【答案】ABDE

【解析】1980 年美国女建筑师协会来华进行学术交流，带来土地分区规划管理新概念;《上海虹桥新区详细规划》，编制土地出让规划，采用 8 项指标控制；清华大学编制《桂林中心区控制性详细规划》引入区划思想，初步确定了控制性详细规划的基本方法，C 选项错误。经过《桂林中心区控制性详细规划》《广州市街区规划》(1987) 等规划实践在不同层面对控制性详细规划进行了积极有益的探索，到《温州市旧城改造控制性详细规划》，控制性详细规划的编制方法基本定型；在《南京控制性详细规划理论方法研究》等的基础上，《城市规划编制办法》和《城市规划编制办法实施细则》相继出台，具有中国特色的控制性详细规划步入了规范化的轨道。

二、控制性详细规划编制内容与程序

1. 编制程序

控制性详细规划的编制程序包括下列内容。

（1）城市人民政府城乡规划主管部门和县人民政府城乡规划主管部门、镇人民政府根据城市和镇的总体规划，组织控制性详细规划的编制，确定规划编制的内容和要求等。如

需对已有的控制性详细规划进行修改的，组织编制机关应当对修改的必要性进行论证，征求规划地段内利害关系人的意见，并向原审批机关提出专题报告，经原审批机关同意后，方可编制修改方案；如修改的内容涉及城市总体规划、镇总体规划的强制性内容的，应当先修改总体规划。

（2）组织编制机关委托具有相应资质等级的单位承担具体编制工作。

（3）在城市、镇控制性详细规划的编制中，应当采取公示、征询等方式，充分听取规划涉及的单位、公众的意见。对有关意见采纳结果应当公布。

（4）组织编制机关将规划草案予以公告，并采取论证会、听证会或者其他方式征求专家和公众的意见。公告的时间不得少于 30 日。

（5）规划方案的修改完善。

（6）规划方案报请审批。城市控制性详细规划报本级人民政府、县人民政府所在地镇的控制性详细规划报县人民政府、其他镇的控制性详细规划报上一级人民政府审批。

（7）组织编制机关及时公布经依法批准的城市和镇控制性详细规划。同时报本级人民代表大会常务委员会和上一级人民政府备案。

2. 组织审批

依据《城乡规划法》：

第十九条　城市人民政府城乡规划主管部门根据城市总体规划的要求，组织编制城市的控制性详细规划，经本级人民政府批准后，报本级人民代表大会常务委员会和上一级人民政府备案。

第二十条　镇人民政府根据镇总体规划的要求，组织编制镇的控制性详细规划，报上一级人民政府审批。县人民政府所在地镇的控制性详细规划，由县人民政府城乡规划主管部门根据镇总体规划的要求组织编制，经县人民政府批准后，报本级人民代表大会常务委员会和上一级人民政府备案。

3. 编制内容

根据《城市规划编制办法》第四十一条，控制性详细规划应包括下列内容：①确定规划范围内不同性质用地的界线，确定各类用地内适建、不适建或者有条件的允许建设的建筑类型。②确定各地块建筑高度、建筑密度、容积率、绿地率等控制指标；确定公共设施配套要求、交通出入口方位、停车泊位、建筑后退红线距离等要求。③提出各地块的建筑体量、体型、色彩等城市设计指导原则。④根据交通需求分析，确定地块出入口位置、停车泊位、公共交通场站用地范围和站点位置、步行交通以及其他交通设施。规定各级道路的红线、断面、交叉口形式及渠化措施、控制点坐标和标高。⑤根据规划建设容量，确定市政工程管线位置、管径和工程设施的用地界线，进行管线综合。确定地下空间开发利用具体要求。⑥制定相应的土地使用与建筑管理规定。

历年真题

1. 下列关于控制性详细规划编制的表述，不准确的是（　　）。［2019-62］

A. 应当充分听取政府有关部门的意见，保证有关专项规划的空间落实

B. 应当采取公示的方式征求广大公众的意见

C. 应当充分听取并落实规划所涉及单位的意见

D. 报送审批的材料中应附具公示征求意见的采纳情况及理由

【答案】C

【解析】在城市详细规划的编制中，应当采取公示、征询等方式，充分听取规划涉及的单位、公众的意见。

2. 下列不属于控制性详细规划编制内容的是（　　）。[2014-64]

A. 规定禁建区、限建区、适建区

B. 规定各级道路的红线、断面、交叉口形式及渠化措施、控制点坐标和标高

C. 确定地下空间开发利用具体要求

D. 提出各地块的建筑体量、体型、色彩等城市设计指导原则

【答案】A

【解析】规定禁建区、限建区、适建区属于总体规划的内容。

三、控制性详细规划的编制方法与要求

1. 控制性详细规划编制的工作步骤

控制性详细规划的编制通常划分为现状分析研究、规划研究、控制研究和成果编制四个阶段，可以概括为如下四个工作步骤。

（1）现状调研与前期研究。现状调研与前期研究包括上一层次规划即城市总体规划或分区规划对控制性详细规划的要求，其他非法定规划提出的相关要求等。还应该包括各类专项研究如城市设计研究、土地经济研究、交通影响研究、市政设施、公共服务设施、文物古迹保护、生态环境保护等，研究成果应该作为编制控制性详细规划的依据。

（2）规划方案与用地划分。

在规划方案的基础上进行用地细分，一般细分到地块，成为控制性详细规划实施具体控制的基本单位。地块划分考虑用地现状、产权划分和土地使用调整意向、专业规划要求如城市“五线”（红线、绿线、紫线、蓝线、黄线）、开发模式、土地价值区位级差、自然或人为边界、行政管辖界线等因素，根据用地功能性质不同、用地产权或使用权边界的区别等进行。经过划分后的地块是制订控制性详细规划技术文件的载体。

用地细分应根据地块区位条件，综合考虑地方实际开发运作方式，对不同性质与权属的用地提出细分标准，原则上细分后的用地应作为城市开发建设的基本控制地块，不允许无限细分。用地细分应适应市场经济的需要，适应单元开发和成片建设等形式，可进行弹性合并。

（3）指标体系与指标确定。

按照规划编制办法，选取符合规划要求和规划意图的若干规划控制指标组成综合指标体系，并根据研究分析分别赋值。综合控制指标体系是控制性详细规划编制的核心内容之一。综合控制指标体系中必须包括编制办法中规定的强制性内容。

指标确定一般采用四种方法：测算法——由研究计算得出；标准法——根据规范和经验确定；类比法——借鉴同类型城市和地段的相关案例比较总结；反算法——通过试做修建规划和形体设想方案估算。指标确定的方法依实际情况决定，也可采用多种方法相互印证（方案论证）。基本原则是先确定基本控制指标，再进一步确定其他指标。

（4）成果编制。按照编制办法的相关规定编制规划图纸、分图控制图则、文本和管理技术规定，形成规划成果。

历年真题

1. 下列属于容积率的赋值方法的有（　　）。[2020-94]

A. 回归分析　　B. 强度分区

C. 类比法　　D. 环境容量

E. 方案论证

【答案】CE

【解析】指标确定一般采用四种方法：测算法——由研究计算得出；标准法——根据规范和经验确定；类比法——借鉴同类型城市和地段的相关案例比较总结；反算法——通过试做修建规划和形体设想方案估算。指标确定的方法依实际情况决定，也可采用多种方法相互印证（方案论证）。

2. 下列关于控制性详细规划用地细分的表述，不准确的是（　　）。[2018-59]

A. 用地细分一般细分到地块，地块是控制性详细规划实施具体控制的基本单位

B. 各类用地细分应采用一致的标准

C. 细分后的地块可进行弹性合并

D. 细分后的地块不允许无限细分

【答案】B

【解析】用地细分应根据地块区位条件，综合考虑地方实际开发运作方式，对不同性质与权属的用地提出细分标准，并非采用一致的标准。

2. 控制性详细规划的控制方式

（1）指标量化。指标量化是指通过一系列控制指标对用地的开发建设进行定量控制，如容积率、建筑密度、建筑高度、绿地率等。这种方法适用于城市一般建设用地的规划控制。量化指标应有一定的依据，采用科学的量化方法。

（2）条文规定。条文规定是通过对控制要素和实施要求的阐述，对建设用地实行的定性或定量控制，如用地性质、用地使用相容性和一些规划要求说明等。这种方法适用于规划用地的使用说明，开发建设的系统性控制要求以及规划地段的特殊要求。

（3）图则标定。图则标定是在规划图纸上通过一系列的控制线和控制点对用地、设施和建设要求进行的定位控制。如用地边界、“五线”（即道路红线、绿地绿线、保护紫线、河湖蓝线、设施黄线）、建筑后退红线、控制点以及控制范围等。这种方法适用于对规划建设提出具体的定位的控制。

（4）城市设计引导。城市设计引导是通过一系列指导性的综合设计要求和建议，甚至具体的形体空间设计示意，为开发控制提供管理准则和设计框架，如建筑色彩、形式、体量、空间组合以及建筑轮廓线示意图等。这种方法适用于在城市重要的景观地带和历史保护地带，为获得高质量的城市空间环境和保护城市特色时采用。

（5）规定性与指导性。控制性详细规划的控制内容分为规定性和指导性两大类。规定性是在实施规划控制和管理时必须遵守执行的，体现为一定的“刚性”原则，如用地界线、用地性质、建筑密度、建筑限高、容积率、绿地率、配建设施等。指导性内容是在实施规划控制和管理时需要参照执行的内容，这部分内容多为引导性和建议性，体现为一定的弹性和灵活性，如人口容量、城市设计引导等内容。

1）规定性指标：用地性质、用地面积、建筑密度、建筑高度、建筑后退红线距离、

容积率、绿地率、交通出入口方位、停车泊位及其他需要配置的公共设施。

2）指导性指标：人口容量、建筑形式、体量、色彩、风格、环境要求。

规定性指标与指导性指标的选择不是绝对的，应根据城市特色、地方传统、规划范围的实际情况、规划控制重点等因素灵活确定。

历年真题

1. 建筑密度属于控制性详细规划的（　　）。［2021-58］

A. 约束性指标　　B. 预期性指标　　C. 规定性指标　　D. 传导性指标

【答案】C

【解析】控制性详细规划的控制内容分为规定性和指导性两大类。规定性指标包括用地性质、用地面积、建筑密度、建筑高度、建筑后退红线距离、容积率、绿地率、交通出入口方位、停车泊位及其他需要配置的公共设施。

2. 下列不属于控制性详细规划规定性指标的是（　　）。［2019-61］

A. 用地性质　　B. 需要配置的公共设施

C. 建筑体量要求　　D. 停车泊位

【答案】C

【解析】建筑体量要求属于指导性指标。

四、控制性详细规划的控制体系与要素

控制性详细规划的核心内容就是控制指标体系的确定，包括控制内容和控制方法两个层面。控制指标体系包括土地使用、建筑建造、配套设施控制、行为活动、其他控制要求等五方面的内容（见表 7-1）。

表 7-1　控制性详细规划的控制体系与要素表

体系	一级指标	二级指标	三级指标
规划控制指标体系	土地使用	土地使用控制	用地性质
			用地边界
			用地面积
			用地使用兼容
		使用强度控制	容积率
			建筑密度
			人口密度
			绿地率
	建筑建造	建筑建造控制	建筑高度
			建筑后退
			建筑间距

续表 7-1

体系	一级指标	二级指标	三级指标
规划控制指标体系	建筑建造	城市设计引导	建筑体量
			建筑色彩
			建筑形式
			历史保护
			景观风貌要求
			建筑空间组合
			建筑小品设置
	设施配套	市政设施配套	给水设施
			排水设施
			供电设施
			其他设施
		公共设施配套	教育设施
			医疗卫生设施
			商业服务设施
			行政办公设施
			文娱体育设施
			附属设施
	行为活动	交通活动控制	车行交通组织
			步行交通组织
			公共交通组织
			配建停车位
			其他交通设施
		环境保护规定	噪声振动等允许标准值
			水污染允许排放量
			水污染允许排放浓度
			废气污染允许排放量
			固体废弃物控制
	其他控制要求	—	历史保护
			“五线”控制
			竖向设计
			地下空间利用
			奖励与补偿

1. 土地使用

（1）土地使用控制。土地使用控制是对建设用地的建设内容、位置、面积和边界范围等方面做出的规定。具体控制内容包括用地性质、用地使用兼容、用地边界和用地面积等。

1）用地性质。用地性质是对地块主要使用功能和属性的控制。用地性质采用代码方式标注，参考《国土空间调查、规划、用途管制用地用海分类指南（试行）》的分类方式和代码。按分类标准应划分到小类，项目不确定可划分至中类。

2）用地使用兼容。用地使用兼容是确定地块主导用地属性，在其中规定可以兼容、有条件兼容、不允许兼容的设施类型。一般通过用地与建筑兼容表实施控制。目前普遍缺少关于兼容设施的规模与容量标准的控制。用地使用兼容不得改变地块的主导用地性质，并应给出兼容强度的指导性指标。

3）用地边界。用地边界指用地红线，是对地块界限的控制，具有单一用地性质，应充分考虑产权界限的关系。用地边界是土地开发建设与有偿使用的权属界限，是一系列规划控制指标的基础。应根据用地规划、用地细分，结合道路红线与用地属性划定各类用地具体地块的边界线。用地边界应便于划分，具有明晰可界定性，并应提供定线要素。

4）用地面积。用地面积是规划地块用地边界内的平面投影面积，单位：hm^2。用地面积大小与土地细分方式直接相关，规划中对于不同区位、不同建设条件、不同用地属性的用地划分应有所区别，并符合地方实际开发建设方式的需要。

一般老城区、城市中心区地块面积较小，新区、城市居住区、工业区等地段地块面积较大。各类用地细分后的地块不应破坏城市主、次、支道路系统的完整性。

（2）使用强度控制。使用强度控制是为了保证良好的城市环境质量，对建设用地能够容纳的建设量和人口聚集量做出的规定。其控制指标一般包括容积率、建筑密度、人口密度、绿地率等。

1）容积率。容积率是控制地块开发强度的一项重要指标，也称楼板面积率或建筑面积密度，是指地块内建筑总面积与地块用地面积的比值，英文缩写 FAR。多个地块或一定区域内的建筑面积密度指该范围内的平均容积率。地块容积率的确定应综合考虑地块区位、用地性质、人口容量、建筑高度、建筑间距、建筑密度、城市景观、土地经济、交通与市政承载能力等因素，并保证公平、公正。地块容积率应考虑与建筑密度、建筑高度、平均层数的换算关系，在旧区改建中应考虑与拆建比的关系，以保证其可操作性。地块容积率一般采取上限控制的方式，保证地块的合理使用和良好的环境品质。必要时可以采取下限控制，以保证土地集约使用的要求。一些地方规定中容积率计算一般不包括建筑设备层、地下车库和公共开放部分的建筑面积。

2）建筑密度。建筑密度是控制地块建设容量与环境质量的重要指标，是指地块内所有建筑基底面积与地块用地面积的百分比，单位：%。地块建筑密度的确定应综合考虑地块区位、用地性质、建筑高度、建筑间距、容积率、绿地率、环境要求等因素，并保证公平、公正。地块建筑密度应考虑与容积率、建筑高度、平均层数、绿地率的换算关系，以保证其可操作性。地块建筑密度一般采取上限控制的方式，必要时可采用下限控制方式，以保证土地集约使用的要求。

3）人口密度。人口密度是单位居住用地上容纳的人口数，是指总居住人口数与地块面积的比率，单位：人 /hm^2。也常采用人口总量的控制方法。人口密度的控制是衡量城市居住环境品质的一项重要指标。人口密度或容量控制应根据城市总体规划、分区规划、住区专项规划等的人口容量控制要求，进一步细分落实到街区地块的人口容量控制。总量控制不应突破上位相关规划的要求。街坊或地块的人口容量控制要求一般采用上限控制方式，必要情况下可采用上、下限同时控制的方式。人口密度或容量的控制应与街坊或地块的建设容量、交通设施与市政设施负荷能力相适应，并应符合国家和地方的相关标准与规范。

4）绿地率。绿地率是衡量地块环境质量的重要指标，是指地块内各类绿地面积总和与地块用地面积的百分比，单位：%。绿地率的确定应综合考虑地块区位、用地性质、建筑密度、建筑容量与人口容量、环境品质要求、城市设计要求以及景观风貌要求等因素。绿地率的确定应满足国家与地方的相关规范与标准。绿地率一般采用下限指标的控制方式。

2. 建筑建造

（1）建筑建造控制。建筑建造控制是为了满足生产、生活的良好环境条件，对建设用地上的建筑物布置和建筑物之间的群体关系做出必要的技术规定。主要控制内容包括建筑高度、建筑后退、建筑间距等。

1）建筑高度。建筑高度是指地块内建筑地面上的最大高度限制，也称建筑限高，单位：m。地块建筑高度的限定应综合考虑地块区位、用地性质、建筑密度、建筑间距、容积率、绿地率、历史保护、城市设计要求、环境要求等因素，并保证公平、公正。建筑限高应重点考虑城市景观效果、建筑体形效果之间的关系，保证其可操作性。建筑限高应与建筑间距、建筑后退等指标综合考虑，并符合国家与地方的相关标准与规范。地形复杂地段应考虑用地不同坡向对建筑高度的影响，必要时可采用海拔高度的限定方式。对建筑高度限定的最直接依据一般为飞机场、气象台、电台和其他无线电通信的净空与走廊通道要求；文物保护单位以及历史街区等的风貌保护要求；城市设计中的天际轮廓线控制、视觉走廊、景观通道、街道尺度等方面的控制要求；相关建筑规范中关于高度分级的相关规定与要求等。

2）建筑后退。建筑后退是指建筑控制线与规划地块边界之间的距离，单位：m。建筑控制线指建筑主体不应超越的控制线。其内涵应与国家相关建筑规范一致。建筑后退的确定应综合考虑不同道路等级、相邻地块性质、建筑间距要求、历史保护、城市设计与空间景观要求、公共空间控制要求等因素。建筑后退指标的意义在于避免城市建设过于拥挤与混乱，保证必要的安全距离和救灾、疏散通道，保证良好的城市空间和景观环境，预留必要的人行活动空间、交通空间、工程管线布置空间和建设缓冲空间。城市设计中的街道景观与街道尺度控制要求、日照、防灾、建筑设计规范的相关要求一般为确定建筑后退指标的直接依据。

3）建筑间距。建筑间距是指地块内建（构）筑物之间以及与周边建（构）筑物之间的水平距离要求，单位：m。建筑间距要求应综合考虑城市自然地理环境特征、城市防灾要求、历史保护、城市设计以及景观环境等方面的要求确定，主要满足消防、卫生、环保、工程管线、建筑保护以及人的生理心理健康等要求。日照标准、防火间距、历史文化保护要求、建筑设计相关规范等一般应作为建筑间距确定的直接依据。在控制性详细规划中，应根据实际情况，明确除各项法规规定以外需要特别控制的建筑间距要求。

（2）城市设计引导。控制性详细规划指标在三维空间控制上乏力与不足需要通过城市设计引导予以弥补和提高。城市设计引导内容一般包括对建筑体量、形式、色彩、空间组合、建筑小品和其他环境控制要求等内容。在实施规划控制时应综合考虑地块区位、开发强度、地方建设特色、历史人文环境、历史保护需要、城市景观风貌要求等因素，在进行具有针对性的较为深入的城市设计研究基础上提出。这些控制与引导一般都针对城市中具有特殊要求的控制地段（如中心区、历史保护地段、景观节点等），没有特殊要求和足够控制依据的地段不宜草率提出相关的控制要求，避免缺乏控制依据与控制目的的主观盲目控制与引导。对于有特殊要求的地段，许多引导内容可以作为规定性内容，如在历史街区，建筑的体量、形式、色彩等内容可以作为规定性指标提出，以提高其控制力度。

1）建筑体量。建筑体量指建筑在空间上的体积，包括建筑的横向尺度、竖向尺度和建筑形体控制等方面，一般采取建筑面宽、平面与立面对角线尺寸、建筑体形比例等提出相应的控制要求和控制指标。如在历史街区及相邻地段，历史建筑的建筑面宽、平面与立面对角线尺寸、建筑体形比例的均值可以提炼转化为相应的控制指标。

2）建筑形式。建筑形式指对建筑风格和外在形象的控制。不同的城市和地段由于自然环境、历史文化特征的不同，具有不同的建筑风格与形式。应根据城市特色、具体地段的环境风貌要求、整体风貌的协调性等对建筑形式与风格进行相应的控制与引导。但这样的控制引导不是一味地强调严整划一、扼杀个性，也不能取代具体的设计，应具有相当的弹性和发挥空间，一般通过对结构形式、立面形式、开窗比例、屋顶形式、建筑材质等提出相关的建筑形式控制引导内容。

3）建筑色彩。建筑色彩指对建（构）筑物色彩提出的相关控制要求。建筑色彩与人的感知有关，是城市风貌地方特色保持与延续、体现城市设计意图的一项重要控制内容。一般是从色调、明度与彩度、基调与主色、墙面与屋顶颜色等方面进行控制与引导。除非有特殊的要求，建筑色彩不宜控制得过于具体，应具有相当的灵活性和发挥空间。

4）空间组合。空间组合是指对建筑群体环境做出的控制与引导，即对由建筑实体围合成的城市空间环境及周边其他环境要求提出的控制引导原则。一般通过对建筑空间组合形式、开敞空间和街道空间尺度、整体空间形态等提出具体的控制要求。该控制要求应以城市设计研究作为基础，根据必要性与可操作性提出相应的控制要求，并强调其引导性，保持相当的弹性空间。除非有特殊要求，一般建筑空间组合方式不作为主要的控制指标。

5）建筑小品。建筑小品指对建设用地中建筑绿化小品、广告、标识、街道家具等提出的控制引导要求。这些内容对于提高城市环境品质、突出街区、公共空间的特色与风貌具有十分重要的意义，但在规划编制时应以引导为主、控制适度为原则，体现设计控制内容而非取代具体的环境设计。该内容一般仅针对城市中心区、重点地段和公共空间提出，而不是涉及城市中的每一个街区和地块。

3. 设施配套

配套设施控制是对居住、商业、工业、仓储、交通等用地上的公共设施和市政配套设施提出的定量、定位的配置要求，是城市生产、生活正常进行的基础，是对公共利益的有效维护与保障。一般包括公共设施配套和市政公用设施配套两部分内容。

（1）公共设施配套。指城市中各类公共服务设施配建要求，主要包括需要政府提供配套建设的公益性设施。公共配套设施一般包括文化、教育、体育、公共卫生等公用设施和商业、服务业等生活服务设施。公共设施配套一般应根据城市总体规划以及相关部门的专项规划予以落实，特别应强调对于公益设施的控制与保障。公共服务设施配套要求应综合考虑区位条件、功能结构布局、居住区布局、人口容量等因素，按国家相关标准与规范进行配置。公共服务设施应划分至小类，可根据实际情况增加用地类型。规划中应标明位置、规模、配套标准和建设要求。公共服务配套设施的落位应考虑服务半径的合理性，无法落位的应标明需要落实的街区或地块的具体要求。公共设施配套的要求应符合国家、地方以及相关专业部门的标准与规范的要求。

（2）市政设施配套。城市的各项市政设施系统为城市生产、生活等社会经济活动提供基础保证，市政设施配套的控制同样具有公共利益保障与维护的重要意义。市政设施一般都为公益性设施，包括给水、污水、雨水、电力、电信、供热、燃气、环保、环卫、防灾等多项内容。市政设施配套控制应根据城市总体规划、市政设施系统规划，综合考虑建筑容量、人口容量等因素确定。有市政专项规划的应按照该专项规划给以协调和进一步落实。规划控制一般应包括各级市政源点位置、路由和走廊控制等，提出相关的建设规模、标准和服务半径，并进行管网综合。无法落位的应标明需要落实的街区或地块的具体要求。市政设施配套应落实到用地小类，并可根据实际情况增加用地类型。市政设施配套控制应符合国家和地方的相关标准与规范。

4. 行为活动

行为活动控制是对建设用地内外的各项活动、生产、生活行为等外部环境影响提出的控制要求，主要包括交通活动控制和环境保护规定两个方面。

（1）交通活动控制。交通活动的控制在于维护正常的交通秩序，保证交通组织的空间，主要内容包括车行交通组织、步行交通组织、公共交通组织、配建停车位和其他交通设施控制（如社会停车场、加油站）等内容。

1）车行交通组织：车行交通组织是对街坊或地块提出的车行交通组织要求。车行交通组织一般应根据区位条件、城市道路系统、街坊或地块的建筑容量与人口容量等条件提出控制与组织要求。一般通过出入口数量与位置、禁止开口地段、交叉口展宽与渠化、装卸场地规定等方式提出控制要求。车行交通组织要求应符合国家和地方的相关标准与规范。

2）步行交通组织：步行交通组织是对街坊或地块提出的步行交通组织要求。步行交通组织应根据城市交通组织、城市设计与环境控制、城市公共空间控制等提出相应的控制要求。一般包括步行交通流线组织、步行设施（人行天桥、连廊、地下人行通道、盲道、无障碍设计）位置、接口与要求等内容。步行交通组织要求应符合国家和地方的相关标准与规范。

3）公共交通组织：公共交通组织是对街坊或地块提出的公共交通组织要求。公共交通组织应根据城市道路系统、公共交通与轨道交通系统、步行交通组织提出相应的公共交通控制要求。一般应包括公交场站位置、公交站点布局与公交渠化等内容。公交组织要求应满足公交专项规划的要求，并符合国家和地方的相关标准与规范。

4）配建停车位：配建停车位是对地块配建停车位数量的控制。配建停车位的控制一般根据地块的用地性质、建筑容量确定。配建停车位的配置标准应符合国家和地方的相关标准与规范。配建停车位一般采取下限控制方式，在深入研究地方交通政策的基础上，针对特殊地段可采用上、下限同时控制的方式，同时应根据地方实际需要提出非机动车停车的配建要求。

（2）环境保护规定。环境保护控制是通过限定污染物的排放标准，防治在生产建设或其他活动中产生的废气、废水、废渣、粉尘、有毒（害）气体、放射性物质，以及噪声、振动、电磁辐射等对环境的污染和侵害，达到环境保护的目的。环境保护规定主要依据总体规划、环境保护规划、环境区划或相关专项规划，结合地方环保部门的具体要求制定。

5. 其他控制要求

（1）根据相关规划（历史保护规划、风景名胜区规划）落实相关规划控制要求。

（2）根据国家与地方的相关标准与规范落实“五线”（道路红线、绿地绿线、保护紫线、河湖蓝线、设施黄线）控制范围与控制要求。

（3）竖向设计应包括道路竖向和场地竖向两部分内容，道路竖向应明确道路控制点坐标标高以及道路交通设施的空间关系等。场地竖向应提出建议性的地块基准标高与平均标高，对于地形复杂区域可采取建议等高线的形式提出竖向控制要求。

（4）根据城市安全、综合防灾、地下空间综合利用规划提出地下空间开发建设建议和开发控制要求。

（5）相关奖励与补偿的引导控制要求。根据地方实际规划管理与控制需要，对于老城区、附加控制与引导条件的城市地段，为公共资源的有效供给所采用的引导性措施。任何奖励都可能带来对建筑环境的影响，因此控制性详细规划中应慎重对待奖励。

历年真题

1. 控制性详细规划中，城市设计引导的内容不包括（　　）。[2022-55]

A. 建筑限高　　B. 建筑小品设置

C. 建筑色彩　　D. 建筑形式

【答案】A

【解析】城市设计引导内容一般包括对建筑体量、形式、色彩、空间组合、建筑小品和其他环境控制要求等内容。

2. 下列关于绿地率指标的表述，不准确的是（　　）。[2022-56]

A. 绿地率是指地块内各类绿地面积总和与地块用地面积的百分比

B. 绿地率小于绿化覆盖率

C. 绿地率是衡量地块环境质量的重要指标

D. 绿地率的确定应考虑城市设计要求

【答案】B

【解析】绿地率一般小于或等于绿化覆盖率。

3. 下列关于绿地率指标内涵的表述，错误的是（　　）。[2021-59]

A. 绿地率是指地块内各类绿化总面积与地块用地面积之比

B. 绿地率是调节地块建设强度的关键性指标之一

C. 绿地率的确定应考虑地块区位条件和人口容量等因素

D. 工业地块的绿地率可采用上限指标的控制方式

【答案】A

【解析】绿地率是衡量地块环境质量的重要指标，是指地块内各类绿地面积总和与地块用地面积的百分比。

五、控制性详细规划的成果要求

1. 规划成果内容与深度要求

（1）规划成果内容。控制性详细规划成果包括规划文本、图件和附件。图件由图纸和图则两部分组成，规划说明、基础资料和研究报告收入附件。

（2）深度要求。控制性详细规划是城市总体规划的具体落实，是地方规划行政主管部门依法行政的依据，可以规范城市中的开发建设行为，指导修建性详细规划和项目的具体设计。表达深度应满足以下三个方面的要求。

1）深化和细化城市总体规划，将规划意图与规划指标分解落实到街坊、地块的控制引导之中，保证城市规划系统控制的要求。

2）控制性详细规划在进行项目开发建设行为的控制引导时，将控制条件、控制指标以及具体的控制引导要求落实到相应的开发地块上，作为土地出让条件。

3）所规定的控制指标和各项控制要求可以为具体项目的修建性详细规划、具体的建筑设计或景观设计等个案建设提供规划设计条件。

控制性详细规划的内容与深度应结合地方的实际情况和管理需要，以实施和落实城市总体规划或分区规划意图为目的，强调规划的针对性、可操作性，协调城市建设中各个利益主体的责、权、利关系，重点保障公共利益，并力求做到公平公正。控制性详细规划的编制成果并非越深越细越好，而是应该有针对性适度控制，成果表达应力求简洁明了，避免出现主观盲目的深化与细化，应为开发建设行为、修建性详细规划和具体设计提供一定选择与拓展空间。因此，控制性详细规划的深度应以是否具有规划依据为准绳，有充分依据的该细化就应该细化。对于不同的城市以及城市中的不同地段，不必强求规划深度的统一一致。

2. 规划图纸内容与深度要求

（1）总则。阐明制定规划的依据、原则、适用范围、主管部门与管理权限等。

1）编制目的：简要说明规划编制的目的，规划的背景情况以及编制的必要性和重要性，明确经济、社会、环境目标。

2）规划依据与原则：简要说明与规划相关的上位规划、法律、法规、行政规章、政府文件和相关技术规定。提出规划的原则，明确规划的指导思想，技术手段和价值取向。

3）规划范围与概况：简要说明规划自然地理边界、规划面积、区位条件、现状自然、人文、景观、建设等条件以及对规划产生重大影响的基本情况。

4）适用范围：简要说明规划控制的适用范围，说明在规划范围内哪些行为活动需要遵循本规划。

5）主管部门与管理权限：明确在规划实施过程中，执行规划的行政主体，并简要说明管理权限以及管理内容。

（2）土地使用和建筑规划管理通则。

1）用地分类标准、原则与说明：规定土地使用的分类标准，一般按《国土空间调查、规划、用途管制用地用海分类指南（试行）》说明规划范围中的用地类型，并阐明哪些细分到中类、哪些细分至小类，新的用地类型或细分小类应加以说明。

2）用地细分标准、原则与说明：对规划范围内用地细分标准与原则进行说明，其内容包括划分层次、用地编码系统、细分街坊与地块的原则，不同用地性质和使用功能的地块规模大小标准等。

3）控制指标系统说明：阐述在规划控制中采用那些控制指标，区分规定性指标和引导性指标。说明控制方法、控制手段以及控制指标的一般性通则规定或赋值标准。

4）各类用地的一般控制要求：阐明规划用地结构与规划布局，各类用地的功能分布特征；用地与建筑兼容性规定及适建要求；混合使用方式与控制要求；建设容量（容积率、建筑面积、建筑密度、绿地率、空地率、人口容量等）一般控制原则与要求；建筑建造（建筑间距、后退红线、建筑高度、体量、形式、色彩等）一般控制原则与要求。

5）道路交通系统的一般控制规定：明确道路交通规划系统与规划结构、道路等级标准，提出（道路红线、交通设施、车行、步行、公交、交通渠化、配建停车位等）一般控制原则与要求。

6）配套设施的一般控制规定：明确公共设施系统、各市政工程设施系统（给水、排水、供电、电信、燃气、供热等）的规划布局与结构，设施类型与等级，提出公共服务设施配套要求，市政工程设施配套要求及一般管理规定；提出城市环境保护、城市防灾（公共安全、抗震、防火、防洪等）、环境卫生等设施的控制内容以及一般管理规定。

7）其他通用性规定：规划范围内的“五线”（道路红线、绿地绿线、保护紫线、河湖蓝线、设施黄线）的控制内容、控制方式、控制标准以及一般管理规定；历史文化保护要求及一般管理规定；竖向设计原则、方法、标准以及一般性管理规定；地下空间利用要求及一般管理规定；根据实际情况和规划管理需要提出的其他通用性规定。

（3）城市设计引导。

1）城市设计系统控制：根据城市设计研究，提出城市设计总体构思、整体结构框架，落实上位规划的相关控制内容；阐明规划格局、城市风貌特征、城市景观、城市设计系统控制的相关要求和一般性管理规定。

2）具体控制与引导要求：根据片区特征、历史文化背景和空间景观特点，对城市广场、绿地、滨水空间、街道、城市轮廓线、景观视廊、标志性建筑、夜景、标识等空间环境要素提出相关控制引导原则与管理规定；提出各功能空间（商业、办公、居住、工业）的景观风貌控制引导原则与管理规定。

（4）关于规划调整的相关规定。

1）调整范畴：明确界定规划调整的含义范畴，规定调整的类型、等级、内容区分与相关的调整方式。

2）调整程序：明确规定不同的调整内容需要履行的相关程序，一般应包括规划的定期或不定期检讨、规划调整申请、论证、公众参与、审批、执行等程序性规定。

3）调整的技术规范：明确规划调整的内容、必要性、可行性论证、技术成果深度、与原规划的承接关系等技术方法、技术手段以及所采用的技术标准。

（5）奖励与补偿的相关措施与规定。奖励与补偿规定：对老城区公共资源缺乏的地段，以及有特殊附加控制与引导内容的地区，提出规划控制与奖励的原则、标准和相关管理规定。

（6）附则。阐明规划成果组成、使用方式、规划生效、解释权、相关名词解释等。

1）规划成果组成与使用方式：说明规划成果的组成部分、规划成果的内容之间的关系，阐明如何使用、查询方法与法律效力等内容。

2）规划生效与解释权：说明规划成果在何种条件下以及何时生效，在实施过程中，对于具体问题的协调解释的执行主体。

3）相关名词解释：对控制性详细规划文本中所使用的名词、术语等内容给出简明扼要的定义、内涵、使用方式等方面的必要解释。

（7）附表。一般应包括《用地分类一览表》《现状与规划用地汇总表》《土地使用兼容控制表》《地块控制指标一览表》《公共服务设施规划控制表》《市政公用设施规划控制表》《各类用地与设施规划建筑面积汇总表》以及其他控制与引导内容或执行标准的控制表。

3. 规划图纸、附件内容与深度要求

（1）规划图纸。

1）位置图（比例不限）：反映规划范围及位置，与城市重要功能片区、组团之间的区位关系，周围城市道路走向，毗邻用地关系等。

2）现状图（1 ∶ 5 000 ~ 1 ∶ 2 000）：标明自然地貌、各类用地范围和产权界限、用地性质、现状建筑质量等内容。

3）用地规划图（1 ∶ 5 000 ~ 1 ∶ 2 000）：标明各类用地细分边界、用地性质等内容。用地规划图应与现状图比例一致。

4）道路交通规划图（1 ∶ 5 000 ~ 1 ∶ 2 000）：标明规划范围内道路分级系统、内外道路衔接、道路横断面、交通设施、公交系统、步行系统、交通流线组织、交通渠化、主要控制点坐标、标高等内容。

5）绿地景观规划图（1 ∶ 5 000 ~ 1 ∶ 2 000）：标明不同等级和功能的绿地、开敞空间、公共全间、视廊、景观节点、特色风貌区、景观边界、地标、景观要素控制等内容。

6）各项工程管线规划图（1 ∶ 5 000 ~ 1 ∶ 2 000）：标明各类市政工程设施源点、管线布置、管径、路由走廊、管网平面综合与竖向综合等内容。

7）其他相关规划图纸（1 ∶ 5 000 ~ 1 ∶ 2 000）：根据具体项目要求和控制必要性，可增加绘制其他相关规划图纸，如开发强度区划图、建筑高度区划图、历史保护规划图、竖向规划图、地下空间利用规划图等。

（2）规划图则。

1）用地编码图（1 ∶ 5 000 ~ 1 ∶ 2 000）：标明各片区、单元、街区、街坊、地块的划分界限，并编制统一的可以与周边地段衔接的用地编码系统。

2）总图则（1 ∶ 5 000 ~ 1 ∶ 2 000）：各项控制要求汇总图，一般应包括地块控制总图则、设施控制总图则、“五线”控制总图则。总图则应重点体现控制性详细规划的强制性内容。

3）地块控制总图则：标明规划范围内各类用地的边界，并标明每个地块的主要控制指标。需标明的控制指标一般应包括地块编号、用地性质代码、用地面积、容积率、建筑密度、建筑限高、绿地率等强制性内容。

4）设施控制总图则：应标明各类公益性公共服务设施、市政工程设施、交通设施的位置、界限或布点等内容。

5）“五线”控制总图则：根据相关标准与规范绘制红线、绿线、紫线、蓝线、黄线等控制界线总图。

6）分图图则（1 ：2 000 ~ 1 ：500）：规划范围内针对街坊或地块分别绘制的规划控制图则，应全面系统地反映规划控制内容，并明确区分强制性内容。

分图图则的图幅大小、格式、内容深度、表达方式应尽量保持一致。根据表达内容的多少，可将控制内容分类整理，形成多幅图则的表达方式，一般可分为用地控制分图则、城市设计指引分图图则等。

（3）附件。

1）规划说明书。对规划背景、规划依据、原则与指导思想、工作方法与技术路线、现状分析与结论、规划构思、规划设计要点、规划实施建议等内容做系统详尽的阐述。

2）相关专题研究报告。针对规划重点问题、重点区段、重点专项进行必要的专题，分析，提出解决问题的思路、方法和建议，并形成专题研究报告。

3）相关分析图纸。规划分析、构思、设计过程中必要的分析图纸，比例不限。

4）基础资料汇编。规划编制过程中所采用的基础资料整理与汇总。

4. 控制性详细规划强制性内容

根据建设部《城市规划强制性内容暂行规定》，城市规划强制性内容是指省域城镇体系规划、城市总体规划、城市详细规划中涉及区域协调发展、资源利用、环境保护、风景名胜资源管理、自然与文化遗产保护、公众利益和公共安全等方面的内容。城市规划强制性内容是对城市规划实施进行监督检查的基本依据。

调整详细规划强制性内容的，城乡规划行政主管部门必须就调整的必要性组织论证，其中直接涉及公众权益的，应当进行公示。调整后的详细规划必须依法重新审批后方可执行。历史文化保护区详细规划强制性内容原则上不得调整。因保护工作的特殊要求确需调整的，必须组织专家进行论证，并依法重新组织编制和审批。

2006 年 4 月 1 日实施的《城市规划编制办法》第四十二条明确规定，控制性详细规划确定的各地块的主要用途、建筑密度、建筑高度、容积率、绿地率、基础设施和公共服务设施配套规定应当作为强制性内容。

历年真题

1. 下列关于控制性详细规划的表述，正确的有（　　）。[2022-95]

A. 控制性详细规划是总体规划的具体落实

B. 控制性详细规划为各项专业规划设计提供规划依据

C. 控制性详细规划通过量化指标对所有建设行为进行严格控制

D. 控制性详细规划是地方规划行政主管部门依法行政的依据

E. 控制性详细规划的成果应包含技术经济论证内容

【答案】BD

【解析】控制性详细规划是实现总体规划意图，并对建设实施起到具体指导的作用，同时成为城市规划主管部门依法行政的依据，A 选项错误，D 选项正确。控制性详细规划为修建性详细规划和各项专业规划设计提供准确的规划依据，B 选项正确。控制性详细规划可以规范城市中的开发建设行为，指导修建性详细规划和项目的具体设计，不是所有建设行为，C 选项错误。详细规划编制的内容包括综合技术经济论证，E 选项错误。

2. 控制性详细规划编制中，城市设计引导的内容不包括（　　）。[2021-60]

A. 建筑小品　　B. 建筑色彩　　C. 建筑日照间距　　D. 建筑空间组合

【答案】C

【解析】控制性详细规划编制中，城市设计引导包括建筑体量、建筑形式、建筑色彩、空间组合、建筑小品。

第二节　修建性详细规划

一、修建性详细规划的地位与作用

城市重点项目或重点地区的建设规划、居住区规划、城市公共活动中心的建筑群规划、旧城改造规划等均可以看作是修建性详细规划。修建性详细规划的基本职责以描绘城市局部的建设蓝图为主。

根据《城市规划编制办法》的要求，修建性详细规划的任务是依据已批准的控制性详细规划及城乡规划主管部门提出的规划条件，对所在地块的建设提出具体的安排和设计，用以指导建筑设计和各项工程施工设计。修建性详细规划的作用是以城市中准备实施开发建设的待建地区为对象，对其中的各项物质要素，例如，建筑物、各级道路、广场、绿化以及市政基础设施进行统一的空间布局。相对于控制性详细规划侧重于对城市开发建设活动的管理与控制，修建性详细规划则侧重于具体开发建设项目的安排和直观表达，同时也受控制性详细规划的控制和指导。相对于城市设计强调方法的运用和创新，修建性详细规划则更注重实施的技术经济条件及其具体的工程施工设计。

二、修建性详细规划的基本特点

以具体、详细的建设项目为对象，实施性较强：修建性详细规划通常以具体、详细的开发建设项目策划以及可行性研究为依据，按照拟定的各种建筑物的功能和面积要求，将其落实至具体的城市空间中。

通过形象的方式表达城市空间与环境：修建性详细规划一般采用模型、透视图等形象的表达手段将规划范围内的道路、广场、绿地、建筑物、小品等物质空间构成要素综合地表现出来，具有直观、形象的特点。

多元化的编制主体：修建性详细规划的编制主体不仅限于城市政府，根据开发建设项目主体的不同而异，也可以是开发商或者是拥有土地使用权的业主。

历年真题

1. 下列关于修建性详细规划的说法，不准确的是（　　）。[2020-66]

A. 修建性详细规划是对城市开发建设进行管理与控制，是城市规划管理的直接手段

B. 修建性详细规划以具体、详细的建设项目为对象

C. 通过形象的方式表达城市空间与环境

D. 多元化的编制主体

【答案】A

【解析】控制性详细规划是对城市开发建设进行管理与控制，是城市规划管理的直接手段。

2. 下列关于修建性详细规划的表述，正确的有（　　）。[2018-96]

A. 修建性详细规划属于法定规划

B. 修建性详细规划是一种城市设计类型

C. 修建性详细规划的任务是对所在地块的建设提出具体的安排和设计

D. 修建性详细规划用于指导建筑设计和各项工程施工图设计

E. 修建性详细规划侧重对土地出让的管理和控制

【答案】ACD

【解析】依据《城乡规划法》，修建性详细规划属于法定规划，A 选项正确。根据《城市规划编制办法》的要求，修建性详细规划的任务是依据已批准的控制性详细规划及城乡规划主管部门提出的规划条件，对所在地块的建设提出具体的安排和设计，用于指导建筑设计和各项工程施工设计，C、D 选项正确。相对于城市设计强调方法的运用和创新，修建性详细规划则更注重实施的技术经济条件及其具体的工程施工设计，B 选项错误，E 选项是控制性详细规划的内容。

三、修建性详细规划的编制内容与要求

1. 修建性详细规划编制的基本原则和要求

（1）方针：修建性详细规划首先要贯彻我国城市建设中一直坚持的“实用、经济、在可能条件下注意美观”的方针。

（2）原则：修建性详细规划应当坚持以人为本、因地制宜的原则，要时刻考虑人是环境的使用主体，并且要结合当地的民族特色、风俗习惯、文化特点和社会经济发展水平，为构建社会主义和谐社会创造良好的物质环境。修建性详细规划还应当注意协调的原则，包括人与自然环境之间的协调，新建项目与城市历史文脉的协调，建设场地与周边环境的协调等。

（3）要求：根据《城乡规划法》和《城市规划编制办法》，编制城市修建性详细规划，应当依据已经依法批准的控制性详细规划，对所在地块的建设提出具体的安排和设计。组织编制城市详细规划，应当充分听取政府有关部门的意见，保证有关专业规划的空间落实。在城市详细规划的编制中，应当采取公示、征询等方式，充分听取规划涉及的单位、公众的意见。对有关意见采纳结果应当公布。城市详细规划调整，应当取得规划批准机关的同意。规划调整方案，应当向社会公开，听取有关单位和公众的意见，并将有关意见的采纳结果公示。

2. 修建性详细规划编制的内容

根据《城市规划编制办法》第四十三条，修建性详细规划应当包括以下内容：①建设条件分析及综合技术经济论证；②建筑、道路和绿地等的空间布局和景观规划设计，布置总平面图；③对住宅、医院、学校和托幼等建筑进行日照分析；④根据交通影响分析，提出交通组织方案和设计；⑤市政工程管线规划设计和管线综合；⑥竖向规划设计；⑦估算工程量、拆迁量和总造价，分析投资效益。

为了落实《城市规划编制办法》对修建性详细规划编制的内容要求，在实际工作中，

一般包含以下具体内容。

（1）用地建设条件分析。

1）城市发展研究：对城市经济社会发展水平、影响规划场地开发的城市建设因素、市民生活习惯及行为意愿等进行调研。

2）区位条件分析：规划场地的区位和功能、交通条件、公共设施配套状况、市政设施服务水平、周边环境景观要素等。

3）地形条件分析：对场地的高度、坡度、坡向进行分析，选择可建设用地、研究地形变化对用地布局、道路选线、景观设计的影响。

4）地貌分析：分析可保留的自然（河流、植被、动物栖息场所等）、人工（建筑物、构筑物）及人文（人群活动场所、文物古迹、文化传统）要素、重要景观点、界面及视线要素。

5）场地现状建筑情况分析：调查建筑建设年代、建筑质量、建筑高度、建筑风格，提出建筑保留、整治、改造、拆除的建议。

（2）建筑布局与规划设计。

1）建筑布局：设计及布置场地内建筑，合理和有效组织场地的室内外空间。建筑平面形式应与其使用性质相适应，符合建筑设计的基本尺度特点，建筑平面布局应满足人流、车辆进出要求，符合卫生、消防等国家规范要求。

2）建筑高度及体量设计：确定建筑高度、建筑体量，塑造整体空间形象，保护视线走廊，突出景观标志。

3）建筑立面及风格设计：对建筑立面及风格提出设计建议，应与地方文化及周边环境相协调。

（3）室外空间与环境设计。

1）绿地平面设计：根据功能布局、规范要求、空间环境组织及景观设计的需要，确定绿地系统，并规划设计相应规模的绿地。

2）绿化设计：通过对乔木、灌木、草坪等绿化元素的合理设计，达到改善环境、美化空间景观形象的作用。

3）植物配置：提出植物配置建议并应具有地方特色。室外活动场地平面设计：规划组织广场空间，包括休息硬地、步行道等人流活动空间，确定建筑小品位置等。

4）城市硬质景观设计：对室外铺地、座椅、路灯等室外家具、室外广告等进行设计。

5）夜景及灯光设计：对夜景色彩、照度进行整体设计。

（4）道路交通规划。

1）根据交通影响分析，提出交通组织和设计方案，合理解决规划场地内部机动车及非机动车交通。

2）基地内各级道路的平面及断面设计。

3）根据有关规定合理配置地面和地下的停车空间。

4）进行无障碍通路的规划安排，满足残障人士出行要求。

（5）场地竖向设计。

1）竖向设计应本着充分结合原有地形地貌，尽量减少土方工程量的原则。

2）道路竖向设计应满足行车、行人、排水及工程管线的设计要求。

3）场地竖向设计应考虑雨水的自然排放，考虑规划场地及周边景观环境的要求。

（6）建筑日照影响分析。

1）对场地内的住宅、医院、学校和托幼等建筑进行日照分析，满足国家标准和地方标准要求。

2）对周边受本规划建筑物日照影响的住宅、医院、学校和托幼等建筑进行日照分析，满足国家标准和地方标准要求。

（7）投资效益分析和综合技术经济论证。

1）土地成本估算：向规划委托方了解土地成本数据；对旧区改建项目和含有拆迁内容的详细规划项目，还应统计拆迁建筑量和拆迁人口与家庭数，根据当地的拆迁补偿政策估算拆迁成本。

2）工程成本估算：对规划方案的土方填挖量、基础设施、道路桥梁、绿化工程、建筑建造与安装费用等进行总量估算。

3）相关税费估算：包括前期费用、税费、财务成本、管理费、不可预见费用等。

4）总造价估算：综合估算项目总体建设成本，并初步论述规划方案的投资效益。

5）综合技术经济论证：在以上各项工作的基础上对方案进行综合技术经济论证。

（8）市政工程管线规划设计和管线综合。

历年真题

1. 修建性详细规划编制中，有日照标准要求的设施是（　　）。[2021-61]

A. 办公楼　　B. 宾馆　　C. 医院门诊楼　　D. 老年公寓

【答案】D

【解析】修建性详细规划编制中，要对住宅、医院（住院楼）、学校、托幼和老年公寓等建筑进行日照分析。

2. 修建性详细规划策划投资效益分析和综合技术经济论证的内容不包括（　　）。[2018-62]

A. 资本估算与工程成本估算　　B. 相关税费估算

C. 投资方式与资金峰值估算　　D. 总造价估算

【答案】C

【解析】投资效益分析和综合技术经济论证包括：①土地成本估算；②工程成本估算；③相关税费估算；④总造价估计；⑤综合技术经济论证。

四、修建性详细规划的成果要求

1. 成果的内容与深度

根据《城市规划编制办法》，修建性详细规划成果应当包括规划说明书、图纸。成果的技术深度应该能够指导建设项目的总平面设计、建筑设计和工程施工图设计，满足委托方的规划设计要求和国家现行的相关标准、规范的技术规定。

2. 成果的表达要求

（1）修建性详细规划说明书的基本内容。

1）规划背景：编制目标、编制要求（规划设计条件）、城市背景介绍、周边环境分析。

2）现状分析：现状用地、道路、建筑、景观特征、地方文化等分析。

3）规划设计原则与指导思想：根据项目特点确定规划的基本原则及指导思想，使规划设计既符合国家、地方建设方针，也能因地制宜具有项目特色。

4）规划设计构思：介绍规划设计的主要构思。

5）规划设计方案：分别详细说明规划方案的用地及建筑空间布局、绿化及景观设计、公共设施规划与设计、道路交通及人流活动空间组织、市政设施规划设计等。

6）日照分析说明：说明对住宅、医院、学校和托幼等建筑进行日照分析情况。

7）场地竖向设计：竖向设计的基本原则、主要特点。

8）规划实施：建设分期建议、工程量估算。

9）主要技术经济指标：用地面积、建筑面积、容积率、建筑密度（平均层数）、绿地率、建筑高度、住宅建筑总面积、停车位数量、居住人口。

（2）修建性详细规划应当具备的基本图纸。

1）位置图：标明规划场地在城市中的位置、周边地区用地、道路及设施情况。

2）现状图（1∶2 000～1∶500）：标明现状建筑性质、层数、质量和现有道路位置、宽度、城市绿地及植被状况。

3）场地分析图（1∶2 000～1∶500）：标明地形的高度、坡度及坡向、场地的视线分析；标明场地最高点、不利于开发建设的区域、主要观景点、观景界面、视廊等。

4）规划总平面图（1∶2 000～1∶500）：明确表示建筑、道路、停车场、广场、人行道、绿地及水面；明确各建筑基地平面，以不同方式区别表示保留建筑和新建筑，标明建筑名称、层数；标明周边道路名称，明确停车位布置方式；表示广场平面布局方式；明确绿化植物规划设计等。

5）道路交通规划设计图（1∶2 000～1∶500）：反映道路分级系统，表示各级道路的名称、红线位置、道路横断面设计、道路控制点的坐标、标高、道路坡度、坡向、坡长及路口转弯半径、平曲线半径；标明停车场位置、界限和出入口；明确加油站、公交首末站、轨道交通场站等其他交通设施用地；标明人行道路宽度、主要高程变化及过街天桥、地下通道等人行设施位置。

6）竖向规划图（1∶2 000～1∶500）：标明室外地坪控制点标高、场地排水方向、台阶、坡道、挡土墙、陡坎等地形变化设计要求。

7）效果表达：局部透视图、鸟瞰图、规划模型、多媒体演示等。还可以根据项目特点增加功能分区图、空间景观系统规划图、绿化设计图、住宅建筑选型等，也可以增加模型、动画等三维表现手段。

历年真题

1. 下列关于修建性详细规划的表述，不准确的是（　　）。[2022-57]

A. 修建性详细规划应符合控制性详细规划要求

B. 拥有土地使用权的业主可编制修建性详细规划

C. 通过形象的方式表达城市空间与环境

D. 修建性详细规划中有关建筑的内容应达到初步设计的深度

【答案】D

【解析】修建性详细规划的任务是依据已批准的控制性详细规划及城乡规划主管部门提出的规划条件，对所在地块的建设提出具体的安排和设计，A选项正确。修建性详细规划的编制主体不仅限于城市政府，根据开发建设项目主体的不同而异，也可以是开发商或者是拥有土地使用权的业主，B 选项正确。通过形象的方式表达城市空间与环境，C 选项正确。修建性详细规划成果的技术深度应该能够指导建设项目的总平面设计、建筑设计和工程施工图设计，D 选项错误。

2. 下列不属于修建性详细规划基本图纸的是（　　）。[2020-67]

A. 区位关系图　　B. 用地规划图　　C. 管线综合图　　D. 竖向规划图

【答案】B

【解析】用地规划图属于控规的图纸。

五、《自然资源部关于加强国土空间详细规划工作的通知》要点

1. 积极发挥详细规划法定作用

详细规划是实施国土空间用途管制和核发建设用地规划许可证、建设工程规划许可证、乡村建设规划许可证等城乡建设项目规划许可以及实施城乡开发建设、整治更新、保护修复活动的法定依据，是优化城乡空间结构、完善功能配置、激发发展活力的实施性政策工具。详细规划包括城镇开发边界内详细规划、城镇开发边界外村庄规划及风景名胜区详细规划等类型。各地在“三区三线”划定后，应全面开展详细规划的编制（新编或修编，下同），并结合实际依法在既有规划类型未覆盖地区探索其他类型详细规划。

2. 分区分类推进详细规划编制

要按照城市是一个有机生命体的理念，结合行政事权统筹生产、生活、生态和安全功能需求划定详细规划编制单元，将上位总体规划战略目标、底线管控、功能布局、空间结构、资源利用等方面的要求分解落实到各规划单元，加强单元之间的系统协同，作为深化实施层面详细规划的基础。各地可根据新城建设、城市更新、乡村建设、自然和历史文化资源保护利用的需求和产城融合、城乡融合、区域一体、绿色发展等要求，因地制宜划分不同单元类型，探索不同单元类型、不同层级深度详细规划的编制和管控方法。

3. 提高详细规划的针对性和可实施性

要以国土调查、地籍调查、不动产登记等法定数据为基础，加强人口、经济社会、历史文化、自然地理和生态、景观资源等方面调查，按照《国土空间规划城市体检评估规程》，深化规划单元及社区层面的体检评估，通过综合分析资源资产条件和经济社会关系，准确把握地区优势特点，找准空间治理问题短板，明确功能完善和空间优化的方向，切实提高详细规划的针对性和可实施性。

4. 城镇开发边界内存量空间要推动内涵式、集约型、绿色化发展

围绕建设“人民城市”要求，按照《社区生活圈规划技术指南》，以常住人口为基础，针对后疫情时代实际服务人口的全面发展需求，因地制宜优化功能布局，逐步形成多中心、组团式、网络化的空间结构，提高城市服务功能的均衡性、可达性和便利性。要补齐就近就业和教育、健康、养老等公共服务设施短板，完善慢行系统和社区公共休闲空间布局，提升生态、安全和数字化等新型基础设施配置水平。要融合低效用地盘活等土地政策，统筹地上地下，鼓励开发利用地下空间、土地混合开发和空间复合利用，有序引导单一功能产业园区向产城融合的产业社区转变，提升存量土地节约集约利用水平和空间整体价值。要强化对历史文化资源、地域景观资源的保护和合理利用，在详细规划中合理确定各规划单元范围内存量空间保留、改造、拆除范围，防止“大拆大建”。

5. 城镇开发边界内增量空间要强化单元统筹，防止粗放扩张

要根据人口和城乡高质量发展的实际需要，以规划单元统筹增量空间功能布局、整体优化空间结构，促进产城融合、城乡融合和区域一体协调发展，避免增量空间无序、低效。要严格控制增量空间的开发，确需占用耕地的，应按照“以补定占”原则同步编制补充耕地规划方案，明确补充耕地位置和规模。总体规划确定的战略留白用地，一般不编制详细规划，但要加强开发保护的管控。

6. 强化详细规划编制管理的技术支撑

重点地区编制详细规划，自然资源部门应按照《国土空间规划城市设计指南》要求开展城市设计，城市设计方案经比选后，按法定程序将有关建议统筹纳入详细规划管控引导要求。适应新产业、新业态和新生活方式的需要，鼓励地方按照“多规合一”、节约集约和安全韧性的原则，结合城市更新和新城建设的实际，因地制宜制定或修订基础设施、公共服务设施和日照、间距等地方性规划标准，体现地域文化、地方特点和优势，防止“千城一面”。要加快推进规划编制和实施管理的数字化转型，依托国土空间基础信息平台和国土空间规划“一张图”系统，按照统一的规划技术标准和数据标准，有序实施详细规划编制、审批、实施、监督全程在线数字化管理，提高工作质量和效能。

7. 加强详细规划组织实施

市县自然资源部门是详细规划的主管部门，省级自然资源部门要加强指导。应当委托具有城乡规划编制资质的单位编制详细规划，并探索建立详细规划成果由注册城乡规划师签字的执业规范。要健全公众参与制度，在详细规划编制中做好公示公开，主动接受社会监督。

第八章　镇、乡和村庄规划

第一节　镇、乡和村庄规划的工作范畴及任务

一、城镇与乡村的一般关系

城乡之间还存在着亦乡亦城的中间层面：镇。一般来讲，把人口规模较大的聚落称为城市，把人口数量较少、与农村还保持着直接联系的聚落称为镇。镇在我国是一级行政单元，镇以上是城市，镇以下是乡村。

1. 我国的城乡划分

（1）我国的城乡行政体系。

城镇是指我国市镇建制和行政区划的基础区域。城镇包括城区和镇区。城区是指在市辖区和不设区的市（包括不设区的地级市和县级市）中，街道办事处所辖的居民委员会地域，以及城市公共设施、居住设施等连接到的其他居民委员会地域和村民委员会地域。镇区是指在城区以外的镇和其他区域中，镇所辖的居民委员会地域，镇的公共设施、居住设施等连接到的村民委员会地域，还包括常住人口在 3 000 人以上独立的工矿区、开发区、科研单位、大专院校、农场、林场等特殊区域。乡中心区是指乡、民族乡人民政府驻地的村民委员会地域和乡所辖居民委员会地域。村庄是指农村村民居住和从事各种生产活动的区域，以及未划入城镇的农场、林场等区域。

《关于统计上划分城乡的暂行规定》以国务院关于市镇建制的规定和我国的行政区划为基础，以民政部门确认的居民委员会和村民委员会为最小划分单元，将我国的地域划分为城镇和乡村。

（2）城乡的行政建制构成。

我国的城市为人口数量达到一定规模，人口和劳动力结构、产业结构达到一定要求，基础设施达到一定水平，或有军事、经济、民族、文化等特殊要求，并经国务院批准设置的具有一定行政级别的行政单元，通常称设市城市，也称建制市。

在我国，除了建制市以外的城市聚落都称为镇。其中具有一定人口规模，人口和劳动力结构、产业结构达到一定要求，基础设施达到一定水平，并被省（自治区、直辖市）人民政府批准设置的镇为建制镇，其余为集镇。县城关镇是县人民政府所在地的镇，其他镇是县级建制以下的一级行政单元，而集镇不是一级行政单元。

图 8-1 表示了我国典型的城乡行政建制。以一个地级城市举例来看，它的市域由中心城市和由其所辖的县级市和县组成，中心城市是地级市的行政、经济、文化中心（一般下设区级建制，又称设区城市），它包括中心城区和所辖的乡、镇行政区。县级市由其城区和所辖的镇和乡组成。县和县级市平级，其区域经济和服务对象更侧重农村，它的中心是县政府所在地镇，也称县城关镇或城厢，具有城市的属性。县下面辖有镇和乡。

镇和乡一般是同级行政单元。传统意义上的乡是属于农村范畴的，乡政府驻地一般是乡域内的中心村或集镇，通常情况下没有城镇型聚落。而镇则有更多的含义。第一，在镇的建制中存在的镇区，总体上被认为是“小城镇”，镇区具有城镇的特性，与城市有更大的相似；第二，镇与农村有千丝万缕的联系，是农村的中心社区；第三，镇偏重于乡村间的商业中心，在经济上是有助于乡村的。可以认为镇是城乡的中间地带，是城乡的桥梁和纽带，具有为农村服务的功能，也是农村地区城镇化的前沿。镇和乡的下级单位是行政村，行政村既可以是一个村落，也可以包括多个村落或自然聚落。行政村是我国最小的一级农村地区的基层组织。

（3）我国城乡建制的设置特点。

市：广义的市是指其行政辖区，既包括中心城区，还包括中心城区之外的城镇和农村地区（郊区），规划上一般称市域。

镇：镇属于城市聚落，有其自身的镇区，同时，镇也含有其所辖的其他集镇和农村区域，同样具有“城带乡”的二重性，规划上一般称镇域。

乡：乡的设置是针对其农村地区的属性，这是乡与镇的典型区别。由于乡的社会经济发展背景处在农业社会的大环境下，乡所辖村虽然和镇所辖村一样，也体现一定的自主性，但经济产业条件使其不具备聚集的内因趋势，乡中心也不具备镇区的聚集条件，通常乡驻地职能是行政管理和服务。

镇与市的区别：市的社会经济活动是以“城”为中心，具有更强的聚集作用，其所辖的城镇和乡村的从属地位比较明显；而镇的社会经济活动是以“乡村”为服务对象，其聚集功能的产生，是经济发展的结果，其所辖乡村和集镇体现相对更多的自主性。

我国行政地域市、县、镇、村关系如图 8-1 所示。

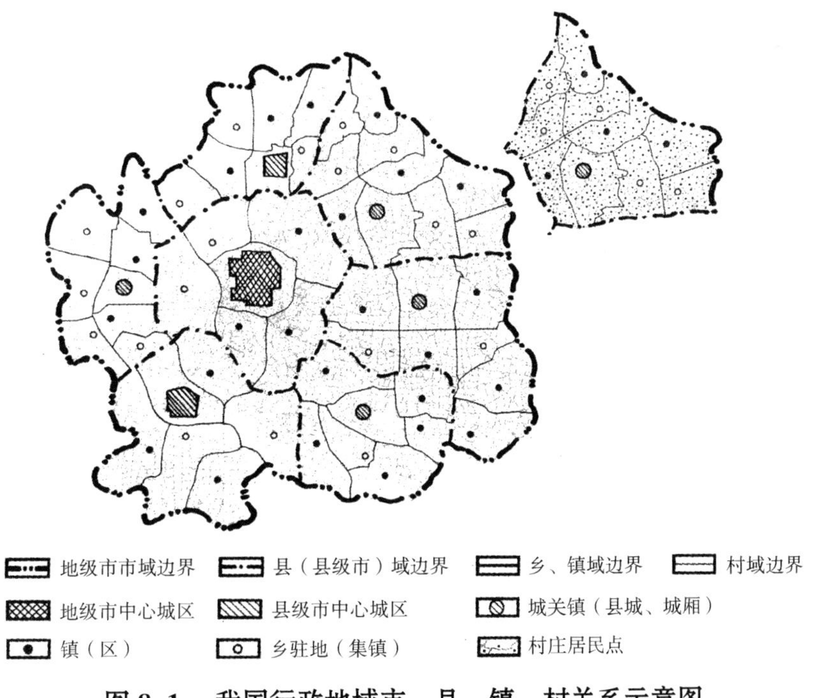

图 8-1　我国行政地域市、县、镇、村关系示意图

2. “小城镇”

“小城镇”是建制镇和集镇的总称。建制镇是一级行政单元，而集镇不是一级行政单元。“小”字是相对于城市而言，人口规模、地域范围、经济总量、影响能力等较小而已。有时候除了建制镇和集镇，县城关镇，甚至小的城市都可以纳入“小城镇”的范畴。

历年真题

1. 下列关于“城镇”和“乡村”概念的表述，准确的是（　　）。[2014-68]

A. 非农业人口工作和生活的地域即为“城镇”，农业人口工作和生活的地域即为“乡村”

B. 在国有土地上建设的区域为“城镇”，在集体所有土地上建设的地区和集体所有土地上的非建设区为“乡村”

C. “城镇”是指我国市镇建制和行政区划的基础区域，包括城区和镇区。“乡村”是指城镇以外的其他区域

D. 从事第二、三产业的地域即为“城镇”，从事第一产业的地域即为“乡村”

【答案】C

【解析】一般来讲，把人口规模较大的聚落称为城市，把人口数量较少、与农村还保持着直接联系的聚落称为镇。镇在我国是一级行政单元，镇以上是城市，镇以下是乡村。

2. 下列表述中，正确的有（　　）。[2013-97]

A. 乡与镇一般为同级行政单位

B. 集镇是乡的经济、文化和生活服务中心

C. 集镇一般是乡人民政府所在地

D. 集镇通常是一种城镇型聚落

E. 乡是集镇的行政管辖区

【答案】AB

【解析】乡政府驻地一般是乡域内的中心村或集镇，通常情况下没有城镇型聚落。集镇不一定是乡政府的驻地，C、D选项错误。乡的设置是针对其农村地区的属性，E选项错误。

二、镇、乡和村庄规划的工作范畴

1. 镇、乡和村庄规划的法律地位

《城乡规划法》将城镇体系规划、城市规划、镇规划、乡规划和村庄规划统一纳入一个法律管理，确立了镇、乡和村庄规划的法律地位。镇与乡同为我国的基层政权组织，实行直接管理群众性自治组织（村民委员会、居民委员会）的体制，是实现城乡统筹的关键点。

所有的镇必须制定规划，而乡和村庄并非都必须编制规划，这基本上是把镇作为城市型居民点对待，有别于农村居民点相对宽泛的要求。

2. 镇规划的工作范畴

在《镇规划标准》中，镇域是镇人民政府行政的地域；镇区是镇人民政府驻地的建成区和规划建设发展区。《城乡规划法》第二十九条指出，镇的建设和发展，应当结合农村

经济社会发展和产业结构的调整，为周边农村提供服务。

（1）镇的现状等级层次——行政体系。镇的现状等级层次一般分为县城关镇（县人民政府所在地镇）、县城关镇以外的建制镇（一般建制镇）、集镇（农村地区）。县城关镇对所辖乡镇进行管理，是县城内的政治、经济、文化中心，镇内的行政机构设置和文化设施比较齐全。县城以外建制镇也是一级行政单元，是县域内的次级小城镇，是农村一定区域内政治、经济、文化和生活服务中心。

（2）镇的规划等级层次——规划体系。

镇的规划等级层次在县域城镇体系中一般分为中心镇和一般镇。县城关镇多为县域范围内的中心城市。中心镇指县域城镇体系中，在经济、社会和空间发展中发挥中心作用，且对周边农村具有一定社会经济带动作用的建制镇，是带动一定区域发展的增长极核，在区域内的分布相对均衡。一般镇指县城关镇、中心镇以外的建制镇，其经济和社会影响范围仅限于本镇范围内，多是农村的行政中心和集贸中心，镇区规模普遍较小，基础设施水平也相对较低，第三产业规模和层次较低。

为体现政府的政策导向，有些地区还要求提出重点扶持和发展的“重点镇”，其在分布上往往是不均衡的。重点镇是指条件较好，具有发展潜力，政策上重点扶持发展的镇。

（3）县城关镇（县人民政府所在地镇）规划的工作范畴。《镇规划标准》认为，县人民政府所在地镇与其他镇虽同为建制镇，但两者从其管辖的地域规模、性质职能、机构设置和发展前景来看却截然不同，两者并不处在同一层次上。县人民政府所在地镇的规划参照城市的规划标准编制。

（4）一般建制镇（县城关镇以外的其他建制镇）规划的工作范畴。

就编制的内容而言，从《城乡规划法》第十七条可以看到，镇规划的内容和城市规划的内容基本一致，但各有侧重。城市的规划是以中心城市为核心，在城镇体系规划中进行宏观的区域协调，中心城市具有强势的核心作用，是地区的经济中心。县城关镇同样具有这样的作用。而就一般建制镇的工作范畴看，它的规划介于城市和乡村之间，服务农村，有其特定的侧重面，既是有着经济和人口聚集作用的城镇，又是服务镇域广大农村地区的村镇。因此，这些镇的规划有别于城市和乡村，它的存在是为农村第一产业服务，又有第二、三产业的发展特征。

一般建制镇编制规划时，应编制镇域镇村体系规划，镇域镇村体系是镇人民政府行政地域内，在经济、社会和空间发展中有机联系的镇区和村庄群体。镇村体系村庄的分类有中心村和基层村（一般村），中心村是镇村体系中设有兼为周围村服务的公共设施的村；基层村是中心村以外的村。

3. 乡和村庄规划的工作范畴

《村庄和集镇规划建设管理条例》中所称的集镇，是指乡、民族乡人民政府所在地和经县级人民政府确认由集市发展而成的作为农村一定区域经济、文化和生活服务中心的非建制镇。其规划区是指集镇建成区和因集镇建设及发展需要实行规划控制的区域。

乡规划的工作范畴：《镇规划标准》中明确，乡规划可按《镇规划标准》执行。这是由于镇与乡同为我国基层政权机构，且都实行以镇（乡）管村的行政体制，随着我国乡村城镇化的进展、体制的改革，使编制的规划得以延续，避免因行政建制的变更而重新进行规划，因此，乡规划也属于镇规划的工作范畴。在考虑乡规划的变化时，乡规划可以与镇规划采用同一标准，是指乡域总体规划，包括乡域村庄体系规划，采用与镇总体规划相同的工作方法。在乡域村庄体系中，一般分为中心村和基层村。乡政府所在地的村或集镇为乡中心区。

村庄规划的工作范畴：《村庄和集镇规划建设管理条例》所称的村庄，是指农村村民居住和从事各种生产活动的聚居点。其规划区，是指村庄建成区和因村庄建设及发展需要实行规划控制的区域。村庄规划的对象是农村地区，是最基层的行政单位所辖范围和居民点。村庄规划和乡规划同样都应当从农村实际出发，尊重农民意愿，体现地方和农村特色。在一些经济比较发达、规模比较大的村庄，可以根据村庄发展建设的实际需要，研究村域发展，编制专项规划。

把握规划任务的属性：①确定不同乡镇的规划范畴。从原有的相关法律、法规和条例看，建制镇和集镇分属《城市规划法》与《村庄和集镇规划建设管理条例》管辖。②经济发达的镇、乡和村庄规划范畴采用更高层次。有些乡、集镇已经具有建制镇甚至小城市的特性，就不能纳入村镇规划范畴，而应以城镇规划考虑。③现状基础差又不具备发展条件的镇，其规划可考虑纳入乡规划的范畴。

历年真题

村庄是（　　）。[2011-71]

A. 农村居民生活和生产的聚居点　　B. 农村居民商品交换聚集地

C. 城乡农副产品集散地　　D. 村政府驻地

【答案】A

【解析】《村庄和集镇规划建设管理条例》所称的村庄，是指农村村民居住和从事各种生产活动的聚居点。农村不一定是居民商品交换的集聚地和农副产品集散地，也不一定是村政府驻地。

三、镇、乡和村庄规划的主要任务

1. 镇规划的主要任务

镇规划的作用：镇规划是管制空间资源开发，保护生态环境和历史文化遗产，创造良好生活生产环境的重要手段，是指导与调控镇发展建设的重要公共政策之一。

镇规划的任务：①镇总体规划的主要任务是：落实市（县）社会经济发展战略及城镇体系规划提出的要求，综合研究和确定城镇性质、规模和空间发展形态，统筹安排城镇各项建设用地，合理配置城镇各项基础设施，处理好远期发展和近期建设的关系，指导城镇合理发展。②镇区控制性详细规划的任务是：以镇区总体规划为依据，控制建设用地性质、使用强度和空间环境。制定用地的各项控制指标和其他管理要求。控制性详细规划是镇区规划管理的依据，并指导修建性详细规划的编制。③镇区修建性详细规划的任务是：对镇区近期需要进行建设的重要地区做出具体的安排和规划设计。

镇规划的特点：①镇规划的对象特点：镇的形成和发展一般多沿交通走廊和经济轴线发展，对外联系密切，交通联系可达性强。②镇规划的技术特点：我国镇规划技术层次较少，成果内容不同于城市规划；规划更注重近期建设规划，强调可操作性。③镇规划的实施特点：不同地区、不同等级与层次、不同规模、不同发展阶段的镇差异性较大，规划实施强调因地制宜。

2. 乡和村庄规划的主要任务

乡和村庄规划的任务：①从农村实际出发，尊重农民意愿，科学引导，体现地方和农村特色。②坚持以促进生产发展、服务农业为出发点，处理好社会主义新农村建设与工业化、城镇化快速发展之间的关系，加快农业产业化发展，改善农民生活质量与水平。③贯彻“节水、节地、节能、节材”的建设要求，保护耕地与自然资源，科学、有效、集约利用资源，促进广大乡村地区的可持续发展，保障构建和谐社会总体目标的实现。④加强农村基础设施、生产生活服务设施建设以及公益事业建设的引导与管理，促进农村精神文明建设。

乡和村庄规划各阶段的主要任务：①乡和村庄的总体规划，是乡级行政区域内村庄和集镇布点规划及相应的各项建设的整体部署。包括乡级行政区域的村庄、集镇布点，村庄和集镇的位置、性质、规模和发展方向，村庄和集镇的交通、供水、供电、商业、绿化等生产和生活服务设施的配置。②乡和村庄的建设规划，应当在总体规划指导下，具体安排村庄和集镇的各项建设。包括住宅、乡村企业、乡村公共设施、公益事业等各项建设的用地布局、用地规划，有关的技术经济指标，近期建设工程以及重点地段建设具体安排。

历年真题

1. 根据《镇规划标准》，我国的镇村体系包括（　　）。[2014-98]

A. 小城镇　　B. 中心镇

C. 一般镇　　D. 中心村

E. 基层村

【答案】BCDE

【解析】《镇规划标准》规定，综合各地有关镇域镇村体系层次的划分情况，自上而下可分为中心镇、一般镇、中心村和基层村。

2. 编制村庄规划时，编制单位可直接获取村庄人口资料的单位通常包括（　　）。[2011-98]

A. 当地政府人事部门　　B. 乡镇派出所

C. 村委会　　D. 规划局或建设局

E. 当地的人口和计生部门

【答案】BC

【解析】编制村庄规划时，编制单位可直接获取村庄人口资料的单位有乡镇派出所和村委会。题目有限定，为“直接”获取。

第二节　镇规划的编制

一、镇规划概述

1. 规划依据

法律法规依据：镇规划的法律依据主要包括《中华人民共和国土地管理法》《中华人

民共和国环境保护法》《中华人民共和国城乡规划法》《城镇体系规划编制审批办法》《村庄和集镇规划建设管理条例》以及各省（自治区、直辖市）、市（地区、自治州）、县（市、旗）有关村镇规划的规定和管理办法。

规划技术依据：镇规划技术依据为相关标准规范以及上位规划和相关的专项规划，主要包括《镇规划标准》GB 50188—2007 和《村镇规划卫生规范》GB 18055—2012，城镇体系规划、城市总体规划、相关区域性专项规划、镇域土地利用总体规划等。

2. 镇规划的原则

人本主义原则，可持续发展原则，区域协同、城乡协调发展原则，因地制宜原则，市场与政府调控相结合原则。

3. 镇规划的阶段和层次划分

镇规划分为总体规划和详细规划，详细规划分为控制性详细规划和修建性详细规划。总体规划之前可增加总体规划纲要阶段。

县人民政府所在地镇的总体规划包括县域城镇体系规划和县城区规划，其他镇的总体规划包括镇域规划（含镇村体系规划）和镇区（镇中心区）规划两个层次。

镇可以在总体规划指导下编制控制性详细规划以指导修建性详细规划，也可根据实际需要在总体规划指导下，直接编制修建性详细规划。

镇总体规划期限为 20 年。

历 年 真 题

县人民政府所在地镇的总体规划由（　　）组织编制。[2013-70]

A. 县人民政府　　B. 镇人民政府

C. 县和人民政府共同　　D. 县城乡规划行政主管部门

【答案】A

【解析】《城乡规划法》第十五条规定，县人民政府组织编制县人民政府所在地镇的总体规划，报上一级人民政府审批。其他镇的总体规划由镇人民政府组织编制，报上一级人民政府审批。

二、镇规划编制的内容

1. 县人民政府所在地镇规划编制的内容

县人民政府所在地镇的总体规划应按照省（自治区、直辖市）域城镇体系规划以及所在市的城市总体规划提出的要求，对县域镇、乡和所辖村庄的合理发展与空间布局、基础设施和社会公共服务设施的配置等内容提出引导和调控措施。

县域城镇体系规划主要内容：综合评价县域发展条件；制定县域城乡统筹发展战略，确定县域产业发展空间布局；预测县域人口规模，确定城镇化战略；划定县域空间管制分区，确定空间管制策略；确定县域城镇体系布局，明确重点发展的中心镇；制定重点城镇与重点区域的发展策略；划定必须制定规划的乡和村庄的区域，确定村庄布局基本原则和分类管理策略；统筹配置区域基础设施和社会公共服务设施，制定专项规划。专项规划应当包括：交通、给水、排水、电力、邮政通信、教科文卫、历史文化资源保护、环境保护、防灾减灾、防疫等规划；制定近期发展规划，确定分阶段实施规划的目标及重点。提出实施规划的措施和有关建议。

县城关镇区总体规划主要内容：分析确定县城性质、职能和发展目标，预测县城人口规模；划定规划区，确定县城建设用地的规模；划定禁止建设区、限制建设区和适宜建设区，制定空间管制措施；确定各类用地空间布局；确定绿地系统、河湖水系、历史文化、地方传统特色等的保护内容、要求，划定各类保护范围，提出保护措施；确定交通、给水、排水、供电、邮政、通信、燃气、供热等基础设施和公共服务设施的建设目标和总体布局；确定综合防灾和公共安全保障体系的规划原则、建设方针和措施；确定空间发展时序，提出规划实施步骤、措施和政策建议。

2. 一般建制镇规划编制的内容

镇域镇村体系规划（镇域规划）主要内容：调查镇区和村庄的现状，分析其资源和环境等发展条件，提出镇的发展战略和发展目标，确定镇域产业发展空间布局；划定镇域空间管制分区，确定空间管制要求；确定镇区性质、职能及规模和规划区范围；划定镇区用地规划发展的控制范围；根据产业发展和生活提高的要求，确定中心村和基层村，结合村民意愿，提出村庄的建设调整设想；确定镇域内主要道路交通；公用工程设施、公共服务设施以及生态环境、历史文化保护、防灾减灾防疫系统；提出实施规划的措施和有关建议。

镇区总体规划主要内容：确定镇区各类用地布局；确定道路网络，对基础设施和公共服务设施进行规划安排；建立环境卫生系统和综合防灾减灾防疫系统；确定生态环境保护与优化目标，提出污染控制与治理措施；划定江、河、湖、库、渠和湿地等地表水体保护和控制范围；确定历史文化保护及地方传统特色保护的内容及要求。

3. 镇规划的强制性内容

规划区范围、规划区建设用地规模、基础设施和公共服务设施用地、水源地和水系、基本农田和绿化用地、环境保护、自然与历史文化遗产保护、防灾减灾等。

4. 镇区详细规划编制的内容

镇区控制性详细规划主要内容：确定规划范围内不同性质用地的界线；确定各地块主要建设指标的控制要求与城市设计指导原则；确定地块内的各类道路交通设施布局与设置要求；确定各项公用工程设施建设的工程要求；制定相应的土地使用与建筑管理规定。

镇区修建性详细规划主要内容：建设条件分析及综合技术经济论证；建筑、道路和绿地等的空间布局和景观规划设计；提出交通组织方案和设计；进行竖向规划设计以及公用工程管线规划设计和管线综合；估算工程造价，分析投资效益。

历年真题

下列不属于镇规划强制性内容的是（　　）。［2018-64］

A. 确定镇规划区的范围

B. 明确规划区建设用地规模

C. 确定自然与历史文化遗产保护、防灾减灾等内容

D. 预测一二三产业的发展前景以及劳动力与人口流动趋势

【答案】D

【解析】镇规划的强制性内容除 A、B、C 选项外，还包括基础设施和公共服务设施用地、水源地和水系、基本农田和绿化用地、环境保护等。

三、镇规划编制的方法

1. 镇规划的现状调研和分析

（1）规划基础资料搜集：基础资料包括地质、测量、气象、水文、历史、经济与社会发展、人口、镇域自然资源、土地利用、工矿企事业单位的现状及规划、交通运输、各类仓储、经济和社会事业、建筑物现状、工程设施、园林、绿地、风景区、文物古迹、古民居保护、人防设施及其他地下建筑物、构筑物、环境等资料，以及其他相关资料，包括年度政府工作报告、近五年统计年鉴、五年经济发展计划、地方志等。

详细规划的基础资料还包括：规划建设用地地形图，地质勘查报告，建设用地及周边用地状况，市政工程管线分布状况及容量，城镇建筑主要风貌特征分析等。

（2）现状调研的技术要点：现状调研要与相关上位规划要求保持一致；调查生态环境保护、工程地质、地震、安全防护、绿化林地等方面的限建要求；加强村庄整合规划研究；对现状用地应增加用地权属的调查；现状调查不仅应调查已经建成的项目，还应注意对已批未建项目（搁浅或暂停项目）、未批已建项目（手续不全或违法违章建设）进行认真逐一调查分析。

2. 镇的性质的确定

在镇规划编制过程中，镇的性质与规模是属于优先要确定的战略性工作。包括：①确定性质的依据：区域地理条件、自然资源、社会资源、经济资源、区域经济水平、区域内城镇间的职能分工、国民经济和社会发展规划、镇的发展历史与现状。②确定性质的方法有定性分析和定量分析。③镇性质的表述方法：区域地位作用 + 产业发展方向 + 城镇特色或类型。

3. 镇的人口规模预测

（1）人口规模包括两个方面的内容：一是规划期末镇域总人口，应为其行政地域内户籍、寄住人口数之和，即镇域常住人口。二是规划期末镇区人口，即居住在镇区的非农业人口、农业人口和居住一年以上的暂住人口之和。

（2）人口规模应以县域城镇体系规划预测的数量为依据，结合具体情况进行核定。

（3）人口规模预测方法有：综合分析法、经济发展平衡法、劳动平衡法、区域分配法、环境容量法、线性回归分析法。

4. 镇区建设用地标准

（1）镇区的用地规模：人均建设用地面积 × 人口规模。人均建设用地指标应为规划范围内的建设用地面积除以常住人口数量的平均数值，其中人口统计应与用地统计的范围相一致。《镇规划标准》GB 50188—2007 中考虑调整因素后，人均建设用地指标为每人 75 ~ 140 平方米。具体可根据相关规定调整。

（2）建设用地比例：符合《镇规划标准》GB 50188—2007 的要求（见表 8–1）。

表 8–1　镇区规划建设用地比例

类别代号	类别名称	占建设用地比例（%）	
		中心镇镇区	一般镇镇区
R	居住用地	28 ~ 38	33 ~ 43

续表 8-1

类别代号	类别名称	占建设用地比例（%）	
		中心镇镇区	一般镇镇区
C	公共设施用地	12 ~ 20	10 ~ 18
S	道路广场用地	11 ~ 19	10 ~ 17
G1	公共绿地	8 ~ 12	6 ~ 10
四类用地之和		64 ~ 84	65 ~ 85

（3）建设用地选择：建设用地宜选在生产作业区附近，并充分利用原有用地调整挖潜，同土地利用总体规划相协调。

历年真题

1. 镇规划中用于计算人均建设用地指标的人口口径，正确的是（　　）。[2018-65]

A. 户籍人口　　B. 户籍人口和暂住人口之和

C. 户籍人口和通勤人口之和　　D. 户籍人口和流动人口之和

【答案】B

【解析】《镇规划标准》第 3.2.1 条规定：镇域总人口应为其行政地域内常住人口，常住人口应为户籍、寄住人口数之和。

2. 下列关于一般镇镇区规划各类用地比例的表述，不准确的是（　　）。[2018-67]

A. 居住用地比例为 28% ~ 38%

B. 公共服务设施用地比例为 10% ~ 18%

C. 道路广场用地比例为 10% ~ 17%

D. 公共绿地比例为 6% ~ 10%

【答案】A

【解析】一般镇镇区规划建设用地比例：居住用地比例为 33% ~ 43%；公共服务设施用地比例为 10% ~ 18%；道路广场用地比例为 10% ~ 17%；公共绿地比例为 6% ~ 10%。

5. 镇区用地规划布局

（1）镇规划总体布局的影响因素及原则。

镇总体布局的影响因素：现状布局、建设条件、资源环境条件、对外交通条件、城镇性质、发展机制。

镇布局原则：旧区改造原则、优化环境原则、用地经济原则、因地制宜原则、弹性原则、实事求是原则。

（2）镇规划空间形态及布局结构。可分为集中布局和分散布局两大类。集中布局的空间形态模式可分为块状式、带状式、双城式、集中组团式四类。分散布局可分为分散组团式布局和多点分散式布局。

（3）居住用地规划布局。

新建居住用地应优先选用靠近原有居住建筑用地的地段形成一定规模的居住区，便于生活服务设施的配套安排，避免居住建筑用地过于分散。

旧区居住街巷的改建规划，应因地制宜体现传统特色和控制住户总量，并应改善道路交通，完善公用工程和服务设施，搞好环境绿地。

（4）公共设施用地规划。公共设施按其使用性质分为行政管理、教育机构、文体科技、医疗保健、商业金融和集贸市场六类：①城镇公共中心的布置方式：布置在镇区中心地段；结合原中心及现有建筑；结合主要干道；结合景观特色地段；采用围绕中心广场，形成步行区或一条街等形式。②教育和医疗保健机构必须独立选址，其他公共设施宜相对集中布置。③集贸市场用地应综合考虑交通、环境与节约用地等因素进行布置。

（5）生产设施和仓储用地规划。

符合现行国家标准《村镇规划卫生规范》GB 18055—2012 的有关规定；新建工业项目应集中建设在规划的工业用地中；对已造成污染的二类、三类工业项目必须迁建或调整转产。

农业生产及其服务设施用地在选址和布置时，农机站、农产品加工厂等的选址应方便作业、运输和管理；养殖类的生产厂（场）等的选址应满足卫生和防疫要求，布置在镇区和村庄常年盛行风向的侧风位和通风、排水条件良好的地段，并应符合现行国家标准的有关规定；兽医站应布置在镇区的边缘。

仓库及堆场用地的选址和布置，应按存储物品的性质和主要服务对象进行选址；宜设在镇区边缘交通方便的地段；性质相同的仓库宜合并布置，共建服务设施；粮、棉、油类、木材、农药等易燃易爆和危险品仓库严禁布置在镇区人口密集区，与生产建筑、公共建筑、居住建筑的距离应符合环保和安全的要求。

（6）公共绿地布局。

公共绿地分为公园和街头绿地。公共绿地应均衡分布，形成完整的园林绿地系统。

街头绿地的选址应方便居民使用。带状绿地以配置树木为主，适当布置步道及座椅等设施。

四、镇规划的成果要求

镇总体规划的成果应包括规划文本、图纸及附件（规划说明书和基础资料汇编等），规划文本中应明确表示强制性内容。

1. 规划文本内容

包括：①总则：规划位置及范围、规划依据及原则、发展重要条件分析、规划重点、规划期限。②发展目标与策略：城镇性质、发展目标。③产业发展与布局引导。④镇村体系规划：镇村等级划分和功能定位。⑤城乡统筹发展与新农村建设：镇中心区与周边地区产业、公共服务设施、交通市政基础设施、生态环境建设等方面的统筹发展、新农村建设。⑥规模、结构与布局：人口、用地规模，镇域空间结构与用地总体布局。⑦社会事业及公共设施规划：教育、医疗、邮政、文化、福利、体育等公共设施规划。⑧生态环境建设与保护：建设限制性分区，河湖水系与湿地，绿化，环境污染防治。⑨资源节约、保护与利用：土地、水、能源的节约保护与利用。⑩交通规划：外部交通联系、公共交通系统、道路系统。⑪ 公用工程设施：供水、雨水、污水、电力、燃气、供热、信息、环卫等。⑫ 防灾减灾规划：防洪、防震、地质灾害防治、消防、人防、气象灾害预防、综合救灾。⑬ 城镇特色与村庄风貌。⑭ 近、远期发展与实施政策：近、远期发展与建设，村庄搬迁整治计划，实施政策与机制。

2. 主要规划图纸

镇规划的主要图纸包括：位置及周围关系图、现状图、镇域限制性要素分析图、镇域用地功能布局规划图、镇村体系规划图、镇区现状用地综合评价图、镇区土地使用规划图、公共设施规划图、绿地规划图、交通规划图、市政设施规划图、分期建设规划图等。

重要规范：《镇规划标准》《村镇规划卫生规范》。

第三节　乡和村庄规划的编制

一、乡和村庄规划概述

指导思想和原则：制定和实施乡和村庄规划，应当以服务农业、农村和农民为基本目标，坚持因地制宜、循序渐进、统筹兼顾、协调发展的指导思想。

阶段和层次划分：村庄、集镇规划一般分为总体规划和建设规划两个阶段。乡总体规划包括乡域规划和乡驻地规划。村庄、集镇规划的编制，应当以县域规划、农业区划、土地利用总体规划为依据，并同有关部门的专业规划相协调。

期限：乡总体规划期限为 20 年，村庄规划的整治规划考虑近期为 3 ~ 5 年。

历年真题

1. 下列哪项不能作为村庄规划的上位规划？（　　）[2014-69]

A. 镇域规划　　B. 乡域规划　　C. 村域规划　　D. 县域规划

【答案】C

【解析】村域规划是村庄规划的组成部分，无法作为村庄规划的上位规划。

2. 下列表述中，不准确的是（　　）。[2012-67]

A. 城乡之间存在政策差异　　B. 城市规划与乡村规划的基本原理不同

C. 城市与乡村的规划标准不同　　D. 城市与乡村的空间特征不同

【答案】B

【解析】在城市规划和乡村规划中，因城市与乡村在空间上的特征不同，是城市规划与乡村规划之间存在政策差异，所以依据不同的标准各自编制城市规划和乡村规划，但针对规划的理论原理是相同的。

二、乡和村庄规划编制的内容

1. 乡规划编制的内容

（1）乡域规划的主要内容。提出乡产业发展目标以及促进农业生产发展的措施建议，落实相关生产设施、生活服务设施以及公益事业等各项建设的空间布局。确定规划期内各阶段人口规模与人口分布。确定乡的职能及规模，明确乡政府驻地的规划建设用地标准与规划区范围。确定中心村、基层村的层次与等级，提出村庄集约建设的分阶段目标及实施方案。统筹配置各项公共设施、道路和各项公用工程设施，制定各专项规划，并提出自然和历史文化保护、防灾减灾、防疫等要求。提出实施规划的措施和有关建议，明确规划强制性内容。

根据《村庄和集镇规划建设管理条例》，村庄、集镇总体规划，是乡级行政区域内村庄和集镇布点规划及相应的各项建设的整体部署。村庄、集镇总体规划的主要内容包括：乡级行政区域的村庄、集镇布点，村庄和集镇的位置、性质、规模和发展方向，村庄和集镇的交通、供水、供电、商业、绿化等生产和生活服务设施的配置。

（2）乡驻地规划的主要内容。确定各类用地布局，提出道路网络建设与控制要求。对工程建设进行规划安排；建立环境卫生系统和综合防灾减灾防疫系统；确定规划区内生态环境保护与优化目标，划定主要水体保护和控制范围；确定历史文化保护及地方传统特色保护的内容及要求；划定历史文化街区、历史建筑保护范围，确定各级文物保护单位、特色风貌保护重点区域范围及保护措施；规划建设容量，确定公用工程管线位置、管径和工程设施的用地界线，进行管线综合。

（3）乡的建设规划主要内容。确定规划区内不同性质用地的界线；确定各地块的建筑高度、建筑密度、容积率等控制指标；确定公共设施配套要求以及建筑后退红线距离等要求。提出各地块的建筑体量、体型、色彩等城市设计指导原则；根据规划建设容量，确定公用工程管线位置、管径和工程设施的用地界线，进行管线综合；对重点建设地块进行建筑、道路和绿地等的空间布局和景观规划设计，布置总平面图，并进行必要的竖向规划设计。估算工程量、拆迁量和总造价。

根据《村庄和集镇规划建设管理条例》，村庄、集镇建设规划，应当在村庄、集镇总体规划指导下，具体安排村庄、集镇的各项建设。集镇建设规划的主要内容包括：住宅、乡（镇）村企业、乡（镇）村公共设施、公益事业等各项建设的用地布局、用地规划，有关的技术经济指标，近期建设工程以及重点地段建设具体安排。村庄建设规划的主要内容，可以根据本地区经济发展水平，参照集镇建设规划的编制内容，主要对住宅和供水、供电、道路、绿化、环境卫生以及生产配套设施做出具体安排。

2. 村庄规划编制的内容

村庄规划要依据经过法定程序批准的镇总体规划或乡总体规划，对村庄的各项建设做出具体的安排。其编制内容如下。

安排村域范围内的农业生产用地布局及为其配套服务的各项设施；确定村庄居住、公共设施、道路、工程设施等用地布局；确定村庄内的给水、排水、供电等工程设施及其管线走向、敷设方式；确定垃圾分类及转运方式，明确垃圾收集点、公厕等环境卫生设施的分布、规模；确定防灾减灾、防疫设施分布和规模；对村口、主要水体、特色建筑、街景、道路以及其他重点地区的景观提出规划设计；对村庄分期建设时序进行安排，提出三至五年内近期建设项目的具体安排，并对近期建设的工程量、总造价、投资效益等进行估算和分析；提出保障规划实施的措施和建议。

3.《城乡规划法》关于乡规划、村庄规划的内容

《城乡规划法》第十八条规定，乡规划、村庄规划应当从农村实际出发，尊重村民意愿，体现地方和农村特色。乡规划、村庄规划的内容应当包括：规划区范围，住宅、道路、供水、排水、供电、垃圾收集、畜禽养殖场所等农村生产、生活服务设施、公益事业等各项建设的用地布局、建设要求，以及对耕地等自然资源和历史文化遗产保护、防灾减灾等的具体安排。乡规划还应当包括本行政区域内的村庄发展布局。

村庄规划要依据经过法定程序批准的镇总体规划或乡总体规划。

历年真题

1. 下列表述中不准确的是（ ）。[2017-67]

A. 县级以上地方人民政府确定应当制定乡规划、村庄规划的区域

B. 在应当制定乡、村规划的区域外也可以制定和实施乡规划和村庄规划

C. 非农人口很少的乡不需要制定和实施乡规划

D. 历史文化名村制定村庄规划

【答案】C

【解析】《城乡规划法》第三条规定，县级以上地方人民政府根据本地农村经济社会发展水平，按照因地制宜、切实可行的原则，确定应当制定乡规划、村庄规划的区域。县级以上地方人民政府鼓励、指导前款规定以外的区域的乡、村庄制定和实施乡规划、村庄规划，A、B 选项正确。是否需要编制和实施乡规划，与农业与非农业人口的多少无关，而是与上位规划的要求有关，C 选项错误。历史文化名村保护规划的规划期限应当与村庄规划的规划期限相一致，历史文化名村应制定村庄规划，D 选项正确。

2. 下列表述中，正确的是（ ）。[2017-69]

A. 村庄规划确定村庄供、排水设施的用地布局

B. 乡规划确定乡域农田水利设施用地

C. 县（市）城市总体规划确定县域小流域综合治理方案

D. 镇规划确定镇区防洪标准

【答案】A

【解析】《城乡规划法》第十八条规定，乡规划、村庄规划的内容应当包括：规划区范围，住宅、道路、供水、排水、供电、垃圾收集、畜禽养殖场所等农村生产、生活服务设施、公益事业等各项建设的用地布局、建设要求，以及对耕地等自然资源和历史文化遗产保护、防灾减灾等的具体安排。乡规划还应当包括本行政区域内的村庄发展布局。

三、乡和村庄规划编制的方法

乡规划的编制方法采用《镇规划标准》。

村庄规划编制的重点：村庄用地功能布局；产业发展与空间布局；人口变化分析；公共设施和基础设施；发展时序；防灾减灾。

1. 村庄规划的现状调研和分析

现状调查与分析是村庄规划基础工作和重要环节。主要有三个方面：现场调查、分析问题、规划构想。

现状调查与分析的具体内容：村庄背景情况、社会经济发展、人口劳动力、用地及房屋、道路市政、公共配套、现状照片、相关规划。

2. 村庄规划编制的技术要点和应注意的问题

（1）村庄规划编制的技术要点。村庄规划应主要以行政村为单位编制，范围包括整个村域，如果是需要合村并点的多村规划，其规划范围也应包括合并后的全部村域。

1）村庄规划应在乡（镇）域规划、土地利用规划等有关规划的指导下，对村庄的产业发展、用地布局、道路市政设施、公共配套服务等进行综合规划，规划编制要因地制

宜，有利生产，方便生活，合理安排，改善村庄的生产、生活环境，要兼顾长远与近期，考虑当地的经济水平。

2）统筹用地布局，积极推动用地整合。村庄规划人口规模的增加应以自然增长为主，机械增长不能作为规划依据。用地布局应以节约和集约发展为指导思想，村庄建设用地应尽量利用现状建设用地、弃置地、坑洼地等，规划农村人均综合建设用地要控制在规定的标准以内。

3）村庄规划应重点考虑公共服务设施、道路交通、市政基础设施、环境卫生设施规划等内容。

4）合理保护和利用当地资源，尊重当地文化和传统，充分体现“四节”原则，大力推广新技术。

（2）村庄规划中应注意的问题。要重视安全问题，如河流防洪、塌方、泥石流防治等；教育设施的规划应分析当地具体情况，不一定要硬套人口规模指标；村庄产业如何发展，用地不一定全都在村里解决，可以在乡、镇域规划中统筹考虑；消防规划要注重农村的消防通道的规划，可结合村庄道路规划；市政、交通等公用设施的规划应充分结合当地条件，因地制宜；配套公共服务设施的配置不宜缺项（服务全覆盖），但是用地和建筑可以适当集中合并；新农村建设不应以房地产开发带村庄改造，应避免大拆大建，力求有地方特色。

3. 村庄规划的具体内容

人口、用地和产业：人口规模预测，建设用地规模，适合地方特点的宜农产业发展规划，劳动力安置计划。

用地布局规划：村域范围的用地规划，产业发展空间布局和自然生态环境保护；村庄范围的建设用地规划，居住区、产业区、公共服务设施用地布置，合理布局，避免不利因素，宅基地紧凑布置，保证公共设施用地规模和合理位置。

绿化景观规划：村庄景观、景点规划，满足公共绿地指标，对绿化布置的建议等。

道路交通规划：村庄道路网，村庄道路等级、宽度，道路建设的调整和优化，停车设施考虑，公交车站布置等。

市政规划：供电、电信、给水、排水（雨水管沟，小型污水处理设施）、厕所、燃气解决方案、供暖节能方案。

公共服务设施规划：行政管理，教育设施，医疗卫生，文化娱乐，商业服务，集贸市场。村庄公共服务设施的规划应体现政府公共管理保障和市场自主调节两方面，综合考虑村庄经济水平和分布特点，可采取分散与共享相结合的布局方式，体现服务全覆盖的思路。

防灾及安全：现状有自然险情（泥石流、塌方等）、市政防护要求（如高压线、垃圾填埋场等）的村庄，应着力调查研究，规划提出可行的安全措施；农村消防（如消防通道）规划建设。

4. 村庄分类

村庄分类的影响因素：风险性生态要素、资源性生态要素、村庄规模和管理体制、历史文化资源保护等。

村庄的分类。村庄可分为城镇化整理、迁建、保留发展三种类型，在此基础上制定区域分类指导的居民点布局调整策略。分别是：①城镇化整理型村庄是位于规划城市（镇）建设区内的村庄。这类村庄所在地区的特点是：城镇功能集中，建设密度高，土地使用高度集约。②迁建型村庄是与生态限建要素有矛盾需要搬迁的村庄。这类村庄多位于受地质灾害、蓄滞洪区、基础设施防护以及水源保护、自然保护区、文物保护等特殊功能区影响的地区，村庄建设受到一定限制。③保留发展型村庄包括位于限建区内可以保留但需要控制规模的村庄和发展条件好可以保留并发展的村庄。可分为三种类型：保留控制发展型、保留适度发展型、保留重点发展型村庄。

5. 村庄整治规划

（1）村庄整治规划的重点。

村庄整治工作的重点应以近期工作为主重点解决当前农村地区的基本条件较差、人居环境亟待改善等问题，兼顾长远。

（2）村庄整治规划的原则。

村庄选点宜以中型村、大型村及特大型村为主，不宜选择城乡规划中计划迁并的村庄。

村庄工程设施整治在有条件的地区坚持“联建共享”的基本原则。

贯彻资源保护和节约利用原则，贯彻执行资源优化配置与调剂利用，切实执行节地、节能、节水、节材的方针，提倡自力更生、就地取材、厉行节约、多办实事。

严格保护村庄的自然生态环境和文化遗产，延续传统景观特征和地方特色，保持原有村落格局，展现民俗风情，弘扬传统文化，倡导乡风文明。

应根据各类整治设施的不同特点，建立和完善运行维护管理制度，保障整治成果，保证各项设施整治后正常有效使用，保证相应公共品和公共服务的持续稳定的供给，发挥公共设施投资的长期效益。

（3）村庄整治规划的主要项目。

基本整治项目：安全与防灾、给水工程设施、垃圾处理、粪便处理、排水工程设施、道路交通安全设施。

其他整治项目：公共环境、坑塘河道、文化遗产保护、生活用能。

6. 成果要求

村庄规划的成果应当包括规划图纸与必要的说明。规划的基本图纸包括：村庄位置图、用地现状图、用地规划图、道路交通规划图、市政设施系统规划图等。

历年真题

1. 下列关于村庄规划用地分类的表述，不正确的是（　　）。[2018-68]

A. 具有小卖铺、小超市、农家乐功能的村民住宅用地仍然属于村民住宅用地

B. 长期闲置不用的宅基地属于村庄其他建设用地

C. 村庄公共服务设施用地包括兽医站、农机站等农业生产服务设施用地

D. 田间道路（含机耕道）、林道等农用道路不属于村应建设用地

【答案】B

【解析】《村庄规划用地分类指南》规定：兼具小卖部、小超市、农家乐等功能的村民住宅用地属于村民住宅用地。公共管理、文体、教育、医疗卫生、社会福利、宗教、文物古迹等设施用地以及兽医站、农机站等农业生产服务设施用地，考虑到多数村庄公共服务

设施通常集中设置，为了强调其综合性，将其统一归为“村庄公共服务设施用地”。田间道路（含机耕道）、林道等属于非建设用地中的农用道路。长期闲置的宅基地，属于村庄建设用地，B选项错误。

2. 下列关于村庄整治的表述，正确的有（　　）。[2018-97]

A. 村庄整治应因地制宜、量力而行、循序渐进、分期分批进行

B. 村庄整治应坚持以现有设施的整治改造维护为主

C. 各类设施的整治应做到安全、经济、方便使用与管理、注重实效

D. 村庄整治应优先选用当地原材料，保护、节约和合理利用资源

E. 村庄整治项目应根据实际需要和经济条件，由乡镇统筹确定

【答案】ABCD

【解析】村庄整治项目应根据实际需要和经济条件，由县级以上人民政府统筹确定。

四、《乡村振兴战略规划（2018—2022年）》要点

1. 重大意义

（1）实施乡村振兴战略是建设现代化经济体系的重要基础。农业是国民经济的基础，农村经济是现代化经济体系的重要组成部分。乡村振兴，产业兴旺是重点。

（2）实施乡村振兴战略是建设美丽中国的关键举措。农业是生态产品的重要供给者，乡村是生态涵养的主体区，生态是乡村最大的发展优势。乡村振兴，生态宜居是关键。

（3）实施乡村振兴战略是传承中华优秀传统文化的有效途径。中华文明根植于农耕文化，乡村是中华文明的基本载体。乡村振兴，乡风文明是保障。

（4）实施乡村振兴战略是健全现代社会治理格局的固本之策。社会治理的基础在基层，薄弱环节在乡村。乡村振兴，治理有效是基础。

（5）实施乡村振兴战略是实现全体人民共同富裕的必然选择。农业强不强、农村美不美、农民富不富，关乎亿万农民的获得感、幸福感、安全感，关乎全面建成小康社会全局。乡村振兴，生活富裕是根本。

2. 分类推进乡村发展

（1）集聚提升类村庄：现有规模较大的中心村和其他仍将存续的一般村庄，占乡村类型的大多数，是乡村振兴的重点。科学确定村庄发展方向，在原有规模基础上有序推进改造提升，激活产业、优化环境、提振人气、增添活力，保护保留乡村风貌，建设宜居宜业的美丽村庄。鼓励发挥自身比较优势，强化主导产业支撑，支持农业、工贸、休闲服务等专业化村庄发展。加强海岛村庄、国有农场及林场规划建设，改善生产生活条件。

（2）城郊融合类村庄：城市近郊区以及县城城关镇所在地的村庄，具备成为城市后花园的优势，也具有向城市转型的条件。综合考虑工业化、城镇化和村庄自身发展需要，加快城乡产业融合发展、基础设施互联互通、公共服务共建共享，在形态上保留乡村风貌，在治理上体现城市水平，逐步强化服务城市发展、承接城市功能外溢、满足城市消费需求能力，为城乡融合发展提供实践经验。

（3）特色保护类村庄：历史文化名村、传统村落、少数民族特色村寨、特色景观旅游名村等自然历史文化特色资源丰富的村庄，是彰显和传承中华优秀传统文化的重要载体。统筹保护、利用与发展的关系，努力保持村庄的完整性、真实性和延续性。切实保护村庄

的传统选址、格局、风貌以及自然和田园景观等整体空间形态与环境，全面保护文物古迹、历史建筑、传统民居等传统建筑。尊重原住居民生活形态和传统习惯，加快改善村庄基础设施和公共环境，合理利用村庄特色资源，发展乡村旅游和特色产业，形成特色资源保护与村庄发展的良性互促机制。

（4）搬迁撤并类村庄：对位于生存条件恶劣、生态环境脆弱、自然灾害频发等地区的村庄，因重大项目建设需要搬迁的村庄，以及人口流失特别严重的村庄，可通过易地扶贫搬迁、生态宜居搬迁、农村集聚发展搬迁等方式，实施村庄搬迁撤并，统筹解决村民生计、生态保护等问题。拟搬迁撤并的村庄，严格限制新建、扩建活动，统筹考虑拟迁入或新建村庄的基础设施和公共服务设施建设。坚持村庄搬迁撤并与新型城镇化、农业现代化相结合，依托适宜区域进行安置，避免新建孤立的村落式移民社区。搬迁撤并后的村庄原址，因地制宜复垦或还绿，增加乡村生产生态空间。农村居民点迁建和村庄撤并，必须尊重农民意愿并经村民会议同意，不得强制农民搬迁和集中上楼。

历年真题

1. 根据《乡村振兴战略规划（2018—2022年）》，下列关于不同类型村庄规划要求的表述，不准确的是（　　）。［2021-62］

A. 集聚提升类村庄应强化主导产业的支撑作用，形成专业化发展特色

B. 城郊融合类村庄应在形态上塑造城市风貌，在治理上体现城市水平

C. 特色保护类村庄应全面保护文物古迹、历史建筑、传统民居等传统建筑

D. 拟搬迁撤并的村庄应严格限制新建、扩建活动

【答案】 B

【解析】 城郊融合类村庄，城市近郊区以及县城城关镇所在地的村庄，具备成为城市后花园的优势，也具有向城市转型的条件。在形态上保留乡村风貌，在治理上体现城市水平，逐步强化服务城市发展、承接城市功能外溢、满足城市消费需求能力，为城乡融合发展提供实践经验。

2. 中共中央、国务院印发《乡村振兴战略规划（2018—2022年）》分类推进乡村发展，其类型为（　　）。［2020-69］

A. 保留提升类村庄、城郊融合类村庄、特色保护类村庄、搬迁撤并类村庄

B. 保留提升类村庄、城郊开发类村庄、资源保护类村庄、迁村并点类村庄

C. 集聚提升类村庄、城郊融合类村庄、特色保护类村庄、搬迁撤并类村庄

D. 集聚提升类村庄、城郊开发类村庄、资源保护类村庄、迁村并点类村庄

【答案】 C

【解析】 中共中央、国务院印发《乡村振兴战略规划（2018—2022年）》分类推进乡村发展，其类型为：集聚提升类村庄，城郊融合类村庄，特色保护类村庄，搬迁撤并类村庄。

五、《村庄整治技术标准》GB/T 50445—2019 要点

1. 安全防灾

（1）一般规定。（第3.1.2、3.1.5条）

村庄整治应达到在遭遇不高于设防标准的灾害时，建设工程主体结构不致严重破坏，

围护结构不发生倒塌性灾害；村庄生命线系统和重要设施基本正常，整体功能基本正常，不发生严重的次生灾害。

村庄下列设施应作为重点保护对象，按照国家现行相关标准应优先整治：①变电站（室）、邮电（通信）室、广播站、供水站、供气站等应急保障基础设施；②应急指挥场所、卫生所（医务室）、消防站（点）、粮库（站）等应急服务设施；③学校、村民集中活动场地（室）等公共建筑。

（2）消防整治。（第 3.2.2 条）

村庄应按照下列安全布局要求进行消防整治：①村庄内生产、储存易燃易爆化学物品的工厂、仓库应设在村庄边缘或相对独立的安全地带，并应布置在集中居住区全年最小频率风向的上风侧；②严重影响村庄安全的工厂、仓库、堆场、储罐等必须迁移或改造，可采取限期迁移或改变生产使用性质等措施，消除不安全因素；③防火分隔宜按 30 户 ~ 50 户的要求进行，呈阶梯布局的村庄，应沿坡纵向开辟防火隔离带。防火墙修建应高出建筑物 50cm 以上。

（3）防洪及内涝整治。（第 3.3.4 条）

村庄排涝整治应符合下列规定：①排涝标准应与服务区域人口规模、经济发展状况相适应，重现期可采用 5 年 ~ 20 年；②具有排涝功能的河道应按原有设计标准增加排涝流量校核河道过水断面；③具有旱涝调节功能的坑塘应按排涝设计标准控制坑塘水体的调节容量及调节水位，坑塘常水位与调节水位差宜控制在 0.5m ~ 1.0m；④排涝整治应优先考虑扩大坑塘水体调节容量，强化坑塘旱涝调节功能。

（4）避灾疏散。（第 3.5.2 条）

村庄道路出入口数量不宜少于 2 个，村庄与出入口相连的主干道路有效宽度不宜小于 7m，避灾疏散场所内外的避灾疏散主通道的有效宽度不宜小于 4m。

2. 道路工程（第 4.2.2、4.2.9 条）

村庄道路按照使用功能可分为主要道路、次要道路和宅间道路三个层次。①主要道路：指自然村间道路和村内主干路。主要道路路面宽度不宜小于 4m，路肩宽度可采用 0.25m ~ 0.75m。路面宽度为单车道时，应根据实际情况设置错车道。主要道路宜采用净高和净宽不小于 4m 的净空尺寸。②次要道路：指村内次干路。次要道路路面宽度不宜小于 2.5m，路肩宽度可采用 0.25m ~ 0.5m。路面宽度为单车道时，可根据实际情况设置错车道。③宅间道路：指村内入户路。宅间道路路面宽度不宜大于 2.5m。

路面结构层所选材料应符合下列要求：①沥青混凝土路面适用于主要道路和次要道路；②水泥混凝土路面适用于各级村庄道路；③砂石、石材及预制砌块类路面适用于次要道路和宅间道路；④无机结合料稳定路面适用于宅间道路。

3. 给水设施（第 5.1.3、5.1.4 条）

整治后生活饮用水水量应不低于 40 升 /（人 · 日）。集中式给水工程配水管网的供水水压应符合用户接管点处的最小服务水头。

村庄给水设施整治应包括水源、给水方式、给水处理工艺、现有设备设施和输配水管道的整治。

4. 排水设施（第 6.1.3、6.4.2 条）

排水量包括污水量和雨水量，污水量包括生活污水量及生产废水量。

污水处理设施：村庄污水处理站应选址在夏季主导风向下方、村庄水系下游，并应靠近受纳水体或农田灌溉区。

5. 垃圾收集与处理（第 7.3.1 条）

生活垃圾需要集中处理与利用的主要有三类，即废品类、家庭有毒垃圾和其他垃圾。

6. 卫生厕所改造（第 8.2.2、8.3.1 条）

村庄卫生厕所的类型选择宜符合下列规定：①具备上、下水设施且水资源充沛的村庄，宜建造水冲式厕所；②饲养牲畜的村民宜建造三联通沼气池式厕所；③干旱、无水、少水、寒冷地区宜建造粪尿分集式生态卫生厕所；④干旱地区的村庄宜建造双坑交替式、阁楼堆肥式或双瓮漏斗式厕所；⑤寒冷地区的村庄宜建造深坑式厕所；⑥非农牧业地区的村庄，不宜建造粪尿分集式生态卫生厕所。

新建卫生厕所应与饮用水源保持 30m 以上卫生防护距离，与水井保持至少 10m 以上的卫生防护距离。

历年真题

下列关于村庄卫生厕所类型选择的表述，错误的是（　　）。[2021-64]

A. 具备上、下水设施且水资源充沛的村庄，宜建造水冲式厕所

B. 干旱地区的村庄宜建造双坑交替式、阁楼堆肥式或双瓮漏斗式厕所

C. 寒冷地区的村庄不宜建造深坑式厕所

D. 非农牧业地区的村庄，不宜建造粪尿分集式生态卫生厕所

【答案】C

【解析】根据《村庄整治技术标准》第 8.2.2 条，寒冷地区的村庄宜建造深坑式厕所。

六、《自然资源部办公厅关于加强村庄规划促进乡村振兴的通知》要点

1. 总体要求

（1）规划定位。村庄规划是法定规划，是国土空间规划体系中乡村地区的详细规划，是开展国土空间开发保护活动、实施国土空间用途管制、核发乡村建设项目规划许可、进行各项建设等的法定依据。要整合村土地利用规划、村庄建设规划等乡村规划，实现土地利用规划、城乡规划等有机融合，编制“多规合一”的实用性村庄规划。村庄规划范围为村域全部国土空间，可以一个或几个行政村为单元编制。

（2）工作原则。坚持先规划后建设，通盘考虑土地利用、产业发展、居民点布局、人居环境整治、生态保护和历史文化传承。坚持农民主体地位，尊重村民意愿，反映村民诉求。坚持节约优先、保护优先，实现绿色发展和高质量发展。坚持因地制宜、突出地域特色，防止乡村建设“千村一面”。坚持有序推进、务实规划，防止一哄而上，片面追求村庄规划快速全覆盖。

（3）工作目标。力争到 2020 年底，结合国土空间规划编制在县域层面基本完成村庄布局工作，有条件、有需求的村庄应编尽编。暂时没有条件编制村庄规划的，应在县、乡镇国土空间规划中明确村庄国土空间用途管制规则和建设管控要求，作为实施国土空间用途管制、核发乡村建设项目规划许可的依据。对已经编制的原村庄规划、村土地利用规划，经评估符合要求的，可不再另行编制；需补充完善的，完善后再行报批。

2. 主要任务

（1）统筹村庄发展目标。落实上位规划要求，充分考虑人口资源环境条件和经济社会发展、人居环境整治等要求，研究制定村庄发展、国土空间开发保护、人居环境整治目标，明确各项约束性指标。

（2）统筹生态保护修复。落实生态保护红线划定成果，明确森林、河湖、草原等生态空间，尽可能多的保留乡村原有的地貌、自然形态等，系统保护好乡村自然风光和田园景观。加强生态环境系统修复和整治，慎砍树、禁挖山、不填湖，优化乡村水系、林网、绿道等生态空间格局。

（3）统筹耕地和永久基本农田保护。落实永久基本农田和永久基本农田储备区划定成果，落实补充耕地任务，守好耕地红线。统筹安排农、林、牧、副、渔等农业发展空间，推动循环农业、生态农业发展。完善农田水利配套设施布局，保障设施农业和农业产业园发展合理空间，促进农业转型升级。

（4）统筹历史文化传承与保护。深入挖掘乡村历史文化资源，划定乡村历史文化保护线，提出历史文化景观整体保护措施，保护好历史遗存的真实性。防止大拆大建，做到应保尽保。加强各类建设的风貌规划和引导，保护好村庄的特色风貌。

（5）统筹基础设施和基本公共服务设施布局。在县域、乡镇域范围内统筹考虑村庄发展布局以及基础设施和公共服务设施用地布局，规划建立全域覆盖、普惠共享、城乡一体的基础设施和公共服务设施网络。以安全、经济、方便群众使用为原则，因地制宜提出村域基础设施和公共服务设施的选址、规模、标准等要求。

（6）统筹产业发展空间。统筹城乡产业发展，优化城乡产业用地布局，引导工业向城镇产业空间集聚，合理保障农村新产业新业态发展用地，明确产业用地用途、强度等要求。除少量必需的农产品生产加工外，一般不在农村地区安排新增工业用地。

（7）统筹农村住房布局。按照上位规划确定的农村居民点布局和建设用地管控要求，合理确定宅基地规模，划定宅基地建设范围，严格落实“一户一宅”。充分考虑当地建筑文化特色和居民生活习惯，因地制宜提出住宅的规划设计要求。

（8）统筹村庄安全和防灾减灾。分析村域内地质灾害、洪涝等隐患，划定灾害影响范围和安全防护范围，提出综合防灾减灾的目标以及预防和应对各类灾害危害的措施。

（9）明确规划近期实施项目。研究提出近期急需推进的生态修复整治、农田整理、补充耕地、产业发展、基础设施和公共服务设施建设、人居环境整治、历史文化保护等项目，明确资金规模及筹措方式、建设主体和方式等。

3. 政策支持

（1）优化调整用地布局。允许在不改变县级国土空间规划主要控制指标情况下，优化调整村庄各类用地布局。涉及永久基本农田和生态保护红线调整的，严格按国家有关规定执行，调整结果依法落实到村庄规划中。

（2）探索规划“留白”机制。各地可在乡镇国土空间规划和村庄规划中预留不超过5%的建设用地机动指标，村民居住、农村公共公益设施、零星分散的乡村文旅设施及农村新产业新业态等用地可申请使用。对一时难以明确具体用途的建设用地，可暂不明确规划用地性质。建设项目规划审批时落地机动指标、明确规划用地性质，项目批准后更新数据库。机动指标使用不得占用永久基本农田和生态保护红线。

4. 编制要求

（1）强化村民主体和村党组织、村民委员会主导。乡镇政府应引导村党组织和村民委员会认真研究审议村庄规划并动员、组织村民以主人翁的态度，在调研访谈、方案比选、公告公示等各个环节积极参与村庄规划编制，协商确定规划内容。村庄规划在报送审批前应在村内公示30日，报送审批时应附村民委员会审议意见和村民会议或村民代表会议讨论通过的决议。村民委员会要将规划主要内容纳入村规民约。

（2）开门编规划。综合应用各有关单位、行业已有工作基础，鼓励引导大专院校和规划设计机构下乡提供志愿服务、规划师下乡蹲点，建立驻村、驻镇规划师制度。激励引导熟悉当地情况的乡贤、能人积极参与村庄规划编制。支持投资乡村建设的企业积极参与村庄规划工作，探索规划、建设、运营一体化。

（3）因地制宜，分类编制。根据村庄定位和国土空间开发保护的实际需要，编制能用、管用、好用的实用性村庄规划。要抓住主要问题，聚焦重点，内容深度详略得当，不贪大求全。对于重点发展或需要进行较多开发建设、修复整治的村庄，编制实用的综合性规划。对于不进行开发建设或只进行简单的人居环境整治的村庄，可只规定国土空间用途管制规则、建设管控和人居环境整治要求作为村庄规划。对于综合性的村庄规划，可以分步编制，分步报批，先编制近期急需的人居环境整治等内容，后期逐步补充完善。对于紧邻城镇开发边界的村庄，可与城镇开发边界内的城镇建设用地统一编制详细规划。各地可结合实际，合理划分村庄类型，探索符合地方实际的规划方法。

（4）简明成果表达。规划成果要吸引人、看得懂、记得住，能落地、好监督，鼓励采用“前图后则”（即规划图表+管制规则）的成果表达形式。规划批准之日起20个工作日内，规划成果应通过“上墙、上网”等多种方式公开，30个工作日内，规划成果逐级汇交至省级自然资源主管部门，叠加到国土空间规划“一张图”上。

5. 组织实施

加强组织领导。村庄规划由乡镇政府组织编制，报上一级政府审批。地方各级党委政府要强化对村庄规划工作的领导，建立政府领导、自然资源主管部门牵头、多部门协同、村民参与、专业力量支撑的工作机制，充分保障规划工作经费。自然资源部门要做好技术指导、业务培训、基础数据和资料提供等工作，推动测绘“一村一图”“一乡一图”，构建“多规合一”的村庄规划数字化管理系统。

6. 严格用途管制

村庄规划一经批准，必须严格执行。乡村建设等各类空间开发建设活动，必须按照法定村庄规划实施乡村建设规划许可管理。确需占用农用地的，应统筹农用地转用审批和规划许可，减少申请环节，优化办理流程。确需修改规划的，严格按程序报原规划审批机关批准。

历年真题

1.《自然资源部办公厅关于加强村庄规划促进乡村振兴的通知》中，下列关于村庄规划编制内容的说法，准确的有（　　）。[2020-97]

A. 确定产业用地用途、强度等要求

B. 深入挖掘乡村历史文化资源，划定乡村历史文化保护线

C. 划定生态保护红线

D. 划定永久基本农田保护区和永久基本农田储备区

E. 明确规划近期实施项目，明确资金规模及筹措方式、建设主体和方式等

【答案】ABE

【解析】《自然资源部办公厅关于加强村庄规划促进乡村振兴的通知》，合理保障农村新产业新业态发展用地，明确产业用地用途、强度等要求，统筹城乡产业发展；深入挖掘乡村历史文化资源，划定乡村历史文化保护线，提出历史文化景观整体保护措施，保护好历史遗存的真实性；明确规划近期实施项目，明确资金规模及筹措方式、建设主体和方式等，A、B、E选项正确。统筹生态保护修复，落实生态保护红线划定成果；统筹耕地和永久基本农田保护，落实永久基本农田和永久基本农田储备区划定成果，C、D选项错误。

2. 根据《自然资源部办公厅关于加强村庄规划促进乡村振兴的通知》，下列关于村庄规划的表述，错误的是（　　）。[2019-64]

A. 村庄规划是国土空间规划体系中的详细规划

B. 村庄规划是“多规合一”的实用性规划

C. 村庄规划可以一个或几个行政村为单元编制

D. 所有行政村均需编制村庄规划

【答案】D

【解析】村庄规划是法定规划，是国土空间规划体系中乡村地区的详细规划，是开展国土空间开发保护活动、实施国土空间用途管制、核发乡村建设项目规划许可、进行各项建设等的法定依据。要整合村土地利用规划、村庄建设规划等乡村规划，实现土地利用规划、城乡规划等有机融合，编制“多规合一”的实用性村庄规划。村庄规划范围为村域全部国土空间，可以一个或几个行政村为单元编制。

七、《自然资源部 国家发展改革委 农业农村部关于保障和规范农村一二三产业融合发展用地的通知》要点

1. 引导农村产业在县域范围内统筹布局

把县域作为城乡融合发展的重要切入点，科学编制国土空间规划，因地制宜合理安排建设用地规模、结构和布局及配套公共服务设施、基础设施，有效保障农村产业融合发展用地需要。规模较大、工业化程度高、分散布局配套设施成本高的产业项目要进产业园区；具有一定规模的农产品加工要向县城或有条件的乡镇城镇开发边界内集聚；直接服务种植养殖业的农产品加工、电子商务、仓储保鲜冷链、产地低温直销配送等产业，原则上应集中在行政村村庄建设边界内；利用农村本地资源开展农产品初加工、发展休闲观光旅游而必需的配套设施建设，可在不占用永久基本农田和生态保护红线、不突破国土空间规划建设用地指标等约束条件、不破坏生态环境和乡村风貌的前提下，在村庄建设边界外安排少量建设用地，实行比例和面积控制，并依法办理农用地转用审批和供地手续。

2. 拓展集体建设用地使用途径

单位或者个人也可以按照国家统一部署，通过集体经营性建设用地入市的渠道，以出让、出租等方式使用集体建设用地。

3. 大力盘活农村存量建设用地

在符合国土空间规划的前提下，鼓励对依法登记的宅基地等农村建设用地进行复合利用，发展乡村民宿、农产品初加工、电子商务等农村产业。

4. 优化用地审批和规划许可流程

在村庄建设边界外，具备必要的基础设施条件、使用规划预留建设用地指标的农村产业融合发展项目，在不占用永久基本农田、严守生态保护红线、不破坏历史风貌和影响自然环境安全的前提下，可暂不做规划调整；市县要优先安排农村产业融合发展新增建设用地计划，不足的由省（区、市）统筹解决；办理用地审批手续时，可不办理用地预审与选址意见书；除依法应当以招标拍卖挂牌等方式公开出让的土地外，可将建设用地批准和规划许可手续合并办理，核发规划许可证书，并申请办理不动产登记。

历年真题

根据《自然资源部 国家发展改革委 农业农村部关于保障和规范农村一二三产业融合发展用地的通知》，下列关于农村产业融合发展用地的表述，错误的是（　　）。[2021–63]

A. 市县要优先安排农村产业融合发展新增建设用地计划，不足的由省（区、市）统筹解决

B. 用于商品住宅、别墅、酒店、公寓等房地产开发不超过建设用地指标的5%

C. 可以通过集体经营性建设用地入市的渠道，以出让、出租等方式使用集体建设用地

D. 要纳入国土空间基础信息平台和国土空间规划“一张图”进行动态监管

【答案】B

【解析】农村产业融合发展用地不得用于商品住宅、别墅、酒店、公寓等房地产开发，不得擅自改变用途或分割转让转租。

八、《农业农村部 自然资源部关于规范农村宅基地审批管理的通知》要点

（1）农村村民住宅用地，由乡镇政府审核批准；其中，涉及占用农用地的，依照《土地管理法》第四十四条的规定办理农用地转用审批手续（《土地管理法》第四十四条是建设占用土地，涉及农用地转为建设用地的，应当办理农用地转用审批手续。永久基本农田转为建设用地的，由国务院批准。在土地利用总体规划确定的城市和村庄、集镇建设用地规模范围内，为实施该规划而将永久基本农田以外的农用地转为建设用地的，按土地利用年度计划分批次按照国务院规定由原批准土地利用总体规划的机关或者其授权的机关批准。在已批准的农用地转用范围内，具体建设项目用地可以由市、县人民政府批准。在土地利用总体规划确定的城市和村庄、集镇建设用地规模范围外，将永久基本农田以外的农用地转为建设用地的，由国务院或者国务院授权的省、自治区、直辖市人民政府批准）。

（2）明确申请审查程序。符合宅基地申请条件的农户，以户为单位向所在村民小组提出宅基地和建房（规划许可）书面申请。村民小组收到申请后，应提交村民小组会议讨论，并将申请理由、拟用地位置和面积、拟建房层高和面积等情况在本小组范围内公示。公示无异议或异议不成立的，村民小组将农户申请、村民小组会议记录等材料交村集体经济组织或村民委员会（以下简称村级组织）审查。村级组织重点审查提交的材料是否真实有效、拟用地建房是否符合村庄规划、是否征求了用地建房相邻权利人意见等。审查通过的，由村级组织签署意见，报送乡镇政府。没有分设村民小组或宅基地和建房申请等事项已统一由村级组织办理的，农户直接向村级组织提出申请，经村民代表会议讨论通过并在本集体经济组织范围内公示后，由村级组织签署意见，报送乡镇政府。

（3）完善审核批准机制。市、县人民政府有关部门要加强对宅基地审批和建房规划许

可有关工作的指导，乡镇政府要探索建立一个窗口对外受理、多部门内部联动运行的农村宅基地用地建房联审联办制度，方便农民群众办事。公布办理流程和要件，明确农业农村、自然资源等有关部门在材料审核、现场勘查等各环节的工作职责和办理期限。审批工作中，农业农村部门负责审查申请人是否符合申请条件、拟用地是否符合宅基地合理布局要求和面积标准、宅基地和建房（规划许可）申请是否经过村组审核公示等，并综合各有关部门意见提出审批建议。自然资源部门负责审查用地建房是否符合国土空间规划、用途管制要求，其中涉及占用农用地的，应在办理农用地转用审批手续后，核发乡村建设规划许可证；在乡、村庄规划区内使用原有宅基地进行农村村民住宅建设的，可按照本省（区、市）有关规定办理规划许可。涉及林业、水利、电力等部门的要及时征求意见。根据各部门联审结果，由乡镇政府对农民宅基地申请进行审批，出具《农村宅基地批准书》，鼓励地方将乡村建设规划许可证由乡镇一并发放，并以适当方式公开。乡镇要建立宅基地用地建房审批管理台账，有关资料归档留存，并及时将审批情况报县级农业农村、自然资源等部门备案。

（4）严格用地建房全过程管理。全面落实“三到场”要求。收到宅基地和建房（规划许可）申请后，乡镇政府要及时组织农业农村、自然资源部门实地审查申请人是否符合条件、拟用地是否符合规划和地类等。经批准用地建房的农户，应当在开工前向乡镇政府或授权的牵头部门申请划定宅基地用地范围，乡镇政府及时组织农业农村、自然资源等部门到现场进行开工查验，实地丈量批放宅基地，确定建房位置。农户建房完工后，乡镇政府组织相关部门进行验收，实地检查农户是否按照批准面积、四至等要求使用宅基地，是否按照批准面积和规划要求建设住房，并出具《农村宅基地和建房（规划许可）验收意见表》。通过验收的农户，可以向不动产登记部门申请办理不动产登记。各地要依法组织开展农村用地建房动态巡查，及时发现和处置涉及宅基地使用和建房规划的各类违法违规行为。指导村级组织完善宅基地民主管理程序，探索设立村级宅基地协管员。

九、《自然资源部 农业农村部关于设施农业用地管理有关问题的通知》要点

（1）设施农业用地包括农业生产中直接用于作物种植和畜禽水产养殖的设施用地。其中，作物种植设施用地包括作物生产和为生产服务的看护房、农资农机具存放场所等，以及与生产直接关联的烘干晾晒、分拣包装、保鲜存储等设施用地；畜禽水产养殖设施用地包括养殖生产及直接关联的粪污处置、检验检疫等设施用地，不包括屠宰和肉类加工场所用地等。

（2）设施农业属于农业内部结构调整，可以使用一般耕地，不需落实占补平衡。种植设施不破坏耕地耕作层的，可以使用永久基本农田，不需补划；破坏耕地耕作层，但由于位置关系难以避让永久基本农田的，允许使用永久基本农田但必须补划。养殖设施原则上不得使用永久基本农田，涉及少量永久基本农田确实难以避让的，允许使用但必须补划。

设施农业用地不再使用的，必须恢复原用途。设施农业用地被非农建设占用的，应依法办理建设用地审批手续，原地类为耕地的，应落实占补平衡。

（3）各类设施农业用地规模由各省（区、市）自然资源主管部门会同农业农村主管部门根据生产规模和建设标准合理确定。其中，看护房执行“大棚房”问题专项清理整治整改标准，养殖设施允许建设多层建筑。

（4）市、县自然资源主管部门会同农业农村主管部门负责设施农业用地日常管理。国家、省级自然资源主管部门和农业农村主管部门负责通过各种技术手段进行设施农业用地监管。设施农业用地由农村集体经济组织或经营者向乡镇政府备案，乡镇政府定期汇总情况后汇交至县级自然资源主管部门。涉及补划永久基本农田的，须经县级自然资源主管部门同意后方可动工建设。

十、《农村人居环境整治提升五年行动方案（2021—2025年）》要点

1. 行动目标

东部地区、中西部城市近郊区等有基础、有条件的地区，全面提升农村人居环境基础设施建设水平，农村卫生厕所基本普及，农村生活污水治理率明显提升，农村生活垃圾基本实现无害化处理并推动分类处理试点示范，长效管护机制全面建立。

中西部有较好基础、基本具备条件的地区，农村人居环境基础设施持续完善，农村户用厕所愿改尽改，农村生活污水治理率有效提升，农村生活垃圾收运处置体系基本实现全覆盖，长效管护机制基本建立。

地处偏远、经济欠发达的地区，农村人居环境基础设施明显改善，农村卫生厕所普及率逐步提高，农村生活污水垃圾治理水平有新提升，村容村貌持续改善。

2. 强化组织保障

加强分类指导。顺应村庄发展规律和演变趋势，优化村庄布局，强化规划引领，合理确定村庄分类，科学划定整治范围，统筹考虑主导产业、人居环境、生态保护等村庄发展。集聚提升类村庄重在完善人居环境基础设施，推动农村人居环境与产业发展互促互进，提升建设管护水平，保护保留乡村风貌。城郊融合类村庄重在加快实现城乡人居环境基础设施共建共享、互联互通。特色保护类村庄重在保护自然历史文化特色资源、尊重原住居民生活形态和生活习惯，加快改善人居环境。"空心村"、已经明确的搬迁撤并类村庄不列入农村人居环境整治提升范围，重在保持干净整洁，保障现有农村人居环境基础设施稳定运行。对一时难以确定类别的村庄，可暂不作分类。

历年真题

根据《农村人居环境整治提升五年行动方案（2021—2025年）》，下列表述不准确的是（　　）。[2022-58]

A. 集聚提升类村庄重在完善人居环境基础设施，提升建设管护水平，保护保留乡村风貌

B. 城郊融合类村庄重在加快实现城乡人居环境基础设施共建共享、互联互通

C. 特色保护类村庄重在保护自然历史文化特色资源，加快改善人居环境

D. 搬迁撤并类村庄重在普及农村卫生厕所，推进生活垃圾分类减量与利用

【答案】D

【解析】"空心村"、已经明确的搬迁撤并类村庄不列入农村人居环境整治提升范围，重在保持干净整洁，保障现有农村人居环境基础设施稳定运行。

十一、《乡村建设行动实施方案》要点

乡村建设是实施乡村振兴战略的重要任务，也是国家现代化建设的重要内容。

加强乡村规划建设管理。合理划定各类空间管控边界，优化布局乡村生活空间，因地制宜界定乡村建设规划范围，严格保护农业生产空间和乡村生态空间，牢牢守住18亿亩耕地红线。

实施农村道路畅通工程。以县域为单元，加快构建便捷高效的农村公路骨干网络，推进乡镇对外快速骨干公路建设，加强乡村产业路、旅游路、资源路建设，促进农村公路与乡村产业深度融合发展。

强化农村防汛抗旱和供水保障。稳步推进农村饮水安全向农村供水保障转变。

实施乡村清洁能源建设工程。稳妥有序推进北方农村地区清洁取暖，加强煤炭清洁化利用，推进散煤替代。

实施农产品仓储保鲜冷链物流设施建设工程。

实施数字乡村建设发展工程。推进数字技术与农村生产生活深度融合，持续开展数字乡村试点。

实施村级综合服务设施提升工程。加强村级综合服务设施建设，进一步提高村级综合服务设施覆盖率。

实施农房质量安全提升工程。新建农房要避开自然灾害易发地段，顺应地形地貌。以农村房屋及其配套设施建设为主体，完善农村工程建设项目管理制度。

实施农村人居环境整治提升五年行动。加强入户道路建设，构建通村入户的基础网络。加强乡村风貌引导，编制村容村貌提升导则。

实施农村基本公共服务提升行动。开展县乡村公共服务一体化示范建设。

第四节　名镇和名村保护规划

一、历史文化名镇和名村

我国文物保护法规定“保存文物特别丰富并且具有重大历史价值或者革命纪念意义的城镇、街道、村庄，由省、自治区、直辖市人民政府核定公布为历史文化街区、村镇，并报国务院备案”。

从2003年起，建设部（现为住房和城乡建设部）、国家文物局分期分批公布中国历史文化名镇和中国历史文化名村，并制定了《中国历史文化名镇（村）评选办法》。规定条件如下。

（1）重要价值和意义：在一定历史时期内对推动全国或某一地区的社会经济发展起过重要作用，具有全国或地区范围的影响；或系当地水陆交通中心，成为闻名遐迩的客流、货流、物流集散地；在一定历史时期内建设过重大工程，并对保障当地人民生命财产安全、保护和改善生态环境有过显著效益且延续至今；在革命历史上发生过重大事件，或曾为革命政权机关驻地而闻名于世；历史上发生过抗击外来侵略或经历过改变战局的重大战役，以及曾为著名战役军事指挥机关驻地；能体现我国传统的选址和规划布局经典理论，或反映经典营造法式和精湛的建造技艺；或能集中反映某一地区特色和风情，民族特色传统建造技术。

（2）历史价值和风貌特色：建筑遗产、文物古迹和传统文化比较集中，能较完整地反映某一历史时期的传统风貌、地方特色和民族风情，具有较高的历史、文化、艺术和科学价值，现存有清末以前建造或在中国革命历史中有重大影响的成片历史传统建筑群、纪念物、遗址等，基本风貌保持完好。

（3）原状保存程度：原貌基本保存完好，或已按原貌整修恢复，或骨架尚存、可以整体修复原貌。

（4）具有一定规模：镇现存历史传统建筑总面积在 5 000m^2 以上，或村现存历史传统建筑总面积在 2 500m^2 以上。

2019 年 1 月，《住房和城乡建设部 国家文物局关于公布第七批中国历史文化名镇名村的通知》发布，住房和城乡建设部、国家文物局决定公布山西省长治市上党区荫城镇等 60 个镇为中国历史文化名镇、河北省井陉县南障城镇吕家村等 211 个村为中国历史文化名村。

历年真题

1. 根据《中国历史文化名镇（村）评选办法》，下列关于评选条件的表述，不准确的是（　　）。[2022-60]

A. 建筑遗产、文物古迹和传统文化比较集中，能较完整地反映某一历史时期的传统风貌和地方特色

B. 辖区内存有 50 年以上或有重大影响的历史传统建筑群

C. 镇的总现存历史传统建筑的建筑面积须在 5 000 平方米以上

D. 原建筑群、建筑物及其周边环境虽曾倒塌破坏，但已按原貌整修恢复

【答案】B

【解析】现存有清代以前建造或在中国革命历史中有重大影响的成片历史传统建筑群、纪念物、遗址等基本风貌保持完好。

2. 下列关于中国历史文化名村申报条件的表述，错误的是（　　）。[2021-65]

A. 建筑遗产、文物古迹比较集中，辖区内存有清末以前或有重大影响的历史传统建筑群

B. 原貌基本保存完好或已按原貌整修恢复

C. 具有一定的历史传统建筑的规模

D. 要先申报成为中国传统村落

【答案】D

【解析】要先申报成为中国传统村落不属于中国历史文化名村的申报条件。

二、名镇和名村保护规划的内容

根据《历史文化名城名镇名村保护条例》第十四条，保护规划应当包括下列内容：①保护原则、保护内容和保护范围；②保护措施、开发强度和建设控制要求；③传统格局和历史风貌保护要求；④历史文化街区、名镇、名村的核心保护范围和建设控制地带；⑤保护规划分期实施方案。

历史文化名镇、名村应当整体保护，保持传统格局、历史风貌和空间尺度，不得改变与其相互依存的自然景观和环境。

历年真题

历史文化名镇、名村保护规划应当包括的内容有（　　）。[2018-98]、[2012-70]、

[2011-99]

A. 传统格局和历史风貌的保护要求

B. 名镇、名村的发展定位

C. 核心保护区内重要文物保护单位及历史建筑的修缮设计方案

D. 保护措施、开发强度和建设控制要求

E. 保护规划分期实施方案

【答案】ADE

【解析】历史文化名镇、名村保护规划的内容除A、D、E选项外，还包括：①保护原则、保护内容和保护范围；②历史文化街区、名镇、名村的核心保护范围和建设控制地带。

三、名镇和名村保护规划的成果要求

保护规划成果由规划文本、规划图纸和附件三部分组成。

1. 规划文本

一般包括村镇历史文化价值概述；保护原则和保护工作重点；整体层次上保护历史文化名村、名镇的措施，包括功能的改善、用地布局的选择或调整、空间形态和视廊的保护、村镇周围自然历史环境的保护等；各级文物保护单位的保护范围、建设控制地带以及各类历史文化街区的范围界线，保护和整治的措施要求；对重要历史文化遗存修整、利用和展示的规划意见；重点保护、整治地区的详细规划意向方案；规划实施管理措施等。

2. 规划图纸

用图像表达现状和规划内容。包括文物古迹、历史文化街区、风景名胜分布图；历史文化名镇、名村保护规划总图；重点保护区域界线图，在绘有现状建筑和地形地物的底图上，逐个、分张画出重点文物的保护范围和建设控制地带的具体界线；逐片、分线画出历史文化街区、风景名胜保护的具体范围；重点保护、整治地区的详细规划意向方案图。

3. 附件

包括规划说明和基础资料汇编。规划说明书的内容是分析现状、论证规划意图、解释规划文本等。

历年真题

1. 属于历史文化名镇（村）保护规划成果基本内容的有（ ）。[2019-98]

A. 村镇历史文化价值概述、保护原则和工作重点

B. 村镇文化旅游资源评价及保护利用要求

C. 各级文保单位保护范围、建设控制地带

D. 村镇全域产业发展策略研究

E. 重点保护、整治地区的详细规划意向方案

【答案】ACE

【解析】历史文化名镇（村）保护规划成果基本内容除A、C、E选项外，还包括：整体层次上保护历史文化名村、名镇的措施，包括功能的改善、用地布局的选择或调整、空

间形态和视廊的保护、村镇周围自然历史环境的保护等；各类历史文化街区的范围界线，保护和整治的措施要求；对重要历史文化遗存修整、利用和展示的规划意见；规划实施管理措施等。

2. 历史文化名镇、名村保护规划文本一般不包括（　　）。[2014-72]

A. 城镇历史文化价值概述　　B. 各级文物保护单位范围

C. 重点整治地区的城市设计意图　　D. 重要历史文化遗存修整的规划意见

【答案】C

【解析】重点保护、整治地区的详细规划意向方案属于历史文化名镇、名村保护规划文本。重点整治地区的城市设计意图属于规划图纸，不是规划文本。

四、《历史文化名城名镇名村保护条例》要点

第二十四条　在历史文化名城、名镇、名村保护范围内禁止进行下列活动。①开山、采石、开矿等破坏传统格局和历史风貌的活动。②占用保护规划确定保留的园林绿地、河湖水系、道路等。③修建生产、储存爆炸性、易燃性、放射性、毒害性、腐蚀性物品的工厂、仓库等。④在历史建筑上刻划、涂污。

第二十七条　对历史文化街区、名镇、名村核心保护范围内的建筑物、构筑物，应当区分不同情况，采取相应措施，实行分类保护。

历史文化街区、名镇、名村核心保护范围内的历史建筑，应当保持原有的高度、体量、外观形象及色彩等。

第二十八条　在历史文化街区、名镇、名村核心保护范围内，不得进行新建、扩建活动。但是，新建、扩建必要的基础设施和公共服务设施除外。

第三十一条　历史文化街区、名镇、名村核心保护范围内的消防设施、消防通道，应当按照有关的消防技术标准和规范设置。确因历史文化街区、名镇、名村的保护需要，无法按照标准和规范设置的，由城市、县人民政府公安机关消防机构会同同级城乡规划主管部门制订相应的防火安全保障方案。

第三十四条　建设工程选址，应当尽可能避开历史建筑；因特殊情况不能避开的，应当尽可能实施原址保护。对历史建筑实施原址保护的，建设单位应当事先确定保护措施，报城市、县人民政府城乡规划主管部门会同同级文物主管部门批准。

因公共利益需要进行建设活动，对历史建筑无法实施原址保护、必须迁移异地保护或者拆除的，应当由城市、县人民政府城乡规划主管部门会同同级文物主管部门，报省、自治区、直辖市人民政府确定的保护主管部门会同同级文物主管部门批准。

本条规定的历史建筑原址保护、迁移、拆除所需费用，由建设单位列入建设工程预算。

第三十五条　对历史建筑进行外部修缮装饰、添加设施以及改变历史建筑的结构或者使用性质的，应当经城市、县人民政府城乡规划主管部门会同同级文物主管部门批准，并依照有关法律、法规的规定办理相关手续。

历年真题

1. 在历史文化名镇中，下列（　　）行为不需要由城市、县人民政府城乡规划行政主管部门会同同级文物主管部门批准。[2017-70]

A. 对历史建筑实施原址保护的措施

B. 对历史建筑进行外部修缮装饰、添加设施

C. 改变历史建筑的结构或者使用性质

D. 在核心保护范围内，新建、扩建必要的基础设施和公共服务设施

【答案】D

【解析】《历史文化名城名镇名村保护条例》第三十四条规定，对历史建筑实施原址保护的，建设单位应当事先确定保护措施，报城市、县人民政府城乡规划主管部门会同同级文物主管部门批准。第三十五条规定，对历史建筑进行外部修缮装饰、添加设施以及改变历史建筑的结构或者使用性质的，应当经城市、县人民政府城乡规划主管部门会同同级文物主管部门批准，并依照有关法律、法规的规定办理相关手续。第二十八条规定，在历史文化街区、名镇、名村核心保护范围内，新建、扩建必要的基础设施和公共服务设施的，城市、县人民政府城乡规划主管部门核发建设工程规划许可证、乡村建设规划许可证前，应当征求同级文物主管部门的意见。

2. 当历史文化名镇因保护需要，无法按照标准和规范设置消防设施和消防通道时，应采取的措施是（　　）。[2017-71]

A. 由城市、县人民政府公安机关消防机构会同同级城乡规划主管部门制订相应的防火安全保障方案

B. 对已经或可能对消防安全造成威胁的历史建筑提出搬迁或改造措施

C. 适当拓宽街道，使其宽度和转弯半径满足消防车通行的基本要求

D. 将木结构或砖木结构的建筑逐步更新为耐火等级较高的建筑

【答案】A

【解析】《历史文化名城名镇名村保护条例》第三十一条规定，历史文化街区、名镇、名村核心保护范围内的消防设施、消防通道，应当按照有关的消防技术标准和规范设置。确因历史文化街区、名镇、名村的保护需要，无法按照标准和规范设置的，由城市、县人民政府公安机关消防机构会同同级城乡规划主管部门制订相应的防火安全保障方案。

五、《历史文化名城名镇名村保护规划编制要求（试行）》要点

1. 规划范围

第三条　历史文化名城、名镇保护规划的规划范围与城市、镇总体规划的范围一致，历史文化名村保护规划与村庄规划的范围一致。

历史文化名城、名镇保护规划应单独编制。历史文化名村的保护规划与村庄规划同时编制。

第四条　编制历史文化名城保护规划应同时包括历史文化街区保护规划。

第五条　编制保护规划，应当保护历史文化遗产及其历史环境，保护和延续传统格局和风貌，继承和弘扬民族与地方优秀传统文化。

2. 编制基本要求

第十条　保护规划的主要任务是：提出保护目标，明确保护内容，确定保护重点，划定保护和控制范围，制定保护与利用的规划措施。

第十一条　历史文化名城、名镇、名村的保护内容，一般包括：①保护和延续古

城、镇、村的传统格局、历史风貌及与其相互依存的自然景观和环境；②历史文化街区和其他有传统风貌的历史街巷；③文物保护单位、已登记尚未核定公布为文物保护单位的不可移动文物；④历史建筑，包括优秀近现代建筑；⑤传统风貌建筑；⑥历史环境要素，包括反映历史风貌的古井、围墙、石阶、铺地、驳岸、古树名木等；⑦保护特色鲜明与空间相互依存的非物质文化遗产以及优秀传统文化，继承和弘扬中华民族优秀传统文化。

第十二条　编制保护规划，应当对自然与人文资源的价值、特色、现状、保护情况等进行调研与评估，一般主要包括以下内容：①历史沿革：建制沿革、聚落变迁、重大历史事件等。②文物保护单位、历史建筑、其他文物古迹和传统风貌建筑等的详细信息。③传统格局和历史风貌：与历史形态紧密关联的地形地貌和河湖水系、传统轴线、街巷、重要公共建筑及公共空间的布局等情况。④具有传统风貌的街区、镇、村：人口、用地性质，建筑物和构筑物的年代、质量、风貌、高度、材料等信息。⑤历史环境要素：反映历史风貌的古塔、古井、牌坊、戏台、围墙、石阶、铺地、驳岸、古树名木等。⑥传统文化及非物质文化遗产：包括方言、民间文学、传统表演艺术、传统技艺、礼仪节庆等民俗、传统体育和游艺等。⑦基础设施、公共安全设施和公共服务设施现状。⑧保护工作现状：保护管理机构、规章制度建设、保护规划与实施、保护资金等情况。

第十八条　历史文化街区、名镇、名村保护范围包括核心保护范围和建设控制地带。

第十九条　历史文化名城、历史文化街区、名镇、名村的保护范围按照如下方法划定：①各级文物保护单位的保护范围和建设控制地带以及地下文物埋藏区的界线，以各级人民政府公布的保护范围、建设控制地带为准。②历史建筑的保护范围包括历史建筑本身和必要的建设控制区。③历史文化街区、名镇、名村内传统格局和历史风貌较为完整、历史建筑和传统风貌建筑集中成片的地区划为核心保护范围。在核心保护范围之外划定建设控制地带。核心保护范围和建设控制地带的确定应边界清楚，便于管理。④历史文化名城的保护范围，应包括历史城区和其他需要保护、控制的地区。

第二十二条　在具有传统风貌的街区、镇、村，对文物保护单位、尚未核定公布为文物保护单位的登记不可移动文物、历史建筑之外的建筑物、构筑物，划分为传统风貌建筑、其他建筑。

第二十三条　传统风貌建筑，指具有一定建成历史，能够反映历史风貌和地方特色的建筑物。

3. 历史文化名城保护规划编制

第二十六条　历史文化名城保护规划应当包括下列内容：①评估历史文化价值、特色和现状存在问题；②确定总体目标和保护原则、内容和重点；③提出市（县）域需要保护的内容和要求；④提出城市总体层面上有利于遗产保护的规划要求；⑤确定保护范围，包括文物保护单位、地下文物埋藏区、历史建筑、历史文化街区的保护范围，提出保护控制措施；⑥划定历史城区的界限，提出保护名城传统格局、历史风貌、空间尺度及其相互依存的地形地貌、河湖水系等自然景观和环境的保护措施；⑦提出继承和弘扬传统文化、保护非物质文化遗产的内容和措施；⑧提出在保护历史文化遗产的同时完善城市功能、改善基础设施、提高环境质量的规划要求和措施；⑨提出展示和利用的要求与措施；⑩提出近期实施保护内容；⑪ 提出规划实施保障措施。

第二十七条　编制历史文化名城保护规划应根据历史文化名城、历史文化街区、文物保护单位和历史建筑的三个保护层次确定保护方法框架。

4. 历史文化街区保护规划编制

第三十一条　历史文化街区保护规划，规划深度应达到详细规划的深度。

第三十二条　历史文化街区保护应当遵循下列原则：保护历史遗存的真实性，保护历史信息的真实载体；保护历史风貌的完整性，保护街区的空间环境；维持社会生活的延续性，继承文化传统，改善基础设施和居住环境，保持街区活力。

第三十三条　历史文化街区保护规划应当包括以下内容：①评估历史文化价值、特点和现状存在问题；②确定保护原则和保护内容；③确定保护范围，包括核心保护范围和建设控制地带界线，制定相应的保护控制措施；④提出保护范围内建筑物、构筑物和环境要素的分类保护整治要求；⑤提出保持地区活力、延续传统文化的规划措施；⑥提出改善交通和基础设施、公共服务设施、居住环境的规划方案；⑦提出规划实施保障措施。

5. 历史文化名镇名村保护规划编制

第三十九条　历史文化名镇保护规划与镇总体规划的深度要求相一致，重点保护的地区应当进行深化。历史文化名村保护规划的深度要求与村庄规划相一致，其保护要求和控制范围的规划深度应能够指导保护与建设。

第四十条　历史文化名镇名村保护规划应当包括以下内容：①评估历史文化价值、特色和现状存在问题；②确定保护原则、保护内容与保护重点；③提出总体保护策略和镇域保护要求；④提出与名镇、名村密切相关的地形地貌、河湖水系、农田、乡土景观、自然生态等景观环境的保护措施；⑤确定保护范围，包括核心保护范围和建设控制地带界线，制定相应的保护控制措施；⑥提出保护范围内建筑物、构筑物和历史环境要素的分类保护整治要求；⑦提出延续传统文化、保护非物质文化遗产的规划措施；⑧提出改善基础设施、公共服务设施、生产生活环境的规划方案；⑨保护规划分期实施方案；⑩提出规划实施保障措施。

第四十二条　编制历史文化名镇、名村保护规划应提出总体保护策略和规划措施，包括：①协调新镇区与老镇区、新村与老村的发展关系。②保护范围内要控制机动车交通，交通性干道不应穿越保护范围，交通环境的改善不宜改变原有街巷的宽度和尺度。③保护范围内市政设施，应考虑街巷的传统风貌，要采用新技术、新方法，保障安全和基本使用功能。④对常规消防车辆无法通行的街巷提出特殊消防措施，对以木质材料为主的建筑应制定合理的防火安全措施。⑤保护规划应当合理提高历史文化名镇名村的防洪能力，采取工程措施和非工程措施相结合的防洪工程改善措施。⑥保护规划应对布置在保护范围内的生产、储存爆炸性、易燃性、放射性、毒害性、腐蚀性物品的工厂、仓库等，提出迁移方案。⑦保护规划应对保护范围内污水、废气、噪声、固体废弃物等环境污染提出具体治理措施。

历年真题

下列关于历史文化名镇名村保护规划的说法，不准确的是（　　）。［2020-71］

A. 交通性干道不应穿越保护范围　　B. 主要街巷尺度不得改变

C. 原住民比例不得降低　　D. 放射性、毒害性工厂不得新建

【答案】C

【解析】《历史文化名城名镇名村保护规划编制要求（试行）》第四十二条规定，保护范围内要控制机动车交通，交通性干道不应穿越保护范围，交通环境的改善不宜改变原有街巷的宽度和尺度，A、B 选项正确。保护规划应对布置在保护范围内的生产、储存爆炸性、易燃性、放射性、毒害性、腐蚀性物品的工厂、仓库等，提出迁移方案，D 选项正确。

第九章　其他主要规划类型

第一节　居住区规划

一、居住区规划的实践及理论发展

1. 邻里单位

提出理论：1929 年美国社会学家克莱伦斯·佩里以控制居住区内部车辆交通、保障居民的安全和环境安宁为出发点，首先提出了“邻里单位”的理论（见图 9–1）。

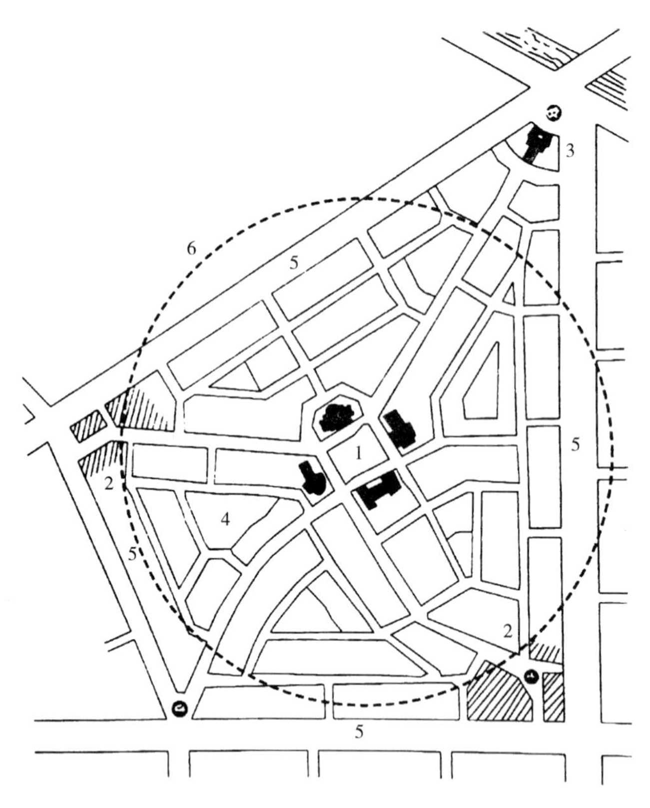

1—邻里中心；2—商业和公寓；3—商店或教堂；
4—绿地（占 10% 的用地）；5—大街；6—半径 1/4 英里。

图 9–1　佩里的邻里单位示意图

六条原则：①邻里单位周边为城市道路所包围，城市交通不穿越邻里单位内部。②邻里单位内部道路系统应限制外部车辆穿越，一般应采用尽端式道路，以保持内部的安全和安静。③以小学的合理规模为基础控制邻里单位的人口规模，使小学生不必穿过城市道路，一般邻里单位的规模是 5 000 人左右，规模小的邻里单位 3 000 ~ 4 000 人。④邻里单位的中心是小学，与其他服务设施一起布置在中心广场或绿地中。⑤邻里单位占地约 160 英亩（约合 65 公顷），每英亩 10 户，保证儿童上学距离不超过半英里（0.8 公里）。⑥邻里单位内小学周边设有商店、教堂、图书馆和公共活动中心。

实践：1933 年 C . 斯坦和 H . 莱特完成了美国新泽西州雷德邦规划方案。

周边式布局的街坊和街坊式的布局都是一种布局形式，邻里单位是一种居住区模式。

历年真题

1. 下列关于邻里单位的表述，错误的是（　　）。［2021-14］

A. 以城市干道为边界

B. 人口规模需达到 1 万人以上

C. 应有开放空间以及公园绿地

D. 与服务人口相适应的商业区应布置在邻里单位的周边

【答案】B

【解析】一般邻里单位的规模是 5 000 人以上。

2. 避免居住区被外部交通穿越的理念，最早出现在（　　）。［2021-66］

A. 美国的邻里单位　　B. 苏联的扩大小区

C. 中国的单位大院　　D. 新加坡的物业管理单元

【答案】A

【解析】1929 年美国社会学家克莱伦斯・佩里以控制居住区内部车辆交通、保障居民的安全和环境安宁为出发点，首先提出了“邻里单位”的理论。提出的六条原则其中包括邻里单位周边为城市道路所包围，城市交通不穿越邻里单位内部。

3. 下列不属于邻里单位原则的是（　　）。［2020-72］

A. 合理的人口规模　　B. 内部车辆可达

C. 良好的公共中心　　D. 适当的开发空间

【答案】B

【解析】邻里单位内部道路系统应限制外部车辆穿越，一般应采用尽端式道路，以保持内部的安全和安静。

2. 居住小区

提出理论：伦敦警察 Tripp 为解决伦敦交通拥挤问题而提出“划区”的理论，即在城市中开辟城市干路用于疏通交通，并把城市划分为大街坊的做法。

规划原则：苏联提出了扩大街坊的居住区规划原则，与邻里单位十分相似，只是在住宅的布局上更强调周边式布置。

居住小区的基本特征：①以城市道路或自然界限（如河流）划分，不为城市交通干路所穿越的完整地段。②小区内有一套完善的居民日常使用的配套设施，包括服务设施、绿地、道路等。③小区规模与配套设施相对应，一般以小学的最小规模对应的小区人口规模的下限，以公共服务设施的最大服务半径作为控制用地规模上限的依据。

实践：我国 20 世纪 50 年代初建设的北京百万庄居住区就属于周边式布置。但由于存在日照通风死角、过于形式化、不利于利用地形等问题，在此后的居住区规划中没有继续采用。

3. 居住综合体、居住综合区

居住综合体是指将居住建筑与配套服务设施组成一体的综合大楼或建筑组合体。

居住综合区是指居住和工作布置在一起的一种居住区组织形式，可以由住宅与商业、文化、办公以及无污染工业等相结合。

历年真题

我国早期小区的周边式布置没有继续采用的主要原因不包括（　　）。[2018-72]、[2012-98]

A. 存在日照通风死角　　B. 受交通噪声影响的沿街住宅数量较多

C. 难以解决停车问题　　D. 难以适应地形变化

【答案】C

【解析】周边式布置由于存在部分建筑朝向难以协调、东西向住宅的日照条件不佳、日照通风死角、过于形式化、对高差较大的地形较难适应、土方量大、卫生视线相互干扰、沿街噪声影响的住宅较多等缺点，在此后的居住区规划中没有继续采用。早期我国人均机动车拥有量不高，另外如果小区开发强度不高，也不会存在停车难问题。

二、居住区规划的基本要求和布局

1. 基本要求

（1）安全、卫生的要求：安全、卫生是满足人们基本的生存和生理要求。安全包括交通安全、治安安全、防火安全、防灾减灾等内容；卫生包括日照、通风、采光、噪声与空气污染防治、水环境控制、垃圾收集等方面。

（2）物质舒适性要求：居住区规划应以人为本，充分考虑居住区的舒适性，包括生活便利和环境舒适两个方面。

（3）精神享受性的要求：是指居住区环境与居民心理要求的适应与和谐，包括美学、居住文化、社区等方面的要求。

（4）与城市相协调的要求：居住区是构成城市的重要部分，具有较强的外部性，对城市的交通、环境、公共服务、城市风貌等都有巨大的影响。

（5）可持续性的要求：应强调生态先行的方法，综合考虑用地周围的环境条件和居住区用地的自然条件，充分保护和利用规划用地内有保留价值的河湖水域、地形地物、植被等，并运用有关的技术手段，促进资源节约和循环利用。

2. 公共服务设施的分级与布局

公共服务设施的规划布局应体现方便生活、减少干扰、有利经营、美化环境的原则，可采用分散、集中、分散集中相结合的方式布局，保证合理的服务半径。一般而言，商业服务与金融邮电、文体等有关项目宜集中布置，形成居住区各级公共活动中心，利于发挥设施效益，方便经营管理、使用和减少干扰，但部分服务设施的服务半径要求较高，适合分散布置，例如小学、幼儿园、居委会、基层服务设施等。另外，应该注意未来发展的需要，规划中应留有余地。按照防空地下室平战结合的原则，一般情况下可用作地下停车库。居住区内公共活动中心、集贸市场和人流较多的公共建筑应配建公共停车场（库）。

3. 住宅建筑的形式和布局形式

住宅建筑的形式：可按照高度分为低层（1 ~ 3层）、多层（4 ~ 6层）和高层住宅；按照户型组合可以分为板式和塔式住宅。

布局形式："行列式"、"周边式"、"点群式"是住宅群体空间的三种基本形式（见图9–2）。①行列式是板式住宅按一定间距和朝向重复排列，可以保证所有住宅的物理性能，但是空间较呆板，领域感和识别性都较差。②周边式是住宅四面围合的布局形式，其特点是内部空间安静、领域感强，并且容易形成较好的街景，但也存在东西向住宅的日照条件不佳和局部的视线干扰等问题。③点群式是低层独立式住宅或多层、高层塔式住宅成组成行的布局形式，日照通风条件好，对地形的适应性强，但也存在外墙多，不利于保温、视线干扰大的问题，有的还会出现较多东西向和不通透的住宅套型。

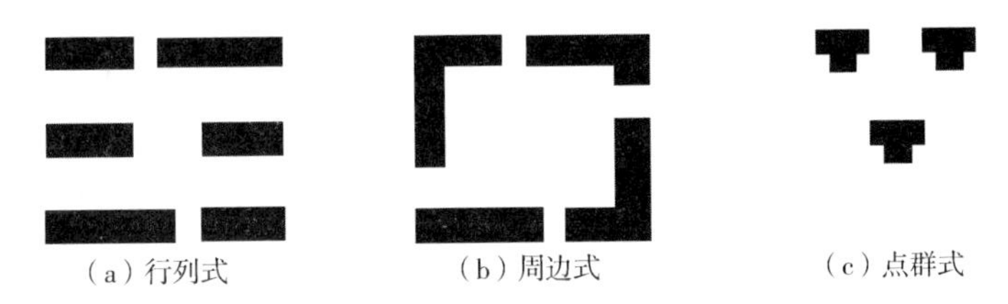

图 9–2　住宅群体空间的三种基本形式

住宅的通风条件依赖于住宅朝向和地方主导风向的关系、建筑间距、建筑形式、建筑群体组合形式等。

4. 住宅布置中的噪声

对居住区外部噪声的防治主要采用隔离法。对居住区内部的交通噪声的防治，可以采用车辆不进入小区内部，而将车行道设在地块边缘。采用尽端路，减小交通噪声的影响范围。采取减速措施，降低车速等。

历年真题

1. 下列不属于居住区规划要求的是（　　）。[2020–75]

A. 安全、卫生的要求　　B. 精神享受性的要求

C. 与城市相协调的要求　　D. 与产业门类相协调

【答案】D

【解析】居住规划的基本要求包括安全、卫生的要求，物质舒适性的要求，精神享受性的要求，与城市相协调的要求，可持续性的要求。

2. 下列关于条式住宅布局的表述，正确的是（　　）。[2019–67]

A. 南北朝向平行布局的主要优点是室内物理环境较好

B. 周边式布局的采光条件较好

C. 条式住宅不适合山地居住区

D. 平行布局的条式住宅主要利用太阳方位角获得日照

【答案】A

【解析】南北朝向平行布置的条式住宅具有良好的采光、通风、隔声等较好的室内环境，A选项正确。周边式住宅布局是住宅四面围合的布局形式，其特点是内部空间安静、领域感强，并且容易形成较好的街景，但也存在东西向住宅的日照条件不佳和局部的视线

干扰等问题，B 选项错误。条式住宅结合地形坡度，平行等高线并考虑住宅组合长度，可合理利用山地坡度，C 选项错误。平行布局的条式住宅主要利用太阳高度角获得日照，D 选项错误。

三、居住区规划指标与成果表达

技术经济指标一般由两部分组成：用地平衡及主要技术经济指标。

修建性详细规划层面的居住区规划设计的成果一般应有规划设计图纸及文件两大类，具体包括：分析图、规划设计图、工程规划设计图、形态意向规划设计图及模型、规划设计说明及技术经济指标。

基础资料应包括：政策法规性文件、自然及人文地理资料。

历年真题

下列不属于居住区修建性详细规划成果要求的是（　　）。[2020-74]

A. 区位关系　　B. 建筑方案选型

C. 说明书及图则　　D. 绿化设计及植物配置

【答案】 C

【解析】 修建性详细规划层面的居住区规划设计的成果一般应有规划设计图纸及文件两大类，具体包括：分析图、规划设计图、工程规划设计图、形态意向规划设计图及模型、规划设计说明及技术经济指标。图则为控制性详细规划的成果要求，修建性详细规划的成果不包含图则。

四、《城市居住区规划设计标准》GB 50180—2018 要点

1. 术语（第 2.0.2 ~ 2.0.8、4.0.1 条）

十五分钟生活圈居住区：以居民步行十五分钟可满足其物质与文化生活需求为原则划分的居住区范围；一般由城市干路或用地边界线所围合，居住人口规模为 50 000 人 ~ 100 000 人（约 17 000 套 ~ 32 000 套住宅），配套设施完善的地区。

十分钟生活圈居住区：以居民步行十分钟可满足其基本物质与文化生活需求为原则划分的居住区范围；一般由城市干路、支路或用地边界线所围合，居住人口规模为 15 000 人 ~ 25 000 人（约 5 000 套 ~ 8 000 套住宅），配套设施齐全的地区。

五分钟生活圈居住区：以居民步行五分钟可满足其基本生活需求为原则划分的居住区范围；一般由支路及以上级城市道路或用地边界线所围合，居住人口规模为 5 000 人 ~ 12 000 人（约 1 500 套 ~ 4 000 套住宅），配建社区服务设施的地区。

居住街坊：由支路等城市道路或用地边界线围合的住宅用地，是住宅建筑组合形成的居住基本单元；居住人口规模在 1 000 人 ~ 3 000 人（约 300 套 ~ 1 000 套住宅，用地面积 $2hm^2$ ~ $4hm^2$），并配建有便民服务设施。

居住区用地：城市居住区的住宅用地、配套设施用地、公共绿地以及城市道路用地的总称。

公共绿地：为居住区配套建设、可供居民游憩或开展体育活动的公园绿地。

住宅建筑平均层数：一定用地范围内，住宅建筑总面积与住宅建筑基底总面积的比值所得的层数。

居住区用地容积率：生活圈内，住宅建筑及其配套设施地上建筑面积之和与居住区用

地总面积的比值。

"生活圈居住区"：指一定空间范围内，由城市道路或用地边界线所围合，住宅建筑相对集中的居住功能区域。

历年真题

下列关于居住区综合技术指标的表述，正确的是（　　）。[2019–71]

A. 居住总人口是指实际入住人口数

B. 容积率＝住宅建筑及其配套设施地上建筑面积之和 / 居住区用地面积

C. 容积率＝建筑密度 × 建筑高度

D. 绿地率 + 建筑密度＝ 100%

【答案】B

【解析】居住区综合技术指标是一个规划的指标汇总，居住人口的计算为户数和每户人数（一般取值 3.2 ~ 3.5）的乘积，并不是实际入住的人口数。一般容积率等于建筑密度与平均层数的乘积。绿地率和建筑密度之和应该小于 1.0，因为每个小区一定会有道路的，所以绿地率 + 建筑密度＜ 100%。

2. 基本规定

居住区应选择在安全、适宜居住的地段进行建设，并应符合下列规定：①不得在有滑坡、泥石流、山洪等自然灾害威胁的地段进行建设；②与危险化学品及易燃易爆品等危险源的距离，必须满足有关安全规定；③存在噪声污染、光污染的地段，应采取相应的降低噪声和光污染的防护措施；④土壤存在污染的地段，必须采取有效措施进行无害化处理，并应达到居住用地土壤环境质量的要求。（第 3.0.2 条）

居住区按照居民在合理的步行距离内满足基本生活需求的原则，可分为十五分钟生活圈居住区、十分钟生活圈居住区、五分钟生活圈居住区及居住街坊四级，其分级控制规模应符合表 9–1 的规定。（第 3.0.4 条）

表 9–1　居住区分级控制规模及相关内容

距离与规模	十五分钟生活圈居住区	十分钟生活圈居住区	五分钟生活圈居住区	居住街坊
居住人口（万人）	5 ~ 10	1.5 ~ 2.5	0.5 ~ 1.2	0.1 ~ 0.3
住宅数量（套）	17 000 ~ 32 000	5 000 ~ 8 000	1 500 ~ 4 000	300 ~ 1 000
用地规模（hm^2）	130 ~ 200	32 ~ 50	8 ~ 18	2 ~ 4
围合长宽（m）	1 100 ~ 1 400	600 ~ 700	300 ~ 400	150 ~ 250
围合道路	干路	支路 + 干路	支路 + 干路	支路
容积率	1.5	1.8	2	3.1
道路用地	15% ~ 20%			
地面停车数量	＜住宅总套数的 10%			
人均公共绿地（m^2/ 人）	2	1	1	新区 0.5，旧区 0.35；宽带≥ 8m
配套设施服务半径（m）	不宜大于 1 000	不宜大于 500	不宜大于 300	—

续表 9–1

距离与规模	十五分钟生活圈居住区	十分钟生活圈居住区	五分钟生活圈居住区	居住街坊
步行距离（m）	800 ~ 1 000	500	300	—
学校	中学	小学	幼儿园	—

（1）各级“生活圈居住区”的含义。（第 2.0.2、2.0.5 条条文说明）

十五分钟生活圈居住区的用地面积规模为 $130hm^2$ ~ $200hm^2$，十分钟生活圈居住区的用地面积规模为 $32hm^2$ ~ $50hm^2$，五分钟生活圈居住区的用地面积规模为 $8hm^2$ ~ $18hm^2$。

居住街坊尺度为 150m ~ 250m，由城市道路或用地边界线所围合，用地规模 $2hm^2$ ~ $4hm^2$，是居住的基本生活单元。围合居住街坊的道路皆应为城市道路，开放支路网系统，不可封闭管理。这也是“小街区、密路网”发展要求的具体体现。

（2）居住区分级控制规模的划分规定。（第 3.0.4 条条文说明）

居住街坊是居住区构成的基本单元；结合居民的出行规律，在步行 5min、10min、15min 可分别满足其日常生活的基本需求，因此形成了居住街坊及三个等级的生活圈居住区；根据步行出行规律，三个生活圈居住区可分别对应在 300m、500m、1 000m 的空间范围内，该空间范围同时也是主要配套设施的服务半径。配套设施的中、小学和幼儿园服务半径与之对应。

居住街坊是组成各级生活圈居住区的基本单元；通常 3 ~ 4 个居住街坊可组成 1 个五分钟生活圈居住区，可对接社区服务；3 ~ 4 个五分钟生活圈居住区可组成 1 个十分钟生活圈居住区；3 ~ 4 个十分钟生活圈居住区可组成 1 个十五分钟生活圈居住区；1 ~ 2 个十五分钟生活圈居住区，可对接 1 个街道办事处。城市社区可根据社区的实际居住人口规模对应本标准的居住区分级，实施管理与服务，如图 9–3 和图 9–4 所示。

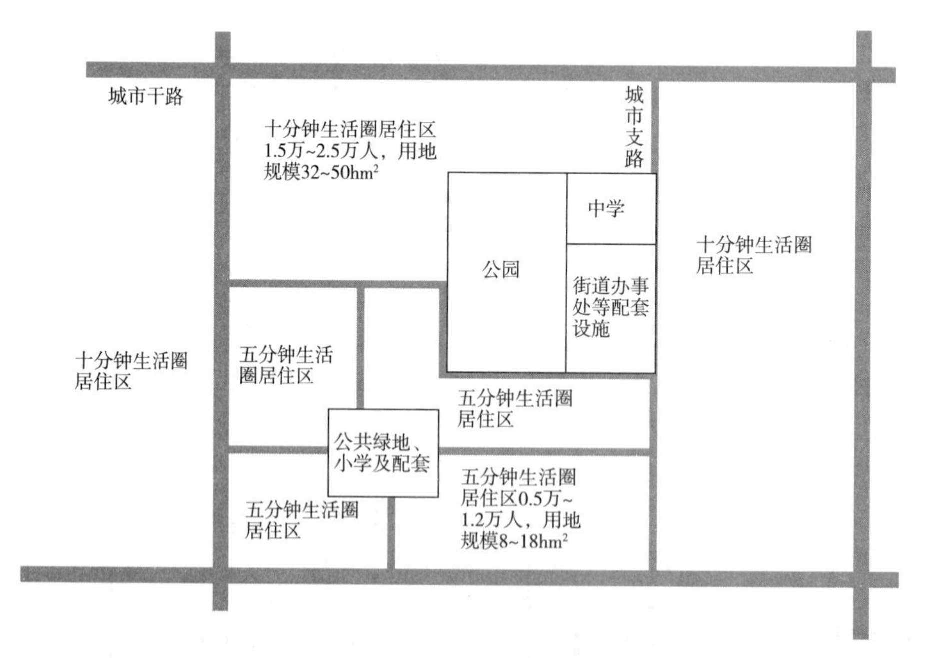

图 9–3 十五分钟生活圈居住区（5 万 ~ 10 万人）关系示意图

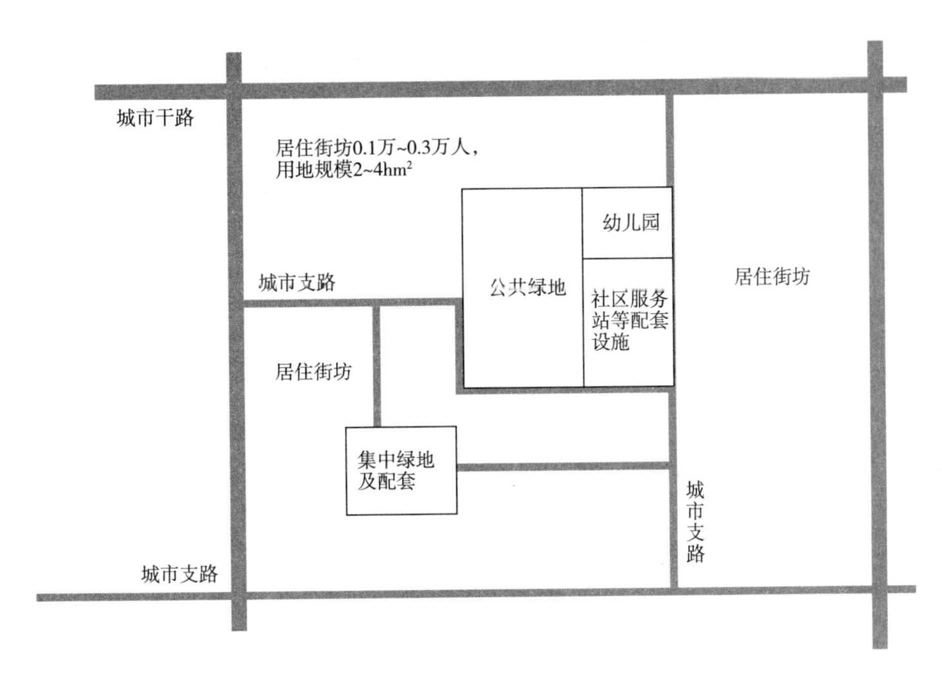

图 9-4　五分钟生活圈居住区（1.5 万 ~ 2.5 万人）关系示意图

历年真题

1. 下列地段中，属于居住区选址时必须避开的是（　　）。［2021-68］

A. 有土壤污染的地段　　B. 有噪声污染的地段

C. 有滑坡威胁的地段　　D. 交通繁忙的地段

【答案】C

【解析】居住区选址应符合下列规定：不得在有滑坡、泥石流、山洪等自然灾害威胁的地段进行建设；与危险化学品及易燃易爆品等危险源的距离，必须满足有关安全规定；存在噪声污染、光污染的地段，应采取相应的降低噪声和光污染的防护措施；土壤存在污染的地段，必须采取有效措施进行无害化处理，并应达到居住用地土壤环境质量的要求。

2. 十五分钟生活圈居住区人口规模为（　　）人。［2020-73］

A. 30 000 ~ 70 000　　B. 40 000 ~ 80 000

C. 45 000 ~ 90 000　　D. 50 000 ~ 100 000

【答案】D

【解析】十五分钟生活圈居住区居住人口规模为 50 000 ~ 100 000 人。

3. 用地面积计算方法

（1）居住区用地计算。（附录 A.0.1）

居住区用地面积应包括住宅用地、配套设施用地、公共绿地和城市道路用地，其计算方法应符合下列规定。

1）居住区范围内与居住功能不相关的其他用地以及本居住区配套设施以外的其他公共服务设施用地，不应计入居住区用地。

2）当周界为自然分界线时，居住区用地范围应算至用地边界。

3）当周界为城市快速路或高速路时，居住区用地边界应算至道路红线或其防护绿地边界。快速路或高速路及其防护绿地不应计入居住区用地。

4）当周界为城市干路或支路时，各级生活圈的居住区用地范围应算至道路中心线。

5）居住街坊用地范围应算至周界道路红线，且不含城市道路。

6）当与其他用地相邻时，居住区用地范围应算至用地边界。

7）当住宅用地与配套设施（不含便民服务设施）用地混合时，其用地面积应按住宅和配套设施的地上建筑面积占该幢建筑总建筑面积的比率分摊计算，并应分别计入住宅用地和配套设施用地。

8）生活圈居住区范围内通常会涉及不计入居住区用地的其他用地，主要包括企事业单位用地、城市快速路和高速路及防护绿带用地、城市级公园绿地及城市广场用地、城市级公共服务设施及市政设施用地等，这些不是直接为本居住区生活服务的各项用地，都不应计入居住区用地。

生活圈居住区用地范围和居住街坊范围划定规则可参照图 9–5、图 9–6。

（2）居住街坊内绿地及集中绿地的计算。（附录 A.0.2）

居住街坊内绿地面积的计算方法应符合下列规定。

1）满足当地植树绿化覆土要求的屋顶绿地可计入绿地，不应包括其他屋顶、晒台的人工绿地；绿地面积计算方法应符合所在城市绿地管理的有关规定。

2）当绿地边界与城市道路临接时，应算至道路红线；当与居住街坊附属道路临接时，应算至路面边缘；当与建筑物临接时，应算至距房屋墙脚 1.0m 处；当与围墙、院墙临接时，应算至墙脚。

3）当集中绿地与城市道路临接时，应算至道路红线；当与居住街坊附属道路临接时，应算至距路面边缘 1.0m 处；当与建筑物临接时，应算至距房屋墙脚 1.5m 处（见图 9–7）。

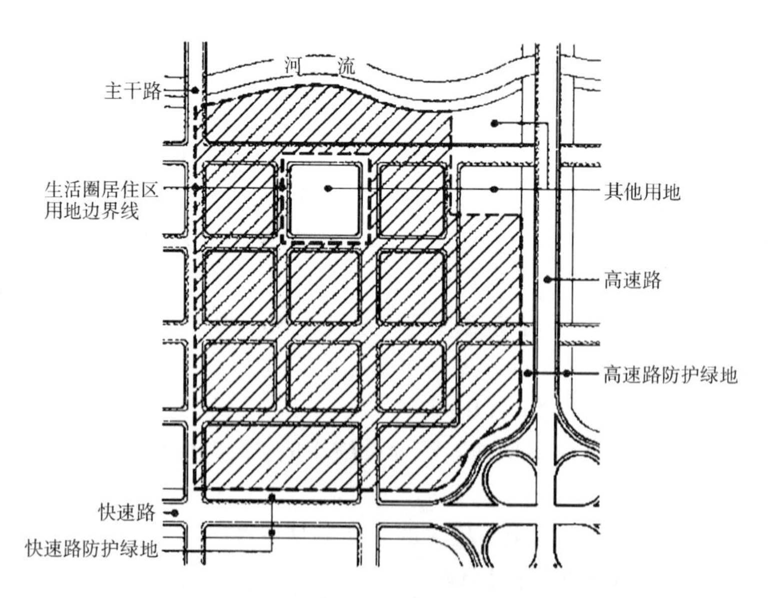

图 9–5 生活圈居住区用地范围划定规则示意

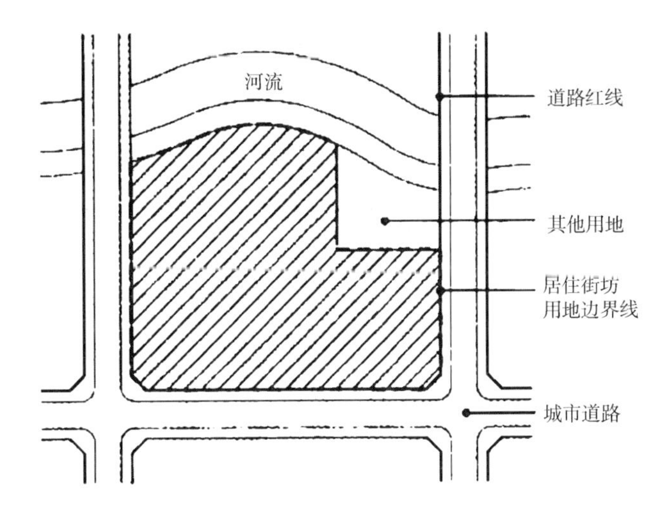

图 9-6　居住街坊范围划定规则示意

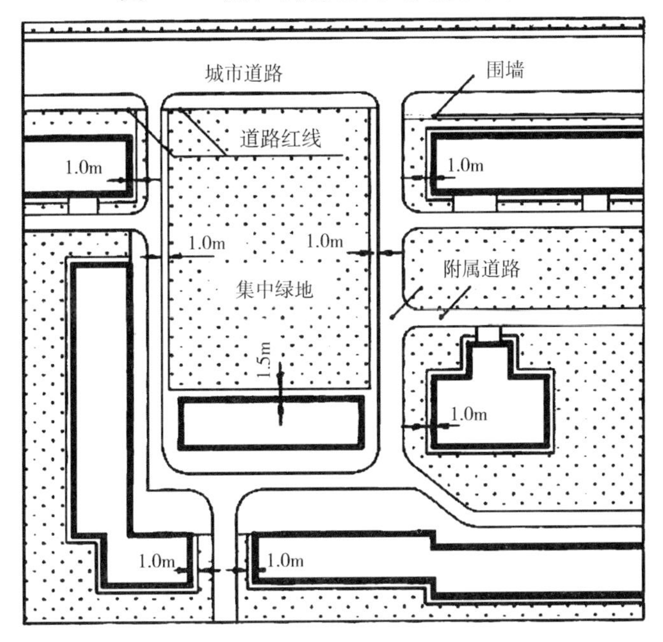

图 9-7　居住街坊内绿地及集中绿地的计算规则示意

4. 用地与建筑

（1）各级生活圈居住区用控制指标。（第 4.0.1 条及其条文说明）

1）十五分钟生活圈居住区用地控制指标（见表 9-2）。

2）十分钟生活圈居住区用地控制指标（见表 9-3）。

3）五分钟生活圈居住区用地控制指标（见表 9-4）。

4）各级生活圈居住区的用地构成及控制指标。

人均居住区用地面积、居住区用地容积率以及居住区用地构成之间彼此关联，并且与建筑气候区划以及住宅建筑平均层数紧密相关，实际使用中，应根据生活圈居住区的规模，对应使用控制指标表格。

表 9–2 十五分钟生活圈居住区用地控制指标

建筑气候区划	住宅建筑平均层数类别	人均居住区用地面积（m²/人）	居住区用地容积率	居住区用地构成（%）				
				住宅用地	配套设施用地	公共绿地	城市道路用地	合计
Ⅰ、Ⅶ	多层Ⅰ类（4 ~ 6层）	40 ~ 54	0.8 ~ 1.0	58 ~ 61	12 ~ 16	7 ~ 11	15 ~ 20	100
Ⅱ、Ⅵ		38 ~ 51	0.8 ~ 1.0					
Ⅲ、Ⅳ、Ⅴ		37 ~ 48	0.9 ~ 1.1					
Ⅰ、Ⅶ	多层Ⅱ类（7 ~ 9层）	35 ~ 42	1.0 ~ 1.1	52 ~ 58	13 ~ 20	9 ~ 13	15 ~ 20	100
Ⅱ、Ⅵ		33 ~ 41	1.0 ~ 1.2					
Ⅲ、Ⅳ、Ⅴ		31 ~ 39	1.1 ~ 1.3					
Ⅰ、Ⅶ	高层Ⅰ类（10 ~ 18层）	28 ~ 38	1.1 ~ 1.4	48 ~ 52	16 ~ 23	11 ~ 16	15 ~ 20	100
Ⅱ、Ⅵ		27 ~ 36	1.2 ~ 1.4					
Ⅲ、Ⅳ、Ⅴ		26 ~ 34	1.2 ~ 1.5					

注：居住区用地容积率是生活圈内，住宅建筑及其配套设施地上建筑面积之和与居住区用地总面积的比值。

表 9–3 十分钟生活圈居住区用地控制指标

建筑气候区划	住宅建筑平均层数类别	人均居住区用地面积（m²/人）	居住区用地容积率	居住区用地构成（%）				
				住宅用地	配套设施用地	公共绿地	城市道路用地	合计
Ⅰ、Ⅶ	低层（1 ~ 3层）	49 ~ 51	0.8 ~ 0.9	71 ~ 73	5 ~ 8	4 ~ 5	15 ~ 20	100
Ⅱ、Ⅵ		45 ~ 51	0.8 ~ 0.9					
Ⅲ、Ⅳ、Ⅴ		42 ~ 51	0.8 ~ 0.9					
Ⅰ、Ⅶ	多层Ⅰ类（4 ~ 6层）	35 ~ 47	0.8 ~ 1.1	68 ~ 70	8 ~ 9	4 ~ 6	15 ~ 20	100
Ⅱ、Ⅵ		33 ~ 44	0.9 ~ 1.1					
Ⅲ、Ⅳ、Ⅴ		32 ~ 41	0.9 ~ 1.2					
Ⅰ、Ⅶ	多层Ⅱ类（7 ~ 9层）	30 ~ 35	1.1 ~ 1.2	64 ~ 67	9 ~ 12	6 ~ 8	15 ~ 20	100
Ⅱ、Ⅵ		28 ~ 33	1.2 ~ 1.3					
Ⅲ、Ⅳ、Ⅴ		26 ~ 32	1.2 ~ 1.4					
Ⅰ、Ⅶ	高层Ⅰ类（10 ~ 18层）	23 ~ 31	1.2 ~ 1.6	60 ~ 64	12 ~ 14	7 ~ 10	15 ~ 20	100
Ⅱ、Ⅵ		22 ~ 28	1.3 ~ 1.7					
Ⅲ、Ⅳ、Ⅴ		21 ~ 27	1.4 ~ 1.8					

表 9–4 五分钟生活圈居住区用地控制指标

建筑气候区划	住宅建筑平均层数类别	人均居住区用地面积（m^2/ 人）	居住区用地容积率	居住区用地构成（%）				
				住宅用地	配套设施用地	公共绿地	城市道路用地	合计
Ⅰ、Ⅶ	低层（1 ~ 3 层）	46 ~ 47	0.7 ~ 0.8	76 ~ 77	3 ~ 4	2 ~ 3	15 ~ 20	100
Ⅱ、Ⅵ		43 ~ 47	0.8 ~ 0.9					
Ⅲ、Ⅳ、Ⅴ		39 ~ 47	0.8 ~ 0.9					
Ⅰ、Ⅶ	多层Ⅰ类（4 ~ 6 层）	32 ~ 43	0.8 ~ 1.1	74 ~ 76	4 ~ 5	2 ~ 3	15 ~ 20	100
Ⅱ、Ⅵ		31 ~ 40	0.9 ~ 1.2					
Ⅲ、Ⅳ、Ⅴ		29 ~ 37	1.0 ~ 1.2					
Ⅰ、Ⅶ	多层Ⅱ类（7 ~ 9 层）	28 ~ 31	1.2 ~ 1.3	72 ~ 74	5 ~ 6	3 ~ 4	15 ~ 20	100
Ⅱ、Ⅵ		25 ~ 29	1.2 ~ 1.4					
Ⅲ、Ⅳ、Ⅴ		23 ~ 28	1.3 ~ 1.6					
Ⅰ、Ⅶ	高层Ⅰ类（10 ~ 18 层）	20 ~ 27	1.4 ~ 1.8	69 ~ 72	6 ~ 8	4 ~ 5	15 ~ 20	100
Ⅱ、Ⅵ		19 ~ 25	1.5 ~ 1.9					
Ⅲ、Ⅳ、Ⅴ		18 ~ 23	1.6 ~ 2.0					

注：居住区用地容积率是生活圈内，住宅建筑及其配套设施地上建筑面积之和与居住区用地总面积的比值。

通常空间尺度范围越大，现实中全部建设低层住宅建筑或全部建设高层住宅建筑的情况就越少见。十五分钟生活圈居住区没有纳入低层和高层Ⅱ类的住宅建筑平均层数类别；十分钟生活圈居住区和五分钟生活圈居住区则没有纳入高层Ⅱ类的住宅建筑平均层数类别。

建筑气候区划决定了同等日照标准条件下，当容积率相同时，高纬度地区住宅建筑间距会大于低纬度地区，所以三个生活圈居住区的人均居住区用地面积及用地构成比例有以下特征：①住宅用地的比例，以及人均居住区用地控制指标在高纬度地区偏向指标区间的高值，配套设施用地和公共绿地的比例偏向指标的低值，低纬度地区则正好相反；②城市道路用地的比例只和居住区在城市中的区位有关，靠近城市中心的地区，道路用地控制指标偏向高值。（注：建筑气候区划决定了纬度越高，建筑的间距越大。同等要求的情况下，满足相同的容积率，高纬度地区需要用地面积就越大，那么住宅用地的占比和人均居住区用地面积就大。）

（2）居住街坊用地与建筑控制指标。（第 4.0.2 条及其条文说明）

1）居住街坊用地与建筑控制指标应符合表 9–5。

表 9–5 居住街坊用地与建筑控制指标

建筑气候区划	住宅建筑平均层数类别	居住区用地容积率	建筑密度最大值（%）	绿地率最小值（%）	住宅建筑高度控制最大值（m）	人均住宅用地面积最大值（m^2/人）
Ⅰ、Ⅶ	低层（1 ~ 3 层）	1. 0	35	30	18	36
	多层Ⅰ类（4 ~ 6 层）	1.1 ~ 1.4	28	30	27	32
	多层Ⅱ类（7 ~ 9 层）	1.5 ~ 1.7	25	30	36	22
	高层Ⅰ类（10 ~ 18 层）	1.8 ~ 2.4	20	35	54	19
	高层Ⅱ类（19 ~ 26 层）	2.5 ~ 2.8	20	35	80	13
Ⅱ、Ⅵ	低层（1 ~ 3 层）	1.0 ~ 1.1	40	28	18	36
	多层Ⅰ类（4 ~ 6 层）	1.2 ~ 1.5	30	30	27	30
	多层Ⅱ类（7 ~ 9 层）	1.6 ~ 1.9	28	30	36	21
	高层Ⅰ类（10 ~ 18 层）	2.0 ~ 2.6	20	35	54	17
	高层Ⅱ类（19 ~ 26 层）	2.7 ~ 2.9	20	35	80	13
Ⅲ、Ⅳ、Ⅴ	低层（1 ~ 3 层）	1.0 ~ 1.2	43	25	18	36
	多层Ⅰ类（4 ~ 6 层）	1.3 ~ 1.6	32	30	27	27
	多层Ⅱ类（7 ~ 9 层）	1.7 ~ 2.1	30	30	36	20
	高层Ⅰ类（10 ~ 18 层）	2.2 ~ 2.8	22	35	54	16
	高层Ⅱ类（19 ~ 26 层）	2.9 ~ 3.1	22	35	80	12

注：1. 住宅用地容积率是居住街坊内，住宅建筑及其便民服务设施地上建筑面积之和与住宅用地总面积的比值。

2. 建筑密度是居住街坊内，住宅建筑及其便民服务设施建筑基底面积与该居住街坊用地面积的比率。

3. 绿地率是居住街坊内，绿地面积之和与该居住街坊用地面积的比率（%）。

2）住街坊的各项控制指标。居住街坊（$2hm^2$ ~ $4hm^2$）规定中，住宅建筑高度控制最大值是 80m，最高建筑层数是 19 层 ~ 26 层。

3）根据《中共中央 国务院关于进一步加强城市规划建设管理工作的若干意见》“进一步提高城市人均公园绿地面积和城市建成区绿地率，改变城市建设中过分追求高强度开发、高密度建设、大面积硬化的状况，让城市更自然、更生态、更有特色”。对居住区的开发强度提出限制要求，避免住宅建筑群比例失态的“高低配”现象的出现。

（3）当住宅建筑采用低层或多层高密度布局形式时，居住街坊用地与建筑控制指标应符合表 9–6 的规定。（第 4.0.3 条）

表 9–6　低层或多层高密度居住街坊用地与建筑控制指标

建筑气候区划	住宅建筑平均层数类别	居住区用地容积率	建筑密度最大值（%）	绿地率最小值（%）	住宅建筑高度控制最大值（m）	人均住宅用地面积（m^2/人）
Ⅰ、Ⅶ	低层（1 ~ 3 层）	1.0、1.1	42	25	11	32 ~ 36
	多层Ⅰ类（4 ~ 6 层）	1.4、1.5	32	28	20	24 ~ 26
Ⅱ、Ⅵ	低层（1 ~ 3 层）	1.1、1.2	47	23	11	30 ~ 32
	多层Ⅰ类（4 ~ 6 层）	1.5 ~ 1.7	38	28	20	21 ~ 24
Ⅲ、Ⅳ、Ⅴ	低层（1 ~ 3 层）	1.2、1.3	50	20	11	27 ~ 30
	多层Ⅰ类（4 ~ 6 层）	1.6 ~ 1.8	42	25	20	20 ~ 22

注：1. 住宅用地容积率是居住街坊内，住宅建筑及其便民服务设施地上建筑面积之和与住宅用地总面积的比值。

2. 建筑密度是居住街坊内，住宅建筑及其便民服务设施建筑基底面积与该居住街坊用地面积的比率。

3. 绿地率是居住街坊内，绿地面积之和与该居住街坊用地面积的比率（%）。

1）低层与多层高密度最大容积率为 1.8。低层与多层高密度是指城市旧区改建等情况下，建筑高度受到严格控制，居住区可采用低层高密度或多层高密度的布局方式。

2）人均住宅用地面积的标准。《城市居住区规划设计标准》中各级生活圈居住区用地控制指标及居住街坊用地与建筑控制指标均按小康社会城镇人均住房建筑面积 35m^2 的标准进行计算。人均住房建筑面积应达到舒适标准，但也不是越大越好，以适应我国人多地少的国情，许多发达国家人均住房建筑面积基本在 30m^2 ~ 40m^2。

历年真题

下列哪项表述是正确的？（　　）[2010–75]

A. 居住区规模越大，住宅用地比重越低

B. 居住区规模变化时，住宅用地比重恒定不变

C. 居住区规模越大，住宅用地比重越高

D. 住宅用地比重与居住区规模没有相关性

【答案】A

【解析】《城市居住区规划设计标准》第 4.0.1 条规定，十五分钟生活圈居住区的住宅用地为 48% ~ 61%，十分钟生活圈居住区的住宅用地比重为 60% ~ 73%，五分钟生活圈居住区的住宅用地比重为 69% ~ 77%，因此住宅用地比重排序为：十五分钟生活圈居住区＜十分钟生活圈居住区＜五分钟生活圈居住区。

5. 公共绿地

（1）新建各级生活圈居住区应配套规划建设公共绿地，并应集中设置具有一定规模，且能开展休闲、体育活动的居住区公园；公共绿地控制指标应符合表 9–7 的规定。（第 4.0.4 条）

表 9-7 公共绿地控制指标

类别	人均公共绿地面积（m^2/ 人）	居住区公园		备　　注
		最小规模（hm^2）	最小宽度（m）	
十五分钟生活圈居住区	2.0	5.0	80	不含十分钟生活圈及以下级居住区的公共绿地指标
十分钟生活圈居住区	1.0	1.0	50	不含五分钟生活圈及以下级居住区的公共绿地指标
五分钟生活圈居住区	1.0	0.4	30	不含居住街坊的绿地指标

注：居住区公园中应设置 10% ~ 15% 的体育活动场地。

（2）当旧区改建确实无法满足表 9-7 的规定时，可采取多点分布以及立体绿化等方式改善居住环境，但人均公共绿地面积不应低于相应控制指标的 70%。（第 4.0.5 条）

（3）居住街坊内的绿地应结合住宅建筑布局设置集中绿地和宅旁绿地。（第 4.0.6 条）

（4）标准界定，不同生活圈的人均公共绿地面积、最小规模、最小宽度不同。

（5）人均公共绿地面积为非包含关系，需叠加计算。

十五分钟生活圈居住区的人均公共绿地面积不含十分钟生活圈及以下级居住区的公共绿地指标。十分钟生活圈和五分钟生活圈依此类推。就是十五分钟生活圈居住区按 $2m^2$/ 人设置公共绿地（不含十分钟生活圈居住区及以下级公共绿地指标）、十分钟生活圈居住区按 $1m^2$/ 人设置公共绿地（不含五分钟生活圈居住区及以下级公共绿地指标）、五分钟生活圈居住区按 $1m^2$/ 人设置公共绿地（不含居住街坊绿地指标）。

如果计算十五分钟生活圈居住区的人均公共绿地面积，公式是：2.0+1.0+1.0=4.0（m^2/ 人）。如果计算十五分钟生活圈居住区的绿地面积，公式是：2.0+1.0+1.0+0.5（0.5 是居住街坊的集中绿地最低值）=4.5（m^2/ 人）。

（6）居住街坊内集中绿地的规划建设，应符合下列规定。（第 4.0.7 条）

①新区建设不应低于 $0.50m^2$/ 人，旧区改建不应低于 $0.35m^2$/ 人；②宽度不应小于 8m。③在标准的建筑日照阴影线范围之外的绿地面积不应少于 1/3，其中应设置老年人、儿童活动场地。

（7）对集中设置的公园绿地规模提出了控制要求。例如，居住区公园中应设置 10% ~ 15% 的体育活动场地，体现了土地混合、集约利用的发展要求。

城市道路用地不变的情况下，纬度越高，人均居住区用地面积和住宅用地的占比指标区间越高，那么配套设施用地、公共绿地就需要相应减少。

历年真题

居住街坊绿地不包括（　　）。[2019-70]

A. 居住街坊所属道路行道树树冠投影面积

B. 底层住户的自用小院

C. 宽度小于 8m 的绿地

D. 停车场中的绿地

【答案】B

【解析】《城市居住区规划设计标准》附录 A.0.2 规定，居住街坊内绿地面积的计算方法应符合下列规定：①满足当地植树绿化覆土要求的屋顶绿地可计入绿地。绿地面积计算方法应符合所在城市绿地管理的有关规定。②当绿地边界与城市道路临接时，应算至道路红线；当与居住街坊附属道路临接时，应算至路面边缘；当与建筑物临接时，应算至距房屋墙脚 1.0m 处；当与围墙、院墙临接时，应算至墙脚。由此可知，底层住户的自用小院只算墙脚。

6. 日照和通风（第 4.0.9 条）

住宅建筑的间距应符合表 9-8 的规定；对特定情况，还应符合下列规定：①老年人居住建筑日照标准不应低于冬至日日照时数 2h。②在原设计建筑外增加任何设施不应使相邻住宅原有日照标准降低，既有住宅建筑进行无障碍改造加装电梯除外。③旧区改建项目内新建住宅建筑日照标准不应低于大寒日日照时数 1h。

表 9-8　住宅建筑日照标准

<table>
<tr><td>建筑气候区划</td><td colspan="2">Ⅰ、Ⅱ、Ⅲ、Ⅶ气候区</td><td colspan="2">Ⅳ气候区</td><td>Ⅴ、Ⅵ气候区</td></tr>
<tr><td>城区常住人口（万人）</td><td>≥ 50</td><td>< 50</td><td>≥ 50</td><td>< 50</td><td>无限定</td></tr>
<tr><td>日照标准日</td><td colspan="3">大寒日</td><td colspan="2">冬至日</td></tr>
<tr><td>日照时数（h）</td><td>≥ 2</td><td colspan="2">≥ 3</td><td colspan="2">≥ 1</td></tr>
<tr><td>有效日照时间带
（当地真太阳时）</td><td colspan="3">8—16 时</td><td colspan="2">9—15 时</td></tr>
<tr><td>计算起点</td><td colspan="5">底层窗台面</td></tr>
</table>

注：底层窗台面是指距室内地坪 0.9m 高的外墙位置。

历年真题

下列关于住宅布局的表述，错误的是（　　）。[2017-76]

A. 我国东部地区城市的住宅日照标准是冬至日 1 小时

B. 室外风环境包括夏季通风、冬季防风

C. 行列式布局可以保证所有住宅的物理性能，但是空间较呆板

D. 周边式布置领域感强，但存在局部日照不佳和视线干扰等问题

【答案】A

【解析】我国东部地区城市的日照标准是大寒日大城市不少于 2 小时，中小城市不少于 3 小时。

7. 配套设施

（1）基本规定。（第 5.0.1 条）

配套设施应遵循配套建设、方便使用、统筹开放、兼顾发展的原则进行配置，其布局应遵循集中和分散兼顾、独立和混合使用并重的原则，并应符合下列规定：

1）十五分钟和十分钟生活圈居住区配套设施，应依照其服务半径相对居中布局。

2）在十五分钟生活圈居住区配套设施中，文化活动中心、社区服务中心（街道级）、街道办事处等服务设施宜联合建设并形成街道综合服务中心，其用地面积不宜小于 $1hm^2$。

3）在五分钟生活圈居住区配套设施中，社区服务站、文化活动站（含青少年、老年活动站）、老年人日间照料中心（托老所）、社区卫生服务站、社区商业网点等服务设施，宜集中布局、联合建设，并形成社区综合服务中心，其用地面积不宜小于 $0.3hm^2$。

4）旧区改建项目应根据所在居住区各级配套设施的承载能力合理确定居住人口规模与住宅建筑容量；当不匹配时，应增补相应的配套设施或对应控制住宅建筑增量。

（2）配套设施用地及建筑面积控制指标，应按照居住区分级对应的居住人口规模进行控制。（第 5.0.3 条）

注：配套设施用地应含与居住区分级对应的居民室外活动场所用地；未含高中用地、市政公用设施用地，市政公用设施应根据专业规划确定。

（3）各级生活圈居住区配套设施。

十五分钟生活圈居住区：必须配建的设施主要包括中学、大型多功能运动场地、文化活动中心（含青少年、老年活动中心）、卫生服务中心（社区医院）、养老院、老年养护院、街道办事处、社区服务中心（街道级）、司法所、商场、餐饮设施、银行、电信、邮政营业网点等，以及开闭所、公交车站等基础设施；宜配建的配套设施主要包括体育馆（场）或全民健身中心，该项目与大型多功能运动场地内容类似，可作为大型多功能运动场地的替代设施，但体育馆（场）或全民健身中心中的体育活动场地应满足大型多功能运动场地的设置要求。派出所因各城市建设规模不一、变化较大，可结合各城市实际情况进行建设。市政公用设施、交通场站设施可结合相关专业规划或标准进行配置。

十分钟生活圈居住区：必须配建的设施主要包括小学、中型多功能运动场地、菜市场或生鲜超市、小型商业金融、餐饮、公交首末站等设施。健身房作为十五分钟、十分钟生活圈居住区宜配置项目，可通过市场调节补充居民对体育活动场地的差异性需求。

五分钟生活圈居住区：必须配建的设施主要包括社区服务站（含社区居委会、治安联防站、残疾人康复室）、文化活动站（含青少年、老年活动站）、小型多功能运动（球类）场地、室外综合健身场地（含老年户外活动场地）、幼儿园、老年人日间照料中心（托老所）、社区商业网点（超市、药店、洗衣店、美发店等）、再生资源回收点、生活垃圾收集站、公共厕所等。五分钟生活圈居住区的配套设施一般与城市社区居委会管理相对应。随着我国社区建设的不断发展，文体活动、卫生服务、养老服务都已经作为基层社区服务的重要内容，室外综合健身场地（含老年户外活动场地）宜独立占地，但可结合五分钟生活圈的居住区公园进行建设，并应满足本标准提出的居住区公园体育活动场地占地比例要求。五分钟生活圈居住区居住人口规模下限宜配置 1 所 12 班幼儿园，每班 20 人；居住人口规模上限宜配置 1 所 6 班幼儿园和 1 所 12 班幼儿园，每班 35 人。

居住街坊：应配置便民的日常服务配套设施，通常为本街坊居民服务；必须配建的设施包括物业管理与服务、儿童、老年人活动场地、室外健身器械、便利店（菜店、日杂等）、邮件和快递送达设施、生活垃圾收集点、居民机动车与非机动车停车场（库）等。居住街坊的配套设施一般设置在住宅建筑底层或地下，属于住宅用地可兼容的服务设施，其用地不需单独计算。

1）十五分钟生活圈居住区、十分钟生活圈居住区配套设施设置规定和规划建设控制要求（见表 9–9、表 9–10）。（附录 B.0.1、C.0.1）

表 9–9　十五分钟生活圈居住区、十分钟生活圈居住区主要配套设施设置规定

类别	项目	十五分钟生活圈居住区	十分钟生活圈居住区	备注
公共管理和公共服务设施	初中	▲	△	应独立占地
	小学	—	▲	应独立占地
	体育馆（场）或全民健身中心	△	—	可联合建设
	大型多功能运动场地	▲	—	宜独立占地
	中型多功能运动场地	—	▲	宜独立占地
	卫生服务中心（社区医院）	▲	—	宜独立占地
	门诊部	▲	—	可联合建设
	养老院	▲	—	宜独立占地
	老年养护院	▲	—	宜独立占地
	文化活动中心（含青少年、老年活动中心）	▲	—	可联合建设
	社区服务中心（街道级）	▲	—	可联合建设
商业服务业设施	商场	▲	▲	可联合建设
	菜市场或生鲜超市	—	▲	可联合建设
	健身房	△	△	可联合建设
	银行营业网点	▲	▲	可联合建设
	电信营业网点	▲	▲	可联合建设
	邮政营业网点	▲	—	可联合建设
市政公用设施	开闭所	▲	△	可联合建设
	垃圾转运站	△	△	应独立占地
	消防站	△	—	宜独立占地
交通场站	轨道交通站点	△	△	可联合建设
	公交首末站	△	△	可联合建设
	公交车站	▲	▲	宜独立设置
	非机动车停车场（库）	△	△	可联合建设
	机动车停车场（库）	△	△	可联合建设

注：1.“▲”为应配建的项目；“△”为根据实际情况按需配建的项目。

2. 在国家确定的一、二类人防重点城市，应按人防有关规定配建防空地下室。

表 9–10 十五分钟生活圈居住区、十分钟生活圈居住区主要配套设施规划建设控制要求

类别	设施名称	单项规模		服务内容	设置要求
		建筑面积（m^2）	用地面积（m^2）		
公共管理和公共服务设施	初中*	—	—	满足12～18周岁青少年入学需求	（1）选址应避开城市干道交叉口等交通繁忙路段； （2）服务半径不宜大于1 000m； （3）学校规模应根据适龄少年人口确定，且不宜超过36个班
	小学*	—	—	满足6～12周岁青少年入学需求	（1）选址应避开城市干道交叉口等交通繁忙路段； （2）服务半径不宜大于500m；学生上下学穿越城市道路时，应有相应的安全措施； （3）学校规模应根据适龄儿童人口确定，且不宜超过36个班； （4）应设不低于200m环形跑道和60m直跑道的运动场，并配置符合标准的球类场地
	体育场（馆）或全民健身中心	2 000～5 000	1 200～15 000	具备多种健身设施，专用于开展体育健身活动的综合体育场（馆）或健身馆	（1）服务半径不宜大于1 000m； （2）体育场应设置60～100m直跑道和环形跑道
	大型多功能运动场地	—	3 150～5 620	多功能运动场地或同等规模的球类场地	（1）宜结合公共绿地等公共活动空间统筹布局； （2）服务半径不宜大于1 000m； （3）宜集中设置篮球、排球、5人足球场地
	中型多功能运动场地	—	1 310～2 460	多功能运动场地或同等规模的球类场地	（1）宜结合公共绿地等公共活动空间统筹布局； （2）服务半径不宜大于500m； （3）宜集中设置篮球、排球、5人足球场地

续表 9–10

<table>
<tr><th rowspan="2">类别</th><th rowspan="2">设施名称</th><th colspan="2">单项规模</th><th rowspan="2">服务内容</th><th rowspan="2">设置要求</th></tr>
<tr><th>建筑面积（m^2）</th><th>用地面积（m^2）</th></tr>
<tr><td rowspan="5">公共管理和公共服务设施</td><td>卫生服务中心*（社区医院）</td><td>1 700 ~ 2 000</td><td>1 420 ~ 2 860</td><td>预防、医疗、保健、康复、健康教育、计生等</td><td>（1）一般结合街道办事处所辖区进行设置，且不宜与菜市场、学校、幼儿园、公共娱乐场所、消防站、垃圾转运站等设施毗邻；
（2）服务半径不宜大于 1 000m；
（3）建筑面积不得低于 1 700m^2</td></tr>
<tr><td>门诊部</td><td>—</td><td>—</td><td>—</td><td>（1）宜设置于辖区内位置适中，交通方便的地段；
（2）服务半径不宜大于 1 000m</td></tr>
<tr><td>养老院*</td><td>7 000 ~ 17 500</td><td>3 500 ~ 22 000</td><td>对自理、介助和介护老年人给予生活起居、餐饮服务、医疗保健、文化娱乐综合服务</td><td>（1）宜临近社区卫生服务中心、幼儿园、小学以及公共服务中心；
（2）一般规模宜为 200 ~ 500 床</td></tr>
<tr><td>老年养护院*</td><td>3 500 ~ 17 500</td><td>1 750 ~ 22 000</td><td>对介助和介护老年人给予生活起居、餐饮服务、医疗保健、心理疏导、临终关怀等服务</td><td>（1）宜临近社区卫生服务中心、幼儿园、小学以及公共服务中心；
（2）一般规模宜为 100 ~ 500 床</td></tr>
<tr><td>文化活动中心*（含青少年、老年活动中心）</td><td>3 000 ~ 6 000</td><td>3 000 ~ 12 000</td><td>开展图书阅览、科普知识宣传与教育，影视厅、舞厅、游艺厅、球类、棋类，科技与艺术等活动；宜包括儿童之家服务功能</td><td>（1）宜结合或靠近绿地设置；
（2）服务半径不宜大于 1 000m</td></tr>
</table>

续表 9–10

类别	设施名称	单项规模		服务内容	设置要求
		建筑面积（m^2）	用地面积（m^2）		
公共管理和公共服务设施	社区服务中心（街道级）	700 ~ 1 500	600 ~ 1 200	—	（1）一般结合街道办事处所辖区域设置； （2）服务半径不宜大于 1 000m； （3）建筑面积不应低于 700m^2
商业服务业设施	商场	1 500 ~ 3 000	—	—	（1）应集中布局在居住区相对居中的位置； （2）服务半径不宜大于 500m
	菜市场或生鲜超市	750 ~ 1 500 或 2 000 ~ 2 500	—	—	（1）服务半径不宜大于 500m； （2）应设置机动车、非机动车停车场
	健身房	600 ~ 2 000	—	—	服务半径不宜大于 1 000m
	银行营业网点	—	—	—	宜与商业服务设施结合或临近设置
	电信营业网点	—	—	—	根据专业规划设置
	邮政营业网点	—	—	包括邮政局、邮政支局等邮政设施以及其他快递营业设施	（1）宜与商业服务设施结合或临近设置； （2）服务半径不宜大于 1 000m
市政公用设施	开闭所*	200 ~ 300	500	—	（1）0.6 万 ~ 1.0 万套住宅设置 1 所； （2）用地面积不应小于 500m^2
	垃圾转运站*	—	—	—	根据专业规划设置
	消防站*	—	—	—	根据专业规划设置

续表 9–10

类别	设施名称	单项规模		服务内容	设置要求
		建筑面积（m^2）	用地面积（m^2）		
交通场站	轨道交通站点*	—	—	—	服务半径不宜大于 800m
	公交首末站*	—	—	—	根据专业规划设置
	公交车站	—	—	—	服务半径不宜大于 500m
	非机动车停车场（库）	—	—	—	（1）宜就近设置在非机动车（含共享单车）与公共交通换乘接驳地区； （2）宜设置在轨道交通站点周边非机动车车程 15min 范围内的居住街坊出入口处，停车面积不应小于 $30m^2$
	机动车停车场（库）	—	—	—	根据所在地城市规划有关规定配置

注：1. 加“*”的配套设施，其建筑面积与用地面积规模应满足国家相关规划及标准规范的有关规定。

2. 小学和初中可合并设置九年一贯制学校，初中和高中可合并设置完全中学。

3. 承担应急避难功能的配套设施，应满足国家有关应急避难场所的规定。

2）五分钟生活圈居住区主要配套设施设置规定和规划建设控制要求（见表 9–11、表 9–12）。（附录 B.0.2、C.0.2）

表 9–11　五分钟生活圈居住区主要配套设施设置规定

类别	项目	五分钟生活圈居住区	备注
社区服务设施	社区服务站（含居委会、治安联防站、残疾人康复室）	▲	可联合建设
	文化活动站（含青少年、老年活动中心）	▲	可联合建设
	小型多功能运动（球类）场地	▲	宜独立占地
	室外综合健身场地（含老年户外活动场地）	▲	宜独立占地
	幼儿园	▲	宜独立占地
	托儿所	△	可联合建设
	老年人日间照料中心（托老所）	▲	可联合建设

续表 9–11

类别	项目	五分钟生活圈居住区	备注
社区服务设施	社区卫生服务站	△	可联合建设
	社区商业网点（超市、药店、洗衣店、美发店等）	▲	可联合建设
	再生资源回收点	▲	可联合建设
	生活垃圾收集站	▲	宜独立设置
	公共厕所	▲	可联合建设
	公交车站	△	宜独立设置
	非机动车停车场（库）	△	可联合建设
	机动车停车场（库）	△	可联合建设

注：1.“▲”为应配建的项目；“△”为根据实际情况按需配建的项目。

2. 在国家确定的一、二类人防重点城市，应按人防有关规定配建防空地下室。

表 9–12 五分钟生活圈居住区主要配套设施规划建设控制要求

设施名称	单项规模		服务内容	设置要求
	建筑面积（m^2）	用地面积（m^2）		
社区服务站	600 ~ 1 000	500 ~ 800	社区服务站含社区服务大厅、警务室、社区居委会办公室、居民活动用房、活动室、阅览室、残疾人康复室	（1）服务半径不宜大于 300m； （2）建筑面积不得低于 600m^2
文化活动站	250 ~ 1 200	—	书报阅览、书画、文娱、健身、音乐欣赏、茶座等，可供青少年和老年人活动的场所	（1）宜结合或靠近公共绿地设置； （2）服务半径不宜大于 500m
小型多功能运动（球类）场地	—	770 ~ 1 310	小型多功能运动场地或同等规模的球类场地	（1）服务半径不宜大于 300m； （2）用地面积不宜小于 800m^2； （3）宜配置半场篮球场 1 个、门球场地 1 个、乒乓球场地 2 个； （4）门球活动场地应提供休憩服务和安全防护措施

续表 9–12

设施名称	单项规模		服务内容	设置要求
	建筑面积（m^2）	用地面积（m^2）		
室外综合健身场地（含老年户外活动场地）	—	150 ~ 750	健身场所，含广场舞地	（1）服务半径不宜大于 300m； （2）用地面积不宜小于 150m^2； （3）老年人户外活动场地应设置休憩设施，附近宜设置公共厕所；广场舞等活动场地的设置应避免噪声扰民
幼儿园*	3 150 ~ 4 550	5 240 ~ 7 580	保教 3 ~ 6 周岁的学龄前儿童	（1）应设于阳光充足、接近公共绿地、便于家长接送的地段；其生活用房应满足冬至日底层满窗日照不少于 3h 的日照标准；宜设置于可遮挡冬季寒风的建筑物背风面； （2）服务半径不宜大于 300m； （3）幼儿园规模应根据适龄儿童人口确定，办园规模不宜超过 12 班，每班座位数宜为 20 ~ 35 座；建筑层数不宜超过 3 层； （4）活动场地应有不少于 1/2 的活动面积在标准的建筑日照阴影线之外
托儿所	—	—	服务 0 ~ 3 周岁的婴幼儿	（1）应设于阳光充足、便于家长接送的地段；其生活用房应满足冬至日底层满窗日照不少于 3h 的日照标准；宜设置于可遮挡冬季寒风建筑物背风面； （2）服务半径不宜大于 300m； （3）托儿所规模宜根据适龄儿童人口确定； （4）活动场地应有不少于 1/2 的活动面积在标准的建筑日照阴影线之外
老年人日间照料中心*（托老所）	350 ~ 750	—	老年人日托服务，包括餐饮、文娱、健身、医疗、保健等	服务半径不宜大于 300m

续表 9–12

设施名称	单项规模		服务内容	设置要求
	建筑面积（m^2）	用地面积（m^2）		
社区卫生服务站*	120 ~ 270	—	预防、医疗、计生等服务	（1）在人口较多、服务半径较大、社区卫生服务中心难以覆盖的社区，宜设置社区卫生站加以补充； （2）服务半径不宜大于 300m； （3）建筑面积不得低于 $120m^2$； （4）社区卫生服务站应安排在建筑首层并应有专用出入口
再生资源回收点*	—	6 ~ 10	居民可再生物资回收	（1）1 000 ~ 3 000 人设置 1 处； （2）用地面积不宜小于 $6m^2$，其选址应满足卫生、防疫及居住环境等要求
生活垃圾收集站*	—	120 ~ 200	居民生活垃圾收集	（1）居住人口规模大于 5 000 人的居住区及规模较大的商业综合体可单设置收集站； （2）采用人力收集的，服务半径宜为 400m，最大不宜超过 1km；采用小型机动车收集的，服务半径不宜超过 2km
公共厕所*	30 ~ 80	60 ~ 120	—	（1）宜设置于人流集中处； （2）宜结合配套设施及综合健身场地（含老年户外活动场地）设置
非机动车停车场（库）	—	—	—	（1）宜就近设置在自行车（含共享单车）与公共交通换乘接驳地区； （2）宜设置在轨道交通站点周边非机动车车程 15min 范围内的居住街坊出入口处，停车面积不应小于 $30m^2$
机动车停车场（库）	—	—	—	根据所在地城市规划有关规定配置

注：1. 加“*”的配套设施，其建筑面积与用地面积规模应满足国家相关规划和建设标准的有关规定。

2. 承担应急避难功能的配套设施，应满足国家有关应急避难场所的规定。

3）居住街坊主要配套设施设置规定和规划建设控制要求（见表 9–13、表 9–14）。（附录 B.0.3、C.0.3）

表 9–13　居住街坊主要配套设施设置规定

类别	项目	五分钟生活圈居住区	备注
便民服务设施	物业管理与服务	▲	可联合建设
	儿童、老年人活动场地	▲	宜独立占地
	室外健身器械	▲	可联合设置
	便利店（菜店、日杂等）	▲	可联合建设
	邮件和快递送达设施	▲	可联合设置
	生活垃圾收集点	▲	宜独立设置
	居民非机动车停车场（库）	▲	可联合建设
	居民机动车停车场（库）	▲	可联合建设

注：1.“▲”为应配建的项目；“△”为根据实际情况按需配建的项目。

2. 在国家确定的一、二类人防重点城市，应按人防有关规定配建防空地下室。

表 9–14　居住街坊主要配套设施规划建设控制要求

设施名称	单项规模		服务内容	设置要求
	建筑面积（m^2）	用地面积（m^2）		
物业管理与服务	—	—	物业管理服务	宜按照不低于物业总建筑面积的 2% 配置物业管理用房
儿童、老年人活动场地	—	170 ~ 450	儿童活动及老年人休息设施	（1）宜集合集中绿地设置，并宜设置休憩设施； （2）用地面积不应小于 170m^2
室外健身器械	—	—	器械健身和其他简单运动设施	（1）宜集合绿地设置； （2）宜在居住街坊范围内设置
便利店	170 ~ 450	—	居民日常生活用品销售	1 000 ~ 3 000 人设置 1 处
邮件和快递送达设施	—	—	智能快件箱、智能信包箱等可接收邮件和快件的设施或场所	应结合物业管理设施或在居住街坊内设置

续表 9-14

设施名称	单项规模		服务内容	设置要求
	建筑面积（m^2）	用地面积（m^2）		
生活垃圾收集点*	—	—	居民生活垃圾投放	（1）服务半径不应大于 70m，生活垃圾收集点应采用分类收集，宜采用密闭方式； （2）生活垃圾收集点可采用放置垃圾容器或建造垃圾容器间方式； （3）采用混合收集垃圾容器间时，建筑面积不宜小于 $5m^2$； （4）采用分类收集垃圾容器间时，建筑面积不宜小于 $10m^2$
非机动车停车场（库）	—	—	—	宜设置于居住街坊出入口附近；并按照每套住宅配建 1 ~ 2 辆配置；停车场面积按照 0.8 ~ $1.2m^2$/ 辆配置，停车库面积按照 1.5 ~ $1.8m^2$/ 辆配置；电动自行车较多的城市，新建居住街坊宜集中设置电动车自行车停车场，并宜配置充电控制设施
机动车停车场（库）	—	—	—	根据所在地城市规划有关规定配置，服务半径不宜大于 150m

注：加“*”的配套设施，其建筑面积与用地面积规模应满足国家相关规划标准有关规定。

历年真题

1. 社区卫生服务站选址应主要取决于（　　）。[2022–27]

A. 救护车的应急响应时间　　B. 公共交通的可达性

C. 老龄人口的分布　　D. 服务半径

【答案】D

【解析】根据《城市居住区规划设计标准》附录 C.0.2，社区卫生服务站设置要求是在人口较多、服务半径较大、社区卫生服务中心难以覆盖的社区，宜设置社区卫生站加以补充。

2. 街道综合服务中心应设置在（　　）内。[2021–67]

A. 三十分钟生活圈　　B. 十五分钟生活圈

C. 十分钟生活圈　　D. 五分钟生活圈

【答案】B

【解析】根据《城市居住区规划设计标准》第 5.0.1 条，十五分钟生活圈居住区配套设施中，文化活动中心、社区服务中心（街道级）、街道办事处等服务设施宜联合建设并形成街道综合服务中心，其用地面积不宜小于 $1hm^2$。

3. 城市居住区中配套公共服务设施的配置依据主要取决于（ ）。[2021-69]

A. 居住人口的规模　　B. 居住人口的收入

C. 居住人口的年龄构成　　D. 居住人口的性别结构

【答案】A

【解析】根据《城市居住区规划设计标准》第5.0.3条，配套设施用地及建筑面积控制指标，应按照居住区分级对应的居住人口规模进行控制。

（4）配建停车场。（第5.0.5条及其条文说明、5.0.6条）

1）居住区相对集中设置且人流较多的配套设施应配建停车场（库），并应符合下列规定：①停车场（库）的停车位控制指标，不宜低于表9-15的规定。②商场、街道综合服务中心机动车停车场（库）宜采用地下停车、停车楼或机械式停车设施。③配建的机动车停车场（库）应具备公共充电设施安装条件。

表9-15　配建停车场（库）的停车位控制指标（车位/$100m^2$建筑面积）

名称	非机动车	机动车
商场	≥7.5	≥0.45
菜市场	≥7.5	≥0.30
街道综合服务中心	≥7.5	≥0.45
社区卫生服务中心（社区医院）	≥1.5	≥0.45

2）居住区配套设施需配建的停车场（库）的配建要求。

停车场（库）属于静态交通设施，其设置的合理性与道路网的规划具有同样重要的意义。配套设施配建机动车数量较多时，应尽量减少地面停车，居住区人流较多的商场、街道综合服务中心机动车停车场（库）的设置宜采用地下停车、停车楼或机械式停车设施，节约集约利用土地。

非机动车配建指标宜考虑共享单车的发展，标准设定的控制指标未包括共享单车的停车指标，在居住区人流较多地区、居住街坊入口处宜提高配建标准，并预留共享单车停放区域。

3）居住区应配套设置居民机动车和非机动车停车场（库），并应符合下列规定：①机动车停车应根据当地机动化发展水平、居住区所处区位、用地及公共交通条件综合确定，并应符合所在地城市规划的有关规定。②地上停车位应优先考虑设置多层停车库或机械式停车设施，地面停车位数量不宜超过住宅总套数的10%。③机动车停车场（库）应设置无障碍机动车位，并应为老年人、残疾人专用车等新型交通工具和辅助工具留有必要的发展余地。④非机动车停车场（库）应设置在方便居民使用的位置。⑤居住街坊应配置临时停车位；在居住街坊出入口外应安排访客临时车位，为访客、出租车和公共自行车等提供停放位置。⑥新建居住区配建机动车停车位应具备充电基础设施安装条件。

8. 道路

（1）“小街区、密路网”。（第6.0.2条）

居住区的路网系统应与城市道路交通系统有机衔接，并应符合下列规定：①居住区应采取“小街区、密路网”的交通组织方式，路网密度不应小于 8km/km^2，居住区内城市道路间距不应超过 300m。居住街坊是构成城市居住区的基本单元，一般由城市道路围合，居住街坊的规模宜为 2hm^2 ~ 4hm^2，相应的道路间距宜为 150m ~ 250m。②居住区内的步行系统应便捷连接公共交通站点。③在适宜自行车骑行的地区，应构建连续的非机动车道；旧区改建，应保留和利用有历史文化价值的街道、延续原有的城市肌理。

（2）道路功能特征。（第 6.0.3 条及其条文说明）

居住区内各级城市道路应突出居住使用功能特征与要求，并应符合下列规定：①两侧集中布局了配套设施的道路，应形成尺度宜人的生活性街道；道路两侧建筑退线距离，应与街道尺度相协调。②支路的红线宽度宜为 14 ~ 20m。③道路断面形式应满足适宜步行及自行车骑行的要求，人行道宽度不应小于 2.5m。④支路应采取交通稳静化措施，适当控制机动车行驶速度。

交通稳静化措施包括减速丘、路段瓶颈化、小交叉口转弯半径、路面铺装、视觉障碍等道路设计和管理措施。在行人与机动车混行的路段，机动车车速不应超过 10km/h；机动车与非机动车混行路段，车速不应超过 25km/h。

（3）居住街坊内附属道路功能。（第 6.0.4 条）

居住街坊内附属道路的规划设计应满足消防、救护、搬家等车辆的通达要求，并应符合下列规定：①主要附属道路至少应有两个车行出入口连接城市道路，其路面宽度不应小于 4.0m（主要附属道路一般按一条自行车道和一条人行带双向计算）；其他附属道路（其他附属道路为进出住宅的最末一级道路，这一级道路平时主要供居民出入，基本是自行车及人行交通为主，并要满足清运垃圾、救护和搬运家具等需要，按照居住区内部有关车辆低速缓行的通行宽度要求）的路面宽度不宜小于 2.5m。②人行出入口间距不宜超过 200m。③最小纵坡不应小于 0.3%，最大纵坡应符合表 9-16 的规定；机动车与非机动车混行的道路，其纵坡宜按照或分段按照非机动车道要求进行设计。

表 9-16　附属道路最大纵坡控制指标　　单位：%

道路类别及其控制内容	一般地区	积雪或冰冻地区
机动车道	8.0	6.0
非机动车道	3.0	2.0
步行道	8.0	4.0

设计道路最小纵坡是为了满足路面排水的要求，附属道路不应小于 0.3%。

（4）居住区道路边缘至建筑物、构筑物的最小距离（见表 9-17）。（第 6.0.5 条及其条文说明）

道路边缘至建筑物、构筑物之间应保持一定距离，主要是考虑在建筑底层开窗开门和行人出入时不影响道路的通行及行人的安全，以防楼上掉下物品伤人，同时应有利设置地下管线、地面绿化及减少对底层住户的视线干扰等因素而提出的。对于面向城市道路开设了出入口的住宅建筑应保持相对较宽的间距，从而使居民进出建筑物时可以有个缓冲地段，并可在门口临时停放车辆以保障道路的正常交通。

表 9–17　居住区道路边缘至建筑物、构筑物最小距离　　　单位：m

与建（构）筑物关系		城市道路	附属道路
建筑物面向道路	无出入口	3.0	2.0
	有出入口	5.0	2.5
建筑物山墙面向道路		2.0	1.5
围墙面向道路		1.5	1.5

注：道路边缘对于城市道路是指道路红线；附属道路分两种情况：道路断面设有人行道时，指人行道的外边线；道路断面未设人行道时，指路面边线。

（5）基地机动车出入口。

建筑基地机动车出入口位置，应符合所在地控制性详细规划，根据《民用建筑设计统一标准》GB 50352—2019 第 4.2.4 条规定，建筑基地机动车出入口位置，应符合所在地控制性详细规划，并应符合下列规定：①中等城市、大城市的主干路交叉口，自道路红线交叉点起沿线 70.0m 范围内不应设置机动车出入口。②距人行横道、人行天桥、人行地道（包括引道、引桥）的最近边缘线不应小于 5.0m。③距地铁出入口、公共交通站台边缘不应小于 15.0m。④距公园、学校及有儿童、老年人、残疾人使用建筑的出入口最近边缘不应小于 20.0m。

居住街坊内的道路不应直接开向城市主干道，居住区内的地下车库出入口不应直接向城市主干道开口。

（6）中小学与幼儿园出入口。按照《中小学与幼儿园校园周边道路交通设施设置规范》的要求，校园出入口位置要求如下：①校园出入口不应设置在交叉口范围内，宜设置距交叉口范围 100m 以外。②校园出入口不宜设置在城市主干路或国、省道上。③校园出入口距校门的距离宜大于 12m。④学校宜设置多个校门供行人和车辆出入。

历年真题

1. 下列关于城市居住区路网系统的规定，正确的有（　　）。［2021–98］

A. 应采取“小街区、密路网”的交通组织方式

B. 路网密度不应小于 4km/km^2

C. 城市道路间距宜为 150 ~ 250m

D. 在适宜自行车骑行的地区，应构建连续的非机动车道

E. 旧区改建应保留和利用有历史文化价值的街道

【答案】ACDE

【解析】根据《城市居住区规划设计标准》第 6.0.2 条，居住区的路网系统应与城市道路交通系统有机衔接，并应符合下列规定：①居住区应采取“小街区、密路网”的交通组织方式，路网密度不应小于 8km/km^2；城市道路间距不应超过 300m，宜为 150 ~ 250m，并应与居住街坊的布局相结合；②居住区内的步行系统应连续、安全、符合无障碍要求，并应便捷连接公共交通站点；③在适宜自行车骑行的地区，应构建连续的非机动车道；④旧区改建，应保留和利用有历史文化价值的街道、延续原有的城市肌理。

2. 下列关于居住区规划的说法，正确的有（　　）。[2020-98]

A. 城市居住区用地分为住宅用地、城市道路用地、配套设施用地、公共绿地

B. 分为居住区、小区、组团和街坊四级结构

C. 居住区空间结构是各类用地关系的组合，确定基本布局和空间形态

D. 配套设施分级配置，并有与居住人口规模或住宅面积规模相匹配的生活服务设施

E. 居住区道路分级分为居住区级道路、小区级道路、组团级道路、街坊级道路四级

【答案】ACD

【解析】根据《城市居住区规划设计标准》，居住区按照居民在合理的步行距离内满足基本生活需求的原则，可分为十五分钟生活圈居住区、十分钟生活圈居住区、五分钟生活圈居住区及居住街坊四级，B 选项错误。道路分为城市道路和居住街坊附属道路。居住区应采取"小街区、密路网"的交通组织方式，E 选项错误。

9. 居住环境（第 7.0.2、7.0.4、7.0.8 条）

居住区规划设计应统筹庭院、街道、公园及小广场等公共空间形成连续、完整的公共空间系统，并应符合下列规定：①宜通过建筑布局形成适度围合、尺度适宜的庭院空间。②应结合配套设施的布局塑造连续、宜人、有活力的街道空间。③应构建动静分区合理、边界清晰连续的小游园、小广场。④宜设置景观小品美化生活环境。

居住区内绿地的建设及其绿化应遵循适用、美观、经济、安全的原则，并应符合下列规定：①宜保留并利用已有的树木和水体。②应种植适宜当地气候和土壤条件、对居民无害的植物。③应采用乔木、灌木、草坪相结合的复层绿化方式。④应充分考虑场地及住宅建筑冬季日照和夏季遮阴的需求。⑤适宜绿化的用地均应进行绿化，并可采用立体绿化的方式丰富景观层次、增加环境绿量。⑥有活动设施的绿地应符合无障碍设计要求并与居住区的无障碍系统相衔接。⑦绿地应结合场地雨水排放进行设计，并宜采用雨水花园、下凹式绿地、景观水体、干塘、树池、植草沟等具备调蓄雨水功能的绿化方式。

既有居住区对生活环境进行的改造与更新，应包括无障碍设施建设、绿色节能改造、配套设施完善、市政管网更新、机动车停车优化、居住环境品质提升等。

五、《社区生活圈规划技术指南》TD/T 1062—2021 要点

1. 术语（第 3.1 节）

社区：聚居在一定地域范围内的人们所组成的社会生活共同体，是社会治理的基本单元。

服务要素：保障社区生活圈健康有序运行的主要功能，包括社区服务、就业引导、住房改善、日常出行、生态休闲、公共安全等六方面内容。其中社区服务可细分为健康管理、为老服务、终身教育、文化活动、体育健身、商业服务、行政管理和其他（主要是市政设施）等八类。按配置要求，服务要素可分为基础保障型、品质提升型和特色引导型等三种类型。

2. 工作要求（第 4.2 节）

不同层面社区生活圈规划的具体工作要求如下：①总体规划层面，以补齐服务要素短板、契合社会发展趋势为导向，市级国土空间规划宜充分对接城市"多中心、网络化"的

空间格局，提出城镇与乡村社区生活圈的发展目标、配置标准和布局要求；县级国土空间规划宜突出乡村社区生活圈的发展要求和布局引导。②详细规划层面，可开展社区生活圈规划专题研究，明确不同社区生活圈的发展特点，全面查找问题和制定对策，结合详细规划空间单元的划分，落实各类功能用地的布局及各类服务要素配置的具体内容、规划要求和空间方案，形成行动任务。③专项规划层面，结合城市体检和专项评估工作，协调好社区生活圈规划与相关专项规划的关系，可从补短板、提品质、强特色等角度，对部分重点专项领域开展深入研究。

3. 城镇社区生活圈

（1）配置层级。（第 5.1 节）

可构建“15 分钟、5 ~ 10 分钟”两个社区生活圈层级。① 15 分钟层级。宜基于街道、镇社区行政管理边界，结合居民生活出行特点和实际需要，确定社区生活圈范围，并按照出行安全和便利的原则，尽量避免城市主干路、河流、山体、铁路等对其造成分割。该层级内配置面向全体城镇居民、内容丰富、规模适宜的各类服务要素。② 5 ~ 10 分钟层级。宜结合城镇居委社区服务范围，配置城镇居民日常使用，特别是面向老人、儿童的各种服务要素。

（2）服务要素。（第 5.2.1 ~ 5.2.3 条）

基础保障型服务要素可包括下列内容：①夯实社区基础服务。按“15 分钟、5 ~ 10 分钟”两个层级。②提供基层就业援助。依托 15 分钟社区生活圈。③保障基本居住需求。依托 15 分钟社区生活圈。④倡导绿色低碳出行。依托 15 分钟社区生活圈。⑤布局均衡休闲空间。按“15 分钟、5 ~ 10 分钟”两个层级。⑥构建社区防灾体系。按“15 分钟、5 ~ 10 分钟”两个层级。

品质提升型服务要素可包括下列内容：①提供多元社区服务。②合理有序配置停车。③塑造宜人空间环境。

特色引导型服务要素可根据下列导向配置：①打造具有附加功能的特色社区。②构建面向未来的社区生活场景。

（3）空间布局。（第 5.3.1 条）

空间结构：与“多中心、网络化、组团式”城市空间发展格局相衔接，加强社区生活圈与各级公共活动中心、交通枢纽节点的功能融合和便捷联系，倡导 TOD（公交导向型发展）导向，形成功能多元、集约紧凑、有机链接、层次明晰的空间布局模式。

要素布局：社区服务等各类服务要素选址可包括：①强化服务要素功能关联。②分层级引导服务要素合理布局。③以慢行网络链接服务要素。

4. 乡村社区生活圈

（1）配置层级。（第 6.1 节）

可构建“乡集镇、村 / 组”两个社区生活圈层级，强化县域与乡村层面对农村基本公共服务供给的统筹。

（2）布局指引。（第 6.3.1、6.3.2 条）

乡集镇层级的布局指引可包括如下方面：①倡导多元和谐的空间结构。②构建活力便捷的乡集镇中心。

村 / 组层级的布局指引可包括如下方面：①因地制宜布局村庄居民点。②引导要素适度集聚。③弹性预留发展空间。

5. 差异引导

（1）引导原则。（第 7.2 节）

差异引导的原则主要包括如下方面：①尊重地区发展差异。②应对不同人群需求。③适应建设用地条件。④符合地方环境特点。

（2）引导内容。（第 7.3.2、7.3.3 条）

分区引导的内容主要包括如下方面：①经济发展水平。②建设用地水平。③地形条件。④环境特点。

分类引导的内容主要包括如下方面：①城镇居住社区。②城镇商务社区和产业社区。③乡村社区生活圈。

6. 实施要求（第 8.1 节）

社区生活圈规划宜包含下列工作阶段：①开展现状评估。②制定空间方案。③推进实施行动。④动态监测维护。

历年真题

1. 根据《社区生活圈规划技术指南》，社区服务等各类服务要素选址要求不包括（　）。[2022-62]

A. 补充服务要素短板　　B. 强化服务要素功能关联

C. 分层级引导服务要素合理布局　　D. 以慢行网络链接服务要素

【答案】A

【解析】《社区生活圈规划技术指南》第 5.3.1 条规定，社区服务等各类服务要素选址包括如下方面：①强化服务要素功能关联。②分层级引导服务要素合理布局。③以慢行网络链接服务要素。

2. 根据《社区生活圈规划技术指南》，下列属于社区生活圈的基础保障服务要素的有（　）。[2022-96]

A. 提供基层就业援助　　B. 合理有序配置停车

C. 倡导绿色低碳出行　　D. 提供多元社区服务

E. 构建社区防灾体系

【答案】ACE

【解析】《社区生活圈规划技术指南》第 5.2.1 条规定，基础保障型服务要素包括：夯实社区基础服务、提供基层就业援助、保障基本居住需求、倡导绿色低碳出行、布局均衡休闲空间和构建社区防灾体系。

3. 根据《社区生活圈规划技术指南》，下列属于社区生活圈配置层级的有（　）。[2022-97]

A. 5 分钟层级　　B. 5 ~ 10 分钟层级

C. 10 分钟层级　　D. 10 ~ 15 分钟层级

E. 15 分钟层级

【答案】BE

【解析】《社区生活圈规划技术指南》第 5.1 节规定，配置层级可构建“15 分钟、5 ~ 10 分钟”两个社区生活圈层级。

第二节　风景名胜区规划

一、风景名胜区的概念和发展

1. 风景名胜区的定义和基本特征

定义：风景名胜区是指具有观赏、文化或者科学价值，自然景观、人文景观比较集中，环境优美，可供人们游览或者进行科学、文化活动的区域。

原则：《风景名胜区条例》第三条规定，国家对风景名胜区实行科学规划、统一管理、严格保护、永续利用的原则。

基本特征：①风景名胜区应当具有区别于其他区域的能够反映独特的自然风貌或具有独特的历史文化特色的比较集中的景观。②风景名胜区应当具有观赏、文化或者科学价值，是这些价值和功能的综合体。③风景名胜区应当具备游览和进行科学文化活动的多重功能，对于风景名胜区的保护，是基于其价值可为人们所利用，可以用来进行旅游开发、游览观光以及科学研究等活动。

区别于一般旅游区、地质公园、森林公园、自然保护区等，风景名胜区还具有以下特点：①相对于一般旅游区，风景名胜区是由各级地方人民政府向上级政府申报，经审核批准后获得政府命名。其中，国家级风景名胜区是由省级人民政府申报，由国务院审批命名；省级风景名胜区由市（县）级人民政府申报，由省级人民政府审批命名。②相对于地质公园、森林公园，风景名胜区管理依据的法律地位较高，是国务院颁布的《风景名胜区条例》。③相对于自然保护区，风景名胜区和自然保护区虽然都有国务院颁布的《风景名胜区条例》作为管理依据（自然保护区的管理依据为《中华人民共和国自然保护区条例》），都突出强调“保护第一”的原则，但由于设立自然保护区的目的主要是永久保护和科学研究，维护区域生态平衡，保护生态环境和生物多样性，因此，两者在设立目的、性质、服务对象和管理方式等方面具有较大的差异性。风景名胜区区别于自然保护区还具有提供社会公众的游览、休憩功能，具有较强的旅游属性。

2. 风景名胜区分类

（1）按用地规模分类。可分为小型风景区（20km^{2}以下）、中型风景区（21 ~ 100km^2）、大型风景区（101 ~ 500km^2）、特大型风景区（500km^{2}以上）。

（2）按资源类别分类。可分为14类：历史圣地类、山岳类、岩洞类、江河类、湖泊类、海滨海岛类、特殊地貌类、城市风景类、生物景观类、壁画石窟类、纪念地类、陵寝类、民俗风情类、其他类。

（3）按照《风景名胜区条例》，风景名胜区划分为国家级风景名胜区和省级风景名胜区。

历年真题

1. 下列关于风景名胜区的表述，不准确的是（　　）。[2018-74]

A. 风景名胜区应当具备游览和科学文化活动的多重功能

B.《风景名胜区条例》规定，国家对风景名胜区实行科学规划、统一管理、合理利用的工作原则

C. 风景名胜区按照资源的主要特征分为历史圣地类、海滨海岛类、民俗风情类、城

市风景类等 14 个类型

D. 110km^2 的风景名胜区属于大型风景名胜区

【答案】B

【解析】《风景名胜区条例》第三条规定，国家对风景名胜区实行科学规划、统一管理、严格保护、永续利用的原则。

2. 下列关于风景名胜区的表述，正确的有（　　）。[2013–99]

A. 风景名胜区应当具有独特的自然风貌或历史特色的景观

B. 风景名胜区应当具有观赏、文化或者科学价值

C. 特大型风景名胜区的用地规模在 400km^2 以上

D. 风景名胜区应当具备游览和进行科学文化活动的多重功能

E. 1982 年以来，国务院已先后审定公布了五批国家级风景名胜区名单

【答案】BD

【解析】风景名胜区应当具有区别于其他区域的能够反映独特的自然风貌或具有独特的历史文化特色的比较集中的景观。特大型风景区用地规模在 500km^2 以上。1982 年以来，国务院已先后审定公布了六批国家级风景名胜区名单（截至 2013 年）。

二、风景名胜区规划编制

风景名胜区规划编制分为总体规划、详细规划两个阶段进行。

经批准的详细规划是做好风景名胜区保护、建设、利用和管理工作的直接依据。目前的通常做法是，在国家级风景名胜区总体规划编制前，一般首先编制规划纲要。

1. 风景名胜区总体规划

（1）风景资源评价。主要包括景源调查、景源筛选和分类、景源评分与分级、评价结论四个部分。

（2）生态资源保护措施、重大建设项目布局、开发利用强度。

1）生态资源保护措施。风景名胜区总体规划应在风景名胜资源调查与评价的基础上，依据自然景观与文化景观资源的类型、重要性及其保护要求的差异，进一步结合国家有关规定，科学提出生态资源的保护要求与具体的保护措施。

2）重大建设项目布局。根据规划期内风景名胜区发展、资源保护和合理利用等方面的要求，对风景名胜区需要重点安排的建设项目及其布局进行专项景观论证和生态与环境敏感性分析，科学合理安排各个重大建设项目的位置。

3）开发利用强度。对不同保护要求地域内的土地利用方式、建筑风格、体量、规模等方面内容作出明确要求。

（3）功能结构与空间布局。功能分区应明确规定用地布局，采用分级方式规定不同分区用地可开发利用的强弱程度，体现资源保护和开发利用不同程度的要求。

（4）禁止开发和限制开发的范围。明确划定禁止开发和限制开发的范围，在核心景区，严禁建设楼堂馆所和与资源保护无关的各种工程，严格控制与资源保护和风景游览无关的建筑物建设。

（5）风景名胜区的游客容量。游客容量一般由一次性游客容量、日游客容量、年游客容量三个层次表示，具体测算方法可分别采用线路法、卡口法、面积法、综合平衡法等。

（6）有关专项规划。保护培育规划、风景游赏规划、典型景观规划、游览设施规划、基础工程规划、居民社会调控规划、经济发展引导规划、土地利用协调规划、近期保护与发展规划。

2. 规划期限及成果

风景名胜区应当自设立之日起2年内编制完成总体规划。规划期限一般为20年。成果包括规划文本、规划说明书、规划图纸、基础资料汇编四个部分。

3. 风景名胜区详细规划

（1）编制要求。风景名胜区详细规划编制应当依据总体规划确定的要求，对详细规划地段的景观与生态资源进行评价与分析，对风景游览组织、旅游服务设施安排、生态保护和植物景观培育、建设项目控制、土地使用性质与规模、基础工程建设安排等作出明确要求与规定，能够直接用于具体操作与项目实施。

（2）用地的划分和布置。详细规划的布局规划对涉及风景名胜区基础工程设施、旅游设施等建设项目，一般都要通过各类用地的划分和布置而进行具体安排，其中包括：①直接为旅游者服务的一类用地如风景游览区、旅游接待区、商业服务区、文化娱乐区、休疗养区以及各种不同规模的游览间歇点或中转连接点等；②属于旅游服务基础设施的二类用地，例如各种交通设施与基础设施的用地；③属于间接为旅游服务的三类用地，例如管理用地、居住用地、旅游加工业与农副业用地等。

（3）规划内容。详细规划的内容一般应包括规划依据、基本概况、景观资源评价、规划原则、布局规划、景点建设规划、旅游服务设施规划、游览与道路交通规划、生态保护和建设项目控制要求、植物景观规划，以及供水、排水、供电、通信、环保等基础工程设施规划。

（4）成果。规划成果一般可以包括规划文本、规划图纸、规划说明和基础资料。

（5）特点。风景名胜区详细规划不一定要对整个风景名胜区规划的范围进行全面覆盖。

历年真题

1. 下列不属于风景名胜区详细规划编制内容的是（　　）。[2018-75]

A. 环境保护　　B. 建设项目控制

C. 土地使用性质与规模　　D. 基础工程建设安排

【答案】A

【解析】风景名胜区详细规划编制应当依据总体规划确定的要求，对详细规划地段的景观与生态资源进行评价与分析，对风景游览组织、旅游服务设施安排、生态保护和植物景观培育、建设项目控制、土地使用性质与规模、基础工程建设安排等作出明确要求与规定，能够直接用于具体操作与项目实施。

2. 风景名胜区总体规划包括（　　）。[2017-99]

A. 风景资源评价

B. 生态资源保护措施，重大建设项目布局，开发利用强度

C. 风景游览组织、旅游服务设施安排

D. 游客容量预测

E. 生态保护和植物景观培养

【答案】ABD

【解析】风景名胜区总体规划应包括以下内容：①风景资源评价；②生态资源保护措施、重大建设项目布局、开发利用强度；③功能结构与空间布局；④禁止开发和限制开发的范围；⑤风景名胜区的游客容量；⑥有关专项规划。

3. 在风景名胜区规划中，不属于游人容量统计常用口径的是（　　）。[2014–50]、[2012–77]、[2011–76]

A. 一次性游人容量　B. 日游人容量　C. 月游人容量　D. 年游人容量

【答案】C

【解析】在风景名胜区规划中，游人统计常用口径有一次性游人容量、日游人容量、年游人容量。

三、风景名胜区规划其他要求

1. 编制主体（《风景名胜区条例》第十六条）

国家级风景名胜区规划由省、自治区人民政府建设主管部门或者直辖市人民政府风景名胜区主管部门组织编制。省级风景名胜区规划由县级人民政府组织编制。

2. 编制单位资质

国家级风景名胜区的规划编制要求具备甲级规划编制资质的单位承担。

省级风景名胜区的规划编制只要求具备规划设计资质，并没有明确其资格等级。但一般应具备乙级以上（甲级或乙级）规划编制资质的单位承担。

3. 审查审批

（1）国家级风景名胜区总体规划的审查审批。

国家级风景名胜区总体规划编制完成后，应征求省级有关部门以及专家和公众的意见，作为进一步修改完善的依据。修改完善后，报省、自治区、直辖市人民政府审查。审查内容包括：风景名胜区性质、范围、规划原则与指导思想、功能结构和空间布局、重大建设项目布局、开发利用强度、禁止开发和限制开发的范围、风景名胜区的游客容量、生态资源与文化景观的保护措施等内容及其科学性、合理性和可行性。经审查通过后，由省、自治区、直辖市人民政府报国务院审批。

国家级风景名胜区详细规划编制完成后，由省、自治区人民政府建设主管部门或直辖市风景名胜区主管部门组织专家对规划内容进行评审，提出评审意见。修改完善后，再由省、自治区人民政府建设主管部门或直辖市风景名胜区主管部门报国务院建设主管部门审批。

（2）省级风景名胜区总体规划的审查审批。

省级风景名胜区总体规划编制完成后，应参照国家级风景名胜区总体规划的审查程序进行审查审批，具体办法由各地自行制定。

省级风景名胜区详细规划编制完成后，由县级（或县级以上）人民政府组织专家对规划内容进行评审，提出评审意见。修改完善后，再由县级（或县级以上）人民政府报省、自治区人民政府建设主管部门或直辖市人民政府风景名胜区主管部门审批。

4. 修改和修编（《风景名胜区条例》第二十二、二十三条）

经批准的风景名胜区规划具有法律效力、强制性和严肃性，不得擅自改变。确需修改的，主要包括以下几种情况：因自然或人为原因，致使风景名胜区资源与环境发生重大变化，原规划确定的基本内容和要求与风景名胜区新的状况不相适应的；经实践证明，原规划不符合风景名胜区的实际，难以有效保护风景名胜区资源和环境，难以促进资源合理利用的；因国家方针政策和有关法律法规变化，致使原规划确定的重大内容或重大问题与其相违背或冲突的；其他经认定需要修改规划的情况。

经批准的风景名胜区规划不得擅自修改。确需对风景名胜区总体规划中的风景名胜区范围、性质、保护目标、生态资源保护措施、重大建设项目布局、开发利用强度以及风景名胜区的功能结构、空间布局、游客容量进行修改的，应当报原审批机关批准；对其他内容进行修改的，应当报原审批机关备案。风景名胜区详细规划确需修改的，应当报原审批机关批准。

风景名胜区总体规划的规划期届满前 2 年，规划的组织编制机关应当组织专家对规划进行评估，作出是否重新编制规划的决定。在新规划批准前，原规划继续有效。

历年真题

1. 下列关于风景名胜区规划的表述，错误的是（　　）。[2017-77]

A. 我国已经基本建立起了具有中国特色的国家级风景名胜区管理体系

B. 风景名胜区总体规划要对风景名胜资源的保护做出强制性的规定，对资源的合理利用做出引导和控制性的规定

C. 国家级风景名胜区总体规划由省、自治区建设主管部门组织编制

D. 省级风景名胜区详细规划由风景名胜区管理机构组织编制

【答案】D

【解析】《风景名胜区条例》第十六条规定，国家级风景名胜区规划由省、自治区人民政府建设主管部门或者直辖市人民政府风景名胜区主管部门组织编制。省级风景名胜区规划由县级人民政府组织编制。第二十条规定，省级风景名胜区的详细规划，由省、自治区人民政府建设主管部门或者直辖市人民政府风景名胜区主管部门审批。

2. 国家级重点风景名胜区总体规划由（　　）审定。[2012-76]

A. 国务院

B. 国家风景名胜区主管部门

C. 风景名胜区所在地省级人民政府

D. 风景名胜区所在地省级风景名胜区主管部门

【答案】A

【解析】经审查通过的国家级风景名胜区总体规划，由省、自治区、直辖市人民政府报国务院审批。

四、《风景名胜区条例》要点

第二十六条　在风景名胜区内禁止进行下列活动：①开山、采石、开矿、开荒、修坟立碑等破坏景观、植被和地形地貌的活动；②修建储存爆炸性、易燃性、放射性、毒害性、腐蚀性物品的设施；③在景物或者设施上刻划、涂污；④乱扔垃圾。

第二十七条　禁止违反风景名胜区规划，在风景名胜区内设立各类开发区和在核心景区内建设宾馆、招待所、培训中心、疗养院以及与风景名胜资源保护无关的其他建筑物；已经建设的，应当按照风景名胜区规划，逐步迁出。

第二十八条　在国家级风景名胜区内修建缆车、索道等重大建设工程，项目的选址方案应当报省、自治区人民政府建设主管部门和直辖市人民政府风景名胜区主管部门核准。

第二十九条　在风景名胜区内进行下列活动，应当经风景名胜区管理机构审核后，依照有关法律、法规的规定报有关主管部门批准：①设置、张贴商业广告；②举办大型游乐等活动；③改变水资源、水环境自然状态的活动；④其他影响生态和景观的活动。

第三节　城市设计

一、城市设计的基本理论和实践

现代城市设计的概念是从西方城市美化运动起源的。“城市设计”一词于20世纪50年代后期出现于北美，取代了含较窄而且过时的“市政设计”。

1988年出版的《中国大百科全书》中是这样定义城市设计的：“对城市体型环境所进行的设计。一般是指在城市总体规划指导下，为近期开发地段的建设项目而进行的详细规划和具体设计。城市设计的任务是为人们各种活动创造出具有一定空间形式的物质环境，内容包括各种建筑、市政公用设施、园林绿化等方面，必须综合体现社会、经济、城市功能、审美等各方面的要求，因此也称为综合环境设计。”

在《城市规划基本术语标准》GB/T 50280—98中，城市设计被定义为“对城市体型和空间环境所作的整体构思和安排，贯穿于城市规划的全过程”。

1. 城市设计与城市规划

（1）古代城市规划与城市设计。两者关系：工业革命以前，城市规划和城市设计基本上是一回事，并附属于建筑学。城市规划和城市设计几乎与城市的历史同样悠久。

（2）现代城市规划与城市设计。

1）现代城市规划的形成：18世纪工业革命以后，现代城市规划学科逐渐发展成为一门独立的学科，现代城市规划应运而生。第二次世界大战之后，规划的重点已经从物质环境转向了公共政策和社会经济，城市规划也逐渐趋向于成为一门社会科学。

2）城市设计的形成：20世纪60年代起，美国再次提出了城市设计的问题。为了恢复对基本环境问题的重视，城市设计的问题再一次被提出。到了20世纪70年代，城市设计已经作为一个单独的研究领域在世界范围内确立起来。

3）两者关系：现代城市规划在发展的初期包含了城市设计的内容。城市规划和城市设计都有整体性和综合性的特点。

（3）城市设计在我国城市规划体系中的位置。

1）城市设计脱离城市规划：现代城市设计经历了与城市规划一起脱离建筑学、现代城市规划学科独立形成、城市设计学科自身发展这一系列过程。它有其相对独立的基本原理和理论方法。

2）城市设计师和建筑师的不同。在具体的城市设计工作中，建筑师比较注重最终物质形式的结果，而规划师大多从城市发展过程的角度看待问题，城市设计师介乎两种身份之间，城市设计的实践则介乎建筑设计和城市规划之间。

3）城市规划和城市设计的异同。

研究内容：城市规划和城市设计都关注经济、社会、环境等要素，但是城市规划考虑的问题更加广泛和全面，而城市设计则以研究物质形体环境为主，主要从三维空间出发来考虑问题。

本质方面：城市规划的本质是对未来的预测和计划、控制，社会和政策属性很强，而城市设计虽然也有控制和引导的作用，但是设计和创造是其主要特征。

地位方面：城市规划在法律体系中占据一定地位，一经批准就具有法定性，而城市设计在体制上大多是依附于城市规划而存在的。

实施方面：从规划实施的角度出发，城市设计是城市规划的组成部分，从城市规划和开发的一开始就要考虑城市设计问题。在我国的城市规划体系中，城市设计依附于城市规划体制，主要是作为一种技术方法而存在。

历年真题

1. 下列关于城市设计规划内容，属于核心目的的是（　　）。[2021-70]

A. 提高城市建筑设计水平

B. 改进城市人居环境，满足人类在生活机能、社会、经济以及美观上的需求

C. 为规划设计与建筑设计提供指导

D. 为开发建设提供指导

【答案】D

【解析】1988年出版的《中国大百科全书》中是这样定义城市设计的：对城市体型环境所进行的设计。一般是指在城市总体规划指导下，为近期开发地段的建设项目而进行的详细规划和具体设计。

2.《中国大百科全书》中城市设计的定义，不包括（　　）。[2019-72]

A. 城市设计是对城市体型环境所进行的设计

B. 城市设计是一系列建筑设计的组合

C. 城市设计的任务是为人们各种活动创造出具有一定空间形式的物质环境

D. 城市设计也称综合环境设计

【答案】B

【解析】1988年出版的《中国大百科全书》中是这样定义城市设计的："对城市体型环境所进行的设计。一般是指在城市总体规划指导下，为近期开发地段的建设项目而进行的详细规划和具体设计。城市设计的任务是为人们各种活动创造出具有一定空间形式的物质环境，内容包括各种建筑、市政公用设施、园林绿化等方面，必须综合体现社会、经济、城市功能、审美等各方面的要求，因此也称为综合环境设计。"

2. 城市设计主要理论的发展过程

（1）强调建筑与空间的视觉质量。"视觉艺术"的思路，是一种对城市设计较早、较"建筑"的狭义理解，这种思路突出强调了城市设计的结果特征，注重城市空间的视觉质量和审美经验，以城市景观和形式的表现为基本对象，而将文化、社会、经济、政治以及空间要素的形成等都置于次要地位。

1）卡米洛·西谛：呼吁城市建设者向过去丰富而自然的城镇形态学习，他对城镇建

设的基本规律进行了生动的探讨，尤其仔细研究了古代优秀的公共广场和建筑物的形式特征及相互关系，在近代历史上首次明确表述了空间设计的艺术原则。卡米洛·西谛理想中美丽而有机的城镇具有以下基本特征：首先城镇建设自由灵活、不拘程式；其次城镇应通过建筑物与广场、环境之间恰当的相互协调，形成和谐统一的有机体；此外，广场和街道应构成有机的围合空间。

2）戈登·库仑等人：认为视觉组合在城镇景观中应处于绝对支配地位。戈登·库仑等用图画来捕捉经过空间时运动的感觉，有效地解释了城镇空间的复杂层次。戈登·库仑等用艺术家对画面的感觉研究了穿过空间的序列流动性，通过对比和转换的透视序列，强调了三维视觉的作用，提供了设计和评价的方法。

3）埃德蒙·N. 培根：认为城市设计的目的就是通过纪念性要素构成城市的脉络结构来满足市民感性的城市体验。他强调城市形态的美学关系和视觉感受，例如，建筑物与天空的关系、建筑物与地面的关系、建筑物之间的关系等。和西谛相同，培根也主张从自然现象中寻找启发、在古典城市设计中汲取灵感。培根的城市设计观点特别注重整体性原则。

4）以阿尔多·罗西、罗伯·克里尔和里昂·克 里尔为代表：代表的新理性主义倡导重新认识公共空间的重要意义，通过重建城市空间秩序来整顿现代城市的面貌。

阿尔多·罗西认为经由历史发展起来的各种城市本身已经从类型学的角度为今天的城市提供了方案。

罗伯·克里尔在《城市空间》一书中收集和定义各种街道、广场，将其视为构成城市空间的基本要素，并称为“城市空间的形态系列”。他反对现代城市生硬的布局概念，推崇卡米洛·西谛的思想，强调城市虚空间相对于建筑实体具有更为重要的意义。

（2）与人、空间和行为的社会特征密切相关。“社会使用”关注的是人如何使用与复制空间，尤其关注于对空间的认知和理解。城市设计开始从更多的角度探索解决城市问题的途径。

1）埃利尔·沙里宁：在城市景观艺术的大量研究基础上，埃利尔·沙里宁首先强调社会环境的重要性，关心城市所表达出的文化气质与精神内涵，提倡物质与精神完整统一的城市设计方法。

沙里宁的城市设计思想是建立在社会学基础上，致力于为城市居民创造适宜的生活条件，并且与其本人“有机疏散”的规划理论紧密联系，与此前以形态为主的设计思潮出现了根本的区别。

2）“十次小组”（TEAM 10）：1955 年从国际现代建筑师协会 CIAM 分离出来，他们批评《雅典宪章》束缚了城市设计的实践，其设计思想的基本出发点是对人的关怀和对社会的关注。

十次小组认为现代城市是复杂多样的，应该表现为各种流动形态的和谐交织，如建筑群与交通系统有机结合、城市的空中街道网贯通多层的城市结构。

同时，任何东西都是在旧机体中生长出来的，城市的发展不能推翻重建，而应保持旧有城市的生命韵律，在不破坏原有复杂关系的条件下不断更新。因此，城市的形态必须从生活本身的结构中发展而来，城市和建筑空间是人们行为方式的表现，设计者应该把社会生活引入人们所创造的空间中。

3）凯文· 林奇：认为城市设计不是一种精英行为，而应该是大众经验的集合，在研究对象的层次方面，主张更多地研究人的精神意象和感受，而不只是城市环境的物质形态。

1960年首次出版的《城市意象》成为城市设计领域最为著名的著作之一，其中的城市视觉特征调查分析和社会使用方法是对城市设计的一项开拓性研究。他通过“认知地图”进行社会调查，从视觉心理和场所的关系出发分析城市形象的认知基础。

认知意象要求城市具有可读性和意象性，其构成要素包括路径、边缘、地标、节点和地区，为设计者与使用者的沟通提供了更为明确的依据。

4）简· 雅各布斯：简· 雅各布斯是研究社会与空间关系的代表人物，在其著作《美国大城市的死与生》中，她严厉抨击了现代主义者的城市设计基本观念，并宣扬了当代城市设计的理念。

她认为城市永远不会成为艺术品，因为艺术是生活的抽象，而城市是生动、复杂而积极的生活本身。她关注街道、步行道和公园的社会功能，强调其作为居民日常活动的容器和社会交往的场所。她极力推崇城市多样性带来的魅力，呼吁以不同密度和尺度的开发保证城市的多样性和丰富性。

她还从传统街道的自我防卫机制中得到“街道眼”的概念，认为可以通过社区的尺度来加强邻里的安全。在这些分析的前提下，简 · 雅各布斯反对大规模的城市开发和更新活动，推崇人性化的城市环境，在整个欧美掀起人们对现代城市规划的深刻反思。

5）扬 · 盖尔：在北欧对公共空间的研究产生了广泛的影响，他的著作《交往与空间》从当代社会生活中的室外活动入手研究，对人们如何使用街道、人行道、广场、庭院、公园等公共空间进行了深入调查分析，同时进行社会关系、社会结构、基本尺度等前提研究，进而对城市与小区规划，以及空间、小品、人的活动距离、路线等细部设计进行全面的剖析，研究怎样的建筑和环境设计能够更好地支持社会交往和公共生活，提出户外空间规划设计的有效途径。

6）克里斯托弗 · 亚历山大：尊重城市的有机生长，强调使用者参与过程，在《俄勒冈实验》中，基于校园整体形态及不同使用者的功能需求，他提出有机秩序、参与、分片式发展、模式、诊断和协调六个建设原则。1987年出版的《城市设计新理论》。

他提出了一套初步法则，共有七条：渐进发展、较大整体性的发展、构想、积极的城市空间、大型建筑的设计、施工、中心的形成。在《形式合成的纲要》和《城市并非树形》中，亚历山大反思了传统设计哲学只考虑形式，而不考虑内容，忽略了行为与空间之间丰富、多种多样的交错和联系。他进一步发展了自己的思想，提出了“模式”概念，每一个建筑和每一个城市都是由空间模式所组成的，而模式必须有所有居民的主动参与才有意义。

1977年出版的《模式语言》从城镇、邻里、住宅、花园和房间等多种尺度描述了253个模式，通过模式的组合，使用者可以创造出很多变化。模式的意义在于为设计师提供了一种有用的行为与空间之间的关系序列，体现了空间的社会用途。

7）威廉 · H. 怀特：在20世纪70年代对纽约的小型城市广场、公园与其他户外空间的使用情况进行了长达三年的观察和研究，在他的著作《小城市空间的社会生活》中，描述了城市空间质量与城市活动之间的密切关系。事实证明，物质环境的一些小小改观，往往能显著地改善城市空间的使用状况。

（3）创造场所。近年来，为人创造场所逐渐成为城市设计的主流观念。综合了较早的城市设计传统，当代的城市设计关注同时作为审美对象和活动场景的城市空间的设计，其重点是创造成功城市空间所需的多样性和活力，尤其是物质环境如何支持场所的功能与活动。

1）《场所精神》：克里斯汀·诺伯格－舒尔茨在《场所精神》中提出了行为与建筑环境之间应有的内在联系。他还进一步指出，场所的空间特性与风格，取决于围合的形式，而场所的意义则取决于认同感及归属感，场所精神可以通过区位、空间形态和自身的特色表达出来。

2）公共领域：随着这些观念而来的是把城市设计看作对“公共领域”的设计与管理，“公共领域”包括建筑的公共立面、界面之间的空间、在这些空间中发生的活动，以及对行为的管理等，这些又都受到建筑及“私人领域”的使用的影响。随着场所理论的发展，城市设计逐渐开始重视这些关系：建筑之间、建筑与公共空间、人与空间、行为与城市环境、自然与人工环境等。

历年真题

1. 通过城市意象的城市设计方法，绘制（　　）。[2022-65]

A. 心理感知地图　　B. 心理认知地图　　C. 心理心智地图　　D. 心理控制地图

【答案】B

【解析】1960年首次出版的《城市意象》成为城市设计领域最为著名的著作之一，其中的城市视觉特征调查分析和社会使用方法是对城市设计的一项开拓性研究。通过“认知地图”进行社会调查，从视觉心理和场所的关系出发分析城市形象的认知基础。认知意象要求城市具有可读性和意象性，其构成要素包括路径、边缘、地标、节点和地区，为设计者与使用者的沟通提供了更为明确的依据。

2. 与古典广场相比，现代广场的主要特征是（　　）。[2022-66]

A. 尺度更大　　B. 可达性更好

C. 复合式和立体化　　D. 主题性和艺术化

【答案】C

【解析】现代广场设计更注重城市空间的多维度综合利用，城市广场高抬或下沉以改善高空和地下的环境质量，形成了多种立体化的空间。同时，现代广场设计也强调复合空间的组织形式，根据公共性和开放性，现代城市广场具有集会、交通集散、居民游览休息、商业服务及文化宣传等功能，大部分现代广场都具备了复合式的功能。

3. 城市设计概念中“空间”转化为“场所”的根据是（　　）。[2022-67]

A. 空间与景观　　B. 人性化尺度　　C. 活动与意义　　D. 公共与私密

【答案】C

【解析】《场所精神》中提出了行为与建筑环境之间应有的内在联系。城市形式并不仅是一种简单的构图游戏，形式背后蕴含着某种深刻的涵义，每个场景都有一个故事，该涵义与城市的历史、传统、文化、民族等一系列主题密切相关，这些主题赋予了城市空间以丰富的意义，使之成为市民喜爱的“场所”，“简而言之，场所是由自然环境和人造环境相结合的有意义的整体”。

4. 下列关于城市设计的思潮表述，不准确的是（　　）。[2021-71]

A. 卡米洛·西谛主张城镇应通过建筑物与广场、环境之间的相互协调，形成和谐统一的有机体

B. 戈登·库仑推崇城市多样性带来的魅力，强调其作为居民日常活动的容器和社会交往的场所

C. 埃利尔·沙里宁强调社会环境的重要性，关心城市所表达出的文化气质与精神内涵，提倡物质与精神完整统一的城市设计方法

D. 克里斯托弗·亚历山大认为，每一个建筑和每个城市都是由空间模式所组成的，而模式必须有所有居民的主动参与才有意义

【答案】B

【解析】简·雅各布斯关注街道、步行道和公园的社会功能，强调其作为居民日常活动的容器和社会交往的场所。她极力推崇城市多样性带来的魅力，呼吁以不同密度和尺度的开发保证城市的多样性和丰富性。增加沿街餐饮、零售店和商业外摆可以增加街道的观察者和行人安全感。街道绿地能增加人员交流休息空间，提高街道使用。整治沿街商店招牌统一化在一定程度上降低了街道的多样性，容易产生视觉乏味，并不一定能提高街道活力。

3. 城市设计目标的探索

关于什么是好的城市设计，在理论探索和实践中，主要有以下几种框架体系。

（1）《经由设计》。英国交通、环境与地方事务部和建筑与建成环境委员会在2000年出版的纲领性文件《经由设计》中提出了城市设计的七个目标：①特征：场所自身的独特性。②连续与封闭：场所中公共与私人的部分应该清晰的区别。③公共领域的质量：公共空间应该是有吸引力的室外场所。④通达性：公共场所应该易于到达并可以穿行。⑤可识别性：场所有清晰的意象和易于认识与熟悉。⑥适应性：场所的功能可以比较方便地转化。⑦多样性：场所的功能应该富于变化和提供选择。

（2）《关于美好城市形态的理论》。凯文·林奇在1981年出版的《关于美好城市形态的理论》中定义了城市设计的五个功能纬度：①生命力：衡量场所形态与功能契合的程度，以及满足人的生理需求的能力。②感觉：场所能被使用者清晰感知并构建于相关时空的程度。③适宜性：场所的形态与空间肌理要符合使用者存在和潜在的行为模式。④可达性：接触其他的人、活动、资源、服务、信息和场所的能力，包括可接触的要素的质量与多样性。⑤控制性：使用场所和在其中工作或居住的人创造、管理可达空间和活动的程度。

（3）《城市设计宣言》。阿兰·雅各布斯和唐纳德·埃普亚德在1987年发表的《城市设计宣言》中，提出了七点“未来良好城市环境所必需的要素”：①宜居性：一座城市应该是所有人都能安居的地方。②可识别性与控制性：居民应该感受到环境中有“属于”他们的地方，不论那里的产权是否属于他们。③获得机遇、想象力与欢乐的权利：居民应该可以在城市中告别过去、面向未来并获得欢乐。④真实性及意义：居民应该能够理解他们的城市，包括其基本规划、公共功能和机构及其所能提供的机会。⑤社区与公众生活：城市应该鼓励其居民参与社区与公众生活。⑥城市自给：城市应该尽可能满足城市发展所需能源和其他稀缺资源的自给。⑦公共环境：好的城市环境是所有居民的。每个市民都有权利获得最低程度的环境居住性、可识别性与控制性及发展的机会。

（4）《建筑环境共鸣设计》。英国牛津综合技术学院的伊恩·本特利等5人对城市设计的目标和原则进行了探讨，最终在《建筑环境共鸣设计》中提出了七个关键问题：可达性、多样性、可识别性、活力、视觉适宜性、丰富性、个性化。其后，在考虑到城市形态和行为模式对生态的影响后，又加入了资源效率、清洁和生态支撑三项原则。

（5）弗朗西斯·蒂巴尔兹。1989年，当时的英国皇家规划师学会会长、英国城市设计集团的创始人弗朗西斯·蒂巴尔兹提出了一个包含十条城市设计原则的框架：①先于建筑考虑场所；②虚心学习过去，尊重文脉；③鼓励城镇中的混合使用；④以人的尺度进行设计；⑤鼓励步行自由；⑥满足社区各方的需要，并尊重其意见；⑦建立可识别（易辨认、易熟悉）的环境；⑧进行持久性和适应性强的建设；⑨避免同时发生太大的变化；⑩尽一切可能创造丰富、欢乐和优美的环境。

（6）《新都市主义宪章》。

"新都市主义"指的是20世纪80年代中后期到90年代初期在美国出现的一系列关于城市设计的思潮，这些观点有大量共同的关注点：混合使用、环境敏感度、建筑与街道类型内在的秩序、明确的边缘和中心、可步行性、简洁的图示导则代替传统的分区标准等。

1993年新都市主义协会成立后发表了《新都市主义宪章》，倡导在下列原则下，重新建立公共政策和开发实践：①邻里在用途与人口构成上的多样性。②社区应该对步行和机动车交通同样重视。③城市必须由形态明确和普遍易达的公共场所和社区设施所形成。④城市场所应当由反映地方历史、气候、生态和建筑传统的建筑设计和景观设计所构成。

历年真题

1. 场所－文脉分析的理论和方法着重研究城市空间与人的需求、文化、历史、社会和自然等外部条件的联系，下列分析方法中属于场所－文脉分析的有（ ）。[2021-99]

A. 视觉秩序分析　　B. 场所结构分析

C. 城市活力分析　　D. 文化生态分析

E. 景观形象分析

【答案】BCD

【解析】场所－文脉在城市环境改造设计中体现为对人的需求、文化、历史、社会和自然场所等外部条件的尊重，A、E选项错误。

2.《新都市主义宪章》倡导的原则包括（ ）。[2017-100]、[2010-78]

A. 应根据人的活动需求进行功能分区

B. 邻里在土地使用与人口构成上的多样性

C. 社区应该对步行和机动车交通同样重视

D. 城市必须由形态明确和易达的公共场所和社区设施所形成

E. 城市场所应当由反映地方历史、气候、生态和建筑传统的建筑设计、景观设计所构成

【答案】CDE

【解析】《新都市主义宪章》倡导的原则除CDE外，还包括邻里在用途与人口构成上的多样性。

4. 城市设计的内容

（1）城市形态与空间。城市形态的构成要素主要有土地用途、建筑形式、地块划分和

街道类型。

1）土地用途是一个相对间接的影响要素，它决定了地块上的建筑功能，土地用途的改变会引起地块的合并或者是细分，甚至是街道类型等一系列的变化。

2）建筑是城市中街区的主要组成要素，建筑的形体、组合和体量限定了城市中的街道和广场空间。

3）地块划分和建筑有一定关联，不同尺度的地块往往对应了不同的建筑类型和形式，地块很少会被细分，地块的合并通常是为了建造更大的建筑，较大的地块甚至占据了整个城市街区。

4）街道是城市街区之间的空间，街道的格局往往承载了城市发展的历史信息，街道和街区、地块以及建筑共同反映了城市肌理。

（2）《拼贴城市》。在1978年出版的《拼贴城市》一书中，柯林·罗和弗瑞德·科特将新的开发与城市历史结构和城市空间的传统类型联系起来，他们运用图底关系，展示了传统城市和现代城市空间模式的不同：传统城市几乎是全黑的，在成片的建筑中出现了一些聚集的空间，而现代城市几乎是全白的，在大量无法控制的空间中点缀着建筑。

（3）里昂·克里尔的城市空间四系统。里昂·克里尔批评了现代主义的城市空间设计，确定了城市空间的四种系统：①城市街区是街道和广场布置形式的结果。②街道和广场的形式是街区布置的结果。③街道和广场是明确的形式类型。④建筑是明确的形式类型。

（4）城市设计中的感知和体验。

城市意象领域的重要著作是凯文·林奇的《城市意象》。通过研究，他发现对城市中区域、地标和路径观察可以被很容易地确定并组成一个完整的图示，产生了一个称为“可意象性”的概念，即物质环境的一种特性，对任何观察者都很可能唤起强烈的意象。他认为有效的环境意象需要三个特征：①个性：作为一个独立实体，物体与其他事物的区别。②结构：与观察者和其他物体的空间联系。③意义：物体对于观察者的使用或情感意义。

由于“意义”很难在城市和不同人群中取得一致，他把意义和形式分开，通过与“个性”和“结构”有关的形态特点来研究可意象性，总结出了五个关键的形态要素：路径、边缘、地区、节点、地标。从20世纪70年代起，人们对“场所”以及人与场所的关系日益关注。场所概念通常强调归属感和人与场地的情感联系。

（5）城市设计中的审美和视觉。

1）戈登·库仑提出了“景观序列”的概念，认为城市环境可以从一个运动中的人的视角来设计，对于这个人来说，整个城市变成了一种可塑的体验，一次经历压力和真空的旅行，一系列的开敞与围合，收缩和释放。

2）室外空间可以分为积极空间和消极空间。积极空间相对围合，具有明确和独特的形状，而消极空间大多缺乏可以感知的连续边缘或形状，比如建筑物周围的空地。虽然积极的城市空间呈现出不同的大小和形状，但主要有两种类型：街道和广场。一般来说，街道是动态的空间，而广场是静态的空间。

3）卡米洛·西谛和保罗·祖克提出了评价广场的美学价值：广场通常是指一个被建筑物围合的区域，可能是纪念性的空间，也可能是公共活动的场所，或者兼具两种功能。

4）卡米洛·西谛根据一些欧洲城镇广场的视觉和美学分析，得出了一系列艺术原则：①围合：围合是都市的基本感受，公共广场应该是围合的实体。②独立的雕塑群：西谛反对建筑物是独立的雕塑，对于他来说，建筑的主要美学意义在于它的立面限定了空间，而且能够从这个空间中看到。③形状：广场应当和周围的建筑成比例，其深度适合于欣赏主要建筑（建筑高度的1～2倍），宽度取决于透视效果。④纪念碑：在偏离中心或沿着边缘可以设置一个纪念碑或公共雕塑。

5）祖克概括了艺术性都市广场的五种基本类型。

封闭广场——自主的空间：规则的几何形状和外围建筑元素的重复，围合空间仅仅被进入的街道打断。

主题广场——被控制的空间：某个或某组建筑物创造出强烈的场所感，主导了面前的空间以及周围的建筑。

核心广场——空间围绕一个中心：一个垂直核心强烈到足以在它周围创造空间感。

广场群——空间单元组合在一起：单个的广场可以被有机或艺术地连接在一起。

无组织的广场——无限制的空间：这类广场虽然表现得无组织或形状不明确，但是至少都具有以上的一些品质。

6）英国的皇家艺术委员会尝试着提出“好建筑”的六个标准。

秩序和统一：在建筑元素和立面设计上，通过对称、平衡、重复、网格、开间、结构框架等方式来实现“秩序”，“统一”来自相近的建筑风格，或者是隐含的设计模式或图案，例如，建筑轮廓、地块面宽、开窗形式、比例、体量、入口处理、材料、细节等元素的统一。

表达：不同的建筑类型应当适当地表达自己，使我们能够识别出建筑物的功能。例如，重要的公共建筑通过规模、风格、细节和材料为街景提供地标，而大多数其他建筑应该作为背景出现。

完整性：通过形式和结构，建筑应当表达各个部分的功能，空间应当反映它们的用途以及结构和建造方法。

平面和剖面：把建筑作为一个整体时，需要考虑的不仅是立面，还有平面和剖面。

细节：细节和视觉趣味使得环境富有人情味，小尺度的细节在地面层尤其重要，能为行人提供视觉趣味，而大尺度的细节则在较远距离观看时很重要。

整合：整合是指建筑与周围环境的融洽，并且要求一定的设计品质。

（6）城市设计中的功能问题。

城市设计中的功能问题，也就是如何使用环境，关系到视觉审美、社会用途和场所营造等其他问题。功能包括公共空间的使用、建筑密度和混合使用、物理环境设计三个方面的问题。

公共空间中的步行活动是体验城市的核心，也是产生生活和活动的一个重要因素。因此，要设计成功的公共空间，就必须了解和研究人的步行活动方式。根据比尔·希利尔的研究，在城市中的步行活动具有三个元素：出发点、目的地、路径上所经历的一系列空间。在步行过程中，有些路径可能比其他路径更容易产生交流，城市的空间形态、土地用途、视觉渗透性都会影响到这种交流的可能。足够的人口密度常常被认为是活力的前提条件，也是混合使用的先决条件，而这两点都属于城市设计中应当考虑的功能问题。

（7）城市设计中的社会问题。

城市设计不能决定人类的活动和行为，而是调节人类活动或行为发生可能性的一种方式，也就是说城市设计不能直接创造出场所，但是却可以创造出更多的场所可能性。

扬·盖尔把公共空间中的活动分为三类：必要性活动，这类活动很少受到物质环境的影响，如上班、上学、购物；可选择性活动，如果时间和场所允许而且天气和环境适宜的话，自愿发生的活动，如散步、喝咖啡、观看路人；社会性活动，依赖于公共空间中其他人的存在，如问候和交谈。他认为，在低水平的公共空间中，只有必要性活动发生，而在高质量的公共空间中，更多的选择性和社会性活动才会产生。公共空间的安全感是城市设计成功的一个基本条件，如果人们担心受到不雅行为的干扰甚至是犯罪侵害，都会影响公共领域的使用。

简·雅各布斯强调了“街道眼”的监督作用，以及公共空间和私密空间的明确划分，她认为人行道的使用者、邻近建筑中的居民都可以使路人感觉安全。

奥斯卡·纽曼在《可防御空间》中进一步强调了监督和领域界定的必要性，他认为邻居间不认识、建筑内部缺乏监视和易于逃离的路线是导致居住社区犯罪率增长的主要因素，而设置具体或象征性的障碍，明确限定其控制区域，提高监督的能力，这几项措施可以使环境处于居民的控制下。

历年真题

1. 芦原义信研究了建筑高度（H）与邻幢间距（D）之间的比例关系，发现 D/H 小于一定阈值时有紧迫之感，这一阈值为（　　）。[2021-72]

A. 1　　B. 2　　C. 3　　D. 4

【答案】A

【解析】根据芦原义信的《外部空间设计》，以 $D/H=1$ 为界限，当小于 1 时，则形成紧迫之感，等于 1 时，建筑高度与间距之间有着某种匀称之感，大于 1 时，则形成远离之感。

2. 下列规划设计要求中，不属于滨水地区城市设计原则的是（　　）。[2021-73]

A. 统筹协调岸域和滨水开发　　B. 构造整体连续的城市景观

C. 优先保障机动车交通畅通　　D. 岸线资源共享与社会公正

【答案】C

【解析】滨水地区城市设计更注重步行交通的畅通和联系。

3. 下列最能体现城市设计公共政策属性的是（　　）。[2020-77]

A. 居住小区立面设计　　B. 公共领域塑造

C. 城市灯光设计　　D. 商业大厦造型设计

【答案】B

【解析】居住小区立面设计和商业大厦造型设计属于私人或公司行为，有时候也会体现一定的公共政策属性，但更多的是对利益的追求。城市灯光设计属于城市设计策略，一般只通过控制和引导方式实施。城市设计中对城市公共领域的设计塑造，最能体现城市设计的公众政策属性，B 选项正确。

4. 下列关于城市设计中城市色彩的说法，错误的是（　　）。[2020-78]

A. 色彩在城市建筑中的首要功能是装饰
B. 色彩在城市建筑中还具有标示作用
C. 居住区一般采用高明度、低彩度、偏暖的颜色
D. 城市设计中应让色彩丰富多彩、对比强烈

【答案】D

【解析】色彩在城市设计和建筑中具有物理功能、装饰作用、标示作用、情感作用和文化作用。色彩在城市建筑中的首要功能是装饰，城市中的居住区，一般采用高明度、低彩度、偏暖的颜色，这样的颜色给人带来温暖、明亮、轻松、愉悦的视觉心理感受。在城市设计中，应考虑不同建筑属性、街道色彩、环境色彩和植物色彩等统一均衡，应避免色彩过于丰富和对比强烈，给人造成不适。

二、城市设计的实施

1. 我国城市设计项目的类型与特点

根据城市设计工作范围的尺度则分为宏观、中观、微观三个类型，或者是根据我国城市规划的几个工作阶段又分为对应的总体城市设计、城市片区城市设计、重点地区城市设计、地段城市设计。在我国，近年来城市设计的实践比较丰富，各种探索都很活跃，具体来说以下的五种类型比较常见。

（1）城市设计策略：包括区域、整体或片区的城市设计，以及城市某个系统的城市设计，如色彩、绿化、夜景等，这类设计项目一般尺度比较大，因此没有明确的整体三维方案，主要用局部的设计图纸或文字描述，通过控制和引导的方式实施。

（2）城市开发意象：大多出现在城市新区等大型项目的开发之前，一般由政府组织，为城市征集空间发展模式的方案，三维意象和空间模式作为主要的成果，可以为后续的建设提供一个框架，但是往往停留在方案阶段。

（3）研究辅助型设计：伴随城市规划的编制进行城市设计的研究，然后纳入其成果。一般出现在控制性详细规划的前期工作中。

（4）修建性详细规划：很多用于具体建设实施的城市设计其实只是传统规划类型的延续，只不过修建性详细规划偏重于工程方面的要求，而城市设计强调了对人性化的考虑，这类城市设计可以看作是在技术方法上优化以后的修建性详细规划，本质上没有区别，通常包括建筑群体、公共空间和居住区的详细规划设计。

（5）城市环境改善：在城市建成环境中进行的城市设计，一般可以归为此类，除了注重城市环境的改善，公众参与、公共空间的维护管理、经济可能性和社会因素都是这类项目不能回避的主题，因此也是我国城市设计实践中最具有现实意义的一个类型。

2. 城市设计在我国城乡规划体系中的实施机制

（1）城市设计与城乡规划的关系。城市设计的实施主要依托于现有的城乡规划体系，这一点在各个国家都大致类似。近年来，有些城市已经开始转换思路，不再片面强调城市设计项目的编制与审批，转而把城市设计的内容作为重点，依托于城乡规划的编制和管理实施，并且取得了不错的效果，例如，在控制性详细规划中把城市设计的研究作为确定各项指标的前提，并且在控制性详细规划的技术成果中纳入城市设计的指导性内容。

（2）城市设计的落实手段。

1）通过设计方案、政策或导则指导下一层次的城乡规划或城市设计编制。

2）通过规划设计条件、设计导则或是方案评审直接指导具体的建设工程。

1998 年后，《深圳市城市规划条例》中再次对城市设计做出了一系列规定，要求城市设计在规划主管部门审查后还要上报市规划委员会，将其与法定图则、详细蓝图的制定紧密结合起来，进一步推进了城市设计管理的制度化。

历年真题

1. 下列城市中，最早把城市设计列入地方城市规划条例的是（　　）。［2021-74］

A. 北京　　B. 上海　　C. 广州　　D. 深圳

【答案】D

【解析】1998 年后，《深圳市城市规划条例》中再次对城市设计做出了一系列规定，要求城市设计在规划主管部门审查后还要上报市规划委员会，将其与法定图则、详细蓝图的制定紧密结合起来，进一步推进了城市设计管理的制度化。

2. 城市设计策略通过（　　）的方式实施。［2019-75］

A. 空间模式和三维意象表达　　B. 研究和指引

C. 控制和引导　　D. 评价和参与

【答案】C

【解析】城市设计策略包括区域、整体或片区的城市设计，以及城市某个系统的城市设计，如色彩、绿化、夜景等，这类设计项目一般尺度比较大，因此没有明确的整体三维方案，主要用局部的设计图纸或文字描述，通过控制和引导的方式实施。

三、《国土空间规划城市设计指南》TD/T 1065—2021 要点

1. 术语（第 3.1 节）

城市设计：是营造美好人居环境和宜人空间场所的重要理念与方法，通过对人居环境多层级空间特征的系统辨识，多尺度要素内容的统筹协调，以及对自然、文化保护与发展的整体认识，运用设计思维，借助形态组织和环境营造方法，依托规划传导和政策推动，实现国土空间整体布局的结构优化，生态系统的健康持续，历史文脉的传承发展，功能组织的活力有序，风貌特色的引导控制，公共空间的系统建设，达成美好人居环境和宜人空间场所的积极塑造。

2. 类型（第 4.1 节）

城市设计方法在国土空间规划中的运用类型主要包括：总体规划中城市设计方法的运用、详细规划中城市设计方法的运用、专项规划中城市设计方法的运用、用途管制中的城市设计要求。

3. 总体规划中城市设计方法的运用

（1）跨区域层面。（第 5.1 节）

在都市圈、城镇群层面运用城市设计思维，加强对大尺度自然山水、历史文化等方面的研究，协同构建自然与人文并重、生产生活生态空间相融合的国土空间开发保护格局。主要包括：优化重大设施选址及重要管控边界确定。提出自然山水环境保护开发的整体要求。提出历史文化要素的保护与发展要求。形成共识性的设计规则和协同行动方案。

（2）市（县）域层面。（第 5.3 节）

在市（县）域层面运用城市设计方法，强化生态、农业和城镇空间的全域全要素整体统筹，优化市（县）域的整体空间秩序。主要包括：统筹整体空间格局。提出大尺度开放空间的导控要求。明确全域全要素的空间特色。

（3）中心城区层面。（第 5.4 节）

在中心城区层面运用城市设计方法，整体统筹、协调各类空间资源的布局与利用，合理组织开放空间体系与特色景观风貌系统，提升城市空间品质与活力，分区分级提出城市形态导控要求。

1）确立城市空间特色。细化落实宏观规划中关于城市特色的相关要求，明确自然环境、历史人文等特色内容在城市空间中的落位。对城市中心、空间轴带和功能布局等内容分别进行梳理，确定城市特色空间结构并提出城市功能布局优化建议，对城市特色空间提出结构性导控要求。

2）提出空间秩序的框架。明确重要视线廊道及其导控要求，对城市高度、街区尺度、城市天际线、城市色彩等内容进行有序组织，并提出结构性导控要求。

3）明确开放空间与设施品质提升措施。组织多层级、多类型的开放空间体系及其联系脉络，提出拟采取的规划政策和管控措施，提升公共服务设施及市政基础设施的集约复合性与美观实用性。

4）划定城市设计重点控制区。根据城市空间结构、特色风貌等影响因素，划定城市设计一般控制区和重点控制区。在有条件的市（县）中心城区可对重点控制区进一步进行精细化设计。

4. 详细规划中城市设计方法的运用（第 6.2 节）

重点控制区主要包括：①对城市结构框架有重要影响作用的区域。如城市门户、城市中心区、重要轴线、节点等。建立与城市整体框架相衔接的空间结构与形态；在设施布局、公共空间、路网密度、街道尺度、建筑高度、开发强度等方面进行详细设计，使空间秩序与区位特征相匹配。②具有特殊重要属性的功能片区。如交通枢纽区、商务中心区、产业园区核心区、教育园区等。③城市重要开敞空间。如山前地区、滨水地区、重要公园与广场、生态廊道等。④城市重要历史文化区域。如历史风貌与文化遗产保护区、传统历史街区、老城复兴区、工业遗产等。

5. 用途管制中的城市设计要求（第 8.4 节）

规划许可中的城市设计内容：规划许可中的城市设计内容宜包括界面、高度、公共空间、交通组织、地下空间、建筑引导、环境设施等，必要时可附加城市设计图则。

6. 详细规划中重点控制区城市设计方法和注意事项

（1）城市中心区。（附录 A.1）

以高效发挥综合城市职能为主要设计目标。明确中心区的职能定位，鼓励功能混合与空间高效紧凑利用。构建以人为本、富有特色的公共空间系统。加强建筑高度、形体和界面的设计引导，鼓励建筑底层与街道空间的互动。建立功能与交通组织的有机联系，充分利用地下空间进行建设。

（2）商务中心区。（附录 A.3）

以紧凑高效发展、提升公共活力、彰显空间特色为主要设计目标。科学确定开支建设容量，实现空间高效紧凑利用，为未来发展预留弹性，鼓励功能与业态混合。构建多基面公共空间系统和立体交通网络，构建连续便捷的慢行系统。落实建筑高度细分，明确塔楼等标志性建筑物布局，强化重要城市界面塑造，设置景观节点与公共艺术。

（3）滨水地区。（附录 A.6）

以塑造特色滨水空间、提升空间活力为主要设计目标。空间布局和场地设计应减少对水岸、山地、植被等原生地形地貌的破坏。合理布局各类设施，提升滨水活力。重点对滨水建筑界面、高度、公共空间、视线通廊等提出导控要求，实现城市空间与滨水景观的融合、渗透。

（4）历史风貌与文化遗产保护区。（附录 A.7）

以传承文脉、激发活力、有机更新为主要设计目标。严格遵循保护规划的要求，深入挖掘历史内涵，加强整体格局的保护及历史资源的活化、展示与体验，提升片区活力。鼓励建筑风格的新旧和谐对话，明确新建和改扩建的建（构）筑物的高度、体量、肌理、风格、色彩、材质等具体控制引导要求，建立设计负面清单。

（5）老城复兴区。（附录 A.8）

以重塑活力、改善民生为主要设计目标。深入挖掘老城特色资源，突出地方文化特色。注重整体空间格局的保护以及存量低效用地的更新带动，焕发地区活力。织补老城公共空间网络，通过渐进式的更新改造，实现老城空间品质的整体提升。

历年真题

紧邻滨水空间的建筑组群设计需首要考虑的是（ ）。[2022-68]

A. 建筑内部的功能性　　B. 建筑群界面的渗透性

C. 建筑群的结构形式　　D. 建筑群色彩统一

【答案】B

【解析】根据《国土空间规划城市设计指南》附录 A.6，滨水地区是以塑造特色滨水空间、提升空间活力为主要设计目标。空间布局和场地设计应减少对水岸、山地、植被等原生地形地貌的破坏。合理布局各类设施，提升滨水活力。重点对滨水建筑界面、高度、公共空间、视线通廊等提出导控要求，实现城市空间与滨水景观的融合、渗透。

第十章　城市规划实施

第一节　城市规划实施的含义、作用

一、城市规划实施的基本概念

城市规划实施就是将预先协调好的行动纲领和确定的计划付诸行动，并最终得到实现。城市规划实施是一个综合性的概念，从理想的角度讲，城市规划实施包括城市发展和建设过程中的所有建设性行为，或者说，城市发展和建设中的所有建设性行为都应该成为城市规划实施的行为。

城市建设和发展是全社会的事业，既需要政府进行公共投资，也需要依靠社会的商业性投资，公共部门和企业、私人部门在城市规划实施中都担当着重要的作用。

1. 实施城市规划的手段

实施城市规划是政府行为，政府根据法律授权负责城市规划实施的组织和管理，其主要的手段包括以下四个方面。

（1）规划手段。政府运用规划编制和实施的行政权力，通过各类规划的编制来推进城市规划的实施。例如，政府根据城市规划和经济社会发展规划，制定其他相关计划，如近期建设规划、土地出让计划、各项市政公用设施的实施计划等，使城市规划所确定的目标和基本的布局得以具体落实。同时，政府根据城市总体规划，进一步组织编制城市分区规划和详细规划，使城市总体规划所确立的目标、原则和基本布局得到进一步的深化和具体化，从而引导和推动具体的建设活动的开展，保证总体规划的内容在具体建设活动中得到贯彻。

（2）政策手段。政府根据城市规划的目标和内容，从规划实施的角度制定相关政策来引导城市的发展。例如，根据城市总体规划所确定的城市性质和职能，制定产业发展政策，促使和推进城市产业结构的调整和完善。同时，可以通过制定规划实施的政策导引来引导城市开发建设行为，比如，对某些类型的开发进行鼓励或禁止，指定哪些地区鼓励哪些类型的开发或者对哪些地区限制开发等。

（3）财政手段。政府运用公共财政的手段，调节、影响甚至改变城市建设的需求和进程，保证城市规划目标的实现。这种手段大致可以分为两种类型。

一是政府运用公共财政直接参与到建设活动中，包括政府通过市政公用设施和公益性设施的建设，如道路、给排水、学校等。一方面以此来实施城市规划所确定的城市基础性设施的建设项目，保证城市的有序运行；另一方面则可以以此来引导其他的土地使用的开发建设。在政府运用公共财政直接参与到建设性活动的过程中，还包括政府对具有社会福利保障性设施的开发建设，如建设公共住宅（廉租房、经济适用房等）。此外，政府也可以为实施城市规划，采用与私人开发企业合作进行特定地区和类型的开发建设活动，如旧城改造和更新、开发区建设等。

二是政府通过对特定地区或类型的建设活动进行财政奖励，包括减免税收、提供资金奖励或者补偿、信贷保证等，从而使城市规划所确定的目标和内容为私人开发所接受和推进。

（4）管理手段。政府根据法律授权通过对开发项目的规划管理，保证城市规划所确立的目标、原则和具体内容在城市开发和建设行为中得到贯彻。这种管理实质上是通过对具体建设项目的开发建设进行控制来达到规划实施的目的。从管理行为来看，这是根据城市建设项目的申请来施行管理，其中包括对建设项目的选址、建设用地的规划管理和建设工程的规划管理等来实现的，同时通过对建设活动、建设项目的结果及其使用等的监督检查等，保证城市中的各项建设不偏离城市规划所确立的目标。

2. 实施城市规划的非公共部门行为

城市规划实施的组织与管理，主要是由政府来承担，但这并不意味着城市规划都是由政府部门来实施的，大量的建设性活动是由城市中的各类组织、机构、团体甚至个人来开展的。

除了以实质性的投资、开发活动来实施城市规划外，各类组织、机构、团体或者个人通过对各项建设活动的监督，也有助于及时纠正城市建设活动中所出现的偏差，保证规划目标的实现。

历年真题

1. 下列关于城乡规划实施的表述，错误的是（　　）。[2018-79]

A. 各级政府根据法律授权负责城乡规划实施的组织和管理

B. 政府部门通过对具体建设项目开发建设进行管制才能达到规划实施的目的

C. 城乡规划实施包括了城乡发展和建设过程中的公共部门和私人部门的建设性活动

D. 政府运用公共财政建设基础设施和公益性设施，直接参与城乡规划的实施

【答案】B

【解析】政府根据法律授权通过对开发项目的规划管理，保证城市规划所确定的目标、原则和具体内容在城市开发和建设行为中得到贯彻。这种管理实质上是通过对具体建设项目的开发建设进行控制来达到规划实施的目的，但实现规划实施目的的手段不局限于管理手段，还有规划手段、政府手段，以及财政手段等。

2. 下列关于规划实施的表述，错误的是（　　）[2017-79]

A. 规划实施包括了城市所有建设性行为

B. 规划实施的作用是保证城市功能和物质设施建设之间的协调

C. 规划实施的组织应当包括促进、鼓励某类项目在某些地区的集中建设

D. 规划实施管理是对各项建设活动实行审批或许可以及监督检查的综合

【答案】A

【解析】城市规划实施包括城市发展和建设过程中的所有建设性行为，或者说，城市发展和建设中的所有建设性行为都应该成为城市规划实施的行为。

二、城市规划实施的目的与作用

1. 城市规划实施的目的

城市规划实施的目的在于实现城市规划对城市建设和发展的引导和控制作用，保证城

市社会、经济及建设活动能够高效、有序、持续地进行。

城市规划的核心作用必须通过城市规划的实施才能得到真正的体现，城市规划的制定目的在于规划能够得到实施，也即在城市建设和发展的过程中能够起到作用。

2. 城市规划实施的作用

城市规划实施的首要作用就是使经过多方协调并经法定程序批准的城市规划在城市建设和发展过程中发挥作用，保证城市中的各项建设和发展活动之间协同行动，提高城市建设和发展中的决策质量，推进城市发展目标的有效实现。

城市规划的实施就是为了使城市的功能与物质性设施及空间组织之间不断地协调，这种协调主要体现在以下几个方面。

（1）根据城市发展的需要，在空间和时序上有序安排城市各项物质性设施的建设，使城市的功能、各项物质性设施的建设在满足各自要求的基础上相互之间能够协调、相辅相成，促进城市的协调发展。

（2）根据城市的公共利益，适时建设满足各类城市活动所需的公共设施，推进城市各项功能的不断优化。

（3）适应城市社会的变迁，在满足不同人群和不同利益集团的利益需求的基础上取得相互之间的平衡，同时又不损害到城市的公共利益。

（4）处理好城市物质性设施建设与保障城市安全、保护城市的自然和人文环境等的关系，全面改善城市和乡村的生产和生活条件，推进城市的可持续发展。

历年真题

下列哪项不属于城市规划保障社会整体公共利益的主要作用？（　　）[2010-13]

A. 控制建筑物之间的日照间距　　B. 保护自然环境和生态环境

C. 控制自然灾害易发生地区　　D. 保护历史文化遗产

【答案】A

【解析】城市规划保障社会整体公共利益主要包括公共设施、公共安全、公共卫生、舒适的生活环境等，具体包括对各类公共设施进行安排，保证各项公共设施与周边地区的建设相协同，对自然资源、生态环境和历史文化遗产以及自然灾害易发地区等通过空间管制予以保护和控制。A选项控制建筑物之间的日照间距属于城市规划作用中的维护社会公平而不是保障社会公共利益。

三、城市规划实施的机制

本部分结合《中华人民共和国城乡规划法》编写。

1. 城市规划实施组织

城乡规划的实施组织和管理是各级人民政府的重要职责。

第二十九条　城市的建设和发展，应当优先安排基础设施以及公共服务设施的建设，妥善处理新区开发与旧区改建的关系，统筹兼顾进城务工人员生活和周边农村经济社会发展、村民生产与生活的需要。

第三十条　城市新区的开发和建设，应当合理确定建设规模和时序，充分利用现有市政基础设施和公共服务设施，严格保护自然资源和生态环境，体现地方特色。在城市总体规划、镇总体规划确定的建设用地范围以外，不得设立各类开发区和城市新区。

城市规划实施的组织，必须建立以规划的编制来推进规划实施的机制。近期建设规划和控制性详细规划是实施城市总体规划的重要手段。在建设项目管理中，控制性详细规划具有决定性的作用。根据《城乡规划法》的有关规定，未编制控制性详细规划就不得进行国有土地使用权的出让，也不得进行规划的许可。因此，组织编制近期建设规划和控制性详细规划是城市总体规划实施组织的重要内容。

城市规划实施的组织，还应包括制定相应的规划实施的政策，比如促进、鼓励某类项目在某些地区的集中或者限制某类项目在该地区建设等，以对城市建设进行引导，保证城市规划能够得到实施。

2. 城市规划实施的管理

现行的城市规划实施管理的手段主要包括：

（1）建设用地的管理。在建设用地管理中，根据获得土地使用权的方式不同，分为两种情况：以划拨方式提供国有土地使用权的建设项目和出让方式提供国有土地使用权的，具体许可管理参照《自然资源部关于以“多规合一”为基础推进规划用地“多审合一、多证合一”改革的通知》的规定。

第四十一条　在乡、村庄规划区内进行乡镇企业、乡村公共设施和公益事业建设以及农村村民住宅建设，不得占用农用地；确需占用农用地的，应当依照《中华人民共和国土地管理法》有关规定办理农用地转用审批手续后，由城市、县人民政府城乡规划主管部门核发乡村建设规划许可证。建设单位或者个人在取得乡村建设规划许可证后，方可办理用地审批手续。

（2）建设工程管理。在城市、镇规划区内进行建筑物、构筑物、道路、管线和其他工程建设的，建设单位或者个人应当向城市、县人民政府城乡规划主管部门或者省、自治区、直辖市人民政府确定的镇人民政府申请办理建设工程规划许可证。

第四十一条　在乡、村庄规划区内进行乡镇企业、乡村公共设施和公益事业建设的，建设单位或者个人应当向乡、镇人民政府提出申请，由乡、镇人民政府报城市、县人民政府城乡规划主管部门核发乡村建设规划许可证。在乡、村庄规划区内使用原有宅基地进行农村村民住宅建设的规划管理办法，由省、自治区、直辖市制定。

第四十五条　县级以上地方人民政府城乡规划主管部门按照国务院规定对建设工程是否符合规划条件予以核实。未经核实或者经核实不符合规划条件的，建设单位不得组织竣工验收。建设单位应当在竣工验收后六个月内向城乡规划主管部门报送有关竣工验收资料。

（3）建设项目实施的监督检查。

第五十三条　县级以上人民政府城乡规划主管部门对城乡规划的实施情况进行监督检查，有权采取以下措施：①要求有关单位和人员提供与监督事项有关的文件、资料，并进行复制；②要求有关单位和人员就监督事项涉及的问题作出解释和说明，并根据需要进入现场进行勘测；③责令有关单位和人员停止违反有关城乡规划的法律、法规的行为。

第六十四条　未取得建设工程规划许可证或者未按照建设工程规划许可证的规定进行建设的，由县级以上地方人民政府城乡规划主管部门责令停止建设；尚可采取改正措施消除对规划实施的影响的，限期改正，处建设工程造价 5% 以上 10% 以下的罚款；无法采取改正措施消除影响的，限期拆除，不能拆除的，没收实物或者违法收入，可以并处建设工程造价10%以下的罚款。

第六十五条　在乡、村庄规划区内未依法取得乡村建设规划许可证或者未按照乡村建设规划许可证的规定进行建设的，由乡、镇人民政府责令停止建设、限期改正；逾期不改正的，可以拆除。

第六十八条　城乡规划主管部门作出责令停止建设或者限期拆除的决定后，当事人不停止建设或者逾期不拆除的，建设工程所在地县级以上地方人民政府可以责成有关部门采取查封施工现场、强制拆除等措施。

3. 城市规划实施的监督检查

城市规划实施监督是对城市规划的整个实施过程的监督检查，其中包括了对城市规划实施的组织、城市规划实施的管理以及法定规划的执行情况等所实行的监督检查。在规划实施的监督检查中，主要包括以下几个方面：

（1）行政监督检查：指各级人民政府及城乡规划主管部门对城市规划实施的全过程实行的监督管理。

（2）立法机构的监督检查：《城乡规划法》规定，地方各级人民政府应当向本级人民代表大会常务委员会或者乡、镇人民代表大会报告城乡规划的实施情况，并接受监督。

（3）社会监督：指城市中的所有机构、单位和个人对城市规划实施的组织和管理等行为的监督，其中包括对城市规划实施管理各个阶段的工作内容和规划实施过程中各个环节的执法行为和相关程序的监督。

历年真题

1. 下列关于规划实施管理的表述，错误的是（　　）。[2017-80]

A. 对于以划拨方式提供国有土地使用权的建设项目，建设单位在报送有关部门批准或核准前，应当向城乡规划主管部门申请核发选址意见书

B. 以出让方式提供国有土地使用权的建设项目，城乡规划主管部门应当依据控制性详细规划提出规划条件

C. 在乡村规划区内进行建设确需占用农用地的，应当先办理乡村建设规划许可证，再办理农用地转用手续

D. 在城市规划区内进行建设的，必须先办理建设用地规划许可证，再办理土地审批手续

【答案】C

【解析】《中华人民共和国城乡规划法》第四十一条规定，在乡、村庄规划区内进行乡镇企业、乡村公共设施和公益事业建设以及农村村民住宅建设，不得占用农用地；确需占用农用地的，应当依照《中华人民共和国土地管理法》有关规定办理农用地转用审批手续后，由城市、县人民政府城乡规划主管部门核发乡村建设规划许可证。建设单位或者个人在取得乡村建设规划许可证后，方可办理用地审批手续。

2. 下列关于规划实施的表述，错误的是（　　）。[2019-80]

A. 优先安排产业项目，逐步配套基础设施

B. 旧城区的改建，应合理确定拆迁和建设规模

C. 城市地下空间的开发和利用，应充分考虑防灾减灾、人民防空和通信等需要

D. 城乡建设和发展，应当依法保护和合理利用自然资源

【答案】A

【解析】《城乡规划法》第二十九条规定，城市的建设和发展，应当优先安排基础设施以及公共服务设施的建设，妥善处理新区开发与旧区改建的关系，统筹兼顾进城务工人员生活和周边农村经济社会发展、村民生产与生活的需要。

3. 下列关于城乡规划实施评估的表述，错误的是（　　）。[2018-23]

A. 城市总体规划实施评估的唯一目的就是监督规划的执行情况

B. 省域城镇体系规划、城市总体规划、镇总体规划都应实施评估

C. 对城乡规划实施进行评估，是修改城乡规划的前置条件

D. 城市总体规划实施评估应全面总结现行城市总体规划各项内容的执行情况

【答案】A

【解析】一方面，在城乡规划实施期间，需要结合当地经济社会发展的情况，定期对规划目标实现的情况进行跟踪评估，及时监督规划的执行情况，及时调整规划实施的保障措施，提高规划实施的严肃性；另一方面，对城乡规划进行全面、科学的评估，也有利于及时研究规划实施中出现的新问题，及时总结和发现城乡规划的优点和不足，为继续贯彻实施规划或者对其进行修改提供可靠的依据。监督规划的执行是其中一个目的而不是唯一目的。

4. 下列关于城乡规划实施评估的表述，错误的是（　　）。[2011-26]

A. 应评价规划方案的优劣　　B. 应跟踪评价规划目标实现情况

C. 应定期进行评估　　D. 应确定是否需要修改规划

【答案】A

【解析】评估是对城乡规划实施情况的评估，而非对城市规划方案的评价。

第二节　城市规划实施的基本内容

一、影响城市规划实施的基本因素

就影响城市规划实施最为直接的要素来看，大致可以分为以下几个方面。

1. 政府组织管理

城市规划是各级政府的重要职责，而各级政府的机构组织、管理行为的方式方法以及政府间的相互关系等都会对城市规划的实施产生影响。

2. 城市发展状况

城市规划的实施都是需要通过一定的社会经济手段才能进行的，因此，城市发展的状况就决定了城市规划实施的基本途径和可能。

3. 社会意愿与公众参与

城市规划是一项全社会的事业，城市规划的实施是由城市社会整体共同进行的，因此，城市社会中各个方面的参与及其态度、意愿等，是城市规划能否得到有效实施的关键。

城市规划的实施需要社会共同遵守和共同参与，因此这就必然涉及法律保障和社会运作机制等方面的内容，而法律法规的制定以及社会运作机制等本身就是社会选择的结果。

由此而言，社会公众对城市规划的认知程度、对城市规划作用的认识以及公众对城市规划编制时的参与程度及其作用等，往往决定了公众是否有意愿来遵守和执行城市规划，同时也决定了城市规划实施阶段的参与情况。

4. 法律保障

城市规划既是政府行为的重要组成部分，同时又与社会各个方面的利益直接关联，而社会利益又具有多样性，在这样的条件下，只有通过法律制度的建设和保障，才有可能更好地调节社会利益关系，从而保证城市规划的实施。

在通常情况下，法律法规的规定越是详尽、明确，城市规划实施过程所受到的干扰越少。但很显然，一方面法律法规不可能穷尽城市规划实施过程中的所有情况和可能性，另一方面在细节上过于明确和刚性的法律法规在发展变化中的适应性较差，由此也会造成在新情况下难以实施的问题。

历年真题

下列关于城市规划实施的表述，错误的是（　　）。[2019-78]

A. 城市社会经济发展状况，决定规划实施的基本路径与可能性

B. 规划实施需要社会共同遵守与参与，必然涉及法律保障与社会运作机制等内容

C. 社会公众对规划的认知和参与程度，影响其是否愿意遵守与执行规划

D. 下层次规划的编制、实施不会对上层次规划的实施结果产生影响

【答案】D

【解析】城市规划编制的成果是规划实施的基础，而不同层次的规划成果间的关系直接决定了上层次规划是否能够得到有效实施。

二、公共性设施开发与城市规划实施的关系

1. 公共性设施开发及其特征

公共性设施是指社会公众所共享的设施，主要包括公共绿地、公立的学校和医院等，也包括城市道路和各项市政基础设施。这些设施的开发建设通常是由政府或公共投资进行的。

公共性设施主要是由政府公共部门进行开发的，因为公共性设施是最为典型的公共物品，具有非排他性和非竞争性。在城市建成环境中，公共性设施的开发起着主导性的作用，既为社会公众提供必要的设施条件，同时也为非公共领域或商业性的开发提供了可能性和规定性。公共性设施的开发主要是由政府使用公共资金进行投资和建设的，因此，其投资是政府财政安排的结果。

2. 公共性设施开发的过程

（1）项目设想阶段：公共性设施项目的提出，大致可以分为两种类型。①弥补型的，即在城市居民的生活中、在城市社会经济发展过程中产生了新的需求或者某些需求没有得到满足，需要通过设施的建设来满足这些需求。②发展型的，是政府根据对社会经济和市民需求的预测，预先安排一些公共设施的建设。

（2）可行性研究阶段：在确定了所要建设的项目内容的基础上，对项目本身的实施需要进行可行性研究。可行性研究是项目决策的关键性步骤。

（3）项目决策阶段：在可行性研究成果的基础上，政府部门需要对是否投资建设、何时投资建设等作出决策。

（4）项目实施阶段：项目实施就是根据预算所确定的投资额和相应的财政安排，从对项目的初步构想开始一步一步地付诸实施，直至最后建成。在一般情况下，项目实施至少可以分为两个阶段，即项目设计阶段和项目施工阶段。

（5）项目投入使用阶段：项目施工完成后，经验收通过即可投入使用，并发挥其效用。

3. 公共性设施开发与城市规划实施

公共性设施开发建设是典型的政府行为，是政府运用公共资金来满足社会公众的使用需求。就城市规划而言，一方面，公共性设施的开发建设是政府有目的地、积极地实施城市规划的重要内容和手段；另一方面，公共性设施的开发建设对私人的商业性开发具有引导作用，通过特定内容的公共性设施的开发建设，也规定了商业性开发的内容和数量，从而保证商业性开发计划与城市规划所确定的内容相一致，从整体上保证城市规划的实施。

就公共性设施的开发过程而言，以下划分的每一个阶段与城市规划的过程也有非常密切的关系。

（1）项目设想阶段：政府部门应当将城市规划中所确定的各项公共性设施分步骤地纳入各自的建设计划之中，并予以实施，尤其是对于发展性公共性设施开发。

（2）可行性研究阶段：城市规划必须为这些项目的开发建设进行选址，确定项目建设用地的位置和范围，提出在特定地点进行建设的规划设计条件。

（3）项目决策阶段：城市规划不仅是项目本身决策的一项重要依据，而且对于不同公共性设施项目之间的抉择以及它们之间的配合等也提供了基础。

（4）项目实施阶段：公共性设施项目的设计必须符合相应的规划条件，这些条件既是保证设施将来使用和运营的需要，同时也是为了避免产生不利的外部性，避免对他人利益的不利影响。

（5）项目投入使用阶段：必须按照项目本身的使用功能使用，不能随意改变用途，因为用途的改变会带来与周边地区的各项关系的改变，进而有可能影响到整个地区效益的发挥。

历年真题

1. 下列关于城市公共性设施开发的表述，不准确的是（　　）。［2019-79］

A. 公共性设施开发建设是政府有目的地、积极地实施城市规划的重要内容和手段

B. 公共性设施开发建设是政府运用公共资金，主要满足市政基础设施的使用需求

C. 对于不同公共性设施项目之间的抉择及其配合，城市规划是项目决策的重要依据与基础

D. 各项公共性设施应在城市规划中分步骤纳入相关建设计划，予以实施

【答案】B

【解析】公共性设施的开发主要是由政府使用公共资金进行投资和建设的，因此，其投资是政府财政安排的结果，B选项错误。

2. 下列关于公共性设施的表述，错误的是（　　）。［2014-80］

A. 公共性设施是指社会公众所共享的设施

B. 公共性设施都是由政府部门进行开发的

C. 公共性设施的开发可引导和带动商业性的开发

D. 公共性设施项目未经规划主管部门核实是否符合规划条件，不得组织竣工验收

【答案】B

【解析】公共性设施是指社会公众所共享的设施，主要包括公共绿地，公立的学校、医院等，也包括城市道路和各项市政基础设施。这些设施的开发建设通常是由政府或公共投资进行的。一般来说，公共性设施主要是由政府公共部门进行开发的，也可由国企和事业单位进行开发，如水厂、污水厂等。

三、商业性开发与城市规划实施的关系

1. 商业性开发及其特征

商业性开发是指以营利为目的的开发建设活动。因此，所有的商业性开发的决策都是在对项目的经济效益和相关风险进行评估的基础上做出的。

2. 商业性开发的过程

项目构想与策划阶段：项目的构想与策划是投资人在对是否要从事开发、从事怎样的开发、在什么地方进行开发以及做出什么样的产品等进行分析、研究和思考的过程。

建设用地的获得：商业性开发通常都是通过市场的方法获得土地的，是否能够获得土地则要视市场竞争中的结果。

项目投融资阶段：由开发商进行的商业性开发，大部分都是通过各种途径的投融资来获得开发建设的资金。因此，只有获得了土地和相应的资金，开发活动才能得以开展。

项目实施阶段：项目实施阶段同样可以划分成两个方面的内容，即项目设计与项目施工阶段。

销售与经营：在施工开展或建设完成后，如果项目是以出售为主的，开发商就要进行销售等方面的工作；如果项目是建成后以自己经营管理为主的，则需要为此后的经营做准备。

历年真题

下列关于商业性开发建设影响和要求的表述，错误的是（　　）。[2021-80]

A. 商业性开发对私人利益的追求会损害到他人利益和公共利益

B. 规划中的大量内容需要依靠商业性开发才能最终实现

C. 商业性开发的建设用地应通过土地出让等有偿方式获得使用权

D. 商业性开发必须获得“建设用地规划许可证”

【答案】A

【解析】尽管商业性开发以私人利益为出发点，城市规划关注的核心是公共利益，但商业性开发同样是为了满足城市居民生产和生活的需求，城市规划中的大量内容也需要依靠商业性开发才能得到最终的实现。

第三节　国土空间规划实施政策规范

一、《国土空间规划城市体检评估规程》TD/T 1063—2021 要点

1. 术语（第 3.1、3.2 节）

国土空间规划城市体检评估：按照“一年一体检、五年一评估”的方式，对城市发

展阶段特征及国土空间总体规划实施效果定期进行分析和评价，是促进城市高质量发展、提高国土空间规划实施有效性的重要工具，分为年度体检和五年评估（以下简称“体检评估”）。

年度体检：聚焦当年度规划实施的关键变量和核心任务，对国土空间总体规划实施情况进行的年度监测和评价。

2. 工作原则（第 4.1 节）

坚持以人民为中心的发展思想，建设人民城市；坚持新发展理念，统筹发展和安全，促进城市高质量发展；坚持目标导向、问题导向和结果导向相结合，提高城市治理现代化水平；坚持一张蓝图干到底，实施全生命周期管理；坚持一切从实际出发，注重科学简明可操作。

3. 时间安排（第 4.4 节）

年度体检宜结合年度国土变更调查每年开展，五年评估原则上与国民经济和社会发展五年规划周期保持一致。开展五年评估的当年不单独开展年度体检。体检评估工作应于每年第一季度启动，成果应与最新年度国土变更调查数据、相关统计数据发布成果衔接，争取于当年第二季度完成。

4. 体检评估内容（第 5.1.2 ~ 5.1.7 条）

战略定位：分析实施国家和区域重大战略、落实城市发展目标、强化城市主要职能、优化调整城市功能等方面的成效及问题。

底线管控：分析耕地和永久基本农田、生态保护红线、城镇开发边界、地质洪涝灾害、历史文化遗产保护等底线管控，以及全域约束性自然资源保护（包含山水林田湖草沙海全要素）目标落实等方面的成效及问题。

规模结构：分析优化人口、就业、用地和建筑的规模、结构和布局，提升土地使用效益，推进城市更新等工作的成效及问题。

空间布局：分析区域协同、城乡统筹、产城融合、分区发展、重点和薄弱地区建设等空间优化调整方面的成效及问题。

支撑体系：分析生态环境、住房保障、公共服务、综合交通、市政公用设施、城市安全韧性、城市空间品质等方面的成效及问题。

实施保障：分析实施总体规划所开展的行动计划、执法督察、政策机制保障、信息化平台建设，以及落实总体规划的详细规划、相关专项规划及下层次县级或乡镇级总体规划的编制、实施等方面的成效及问题。

5. 年度体检成果构成（第 5.2.2 条）

年度体检报告主要包括总体结论、规划实施成效、存在问题及原因分析、对策建议等。体检成果要对上一年体检发现问题的整改情况进行说明。附件包括城市体检指标表（必选项）、年度重点任务完成清单（自选项）、年度规划实施分析图（必选项）、年度规划实施社会满意度评价报告（自选项）、年度体检基础数据库建设情况说明（必选项）。

6. 五年评估成果构成（第 5.3.2 条）

五年评估报告主要包括总体结论、规划实施成效、存在问题及原因分析、对策建议等。附件包括评估指标表（必选项）、五年重点任务完成清单（必选项）、五年规划实施分析图（必选项）、五年规划实施社会满意度评价报告（必选项）、五年评估基础数据库建设情况说明（必选项）等。

7. 体检评估指标体系（第 B.2 节）

为国务院审批城市的必选指标包括基本指标和国务院审批城市在推荐指标中选定的指标。

基本指标：人均年用水量、地下水水位、永久基本农田保护面积、耕地保有量、生态保护红线面积、历史文化保护线面积、人均应急避难场所面积、消防救援 5 分钟可达覆盖率、城区透水表面占比、城市内涝积水点数量、超高层建筑数量、违法违规调整规划、用地用海等事件数量、闲置土地处置率、存量土地供应比例、城乡工业用地占城乡建设用地的比例、土地出让收入占政府预算收入比例、城区道路网密度、“统一平台”建设及应用的县级单元比例、常住人口数量、城区常住人口密度、建设用地总面积、城乡建设用地面积、城区建筑密度、森林覆盖率、森林蓄积量、每万元 GDP 地耗、城市对外日均人流联系量、工作日平均通勤时间、15 分钟社区生活圈覆盖率、每千人口医疗卫生机构床位数、每千名老年人养老床位数、城镇人均住房面积、人均公园绿地面积。

推荐指标：重要江河湖泊水功能区水质达标率、用水总量、水资源开发利用率、湿地面积、河湖水面率、地下水供水量占总供水量比例、再生水利用率、高标准农田面积占比、生态保护红线范围内城乡建设用地面积、自然和文化遗产、破坏历史文化遗存本体及其环境事件数量、综合减灾示范社区比例、年平均地面沉降量、经过治理的地质灾害隐患点数量、防洪堤防达标率、社会劳动生产率、研究与试验发展经费投入强度、万人发明专利拥有量、高等学校数量、每 10 万人中具有大学文化程度人口数量、批而未供土地处置率、新增城市更新改造用地面积、城乡居住用地占城乡建设用地的比例、城乡职住用地比例、城市建设用地综合地价、实际服务管理人口数量、人口自然增长率、常住人口城镇化率、城镇开发边界范围内城乡建设用地面积、城区建筑总量、人均城镇建设用地面积、人均城镇住宅用地面积、人均村庄建设用地面积、等级医院交通 30 分钟行政村覆盖率、行政村等级公路通达率、农村自来水普及率、城乡居民人均可支配收入比、大陆自然海岸线保有率（自然岸线保有率）、近岸海域水质优良（一、二类）比例、海洋生产总值占 GDP 比例、人均地下空间面积、林地保有量、草地面积、新增生态修复面积、本地指示性物种种类、每万元 GDP 水耗、每万元 GDP 能耗、单位 GDP 二氧化碳排放降低比例、分布式清洁能源设施覆盖面积、工业用地地均增加值、综合管廊长度、城镇生活垃圾回收利用率、农村生活垃圾处理率、绿色交通出行比例、新建改建建筑中绿色建筑比例、定期国际通航城市数量、定期国内通航城市数量、1 小时到达中心城市国际机场或干线机场的县级单元比例、铁路年客运量、机场年旅客吞吐量、国内年旅游人数、入境年旅游人数、国际会议、展览、体育赛事数量、机场年货邮吞吐量、港口年集装箱吞吐量、对外贸易进出口总额、城镇年新增就业人数、45 分钟通勤时间内居民占比、都市圈 1 小时人口覆盖率、轨道交通站点 800 米半径服务覆盖率、社区卫生服务设施步行 15 分钟覆盖率、市区级医院 2 千米覆盖率、每万人拥有幼儿园班数、社区小学步行 10 分钟覆盖率、社区中学步行 15 分钟覆盖率、社区养老设施步行 5 分钟覆盖率、殡葬用地面积、社区文化活动设施步行 15 分钟覆盖率、菜市场（生鲜超市）步行 10 分钟覆盖率、年新增政策性住房占比、公共租赁住房套数、社区体育设施步行 15 分钟覆盖率、足球场地设施步行 15 分钟覆盖率、每 10 万人拥有的博物馆、图书馆、科技馆、艺术馆等文化艺术场馆数量、每万人拥有的咖啡馆、茶舍等数量、公园绿地、广场步行5分钟覆盖率、人均绿道长度、森林步行15分钟覆盖率、年空气质量优良天数。

国务院审批城市在推荐指标中选定的指标：用水总量、水资源开发利用率、湿地面积、河湖水面率、再生水利用率、生态保护红线范围内城乡建设用地面积、破坏历史文化遗存本体及其环境事件数量、综合减灾示范社区比例、社会劳动生产率、高等学校数量、批而未供土地处置率、新增城市更新改造用地面积、城乡居住用地占城乡建设用地的比例、城乡职住用地比例、城市建设用地综合地价、实际服务管理人口数量、人口自然增长率、常住人口城镇化率、城镇开发边界范围内城乡建设用地面积、城区建筑总量、人均城镇建设用地面积、人均城镇住宅用地面积、人均村庄建设用地面积、等级医院交通30分钟行政村覆盖率、大陆自然海岸线保有率（自然岸线保有率）、近岸海域水质优良（一、二类）比例、人均地下空间面积、新增生态修复面积、工业用地地均增加值、城镇生活垃圾回收利用率、农村生活垃圾处理率、绿色交通出行比例、铁路年客运量、45分钟通勤时间内居民占比、社区卫生服务设施步行15分钟覆盖率、市区级医院2千米覆盖率、每万人拥有幼儿园班数、社区小学步行10分钟覆盖率、社区中学步行15分钟覆盖率、社区养老设施步行5分钟覆盖率、社区文化活动设施步行15分钟覆盖率、菜市场（生鲜超市）步行10分钟覆盖率、年新增政策性住房占比、公共租赁住房套数、社区体育设施步行15分钟覆盖率、每10万人拥有的博物馆、图书馆、科技馆、艺术馆等文化艺术场馆数量、公园绿地、广场步行5分钟覆盖率、人均绿道长度。

历年真题

1. 根据《国土空间规划城市体检评估规程》，下列城市体检指标体系的安全性指标中，不属于基本指标的是（　　）。[2022–79]

A. 耕地保有量　　　　B. 重要江河湖泊水功能区水质达标率

C. 历史文化保护线面积　　　　D. 超高层建筑数量

【答案】B

【解析】重要江河湖泊水功能区水质达标率属于“水安全”二级指标下的推荐指标。

2. 根据《国土空间规划城市体检评估规程》，在国土空间规划体检评估中，年度体检报告附件的必选内容不包括（　　）。[2022–80]

A. 城市体检指标表　　　　B. 年度重点任务完成清单

C. 年度规划实施分析图　　　　D. 年度体检基础数据库建设情况说明

【答案】B

【解析】年度体检报告主要包括总体结论、规划实施成效、存在问题及原因分析、对策建议等。体检成果要对上一年体检发现问题的整改情况进行说明。附件包括城市体检指标表（必选项）、年度重点任务完成清单（自选项）、年度规划实施分析图（必选项）、年度规划实施社会满意度评价报告（自选项）、年度体检基础数据库建设情况说明（必选项），B选项符合题意。

3. 下列关于国土空间规划城市体检评估的表述，错误的是（　　）。[2021–79]

A. 国土空间规划城市体检评估包括了年度体检和五年评估两种方式

B. 是对城市发展体征及规划实施效果定期进行的分析评价

C. 是国土空间规划编制和动态维护的前置环节和重要依据

D. 是对法定规划的目标、指标和任务的分析评价

【答案】D

【解析】国土空间规划城市体检评估是指按照“一年一体检、五年一评估”的方式，对城市发展阶段特征及国土空间总体规划实施效果定期进行分析和评估，是促进城市高质量发展、提高国土空间规划实施有效性的重要工具，分为年度体检和五年评估。

4. 下列工作中，属于实施国土空间总体规划的行为的有（　　）。[2021-100]

A. 制定近期行动计划

B. 划定“三条控制线”

C. 细化用途管控规则

D. 生态修复与国土综合整治

E. 城市房地产开发

【答案】ACD

【解析】划定“三条控制线”属于国土空间总体规划的内容，B选项不符合题意。城市房地产开发属于对建设用地的开发建设行为，E选项不符合题意。制定近期行动计划、细化用途管控规则、生态修复与国土综合整治属于国土空间总体规划的实施。

二、《自然资源部办公厅关于加强国土空间规划监督管理的通知》要点

1. 总体要求

在“多规合一”基础上全面推进规划用地“多审合一、多证合一”，提高审批效率。

2. 规范规划编制审批

建立健全国土空间规划“编”“审”分离机制。规划编制实行编制单位终身负责制；规划审查应充分发挥规划委员会的作用，实行参编单位专家回避制度，推动开展第三方独立技术审查。

下级国土空间规划不得突破上级国土空间规划确定的约束性指标，不得违背上级国土空间规划的刚性管控要求。各地不得违反国土空间规划约束性指标和刚性管控要求审批其他各类规划，不得以其他规划替代国土空间规划作为各类开发保护建设活动的规划审批依据。

3. 严格规划许可管理

坚持先规划、后建设。严格按照国土空间规划核发建设项目用地预审与选址意见书、建设用地规划许可证、建设工程规划许可证和乡村建设规划许可证。

严格依据规划条件和建设工程规划许可证开展规划核实。规划核实必须两人以上现场审核并全过程记录。

农村地区要有序推进“多规合一”的实用性村庄规划编制和规划用地“多审合一、多证合一”，加强用地审批和乡村建设规划许可管理，坚持农地农用。

4. 实行规划全周期管理

加快建立完善国土空间基础信息平台，形成国土空间规划“一张图”，作为统一国土空间用途管制、实施建设项目规划许可、强化规划实施监督的依据和支撑。

建立规划编制、审批、修改和实施监督全程留痕制度，要在国土空间规划“一张图”实施监督信息系统中设置自动强制留痕功能；尚未建成系统的，必须落实人工留痕制度，确保规划管理行为全过程可回溯、可查询。

加强规划实施监测评估预警，按照“一年一体检、五年一评估”要求开展城市体检评

估并提出改进规划管理意见。

历年真题

建筑项目施工验收前应开展规划核实，规划核实的依据有（　　）。［2022-100］

A. 详细规划　　B. 规划条件

C. 建设用地规划许可证　　D. 建设工程规划许可证

E. 建设项目用地预审与选址意见书

【答案】BD

【解析】根据《自然资源部办公厅关于加强国土空间规划监督管理的通知》，严格依据规划条件和建设工程规划许可证开展规划核实。

三、《自然资源部关于以“多规合一”为基础推进规划用地“多审合一、多证合一”改革的通知》要点

1. 合并规划选址和用地预审

将建设项目选址意见书、建设项目用地预审意见合并，自然资源主管部门统一核发建设项目用地预审与选址意见书（见图 10-1），不再单独核发建设项目选址意见书、建设项目用地预审意见。

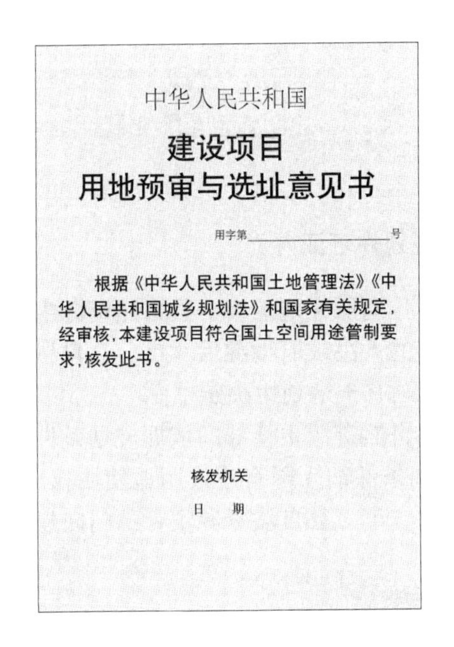

中华人民共和国

建设项目
用地预审与选址意见书

用字第＿＿＿＿＿＿＿＿号

根据《中华人民共和国土地管理法》《中华人民共和国城乡规划法》和国家有关规定，经审核，本建设项目符合国土空间用途管制要求，核发此书。

核发机关

日　期

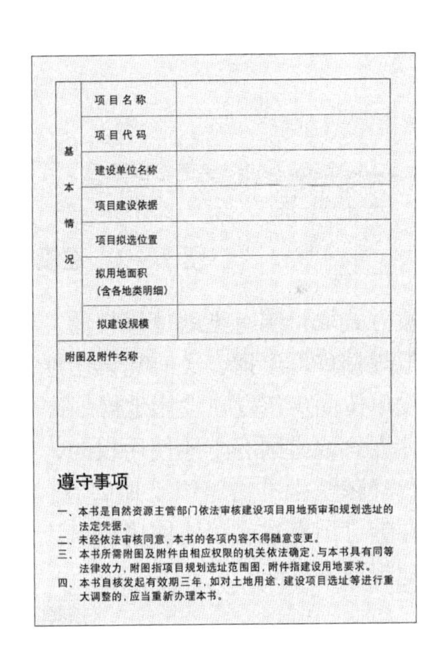

基本情况	项目名称	
	项目代码	
	建设单位名称	
	项目建设依据	
	项目拟选位置	
	拟用地面积（含各地类明细）	
	拟建设规模	
附图及附件名称		

遵守事项

一、本书是自然资源主管部门依法审核建设项目用地预审和规划选址的法定凭据。
二、未经依法审核同意，本书的各项内容不得随意变更。
三、本书所需附图及附件由相应权限的机关依法确定，与本书具有同等法律效力，附图指项目规划选址范围图，附件指建设用地要求。
四、本书自核发起有效期三年，如对土地用途、建设项目选址等进行重大调整的，应当重新办理本书。

图 10-1　建设项目用地预审与选址意见书内页

涉及新增建设用地，用地预审权限在自然资源部的，建设单位向地方自然资源主管部门提出用地预审与选址申请，由地方自然资源主管部门受理；经省级自然资源主管部门报自然资源部通过用地预审后，地方自然资源主管部门向建设单位核发建设项目用地预审与选址意见书。用地预审权限在省级以下自然资源主管部门的，由省级自然资源主管部门确定建设项目用地预审与选址意见书办理的层级和权限。

使用已经依法批准的建设用地进行建设的项目，不再办理用地预审；需要办理规划选

址的，由地方自然资源主管部门对规划选址情况进行审查，核发建设项目用地预审与选址意见书。

建设项目用地预审与选址意见书有效期为三年，自批准之日起计算。

2. 合并建设用地规划许可和用地批准

将建设用地规划许可证、建设用地批准书合并，自然资源主管部门统一核发新的建设用地规划许可证（见图 10–2），不再单独核发建设用地批准书。

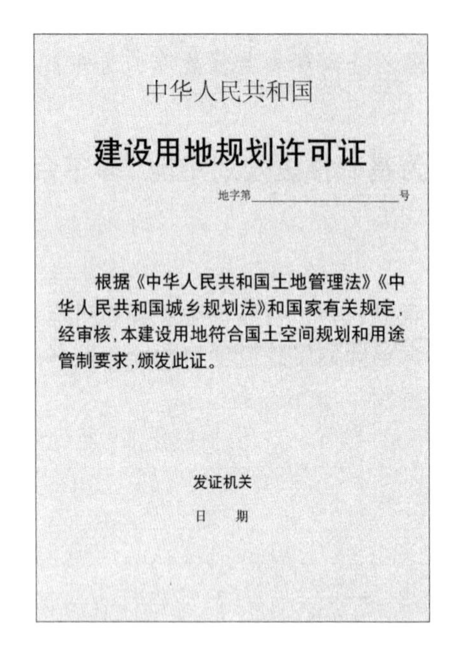

中华人民共和国

建设用地规划许可证

地字第________________号

根据《中华人民共和国土地管理法》《中华人民共和国城乡规划法》和国家有关规定，经审核，本建设用地符合国土空间规划和用途管制要求，颁发此证。

发证机关

日　期

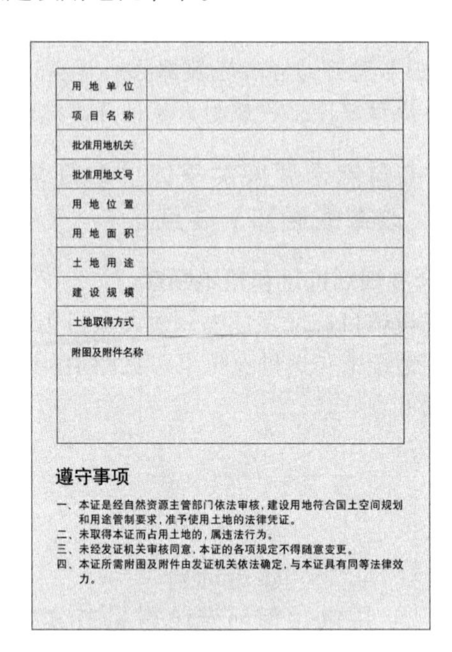

用地单位	
项目名称	
批准用地机关	
批准用地文号	
用地位置	
用地面积	
土地用途	
建设规模	
土地取得方式	
附图及附件名称	

遵守事项

一、本证是经自然资源主管部门依法审核，建设用地符合国土空间规划和用途管制要求，准予使用土地的法律凭证。
二、未取得本证而占用土地的，属违法行为。
三、未经发证机关审核同意，本证的各项规定不得随意变更。
四、本证所需附图及附件由发证机关依法确定，与本证具有同等法律效力。

图 10–2　建设用地规划许可证内页

以划拨方式取得国有土地使用权的，建设单位向所在地的市、县自然资源主管部门提出建设用地规划许可申请，经有建设用地批准权的人民政府批准后，市、县自然资源主管部门向建设单位同步核发建设用地规划许可证、国有土地划拨决定书。

以出让方式取得国有土地使用权的，市、县自然资源主管部门依据规划条件编制土地出让方案，经依法批准后组织土地供应，将规划条件纳入国有建设用地使用权出让合同。建设单位在签订国有建设用地使用权出让合同后，市、县自然资源主管部门向建设单位核发建设用地规划许可证。

历 年 真 题

根据《自然资源部关于以“多规合一”为基础推进规划用地“多审合一、多证合一”改革的通知》，下列文件中不属于改革后建设项目规划用地管理有效文件的是（　　）。［2021–75］

A. 建设项目用地预审与选址意见书　　B. 建设用地规划许可证

C. 建设用地批准书　　D. 国有土地划拨决定书

【答案】C

【解析】建设用地规划许可证和建设用地批准书合并，自然资源主管部门统一核发新的建设用地规划许可证，不再单独核发建设用地批准书。

四、《自然资源听证规定》要点

1. 总则

第三条 听证由拟作出行政处罚、行政许可决定，制定规章和规范性文件、实施需报政府批准的事项的主管部门组织。

依照本规定具体办理听证事务的法制工作机构为听证机构；但实施需报政府批准的事项可以由其经办机构作为听证机构。

本规定所称需报政府批准的事项，是指依法由本级人民政府批准后生效但主要由主管部门具体负责实施的事项，包括拟定或者修改基准地价、组织编制或者修改国土空间规划和矿产资源规划、拟定或者修改区片综合地价、拟定拟征地项目的补偿标准和安置方案、拟定非农业建设占用永久基本农田方案等。

第五条 法律、法规和规章规定应当听证的事项，当事人放弃听证权利或者因情况紧急须即时决定的，主管部门不组织听证。

2. 听证的一般规定

第六条 听证参加人包括拟听证事项经办机构的指派人员、听证会代表、当事人及其代理人、证人、鉴定人、翻译等。

第七条 听证一般由一名听证员组织；必要时，可以由三或五名听证员组织。听证员由主管部门指定。

第十一条 公开举行的听证会，公民、法人或者其他组织可以申请参加旁听。

3. 依职权听证的范围和程序

第十二条 有下列情形之一的，主管部门应当组织听证：①拟定或者修改基准地价；②编制或者修改国土空间规划和矿产资源规划；③拟定或者修改区片综合地价。

有下列情形之一的，直接涉及公民、法人或者其他组织的重大利益的，主管部门根据需要组织听证：①制定规章和规范性文件；②主管部门规定的其他情形。

第十三条 主管部门对本规定第十二条规定的事项举行听证的，应当在举行听证会30日前，向社会公告听证会的时间、地点、内容和申请参加听证会须知。

4. 依申请听证的范围和程序

第十九条 有下列情形之一的，主管部门在报批之前，应当书面告知当事人有要求举行听证的权利：①拟定拟征地项目的补偿标准和安置方案的；②拟定非农业建设占用永久基本农田方案的。

有下列情形之一的，主管部门在作出决定之前，应当书面告知当事人有要求举行听证的权利：①较大数额罚款、责令停止违法勘查或者违法开采行为、吊销勘查许可证或者采矿许可证等行政处罚的；②国有土地使用权、探矿权、采矿权的许可直接涉及申请人与他人之间重大利益关系的；③法律、法规或者规章规定的其他情形。

第二十一条 当事人应当在告知后5个工作日内向听证机构提出书面申请，逾期未提出的，视为放弃听证；但行政处罚听证的时限为3个工作日。放弃听证的，应当书面记载。

第二十九条 有下列情形之一的，可以延期举行听证：①因不可抗力的事由致使听证无法按期举行的；②当事人申请延期，有正当理由的；③可以延期的其他情形。延期听证的，主管部门应当书面通知听证参加人。

五、《自然资源执法监督规定》要点

1. 概念

第二条　本规定所称自然资源执法监督，是指县级以上自然资源主管部门依照法定职权和程序，对公民、法人和其他组织违反自然资源法律法规的行为进行检查、制止和查处的行政执法活动。

2. 执法监督职责

第七条　县级以上自然资源主管部门依照法律法规规定，履行下列执法监督职责：①对执行和遵守自然资源法律法规的情况进行检查；②对发现的违反自然资源法律法规的行为进行制止，责令限期改正；③对涉嫌违反自然资源法律法规的行为进行调查；④对违反自然资源法律法规的行为依法实施行政处罚和行政处理；⑤对违反自然资源法律法规依法应当追究国家工作人员责任的，依照有关规定移送监察机关或者有关机关处理；⑥对违反自然资源法律法规涉嫌犯罪的，将案件移送有关机关。

3. 执法人数

第十一条　自然资源执法人员依法履行执法监督职责时，应当主动出示执法证件，并且不得少于2人。

4. 执法监督措施

第十四条　县级以上自然资源主管部门履行执法监督职责，依法可以采取下列措施：①要求被检查的单位或者个人提供有关文件和资料，进行查阅或者予以复制；②要求被检查的单位或者个人就有关问题作出说明，询问违法案件的当事人、嫌疑人和证人；③进入被检查单位或者个人违法现场进行勘测、拍照、录音和摄像等；④责令当事人停止正在实施的违法行为，限期改正；⑤对当事人拒不停止违法行为的，应当将违法事实书面报告本级人民政府和上一级自然资源主管部门，也可以提请本级人民政府协调有关部门和单位采取相关措施；⑥对涉嫌违反自然资源法律法规的单位和个人，依法暂停办理其与该行为有关的审批或者登记发证手续；⑦对执法监督中发现有严重违反自然资源法律法规，自然资源管理秩序混乱，未积极采取措施消除违法状态的地区，其上级自然资源主管部门可以建议本级人民政府约谈该地区人民政府主要负责人；⑧执法监督中发现有地区存在违反自然资源法律法规的苗头性或者倾向性问题，可以向该地区的人民政府或者自然资源主管部门进行反馈，提出执法监督建议。

第十七条　自然资源部在全国部署开展自然资源卫片执法监督。

第二十条　县级以上自然资源主管部门实行行政执法全过程记录制度。根据情况可以采取下列记录方式，实现全过程留痕和可回溯管理：①将行政执法文书作为全过程记录的基本形式；②对现场检查、随机抽查、调查取证、听证、行政强制、送达等容易引发争议的行政执法过程，进行音像记录；③对直接涉及重大财产权益的现场执法活动和执法场所，进行音像记录；④对重大、复杂、疑难的行政执法案件，进行音像记录；⑤其他对当事人权利义务有重大影响的，进行音像记录。

5. 重大行政处罚决定

第二十一条　县级以上自然资源主管部门实行重大行政执法决定法制审核制度。在作出重大行政处罚决定前，由该部门的法制工作机构对拟作出决定的合法性、适当性进行审核。未经法制审核或者审核未通过的，不得作出决定。

重大行政处罚决定，包括没收违法采出的矿产品、没收违法所得、没收违法建筑物、限期拆除违法建筑物、吊销勘查许可证或者采矿许可证、地质灾害防治单位资质、测绘资质等行政处罚决定等。

6. 审核时限

第二十四条　县级以上自然资源主管部门的法制工作机构自收到送审材料之日起5个工作日内完成审核。情况复杂需要进一步调查研究的，可以适当延长，但延长期限不超过10个工作日。

7. 履行执法监督职责

第二十六条　有下列情形之一的，县级以上自然资源主管部门及其执法人员，应当采取相应处置措施，履行执法监督职责：①对于下达《责令停止违法行为通知书》后制止无效的，及时报告本级人民政府和上一级自然资源主管部门；②依法没收建筑物或者其他设施，没收后应当及时向有关部门移交；③发现违法线索需要追究刑事责任的，应当依法向有关部门移送违法犯罪线索”；④依法申请人民法院强制执行，人民法院不予受理的，应当作出明确记录。

8. 处分

第二十九条　县级以上自然资源主管部门及其执法人员有下列情形之一，致使公共利益或者公民、法人和其他组织的合法权益遭受重大损害的，应当依法给予处分：①对发现的自然资源违法行为未依法制止的；②应当依法立案查处，无正当理由，未依法立案查处的；③已经立案查处，依法应当申请强制执行、移送有关机关追究责任，无正当理由，未依法申请强制执行、移送有关机关的。

第十一章　国土空间规划相关政策规范

第一节　国土空间规划的编制审批

一、《第三次全国国土调查技术规程》TD/T 1055—2019 要点

1. 缩略语（第 3 章）

下列缩略语适用于本文件：① DEM: 数字高程模型。② DOM: 数字正射影像图。③ GIS: 地理信息系统。④ GNSS: 全球导航卫星系统。

2. 总体原则与要求

（1）任务。（第 4.1.2 条）

包括：①土地利用现状调查。包括农村土地利用现状调查和城市、建制镇、村庄（以下简称“城镇村庄”）内部土地利用现状调查，查清全国城乡各类土地的分布和利用状况。②土地权属调查。将城镇国有建设用地范围外已完成的集体土地所有权确权登记和国有土地使用权登记成果落实在国土调查成果中，对发生变化的土地开展补充调查。③专项用地调查与评价。主要包括耕地细化调查、批准未建设的建设用地调查、永久基本农田调查、耕地质量等级调查评价和耕地分等定级调查评价。④国土调查数据库建设。包括建立国家、省、市、县四级国土调查数据库，建立各级国土调查数据分析与共享服务平行。⑤成果汇总。主要包括数据汇总、成果分析以及数据成果制作与图件编制等工作。

（2）调查精度。（第 4.3.1、4.3.2 条）

农村土地利用现状调查采用优于 1m 分辨率覆盖全国的遥感影像资料；城镇内部土地利用现状调查，采用优于 0.2m 分辨率的航空遥感影像资料。

调查最小上图图斑面积应符合下列要求：①建设用地和设施农用地实地面积 $200m^2$。②农用地（不含设施农用地）实地面积 $400m^2$。③其他地类实地面积 $600m^2$，荒漠地区可适当减低精度，但不应低于 1 $500m^2$。④对于有更高管理需求的地区，建设用地可适当提高调查精度。

（3）数学基础。（第 4.4.1 ~ 4.4.3 条）

①坐标系统：采用“2000 国家大地坐标系”。②高程基准：采用“1985 国家高程基准”。③投影方式：投影方式采用高斯 – 克吕格投影。1 ∶ 2 000、1 ∶ 5 000、1 ∶ 10 000 比例尺标准分幅图或数据按 3°分带。

（4）基本调查单位。县级行政辖区。（第 4.5 节）

3. 调查界线及控制面积确定

（1）界线组成。（第 5.1 节）

调查界线以国界线、零米等深线（即经修改的低潮线）和各级行政区界线为基础组成。调查界线仅用于面积统计汇总，与之不相符的权属界线予以保留。

（2）界线来源。（第 5.2.1 ~ 5.2.6 条）

①国界采用国家确定的界线。②香港和澳门特别行政区界、台湾省界采用国家确定的界线。③零米等深线采用国家确定的界线。④海岸线即陆海分界线以大潮平均高潮线为准。⑤县级及县级以上行政区域界线采用全国陆地行政区域勘界成果确定的界线。乡镇级行政区域界线采用各县（市、区）最新确定的界线。⑥各级调查界线应继承最新年度土地变更调查界线，如有变化依据相关资料调整。

4. DOM 制作

（1）遥感数据选取要求。（第 7.1 节）

遥感数据选取满足下列要求：①光学数据单景云雪量一般不应超过 10%（特殊情况不应超过 20%），且云雪不能覆盖重点调查区域；②成像侧视角一般小于 15°，最大不得超过 25°，山区不超过 20°；③调查区内不出现明显噪声和缺行；④灰度范围总体呈正态分布，无灰度值突变现象；⑤相邻景影像间的重叠范围不得少于整景的 2%。

（2）DOM 数据源精度。（第 7.2.1、7.2.2 条）

1）航空影像比例尺。基于数码相机航空摄影时，DOM 比例尺与数码相机像素地面分辨率的对应关系见表 11–1。

表 11–1　不同比例尺 DOM 与数码相机像素地面分辨率对应关系　单位：m

DOM 比例尺	数码相机像素地面分辨率
1 ： 500	优于 0.05
1 ： 1 000	优于 0.1
1 ： 2 000	优于 0.2
1 ： 5 000	优于 0.4
1 ： 10 000	优于 0.8

2）航天影像比例尺。

采用航天遥感数据制作 DOM 比例尺与原始数据空间分辨率的对应关系见表 11–2。

表 11–2　不同比例尺 DOM 与航天遥感数据空间分辨率对应关系　单位：m

DOM 比例尺	数据空间分辨率
1 ： 2 000	≤ 0.5
1 ： 5 000	≤ 1
1 ： 10 000	≤ 2.5

（3）DOM 制作。（第 7.4.2 条）

图像处理：根据数据获取情况，以单景影像、条带影像或区域影像为单元，采用物理模型或有理函数模型进行几何纠正。重采样方法采用双线性内插或三次卷积，重采样像元大小根据原始影像分辨率，按 0.5m 的倍数就近采样。

（4）DOM 制作单元。（第 7.4.3 条）

DOM 以县级辖区为制作单元，按照外扩不少于 50 个像素、沿最小外接矩形裁切。根据县级辖区内影像间镶嵌和接边情况，通过镶嵌线、接边线及外围县级行政界线组成的若干矢量闭合面，并在每个闭合面内记录所使用影像的基本属性信息，以此制作 DOM 影像信息文件。

5. 土地权属调查（第 9.2.1 条）

调查方法。依据农村集体土体所有权确权登记成果和其他相关登记成果，以及合法有效的土地权属调查成果，将集体土地所有权和城镇国有建设用地范围外的土地所有权界线落实在土地调查成果中。城镇内部的国有土地使用权界线不调查上图。城镇内部街道行政界线调查上图。

6. 农村土地利用现状调查

（1）调查内容。（第 10.1 节）

以调查底图为基础，实地调查每块图斑的地类、位置、范围、面积等利用状况。

（2）地类调查。（第 10.2.1 ~ 10.2.5 条）

1）地类图斑。①单一地类的地块，以及被行政区、城镇村庄等调查界线或土地权属界线分割的单一地类地块为图斑。城镇村庄内部同一地类的相邻宗地合并为一个图斑。②地类图斑编号统一以行政村为单位，按从左到右、自上而下由“1”顺序编号。

2）地类图斑划分及表示。①按工作分类末级地类划分图斑。②调查界线、土地权属界线分割的地块形成图斑。③当各种界线重合时，依调查界线、土地权属界线的高低顺序，只表示高一级界线。④沿海地类图斑的陆地侧地类界线应与海岸线一致。

3）图斑地类认定。①依据工作分类，按照图斑的实地利用现状认定图斑地类。②三调不再新认定可调整地类。对原有可调整地类图斑，实地现状为耕地的，按耕地调查；实地现状为非耕地的，经所在县级自然资源主管部门和农村农业主管部门共同评估认为仍可恢复为耕地的，可继续保留可调整地类属性；难以恢复为耕地的，按实地现状调查。③批准未建设的建设用地按实地利用现状调查认定图斑地类。④根据《中华人民共和国土地管理法》，对临时使用的土地，按图斑原来的利用现状调查认定地类。⑤光伏发电的光伏板用地按原地类调查。

4）图斑调查方法。①依据调查底图，实地逐图斑调查图斑地类，调绘图斑边界，修正国家内业提取的图斑界线。当有更高精度航空影像时，也可根据其影像特征调绘图斑边界。调绘图斑的明显界线与 DOM 上同名地物移位不应大于图上 0.3mm，不明显界线不应大于图上 1.0mm。②对影像未能反映的新增地物应进行补测，有条件地区采用仪器补测法使用高精度测量设备进行补测。补测地物相对邻近明显地物距离中误差，平地、丘陵地不应大于 2.5m，山地不应大于 3.75m，最大误差不超过 2 倍中误差。

5）线状地物调查。①铁路、公路、农村道路、河流和沟渠等线状地物以图斑方式调查，坐落单位、权属单位、地类均一致的及宽度、走向基本一致的，划为一个线状地物图斑上图。②线状地物调查应充分利用交通及水利等部门的相关资料，保证道路和水系的连通性。线状地物发生交会时，从上向下俯视，上部的线状地物连续表示，下压的线状地物断在交叉处。③线状地物边界应依据影像特征调绘，对宽度较小的农村道路或沟渠等影像不能准确调绘的，可依据原有单线线状地物的走向和宽度以图斑的形式上图。④对调查为公路用地或铁路用地的图斑，提取公路或铁路的路面范围，按照单独图层方式录入国土调查数据库。对公路用地图斑，若道路有路肩则提取至路肩外缘，若道路无路肩则提取至路面铺桩位置或路而硬化外缘［不含路堤（堑）边坡、道沟］；对铁路用地图斑，提取至铁路路肩外缘。对高架的公路、铁路提取垂直投影范围。

（3）调查接边。（第 10.3.3 条）

当行政界线两侧明显地物接边误差小于图上 0.6mm、不明显地物接边误差小于图上 2.0mm 时，双方各改一半接边；否则双方应实地核实接边。

（4）田坎调查。（第 10.4.2 条）

1）系数测算。耕地坡度分级：耕地分 5 个坡度级（上含下不含）。坡度小于或等于 2° 的视为平地，其他分为梯田和坡地两类。耕地坡度分级及代码见表 11–3。

表 11–3　耕地坡度分级及代码

坡度分级	≤ 2°	＞ 2° ～ 6°	＞ 6° ～ 15°	＞ 15° ～ 25°	＞ 25°
坡度级代码	1	2	3	4	5

2）耕地田坎系数测算。坡度大于 2° 时，测算耕地田坎系数。

（5）海岛调查。（第 10.5.1 条）

对照经国务院批准的《中同海域海岛标准名录》开展海岛调查与统计。海岛范围调查至零米等深线。

（6）图斑举证。（第 10.6.1、10.6.2 条）

1）图斑举证要求。实地拍摄包含定位坐标和拍摄方位角等信息的图斑举证照片，报送至统一举证平台。

地方实地调查认定地类与全国三调办内业判读地类不一致的图斑，原则上须全部实地举证；对影像未能反映，地方补测调查的新增地物也须全部实地举证。对原地类为耕地，国家判读地类为其他农用地，经地方调查仍为耕地，标注种植属性与国家判读地类一致的，可不举证。

重点地类变化图斑原则上由地方全部实地举证。

涉及军事禁区及国家安全要害部门所在地，不得举证；对城镇村内部涉及建设用地细分类型的图斑，无须举证；对于因纠正精度或图斑综合等原因造成的偏移、不够上图面积或狭长地物图斑，可不举证；对原有线状地物而状化的图斑，可不举证；未硬化且未贯通的农村道路未调查上图的，可不举证；对同一条道路或沟渠等线性地物的图斑，可选择典型地段实地举证，其他地段备注说明。无人类生活活动的区域，如沙漠、戈壁、冰山、森林等无人区，影像可以判断地类的，可不举证。

2）举证照片拍摄要求。举证照片包括图斑全景照片、局部近景照片、建（构）筑物内部和农用地及未利用地的利用特征照片三类。

7. 城镇村庄内部土地利用现状调查

（1）地类调查。（第 11.2.1、11.2.3 ～ 11.2.5 条）

1）图斑划分。城镇村庄内部土地利用现状调查应依据工作分类末级地类，划分土地利用现状图斑。

2）城镇内部土地利用现状地类图斑调绘。以城镇内部土地利用调查底图为基础，按照工作分类，依据城镇宗地的用途，参照城镇规划的功能分区等，结合影像特征，综合判定土地利用类型，合并土地利用类型一致的宗地初步调绘城镇土地利用现状图斑。

包括：①特大型的企事业单位，内部土地利用类型明显不同且分割的界线（如市政道路、河流等）明显的，可以依据工作分类划分成多个图斑。②城镇内部的快速路、主干路、次干路及支路等市政道路用地按照城镇村道路用地图斑调查。③行政机关、企事业单位、住宅小区等内部道路归并到坐落图斑。④临街门面等，归并到城镇道路外的相邻图斑。⑤城镇内部符合上图面积要求的耕地、种植园用地、林地、草地、水域、其他土地图斑等按土地利用现状调查。⑥城镇内部的全部图斑，属于城市的标注“201”，属于建制镇的标注“202”。

3）村庄内部土地利用现状图斑调绘。以调查底图为基础，依据村庄地籍调查（宅基地及集体建设用地使用权调查等）成果，按照工作分类，结合影像特征，判定土地利用类型，初步调绘村庄内部土地利用现状图斑。

包括：①村庄内部超过上图面积的耕地、种植园用地、林地等土地按土地利用现状图斑调绘。②房前屋后不够上图面积的空地、晒场、树木及宅基地之间的通道等可归并到相邻的宅基地图斑。③村庄内部符合上图面积的水塘宜按照使用特征，以生活用水为主的水塘可归并到相邻的建设用地图斑，以农业生产用水为主的水塘应调绘坑塘水面。④穿越村庄的公路、河流、铁路等，不宜作为村庄内部的图斑进行调绘。⑤村庄内部的全部图斑应标注“203”属性。

4）城乡土地利用现状图斑衔接。①衔接内容。以调查底图为基础，衔接城乡土地利用现状图斑，重点做好城镇村调查范围与农村土地利用现状调查范围、国有土地图斑与国有土地图斑、国有土地图斑与集体所有土地图斑、集体所有土地图斑与集体所有土地图斑，城镇村道路图斑与农村道路图斑等界线位置和属性内容的衔接。②衔接要求。城镇村土地调查范围，界线与农村土地利用现状调查范围、界线应无缝衔接。城镇村内部土地利用现状图斑和农村土地利用现状图斑应进行无缝衔接。城镇村内部土地利用现状图斑与农村土地利用现状图斑相互衔接时，应以低精度图斑界线服从高精度图斑界线位置为原则，在允许误差范围内，应综合考虑图斑衔接的圆滑性和协调性。城镇村道路与农村道路相互连通时，应各自独立划定图斑，同时要保持道路表现时的完整性。

（2）城镇村庄范围界定。（第 11.3.1 条）

城镇村庄范围包括：①城市即城市居民点，指市区政府、县级市政府所在地（镇级）辖区内的，以及与城市连片的商业服务业、住宅、工业、机关、学校等用地。包括其所属的，不与其连片的开发区、新区等建成区，以及城市居民点范围内的其他各类用地（含城中村）。②建制镇即建制镇居民点，指建制镇辖区内的商业服务业、住宅、工业、学校等用地。包括其所属的，不与其连片的开发区、新区等建成区，以及建制镇居民点范围内的其他各类用地（含城中村），不包括乡政府所在地。③村庄即农村居民点，指乡村所属的商业服务业、住宅、工业、学校等用地。包括农村居民点范围内的其他各类用地。

8. 专项用地调查（第 12.1 节）

专项用地调查内容。包括耕地细化调查、批准未建设的建设用地调查、永久基本农田调查、耕地质量登记调查评价和耕地分等定级调查评价。

9. 数据库建设（第 13.1 节）

基本内容。国土调查数据库主要包括土地权属、土地利用现状、专项调查、基础地理、DOM、DEM 等信息。

10. 统计汇总

（1）面积统计。（第 14.1.1、14.1.2 条）

1）统计内容。①土地利用现状及权属状况统计：包括通过土地利用现状调查和土地权属调查获取的土地利用现状分类、权属性质、耕地坡度分级、图斑标注等成果的统计。②专项统计：包括耕地细化调查、批准未建设的建设用地调查、永久基本农田调查等结构的统计。③成果分析：在土地利用现状调查、土地权属调查和专项用地调查结果基础上，开展相关分析工作等。

2）基本要求。①以县级行政辖区为单位，统计调查界线范围内的土地（含飞入地）。②土地调查各地类面积之和等于辖区调查控制面积。③因小数位取舍造成的误差应强制调平。

（2）数据汇总。（第 14.2.1、14.2.2 条）

在县级土地统计基础上，逐级开展市（地）级、省级和全国汇总。

无县级归属的海岛参与省级汇总，无省级归属的海岛参与国家汇总。

11. 成果核查及数据库质量检查

（1）地类核查。（第 15.1.1、15.1.2 条）

1）核查内容。对县级土地调查数据库中图斑的地类、边界、范围的真实性和准确性进行核查。

2）核查程序与方法。①数据流量检查。比对原土地调查数据库和三调数据库，分析土地利用变化流量、流向、对变化异常情况进行重点核查。②叠加比对。将三调数据库与原土地调查数据库以及国家内业提取结果进行叠加，发现三调数据库与原土地调查数据库或国家内业提取结果不一致的图斑。③地类核查。利用遥感影像、举证照片和相关资料。④图斑整改。对地类核查认定的错误图斑进行整改。⑤复核。⑥外业核查。

（2）数据库质量检查。（第 15.2.1 条）

对三次全国国土调查数据库成果开展质量检查，检查内容主要包括：数据版本正确性、数据完整性、逻辑一致性、拓扑正确性、属性数据准性、汇总数据正确性、数据库更新正确性七个方面。

12. 统一时点更新

（1）统一时点。统一时点为 2019 年 12 月 31 日。（第 16.1 节）

（2）主要任务。统一时点前已完成调查的县级单位，开展统一时点更新工作。主要任务包括土地利用等变化情况的调查，以及数据库更新。（第 16.2 节）

（3）更新方法。（第 16.3.2 条）

一般地区采用综合调绘法和实地补测的方法。

（4）数据库更新内容。（第 16.4.1 条）

空间数据更新：包含调查界线、权属界线、地类数据及专项用地调查数据的更新。属性数据更新：由空间范围更新带来的属性数据更新以及其他属性更新。

13. 主要成果

（1）县级调查成果。（第 17.1 节）

①实施方案（或技术设计书）。②调查底图及相关调查记录表（薄）。③土地权属调查有关成果。④坡度图有关成果。⑤田坎系数测算成果。⑥图幅理论面积与控制面积接合图表。⑦国土调查数据库与数据库管理系统。⑧各类统计汇总表。⑨县级土地利用图、城镇土地利用图。⑩耕地细化调查、批准未建设的建设用地调查、耕地质量等级和耕地分等定级等专题图。⑪ 工作报告、技术报告、成果分析报告及有关专题报告等。

（2）汇总成果。（第 17.2 节）

①市（地）级、省级、国家级国土调查数据库与数据库管理系统。②市（地）级、省级、国家级汇总数据。③市（地）级、省级、国家级土地利用图。④市（地）级、省级、国家级耕地细化调查、批准未建设的建设用地调查、质量等级和耕地分等定级等专题图。⑤市（地）级、省级、国家级工作报告、技术报告、成果分析报告及有关专题报告等。

14. 成果检查

（1）调查成果检查。（第 18.1.1 ~ 18.1.3 条）

1）程序。包括县级自检、省级预检、国家级核查与数据库质量检查。

2）检查内容。调查成果检查包括以下内容：①权源材料、手续、界址点位背、界线走向、权属界线协议书，以及调查表等；②地类划分、地类标注、图斑界线、田坎系数、举证照片，以及外业调查记录等；③国土调查数据库结构、内容、精度、逻辑关系，以及数据库管理系统相关功能及运行情况等；④统计汇总数据、各种图件及文字报告等。

3）基本要求。

县级自检：县级对调查成果进行 100% 全面自检。

省级预检：①采用计算机自动比对和人机交互检查方法，比对提取三调初步成果、原土地调查数据库和国家内业判读结果之间的差异图斑，重点调查差异图斑调查地类与影像及举证照片的一致性，根据内业调查结果开展外业实地核查，对外业图斑进行认定，并利用移动外业设备拍摄图斑实地照片。根据内外业调查结果，组织调查成果整改。②内业抽检不低于 30% 的城镇村庄内部土地利用现状调查成果。③采用计算机自动检查与人机交互检查相结合的方法，利用数据库质量检查软件，按照数据库质检要求，检查各县国土调查数据库的质量。根据质量调查结果，组织数据库质量整改。数据库质量调查应实现省级 100% 预检。

国家级核查：国家级核查重点针对建设用地、原农用地调查为未利用地等重点类型图斑，以及三调地类与国家内业提取地类不一致的图斑。内业核查以遥感影像和举证照片为依据，采用计算机自动比对和人机交互检查方法，进行逐图斑内业比对，调查图斑地类、边界与影像及举证照片的一致性。对内业核查结果不修改的，根据举证材料进行内业复核。复核不能通过的，内业依据影像能确定图斑边界和地类的，直接修正调查成果；内业不能依据影像确定图斑边界和地类的，开展在线或实地外业核查工作，根据外业核查结果，直接修正调查成果。

国家级数据库质量检查与入库：国家级数据库质量检查重点检查数据成果的规范性、空间关系与属性逻辑正确性、汇总规则正确性等，确保数据成果质量达标，数据汇总成果精确。县级国土调查数据库通过国家级质量检查后，录入国家级国土调查数据库。

（2）汇总成果检查。汇总成果的调查内容主要包括接边、数据汇总等。（第 18.2 节）

二、《自然资源部办公厅关于规范和统一市县国土空间规划现状基数的通知》要点

在符合相关政策要求和规划管理规定的前提下，对已审批未建设的用地、用海等五种情形分类进行转换，具体详见表 11–4。

表 11–4　规划现状基数分类转换规则

类别	具体情形	处理规则	“三调”地类情况
一、已审批未建设的用地	（1）已完成农转用审批手续（含增减挂钩建新用地手续），但尚未供地的	按照农转用审批范围和用途认定为建设用地	“三调”为非建设用地
	（2）已办理供地手续，但尚未办理土地使用权登记的	按土地出让合同或划拨决定书的范围和用途认定为建设用地	
	（3）已办理土地使用权登记的	按登记的范围和用途认定为建设用地	
二、未审批已建设的用地	“二调”以来新增的未审批已建设的用地（“二调”为非建设用地）	2020 年 1 月 1 日以来已补办用地手续的，按照“三调”地类认定，其余按照“二调”地类认定	“三调”为建设用地
三、已拆除建筑物、构筑物的原建设用地	因低效用地再开发、原拆原建、矿山关闭后再利用等原因已先行拆除的	“二调”或年度变更调查结果为建设用地且合法的（取得合法审批手续或 1999 年以前调查为建设用地的），按照拆除前地类认定	“三调”为非建设用地
四、已审批未建设的用海	已取得用海批文或办理海域使用权登记的，允许继续填海的	按照用海批文或登记的范围和用途认定（用途为建设用地的认定为建设用地，用途为农用地的认定为农用地）	位于 0 米线之上，“三调”为非建设用地
五、未确权用海	围填海历史遗留问题清单中未确权已填海已建设的	按照围填海现状调查图斑范围和报自然资源部备案的省级人民政府围填海历史遗留问题处置方案认定（处置意见为拆除的，按照填海前分类认定；处置意见为保留的，按照“三调”地类认定）	位于 0 米线之上，“三调”为建设用地

三、《国土空间规划“一张图”建设指南（试行）》要点

1. 建设要求

适用范围。本指南适用于指导省、市、县三级开展国土空间规划“一张图”建设，核

心是建立完善国土空间基础信息平台（以下简称“平台”），同步构建国土空间规划“一张图”实施监督信息系统（以下简称“系统”）。

建设目标。建设完善省、市、县各级国土空间基础信息平台，以第三次全国国土调查成果为基础，整合国土空间规划编制所需的各类空间关联数据，形成坐标一致、边界吻合、上下贯通的一张底图，作为国土空间规划编制的工作基础。依托平台，以一张底图为基础，整合叠加各级各类国土空间规划成果，实现各类空间管控要素精准落地，形成覆盖全国、动态更新、权威统一的全国国土空间规划“一张图”，为统一国土空间用途管制、强化规划实施监督提供法定依据。基于平台，同步推动省、市、县各级国土空间规划“一张图”实施监督信息系统建设，为建立健全国土空间规划动态监测评估预警和实施监管机制提供信息化支撑。

2. 加快推进国土空间基础平台建设

（1）建设模式。省级以下平台建设由省级自然资源主管部门统筹。可采取省内统一建设模式，建立省市县共用的统一平台；也可以采用独立建设模式，省市县分别建立本级平台；或采用统分结合的建设模式，省市县部分统一建立、部分独立建立本级平台。

（2）形成一张底图。基于第三次全国国土调查成果，采用国家统一的测绘基准和测绘系统（统一采用2000国家大地坐标系和1985国家高程基准作为空间定位基础）。其中，地类细化调查的空间精度要求不低于第三次全国国土调查，细化图斑应在原有地类属性基础上，划分细化类别，确保与三调成果有效衔接。

3. 开展国土空间规划“一张图”实施监督信息系统建设

（1）国土空间规划“一张图”应用。

从平台调用国土空间规划“一张图”，提供包括资源浏览、专题图制作、对比分析、查询统计等功能。

资源浏览。提供基础的数据浏览和地图操作功能，支持按照国土空间规划数据资源目录进行浏览、查询、定位；支持相关规划指标、规划文本、和图件的浏览查看；满足多源数据的集成浏览展示与查询应用需求。

专题图制作。以专题应用为导向，通过数据选取、数据组织、数据展现、数据导出等步骤实现专题图制作与输出，专题制作流程可模板化定制并记录任务日志，以适应不同场景和多次使用需求。

对比分析。通过叠加分析、对比分析等手段，分析不同类别、不同层级的国土空间规划数据、现状数据和建设项目数据等不同数据之间在空间位置、数量关系、内在联系等方面的情况。

查询统计。提供属性筛选、空间筛选、图查数、数查图等查询方式获得图数一体查询结果，对查询结果可按维度进行分类统计并输出统计结果。

成果共享。针对相关部门业务需求，提供标准化国土空间规划“一张图”数据服务和功能服务，供相关系统集成和调用，促进成果应用。

（2）国土空间规划分析评价。以国土空间规划数据底板为基础，利用相关模型进行分析和评价，支撑资源环境承载能力评价、国土空间开发适宜性评价、国土空间规划实施评估和风险识别评估。

1）资源环境承载能力和国土空间开发适宜性评价。在充分获取区域资源、生态、环境、灾害和海洋等数据基础上，利用相关模型支撑，辅助分析自然资源禀赋和生态环境本底情况，辅助分析国土空间进行生态保护的重要程度以及农业生产、城镇建设的适宜程度。

2）国土空间规划实施评估和风险识别评估。基于国土空间规划“一张图”，利用相关模型支撑，识别国土空间开发保护的主要问题，为国土空间规划实施评估及风险识别评估提供分析成果。

（3）国土空间规划成果审查与管理。面向国土空间规划成果审查过程，建立国土空间规划成果审查与管理应用，提供规划成果质检、规划成果辅助审查和规划成果管理等功能，对审查各阶段的规划编制成果进行管理和利用。

1）规划成果质检。基于统一的质检要求及细则，针对国土空间规划编制成果，提供成果质量检查工具，编制单位及管理部门可利用该工具从成果数据的完整性、规范性、空间拓扑等方面对编制成果进行质量检查，自动生成质检报告，从而规范并提升规划成果质量。

2）规划成果辅助审查。针对国土空间规划和相关专项规划的规划成果，按照审查办法及传导要求，提供图文一致性、图数一致性、指标符合性、空间布局符合性等审查功能，辅助审查结果并形成审查报告。

3）规划成果管理。将国土空间规划成果与相关材料、审查意见等进行挂接，动态建立审查任务“一棵树”，关联管理每个阶段及每次审查的成果，便捷查询调阅成果图纸、审查报告、修改意见等，以及各阶段的成果批复文件。通过审查的最终规划成果纳入国土空间规划“一张图”统一管理。

（4）国土空间规划监测评估预警。

动态监测。实时采集接入多源数据，基于国土空间规划对相关的国土空间保护和开发利用行为进行长期动态监测，加强对各类管控边界、约束性指标的重点监测。

及时预警。依据指标预警等级和阈值，获取相关数据，对国土空间规划实施中违反开发保护边界及保护要求的情况，或有突破约束性指标风险的情况及时预警，辅助生成预警报告。

定期评估。依据国土空间开发利用现状评估指标，获取相关数据，定期或不定期开展重点城市或地区国土空间开发利用现状评估，辅助生成评估报告，为国土空间规划编制、动态调整完善、底线管控和政策供给等提供依据。本级评估结果应逐级汇交至国家级平台。根据需求开展专题评估。

四、《关于在国土空间规划中统筹划定落实三条控制线的指导意见》要点

1. 基本原则

底线思维，保护优先。以资源环境承载能力和国土空间开发适宜性评价为基础，科学有序统筹布局生态、农业、城镇等功能空间，强化底线约束，优先保障生态安全、粮食安全、国土安全。

多规合一，协调落实。按照统一底图、统一标准、统一规划、统一平台要求，科学划定落实三条控制线，做到不交叉不重叠不冲突。

统筹推进，分类管控。坚持陆海统筹、上下联动、区域协调，根据各地不同的自然资源禀赋和经济社会发展实际，针对三条控制线不同功能，建立健全分类管控机制。

2. 科学有序划定

（1）按照生态功能划定生态保护红线。生态保护红线是指在生态空间范围内具有特殊重要生态功能、必须强制性严格保护的区域。优先将具有重要水源涵养、生物多样性维护、水土保持、防风固沙、海岸防护等功能的生态功能极重要区域，以及生态极敏感脆弱的水土流失、沙漠化、石漠化、海岸侵蚀等区域划入生态保护红线。其他经评估目前虽然不能确定但具有潜在重要生态价值的区域也划入生态保护红线。对自然保护地进行调整优化，评估调整后的自然保护地应划入生态保护红线；自然保护地发生调整的，生态保护红线相应调整。生态保护红线内，自然保护地核心保护区原则上禁止人为活动，其他区域严格禁止开发性、生产性建设活动，在符合现行法律法规前提下，除国家重大战略项目外，仅允许对生态功能不造成破坏的有限人为活动，主要包括：零星的原住民在不扩大现有建设用地和耕地规模前提下，修缮生产生活设施，保留生活必需的少量种植、放牧、捕捞、养殖；因国家重大能源资源安全需要开展的战略性能源资源勘查，公益性自然资源调查和地质勘查；自然资源、生态环境监测和执法包括水文水资源监测及涉水违法事件的查处等，灾害防治和应急抢险活动；经依法批准进行的非破坏性科学研究观测、标本采集；经依法批准的考古调查发掘和文物保护活动；不破坏生态功能的适度参观旅游和相关的必要公共设施建设；必须且无法避让、符合县级以上国土空间规划的线性基础设施建设、防洪和供水设施建设与运行维护；重要生态修复工程。

（2）按照保质保量要求划定永久基本农田。永久基本农田是为保障国家粮食安全和重要农产品供给，实施永久特殊保护的耕地。依据耕地现状分布，根据耕地质量、粮食作物种植情况、土壤污染状况，在严守耕地红线基础上，按照一定比例，将达到质量要求的耕地依法划入。已经划定的永久基本农田中存在划定不实、违法占用、严重污染等问题的要全面梳理整改，确保永久基本农田面积不减、质量提升、布局稳定。

（3）按照集约适度、绿色发展要求划定城镇开发边界。城镇开发边界是在一定时期内因城镇发展需要，可以集中进行城镇开发建设、以城镇功能为主的区域边界，涉及城市、建制镇以及各类开发区等。城镇开发边界划定以城镇开发建设现状为基础，综合考虑资源承载能力、人口分布、经济布局、城乡统筹、城镇发展阶段和发展潜力，框定总量，限定容量，防止城镇无序蔓延。科学预留一定比例的留白区，为未来发展留有开发空间。城镇建设和发展不得违法违规侵占河道、湖面、滩地。

3. 协调解决冲突

（1）统一数据基础。以目前客观的土地、海域及海岛调查数据为基础，形成统一的工作底数底图。已形成第三次国土调查成果并经认定的，可直接作为工作底数底图。相关调查数据存在冲突的，以过去 5 年真实情况为基础，根据功能合理性进行统一核定。

（2）自上而下、上下结合实现三条控制线落地。国家明确三条控制线划定和管控原则及相关技术方法；省（自治区、直辖市）确定本行政区域内三条控制线总体格局和重点区域，提出下一级划定任务；市、县组织统一划定三条控制线和乡村建设等各类空间实体边界。跨区域划定冲突由上一级政府有关部门协调解决。

（3）协调边界矛盾。三条控制线出现矛盾时，生态保护红线要保证生态功能的系统性和完整性，确保生态功能不降低、面积不减少、性质不改变；永久基本农田要保证适度合理的规模和稳定性，确保数量不减少、质量不降低；城镇开发边界要避让重要生态功能，不占或少占永久基本农田。目前已划入自然保护地核心保护区的永久基本农田、镇村、矿业权逐步有序退出；已划入自然保护地一般控制区的，根据对生态功能造成的影响确定是否退出，其中，造成明显影响的逐步有序退出，不造成明显影响的可采取依法依规相应调整一般控制区范围等措施妥善处理。协调过程中退出的永久基本农田在县级行政区域内同步补划，确实无法补划的在市级行政区域内补划。

历年真题

1. 根据《关于在国土空间规划中统筹划定落实三条控制线的指导意见》，下列不属于划定三条控制线基本原则的是（ ）。[2022-51]

A. 统一底数　B. 统一底图　C. 统一标准　D. 统一平台

【答案】A

【解析】根据中共中央办公厅、国务院办公厅印发的《关于在国土空间规划中统筹划定落实三条控制线的指导意见》，多规合一，协调落实。按照统一底图、统一标准、统一规划、统一平台要求，科学划定落实三条控制线，做到不交叉不重叠不冲突。

2. 根据《关于在国土空间规划中统筹划定落实三条控制线的指导意见》，下列关于三条控制线的表述，不准确的是（ ）。[2022-74]

A. 三条控制线是国土空间用途管制的基本依据

B. 三条控制线的成果应纳入国土空间规划“一张图”实施监督信息系统

C. 涉及生态保护红线占用的需报国务院审批

D. 城镇开发边界的调整需报省级人民政府审批

【答案】D

【解析】《关于在国土空间规划中统筹划定落实三条控制线的指导意见》第十一条规定，城镇开发边界调整报国土空间规划原审批机关审批。

五、《城区范围确定规程》TD/T 1064—2021 要点

1. 术语和定义（第 3.1 ~ 3.4、3.6 节）

城区范围：指在市辖区和不设区的市，区、市政府驻地的实际建设连接到的居民委员会所辖区域和其他区域，一般是指实际已开发建设、市政公用设施和公共服务设施基本具备的建成区域范围。

城区实体地域范围：指城区实际建成的空间范围，是城市实际开发建设、市政公用设施和公共服务设施基本具备的空间地域范围。

城区初始范围：指城区实体地域范围确定过程中的初始区域，是自然资源主管部门核定的相关城区国土调查城市图斑数据覆盖区域。

城区最小统计单元：指城区范围划定过程中涉及的街道办事处（镇）所辖区域。

图斑：地图上被行政区、城镇、村庄等调查界线、土地权域界线、功能界线以及其他特定界线分割的单一地类地块。

2. 城区实体地域范围确定技术方法

（1）基础数据。（第 5.2.1 条）

城区实体地域范围的确定过程需要以下两种基础数据作为支撑：①影像数据：最新的行政区内不低于 2m 分辨率的遥感影像；②矢量数据：最新的行政区划矢量边界数据、全

国国土调查或年度变更调查数据（主要包括地类图斑、城镇村等用地、行政区、村级调查区等数据）等。

（2）数学基础。（第 5.2.2 条）

投影：高斯－克吕格投影 3°分带；坐标系统：2000 国家大地坐标系；高程基准：1985 国家高程基准。

（3）城区实体地域范围确定的特殊情况判断。（第 5.3.5 条）

对于已是城市的重要组成部分且承担必要城市功能的地类图斑，若通过一般步骤无法纳入城区实体地域范围的，分以下四类进行判断：

1）与国家或城市未来发展战略对应的各类国家级或省级开发区、工业园区；经过国家、省两级自然资源主管部门参与审定确定的建成或部分建成并运行的，其建成运行部分纳入城区实体地域范围。

2）重大交通基础设施：直接与城市交通干线连通，已建设且承担旅客、物流运输等城市经济发展功能的交通枢纽，如以市级行政区划地名命名的机场、火车站、港口等，纳入城区实体地域范围。

3）已建成的城市级或为更大范围内区域服务的功能区、市政公用设施，纳入城区实体地域范围。

4）承担城市必要功能且不可被城区实体地域范围具备同类功能的区域替代的相邻镇区，可结合城市体检评估佐证，局部或整体纳入城区实体地域范围，原则上不超过两处。

（4）边界核查。（第 5.3.6 条）

城区实体地域范围不得跨越市级行政区边界，不得与生态保护红线、永久基本农田界线冲突，不宜超出城镇开发边界。

（5）成果提交。（第 5.5 节）

城区实体地域范围确定后，需要提交以下成果：①矢量数据：城区初始范围矢量数据、城区实体地域范围矢量数据，以及涉及城区实体地域范围边界的城区最小统计单元内部的所有矢量数据。②栅格数据：城市行政区域遥感影像数据。③其他相关材料：举证材料、城区实体地域范围确定报告等。

3. 城区范围确定技术方法

（1）确定方法。（第 6.3.1、6.3.2 条）

不具备市政公用设施和公共服务设施数据的城市，结合四至边界清楚的城区最小统计单元行政管理现状，逐个判定各单元城区属性，汇总形成相对合理的、集中连片的城区范围。

具备市政公用设施和公共服务设施数据的城市，按下述方法判定形成城区范围：叠加城区最小统计单元管辖范围数据和城区实体地域范围，将区、市政府驻地所在城区最小统计单元、城区实体地域范围边界内的城区最小统计单元直接纳入城区范围；筛选出城区实体地域范围边界上的城区最小统计单元作为待纳入城区范围的单元，并按下述步骤进行判断：①若该城区最小统计单元中城区实体地域范围面积占比小于 20%，则不纳入城区范围。②若该城区最小统计单元中城区实体地域范围面积占比大于或等于 50%，则将其直接纳入城区范围。

（2）成果提交。（第 6.5 节）

城区范围确定后，需要提交以下成果：①矢量数据：城区范围矢量数据，在开展市政公用设施和公共服务设施建设情况调查时，如使用布局图，还需提交相关矢量数据；②统计数据：涉及的城区最小统计单元的面积数据，市政公用设施和公共服务设施调查表、统计表；③其他相关材料：举证材料、城区范围确定报告等。

六、《生态保护红线划定指南》要点

1. 适用范围

本指南适用于中华人民共和国陆地国土空间生态保护红线的划定。

2. 术语和定义

生态保护红线：指在生态空间范围内具有特殊重要生态功能、必须强制性严格保护的区域，是保障和维护国家生态安全的底线和生命线，通常包括具有重要水源涵养、生物多样性维护、水土保持、防风固沙、海岸生态稳定等功能的生态功能重要区域，以及水土流失、土地沙化、石漠化、盐渍化等生态环境敏感脆弱区域。

国土空间：指国家主权与主权权利管辖下的地域空间，是国民生存的场所和环境，包括陆地、陆上水域、内水、领海、领空等。

生态空间：指具有自然属性、以提供生态服务或生态产品为主体功能的国土空间，包括森林、草原、湿地、河流、湖泊、滩涂、岸线、海洋、荒地、荒漠、戈壁、冰川、高山冻原、无居民海岛等。

重点生态功能区：指生态系统十分重要，关系全国或区域生态安全，需要在国土空间开发中限制进行大规模高强度工业化城镇化开发，以保持并提高生态产品供给能力的区域，主要类型包括水源涵养区、水土保持区、防风固沙区和生物多样性维护区。

生态环境敏感脆弱区：指生态系统稳定性差，容易受到外界活动影响而产生生态退化且难以自我修复的区域。

禁止开发区域：指依法设立的各级各类自然文化资源保护区域，以及其他禁止进行工业化城镇化开发、需要特殊保护的重点生态功能区。

3. 管控要求

生态保护红线原则上按禁止开发区域的要求进行管理。严禁不符合主体功能定位的各类开发活动，严禁任意改变用途，确保生态功能不降低、面积不减少、性质不改变。因国家重大基础设施、重大民生保障项目建设等需要调整的，由省级政府组织论证，提出调整方案，经环境保护部[1]、国家发展改革委会同有关部门提出审核意见后，报国务院批准。

1）功能不降低。生态保护红线内的自然生态系统结构保持相对稳定，退化生态系统功能不断改善，质量不断提升。

2）面积不减少。生态保护红线边界保持相对固定，生态保护红线面积只能增加，不能减少。

3）性质不改变。严格实施生态保护红线国土空间用途管制，严禁随意改变用地性质。

4. 划定技术流程

（1）开展科学评估。科学评估的主要步骤包括：确定基本评估单元、选择评估类型与方法、数据准备、模型运算、评估分级和现场校验。

[1] 现为生态环境部。

1）确定基本评估单元。根据生态评估参数的数据可获取性，统一评估工作精度要求。原则上评估的基本空间单元应为250m×250m网格，有条件的地区可进一步提高精度。评估工作运行环境采用地理信息系统软件。

2）选择评估类型与方法。选取适宜的评估方法。

3）数据准备。根据评估方法，搜集评估所需的各类数据，如基础地理信息数据、土地利用现状及年度调查监测数据、气象观测数据、遥感影像、地表参量、生态系统类型与分布数据等。评估的基础数据类型为栅格数据，非栅格数据应进行预处理，统一转换为便于空间计算的网格化栅格数据。

4）模型运算。根据评估公式，在地理信息系统软件中输入评估所需的各项参数，计算生态系统服务功能重要性和生态环境敏感性指数。

5）评估分级。根据评估结果，将生态功能重要性依次划分为一般重要、重要和极重要3个等级，将生态环境敏感性依次划分为一般敏感、敏感和极敏感3个等级。

6）现场校核。

（2）校验划定范围。根据科学评估结果，将评估得到的生态功能极重要区和生态环境极敏感区进行叠加合并，并与以下保护地进行校验，形成生态保护红线空间叠加图，确保划定范围涵盖国家级和省级禁止开发区域，以及其他有必要严格保护的各类保护地。

1）国家级和省级禁止开发区域。国家公园；自然保护区；森林公园的生态保育区和核心景观区；风景名胜区的核心景区；地质公园的地质遗迹保护区；世界自然遗产的核心区和缓冲区；湿地公园的湿地保育区和恢复重建区；饮用水水源地的一级保护区；水产种质资源保护区的核心区；其他类型禁止开发区的核心保护区域。

对于上述禁止开发区域内的不同功能分区，应根据生态评估结果最终确定纳入生态保护红线的具体范围。位于生态空间以外或人文景观类的禁止开发区域，不纳入生态保护红线。

2）其他各类保护地。除上述禁止开发区域以外，各地可结合实际情况，根据生态功能重要性，将有必要实施严格保护的各类保护地纳入生态保护红线范围。主要涵盖：极小种群物种分布的栖息地、国家一级公益林、重要湿地（含滨海湿地）、国家级水土流失重点预防区、沙化土地封禁保护区、野生植物集中分布地、自然岸线、雪山冰川、高原冻土等重要生态保护地。

（3）确定红线边界。将上一步确定的生态保护红线叠加图，通过边界处理、现状与规划衔接、跨区域协调、上下对接等步骤，确定生态保护红线边界。

1）边界处理。采用地理信息系统软件，对叠加图层进行图斑聚合处理，合理扣除独立细小斑块和建设用地、基本农田。边界调整的底图建议采用第一次全国地理普查数据库或土地利用现状及年度调查监测成果，按照保护需要和开发利用现状，结合以下几类界线勾绘调整生态保护红线边界：①自然边界，主要是依据地形地貌或生态系统完整性确定的边界，如林线、雪线、流域分界线，以及生态系统分布界线等；②自然保护区、风景名胜区等各类保护地边界；江河、湖库，以及海岸等向陆域（或向海）延伸一定距离的边界；③地理国情普查、全国土地调查、森林草原湿地荒漠等自然资源调查等明确的地块边界。

2）现状与规划衔接。将生态保护红线边界与各类规划、区划空间边界及土地利用现状相衔接，综合分析开发建设与生态保护的关系，结合经济社会发展实际，合理确定开发与保护边界，提高生态保护红线划定合理性和可行性。

3）跨区域协调。根据生态安全格局构建需要，综合考虑区域或流域生态系统完整性，以地形、地貌、植被、河流水系等自然界线为依据，充分与相邻行政区域生态保护红线划定结果进行衔接与协调，开展跨区域技术对接，确保生态保护红线空间连续，实现跨区域生态系统整体保护。

4）上下对接。采取上下结合的方式开展技术对接，广泛征求各市县级政府意见，修改完善后达成一致意见，确定生态保护红线边界。

七、《自然资源部 生态环境部 国家林业和草原局关于加强生态保护红线管理的通知（试行）》要点

规范管控对生态功能不造成破坏的有限人为活动。生态保护红线是国土空间规划中的重要管控边界，生态保护红线内自然保护地核心保护区外，禁止开发性、生产性建设活动，在符合法律法规的前提下，仅允许以下对生态功能不造成破坏的有限人为活动。生态保护红线内自然保护区、风景名胜区、饮用水水源保护区等区域，依照法律法规执行。

（1）管护巡护、保护执法、科学研究、调查监测、测绘导航、防灾减灾救灾、军事国防、疫情防控等活动及相关的必要设施修筑。

（2）原住居民和其他合法权益主体，允许在不扩大现有建设用地、用海用岛、耕地、水产养殖规模和放牧强度（符合草畜平衡管理规定）的前提下，开展种植、放牧、捕捞、养殖（不包括投礁型海洋牧场、围海养殖）等活动，修筑生产生活设施。

（3）经依法批准的考古调查发掘、古生物化石调查发掘、标本采集和文物保护活动。

（4）按规定对人工商品林进行抚育采伐，或以提升森林质量、优化栖息地、建设生物防火隔离带等为目的的树种更新，依法开展的竹林采伐经营。

（5）不破坏生态功能的适度参观旅游、科普宣教及符合相关规划的配套性服务设施和相关的必要公共设施建设及维护。

（6）必须且无法避让、符合县级以上国土空间规划的线性基础设施、通信和防洪、供水设施建设和船舶航行、航道疏浚清淤等活动；已有的合法水利、交通运输等设施运行维护改造。

（7）地质调查与矿产资源勘查开采。

（8）依据县级以上国土空间规划和生态保护修复专项规划开展的生态修复。

（9）根据我国相关法律法规和与邻国签署的国界管理制度协定（条约）开展的边界边境通视道清理以及界务工程的修建、维护和拆除工作。

（10）法律法规规定允许的其他人为活动。开展上述活动时禁止新增填海造地和新增围海。上述活动涉及利用无居民海岛的，原则上仅允许按照相关规定对海岛自然岸线、表面积、岛体、植被改变轻微的低影响利用方式。

八、《市级国土空间总体规划制图规范（试行）》要点

1. 空间参照系统和比例尺（第 2.1.1 ~ 2.1.3 条）

正式图件的平面坐标系统采用“2000 国家大地坐标系”，高程基准面采用“1985 国

家高程基准”，投影系统采用“高斯－克吕格”投影，分带采用“国家标准分带”。

市级国土空间总体规划中，市域图件挂图的比例尺一般为 1 ： 10 万，如辖区面积过大或过小，可适当调整。

市级国土空间总体规划中，中心城区图件挂图的比例尺一般为 1 ： 1 万～ 1 ： 2.5 万；中心城区规划控制范围较大的，图件比例尺可缩小至 1 ： 5 万或根据情况作进一步调整。

2. 图件种类（第 2.2.1 ～ 2.2.4 条）

市级国土空间总体规划的图件包括调查型图件、管控型图件和示意型图件三类。

调查型图件 5 张（类），包括：市域国土空间用地用海现状图、中心城区国土空间用地用海现状图、市域自然保护地分布图、市域历史文化遗存分布图、市域自然灾害风险分布图。

管控型图件 20 张（类），包括：市域国土空间控制线规划图、市域生态系统保护规划图、市域农（牧）业空间规划图、市域历史文化保护规划图、市域综合交通规划图、市域基础设施规划图、市域国土空间规划分区图、市域生态修复和综合整治规划图、市域矿产资源规划图、中心城区土地使用规划图、中心城区国土空间规划分区图、中心城区开发强度分区规划图、中心城区控制线规划图、中心城区绿地系统和开敞空间规划图、中心城区公共服务设施体系规划图、中心城区历史文化保护规划图、中心城区道路交通规划图、中心城区市政基础设施规划图、中心城区综合防灾减灾规划图、中心城区地下空间规划图。

示意型图件 5 张（类），包括：市域主体功能分区图、市域国土空间总体格局规划图、市域城镇体系规划图、市域城乡生活圈和公共服务设施规划图、中心城区城市更新规划图。

3. 图纸要素（第 2.7.1、2.7.2 条）

图纸要素包括底图要素、主要表达内容必选要素和主要表达内容可选要素（以下简称必选要素和可选要素）。

底图要素一般包括制图区域的行政边界要素、自然地理要素、交通要素、用地和分区要素。各类要素应符合下列规定：①行政边界要素。市域底图应表达区（县）级及以上行政界线和政府驻地、制图区域行政界线的晕线、涉海城市还应包括海岸线和市辖海域。中心城区底图应表达乡（镇）级及以上行政界线和政府驻地、制图区域行政界线的晕线、涉海城市还应包括海岸线和市辖海域。②自然地理要素应包括山体、水系。③交通要素。除市域、中心城区国土空间用地用海现状图外，其他现状图纸底图应表达现状的机场、铁路及站场、城际轨道、港口码头、公路、城镇骨干路网，不同设施可选择性分类表达，可用相同用地叠加不同符号表达。除市域综合交通规划图、中心城区土地使用规划图、中心城区国土空间规划分区图、中心城区道路交通规划图外，其他规划图纸底图应表达现状和规划的机场、铁路及站场、城际轨道、港口码头、公路、城镇骨干路网，不同设施可选择性分类表达，可用相同用地叠加不同符号表达。④用地和分区要素。除市域、中心城区国土空间用地用海现状图外，其他现状图纸底图应表达现状建设用地（包括城乡建设用地、区域基础设施用地、其他建设用地）。除市域国土空间规划分区图、中心城区国土空间规划分区图、中心城区土地使用规划图外，其他规划图纸底图应表达城镇发展区，有条件的城市宜增加表达村庄建设区。

4. 管控型图件制图要求

（1）市域国土空间控制线规划图。（第 4.1.1、4.1.2 条）

①必选要素。应包括：城镇开发边界，永久基本农田，生态保护红线。②可选要素。历史文化保护线，洪涝风险控制线，矿产资源控制线。

（2）市域生态系统保护规划图。（第 4.2.1、4.2.2 条）

①必选要素。应包括：生态保护红线，生态廊道，自然保护地，风景名胜区，重要湖泊、湿地，其他生态重要和敏感地区，市级（含）以上等级公园，主干河道。②可选要素。可根据实际情况，增设生态保育区、生物多样性保护区、主干绿道等要素。

（3）中心城区公共服务设施体系规划图。（第 4.15.1、4.15.2 条）

①必选要素，应包括：市级及以上等级文化设施，市级及以上等级体育设施，市级及以上等级医疗卫生设施，市级及以上等级社会福利设施。②可选要素。可根据实际情况，增设其他各级教育设施、商业设施、区级公共服务设施等要素。可根据实际情况，区分现状设施与新增设施。

（4）中心城区道路交通规划图。（第 4.17.1、4.17.2 条）

①必选要素，应包括：铁路及铁路枢纽，高速公路、普通国道、普通省道、县道，轨道线网，快速路、主干路、次干路，机场，港口码头，公路枢纽。②可选要素。可根据实际情况，增设支路、公共换乘停车场、预留通道等要素。

（5）中心城区综合防灾减灾规划图。（第 4.19.1、4.19.2 条）

①必选要素，应包括：消防站，应急避难场所，防灾指挥中心，主要疏散通道，洪涝风险控制线，灾害风险分区。②可选要素。可根据实际情况，增设消防责任分区、消防训练基地、医疗救护中心等要素。

历年真题

根据《市级国土空间总体规划制图规范（试行）》，市域图件挂图的比例尺一般为（　　）。[2022-50]

A. 1 ∶ 1 万　　B. 1 ∶ 2 万　　C. 1 ∶ 5 万　　D. 1 ∶ 10 万

【答案】D

【解析】《市级国土空间总体规划制图规范（试行）》第 2.1.2 条规定，市级国土空间总体规划中，市域图件挂图的比例尺一般为 1 ∶ 10 万，如辖区面积过大或过小，可适当调整。

九、《市级国土空间总体规划数据库规范（试行）》要点

1. 术语和定义（第 3 章）

基础地理信息：作为统一的空间定位框架和空间分析基础的地理信息。

矢量数据：以坐标或有序坐标串表示的空间点、线、面等图形数据及与其相联系的有关属性数据的总称。

栅格数据：将地理空间划分成按行、列规则排列的单元，且各单元带有不同“值”的数据集。

图形数据：表示地理实体的位置、形态、大小和分布特征以及几何类型的数据。

属性数据：描述地理实体质量和数量特征的数据。

2. 数学基础（第 5.1 ~ 5.3 节）

地图投影与分带：采用“高斯－克吕格”投影，采用国家标准分带。

坐标系统：采用“2000 国家大地坐标系（CGCS2000）”。

高程基准：采用“1985 国家高程基准”。

3. 数据库结构定义（第 6 章）

数据库结构定义应符合以下基本规则：①图层名称采用中文文字命名，一般采用全称，名称较长时可采用关键字名称。②属性表名采用字母命名，一般采用名称汉语拼音首字母命名，名称较长时采用关键字的汉语拼音首字母命名。如出现属性表名重复，调整其中的一个。③属性数据结构字段类型描述中，Char 表示字符型，Float 表示双精度浮点型，Int 表示长整型。

十、《国土空间规划“一张图”实施监督信息系统技术规范》GB/T 39972—2021 要点

1. 总体框架

总体框架应包括四个层次，三大体系，具体描述如下。

四个层次：①设施层：面向国土空间规划业务需求，对计算资源、存储资源、网络资源和安全设施等进行扩展完善。②数据层：建设包括基础现状数据、国土空间规划成果数据、规划实施数据、监测评估预警数据和社会经济数据的国土空间规划数据体系，实现数据的汇交和管理，并建立与国土空间规划体系相适应的指标和模型。③支撑层：以国土空间基础信息平台为支撑，提供数据服务、功能服务、身份认证等，供应用层使用和调用。④应用层：面向国土空间规划的编制、审查、实施、监测、评估、预警全过程，提供包括国土空间规划“一张图”应用、分析评价、成果审查与管理、监测评估预警指标模型管理、社会公众服务等功能；与各委办局业务系统连接，实现部门间信息共享和业务协同，为企事业单位和社会公众提供服务。

三大体系：①标准规范体系：建立统一的数据标准、技术规范，指导系统建设和运行管理的全过程。②安全保障体系：按照国家相关安全等级保护的要求进行安全保障体系的建设，确保系统运行过程中的物理安全、网络安全、数据安全、应用安全、访问安全。③运维保障体系：建立运维管理机制，对系统的硬件、网络、数据、应用及服务的运行状况进行综合管理，保证系统稳定运行。

2. 功能构成

国土空间规划“一张图”实施监督信息系统应包括国土空间规划“一张图”应用和指标模型管理等基础功能，支撑国土空间分析评价、国土空间规划成果审查与管理、国土空间规划实施监督、社会公众服务等业务应用。

3. 数据要求

基础现状数据应包括基础地理信息数据、地质数据、自然资源调查监测数据、自然资源管理数据、自然和历史文化保护数据、其他现状数据等。

规划实施数据应集成国土空间保护、开发、利用和修复相关数据。

规划监督数据应包括对国土空间开发保护现状和规划实施状况进行动态监测、定期评估和及时预警等数据。

第二节　自然环境及资源保护

一、《关于建立以国家公园为主体的自然保护地体系的指导意见》要点

1. 总体目标

到 2035 年，自然保护地占陆域国土面积 18% 以上。

2. 构建科学合理的自然保护地体系

（1）明确自然保护地功能定位。自然保护地是由各级政府依法划定或确认，对重要的自然生态系统、自然遗迹、自然景观及其所承载的自然资源、生态功能和文化价值实施长期保护的陆域或海域。要将生态功能重要、生态环境敏感脆弱以及其他有必要严格保护的各类自然保护地纳入生态保护红线管控范围。

（2）科学划定自然保护地类型。按照自然生态系统原真性、整体性、系统性及其内在规律，依据管理目标与效能并借鉴国际经验，将自然保护地按生态价值和保护强度高低依次分为 3 类：

1）国家公园：是指以保护具有国家代表性的自然生态系统为主要目的，实现自然资源科学保护和合理利用的特定陆域或海域，是我国自然生态系统中最重要、自然景观最独特、自然遗产最精华、生物多样性最富集的部分，保护范围大，生态过程完整，具有全球价值、国家象征，国民认同度高。

2）自然保护区：是指保护典型的自然生态系统、珍稀濒危野生动植物种的天然集中分布区、有特殊意义的自然遗迹的区域。具有较大面积，确保主要保护对象安全，维持和恢复珍稀濒危野生动植物种群数量及赖以生存的栖息环境。

3）自然公园：是指保护重要的自然生态系统、自然遗迹和自然景观，具有生态、观赏、文化和科学价值，可持续利用的区域。确保森林、海洋、湿地、水域、冰川、草原、生物等珍贵自然资源，以及所承载的景观、地质地貌和文化多样性得到有效保护。包括森林公园、地质公园、海洋公园、湿地公园等各类自然公园。

（3）确立国家公园主体地位。

确立国家公园在维护国家生态安全关键区域中的首要地位。国家公园建立后，在相同区域一律不再保留或设立其他自然保护地类型。

（4）编制自然保护地规划。将生态功能重要、生态系统脆弱、自然生态保护空缺的区域规划为重要的自然生态空间，纳入自然保护地体系。

3. 建立统一规范高效的管理体制

分级行使自然保护地管理职责。将国家公园等自然保护地分为中央直接管理、中央地方共同管理和地方管理 3 类，实行分级设立、分级管理。中央直接管理和中央地方共同管理的自然保护地由国家批准设立；地方管理的自然保护地由省级政府批准设立，管理主体由省级政府确定。探索公益治理、社区治理、共同治理等保护方式。

实行自然保护地差别化管控。根据各类自然保护地功能定位，既严格保护又便于基层操作，合理分区，实行差别化管控。国家公园和自然保护区实行分区管控，原则上核心保护区内禁止人为活动，一般控制区内限制人为活动。自然公园原则上按一般控制区管理，

限制人为活动。结合历史遗留问题处理，分类分区制定管理规范。

历年真题

下列不属于自然保护地体系范畴的是（　　）。[2022-63]

A. 森林公园　　B. 海洋公园　　C. 地质公园　　D. 郊野公园

【答案】D

【解析】根据《关于建立以国家公园为主体的自然保护地体系的指导意见》，将自然保护地按生态价值和保护强度高低依次分为3类：国家公园、自然保护区和自然公园。自然公园包括森林公园、地质公园、海洋公园、湿地公园等各类自然公园。

二、《山水林田湖草生态保护修复工程指南（试行）》要点

1. 定义

山水林田湖草生态保护修复工程（以下简称“山水工程”）是指按照山水林田湖草是生命共同体理念，依据国土空间总体规划以及国土空间生态保护修复等相关专项规划，在一定区域范围内，为提升生态系统自我恢复能力，增强生态系统稳定性，促进自然生态系统质量的整体改善和生态产品供应能力的全面增强，遵循自然生态系统演替规律和内在机理，对受损、退化、服务功能下降的生态系统进行整体保护、系统修复、综合治理的过程和活动。

2. 实施范围和期限

实施范围内可由一个或多个相互独立又有关联的子项目组成，工程实施范围应明确到所在的地（市）、县（市）、乡（镇）、村（组）。

实施期限包括治理修复期和管护期。治理修复期从工程项目批准后到项目完工。工程项目验收交付后为管护期，可根据实际通过签订管护协议或合同约定管护期限等。

3. 工程建设内容及保护修复要求

（1）建设内容。在确定的实施范围内，根据不同保护修复对象和主要目标，山水工程建设内容主要包括重要生态系统保护修复工程，以及统筹考虑自然地理单元的完整性、生态系统的关联性、自然生态要素的综合性，在一定区域内对与之相关联的山水林田湖草等各类自然生态要素进行的整体保护、系统修复、综合治理等各相关工程。为加强生态保护修复过程监测、效果评估和适应性管理，提升生态保护修复能力，山水工程建设内容还可包括野外保护站点、监测监控点和监管平台建设等。

（2）自然生态空间保护修复要求。

自然保护地核心保护区。按照禁止开发区域管控要求，加大封育力度，因病虫害、外来物种入侵、维持主要保护对象生存环境、森林防火等特殊情况，经批准可以开展重要生态修复工程，以及物种重引入、增殖放流、病害动植物清理等生态保护修复活动。

生态保护红线内其他区域。按照禁止开发区域管控要求，尽量减少人为扰动，除必要的地质灾害防治、防洪防护等安全工程和生态廊道建设、重要栖息地恢复和废弃修复工程外，原则上不安排人工工程。

一般生态空间。按照限制开发区域管控要求，调整优化土地利用结构布局，开展生态保护修复活动，鼓励探索陆域、海域复合利用，发挥生态空间的生态农业、生态牧业、生态旅游、生态文化等多种功能。

历年真题

下列关于山水林田湖草生态保护修复工程实施范围的表述，不准确的是（　　）。[2022-76]

A. 综合考虑自然生态系统的系统性和完整性

B. 以相对完整的自然地理单元为基础，结合行政区域划分

C. 可由一个或多个相互独立又有关联的子项目组成

D. 明确到所在的地（市）、县（市）、乡（镇）

【答案】D

【解析】《山水林田湖草生态保护修复工程指南（试行）》第4.1节规定，工程实施范围应明确到所在的地（市）、县（市）、乡（镇）、村（组）。

三、《国务院办公厅关于加强草原保护修复的若干意见》要点

1. 完善草原自然保护地体系

整合优化建立草原类型自然保护地，实行整体保护、差别化管理。开展自然保护地自然资源确权登记，在自然保护地核心保护区，原则上禁止人为活动；在自然保护地一般控制区和草原自然公园，实行负面清单管理，规范生产生活和旅游等活动，增强草原生态系统的完整性和连通性，为野生动植物生存繁衍留下空间，有效保护生物多样性。

2. 加快推进草原生态修复

在严重超载过牧地区，采取禁牧封育、免耕补播、松土施肥、鼠虫害防治等措施，促进草原植被恢复。对已垦草原，按照国务院批准的范围和规模，有计划地退耕还草。在水土条件适宜地区，实施退化草原生态修复，鼓励和支持人工草地建设，恢复提升草原生产能力，支持优质储备饲草基地建设，促进草原生态修复与草原畜牧业高质量发展有机融合。

3. 统筹推进林草生态治理

在干旱半干旱地区，坚持以水定绿，采取以草灌为主、林草结合方式恢复植被，增强生态系统稳定性。在林草交错地带，营造林草复合植被，避免过分强调集中连片和高密度造林。在森林区，适当保留林间和林缘草地，形成林地、草地镶嵌分布的复合生态系统。在草原区，对生态系统脆弱、生态区位重要的退化草原，加强生态修复和保护管理，巩固生态治理成果。

4. 合理利用草原资源

半农半牧区要因地制宜建设多年生人工草地，发展适度规模经营。农区要结合退耕还草、草田轮作等工作，大力发展人工草地，提高饲草供给能力，发展规模化、标准化养殖。加快转变传统草原畜牧业生产方式，优化牧区、半农半牧区和农区资源配置，推行“牧区繁育、农区育肥”等生产模式，提高资源利用效率。

历年真题

根据《国务院办公厅关于加强草原保护修复的若干意见》，下列关于加强草原保护修复的表述，不准确的是（　　）。[2022-64]

A. 整合优化建立草原类型自然保护地，实行整体保护、差别化管理

B. 在森林区，适当保留林间和林缘草地，形成林地、草地镶嵌分布的复合生态系统

C. 在草原区，对生态系统脆弱、生态区位重要的退化草原，加强生态修复和保护管理，巩固生态治理成果

D. 草原自然公园原则上严禁人类活动

【答案】D

【解析】根据《国务院办公厅关于加强草原保护修复的若干意见》，在自然保护地核心保护区，原则上禁止人为活动；在自然保护地一般控制区和草原自然公园，实行负面清单管理，规范生产生活和旅游等活动。

四、《国家级公益林管理办法》要点

1. 管护责任

第五条　国家林业局负责全国国家级公益林管理的指导、协调和监督；地方各级林业主管部门负责辖区内国家级公益林的保护和管理。

第八条　权属为国有的国家级公益林，管护责任单位为国有林业局（场）、自然保护区、森林公园及其他国有森林经营单位。权属为集体所有的国家级公益林，管护责任单位主体为集体经济组织。权属为个人所有的国家级公益林，管护责任由其所有者或者经营者承担。

第十一条　由地方人民政府编制的林地保护利用规划和林业主管部门编制的森林经营规划，应当将国家级公益林保护和管理作为重要内容。

2. 国家级公益林可进行的活动

第十二条　国有一级国家级公益林，不得开展任何形式的生产经营活动。因教学科研等确需采伐林木，或者发生较为严重森林火灾、病虫害及其他自然灾害等特殊情况确需对受害林木进行清理的，应当组织森林经理学、森林保护学、生态学等领域林业专家进行生态影响评价，经县级以上林业主管部门依法审批后实施。集体和个人所有的一级国家级公益林，以严格保护为原则。

第十三条　二级国家级公益林在不影响整体森林生态系统功能发挥的前提下，在不破坏森林植被的前提下，可以合理利用其林地资源，适度开展林下种植养殖和森林游憩等非木质资源开发与利用，科学发展林下经济。

第十五条　对国家级公益林实行“总量控制、区域稳定、动态管理、增减平衡”的管理机制。

3. 国家级公益林的调出和补进

第十七条　国家级公益林的调出，以不影响整体生态功能、保持集中连片为原则，一经调出，不得再次申请补进。①国有国家级公益林，原则上不得调出。②集体和个人所有的一级国家级公益林，原则上不得调出。但对已确权到户的苗圃地、竹林地，以及平原农区的国家级公益林，其林权权利人要求调出的，可以按照本办法第十九条的规定调出。③集体和个人所有的二级国家级公益林，林权权利人要求调出的，可以按照本办法第十九条的规定调出。

第十九条　国家级公益林的调出和补进，由林权权利人征得林地所有权所属村民委员会同意后，向县级林业主管部门提出申请。

历年真题

下列关于国家级公益林的说法，不正确的是（　　）。［2020-86］

A. 权属为国有的国家级公益林，管护责任单位为国有林业局（场）、自然保护区、森林公园及其他国有森林经营单位

B. 权属为集体所有的国家级公益林，管护责任单位主体为县级人民政府

C. 一级国家级公益林，不得开展任何形式的生产经营活动

D. 国家级公益林实行“总量控制、区域稳定、动态管理、增减平衡”的管理机制

E. 国家级公益林不得调出

【答案】BCE

【解析】《国家级公益林管理办法》规定，权属为集体所有的国家级公益林，管护责任单位主体为集体经济组织，B选项错误。国有一级国家级公益林，不得开展任何形式的生产经营活动，集体和个人所有的一级国家级公益林，以严格保护为原则，根据其生态状况需要开展抚育和更新采伐等经营活动，C选项错误。集体和个人所有的一级国家级公益林，原则上不得调出。但对已确权到户的苗圃地、竹林地，以及平原农区的国家级公益林，其林权权利人要求调出的可以按照本办法第十九条的规定调出，E选项错误。

五、《矿产资源规划编制实施办法》要点

1. 总则

第三条　本办法所称矿产资源规划，是指根据矿产资源禀赋条件、勘查开发利用现状和一定时期内国民经济和社会发展对矿产资源的需求，对地质勘查、矿产资源开发利用和保护等作出的总量、结构、布局和时序安排。

第四条　矿产资源规划是落实国家矿产资源战略、加强和改善矿产资源宏观管理的重要手段，是依法审批和监督管理地质勘查、矿产资源开发利用和保护活动的重要依据。

第七条　矿产资源规划包括矿产资源总体规划和矿产资源专项规划。

第八条　矿产资源总体规划包括国家级矿产资源总体规划、省级矿产资源总体规划、设区的市级矿产资源总体规划和县级矿产资源总体规划。

国家级矿产资源总体规划应当对全国地质勘查、矿产资源开发利用和保护进行战略性总体布局和统筹安排。省级矿产资源总体规划应当对国家级矿产资源总体规划的目标任务在本行政区域内进行细化和落实。设区的市级、县级矿产资源总体规划应当对依法审批管理和上级国土资源主管部门授权审批管理矿种的勘查、开发利用和保护活动作出具体安排。

第九条　矿产资源专项规划应当对地质勘查、矿产资源开发利用和保护、矿山地质环境保护与治理恢复、矿区土地复垦等特定领域，或者重要矿种、重点区域的地质勘查、矿产资源开发利用和保护及其相关活动作出具体安排。

国家规划矿区、对国民经济具有重要价值的矿区、大型规模以上矿产地和对国家或者本地区有重要价值的矿种，应当编制矿产资源专项规划。

2. 编制

第十四条　国土资源部负责组织编制国家级矿产资源总体规划和矿产资源专项规划。省级国土资源主管部门负责组织编制本行政区域的矿产资源总体规划和矿产资源专项

规划。

第二十二条　矿产资源总体规划的期限为五年至十年。矿产资源专项规划的期限根据需要确定。

第二十四条　矿产资源总体规划应当包括下列内容：①背景与形势分析，矿产资源供需变化趋势预测；②地质勘查、矿产资源开发利用和保护的主要目标与指标；③地质勘查总体安排；④矿产资源开发利用方向和总量调控；⑤矿产资源勘查、开发、保护与储备的规划分区和结构调整；⑥矿产资源节约与综合利用的目标、安排和措施；⑦矿山地质环境保护与治理恢复、矿区土地复垦的总体安排；⑧重大工程；⑨政策措施。

历年真题

根据《矿产资源规划编制实施办法》，市县级矿产资源总体规划编制内容不包括（　　）。[2022-49]

A. 矿产资源勘查、开发、保护与储备的规划分区和结构调整

B. 优化矿产资源开发利用和结构，提出调整措施和年度指标

C. 矿产资源节约与综合利用的目标、安排和措施

D. 科学提出矿产资源开发利用方向和总量调控

【答案】B

【解析】《矿产资源规划编制实施办法》第二十四条规定，矿产资源总体规划应当包括下列内容：①背景与形势分析，矿产资源供需变化趋势预测；②地质勘查、矿产资源开发利用和保护的主要目标与指标；③地质勘查总体安排；④矿产资源开发利用方向和总量调控；⑤矿产资源勘查、开发、保护与储备的规划分区和结构调整；⑥矿产资源节约与综合利用的目标、安排和措施；⑦矿山地质环境保护与治理恢复、矿区土地复垦的总体安排；⑧重大工程；⑨政策措施。

六、《全国海洋功能区划（2011—2020 年）》要点

《区划》范围为我国的内水、领海、毗连区、专属经济区、大陆架以及管辖的其他海域。《区划》期限为 2011 年至 2020 年。

1. 基本原则

自然属性为基础。根据海域的区位、自然资源和自然环境等自然属性，综合评价海域开发利用的适宜性和海洋资源环境承载能力，科学确定海域的基本功能。

科学发展为导向。根据经济社会发展的需要，统筹安排各行业用海，合理控制各类建设用海规模，保证生产、生活和生态用海，引导海洋产业优化布局，节约集约用海。

保护渔业为重。渔业可持续发展的前提是传统渔业水域不被挤占、侵占，保护渔业资源和生态环境是渔业生产的基础，渔民增收的保障，更是保证渔区稳定的基础。

保护环境为前提。切实加强海洋环境保护和生态建设，统筹考虑海洋环境保护与陆源污染防治，控制污染物排海，改善海洋生态环境，防范海洋环境突发事件，维护河口、海湾、海岛、滨海湿地等海洋生态系统安全。

陆海统筹为准则。根据陆地空间与海洋空间的关联性，以及海洋系统的特殊性，统筹协调陆地与海洋的开发利用和环境保护。严格保护海岸线，切实保障河口海域防洪安全。

国家安全为关键。保障国防安全和军事用海需要，保障海上交通安全和海底管线安

全，加强领海基点及周边海域保护，维护我国海洋权益。

2. 海洋功能分区

农渔业区包括农业围垦区、渔业基础设施区、养殖区、增殖区、捕捞区和水产种质资源保护区。

港口航运区包括港口区、航道区和锚地区。

工业与城镇用海区是指适于发展临海工业与滨海城镇的海域，包括工业用海区和城镇用海区。

矿产与能源区包括油气区、固体矿产区、盐田区和可再生能源区。

旅游休闲娱乐区包括风景旅游区和文体休闲娱乐区。

海洋保护包括海洋自然保护区、海洋特别保护区。

特殊利用区包括用于海底管线铺设、路桥建设、污水达标排放、倾倒等的特殊利用区。

保留区主要包括由于经济社会因素暂时尚未开发利用或不宜明确基本功能的海域，限于科技手段等因素目前难以利用或不能利用的海域，以及从长远发展角度应当予以保留的海域。

历年真题

在国土空间规划中，不属于海洋功能区划必须遵循的原则是（ ）。[2020-19]

A. 保障海上交通安全　　B. 保障各有关行业用海

C. 保护和改善生态环境　　D. 保障海域可持续利用

【答案】B

【解析】《全国海洋功能区划（2011—2020年）》的基本原则：科学发展为导向，就是要根据经济社会发展的需要，统筹安排各行业用海，合理控制各类建设用海规模，保证生产、生活和生态用海，引导海洋产业优化布局，节约集约用海。保障国防安全和军事用海需要，保障海上交通安全和海底管线安全，加强领海基点及周边海域保护，维护我国海洋权益。

七、《中华人民共和国海洋环境保护法》要点

1. 海洋生态保护

第二十一条 国家级海洋自然保护区的建立，须经国务院批准。

第二十二条 凡具有下列条件之一的，应当建立海洋自然保护区：①典型的海洋自然地理区域、有代表性的自然生态区域，以及遭受破坏但经保护能恢复的海洋自然生态区域；②海洋生物物种高度丰富的区域，或者珍稀、濒危海洋生物物种的天然集中分布区域；③具有特殊保护价值的海域、海岸、岛屿、滨海湿地、入海河口和海湾等；④具有重大科学文化价值的海洋自然遗迹所在区域；⑤其他需要予以特殊保护的区域。

第二十七条 沿海地方各级人民政府应当结合当地自然环境的特点，建设海岸防护设施、沿海防护林、沿海城镇园林和绿地，对海岸侵蚀和海水入侵地区进行综合治理。禁止毁坏海岸防护设施、沿海防护林、沿海城镇园林和绿地。

2. 防治陆源污染物对海洋环境的污染损害

第三十条 在海洋自然保护区、重要渔业水域、海滨风景名胜区和其他需要特别保护

的区域，不得新建排污口。在有条件的地区，应当将排污口深海设置，实行离岸排放。

3. 防治海岸工程建设项目对海洋环境的污染损害

第四十四条　海岸工程建设项目的环境保护设施，必须与主体工程同时设计、同时施工、同时投产使用。

第四十六条　严格限制在海岸采挖砂石。

4. 防治海洋工程建设项目对海洋环境的污染损害

第四十七条　海洋工程建设项目必须符合全国海洋主体功能区规划、海洋功能区划、海洋环境保护规划和国家有关环境保护标准。海洋工程建设项目单位应当对海洋环境进行科学调查，编制海洋环境影响报告书（表），并在建设项目开工前，报海洋行政主管部门审查批准。海洋行政主管部门在批准海洋环境影响报告书（表）之前，必须征求海事、渔业行政主管部门和军队环境保护部门的意见。

八、《中华人民共和国湿地保护法》要点

1. 总则

第二条　本法所称湿地，是指具有显著生态功能的自然或者人工的、常年或者季节性积水地带、水域，包括低潮时水深不超过六米的海域，但是水田以及用于养殖的人工的水域和滩涂除外。

第五条　国务院林业草原主管部门负责湿地资源的监督管理，负责湿地保护规划和相关国家标准拟定、湿地开发利用的监督管理、湿地生态保护修复工作。

2. 湿地资源管理

第十四条　国家对湿地实行分级管理，按照生态区位、面积以及维护生态功能、生物多样性的重要程度，将湿地分为重要湿地和一般湿地。重要湿地包括国家重要湿地和省级重要湿地，重要湿地以外的湿地为一般湿地。重要湿地依法划入生态保护红线。

第十五条　国务院林业草原主管部门应当会同国务院有关部门，依据国民经济和社会发展规划、国土空间规划和生态环境保护规划编制全国湿地保护规划，报国务院或者其授权的部门批准后组织实施。

县级以上地方人民政府林业草原主管部门应当会同有关部门，依据本级国土空间规划和上一级湿地保护规划编制本行政区域内的湿地保护规划，报同级人民政府批准后组织实施。

第十九条　国家严格控制占用湿地。

禁止占用国家重要湿地，国家重大项目、防灾减灾项目、重要水利及保护设施项目、湿地保护项目等除外。

建设项目选址、选线应当避让湿地，无法避让的应当尽量减少占用，并采取必要措施减轻对湿地生态功能的不利影响。

建设项目规划选址、选线审批或者核准时，涉及国家重要湿地的，应当征求国务院林业草原主管部门的意见；涉及省级重要湿地或者一般湿地的，应当按照管理权限，征求县级以上地方人民政府授权的部门的意见。

第二十条　临时占用湿地的期限一般不得超过二年，并不得在临时占用的湿地上修建永久性建筑物。

临时占用湿地期满后一年内，用地单位或者个人应当恢复湿地面积和生态条件。

3. 湿地保护与利用

第二十六条　地方各级人民政府对省级重要湿地和一般湿地利用活动进行分类指导，鼓励单位和个人开展符合湿地保护要求的生态旅游、生态农业、生态教育、自然体验等活动，适度控制种植养殖等湿地利用规模。

第二十八条　禁止破坏湿地及其生态功能的行为有：①开（围）垦、排干自然湿地，永久性截断自然湿地水源；②擅自填埋自然湿地，擅自采砂、采矿、取土；③排放不符合水污染物排放标准的工业废水、生活污水及其他污染湿地的废水、污水，倾倒、堆放、丢弃、遗撒固体废物；④过度放牧或者滥采野生植物，过度捕捞或者灭绝式捕捞，过度施肥、投药、投放饵料等污染湿地的种植养殖行为；⑤其他破坏湿地及其生态功能的行为。

第三十条　在重要水生生物产卵场、索饵场、越冬场和洄游通道等重要栖息地应当实施保护措施。经依法批准在洄游通道建闸、筑坝，可能对水生生物洄游产生影响的，建设单位应当建造过鱼设施或者采取其他补救措施。

第三十四条　禁止占用红树林湿地。经省级以上人民政府有关部门评估，确因国家重大项目、防灾减灾等需要占用的，应当依照有关法律规定办理，并做好保护和修复工作。相关建设项目改变红树林所在河口水文情势、对红树林生长产生较大影响的，应当采取有效措施减轻不利影响。

禁止在红树林湿地挖塘，禁止采伐、采挖、移植红树林或者过度采摘红树林种子，禁止投放、种植危害红树林生长的物种。因科研、医药或者红树林湿地保护等需要采伐、采挖、移植、采摘的，应当依照有关法律法规办理。

第三十五条　禁止在泥炭沼泽湿地开采泥炭或者擅自开采地下水；禁止将泥炭沼泽湿地蓄水向外排放，因防灾减灾需要的除外。

九、《湿地保护管理规定》要点

第二条　本规定所称湿地，是指常年或者季节性积水地带、水域和低潮时水深不超过6米的海域，包括沼泽湿地、湖泊湿地、河流湿地、滨海湿地等自然湿地，以及重点保护野生动物栖息地或者重点保护野生植物原生地等人工湿地。

第七条　国家林业局会同国务院有关部门编制全国和区域性湿地保护规划，报国务院或者其授权的部门批准。

第八条　湿地保护规划应当包括下列内容：①湿地资源分布情况、类型及特点、水资源、野生生物资源状况；②保护和合理利用的指导思想、原则、目标和任务；③湿地生态保护重点建设项目与建设布局；④投资估算和效益分析；⑤保障措施。

第十一条　县级以上人民政府林业主管部门可以采取湿地自然保护区、湿地公园、湿地保护小区等方式保护湿地，健全湿地保护管理机构和管理制度，完善湿地保护体系，加强湿地保护。

第十二条　湿地按照其生态区位、生态系统功能和生物多样性等重要程度，分为国家重要湿地、地方重要湿地和一般湿地。

第十九条　具备自然保护区建立条件的湿地，应当依法建立自然保护区。

第二十一条　国家湿地公园实行晋升制。符合下列条件的，可以申请晋升为国家湿地公园：①湿地生态系统在全国或者区域范围内具有典型性，或者湿地区域生态地位重要，或者湿地主体生态功能具有典型示范性，或者湿地生物多样性丰富，或者集中分布有珍贵、濒危的野生生物物种；②具有重要或者特殊科学研究、宣传教育和文化价值；③成为省级湿地公园2年以上（含2年）；④保护管理机构和制度健全；⑤省级湿地公园总体规划实施良好；⑥土地权属清晰，相关权利主体同意作为国家湿地公园；⑦湿地保护、科研监测、科普宣传教育等工作取得显著成效。

第二十九条　除法律法规有特别规定的以外，在湿地内禁止从事下列活动：①开（围）垦、填埋或者排干湿地；②永久性截断湿地水源；③挖沙、采矿；④倾倒有毒有害物质、废弃物、垃圾；⑤破坏野生动物栖息地和迁徙通道、鱼类洄游通道，滥采滥捕野生动植物；⑥引进外来物种；⑦擅自放牧、捕捞、取土、取水、排污、放生。

第三十条　建设项目应当不占或者少占湿地，经批准确需征收、占用湿地并转为其他用途的，用地单位应当按照“先补后占、占补平衡”的原则，依法办理相关手续。临时占用湿地的，期限不得超过2年；临时占用期限届满，占用单位应当对所占湿地限期进行生态修复。

历年真题

下列不属于湿地保护规划内容的是（　　）。[2020-20]

A. 湿地资源分布情况、类型及特点、水资源、野生生物资源状况

B. 湿地生态保护重点建设项目与建设布局

C. 投资估算和效益分析

D. 规划环境影响评价

【答案】D

【解析】《湿地保护管理规定》第八条规定，湿地保护规划应当包括下列内容：湿地资源分布情况、类型及特点、水资源、野生生物资源状况；保护和合理利用的指导思想、原则、目标和任务；湿地生态保护重点建设项目与建设布局；投资估算和效益分析；保障措施。湿地保护规划本身是保护性的，不是建设性项目，不包括规划环境影响评价。

十、《国家公园空间布局方案》要点

到2025年，基本建立统一规范高效的管理体制。到2035年，基本完成国家公园空间布局建设任务，基本建成全世界最大的国家公园体系。

将我国自然生态系统最重要、自然景观最独特、自然遗产最精华、生物多样性最富集的区域纳入国家公园体系，遴选出49个国家公园候选区（含正式设立的5个国家公园），其中陆域44个、陆海统筹2个、海域3个，总面积约110万平方公里。全部建成后，中国国家公园保护面积的总规模将是世界最大。

在全国自然保护地体系规划研究等基础上，综合考虑我国自然生态地理格局和生态功能格局，突出青藏高原、长江流域、黄河流域重点生态区位和生物多样性、典型景观分布，以国家代表性、生态重要性、管理可行性为统一尺度，充分衔接国家重大战略和重大生态工程。其中，青藏高原布局13个候选区，形成青藏高原国家公园群，总面积约77万平方公里，占国家公园候选区总面积的70%；黄河流域布局9个候选区；长江流域布局11个候选区。

覆盖了森林、草原、湿地、荒漠等自然生态系统，以及自然景观、自然遗产、生物多样性等最富集区域，共涉及现有自然保护地 700 多个，10 项世界自然遗产、两项世界文化和自然双遗产、19 处世界人与生物圈保护区。分布着 5 000 多种野生脊椎动物和 2.9 万余种高等植物，保护了超 80% 的国家重点保护野生动植物物种及其栖息地，保护了国际候鸟迁徙、鲸豚类洄游、兽类跨境迁徙关键区域。49 个国家公园候选区直接涉及 28 个省份，全社会将共同参与国家公园建设。

十一、《水利部关于加强河湖水域岸线空间管控的指导意见》要点

1. 明确河湖水域岸线空间管控边界

完善河湖管理范围划定成果。做好河湖划界与“三区三线”划定等工作的对接，积极推进与相关部门实现成果共享。

因地制宜安排河湖管理保护控制带。加强对河湖周边房地产、工矿企业、化工园区等“贴线”开发管控。

2. 严格河湖水域岸线用途管制

严格岸线分区分类管控。要将岸线保护与利用规划融入“多规合一”国土空间规划体系。

严格依法依规审批涉河建设项目。遵循确有必要、无法避让、确保安全的原则。

严格管控各类水域岸线利用行为。严禁以风雨廊桥等名义在河湖管理范围内开发建设房屋。城市建设和发展不得占用河道滩地。光伏电站、风力发电等项目不得在河道、湖泊、水库内建设。在湖泊周边、水库库汊建设光伏、风电项目的，要科学论证，严格管控，不得布设在具有防洪、供水功能和水生态、水环境保护需求的区域，不得妨碍行洪通畅，不得危害水库大坝和堤防等水利工程设施安全，不得影响河势稳定和航运安全。

第三节　土地管理

一、《中华人民共和国土地管理法》要点

1. 总则

第二条　中华人民共和国实行土地的社会主义公有制，即全民所有制和劳动群众集体所有制。

全民所有，即国家所有土地的所有权由国务院代表国家行使。

任何单位和个人不得侵占、买卖或者以其他形式非法转让土地。土地使用权可以依法转让。

国家为了公共利益的需要，可以依法对土地实行征收或者征用并给予补偿。

国家依法实行国有土地有偿使用制度。但是，国家在法律规定的范围内划拨国有土地使用权的除外。

第四条　国家实行土地用途管制制度。

国家编制土地利用总体规划，规定土地用途，将土地分为农用地、建设用地和未利用地。严格限制农用地转为建设用地，控制建设用地总量，对耕地实行特殊保护。

前款所称农用地是指直接用于农业生产的土地，包括耕地、林地、草地、农田水利用地、养殖水面等；建设用地是指建造建筑物、构筑物的土地，包括城乡住宅和公共设施用地、工矿用地、交通水利设施用地、旅游用地、军事设施用地等；未利用地是指农用地和建设用地以外的土地。

使用土地的单位和个人必须严格按照土地利用总体规划确定的用途使用土地。

2. 土地的所有权和使用权

第九条 城市市区的土地属于国家所有。

农村和城市郊区的土地，除由法律规定属于国家所有的以外，属于农民集体所有；宅基地和自留地、自留山，属于农民集体所有。

第十一条 农民集体所有的土地依法属于村农民集体所有的，由村集体经济组织或者村民委员会经营、管理；已经分别属于村内两个以上农村集体经济组织的农民集体所有的，由村内各该农村集体经济组织或者村民小组经营、管理；已经属于乡（镇）农民集体所有的，由乡（镇）农村集体经济组织经营、管理。

第十三条 农民集体所有和国家所有依法由农民集体使用的耕地、林地、草地，以及其他依法用于农业的土地，采取农村集体经济组织内部的家庭承包方式承包，不宜采取家庭承包方式的荒山、荒沟、荒丘、荒滩等，可以采取招标、拍卖、公开协商等方式承包，从事种植业、林业、畜牧业、渔业生产。家庭承包的耕地的承包期为三十年，草地的承包期为三十年至五十年，林地的承包期为三十年至七十年；耕地承包期届满后再延长三十年，草地、林地承包期届满后依法相应延长。

3. 土地利用总体规划

第十五条 各级人民政府应当依据国民经济和社会发展规划、国土整治和资源环境保护的要求、土地供给能力以及各项建设对土地的需求，组织编制土地利用总体规划。

土地利用总体规划的规划期限由国务院规定。

第十六条 地方各级人民政府编制的土地利用总体规划中的建设用地总量不得超过上一级土地利用总体规划确定的控制指标，耕地保有量不得低于上一级土地利用总体规划确定的控制指标。

第十七条 土地利用总体规划按照下列原则编制：①落实国土空间开发保护要求，严格土地用途管制；②严格保护永久基本农田，严格控制非农业建设占用农用地；③提高土地节约集约利用水平；④统筹安排城乡生产、生活、生态用地，满足乡村产业和基础设施用地合理需求，促进城乡融合发展；⑤保护和改善生态环境，保障土地的可持续利用；⑥占用耕地与开发复垦耕地数量平衡、质量相当。

第十八条 经依法批准的国土空间规划是各类开发、保护、建设活动的基本依据。已经编制国土空间规划的，不再编制土地利用总体规划和城乡规划。

第二十条 土地利用总体规划实行分级审批。

省、自治区、直辖市的土地利用总体规划，报国务院批准。

省、自治区人民政府所在地的市、人口在一百万以上的城市以及国务院指定的城市的土地利用总体规划，经省、自治区人民政府审查同意后，报国务院批准。

本条第二款、第三款规定以外的土地利用总体规划，逐级上报省、自治区、直辖市人民政府批准；其中，乡（镇）土地利用总体规划可以由省级人民政府授权的设区的市、自治州人民政府批准。

第二十三条　各级人民政府应当加强土地利用计划管理，实行建设用地总量控制。

土地利用年度计划，根据国民经济和社会发展计划、国家产业政策、土地利用总体规划以及建设用地和土地利用的实际状况编制。

第二十五条　经批准的土地利用总体规划的修改，须经原批准机关批准；未经批准，不得改变土地利用总体规划确定的土地用途。

经国务院批准的大型能源、交通、水利等基础设施建设用地，需要改变土地利用总体规划的，根据国务院的批准文件修改土地利用总体规划。

经省、自治区、直辖市人民政府批准的能源、交通、水利等基础设施建设用地，需要改变土地利用总体规划的，属于省级人民政府土地利用总体规划批准权限内的，根据省级人民政府的批准文件修改土地利用总体规划。

4. 耕地保护

第三十条　国家保护耕地，严格控制耕地转为非耕地。

国家实行占用耕地补偿制度。非农业建设经批准占用耕地的，按照“占多少，垦多少”的原则，由占用耕地的单位负责开垦与所占用耕地的数量和质量相当的耕地；没有条件开垦或者开垦的耕地不符合要求的，应当按照省、自治区、直辖市的规定缴纳耕地开垦费，专款用于开垦新的耕地。

省、自治区、直辖市人民政府应当制定开垦耕地计划，监督占用耕地的单位按照计划开垦耕地或者按照计划组织开垦耕地，并进行验收。

第三十一条　县级以上地方人民政府可以要求占用耕地的单位将所占用耕地耕作层的土壤用于新开垦耕地、劣质地或者其他耕地的土壤改良。

第三十三条　国家实行永久基本农田保护制度。下列耕地应当根据土地利用总体规划划为永久基本农田，实行严格保护：①经国务院农业农村主管部门或者县级以上地方人民政府批准确定的粮、棉、油、糖等重要农产品生产基地内的耕地；②有良好的水利与水土保持设施的耕地，正在实施改造计划以及可以改造的中、低产田和已建成的高标准农田；③蔬菜生产基地；④农业科研、教学试验田；⑤国务院规定应当划为永久基本农田的其他耕地。

各省、自治区、直辖市划定的永久基本农田一般应当占本行政区域内耕地的80%以上，具体比例由国务院根据各省、自治区、直辖市耕地实际情况规定。

第三十四条　永久基本农田划定以乡（镇）为单位进行，由县级人民政府自然资源主管部门会同同级农业农村主管部门组织实施。永久基本农田应当落实到地块，纳入国家永久基本农田数据库严格管理。

第三十五条　永久基本农田经依法划定后，任何单位和个人不得擅自占用或者改变其用途。国家能源、交通、水利、军事设施等重点建设项目选址确实难以避让永久基本农田，涉及农用地转用或者土地征收的，必须经国务院批准。

禁止通过擅自调整县级土地利用总体规划、乡（镇）土地利用总体规划等方式规避永久基本农田农用地转用或者土地征收的审批。

第三十七条　非农业建设必须节约使用土地，可以利用荒地的，不得占用耕地；可以利用劣地的，不得占用好地。

禁止占用耕地建窑、建坟或者擅自在耕地上建房、挖砂、采石、采矿、取土等。

禁止占用永久基本农田发展林果业和挖塘养鱼。

第三十八条　禁止任何单位和个人闲置、荒芜耕地。已经办理审批手续的非农业建设占用耕地，一年内不用而又可以耕种并收获的，应当由原耕种该幅耕地的集体或者个人恢复耕种，也可以由用地单位组织耕种；一年以上未动工建设的，应当按照省、自治区、直辖市的规定缴纳闲置费；连续二年未使用的，经原批准机关批准，由县级以上人民政府无偿收回用地单位的土地使用权；该幅土地原为农民集体所有的，应当交由原农村集体经济组织恢复耕种。

第四十一条　开发未确定使用权的国有荒山、荒地、荒滩从事种植业、林业、畜牧业、渔业生产的，经县级以上人民政府依法批准，可以确定给开发单位或者个人长期使用。

5. 建设用地

第四十四条　建设占用土地，涉及农用地转为建设用地的，应当办理农用地转用审批手续。永久基本农田转为建设用地的，由国务院批准。

在土地利用总体规划确定的城市和村庄、集镇建设用地规模范围内，为实施该规划而将永久基本农田以外的农用地转为建设用地的，按土地利用年度计划分批次按照国务院规定由原批准土地利用总体规划的机关或者其授权的机关批准。在已批准的农用地转用范围内，具体建设项目用地可以由市、县人民政府批准。

在土地利用总体规划确定的城市和村庄、集镇建设用地规模范围外，将永久基本农田以外的农用地转为建设用地的，由国务院或者国务院授权的省、自治区、直辖市人民政府批准。

第四十五条　为了公共利益的需要，有下列情形之一，确需征收农民集体所有的土地的，可以依法实施征收：①军事和外交需要用地的；②由政府组织实施的能源、交通、水利、通信、邮政等基础设施建设需要用地的；③由政府组织实施的科技、教育、文化、卫生、体育、生态环境和资源保护、防灾减灾、文物保护、社区综合服务、社会福利、市政公用、优抚安置、英烈保护等公共事业需要用地的；④由政府组织实施的扶贫搬迁、保障性安居工程建设需要用地的；⑤在土地利用总体规划确定的城镇建设用地范围内，经省级以上人民政府批准由县级以上地方人民政府组织实施的成片开发建设需要用地的；⑥法律规定为公共利益需要可以征收农民集体所有的土地的其他情形。

前款规定的建设活动，应当符合国民经济和社会发展规划、土地利用总体规划、城乡规划和专项规划；第④项、第⑤项规定的建设活动，还应当纳入国民经济和社会发展年度计划；第⑤项规定的成片开发并应当符合国务院自然资源主管部门规定的标准。

第四十六条　征收下列土地的，由国务院批准：①永久基本农田；②永久基本农田以外的耕地超过三十五公顷的；③其他土地超过七十公顷的。

征收前款规定以外的土地的，由省、自治区、直辖市人民政府批准。

征收农用地的，应当依照本法第四十四条的规定先行办理农用地转用审批。其中，经国务院批准农用地转用的，同时办理征地审批手续，不再另行办理征地审批；经省、自治区、直辖市人民政府在征地批准权限内批准农用地转用的，同时办理征地审批手续，不再另行办理征地审批，超过征地批准权限的，应当依照本条第一款的规定另行办理征地审批。

第四十七条　国家征收土地的，依照法定程序批准后，由县级以上地方人民政府予以公告并组织实施。

县级以上地方人民政府拟申请征收土地的，应当开展拟征收土地现状调查和社会稳定风险评估，并将征收范围、土地现状、征收目的、补偿标准、安置方式和社会保障等在拟征收土地所在的乡（镇）和村、村民小组范围内公告至少三十日，听取被征地的农村集体经济组织及其成员、村民委员会和其他利害关系人的意见。

多数被征地的农村集体经济组织成员认为征地补偿安置方案不符合法律、法规规定的，县级以上地方人民政府应当组织召开听证会，并根据法律、法规的规定和听证会情况修改方案。

拟征收土地的所有权人、使用权人应当在公告规定期限内，持不动产权属证明材料办理补偿登记。县级以上地方人民政府应当组织有关部门测算并落实有关费用，保证足额到位，与拟征收土地的所有权人、使用权人就补偿、安置等签订协议；个别确实难以达成协议的，应当在申请征收土地时如实说明。

相关前期工作完成后，县级以上地方人民政府方可申请征收土地。

第四十八条　征收土地应当给予公平、合理的补偿，保障被征地农民原有生活水平不降低、长远生计有保障。征收农用地的土地补偿费、安置补助费标准由省、自治区、直辖市通过制定公布区片综合地价确定。

第五十四条　建设单位使用国有土地，应当以出让等有偿使用方式取得；但是，下列建设用地，经县级以上人民政府依法批准，可以以划拨方式取得：①国家机关用地和军事用地；②城市基础设施用地和公益事业用地；③国家重点扶持的能源、交通、水利等基础设施用地；④法律、行政法规规定的其他用地。

第五十七条　建设项目施工和地质勘查需要临时使用国有土地或者农民集体所有的土地的，由县级以上人民政府自然资源主管部门批准。其中，在城市规划区内的临时用地，在报批前，应当先经有关城市规划行政主管部门同意。土地使用者应当根据土地权属，与有关自然资源主管部门或者农村集体经济组织、村民委员会签订临时使用土地合同，并按照合同的约定支付临时使用土地补偿费。

临时使用土地的使用者应当按照临时使用土地合同约定的用途使用土地，并不得修建永久性建筑物。临时使用土地期限一般不超过二年。

第五十八条　有下列情形之一的，由有关人民政府自然资源主管部门报经原批准用地的人民政府或者有批准权的人民政府批准，可以收回国有土地使用权：①为实施城市规划进行旧城区改建以及其他公共利益需要，确需使用土地的；②土地出让等有偿使用合同约定的使用期限届满，土地使用者未申请续期或者申请续期未获批准的；③因单位撤销、迁移等原因，停止使用原划拨的国有土地的；④公路、铁路、机场、矿场等经核准报废的。

第六十二条　农村村民一户只能拥有一处宅基地，其宅基地的面积不得超过省、自治区、直辖市规定的标准。

农村村民建住宅，应当符合乡（镇）土地利用总体规划、村庄规划，不得占用永久基本农田，并尽量使用原有的宅基地和村内空闲地。

农村村民住宅用地，由乡（镇）人民政府审核批准；其中，涉及占用农用地的，依照本法第四十四条的规定办理审批手续。

农村村民出卖、出租、赠与住宅后，再申请宅基地的，不予批准。

第六十三条　土地利用总体规划、城乡规划确定为工业、商业等经营性用途，并经依法登记的集体经营性建设用地，土地所有权人可以通过出让、出租等方式交由单位或者个人使用，并应当签订书面合同，载明土地界址、面积、动工期限、使用期限、土地用途、规划条件和双方其他权利义务。

前款规定的集体经营性建设用地出让、出租等，应当经本集体经济组织成员的村民会议三分之二以上成员或者三分之二以上村民代表的同意。

通过出让等方式取得的集体经营性建设用地使用权可以转让、互换、出资、赠与或者抵押，但法律、行政法规另有规定或者土地所有权人、土地使用权人签订的书面合同另有约定的除外。

集体经营性建设用地的出租，集体建设用地使用权的出让及其最高年限、转让、互换、出资、赠与、抵押等，参照同类用途的国有建设用地执行。具体办法由国务院制定。

第六十六条　有下列情形之一的，农村集体经济组织报经原批准用地的人民政府批准，可以收回土地使用权：①为乡（镇）村公共设施和公益事业建设，需要使用土地的；②不按照批准的用途使用土地的；③因撤销、迁移等原因而停止使用土地的。

6. 监督检查

第六十八条　县级以上人民政府自然资源主管部门履行监督检查职责时，有权采取下列措施：①要求被检查的单位或者个人提供有关土地权利的文件和资料，进行查阅或者予以复制；②要求被检查的单位或者个人就有关土地权利的问题作出说明；③进入被检查单位或者个人非法占用的土地现场进行勘测；④责令非法占用土地的单位或者个人停止违反土地管理法律、法规的行为。

历年真题

1. 下列关于集体经营性建设用地的表述，错误的是（　　）。[2022-7]

A. 确定为工业、商业等经营性用途，且已依法登记的集体经营性建设用地所有权人可以通过出让、出租等方式交由单位或者个人使用

B. 集体经营性建设用地出让，应当经本集体经济组织成员的村民会议三分之二以上成员或者三分之二以上村民代表的同意

C. 通过出让等方式取得的集体经营性建设用地使用权可以转让、互换、出资、赠与或抵押

D. 集体经营性建设用地使用权的出让，最高年限不得超过 20 年

【答案】D

【解析】《中华人民共和国土地管理法》第六十三条规定，集体经营性建设用地的出租，集体建设用地使用权的出让及其最高年限、转让、互换、出资、赠与、抵押等，参照同类用途的国有建设用地执行。具体办法由国务院制定。

2. 根据《中华人民共和国土地管理法》，下列关于土地征收的表述，不准确的是（　　）。[2022-75]

A. 征收永久基本农田由国务院批准

B. 征收永久基本农田以外的耕地不足 35 公顷，由省级人民政府批准

C. 征收永久基本农田以外的其他土地超过50公顷，由国务院批准

D. 国家征收土地的，依照法定程序批准后，由县级以上地方人民政府予以公告并组织实施

【答案】C

【解析】《中华人民共和国土地管理法》第四十六条规定，征收下列土地的，由国务院批准：①永久基本农田；②永久基本农田以外的耕地超过三十五公顷的；③其他土地超过七十公顷的。征收前款规定以外的土地的，由省、自治区、直辖市人民政府批准。

3. 根据《中华人民共和国土地管理法》，下列耕地应当优先划入永久基本农田的有（　　）。[2022-83]

A. 经国务院有关部门或者县级以上地方人民政府批准确定的粮、棉、油、糖等重要农产品生产基地内的耕地

B. 蔬菜生产基地和黑土层深厚、土壤性状良好的黑土地

C. 自然保护地核心保护区的耕地

D. 正在实施改造计划以及可以改造的中、低产田

E. 农业科研、教学试验田

【答案】BDE

【解析】根据《中华人民共和国土地管理法》第三十三条，国家实行永久基本农田保护制度。经国务院农业农村主管部门或者县级以上地方人民政府批准确定的粮、棉、油、糖等重要农产品生产基地内的耕地应当根据土地利用总体规划划为永久基本农田，实行严格保护，A选项错误。根据《关于在国土空间规划中统筹划定落实三条控制线的指导意见》，生态保护红线内，自然保护地核心保护区原则上禁止人为活动，其他区域严格禁止开发性、生产性建设活动，在符合现行法律法规前提下，除国家重大战略项目外，仅允许对生态功能不造成破坏的有限人为活动，C选项错误。

二、《中华人民共和国土地管理法实施条例》要点

1. 国土空间规划

第二条　国家建立国土空间规划体系。土地开发、保护、建设活动应当坚持规划先行。经依法批准的国土空间规划是各类开发、保护、建设活动的基本依据。

第三条　国土空间规划应当包括国土空间开发保护格局和规划用地布局、结构、用途管制要求等内容，明确耕地保有量、建设用地规模、禁止开垦的范围等要求，统筹基础设施和公共设施用地布局，综合利用地上地下空间，合理确定并严格控制新增建设用地规模，提高土地节约集约利用水平，保障土地的可持续利用。

第四条　土地调查应当包括下列内容：①土地权属以及变化情况；②土地利用现状以及变化情况；③土地条件。

土地调查成果是编制国土空间规划以及自然资源管理、保护和利用的重要依据。

第五条　根据国民经济和社会发展状况，土地等级每五年重新评定一次。

2. 耕地保护

第八条　国家实行占用耕地补偿制度。在国土空间规划确定的城市和村庄、集镇建设用地范围内经依法批准占用耕地，以及在国土空间规划确定的城市和村庄、集镇建设用地

范围外的能源、交通、水利、矿山、军事设施等建设项目经依法批准占用耕地的，分别由县级人民政府、农村集体经济组织和建设单位负责开垦与所占用耕地的数量和质量相当的耕地；没有条件开垦或者开垦的耕地不符合要求的，应当按照省、自治区、直辖市的规定缴纳耕地开垦费，专款用于开垦新的耕地。

第九条　禁止任何单位和个人在国土空间规划确定的禁止开垦的范围内从事土地开发活动。

按照国土空间规划，开发未确定土地使用权的国有荒山、荒地、荒滩从事种植业、林业、畜牧业、渔业生产的，应当向土地所在地的县级以上地方人民政府自然资源主管部门提出申请，按照省、自治区、直辖市规定的权限，由县级以上地方人民政府批准。

第十条　县、乡（镇）人民政府应当组织农村集体经济组织，实施土地整理方案，对闲散地和废弃地有计划地整治、改造。土地整理新增耕地，可以用作建设所占用耕地的补充。

第十一条　非农业建设依法占用永久基本农田的，建设单位应当按照省、自治区、直辖市的规定，将所占用耕地耕作层的土壤用于新开垦耕地、劣质地或者其他耕地的土壤改良。

第十二条　非农业建设必须节约使用土地，可以利用荒地的，不得占用耕地；可以利用劣地的，不得占用好地。禁止占用耕地建窑、建坟或者擅自在耕地上建房、挖砂、采石、采矿、取土等。禁止占用永久基本农田发展林果业和挖塘养鱼。耕地应当优先用于粮食和棉、油、糖、蔬菜等农产品生产。

3. 建设用地

第十七条　建设单位使用国有土地，应当以有偿使用方式取得；但是，法律、行政法规规定可以以划拨方式取得的除外。

国有土地有偿使用的方式包括：①国有土地使用权出让；②国有土地租赁；③国有土地使用权作价出资或者入股。

第二十条　建设项目施工、地质勘查需要临时使用土地的，应当尽量不占或者少占耕地。临时用地由县级以上人民政府自然资源主管部门批准，期限一般不超过二年；建设周期较长的能源、交通、水利等基础设施建设使用的临时用地，期限不超过四年；法律、行政法规另有规定的除外。土地使用者应当自临时用地期满之日起一年内完成土地复垦，使其达到可供利用状态，其中占用耕地的应当恢复种植条件。

第二十二条　具有重要生态功能的未利用地应当依法划入生态保护红线，实施严格保护。

4. 农用地转用

第二十三条　在国土空间规划确定的城市和村庄、集镇建设用地范围内，为实施该规划而将农用地转为建设用地的，由市、县人民政府组织自然资源等部门拟订农用地转用方案，分批次报有批准权的人民政府批准。农用地转用方案经批准后，由市、县人民政府组织实施。

第二十四条　建设项目确需占用国土空间规划确定的城市和村庄、集镇建设用地范围外的农用地，涉及占用永久基本农田的，由国务院批准；不涉及占用永久基本农田的，由国务院或者国务院授权的省、自治区、直辖市人民政府批准。具体按照下列规定办理：

①建设项目批准、核准前或者备案前后，由自然资源主管部门对建设项目用地事项进行审查，提出建设项目用地预审意见。建设项目需要申请核发选址意见书的，应当合并办理建设项目用地预审与选址意见书，核发建设项目用地预审与选址意见书。②建设单位持建设项目的批准、核准或者备案文件，向市、县人民政府提出建设用地申请。市、县人民政府组织自然资源等部门拟订农用地转用方案，报有批准权的人民政府批准；依法应当由国务院批准的，由省、自治区、直辖市人民政府审核后上报。农用地转用方案应当重点对是否符合国土空间规划和土地利用年度计划以及补充耕地情况作出说明，涉及占用永久基本农田的，还应当对占用永久基本农田的必要性、合理性和补划可行性作出说明。③农用地转用方案经批准后，由市、县人民政府组织实施。

第二十五条　建设项目需要使用土地的，建设单位原则上应当一次申请，办理建设用地审批手续，确需分期建设的项目，可以根据可行性研究报告确定的方案，分期申请建设用地，分期办理建设用地审批手续。建设过程中用地范围确需调整的，应当依法办理建设用地审批手续。农用地转用涉及征收土地的，还应当依法办理征收土地手续。

5. 土地征收

第二十六条　需要征收土地，县级以上地方人民政府认为符合《土地管理法》第四十五条规定的，应当发布征收土地预公告，并开展拟征收土地现状调查和社会稳定风险评估。

征收土地预公告应当包括征收范围、征收目的、开展土地现状调查的安排等内容。征收土地预公告应当采用有利于社会公众知晓的方式，在拟征收土地所在的乡（镇）和村、村民小组范围内发布，预公告时间不少于十个工作日。

第三十一条　征收土地申请经依法批准后，县级以上地方人民政府应当自收到批准文件之日起十五个工作日内在拟征收土地所在的乡（镇）和村、村民小组范围内发布征收土地公告，公布征收范围、征收时间等具体工作安排，对个别未达成征地补偿安置协议的应当作出征地补偿安置决定，并依法组织实施。

6. 宅基地管理

第三十四条　农村村民申请宅基地的，应当以户为单位向农村集体经济组织提出申请；没有设立农村集体经济组织的，应当向所在的村民小组或者村民委员会提出申请。宅基地申请依法经农村村民集体讨论通过并在本集体范围内公示后，报乡（镇）人民政府审核批准。

涉及占用农用地的，应当依法办理农用地转用审批手续。

7. 集体经营性建设用地管理

第三十七条　国土空间规划应当统筹并合理安排集体经营性建设用地布局和用途，依法控制集体经营性建设用地规模，促进集体经营性建设用地的节约集约利用。

鼓励乡村重点产业和项目使用集体经营性建设用地。

第三十八条　国土空间规划确定为工业、商业等经营性用途，且已依法办理土地所有权登记的集体经营性建设用地，土地所有权人可以通过出让、出租等方式交由单位或者个人在一定年限内有偿使用。

第三十九条　土地所有权人拟出让、出租集体经营性建设用地的，市、县人民政府自然资源主管部门应当依据国土空间规划提出拟出让、出租的集体经营性建设用地的规划条件，明确土地界址、面积、用途和开发建设强度等。

市、县人民政府自然资源主管部门应当会同有关部门提出产业准入和生态环境保护要求。

第四十二条　集体经营性建设用地使用者应当按照约定及时支付集体经营性建设用地价款，并依法缴纳相关税费，对集体经营性建设用地使用权以及依法利用集体经营性建设用地建造的建筑物、构筑物及其附属设施的所有权，依法申请办理不动产登记。

第四十三条　通过出让等方式取得的集体经营性建设用地使用权依法转让、互换、出资、赠与或者抵押的，双方应当签订书面合同，并书面通知土地所有权人。

三、《中华人民共和国黑土地保护法》要点

第二条　本法所称黑土地，是指黑龙江省、吉林省、辽宁省、内蒙古自治区（以下简称四省区）的相关区域范围内具有黑色或者暗黑色腐殖质表土层，性状好、肥力高的耕地。

第五条　黑土地应当用于粮食和油料作物、糖料作物、蔬菜等农产品生产。

黑土层深厚、土壤性状良好的黑土地应当按照规定的标准划入永久基本农田，重点用于粮食生产，实行严格保护，确保数量和质量长期稳定。

第六条　国务院和四省区人民政府加强对黑土地保护工作的领导、组织、协调、监督管理，统筹制定黑土地保护政策。

第九条　国家建立健全黑土地调查和监测制度。

第十条　县级以上人民政府应当将黑土地保护工作纳入国民经济和社会发展规划。

国土空间规划应当充分考虑保护黑土地及其周边生态环境，合理布局各类用途土地，以利于黑土地水蚀、风蚀等的预防和治理。

县级以上人民政府农业农村主管部门会同有关部门以调查和监测为基础、体现整体集中连片治理，编制黑土地保护规划，明确保护范围、目标任务、技术模式、保障措施等，遏制黑土地退化趋势，提升黑土地质量，改善黑土地生态环境。县级黑土地保护规划应当与国土空间规划相衔接，落实到黑土地具体地块，并向社会公布。

第十二条　县级以上人民政府应当采取以下措施加强黑土地农田基础设施建设：①加强农田水利工程建设，完善水田、旱地灌排体系；②加强田块整治，修复沟毁耕地，合理划分适宜耕作田块；③加强坡耕地、侵蚀沟水土保持工程建设；④合理规划修建机耕路、生产路；⑤建设农田防护林网。

第二十一条　建设项目不得占用黑土地；确需占用的，应当依法严格审批，并补充数量和质量相当的耕地。

建设项目占用黑土地的，应当按照规定的标准对耕作层的土壤进行剥离。剥离的黑土应当就近用于新开垦耕地和劣质耕地改良、被污染耕地的治理、高标准农田建设、土地复垦等。建设项目主体应当制定剥离黑土的再利用方案，报自然资源主管部门备案。具体办法由四省区人民政府分别制定。

四、《全域土地综合整治试点实施要点（试行）》要点

1. 关于整治区域的划定

划定的整治区域应相对集中连片，依据国土空间规划，可以根据需要对区域内已有项

目进行优化整合。

2. 关于整治任务的确定

全域土地综合整治试点任务主要包括：

农用地整理。适应发展现代农业和适度规模经营的需要，统筹推进低效林草地和园地整理、农田基础设施建设、现有耕地提质改造等，增加耕地数量，提高耕地质量，改善农田生态。

建设用地整理。统筹农民住宅建设、产业发展、公共服务、基础设施等各类建设用地，有序开展农村宅基地、工矿废弃地以及其他低效闲置建设用地整理，优化农村建设用地结构布局，提升农村建设用地使用效益和集约化水平，支持农村新产业新业态融合发展用地。

乡村生态保护修复。按照山水林田湖草系统治理的要求，结合农村人居环境整治等，优化调整生态用地布局，保护和恢复乡村生态功能，维护生物多样性，提高防御自然灾害能力，保持乡村自然景观和农村风貌。

乡村历史文化保护。充分挖掘乡村自然和文化资源，保持乡村特有的乡土文化，注重传统农耕文化传承，保护历史文脉。

3. 关于耕地和永久基本农田保护

整治后耕地应当数量有提高、质量等级有提升、布局更集中连片，符合适度规模经营需要。整治区域内新增耕地面积原则上不得少于原有耕地面积的5%。

确需对永久基本农田进行调整的，应按照数量有增加、质量有提升、生态有改善、布局更加集中连片、总体保持稳定的原则，编制整治区域永久基本农田调整方案，由省级自然资源主管部门会同农业农村主管部门审核同意后，按程序审批或修改村庄规划。永久基本农田调整方案应确保整治区域内永久基本农田增加面积原则上不少于调整永久基本农田面积的5%。

编制整治区域永久基本农田调整方案，由省级自然资源主管部门会同农业农村主管部门审核同意后，按程序审批或修改村庄规划。永久基本农田调整方案应确保整治区域内永久基本农田增加面积原则上不少于调整永久基本农田面积的5%。

4. 关于有关指标的认定

整治区域新增耕地面积比例、整治区域新增永久基本农田面积比例都要求大于或等于5%。节余建设用地指标要求大于或等于0。

历年真题

1. 全域土地综合整治重点任务不包括（　　）。[2022-77]

A. 农用地整理　　B. 建设用地整理

C. 未利用地整理　　D. 乡村历史文化保护

【答案】C

【解析】根据《全域土地综合整治试点实施要点（试行）》，全域土地综合整治试点任务主要包括：农用地整理、建设用地整理、乡村生态保护修复和乡村历史文化保护。

2. 下列关于农村土地综合整治目标和任务的表述，正确的有（　　）。[2021-83]

A. 划定的整治区域应相对集中连片

B. 划定地质灾害、洪涝等灾害影响范围和安全防护范围

C. 支持农村产业融合发展是农村土地综合整治的主要目的之一

D. 提高建设用地使用效率是建设用地整治的主要目的

E. 乡村历史文化保护是农村土地综合整治的任务之一

【答案】ACDE

【解析】根据《全域土地综合整治试点实施要点（试行）》，划定的整治区域应相对集中连片，依据国土空间规划，可以根据需要对区域内已有项目进行优化整合，A选项正确。统筹农民住宅建设、产业发展、公共服务、基础设施等各类建设用地，有序开展农村宅基地、工矿废弃地以及其他低效闲置建设用地整理，优化农村建设用地结构布局，提升农村建设用地使用效益和集约化水平，支持农村新产业新业态融合发展用地。C、D选项正确。全域土地综合整治试点任务主要包括：农用地整理、建设用地整理、乡村生态保护修复和乡村历史文化保护，E选项正确。

五、《关于深入推进城镇低效用地再开发的指导意见（试行）》要点

1. 加强统筹引导

明确改造开发范围。本文件规定的城镇低效用地，是指经第二次全国土地调查已确定为建设用地中的布局散乱、利用粗放、用途不合理、建筑危旧的城镇存量建设用地，权属清晰、不存在争议。国家产业政策规定的禁止类、淘汰类产业用地；不符合安全生产和环保要求的用地；“退二进三”产业用地；布局散乱、设施落后，规划确定改造的老城区、城中村、棚户区、老工业区等，可列入改造开发范围。现状为闲置土地、不符合土地利用总体规划的历史遗留建设用地等，不得列入改造开发范围。

强化规划统筹和方案实施。组织编制城镇低效用地再开发专项规划，优先安排基础设施、公益设施等用地，统筹城镇功能再造、产业结构调整、生态环境保护、历史人文传承等。专项规划经上一级国土资源部门核定，报同级人民政府批准后实施。

2. 完善激励机制

鼓励集中成片开发。城镇低效用地再开发涉及边角地、夹心地、插花地等难以独立开发的零星土地，可一并进行改造开发，但单宗零星用地面积原则上不超过3亩，且累计面积不超过改造开发项目总面积的10%。低效用地成片改造开发涉及的零星新增建设用地及土地利用总体规划修改，可纳入城市批次用地依法报批，涉及的新增用地计划指标由各省（区、市）在国家下达的计划指标内安排。

历年真题

城镇低效用地再开发对象，不包括（　　）。[2022-8]

A. 经第三次全国国土调查已确定为建设用地的有关城镇存量建设用地

B. 国家产业政策规定的禁止类、淘汰类产业用地

C. 不符合安全生产和环保要求的用地

D. 建筑危旧，布局散乱，规划确定改造的工业区

【答案】A

【解析】《关于深入推进城镇低效用地再开发的指导意见（试行）》中指出，城镇低效用地，是指经第二次全国土地调查已确定为建设用地中的布局散乱、利用粗放、用途不合理、建筑危旧的城镇存量建设用地，权属清晰、不存在争议。

3. 加快推进水土流失重点治理

全面推动小流域综合治理提质增效。统筹生产生活生态，在大江大河上中游、东北黑土区、西南岩溶区、南水北调水源区、三峡库区等水土流失重点区域全面开展小流域综合治理。

大力推进坡耕地水土流失治理。大力实施坡耕地水土流失治理工程，提高建设标准和质量。加快推进长江上中游坡耕地水土流失治理。

抓好泥沙集中来源区水土流失治理。以减少入河入库泥沙为重点。

九、《自然资源部关于规范临时用地管理的通知》要点

1. 界定临时用地使用范围

临时用地是指建设项目施工、地质勘查等临时使用，不修建永久性建（构）筑物，使用后可恢复的土地（通过复垦可恢复原地类或者达到可供利用状态）。临时用地具有临时性和可恢复性等特点，与建设项目施工、地质勘查等无关的用地，使用后无法恢复到原地类或者复垦达不到可供利用状态的用地，不得使用临时用地。临时用地的范围包括：①建设项目施工过程中建设的直接服务于施工人员的临时办公和生活用房，包括临时办公用房、生活用房、工棚等使用的土地；直接服务于工程施工的项目自用辅助工程，包括农用地表土剥离堆放场、材料堆场、制梁场、拌合站、钢筋加工厂、施工便道、运输便道、地上线路架设、地下管线敷设作业，以及能源、交通、水利等基础设施项目的取土场、弃土（渣）场等使用的土地。②矿产资源勘查、工程地质勘查、水文地质勘查等，在勘查期间临时生活用房、临时工棚、勘查作业及其辅助工程、施工便道、运输便道等使用的土地，包括油气资源勘查中钻井井场、配套管线、电力设施、进场道路等钻井及配套设施使用的土地。③符合法律、法规规定的其他需要临时使用的土地。

2. 临时用地选址要求和使用期限

临时用地使用期限一般不超过两年。建设周期较长的能源、交通、水利等基础设施建设项目施工使用的临时用地，期限不超过四年。城镇开发边界内临时建设用地规划许可、临时建设工程规划许可的期限应当与临时用地期限相衔接。临时用地使用期限，从批准之日起算。

3. 规范临时用地审批

县（市）自然资源主管部门负责临时用地审批，其中涉及占用耕地和永久基本农田的，由市级或者市级以上自然资源主管部门负责审批。

4. 落实临时用地恢复责任

临时用地使用人应当按照批准的用途使用土地，不得转让、出租、抵押临时用地。

临时用地期满后应当拆除临时建（构）筑物，使用耕地的应当复垦为耕地，确保耕地面积不减少、质量不降低。

参考文献

[1] 全国人大常委会法制工作委员会经济法室，国务院法制办农业资源环保法制司，住房和城乡建设部城乡规划司、政策法规司．中华人民共和国城乡规划法解说［M］．北京：知识产权出版社，2008.

[2] 全国城市规划执业制度管理委员会．城市规划原理：2011 年版［M］．北京：中国计划出版社，2011.

[3] 李德华．城市规划原理：第三版［M］．北京：中国建筑工业出版社，2001.

[4] 吴志强，李德华．城市规划原理：第四版［M］．北京：中国建筑工业出版社，2010.

[5] 魏旭红，开欣，王颖，等．基于“双评价”的市县级国土空间“三区三线”技术方法探讨［J］．城市规划，2019，43（07）：10-20.

[6] Andres Duany，Elizabeth Plater-Zyberk，Robert Alminana. The New Civic Art：Element of Town Planning［M］. NewYork：Rizzoli，2003.

[7] 文国玮．城市交通与道路系统规划［M］. 北京：清华大学出版社，2007.

[8] 李铮生．城市园林绿地规划与设计：第二版［M］．北京：中国建筑工业出版社，2006.

[9] 邹兵，钱征寒．近期建设规划与“十一五”规划协同编制设想［J］．城市规划，2005（11）：68-73.

[10] 张小林．乡村空间系统及其演变研究：以苏南为例［M］．南京：南京师范大学出版社，1999.

[11] 曾菊新．现代城乡网络化发展模式［M］．北京：科学出版社，2001.

[12] 中国建筑工业出版社，中国建筑学会．建筑设计资料集：第 2 分册：居住［M］．3 版．北京：中国建筑工业出版社，2017.

[13] 陆大道．区域发展及其空间结构［M］．北京：科学出版社，1995.